“十二五”国家重点图书出版规划项目
“十一五”国家科技支撑计划重点项目

前　　言

气候变化是全球环境变化的重要表现之一，已成为全球关注的重大科学问题。《国家中长期科学和技术发展规划纲要(2006~2020年)》已将“全球变化与区域响应”列为未来15年面向国家重大战略需求的10个基础研究领域之一。为应对全球变化的影响，我国科学家提出了“综合风险防范(Integrated Risk Governance)科学研究计划”。该计划强调开展全球变化与环境风险关系的研究，重点关注社会-生态系统脆弱性评价、综合风险评估模型以及综合风险防御范式的研究。

在全球变化影响下，农业生产系统是气候致灾因子的“高暴露-高脆弱”系统，全球气候变化给农业生产系统造成的直接影响及其后续的社会经济影响是广泛而深远的，尤其是对粮食安全的影响。本书以EPIC模型为基础，在构建相关数据库的基础上，对全球主要农作物旱灾风险进行了评估，编制了全球主要农作物旱灾风险宏观格局图，判定了我国主要农作物旱灾风险在全球中的位置。

全书共9章。第1章综述全球旱灾风险的研究进展；第2章描述农作物旱灾风险评价所构建的数据库，包括原始数据库、派生数据库和结果数据库，并搭建相应的数据库系统平台；第3章对构建的Spatial EPIC模型进行校验，并对未来气候变化背景下玉米、小麦、水稻产量进行模拟与预测；第4章阐述各年遇型玉米、小麦、水稻旱灾致灾因子的危险性；第5章阐述玉米、小麦、水稻旱灾脆弱性评价与脆弱性曲线的拟合；第6章评估玉米、小麦、水稻旱灾风险及编制了其风险图谱；第7章分析世界玉米、小麦、水稻旱灾风险格局；第8章在可比地理单元尺度和国家单元尺度上进一步分析玉米、小麦、水稻旱灾风险的空间格局，并确定中国玉米、小麦、水稻旱灾风险在世界中的位置；第9章讨论主要农作物旱灾脆弱性曲面的构建及其相关内容。各章作者均在每章的开始页下标出。

本书的完成，与课题组专家以及合作单位同仁的指导和帮助密不可分。北京师范大学区域地理重点实验室、地表过程与资源生态国家重点实验室、环境演变与自然灾害教育部重点实验室，中国科学院地理科学与资源研究所、大气物理研究所、寒区旱区环境与工程研究所，民政部国家减灾中心等为本书的完成提供诸多帮助，在此一并表示衷心的感谢。中国科学院地理科学与资源研究所汤秋鸿研究员和吴绍洪研究员，北京大学崔海亭教授和蔡运龙教授，北京师范大学减灾与应急管理研究院刘连友教授、李宁教授、于德永教授、徐伟教授和方伟华教授以及北京师范大学地理与遥感科学学院张光辉教授、岳耀杰老师和董卫华副教授、余瀚博士生、林德根博士生、尹卫霞博士生、王然博士生、张春琴硕士、周垠硕士、崔淑娟硕士生以及高原、王恺文、周泽威等在本书的完成中给予了极大的帮助与支持，在此表示感谢！

由于作者水平和能力有限，书中还存在着不完善和需要改进的地方，希望能与专家学者共同探讨；对可能存在的不妥或错误之处，恳请各位专家和广大读者批评指正，以便作者更好地完善和提升。本书由王静爱和史培军统稿，王静爱和连芳完成地图设计与制作。

本书得到国家“973”重点基础研究项目——全球变化与环境风险关系及其适应性范式研究—第三课题—中国及全球环境风险的区域规律研究(课题编号：2012CB955403)、国家自然科学基金创新研究群体项目(413221001)和国家重点研发计划及应对重点专项——全球变化人口与经济风险形成机制与评估研究—第二课题—全球变化人口与经济成害过程研究(课题编号：2016YFA0602402)资助。

王静爱

2016年10月于北京师范大学生地楼

目　录

第1章　绪　论*

旱灾是威胁粮食生产的最重要的自然灾害之一。在气候变化背景下，世界旱灾呈现损失增加和风险增大的趋势，对世界粮食安全和农业可持续发展提出严峻挑战。旱灾风险的空间格局对区域粮食安全和社会经济可持续发展有着重要影响。分析世界旱灾风险的特点和时空格局，客观地判断中国旱灾风险在世界旱灾风险中的位置，对制定中国自主发展的防御环境风险的适应性战略对策具有指导意义。

本章从全球尺度旱灾风险评价、农业旱灾风险评价指标体系和方法以及主要农作物旱灾风险评价等方面分层展开论述，指出开展"孕灾环境-致灾因子-承灾体"三要素综合影响下的农作物旱灾风险定量评估是未来的发展趋势。同时，大小相对均一的行政区矢量评价单元(可比地理单元)图的编制，及旱灾风险分级和地图表达的合理设计，对正确认识中国农作物旱灾风险在世界农作物旱灾风险格局中的位置具有重要意义。

1.1　研究背景与意义

1.1.1　研究背景

1. 气候变化背景下，区域旱灾呈现频次增加、强度加重、影响扩大的趋势

20世纪80年代以来，气候变化作为全球性的地理环境问题，已成为国际关注的热点(符淙斌和马柱国，2008)。近百年来，气候变化的主要特征是全球气候变暖(图1-1)，几乎全球所有地区都经历了地表增暖过程(IPCC，2013)。IPCC第五次报告显示，1880～2012年全球温度普遍升高，线性增温趋势为0.85℃/100a[图1-1(a)]。预计21世纪，全球气候变化仍将表现为明显的增温[图1-1(b)]，相对于1850～1900年的平均气温，至21世纪末全球平均气温将至少增加1.5℃(IPCC，2013)。近半个多世纪以来中国气温呈现上升趋势(秦大河等，2005；《第二次气候变化国家评估报告》编写委员会，2011)，与全球气候变化的总趋势基本一致。1951～2009年，中国陆地表面平均气温上升1.38℃，与全球或北半球同期平均增温速率相比明显偏高(《第二次气候变化国家评估报告》编写委员会，2011)。基于气候模式模拟结果表明21世纪中国气温仍将呈现增加趋势(范泽孟等，2011；You et al.，2013)。到21世纪末，在RCP 8.5情景①下，中国未来气温变化速率为0.72℃/10a(You et al.，2013)。

---

* 本章执笔人：史培军、张兴明、尹圆圆。

① RCPs(representative concentration pathways)情景：代表性浓度路径情景，指对辐射活性气体和颗粒物排放量、浓度随时间变化的一致性预测。作为一个集合，它涵盖了广泛的人为气候强迫(Moss et al.，2010)。IPCC第5次报告建议使用4个RCP情景，包括RCP 2.6、RCP 4.5、RCP 6.0和RCP 8.5。

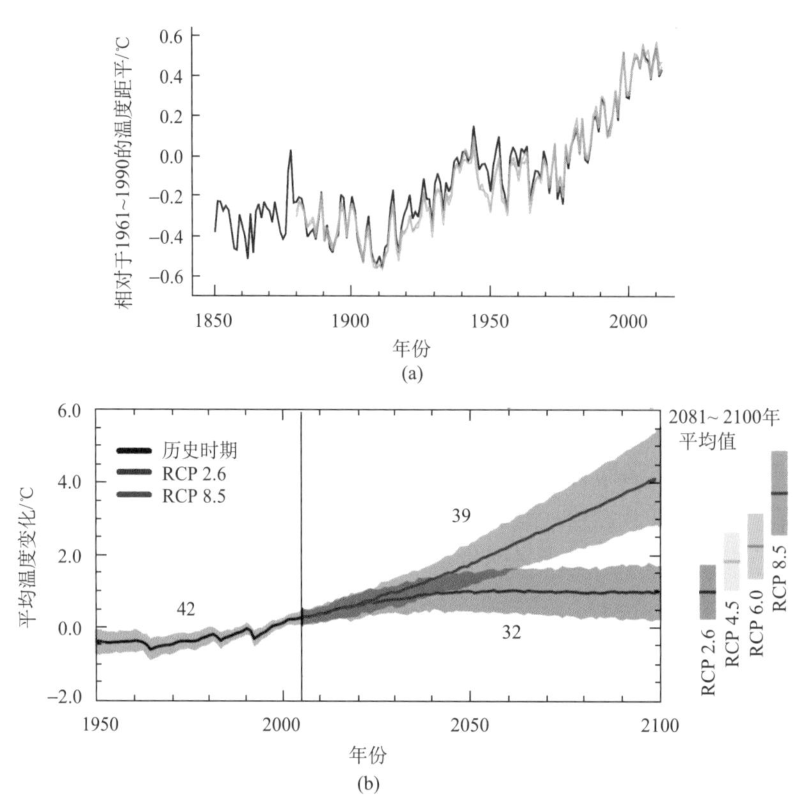

图 1-1 1985～2012 年全球平均气温距平(a)和不同 RCP 情景下的 21 世纪全球平均气温距平(b)

(a)观测到 1850～2012 年全球平均陆地和海表温度距平(相对于 1961～1990 年)和(b)CMIP5 多模式模拟的 1950～2100 年全球平均地表温度变化(相对于 1986～2005 年);资料来源:IPCC 第五次评估报告,2013

气候变化给诸如干旱、热浪等极端气候事件的强度、持续时间等带来了重要影响。在增暖背景下,近半个世纪以来,全球极端干旱区域的面积扩大了两倍以上(Dai et al., 2004),从 1950～2008 年全球干旱区域每十年增加 1.74%(Dai, 2011)。IPCC 的研究结果表明,自 20 世纪 70 年代以来,干旱的发生范围更广、持续时间更长、程度更严重,特别是热带、亚热带地区(IPCC, 2007)。1991 年,Bryant 基于致灾因子特征及影响对灾害进行排序,旱灾位于各灾害之首(Bryant, 1991),成为 20 世纪影响最大的自然灾害。EM-DAT 国际灾难数据库收录的数据表明,20 世纪 60 年代以来,世界旱灾发生频次较 20 世纪前半叶明显增加(图 1-2),旱灾发生频次由 1900～1959 年的年均不到 1 次,增加到 1960～2013 年的年均约 11.7 次,增加了近 12 倍。21 世纪以来,仅十多年间全球发生较大规模旱灾 210 次,平均每年造成受灾人数 5 582 万以上,经济损失 47.6 亿美元,2003～2012 年旱灾造成的损失是 1971～1980 年的 6.5 倍(EM-DAT, 2014)。在未来,受温度和降水变化的综合作用影响,干旱的频次和范围及其造成的损失都将快速增加(IPCC, 2012)。IPCC 预测干旱的频次和强度增加这一变化趋势在 1950 年以来的情况为"在一些地区可能发生改变"(likely

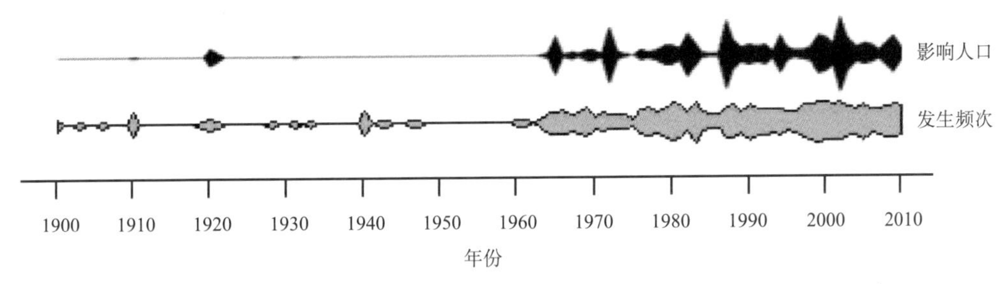

图 1-2 世界旱灾发生频次及影响人口年际变化(平方根)(1900～2010 年)

changes in some regions)，预测 21 世纪后半期的变化在中等信度水平上，区域到全球范围内有可能[Likely (medium confidence) on a regional to global scale]，其中 likely 表示可能性为 66%～100%。另外，对 21 世纪的气候预测显示，地中海、亚洲东部、非洲西部等地区的干旱发生频次将呈增加趋势，干旱强度也将呈增强趋势(IPCC，2013)。这种全球范围内旱灾损失增加和风险增大的趋势，对世界粮食安全和农业可持续发展提出严峻挑战。

联合国于 2015 年 3 月 14～18 日在日本东北宫城县仙台市召开了第三次世界减轻灾害风险大会，同时发布了 2015 年减灾评估报告(Global Assessment Report on Disaster Risk Reduction 2015)。报告指出，在多个国家(地区)，农业旱灾损失不仅对本国经济带来了风险，同时也可能会对农村人口带来毁灭性打击。随着气候的变化，农业旱灾的发生模式可能会出现变化(UNISDR，2015)。

2. 灾害风险研究是目前研究的前沿和热点

“风险”一词最初来源于博彩业，20 世纪中后期被引入到灾害学研究领域后，灾害风险研究逐渐兴起。近些年来，世界各地灾害事件频发，如 2005 年美国卡特里娜飓风、2008 年中国汶川地震-滑坡崩塌泥石流、2011 年日本地震海啸等，灾害风险研究得到了学术界、政界以及商界人士的广泛关注。

1987 年第 42 届联合国大会将 20 世纪的最后十年定为“国际减轻自然灾害十年”(IDNDR)。自此，灾害科学受到了各界的广泛关注。在过去的 20 余年内，世界各国的科学家、商业界和政界人士，以及相关的政府和非政府组织，从不同角度开展了一系列灾害风险科学研究，并组织实施了相应的减轻灾害风险的系列工程。首先应该提及的是 2000 年国际减灾战略(ISDR)的实施；其次是 2003 年国际风险防范理事会(IRGC)的成立；第三是 2008 年灾害风险综合研究计划(IPDR)和 2009 年全球环境变化人文因素计划下的综合风险防范科学计划(IHDP-IRG)的启动；第四是 2014 年启动的未来地球(Future Earth)研究计划(2014～2023 年)下综合风险防范研究项目(IRG)的设立；第五是 IIASA-DPRI 综合灾害风险管理论坛(IIASA-DPRI Forum on Integrated disaster risk management)和达沃斯全球风险论坛(GRF)的举办；第六是全球风险管理协会(RMA)和风险分析学会(SRA)所开展的系列工作；第七是巨灾风险的金融管理国际网络的运行；第八是一系列以灾害风险为主题的国际会议的召开，如 2015 年在日本仙台举办的联合国减灾大会，是继 1994 年日本横滨第一届世界减灾大会以来，联合国举行的全球最大规模的减轻灾害风险大会，会议通过了《2015～2030

年仙台减轻灾害风险框架》(史培军，2015；李素菊，2015)。上述所有相关工作的开展，都促进了灾害风险学科的形成，推动了灾害风险及相关问题的研究(史培军等，2007)。

3. 旱灾风险评价是旱灾风险管理与风险转移实践的重要科技基础

目前，频繁发生的干旱、洪涝等各类极端气候事件给当今的自然生态系统、社会经济系统及其可持续发展带来了巨大风险，减轻灾害风险已势在必行。联合国秘书长潘基文指出："在不同的发展领域减轻灾害风险，提高抵抗自然致灾因子的能力，可以取得事半功倍的效果，加快实现千年发展目标"(各国议会联盟和联合国国际减灾战略，2010)。

减轻灾害风险(disaster risk reduction)是指通过对与灾害有关的不确定因素的系统分析和控制，进而减轻灾害风险的理念和事件。它包括降低对致灾因子的暴露程度，降低人员和财产的脆弱性，智慧地管理土地和环境，以及改进对不利事件的备灾工作(UNISDR，2009)。灾害风险管理和风险转移是实现减轻灾害风险的两种有效途径。前者是通过防灾、减灾及备灾活动与措施，依托政府力量，来避免、减轻或者转移致灾因子带来的不利影响。后者指某些风险导致的财物后果正式或非正式地从一方转移到另一方的过程。保险、再保险、巨灾债券是风险转移的三种主要方式。因此，了解灾害特征，自然生态系统和社会经济系统的脆弱性及其变化方式，是减轻灾害风险的出发点。

旱灾风险评价是在分析旱灾致灾因子和承灾体脆弱性的基础上，对暴露于其中的人员、财产、服务设施、生计以及它们依存的环境所造成损害的评估。它是减轻旱灾风险的重要组成部分，为旱灾风险管理中防灾、减灾和备灾活动的开展和措施的实施，提供理论指导和科学依据；也是灾害风险管理领域的主要组成部分。

1.1.2 研究意义

干旱是由降水和蒸发的收支不平衡造成的异常水分短缺现象，严重时对人类经济活动(尤其是农业生产)和生活带来较大危害，是世界上造成经济损失最严重的自然灾害。国际流行病研究中心统计数据表明，旱灾发生频次仅占所有灾害的5%，但其造成的损失占所有灾害造成损失的30%以上[①]。20世纪中后期以来，随着以变暖为主要标志的全球气候变化，全球陆地大部分地区存在干旱化趋势(秦大河，2009)。在21世纪，部分地区干旱仍呈现持续时间增加和强度加强的趋势(IPCC，2012)。受干旱的影响，粮食和水短缺的风险加大(IPCC，2007)。因此，干旱已经成为全球性较为严重的自然灾害之一，预防与减轻旱灾风险是当今世界的重要课题之一。

粮食是人类赖以生存和发展的基础，粮食安全关系到国家(地区)安定和世界和平，一直是各国政府关注的重点。随着经济全球化的发展，粮食贸易成为影响国家(地区)粮食安全的重要因素。1990～2012年世界粮食贸易实物量呈上升趋势，2012年出口总量为38 416.76万t，进口总量为37 583.68万t，分别是1990年的1.7和1.72倍[②]。然而，旱

---

① www.emdat.be。

② FAO，http://faostat3.fao.org/。

灾作为极端事件之一，是世界上影响面最广，造成农业损失最大的自然灾害类型(郑远长，2000)，约占了气象灾害损失总量的60%左右(丁声俊，2009)，对世界粮食安全和农业可持续发展构成了严峻威胁。FAO公布的数据显示，2010～2012年世界69.7亿人口中有1/8的人口处于营养不良状态，中国营养不足人口有1.58亿。粮食安全问题在世界范围内非常严峻(FAO et al.，2012)。中国是一个旱灾频发的国家，据统计，1950～2013年，中国因旱灾导致的粮食减产量呈现不断增长的趋势(图1-3)，年均减产量161.59亿kg(国家防汛抗旱总指挥部和中华人民共和国水利部，2013)。近年来，在暖干化背景下，社会经济发展和人口膨胀致使水资源短缺，旱灾呈现不断加重趋势。旱灾已威胁到中国粮食安全和社会经济的可持续发展。20世纪90年代中期，国外学者在《谁来养活中国人》一书中对中国粮食供求的悲观估计(Brown，1995)，引发了全球对中国粮食问题的关注。

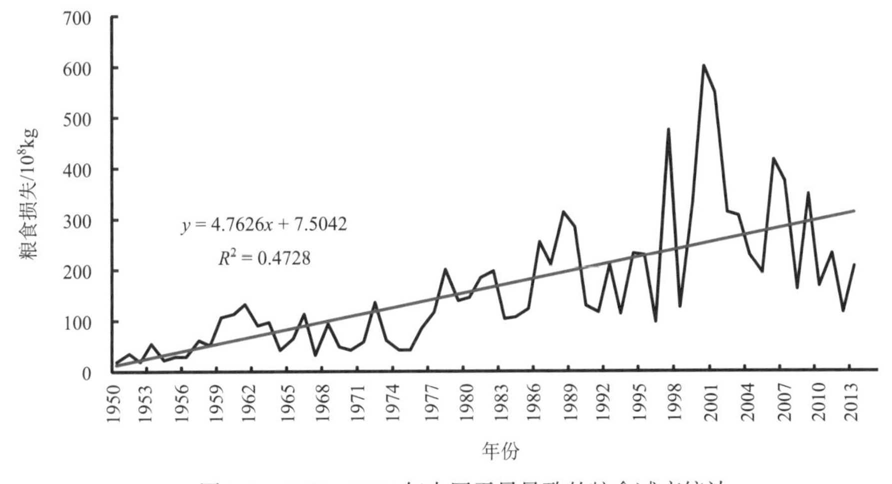

图1-3　1950～2013年中国干旱导致的粮食减产统计

减轻农业旱灾风险是人类社会急迫的需求，也是灾害风险科学的重要研究内容。农业作为与气候密切相关的产业，其未来的生产无疑会随着气候变化(特别是极端事件)而受到巨大影响，且不确定性很高(Charpentier，2008)。农业旱灾作为威胁粮食生产的最重要的自然灾害之一，其在未来造成的产量损失的不确定性是影响粮食安全的核心因素。保持农业经济稳定、保障粮食安全是当前全世界人类面临的重要问题。

旱灾风险的空间格局对区域粮食安全和社会经济可持续发展有着重要的影响。目前国际上对世界旱灾风险格局的初步研究结果表明，中国是旱灾风险的中高风险区域(Dilley et al.，2005)。但是，由于这些研究缺少足够的数据基础，其研究结果引起许多争议。因此，利用模型模拟的方法，分析世界旱灾风险的特点和时空格局，客观地判断中国旱灾风险在世界旱灾风险中的位置，有着重要的应用价值。

本书以玉米、小麦和水稻为研究对象，进行世界旱灾风险评价，探究全球干旱化(旱灾)风险格局，从而确定中国在世界旱灾风险中的位置。该项研究是2011年科技部启动的国家重点基础研究发展计划("973"计划)"全球变化与环境风险关系及其适应性范式研究"的重要研究内容和成果之一，对制定中国自主发展的防御环境风险的适应性战略对策具有指导意义，是中国参与国际气候变化外交谈判和制定旱灾风险防范政策的科学基础。

1.2 基本概念

1. 旱灾、农业旱灾与农作物旱灾

旱灾是一种极为常见的气象灾害。它是降水与正常状态的短期偏离(Wilhite，1992)，可以发生在任何气候区的任何季节。由于旱灾形成的复杂性和区域差异性，很难对其予以精确定义。为方便旱灾的研究，世界上旱灾研究权威机构和学者们对旱灾给出了不同的定义，如区域水文状况与正常状况的显著偏离(Palmer，1965)；降水在长时间内持续缺少(WMO，1986)；由于土壤水分缺失造成的农作物减产(FAO，1983)；一个区域降水相对于多年平均值的长时间(一个季节，一年，或几年)缺失(Schneider，1996)；当降水显著低于正常记录水平时出现的、造成严重水分不平衡的、对土地资源生产系统产生负面影响的一种现象(IPCC，2001)；某区域内因降水在一定时段持续偏离正常状态导致水源短缺，对社会经济活动和生态环境造成影响的现象(UNISDR，2009)。综上所述，旱灾是由于水分异常偏少，而对农林牧业生产及人们的生活造成影响的气象灾害，可分为气象干旱、农业干旱、水文干旱和社会经济干旱四种(中国气象局，2013)。

气象干旱是指降水在特定时段内偏离正常状态，通常用该时段低于平均值的降水量来定义。农业干旱是指由于土壤水和农作物需水的不平衡所造成的水分短缺现象(谢应齐，1993)，可用土壤水分弥补蒸散的损失不足来表示。水文干旱指长期降雨减少引起地表水和地下水供给短缺，涉及水资源的丰枯状况。社会经济干旱指在自然系统和人类社会经济系统中，由于水分短缺影响生产、消费等社会经济活动的现象。从成因角度看，气象干旱是气候异常导致的自然现象，它是农业、水文和社会经济干旱发生的前提。从发生时间的先后来看，气象干旱多早于农业干旱和水文干旱，社会经济干旱发生最迟。农业干旱爆发晚于气象干旱的时间，取决于前期地表土壤水分状况，而水文干旱爆发晚于气象干旱的时间，取决于水库和湖泊储水及产流过程(张强等，2011)。农作物旱灾是指农作物体内水分发生亏缺，影响正常生长发育的一种农业气象灾害(李星敏等，2007)。农作物旱灾形成的主要原因是降水量的缺乏，同时还取决于农作物自身的生理特征和生长阶段、土壤的理化性质等。因此，在对农作物旱灾进行定义时，需考虑诸如降水、温度、土壤类型、品种、生长阶段等多种因素。目前，农作物旱灾是农业旱灾中研究较多且较为深入的领域。

2. 区域农作物干旱灾害系统

农作物干旱是指在农作物生长发育过程中，因降水不足、土壤含水量过低和农作物得不到适时适量的灌溉，致使供水不能满足农作物的正常需水，从而造成农作物减产的现象。从灾害系统理论角度看，区域农作物干旱灾害系统包括结构体系和功能体系两部分。

在区域农作物干旱灾害系统的结构体系[图 1-4(a)]中，农作物干旱灾情是致灾因子、承灾体和孕灾环境相互作用的结果。承灾体就是受影响的农作物本身或者农业系统，孕灾环境是指农作物生长的自然和人为环境，而致灾因子则是农作物生长过程中导致水分亏缺的异变因子。从农作物干旱成灾的本质讲，水的运移情况是其核心因素，当供水量不足以满足农作物在特定生长阶段的需水量时，就会发生农作物干旱，造成农作物减产。

在区域农作物干旱灾害系统的功能体系[图1-4(b)]中，农作物脆弱性由农作物的种类和品种决定，致灾因子的危险性由全球和区域农作物干旱强度共同决定，孕灾环境的不稳定性则主要受气候和下垫面两个方面因素的影响。农作物致灾因子的危险性和孕灾环境的不稳定性则会受到人为和自然因素的影响而不断变化。农作物干旱功能体系各要素之间的相互作用和传输机制影响和决定着农作物旱灾风险的大小。

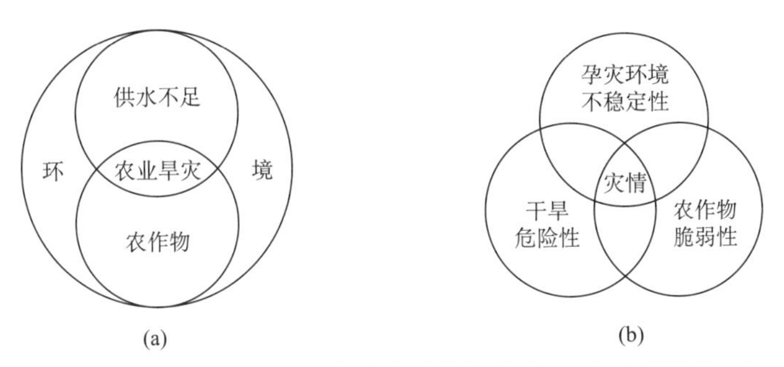

图1-4　区域农作物干旱灾害系统的结构体系(a)和功能体系(b)

从农作物干旱致灾成害过程看，农作物生长的主要水源就是天然降水和人工灌溉，而人工灌溉能力又受天然降水的制约。天然降水落到下垫面，受农作物生长环境的影响，通过自然或者人工灌溉的方式进行再分配。当渗入土壤中的可利用水无法满足农作物田间耗水需求时，农作物生长受阻，造成产量损失，那么农作物干旱就发生了。因此，当农作物干旱致灾因子强度超过了承灾体的承受能力，农作物产量受到损失时，农作物旱灾就形成了。在此过程中，孕灾环境对致灾因子的强度和承灾体受影响的程度有着放大或缩小效应，如地貌类型(史培军等，1993)、高程(贾慧聪等，2009)和坡度(陈萍和陈晓玲，2011)等。

3. 脆弱性、农业脆弱性与农作物损失脆弱性

脆弱性的概念被广泛地应用于气候变化、环境生态、农业、灾害学等领域。其词源是拉丁语单词“vulnerare”，用于描述物体物理或心理上受伤害的状态。在生态学中其概念常与恢复性同时出现。在灾害学中最早使用脆弱性概念是在20世纪70年代(O'Keefe et al.，1976)，提出脆弱性是灾害过程中非自然属性。联合国国际减灾战略(UNISDR)将脆弱性定义为：一个社区、系统或资产的特点和处境使其易于受到某种致灾因子损害的程度(UNISDR，2009)。政府间气候变化委员会(IPCC)在《管理极端事件和灾害风险，推进气候变化适应特别报告》中定义脆弱性为“受到不利影响的倾向或趋势”(IPCC，2012)。史培军等(2005)认为脆弱性是区域灾害系统中致灾因子、承灾体和孕灾环境综合作用过程的状态量。大量研究者从不同的角度给出了多种脆弱性定义，Birkmann(2006)依据范畴的大小将脆弱性分为内在的自然脆弱性、人类社会可能受到损失的脆弱性、包含敏感性和应对能力的脆弱性、加入暴露程度和适应能力的脆弱性以及综合自然社会经济环境等的脆弱性五个层面。当前脆弱性研究大多是以社会-生态系统为承灾体的不同范畴的研究(李鹤等，2008；刘刚，2013)。

脆弱性概念所基于的三个维度(致灾因子、承灾体和灾害过程)(Hufschmidt, 2011)的不同，使得脆弱性研究的概念也存在较大差异。脆弱性概念针对的灾种，从较早时期的突发性单灾种到渐发性单灾种，再到综合性的多灾种；其所研究的承灾体从简单的物体到以人为中心的简单系统，最后发展到社会–生态系统。概念的范畴从灾害发生后的应对过程，到包含恢复过程和适应过程，以及灾前的备灾过程。

农业旱灾脆弱性是指农业系统易于遭受旱灾影响的程度。商彦蕊和史培军(1998)提出，农业旱灾脆弱性是农业生产易于遭受干旱影响并形成损失的性质和状态。杨春燕等(2005)将农业旱灾脆弱性定义为农业系统易于遭受旱灾影响，导致农作物减产和生态环境恶化的易损性和适应性。王志强(2008)提出，农业旱灾的自然脆弱性是承灾体抵御自然灾害打击过程中自身内在的脆弱性。何飞(2010)将农业旱灾脆弱性区分为个体脆弱性(农作物本身)和系统脆弱性(农业生产)。农作物损失脆弱性通常是指农作物受到不同强度打击造成的损失。

4. 脆弱性曲线

脆弱性曲线(vulnerability curve)用来定量衡量致灾因子强度与其承灾体相互作用所造成的相应损失(率)之间的关系，也称为脆弱性函数，或灾损率函数，或灾损率曲线(Penning-Rowsell, 1977)。最早始于1964年(Smith, 1994)，主要以曲线、曲面或者表格的形式表现出来(史培军, 2011)，可以从微观角度刻画旱灾风险形成机理，为深入研究农业旱灾风险提供了新的思路和方法。

脆弱性曲线的构建是灾害风险定量评价的基础(Birkmann, 2005, 2007)。脆弱性曲线作为精细定量的脆弱性评价方法和灾害评估的关键环节，其核心要素是表达致灾因子强度和承灾体脆弱性的定量关系(周瑶和王静爱, 2012)。脆弱性曲线的 X 轴通常为致灾因子指数，Y 轴通常为承灾体损失率。脆弱性曲线通常呈现“S”型，可以分为3个阶段：第一阶段，承灾体有一定的设防水平，致灾因子指数增大时，承灾体损失速率缓慢；第二阶段，致灾因子指数增大到一定程度时，承灾体损失速率大大加快；第三阶段，致灾因子指数继续增大时，承灾体已经接近完全毁坏，所以损失速率再次降下来。

5. 脆弱性曲面

脆弱性评价是当前气候变化风险评价等研究的核心。风险评价的精度很大程度上取决于脆弱性的量化程度。脆弱性等级、指数、曲线和曲面都不同程度地刻画了承灾体面临致灾因子打击时的损失状态或倾向，而刻画脆弱性的方式还取决于数据精度等条件(表1-1)。

表1-1 脆弱性表征类型的需求条件

表征类型	数据精度	需量化条件			
		损失	致灾因子	孕灾环境	灾损数据
脆弱性指数	定序	否	否	否	否
脆弱性曲线	定比	是	是	否	是
脆弱性曲面	定比	是	是	是	是

通常，脆弱性曲面可以在孕灾环境的空间与时间两个方面，对脆弱性曲线加以第三维的扩展，形成“孕灾-致灾-承灾体”的三度评价模型。与脆弱性曲线相比，曲面能更为精确地刻画脆弱性。脆弱性曲线可以理解为在某一环境条件下的截断面与脆弱性曲面的交集。

6. 旱灾风险

“风险”一词是最早在19世纪末由西方经济学家提出的概念。在经济学领域，风险是指从事某项经济活动的结果存在不确定性，后来自然灾害研究也引入了“风险”这一概念(Paul et al., 2001)。较为经典的定义认为，风险是灾情或者危险事件的发生概率和它所带来的危害程度(Crozier and Glade, 2006)。该定义从风险最终呈现形式的角度出发，关注了风险的不利性(损失)和未知性(未来性和不确定性)，即未来发生损失的不确定性。也有学者从风险的形成机理出发，将风险定义为致灾因子危险性和承灾体脆弱性相互作用的结果(Crichton, 1999; UNISDR, 2004; ADRC, 2005; UNISDR, 2009)，该定义强调了风险形成过程的系统性和综合性。

旱灾风险(drought risk)的定义是由灾害风险定义衍生而来的。有学者将旱灾风险定义为干旱灾害显现(即发生的概率)和社会脆弱性的结果(Wilhite, 2003)。也有学者从自然和社会经济两方面分析了旱灾风险的含义：一是干旱这种自然现象发生的可能性，即某些干旱强度指标的概率分布；二是通过与孕灾环境和承灾体相互作用后，干旱事件所导致损失(称为旱灾损失)发生的可能性，即旱灾损失的概率分布(唐明, 2008)。

综上所述，旱灾风险的定义基本都强调了旱灾发生的可能性和可能造成的损失。旱灾风险的本质取决于三个因素：①干旱致灾因子的危险性；②承灾体的暴露性和脆弱性；③孕灾环境的稳定性。某个区域旱灾风险的大小是这三个因子综合作用的结果。旱灾风险评估则是在致灾因子危险性、承灾体暴露性和脆弱性、孕灾环境稳定性评估的基础之上，对干旱造成损失的可能性进行的评估。

7. 时空尺度

尺度一般是指空间范围的大小或时间长短，即空间尺度和时间尺度。本质上尺度是人类主观建立的用于观察、测量、分析、模拟和调控各种自然过程的空间和时间单位(胡云锋等, 2013)。在地理学和景观生态学中，尺度都是研究的重要问题(鲁学军等, 2004)。一般来说，尺度是研究客体或过程的空间维和时间维，可用分辨率和范围来描述，它标志着对所研究对象细节了解的水平(肖笃宁, 1999)。也有学者认为，尺度是地理事件和地理过程表征、体验和组织的等级。地理学涉及的空间尺度有五种类型：地图尺度、观察尺度、测度尺度、运行尺度和解释性尺度(李小建, 2005)。全球、国家、地方是常见的对于空间尺度的划分。本书研究的尺度为全球尺度。在该尺度上将全球划分为国家(地区)单元、可比地理单元以及0.5°×0.5°栅格三种分辨率体系，进行农作物旱灾风险研究。

8. 气候情景

气候情景(也称气候变化情景，climate scenarios)是在一组内部一致的气候学关系的基础上，对未来气候做出的一种合理的和简化的表述(Jones et al., 2007)，用于合理描述未来气候条件和其他方面变化轨迹(IPCC, 2001)。气候情景是建立在一系列科学假设基础上，对未来气候状况、空间分布形式的合理描述(吴金栋和王馥棠，1998)。

20世纪90年代，IPCC根据气候变化驱动力状况，构建了未来社会经济变化的情景，提出了一系列温室气体排放情景。未来温室气体排放情景包括4个情景“家族”、6组温室气体排放参考情景。IPCC第五次报告使用的气候变化情景是由研究界协调开发的。为强调其首要目的是提供对随时间变化的大气温室气体(GHG)浓度的预估，采用代表性浓度路径(RCPs)情景命名。主要包括4个RCP情景：一个高端路径，即到2100年其辐射强迫达到8.5 W/m^2以上，并将继续上升一段时间；两个中间“稳定路径”，其辐射强迫在2100年之后大约分别稳定在6 W/m^2和4.5 W/m^2；一个低端路径，其辐射强迫在2100年之前达到大约3 W/m^2的峰值，然后下降(表1-2)。

表1-2 RCPs情景数据主要信息说明

路径名称	路径形态	辐射强迫	2100年预计升温
RCP 2.6	达到峰值后下降	2100年达到2.6 W/m^2	1.6～3.6℃/2.4℃
RCP 4.5	不超过目标水平达到稳定	2100年后稳定在4.5 W/m^2	2.4～5.5℃/3.6℃
RCP 6.0	不超过目标水平达到稳定	2100年后稳定在6.0 W/m^2	3.2～7.2℃/4.8℃
RCP 8.5	上升	2100年超过8.5 W/m^2	4.6～10.3℃/6.9℃

资料来源：陈敏鹏和林而达，2010；Van Vuuren et al., 2011。

1.3 全球尺度旱灾风险研究机构与数据

在全球、国家以及地区尺度上，人们对旱灾相关研究都给予了高度重视，如旱灾监测、预报预警、备灾、风险评价等。据不完全统计，目前全球关注旱灾问题的重要机构、研究所(中心)和网络近百个(图1-5)。从空间分布上看，非洲的研究机构和组织最多；其次是欧洲、南美洲和北美洲；大洋洲研究机构最少。

国际性和区域性的研究机构是开展全球及大洲尺度旱灾风险研究的基础。全球性的研究机构和组织包括联合国粮食和农业组织(FAO)、世界银行(WB)、世界气象组织(WMO)、国际减灾战略(ISDR)、政府间气候变化专门委员会(IPCC)、联合国发展署(UNDP)、国际红十字会(ICRC)等；地区和大洲级的研究机构组织包括非洲气象学应用促进发展中心(ACMAD)、亚洲减灾中心(ADRC)、欧洲干旱研究中心(EDC)等。它们或为旱灾风险评价提供数据支撑(表1-3)，或对大尺度旱灾风险评价指标体系和方法进行探讨。如FAO等基于国家(地区)单元统计了旱灾影响人口(FAO et al., 2012, 2013)；联合国大学的世界风险报告中使用PREVIEW-Global Risk Data Platform的灾害暴露数据(Exposure)和基于28个指数评价的脆弱性对全球173个国家和地区的风险进行了评价和排名(Beck et al., 2012)；UNDP的“灾害风险指数系统(DRI)”研究项目(UNDP, 2004)，世界银行与哥伦比亚大学联合开展的“灾害风险热点区研究计划(Hotspots Projects)”(Dilley et al., 2005)，国际水资源管理机构(IWMI)的“全球旱灾分布模式及影响”项目(Eriyagama et al., 2009)，哥伦比亚大学与中美洲发展银行的“美洲项目”(American System)(IDB and IDEA, 2005)等。

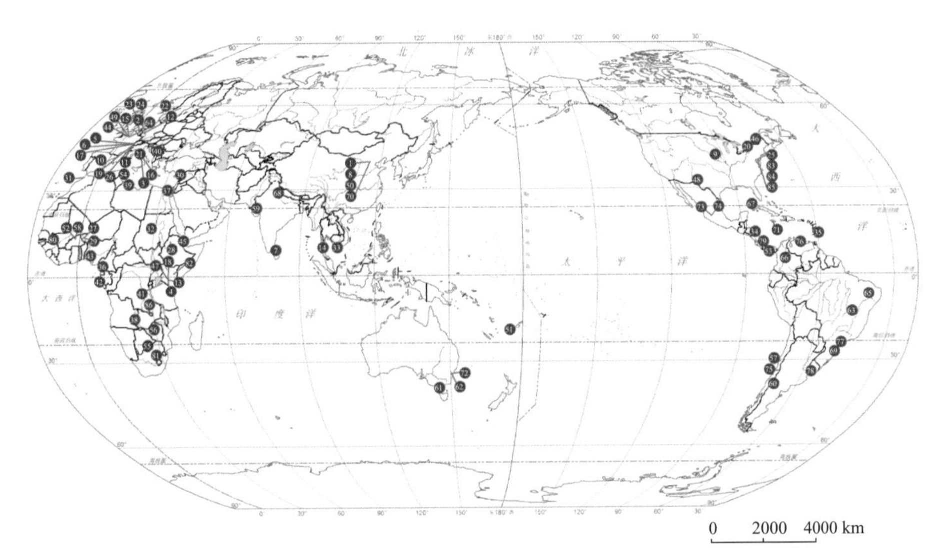

图 1-5 世界旱灾研究的重要机构、研究所(中心)和网络分布

资料来源：Drought Risk Reduction Framework and Practices：Contributing to the Implementation of the Hyogo Framework for Action，UNISDR，2009

同时，IPCC 相关评估报告也全面阐述了干旱对世界各地造成的威胁。表 1-3 标注了全球尺度旱灾风险评价的主要数据来源，按孕灾环境、致灾因子、承灾体和灾情列出相关的指标和数据系列。

表 1-3 全球尺度旱灾风险评价的主要数据源

数据种类	提供机构/数据网站	数据指标或数据系列
孕灾环境数据	国际土壤参考与信息中心 www. isric. org	全球土壤理化性质数据、ISRIC-WISE 修订的土壤数据等
	全球水资源第二次报告 wwdrii. sr. unh. edu	年径流量、水坝和水库(点位)、灌溉取水、数字化河网等
	国际农业研究与磋商小组 www. cgiar-csi. org	全球潜在蒸散和干旱指数、90 m DEM、土壤水分平衡数据等
致灾因子数据	IPCC 数据分布中心 www. ipcc-data. org	气候变化情景模拟数据，涉及六个情景
承灾体数据	世界银行 data. worldbank. org	农作物生产指数、农业灌溉用地、农村人口、农作物产量等
	联合国粮农组织 www. fao. org	农作物收获面积和单产、耕地、长期农作物用地、农业人口等
	全球环境与可持续发展中心 www. sage. wisc. edu	农作物收获面积和产量数据、主要农作物的土地适耕性数据等
	全球土地覆盖设施 www. glcf. umd. edu	Landsat、MODIS 等遥感影像产品(如 NDVI 等)

续表

数据种类	提供机构/数据网站	数据指标或数据系列
灾情数据	国际流行病研究中心 www.emdat.be	旱灾频次、经济损失、人员伤亡数据等
	哥伦比亚大学国际地球科学信息网络中心 www.ciesin.columbia.edu	自然灾害风险分析及相关经济损失数据

长期以来，世界上一些旱灾频发的国家和地区，如美国、加拿大、澳大利亚、中国、印度、南非、以色列等，积极开展了一系列旱灾风险研究和抗旱工作。美国、澳大利亚、印度和中国都成立了专门的国家干旱研究中心，以开展干旱早期预警与监测、抗旱战略与规划等研究。其中，美国 NOAA 干旱信息中心、美国内布拉斯加大学的国家干旱减灾中心（NDMC）以及澳大利亚国家气候中心等的门户网站都定期发布旱灾风险的研究成果。在旱灾问题突出的区域，尤其是贫困的非洲，成立了诸多区域级的政府或非政府组织，旨在共同关注、减轻和抵御旱灾，实现区域可持续发展，如中非森林委员会（COMIFAC）、政府间发展组织（IGAD）等。

此外，各国关于干旱研究的大学和研究所也从不同角度开展了研究。例如，荷兰阿姆斯特丹自由大学，美国哥伦比亚水文、气象与环境研究所，印度古吉拉特邦减灾学院，中国民政部国家减灾中心，中国北京师范大学环境演变与自然灾害教育部重点实验室、民政部/教育部减灾与应急管理研究院，中国中德干旱环境联合研究中心等。

目前，国内外相关机构和学者已从经济、人口等方面开展了全球尺度的旱灾风险评价，编绘了相应的评价图，并指出了相应的高风险区域，为科学指导抗旱减灾工作提供依据。进一步加强对全球尺度农作物旱灾风险的研究，是维护世界粮食安全和农业可持续发展的重要基础。

1.4 农作物旱灾风险评价指标体系

1.4.1 致灾因子指标

农作物干旱指标是农作物旱情描述的数值表达和衡量农作物受旱程度的关键参数，是开展农作物旱灾风险研究的基础。鉴于农作物干旱发生机理的复杂性，农作物干旱指标必然要考虑大气、农作物和土壤有关的因子。表 1-4 概括了表征农作物干旱的主要指标。根据分析变量的不同，农作物干旱指标可划分为降水量指标、土壤含水量指标、农作物旱情指标和综合指标四类。

基于降水量的指标仅以降水数据为基础，通过气象学方法研究其统计分布规律。早期的降水量指标包括连续无雨日数、降水距平百分率、Bhalme-Mooley 指数（Bhalme and Mooley，1981）、前期降水量指数（API）（McQuigg，1954）等，但各国干旱标准却很不相同，

表 1-4 主要的农作物干旱指标

指标类型	指标名称	应用评价	参考文献
降水量指标	连续无雨日数	衡量平均干旱期长短和干旱程度，区域性强	李星敏等，2007
	降水距平百分率(Pa)	以历史平均水平为基础确定旱涝程度，意义明确，假设降水服从正态分布	袁文平和周广胜，2004
	Bhalme-Mooley 指数	采用 n 个月的降雨量资料，考虑了降水量的年内分配	Bhalme and Mooley，1980
	前期降水指数	适用于反映短时间尺度的水分干湿状况，具有普适性，但参数确定具有主观性	McQuigg，1954
	标准化降水指数(SPI)	表达不同时空的干旱状况，区域可比性强，但所需历史数据量大，无法识别频发区，且未考虑水分支出	McKee et al.，1993
土壤含水量指标	土壤湿度 土壤含水量	能够较好地反映不同农作物或同种农作物不同生长阶段的干旱状况，但需要大量一手观测数据，且阈值确定的区域性强	王劲松等，2007 王密侠和马成军，1998
农作物旱情指标	农作物层温度与气温差	迅速而准确地对大面积农作物的旱情进行评价，但需通过实验找出不同农作物不同生育期的干旱指标阈值	袁国富等，2000
	植物状况指数	及时、较准确地反映大区域干旱程度、持续时间及对农作物的影响，主要适合于农作物生长季	Kogan，1995
综合指标	帕尔默干旱指数(PDSI)	反映长期旱情的时空动态变化，物理意义明确，具有时空上的可比性。但所需数据较多；等级界定具有主观性；未考虑地形差异及地表积雪的影响，适合月尺度水分盈亏监测和评估	Palmer，1965
	农作物湿度指数(CMI)	评估以周为步长的短期湿度条件，对农作物旱情比较灵敏，不适合监测长期干旱	Palmer，1968
	Z 指数	对土壤水分变化响应快，可监测农业干旱，但计算复杂	Palmer，1965
	农作物缺水指数(CWSI)	较好地实现对干旱的定量监测，物理意义明确。但涉及诸多农学和气象参数，完全意义上实现起来比较困难	王密侠和马成军，1998
	土壤湿润指数(SMI)	给出了地表实际的干旱状况，但未计入灌溉或径流等非降水因素的影响，且对某时段的干旱监测描述不够	Boken，2009
	水分胁迫指数(WSI)	基于农作物生长机理，能较好地刻画农作物干旱程度，区域可比性强。但涉及参数较多	王志强，2008
	农业干旱参考指数(ARID)	基于土壤—植被—大气系统，并以天为时间尺度，能较好地表达干旱对农作物造成的损失	Woli，2010

某一地区得出的指数在其他地区并不太适用。为此，McKee 等(1993)在监测和评估美国科罗拉多气候干旱状况时，提出了标准化降水指数(SPI)。SPI 指标的前提假设是降水量分布是一种偏态分布，具有多时间尺度特征，能较好地反映干旱强度和持续时间(Hayes et al.，1999)，被 WMO 建议为各个国家(地区)描述气象干旱特征的标准。此类指标计算简单，所需资料易于获取，在地下水位较深且又无灌溉条件的雨养农业区，能够反映农作物干旱发生的趋势。但这些指标对水分支出和地表水分平衡反映不足，因而难以反映干旱的内在机理，并给出精确的农作物干旱时段和强度。

土壤水分指标是根据土壤水分平衡原理和水分消退模式计算各个生长时段的土壤含水量，并以农作物不同生长状态下土壤水分的试验数据作为判定指标，预测农业干旱是否发生。常用的土壤含水量指标包括土壤湿度指标、土壤有效水分储存量等。在旱作农业区，土壤水分指标能够较好地刻画农作物旱灾特征，但需要大量一手观测数据，且阈值的区域性强。

农作物旱情指标是反映农作物水分供应状况的最灵敏的指标(袁文平和周广胜，2004)，包括农作物形态和农作物生理两类。前者主要是通过农作物长势、长相定性地判断干旱相对程度。后者主要通过表征农作物生理特征的指标，定量判断干旱程度，如农作物层温度与气温差、植被状况指数(Dalezios et al.，2014)等。农作物旱情指标直观地反映了干旱对农作物的影响程度，起初以农作物形态指标的定性判断为主，主要适用于缺乏气象和土壤水分观测的农区。随着遥感技术的发展和在旱灾研究中的应用，大尺度干旱定量监测成为可能，但主要适用于农作物生长季的定量监测。

综合指数则考虑影响农作物生长的降水、气温、土壤、径流等要素。常用的综合指数包括帕尔默干旱指数(PDSI)(Palmer，1965)、农作物水分指数(CMI)(Palmer，1968)、帕尔默水分距平指数(Z 指数)(Palmer，1965)、农作物缺水指数(CWSI)、水分胁迫指数(WSI)、农业干旱参考指数(ARID)(Woli，2010)等。其中，PDSI 是基于水分平衡原理而构建的气象干旱指标。该指数基于月值资料设计，综合考虑了前期降水、可能蒸散发、前期土壤湿度和径流因素，物理意义明确，被广泛应用在较长期的干旱监测与评估中。CMI 是在 PDSI 的理论框架下，基于每周平均温度和总降水计算的一个综合干旱指数。该指数对短期水分变化反应敏感，能够较好地反映短期农作物水分需求状况(Wilhite and Glantz，1985)，但对于农作物生长季干旱和长期干旱的监测不太适合(Karl，1986)。WSI 是基于农作物生长机理得到的，具有一定物理含义，能够比较准确地表达农业干旱致灾因子对农作物生长累积影响的指标。ARID 是基于土壤-植物-大气(SPA)系统并以天为时间尺度的干旱指标，与众多指标相比，其与模拟水分胁迫最为接近，且与农作物损失具有较好相关关系，是开展农作物旱灾风险研究的较好指标。

干旱指标强度的等级划分是开展干旱监测预警和分级防范的基础。不同国家(地区)根据自身应用的实际需求，将干旱程度划分为若干等级(中华人民共和国国家质量监督检验检疫总局和中国国家标准化管理委员会，2006；Sivakumar et al.，2011)。例如，中国将干旱程度划分为无旱、轻旱、中旱、重旱和特旱 5 个等级(中华人民共和国国家质量监督检验检疫总局和中国国家标准化管理委员会，2006，2008；中华人民共和国水利部，2008)；而美国干旱监测中心将干旱程度划分为 6 个等级，分别是无旱、轻旱、中旱、重旱、特旱和极端干旱(Svoboda et al., 2002)。由于不同国家(地区)的气候和自然条件差异，使得干旱等级划分的临界阈值很难有普适的标准。

在众多表征气象干旱强度的指标中，SPI 是一个具有相对普适性的指标，但不同国家的等级划分标准也有差异(表 1-5)。此外，Emmanuel(2011)参考 SPI 的计算原理，提出了标准化土壤水指数(SSWI)，其划分标准为：-1.5≤SSWI<-1 为中旱，-2≤SSWI<-1.5 为重旱，SSWI<-2 为特旱。SSWI 消除了原始指标的量纲，也具有较好的推广空间。

表 1-5 基于 SPI 指标的干旱等级划分标准

等级	中国	美国	巴西
无旱	-0.5<SPI	-0.5<SPI	-1.0<SPI
轻旱	-1.0<SPI≤-0.5	-0.7<SPI≤-0.5	
中旱	-1.5<SPI≤-1.0	-1.2<SPI≤-0.7	-1.5<SPI≤-1.0
重旱	-2.0<SPI≤-1.5	-1.5<SPI≤-1.2	-2.0<SPI≤-1.5
特旱	SPI≤-2.0	-2.0<SPI≤-1.5	SPI≤-2.0
极旱		SPI≤-2.0	

资料来源：*Agricultural Drought Indices*(Sivakumar et al., 2011)；*Standardized Precipitation Index User Guide* (Svoboda et al., 2012)；《GB/T 20481—2006 气象干旱等级》(中华人民共和国国家质量监督检验检疫总局和中国国家标准化管理委员会, 2006)。

PDSI 是目前应用最为广泛的一个农业干旱指标。参考 1965 年 Palmer 给定的等级划分标准，不同国家(地区)制定了适用于自身的等级划分标准(表 1-6)。该指标含义明确，且不同国家(地区)采用的等级划分标准具有一定的可比性，在全球尺度的旱灾研究中具有较好的适应性。

表 1-6 基于 PDSI 指标的干旱等级划分标准

等级	中国	美国	巴西
无旱	-1.0<PDSI	-1.0<PDSI	-0.5<PDSI
轻旱	-2.0<PDSI≤-1.0	-2.0<PDSI≤-1.0	-1.0<PDSI≤-0.5
中旱	-3.0<PDSI≤-2.0	-3.0<PDSI≤-2.0	-2.0<PDSI≤-1.0
重旱	-4.0<PDSI≤-3.0	-4.0<PDSI≤-3.0	-3.0<PDSI≤-2.0
特旱	PDSI≤-4.0	-5.0<PDSI≤-4.0	PDSI≤-3.0
极旱		PDSI≤-5.0	

资料来源：*Agricultural Drought Indices*(Sivakumar et al., 2011)；*Standardized Precipitation Index User Guide* (Svoboda et al., 2012)；《GB/T 20481—2006 气象干旱等级》(中华人民共和国国家质量监督检验检疫总局和中国国家标准化管理委员会, 2006)。

对比以上四类干旱指标，基于降水的干旱指标、土壤水分指标和农业旱情指标多从单一方面表征农业干旱，其中基于降水的干旱指标抓住了旱灾的主要诱发因子，具有简便、直观、可比性强的特点，但对下垫面水分需求状况的考虑不完备；土壤水分指标仅考虑土壤水分状况，并未涉及农作物自身特征；农作物旱情指标仅考虑旱灾影响结果。上述三类指标多不能揭示旱灾形成的内在机理。综合指标更加注重农作物旱灾形成机制的探讨，指标构建综合考虑了降水、蒸发、径流、土壤水分等因素，但往往由于土壤水分等数据获取难度大而使其推广应用受到限制。在诸多指标中，SPI 和 PDSI 指数由于具有相对统一的等级划分标准，数据获取相对容易，且在不同国家(地区)具有较好的可比性，是今后开展全球等大尺度农业干旱研究时优先考虑的指标。同时，基于不同农作物和不同区域旱灾的形成机理差异，今后需加强不同指标的区域适用性研究，特别是研究出适合不同农作物类型和不同区域特征的干旱指标参数和等级划分标准。但 SPI 和 PDSI 指数对旱灾形成的机理探讨不足，且表达干旱具有时间上的滞后性。随着遥感技术的发展，基于遥感影像数据、气象观测数据等多源数据，构建适用于大尺度、更新快、综合性强的干旱指标，具有较好的应用前景。

1.4.2 承灾体指标

承灾体的脆弱性是开展农作物旱灾风险研究的关键，可以从多个方面入手，构建其评价指标体系。起初 Wilhelmi 和 Wilhite(2002)主要从自然环境方面，选择季节性水分缺乏、土壤根间持水量、土地利用类型和可灌溉性 4 个指标构建了农业旱灾承灾体评价指标体系，并对美国内布拉斯加州农业旱灾脆弱性进行了评价。后来有学者 Shahid 和 Behrawan(2008)从社会经济和自然或结构两方面，选择人口密度、男女比例、贫困水平人口比重和农业人口比重 4 个社会经济指标，以及灌溉用地比重、土壤持水能力和单位面积农作物产量 3 个自然或结构指标，构建了孟加拉国西部地区旱灾脆弱性指标体系。中国学者以河北省为例，在县域尺度上构建了农业旱灾脆弱性评价指标体系，包括年降水量、水土流失侵蚀模数、土壤质量指数、冬小麦播种面积所占比例、灌溉指数、复种指数、单位面积农业劳动力、单位面积化肥施用量、单位面积产量、人均收入水平和人均粮食占有量 11 个指标，以探讨人为因素在农业旱灾形成过程中所起的作用(商彦蕊和史培军，1998)。此外，有学者探讨了行政村、地块等小尺度农业旱灾承灾体脆弱性指标体系的构建：在乡镇尺度上，以湖南省常德市鼎城区双桥坪镇为例，构建了行政村单元脆弱性评价指标体系，包含耕地平坦指数、水塘灌溉指数、人均收入、一季稻种植比例、单位面积劳动力投入等指标(崔欣婷和苏筠，2005)；在农户尺度上，以内蒙古兴和县为例，从农户家庭结构、农户耕地结构和农户收入结构三方面分别选择指标，构建了农户尺度旱灾风险评价指标体系(张建松，2011)。

1.4.3 孕灾环境指标

孕灾环境通过改变农业旱灾致灾因子强度和承灾体脆弱性，进而对农业旱灾灾情产生“放大”或“缩小”作用，且这种作用的研究主要集中在人为因素的影响方面。研究表明，人口对土地压力的增大，必将导致水土流失面积扩大，土壤层变薄，进而阻碍植被恢复，降低土壤涵养水源的能力，是造成水文干旱和农业干旱的重要孕灾因素之一(史德明，1996)。基于数量模型分析的结果表明，人为导致的水土流失在诱发和加剧水旱灾害方面的作用达60%～70%，即人为孕灾因素促进了旱灾的发生(张晓，1997)。

从宏观尺度来说，农业干旱的空间分布由纬度、海陆位置、季风、副热带高压和西风带环流以及ENSO等因素决定。这些因素决定了干旱区、半干旱区以及湿润区的分布和干旱的易发性程度，比如在干旱区或半干旱区内，大到地表、地下水资源的差异情况，小到地形特征的差异，均导致了农业旱灾的空间差异(李玉中等，2003；何艳芬等，2008)。因此，众多学者选择地貌类型、海拔高程、坡度等指标开展了农作物旱灾风险评估(贾慧聪等，2009；陈萍和陈晓玲，2011；Zhou et al.，2011)。平原区比丘陵地区更能抵抗旱灾(史培军等，1993)。地形较为一致的地表也存在由于土壤类型和农作物种类不同导致的灾害的空间差异性(王平和史培军，2000；尹衍雨，2012)；而社会经济发展水平、产业结构、农作物种植结构、基础灌溉设施建设、防旱抗旱保障体系建设以及人们防旱抗旱意识的强弱等也在一定程度上决定了旱灾孕灾环境的稳定性程度(唐明，2008)。

1.4.4 旱灾风险指标

农作物旱灾风险指标根据风险评价的定量化程度分为风险等级指数、损失量和损失率三种。旱灾风险等级指数是为表征风险相对高低而构建的指数，多通过基于指标体系的旱灾风险等级评估模型计算得到(Wu et al.，2004；Li et al.，2009；张建松，2011)。损失量则是通过统计数据分析、受控实验或者模型模拟的方法，得到不同受旱状况下，农作物相对于多年平均值或潜力产量的减产量(Richter and Semenov，2005；Dickin and Wright，2008；Zhao et al.，2011)。例如，有学者采用DASST模型模拟的方法，讨论了1962～2009年相对于冬小麦潜力产量而言由水分短缺造成的减产量(Zhao et al.，2012)。损失率由基于脆弱性曲线的风险评估计算得到，包括真实损失率和转化损失率两种(Lei et al.，2011；Jia et al.，2012；He et al.，2013；Xu et al.，2013；Jayanthi et al.，2014)。真实损失率是基于统计数据或模型模拟数据，计算受旱状况下农作物相对于多年平均值或潜力产量的减产率，如Lei等(2011)基于中国主要省份水稻单产统计数据，计算了其干旱年份水稻相对于多年平均值的产量损失率，评估了水稻的旱灾风险；Jia等(2012)基于EPIC模型模拟的方法，选用水分胁迫构建致灾因子指数，评估了中国玉米的旱灾损失率风险。转化损失率是基于农作物灾情数据和影响农作物旱灾脆弱性的相关数据，通过一定的转换公式计算得到。例如，Xu等(2013)基于中国玉米、小麦和水稻的灾情数据，在考虑农作物水分-单产系数的基础上，计算中国东部地区主要省市农作物旱灾损失率，开展了中国东部农业旱灾风险评估。

综上所述，农作物旱灾风险指标大多采用风险等级指数和损失量指标。近些年来，随着风险定量评估的不断发展，损失率指标已成为表征农作物旱灾风险的主要指标。

1.5 农作物旱灾风险评价方法

1.5.1 旱灾风险评价模型

旱灾风险评估模型是旱灾风险管理的科学工具(何川等，2010)，它决定着评价指标的选择和评价结果的表达。依据定量化程度的高低，旱灾风险评价模型可分为基于指标体系的旱灾相对风险等级评估、基于致灾因子超越概率或脆弱性曲线的半定量或定量化风险评估模型(史培军, 2011)以及基于模糊理论的定量化风险评估模型(表 1-7)。

表 1-7 旱灾风险评估模型

<table>
<tr><th colspan="2">评价模型</th><th>算法基础</th><th>模型案例</th></tr>
<tr><td rowspan="3">相对风险等级评估模型</td><td>加权求和法</td><td>层次分析法</td><td>$LDI=LDI_K+LDI_A+LDI_L$(IDB and IDEA, 2005)
$PVI=(ES+SF+LR)/3$(IDB and IDEA, 2005)</td></tr>
<tr><td>判断矩阵法</td><td>风险等级判断矩阵</td><td>农作物风险与农户脆弱性判断矩阵(张建松, 2011)</td></tr>
<tr><td>灾害指数法</td><td>指标乘积</td><td>$DRI_i=DDF_i \times DX_i \times (1-PDL_i) \times (1-AV_i)$ (Li et al., 2009)</td></tr>
<tr><td colspan="2">风险等级评估模型</td><td>致灾因子超越概率与脆弱性等级关系</td><td>综合风险等级 R=致灾强度超越概率(H)×减产率(Y)(张建松, 2011)</td></tr>
<tr><td colspan="2">旱灾风险评估模型</td><td>致灾因子超越概率与脆弱性曲线关系</td><td>$R=HI \times V$ (张建松, 2011)</td></tr>
<tr><td colspan="2">模糊推断模型</td><td>模糊数学</td><td>基于信息扩散的风险评估模型(黄崇福, 1999)</td></tr>
</table>

注：表中 LDI 为区域灾害指数；LDI_K 为区域内灾害造成的人口死亡指数；LDI_A 为区域内灾害影响人口指数；LDI_L 为区域内灾害造成的经济损失指数。PVI 为相对脆弱性指数；ES 为暴露性指数；SF 为社会经济相对脆弱性指数；LR 为恢复性指数。DRI 为旱灾风险指数；DDF 为干旱频次；DX 为干旱强度；PDL 为产量水平；AV 为旱灾适应能力。R 为旱灾损失风险；HI 为致灾强度超越概率；V 为旱灾承灾体脆弱性。

基于指标体系的旱灾相对风险等级评估[图 1-6(a)]，以指标体系构建为核心。计算方法包括加权求和法、判断矩阵法和灾害指数法。加权求和法认为，旱灾风险是诸影响要素的权重加和(IDB and IDEA, 2005；贾慧聪等, 2009)。判断矩阵法是在分别得到干旱致灾因子危险性等级和承灾体脆弱性等级的基础上，通过构建风险等级判断矩阵，开展旱灾风险评估的一种方法。基于农作物风险和农户脆弱性之间的风险判断矩阵，可以得到农户尺度的旱灾风险等级(张建松, 2011)。灾害指数法则认为旱灾风险是致灾因子危险性、承灾体脆弱性和暴露性的乘积(UNDP, 2004；Wu et al., 2004；Dilley et al., 2005；Li et al., 2009)，如 Li 等(2009)认为农作物产量损失风险是旱灾频次和强度、产量水平(即暴露度)和旱灾适应能力(即脆弱性)的乘积；Wu 等(2004)认为农业旱灾风险是致灾因子危险性(DHI)和承灾体脆弱性(DVI)的乘积。基于指标体系的旱灾相对风险等级评估模型数据易于获取，计算简便，能够识别区域旱灾风险的相对高低，科学筛选指标与合理确定权重是提高该类评估模型精确性的基础。

基于超越概率的旱灾风险评估[图 1-6(b)]，关注致灾因子危险性的定量表达。它是依据自然致灾因子发生的超越概率，结合承灾体的脆弱性特征，求取旱灾风险等级的计算模型(史培军, 2011)。相比基于指标体系的旱灾相对风险等级评估，该方法定量化程度较高，对干旱致灾因子研究更深入，但对脆弱性机制的研究还有待加强，所得到的是风险等级，而非实际的损失风险。

基于脆弱性曲线的旱灾风险评估[图 1-6(c)]，是基于承灾体脆弱性机理构建脆弱性曲线，据此计算未来的期望损失。因此，脆弱性曲线构建是该评估模型的关键与核心，随着农作物模型在灾害研究领域的引入而逐步兴起。常用的农作物模型包括 CERES 模型(Popova and Kercheva, 2005)、APSIM 模型(Huth et al., 2008)、EPIC 模型(贾慧聪, 2010；王志强等, 2010；Yin et al., 2014)等。在评价理论方面，有学者提出了“分区(即种植区划)-分时(即生育期)”拟合脆弱性曲线的思路(贾慧聪, 2010)。基于农作物灾情数据构建的脆弱性曲线拟合，为农作物干旱损失风险的定量评价提供了新的思路(Lei et al., 2011)。He 等(2013)通过计算农业旱灾的致灾因子(不同干旱强度的加权和)和脆弱性(生长季水分亏缺、土壤持水能力和灌溉能力)完成三种主要农作物(玉米、小麦和水稻)的旱灾风险评价。Elagib(2014)综合干旱的频次、持续时间、强度范围以及应对能力和产量水平对 Eastern Sahel 地区进行农业旱灾风险评价。总体而言，基于脆弱性曲线的旱灾风险评估，定量给出了不同旱灾致灾因子强度造成的期望损失量或损失率，评价结果精度较高，是未来旱灾风险评价模型的发展趋势。

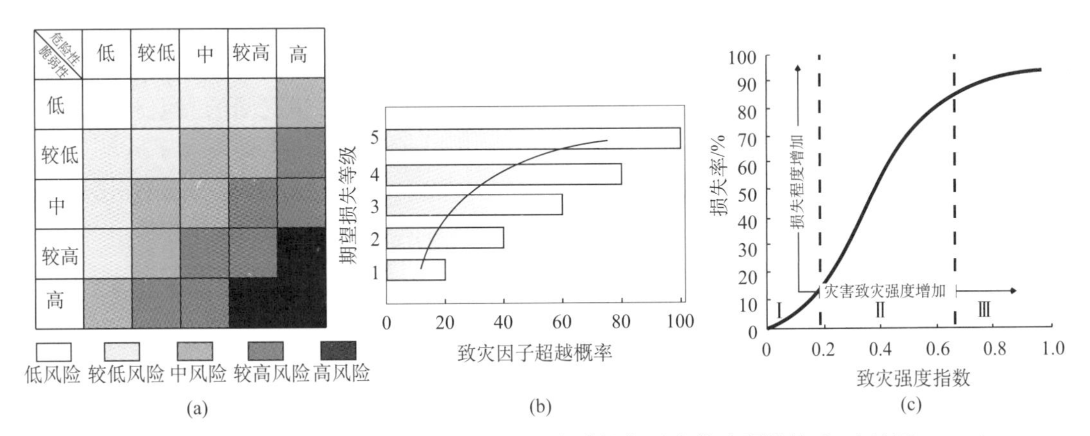

图 1-6 农作物旱灾风险计算模型中致灾因子危险性与承灾体脆弱性关系(史培军, 2011)

基于模糊理论的小样本数据风险评估，注重小观测样本的风险估算。它是以历史干旱灾情数据为基础，采用模糊数学的思想，计算灾害损失发生的可能性。这种方法最初由中国学者黄崇福(1999)提出，随后广泛应用在自然灾害风险评价中(刘新立等, 1998；张丽娟等, 2009)。在旱灾风险评价方面，有学者选择历史受灾率指数为指标，计算了研究区的旱灾风险水平(王积全和李维德, 2007；龚宇等, 2008；Hao et al., 2012)。如 Hao 等(2012)根据中国 583 个农业气象观测站 1991～2009 年干旱灾害数据，在县域尺度上对中国旱灾风险进行评估，并计算旱灾受灾指数(drought affected index, DAI)。基于历史灾情的模糊推断模型的理论基础是数理统计，所需数据仅为历史灾情数据，操作简便易行，可定量表达灾害损失风险，具有较好应用空间，但这种模型过分依赖于数理推导，缺乏对旱灾形成的自然、社会因素及其相互作用机理的考虑。

根据灾害系统理论，通常可以按所涉及指标的类型，将旱灾风险评估模型分为三类：①旱灾风险评估一度模型。该类评价是指仅基于降水量、径流、土壤水分、气温等要素，选择适宜的农作物干旱指数为评价指标，从发生概率、强度、影响范围等方面开展的农作物风险评估(Mpelasoka et al., 2008；Qian et al., 2009；Dai, 2011)，又被称为致灾因子危险性评估。开展评价时可选择的干旱指数，如降水距平百分率、Bhalme-Mooley 指数、SPI（McKee et al.，1993）、土壤有效水分储存量、PDSI（Palmer，1965）、CMI（Palmer，1968）、*Z* 指数（Palmer，1965）、农作物缺水指数、水分胁迫指数等。这些指标仅考虑了降水、气温、土壤水分要素，对农作物干旱机理难以揭示。②旱灾风险评估二度模型。该模型将旱灾风险定义为旱灾发生及其造成损失的可能性，表示为危险性和脆弱性的乘积（UNISDR，2004）。最初该类评估多是基于致灾因子危险性、承灾体脆弱性和暴露性指标体系的相对风险评估（Zhang，2004；Wu et al.，2004；Li et al.，2009）。近年来，随着农作物模型在灾害风险研究领域的引入，基于脆弱性曲线的旱灾风险研究逐步兴起（Jia et al.，2012；Wang et al.，2013）。③旱灾风险评估三度模型。认为孕灾环境稳定性是致灾因子危险性形成的重要指标（尹衍雨，2012），应将孕灾环境纳入致灾因子危险性评价之中。该模型将风险定义为孕灾环境稳定性、致灾因子危险性和承灾体脆弱性三者的函数。鉴于三者相互作用关系的复杂性，该类农作物旱灾风险评估目前主要集中在诸如中国西南地区、河南西部等山地区（Zhao et al.，2012），缺少全国或全球等大区域尺度的研究。

综上所述，现有模型表达的多为致灾因子危险性和承灾体脆弱性之间的定性或定量关系。由于对孕灾环境要素考虑不足，导致风险评价结果与现实灾情之间的时空对应关系不是特别理想。因此，从灾害系统理论观点出发，构建包含“孕灾环境-致灾因子-承灾体”三要素的风险评价模型，是未来旱灾风险评价模型研究的重点。此外，为提升评价结果的针对性和实用性，亟待开展分区、分时、分承灾体的风险模型研究，以便因地制宜、因时制宜地为世界各国开展农业旱灾风险防范提供定量参考。

1.5.2 脆弱性曲线构建方法

脆弱性曲线作为定量精准评估承灾体脆弱性的方法，最早被美国联邦保险机构应用于国家洪水保险中。近些年来，随着灾害风险研究的不断深入，脆弱性曲线被很多领域广泛应用，成为灾情估算、风险定量分析及风险地图编制的关键环节。可为农作物干旱脆弱性曲线构建提供参考的脆弱性曲线构建方法主要有四种（周瑶和王静爱，2012）。

基于灾情数据的脆弱性曲线构建。基于实际灾情数据构建的脆弱性曲线是利用灾情数据中致灾与成灾一一对应的关系，采用曲线拟合、神经网络等数学方法发掘出的脆弱性规律。灾情数据多来源于历史文献、政府灾情报表、实地调查或保险数据等。基于问卷和访谈等方式开展灾后实地调查，可以获取第一手数据，但较难应用于没有发生灾害的地区，且工作量较大。自然灾害保险相关险种的历史赔付清单，灾情信息记录较为完善精细，在一定程度上弥补了灾情记录缺乏的情况，可反映灾害的实际损失。从保险数据推定易损性曲线的方法，在北美、澳大利亚、日本等保险市场较为发达的地区或国家已得到有效应用。

基于已有脆弱性曲线的再构建，是在已有脆弱性曲线的基础上，通过研究区对曲线参数的本地化修正，形成新的脆弱性曲线。该方法既可以节省独立构建脆弱性曲线的工作量，也便于同类脆弱性曲线之间的比较，因此被较为广泛地应用。例如，有研究者引用 US Army Corps of Engineer 提供的洪水灾害建筑物脆弱性曲线，针对意大利的水灾灾情，对曲线参数进行了修正(De Lotto and Testa, 2000);在雪崩灾害研究中,研究者普遍采用Wilhelm提出的脆弱性曲线,根据研究区域的实际灾情数据,对该曲线参数进行修正和重构(Barbolini et al., 2004; Cappabianca et al., 2008)。

基于系统调查的脆弱性曲线构建,是基于承灾体价值调查和受灾情景假设,推测出不同致灾强度下的损失率,进而构建脆弱性曲线的方法,被称为系统调查法(Smith, 1994),在水灾脆弱性曲线研究中首次出现且应用广泛。系统调查法基于土地覆盖和土地利用模式、承灾体类型、调查问卷等信息,发掘致灾参数和损失的一一对应关系,进而构建曲线。这种方法在英国、澳大利亚等地的水灾脆弱性评估中也被广泛采用(Penning and Chatterton, 1977; Smith, 1994; 石勇, 2010)。

基于模型模拟的脆弱性曲线构建,是随着现代信息技术和计算机技术快速发展应运而生的。此方法的关键是在数字环境下,通过模型模拟方法,跟踪致灾因子和承灾体的相互作用过程,定量模拟出脆弱性曲线。在地震灾害中,大量研究者利用模型模拟的方法构建了以超越概率表示的结构理论易损性曲线。在旱灾研究中,有学者利用农作物生长模型模拟不同干旱致灾强度情景,并计算出相应的产量损失率,构建了农作物的旱灾脆弱性曲线(尹衍雨, 2012; Jia et al., 2012; Wang et al., 2013)。

目前农作物旱灾脆弱性曲线构建研究涉及如下3个方面:①基于历史统计数据,从气象产量的角度着手,研究不同干旱强度下农作物减产的情况(薛昌颖等, 2003; 刘荣花, 2008)。②基于历史统计数据和气象观测数据,从致灾强度和损失率统计关系着手,选择合适的表征干旱的指标拟合脆弱性曲线(Yamoaha et al., 2000; Lei et al., 2011; Xu et al., 2013; Jayanthi et al., 2014),如有学者选用WRSI和损失率为指标,构建了Kenya、Malawi和Mozambique三个国家的玉米旱灾脆弱性曲线(Jayanthi et al., 2014)。③基于农作物模型模拟数据,从农作物旱灾形成机理着手,根据致灾强度与损失率之间的Logistic关系,选择水分胁迫为致灾强度指标,损失率为脆弱性指标,构建了小麦、玉米等农作物的旱灾脆弱性曲线(尹衍雨, 2012; Jia et al., 2012; Wang et al., 2013),如有学者利用EPIC模型,通过模拟水分胁迫指数和玉米产量损失率,构建全球35个区的玉米旱灾脆弱性曲线(Yin et al., 2014)。

1.5.3 风险图谱编制

风险图谱可以从两个方面理解:“图”表现的是风险的空间特征,“谱”表示风险的起始与发生、发展的过程;图是静态的,可以看成某一时刻凝固的谱,谱是动态的,可看成是某一特征流动的图;图与谱结合而成的风险图谱,是风险在时间与空间动态变化的统一表达(王静爱等, 2003)。灾害系统图谱是将区域灾害系统理论与地学信息图谱理论有机结合,在GIS技术支持下,所形成的灾害系统时空融合的系列地图。

“系列”指的是相关联的成套事物。旱灾风险系列图是指与旱灾风险相关的图的有机组合,如地形、降水、温度等可以组成干旱孕灾环境系列图。“图”主要是指空间信息图面表现形式的地图。“谱”是众多同类事物或现象的系统排列,是按事物特性所建立的系统或按时间序列所建立的体系,如风险的年遇型系列等。而图谱是指经过分析综合的地图、图像、图表形式，是“图”和“谱”的结合，兼有“图形”与“谱系”的双重特性，是能同时反映事物和现象空间结构特征与时空动态变化规律的图形表现形式和分析研究手段(廖克，2002)。

图1-7是构建旱灾风险图谱的概念模型。它是基于灾害系统理论和数据库基础，针对某种农作物和特征的风险计算方法，从不同空间单元尺度和不同时间年遇型尺度构建的风险等级图谱。

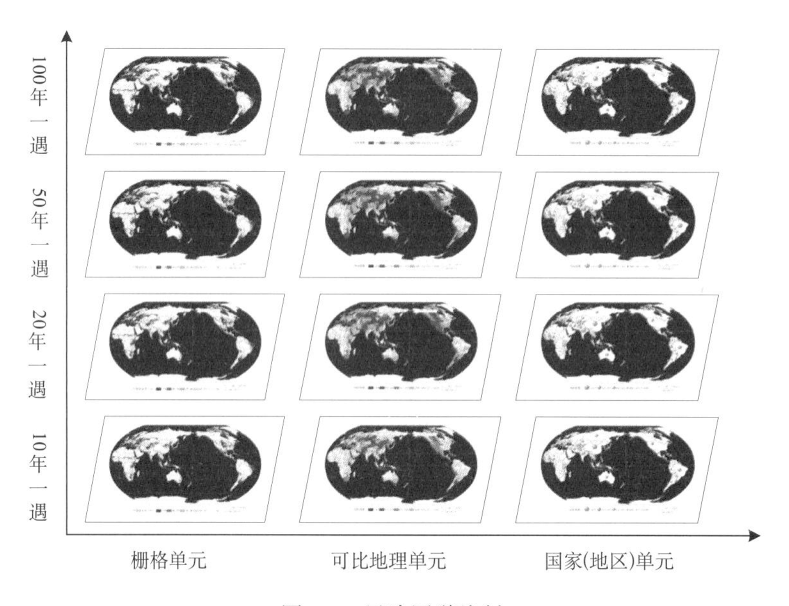

图1-7 风险图谱编制

编制旱灾风险图谱是旱灾风险格局研究的基本任务之一，也是风险防范的一项重要的非工程措施，能够为干旱高风险区的损失评估、防灾减灾区域管理与决策的制定提供科学依据。

1.6 农作物旱灾风险评价

1.6.1 主要农作物需水量与旱灾

农作物需水量是指农作物在适宜的土壤水分和肥力水平下，经过正常生长发育、无病虫害并达到高产时的植株蒸腾、蒸发以及构成植株体的水量之和(郭庆法等，2004)。单位多为某时段或全生育期所消耗的水层深度(mm)或单位面积上的水量(m^3/亩①)。影响农作物需水量的要素包括气象因素和非气象因素(陈玉民，1995)。气象因素包括辐射、温度、日照、湿度和风速等；非气象因素包括土壤水分状况、农作物品种及生长发育阶段、农业技术措施、灌溉排水措施等。其中，气象因素不仅影响农作物需水量的区域性变化，也制

① 1亩≈666.7 m^2。

约同一地区农作物需水量值的阶段性变化。在诸多气象因子中，太阳总辐射量和日照时数的制约作用最为重要。由于农作物分布区域、生长环境和栽培条件的不同，其需水量各不相同，但又有其大致的范围和一定的规律。

玉米全生育期的需水量，随品种类型、环境条件和栽培条件不同而变化，并且在各个生育时期需水量也不同，特点是前期需水少，中期需水多，后期偏少(农业部种植业管理司，2004)。玉米苗期适当控水，能增加根叶比，构成合理的营养体结构。拔节期以后，随着植株体的生长和雌穗生长锥的发育，玉米耗水量增加，对缺水极为敏感。拔节–抽丝期，植株体生长至最大，是玉米的需水高峰时期、对缺水最敏感的时期。至籽粒形成期，需水程度和对缺水的敏感程度仅次于抽丝期。从乳熟期起直至完熟期，耗水强度和对缺水的敏感程度低于籽粒形成期，但高于苗期。总之，苗期比较耐旱，需水少，从拔节开始需水量增加，抽丝前后需水量最大，乳熟之后需水明显减少，以后越来越少，但仍比苗期多，直至完全成熟，终止需水。

小麦整个生育期内，叶面蒸腾与棵间蒸发的变化互为消长，其中叶面蒸腾占60%～70%，棵间蒸发占30%～40%(李彩霞和马三力，2006)。幼苗和分蘖期，叶面蒸腾量较小，随着小麦植株生长加快，叶面积增加，蒸腾量加大。当田面大部分被覆盖时，棵间蒸发量下降，叶面蒸腾成为决定需水量大小的主要因素。小麦三叶期是由异养转为自养的时期。三叶期开始长次生根，产生分蘖，同时生长点也转向穗分化；对水分的需求量迅速增加，此时受旱对产量影响大。拔节孕穗期，是小麦一生耗水量最多的时期，即平时所说的需水临界期，缺水则小花退化增多，穗粒数减少，对产量影响更大。开花期缺水则影响受粉，灌浆期受旱则降低千粒重。

水稻日需水量随植株体的生长，在整个生长季内的各生长阶段有所不同。实验表明，水稻生育过程中，任何一个生育时期受旱都会影响其生长发育，但以返青、花粉母细胞减数分裂、开花与灌浆四个时期受旱对产量影响最大。其中，幼穗发育期，由于叶面积较大，光合作用强，新陈代谢旺盛，是水稻一生中需水量最多的时期。若在幼穗期受旱，则会抑制枝梗、颖花原基分化，粒数减少，结实率下降。抽穗开花和孕穗期，是水稻对水分最敏感的时期，缺水容易造成“卡脖子旱”，抽穗开花困难，包颈白穗多，结实率不高，严重影响产量。而灌浆期受旱则降低千粒重、结实率，严重影响产量和品质。

水分不足常常对农作物的生长发育产生显著的影响，导致组织、器官和个体的衰老、脱落和死亡。在长期的或严重的水分胁迫下，常常造成不可逆的代谢失调，严重抑制生长，影响发育和产量，甚至造成局部死亡。例如，夏玉米苗期、灌浆后期对干旱反应不敏感；抽穗开花期对干旱反应最敏感；且离抽穗开花期越近对干旱反应越敏感(孙景生等，1999)。研究表明，与适宜水分处理相比，随着干旱时期的后移，小麦产量呈降低的趋势(刘祖贵等，2008)。播种–拔节期干旱减产最少，仅为5.97%，水分利用效率最高，达2.12 kg/m^3；抽穗–成熟期干旱千粒重最低，为32.28 g，减产最多，达17.86%。受旱导致水稻结实率降低，进而导致其产量下降；而在分蘖期，中度干旱可以提高水稻分蘖，但较之充分灌溉对产量影响不大；不同生育阶段相对蒸腾和相对叶片发育结果显示，拔节孕穗期的敏感性最高(Davatgar et al.，2009)。

1.6.2 玉米旱灾风险评价研究

玉米因其需水量较高，受缺水影响，极易遭受旱灾。针对玉米旱灾风险，已有学者在干旱监测、灾害指标和风险阈值确定及风险评估等方面进行许多有益的研究。在玉米干旱监测方面，有学者基于 CSDI 指标，监测了美国内布拉斯加中东部玉米生长季内干旱状况，并探讨了与玉米减产之间的关系(Meyer et al., 1993)。在玉米干旱灾害指标方面，有学者选用基于土壤-植被-大气系统并以天为时间尺度的农业干旱参考指数(ARID)为评价指标，分析了中国西南地区玉米干旱时空分布特征，并验证了该指标在西南地区的适用性(刘宗元等, 2014)。在风险阈值确定性方面，有学者运用最优分割理论，选取典型干旱案例年，确定了辽西北地区玉米不同生长阶段的干旱灾害风险阈值(王翠玲等, 2011)。

在玉米旱灾风险评估方面，从农作物生长季关键物候期角度，有学者通过构建旱地玉米产量的潜在风险计算模型，评价了美国内布拉斯加州玉米生长季关键物候期的实时产量风险(Wu et al., 2004)。从风险定量评估角度，有学者基于玉米历史产量数据和卫星降水数据，选用 WRSI(water requirement satisfaction index)和损失率为指标，构建了肯尼亚、马拉维和莫桑比克三个国家的玉米旱灾脆弱性曲线，计算了不同年遇型下玉米损失率(Jayanthi et al., 2014)。中国学者也从不同方面分别开展了研究，有学者基于玉米生育期内气象站历史观测数据和玉米产量，构建了玉米干旱灾害风险指数计算模型，分析了河北省玉米干旱灾害风险指数的区域分异规律(张文宗等, 2008)。为弥补地面气象观测站数据在时空上的不足，也有学者基于气象、农业、遥感等多元集成数据，采用 SOM 方法，评估了玉米生长季和不同生育期的旱灾风险(Liu et al., 2013)。在玉米风险定量评估方面，有学者在受控实验和 EPIC 模型模拟的基础上，拟合中国典型玉米品种“单玉十三”的脆弱性曲线，开展了中国玉米旱灾风险“分区-分时”评价(贾慧聪等, 2009, 2011; Jia et al., 2012)。此外，有学者基于日降水量数据、历史灾情数据、社会经济数据和农作物生育期数据，选择连续无雨日数为致灾强度指数，折合损失率为承灾体指标，构建了包括玉米在内的三种主要农作物的旱灾脆弱性曲线，开展了中国东部地区玉米旱灾风险评估研究(Xu et al., 2013)。随着玉米旱灾研究的不断深入和农作物模拟模型的引入，基于脆弱性曲线的玉米旱灾风险定量评估研究成为未来的发展趋势。

1.6.3 小麦旱灾风险评价研究

小麦是一种在世界各地广泛种植的禾本科植物，也是世界上总产量位居第二的粮食作物。小麦旱灾风险评价研究主要涉及以下 4 个方面：①基于指标综合法的小麦旱灾风险评价。该类风险评价采用相对风险等级表达小麦旱灾风险的高低，评价指标体系的构建和各指标权重的确定是其核心(贾慧聪等, 2009; 李宁等, 2012; 吴荣军等; 2013)。例如，有学者采用层次分析法和灾损率法分别对安徽省小麦旱灾风险进行了评估，并将制作的风险区划图与旱灾实际分布进行对比，发现灾损率法因排除了人为因素的影响，使结果更加接近实际情况(李宁等, 2012)。②基于受控实验的小麦旱灾风险评价。受控实验是指从小麦的生理特征出发，在盆栽或田区分块实验中，通过控制不同的灌溉量得到不同土壤水分亏缺情景下的小麦减产状况(王素艳等，2003；薛昌颖等，2003；霍治国等，2006；Dickin and Wright，2008)。国外有学者通过控制实验的方法，探讨了冬季积水和夏季缺水对冬小麦(Triticum aestivum L.)生长和单产的影响(Dickin and Wright，2008)；国内有学者通过设定非灌溉与灌溉两种不同的背景，研究了北方地区干旱对冬小麦产量影响的风险水平(王素艳等，2003)。③基于动态评估法的小麦旱灾风险监测评估。它是通过构建一定时间段内的干旱指数(SPI、CMI等)与小麦减产之间的关系，用基于监测的干旱指标评估小麦损失风险。目前该类研究主要集中在基于气象干旱指标的小麦旱灾风险动态评估(Quiring and Papakryiakou，2003；欧阳秋明，2012)。例如，有学者采用回归分析的方法，探讨了小麦(western red spring wheat)实际产量与SPI、PDSI、帕尔默 Z 指数和NOAA干旱指数之间的关系(Quiring and Papakryiakou，2003)。④基于农作物模型模拟的小麦旱灾风险评价。该类研究包括气候变化对小麦产量影响(Wu et al.，2004；Richter and Semenov，2005；Zhao et al.，2011)和基于脆弱性曲线的小麦风险评价两个方面。前者是在气候模型输出的气候数据变量的驱动下，模拟气候变化对小麦单产的影响(Richter and Semenov，2005)。在基于脆弱性曲线拟合的风险研究方面，有学者基于EPIC模型，分别拟合了春小麦永宁4号和冬小麦温麦6号的自然脆弱性曲线，开展了中国小麦旱灾风险评价(王志强，2008)。

综上所述，基于指标体系的风险等级评估和基于动态评估法的风险监测评估研究较多，且计算简便易行，但是缺少对成灾机制的探讨。基于受控实验和模型模拟的研究，可探究小麦旱灾的形成机制，但基于受控实验的研究较为耗时耗力。近年来，农作物模型在灾害风险研究领域的引入，为未来气候变化背景下小麦旱灾风险评价和小麦旱灾形成机制研究提供了极为有利的工具。

1.6.4 水稻旱灾风险评价研究

水稻旱灾风险评估包括基于指标综合法的相对风险等级评估和基于产量损失概率的风险评估两种。在相对风险等级评估方面，国外有学者利用降水、农作物产量等数据，对加纳包括水稻在内的多种农作物进行旱灾风险评估，研究表明Upper East和Upper West区域耕作严重依赖雨水灌溉，为风险较大区域，只有部分农作物能够正常生长(Antwi-Agyei et al.，2012)。国内学者也从如下不同方面开展了研究：①基于灾害系统理论的水稻旱灾风险等级评估，如从水稻旱灾发生的可能性、成灾环境、承灾体脆弱性等方面选取灾害频率、灾害范围、灾害强度、社会经济等指标计算旱灾风险等级(罗伯良，2011)。②不同生育阶段的气候旱灾风险评估，如有学者在分析四川省水稻不同生育阶段干旱等级发生概率的基础上，构建了水稻气候旱灾风险模型，评估了四川水稻旱灾风险(袁淑杰，2013)。③服务于保险费率厘定的水稻旱灾风险评估，如从保险的角度，采用正态分布模型分别对春季和夏季水稻降水量指数等旱灾保险参数进行了风险评价和费率厘定(赵建军，2011)。

基于产量损失概率的水稻旱灾风险评估可分为以下两种：①基于历史统计数据的水稻旱灾风险评估。它是以产量统计数据或历史灾情数据为基础，基于折算公式计算水稻损失

(率)，选择合适的干旱指标，从致灾强度和损失(率)的统计关系着手，拟合脆弱性曲线完成水稻旱灾风险定量评估(Lei et al.，2011；Xu et al.，2013)。例如，使用降水亏缺百分比作为致灾因子强度，建立该指数与受灾面积百分比的关系曲线，完成了中国中季稻的旱灾风险评价(Lei et al.，2011)。②基于农作物模型模拟数据的水稻旱灾风险评估。它是基于农作物模型模拟的产量和水分胁迫数据，计算旱灾致灾强度和水稻损失率，从水稻旱灾形成机理着手，拟合脆弱性曲线完成水稻旱灾风险定量评估(何飞，2010；孙可可等，2013)。例如，基于 EPIC 模拟模型，选取水稻生长期水分胁迫指数和产量损失率作为旱灾致灾因子强度和脆弱性指标，通过非线性回归分析的方法，拟合了晚稻-汕优 63 旱灾脆弱性曲线，完成了湖南蒸水流域水稻旱灾风险评价(何飞，2010)。

水稻旱灾风险评价以基于指标综合法的相对风险(风险)等级评估为主，其计算简单易行，但评估精度较低，难以满足目前较高的应用需求；基于产量统计数据或灾情数据所开展的水稻旱灾风险评估，虽实现了水稻旱灾风险的定量评估，却难以剔除非旱灾要素的影响。相比之下，基于农作物模拟模型的水稻旱灾风险评估，不仅能够模拟因干旱导致的水稻产量损失，且能够解析水稻旱灾形成机制，是未来水稻旱灾风险评估的发展趋势。

1.7 本书研究框架

本书选择主要农作物玉米、小麦和水稻为承灾体，探讨气候变化背景下全球尺度农作物旱灾风险定量评价的方法。研究框架(图 1-8)由以下 5 个部分组成：①理论基础。地域分异理论、区域灾害系统理论(图中 H 表示致灾因子强度，V 表示承灾体脆弱性，E 表示孕灾环境，R 表示风险)和地学信息图谱理论是本书开展研究的理论基础。地域分异理论指导全球作物适宜性分区的划分；区域灾害系统理论指导 SEPIC-V-R 风险模型的构建；地学信息图谱理论指导风险图谱的编制。②数据基础。全球农作物旱灾风险评价数据包括原始数据、派生数据和结果数据三个部分。在微软 Windows 7(64 位版本)操作系统条件下，基于 ArcEngine 10.1 与 C#语言，构建了世界农作物旱灾风险评价系统平台。③模型空间化及致灾因子评价。模型空间化过程是 Spatial EPIC 模型构建的过程。在分区敏感性参数识别的基础上，实现 EPIC 模型的参数空间化；通过输入的孕灾环境数据中的经纬度信息，实现 EPIC 模型的数据空间化。基于构建的 Spatial EPIC 模型分别识别玉米、小麦和水稻适宜种植区的敏感性参数，模拟全球玉米、小麦和水稻的产量和水分胁迫，评估各作物致灾因子危险性。④SEPIC-V-R 风险模型构建。基于 Spatial EPIC 模型，通过引入脆弱性评价和风险计算模块，构建适用于大区域尺度的 SEPIC-V-R 风险模型。脆弱性评价模块具有脆弱性曲线拟合和脆弱性曲面拟合的功能。风险计算模块可实现基于历史重现期的农作物旱灾风险和基于未来气候情景的农作物旱灾风险的计算。⑤风险制图。在编制可比地理单元底图的基础上，探究反映世界旱灾风险规律的分级方法和地图表达方法。首先，编制基于网格、可比地理单元、国家(地区)三种空间分辨率的世界玉米、小麦和水稻旱灾风险系列图谱。其次，基于这三种作物风险评价结果，计算综合旱灾风险，并编制世界农作物综合旱灾风险图谱。最后，确定中国玉米、小麦、水稻和农作物旱灾风险在世界的位置。

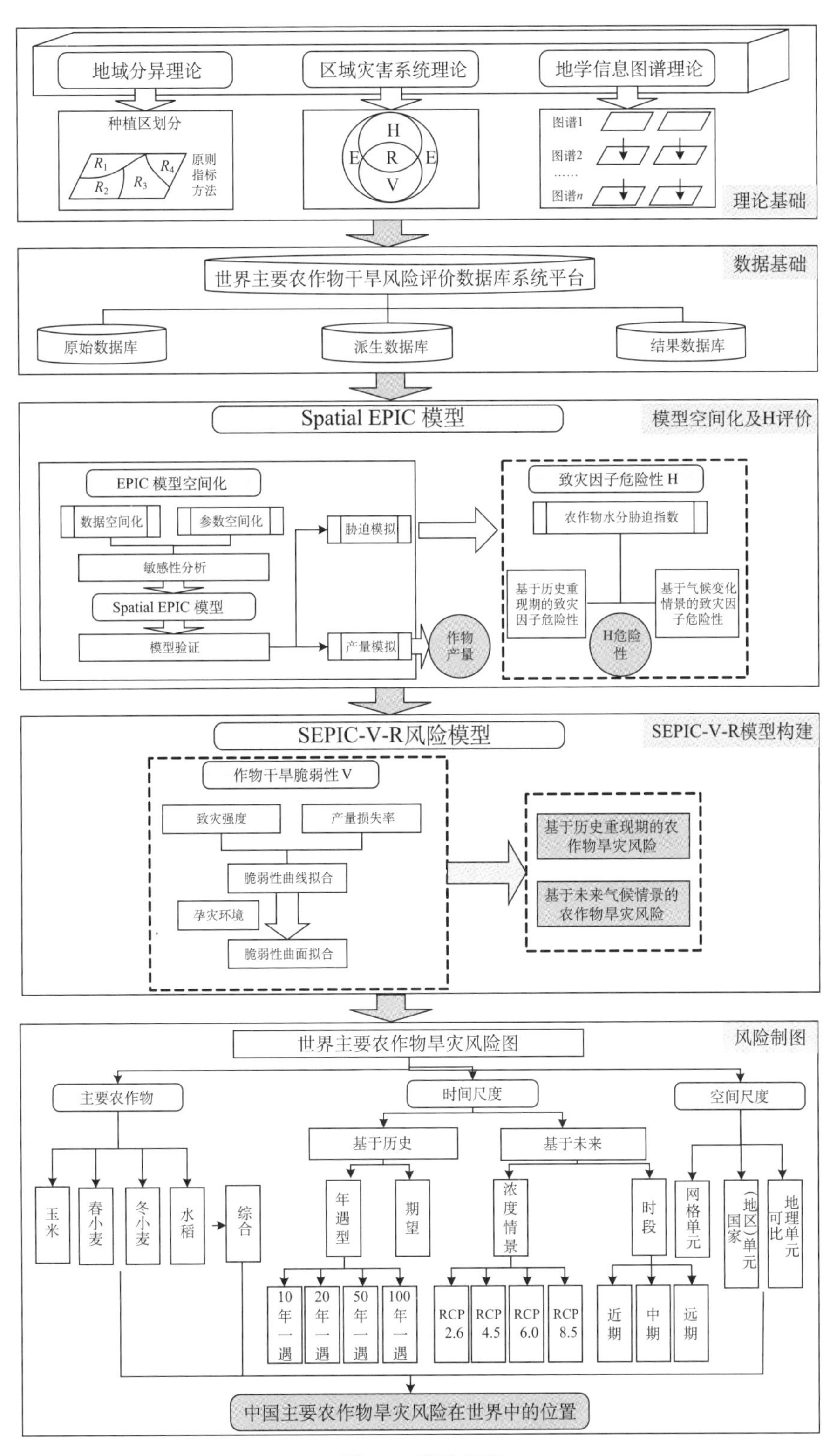

地域分异理论
区域灾害系统理论
地学信息图谱理论
种植区划分
R_1
R_2
R_3
R_4
原则
指标
方法
H
E
R
E
V
图谱1
图谱2
……
图谱n
理论基础
数据基础
世界主要农作物干旱风险评价数据库系统平台
原始数据库
派生数据库
结果数据库
Spatial EPIC 模型
模型空间化及H评价
EPIC 模型空间化
数据空间化
参数空间化
敏感性分析
Spatial EPIC 模型
模型验证
胁迫模拟
产量模拟
作物产量
致灾因子危险性H
农作物水分胁迫指数
基于历史重现期的致灾因子危险性
基于气候变化情景的致灾因子危险性
H危险性
SEPIC-V-R风险模型
SEPIC-V-R模型构建
作物干旱脆弱性V
致灾强度
产量损失率
脆弱性曲线拟合
孕灾环境
脆弱性曲面拟合
基于历史重现期的农作物旱灾风险
基于未来气候情景的农作物旱灾风险
风险制图
世界主要农作物旱灾风险图
主要农作物
时间尺度
空间尺度
玉米
春小麦
冬小麦
水稻
综合
基于历史
基于未来
年遇型
期望
浓度情景
时段
网格单元
国家(地区)单元
地理可比单元
10年一遇
20年一遇
50年一遇
100年一遇
RCP 2.6
RCP 4.5
RCP 6.0
RCP 8.5
近期
中期
远期
中国主要农作物旱灾风险在世界中的位置

图 1-8 研究框架

第2章 主要农作物旱灾风险评价数据库系统[*]

世界主要农作物旱灾风险评价数据库系统(SEPIC-V-R DBS)是开展全球尺度主要农作物旱灾风险评价研究的基础，决定了评价的可行性和时空精度。该数据库系统构建有4个基本维度(图2-1)：一是理论基础，强调主要农作物(玉米、小麦和水稻)旱灾系统中孕灾环境要素、致灾因子要素和承灾体要素的数据指标构建；二是EPIC模型，以模型需求为基础，构建各输入-输出指标数据；三是数据生成过程，表征由基础数据、派生数据与评价数据得到最终结果数据的处理流程；四是基本数据格式，主要有两种栅格单元数据，即10km×10km和0.5°×0.5°网格单元；两种矢量单元数据，即可比地理单元和国家(地区)单元。

2.1 主要农作物旱灾风险评价基础数据库

主要农作物旱灾风险评价基础数据库是以EPIC模型输入数据为基础建立的原始数据库，包括主要农作物生长环境数据、管理数据、品种属性数据和实际产量[①]数据四类。其中，前三类是EPIC模型的直接输入数据或相关数据，实际产量数据是用于模型校准的参考值。

2.1.1 主要农作物生长环境数据

主要农作物生长环境数据是指与主要农作物生长密切相关的周边环境指标及相关参数，包括种植范围数据、高程数据、坡度数据、土壤数据和气象数据等。

1. 主要农作物种植范围数据

主要农作物生长范围数据由威斯康辛大学纳尔逊环境研究所可持续发展和全球环境中心(SAGE)制作，麦吉尔大学土地利用和全球环境实验室(LUGE)提供。Monfreda等(2008)以2000年的数据为基础计算了全球多种主要农作物的分布区和产量等。数据分为ASCII格式和NetCDF格式两种(表2-1)。这些数据主要用于确定玉米、小麦和水稻三种主要农作物的全球分布范围，从而对这些区域的主要农作物进行模拟和旱灾风险评价。

本书中的主要农作物生长范围数据空间分辨率为5′×5′，将ASCII文件转换成栅格文件，并进行重采样及栅格捕捉，生成与前述0.5°×0.5°基本单元一致的主要农作物生长范围数据。

---

* 本章执笔人：郭浩、尹圆圆、张兴明、连芳、王静爱。

① 本书中的产量如无特别说明均指单位面积产量，即单产。

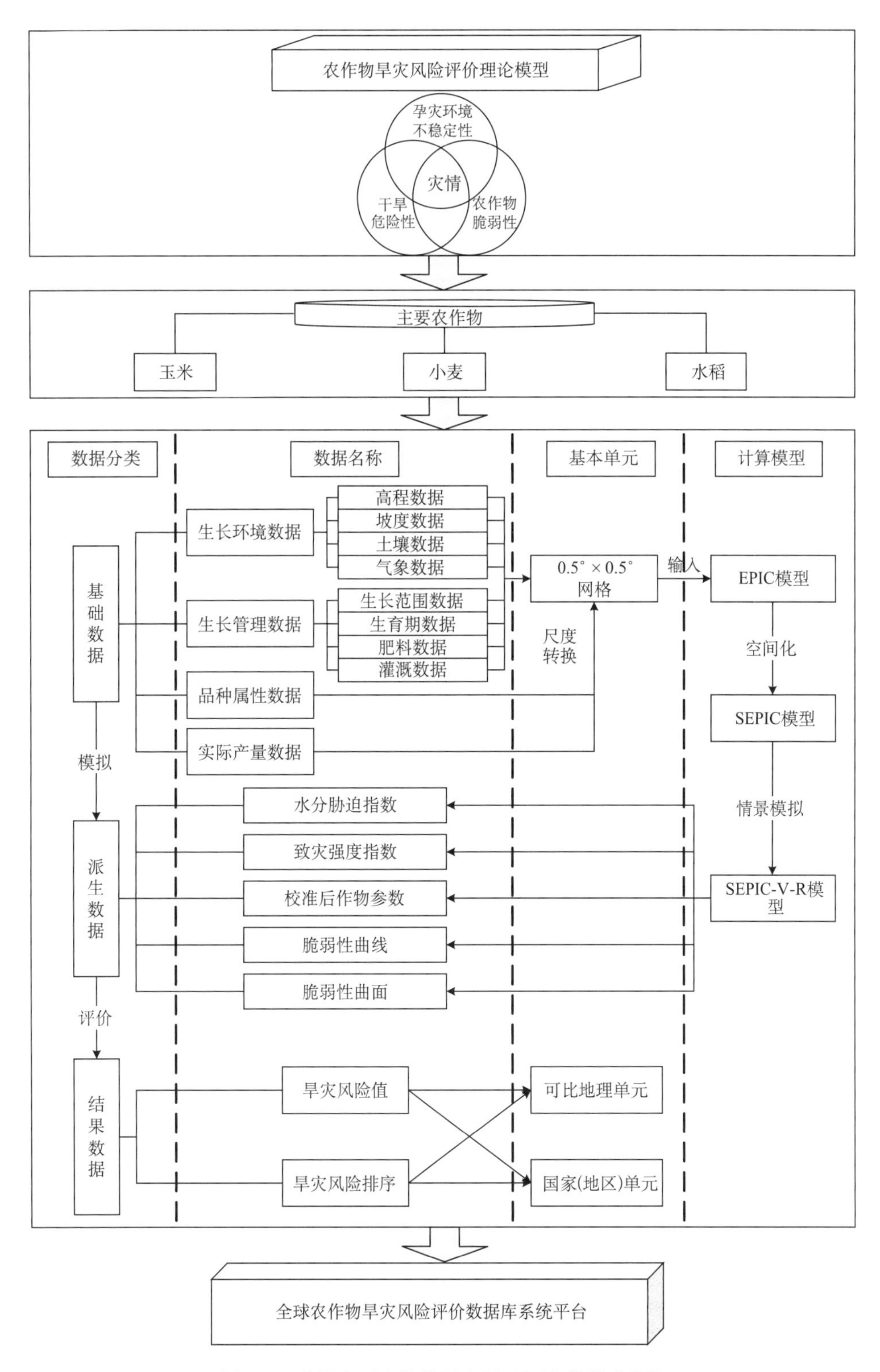

图 2-1　世界主要农作物旱灾风险评价数据库框架

其中对于小麦而言，冬小麦和春小麦的属性差异明显，模拟过程中需要区别对待。依据 CIMMYT 发布的小麦种植习性分布图(CIMMYT，2005)，将小麦的种植范围划分为冬小麦种植分布区和春小麦种植分布区。

表 2-1　主要农作物种植范围数据信息表

<table>
<tr><td>数据名称</td><td colspan="2">主要农作物种植范围数据</td></tr>
<tr><td>数据类别</td><td colspan="2">世界主要农作物种植范围</td></tr>
<tr><td>提供机构</td><td colspan="2">麦吉尔大学 LUGE</td></tr>
<tr><td>数据来源</td><td colspan="2">http://www.ramankuttylab.com/data.html</td></tr>
<tr><td>空间分辨率</td><td colspan="2">5′×5′</td></tr>
<tr><td>时间分辨率</td><td colspan="2">2008 年</td></tr>
<tr><td>储存格式</td><td colspan="2">栅格数据(tif 格式)</td></tr>
<tr><td>示例</td><td> 世界玉米种植范围</td><td> 世界春小麦种植范围</td></tr>
<tr><td>示例</td><td> 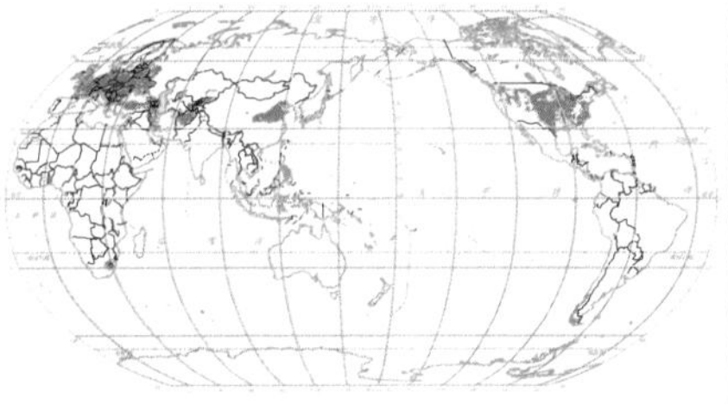世界冬小麦种植范围</td><td> 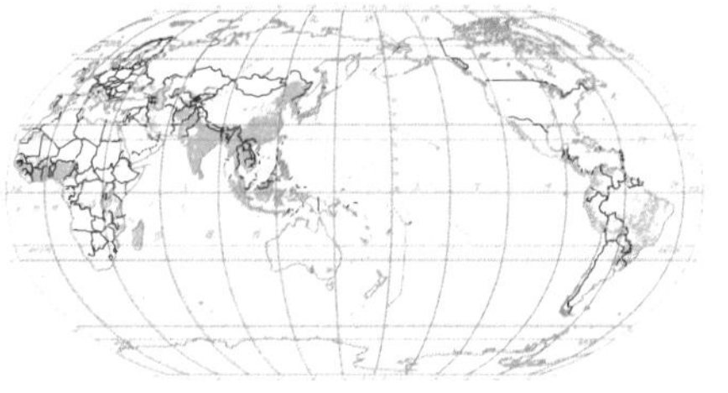世界水稻种植范围</td></tr>
<tr><td>用途</td><td colspan="2">EPIC 模型输入数据</td></tr>
<tr><td>处理方法</td><td colspan="2">ArcGIS 软件中，通过重采样操作，转化成 0.5°×0.5°网格。然后采用栅格捕捉操作使重采样后的栅格图层与气象数据空间分布对应</td></tr>
</table>

2. 全球地形数据

全球地形数据主要包括全球高程数据(DEM)和坡度数据。DEM 数据来源于美国地质勘探局(USGS)(USGS，1997)，为栅格格式，空间分辨率为 0.0833°×0.0833°。坡度数据来源于联合国粮食及农业组织(FAO)的全球农业生态系统评价数据库(IIASA/FAO，2010)，也为栅格格式，空间分辨率为 0.0833°×0.0833°(表 2-2)。高程数据和坡度数据均为 EPIC 模型的输入数据，是支撑 EPIC 模型进行模拟的必要数据。由于本书进行主要农作

表 2-2　全球地形数据信息表

数据名称	地形数据	
数据类别	全球高程数据(GTOPO30)	全球坡度数据
提供机构	USGS	FAO
数据来源	ftp://edcftp.cr.usgs.gov/data/gtopo30/global/	http://www.gaez.iiasa.ac.at
空间分辨率	0.0833°×0.0833°	0.0833°×0.0833°
时间分辨率	1996 年	2002 年, 2006 年
储存格式	栅格数据(tif 格式)	
示例	高程图	坡度图
用途	EPIC 模型输入数据	
处理方法	ArcGIS 软件中，通过重采样操作，转化成 0.5°×0.5°网格。然后采用栅格捕捉操作使重采样后的栅格图层与气象数据空间分布对应	

物旱灾风险评价的最小基本单元为 0.5°×0.5°网格，因此，需要对地形数据进行处理。在 ArcGIS 中，通过栅格重采样将地形数据的空间分辨率统一转化为 0.5°×0.5°。

3. 全球土壤数据

全球土壤数据包括土壤类型栅格数据和各类土壤剖面属性数据。EPIC 模型运行需要输入大量的土壤属性数据来描述土壤的理化特性。土壤剖面属性数据用来描述土壤剖面每一层的物理和化学性质，共计 43 个指标，如土壤容重(BD)、田间持水能力(FC)、土壤酸碱度(pH)、阳离子交换能力(CEC)等。如果有某些数据不完备，可用 EPIC 模型默认值代替。

本书所使用的土壤数据来源于国际土壤参数与信息中心(International Soil Reference and Information Centre, ISRIC)提供的数据集(Batjes, 2012)。其包括土壤类型分布数据和土壤属性数据(mdb 格式)。土壤类型分布数据空间分辨率为 10km×10km，土壤类型对应全球不同地区的土壤类型，根据 FAO 土壤分类进行编号。土壤属性数据包含全球 4932 个土壤属性剖面，每个剖面包括 1～5 层土壤数据，每层包括土壤的各项参数，如土壤厚度、阳离子交换浓度、粗碎屑含量、电导率、含砂量、含黏粒量、土壤容重、pH、土壤有机质碳含量和碳酸钙含量等指标(表 2-3)。需要指出的是，在全球范围内，并非所有的土壤属性都适用于农业种植。因此，根据土壤属性，将类别为 WR(海洋或内陆水)、GL(冰川和积雪)、RK(出露岩石)的三种土壤剔除。为了与 DEM 等栅格图层尺度相匹配，需要对

表 2-3 土壤剖面属性数据

字段	类型	长度	小数位数	项目	单位
ID	C	8	—	土壤代码	—
Z	N	8	3	土层厚度	m
BD	N	8	3	土壤容重	t/m^3
FC	N	8	3	土壤含水量	mm/m
SAN	N	8	1	砂粒含量	%
SIL	N	8	1	黏粒含量	%
WOC	N	8	2	有机碳	%
pH	N	8	1	pH	—
CAC	N	8	2	碳酸钙含量	%
CEC	N	8	3	阳离子交换浓度	cmol/kg
ROK	N	8	3	粗碎屑含量	% vol
ECND	N	8	3	电导率	mmho/cm

各指标数据进行尺度转换。在 ArcGIS 中对栅格数据进行重采样，转换成 0.5°×0.5°网格数据。

4. 全球气象数据

本书所用的 1971～2099 年全球每日气象数据(Hempel et al., 2013)是 HadGEM2-ES 模型输出的结果，空间分辨率为 0.5°×0.5°，涉及 4 个 RCP 情景(RCP 2.6、RCP 4.5、RCP 6.0 和 RCP 8.5)。该数据是由德国联邦教育与研究部(German Federal Ministry of Education and Research, BMBF)资助的 ISI-MIP 项目提供的。其中，1971～2004 年的数据是基于实际气象观测数据处理得到的。包括太阳辐射、最高温度、最低温度、降水量、相对湿度和平均风速等。

对于气象资料不完备的数据，可通过 EPIC 模型自带的 WXPARM 软件，根据各站点逐月气象要素统计变量序列，计算插补缺少的日值气象数据(表 2-4)，以供主要农作物产量的长期预测和模拟使用。逐月气象要素统计变量参数主要包括：逐月最高气温(TMX)、逐月最低气温(TMN)、逐月最高气温标准差(SDMX)、逐月最低气温标准差(SDMN)、逐月平均降水量(PRCP)、逐月日降水量标准差(SDRF)、逐月日降水量偏态分布系数(SKRF)、逐月雨天之后为晴天的概率(PW | D)、逐月雨天之后为雨天的概率(PW | W)和逐月平均降水日数(DAYP)等(表 2-5)。根据 1971～2004 年的气象数据，建立了研究所需的气象月值数据库(.WP1 文件，一个网格一个文件)。

表 2-4 气象日值数据示例

年	月	日	太阳辐射 /(MJ/m²)	最高温度 /℃	最低温度 /℃	降水量 /mm	相对湿度 /%	风速 /(m/s)
1971	1	3	0.07	0.49	-10.37	10.99	97.13	7.45
1971	1	4	0.11	1.24	-8.44	5.41	96.33	5.13
1971	1	5	0.09	-2.84	-12.29	0.00	95.69	4.24
1971	1	6	0.12	-5.15	-14.25	0.00	98.09	4.53
1971	1	7	0.10	-5.36	-13.79	0.00	99.58	4.69
1971	1	8	0.04	-2.13	-10.21	3.89	94.56	9.80
1971	1	9	0.115	-2.7	-9.21	2.66	94.66	8.19
1971	1	10	0.12	-4.40	-12.52	0.00	95.05	5.68
…	…	…	…	…	…	…	…	…

表 2-5 气象月值数据示例

月份	TMX	TMN	SDMX	SDMN	PRCP	SDRF	SKRF	PW丨D	PW丨W	DAYP
1	-4.3	-10.9	7.29	8.04	50.17	0	0	0	0	13.73
2	-4.11	-10.8	7.17	8.13	33.96	0	0	0	0	10.33
3	1.27	-6.46	6.39	6.68	36.46	0	0	0	0	17.36
4	7.76	-1.12	6.19	5.95	24.17	0	0	0	0	25.03
5	14.81	5.11	5.62	5.19	46.79	0	0	0	0	9.06
6	20.68	10.93	4.89	4.68	50.84	0	0	0	0	27.57
7	23.16	13.63	4.9	4.38	72.53	0	0	0	0	29.26
8	20.97	11.98	5.31	4.42	76.17	0	0	0	0	12.48
9	15.61	7.9	5.29	4.83	57.35	0	0	0	0	11.33
10	8.72	3.1	5.9	5.44	55.71	0	0	0	0	16.33
11	2.31	-2.54	6.51	6.57	52.31	0	0	0	0	14.42
12	-1.29	-7.14	7.15	7.85	51.32	0	0	0	0	12.78

2.1.2 主要农作物生长管理数据

主要农作物生长管理数据，即作物播种至收获过程中，农民的管理与操作信息。部分操作可能对作物的生长造成较大影响，如播种时间和收获时间的确定至关重要，较早播种或较晚播种都可能造成作物的减产。施肥和灌溉是作物生长过程中较为关键的两项管理措施，对作物产量的影响较大。适时适量的灌溉和施肥，有利于作物产量的提高。

1. 主要农作物生育期数据

生育期指作物生长开始至结束经历的时间长短。由于全球的地理环境和风俗习惯等有显著的地域差异，因此，即使是同一种作物，在不同地区的生育期长短也存在较大差异。

生育期数据包含两个信息：一是作物播种时间；二是作物生育期长度。

主要农作物生育期数据（表 2-6）来源于威斯康星大学（Sacks et al.，2010），提供 NetCDF 和 ASCII 两种数据格式，以及 5′×5′和 0.5°×0.5°两种分辨率。为了与其他数据相统一，本书采用 0.5°×0.5°分辨率的 ASCII 数据。

表 2-6 主要农作物生育期数据信息表

数据名称	主要农作物生育期数据	
数据类别	Crop Calendar Dataset 播种时间数据	Crop Calendar Dataset 生育期长度数据
提供机构	威斯康辛大学 SAGE	
数据来源	http://www.sage.wisc.edu/download/sacks/ArcINFO0.5degree.html	
空间分辨率	0.5°×0.5°	
时间分辨率	2000 年	
数据内容	包含全球不同地区相应主要农作物的播种时间，以 365 天为一年，若属性为 *n* 则表示一年的第 *n* 天开始播种	包含全球不同地区相应主要农作物的生育期长度，若属性为 *n* 则表示该主要农作物在该地区从播种开始经过 *n* 天进行收获
储存格式	ASCII	
示例（以玉米为例）	玉米播种时间	玉米生育期长度
用途	EPIC 模型输入数据	
处理方法	在 ArcGIS 软件中，将 ASCII 数据转化成 0.5°×0.5°栅格形式；然后采用栅格捕捉操作使重采样后的栅格图层与气象数据空间分布对应	

2. 全球灌溉与肥料数据

灌溉和施肥是提高主要农作物产量，减轻旱灾风险的主要人工措施。灌溉和肥料数据（表 2-7）也是 EPIC 模型准确模拟的必要条件。

表 2-7 主要农作物灌溉和肥料数据信息表

数据名称	灌溉数据	肥料数据
数据类别	全球农业灌溉水提取量数据	全球氮肥施用量数据
提供机构	东京大学生产技术研究所	麦吉尔大学 LUGE
数据来源	http://hydro.iis.u-tokyo.ac.jp	http://www.ramankuttylab.com/
空间分辨率	0.5°×0.5°	0.5°×0.5°
时间分辨率	2010 年	2011 年
储存格式	ASCII	

续表

数据名称	灌溉数据	肥料数据
示例	全球灌溉量	全球氮肥施用量
用途	EPIC 模型输入数据	
处理方法	在 ArcGIS 软件中，通过重采样操作，转化成 0.5°×0.5°栅格数据；然后采用栅格捕捉操作使重采样后的栅格图层与气象数据空间分布对应	

本书使用的灌溉数据是日本东京大学生产技术研究所提供的每年农业灌溉水提取量数据(Tan and Shibasaki，2003)。该数据根据 Tan 等的研究制作，为 ASCII 格式，保存全球不同地区每年农业灌溉水提取量。单位为 $10^6 m^3$/year/0.5°grid。

主要农作物灌溉数据的空间分辨率为 0.5°×0.5°。将 ASCII 格式文件转换成对应的栅格文件，并用栅格属性数据值除以栅格面积，得到 EPIC 模型所需要的年灌溉量数据。

由于无法获知每块农田的灌溉制度，因此，EPIC 模型获取灌溉数据后，使用模型自带的自动灌溉制度，当达到一定条件时 EPIC 程序会在模拟过程中进行自动灌溉，当每个网格的灌溉总量达到灌溉数据所提供的参数时，认为一年的主要农作物灌溉总量已经达到，模型将不再自动灌溉。

施肥是人为影响作物生长的操作之一，有效的施肥有助于提高作物产量。本书中肥料数据由麦吉尔大学全球环境与气候变化中心提供(Potter et al.，2010)。由于氮肥是作物生长需求最大，也是施用最广的肥料之一，因此，在模型中用该肥料的年施用量代替化肥总量。与作物灌溉数据的处理方法一致，也采用 EPIC 模型中自动施肥措施来进行模拟。

2.1.3　主要农作物品种属性数据

主要农作物品种属性数据是指 EPIC 模型运行需要的各种作物属性数据，如根长度、叶面积指数等。同一种作物，在全球不同地区可能品种不同，这些差异可通过作物属性参数反映。EPIC 模型作物品种属性数据的默认参数值只适用于某一特定地区，当模型在全球范围内进行模拟时，需对这些参数进行调整，以使模型模拟结果更加准确。

本书采用敏感性分析方法，选取对模型影响较大的参数作为敏感参数，并对这些参数进行调整，以达到模拟结果(作物产量)与实际尽可能一致。敏感性参数的筛选方法和模型验证方法可参见第 3 章。

表 2-8 给出了 EPIC 模型中品种属性数据所涉及的参数，包括潜在光能利用率、收获指数、最适宜温度、最大根深度等，共计 56 个指标。

表 2-8 农作物品种属性数据(默认值以玉米为例)

参数名缩写	参数含义	默认值	参数名缩写	参数含义	默认值
WA	潜在光能利用率	40	BN3	成熟期植株氮素吸收参数	0. 01
HI	收获指数	0. 5	BP1	出苗期植株磷素吸收参数	0. 0062
TOP	主要农作物生长最适温度	25	BP2	生长中期植株磷素吸收参数	0. 0023
TBS	主要农作物生长基点温度	8	BP3	成熟期植株磷素吸收参数	0. 0018
DMLA	最大潜在叶面积指数	6. 00	BK1	出苗期植株钾素吸收参数	0. 0150
DLAI	生长季峰值点	0. 80	BK2	生长中期植株钾素吸收参数	0. 0120
DLAP1	主要农作物面积生长曲线参数 1	15. 05	BK3	成熟期植株钾素吸收参数	0. 0090
DLAP2	主要农作物面积生长曲线参数 2	50. 95	BW1	直立活体主要农作物风蚀因子	0. 433
RLAD	叶面积下降率	1. 00	BW2	直立死亡主要农作物风蚀因子	0. 433
RBMD	生物量-能量转换系数下降率	1. 00	BW3	倒伏主要农作物风蚀因子	0. 213
ALT	耐铝性指数	3. 00	IDC	主要农作物类别代码	4. 00
GSI	强太阳辐射低水汽压下最大气孔导度	0. 0070	FRST1	生物量遭受霜冻曲线参数 1	5. 15
CAF	土壤临界通气状况因子	0. 85	FRST2	生物量遭受霜冻曲线参数 2	15. 95
SDW	正常播种率	20. 00	WAVP	潜在光能利用率的下降率	8. 00
HMX	最大主要农作物高度	2. 00	VPTH	叶传导率对水汽压差的敏感阈值	0. 50
RDMX	最大根深度	2. 00	VPD2	水汽压差对应的气孔导度	4. 75
WAC2	未来二氧化碳浓度对应的能量-生物量转换因子	660. 45	RWPC1	萌发时根质量百分比	0. 40
CNY	产量中 N 的百分比	0. 013	RWPC2	收获时根质量百分比	0. 20
CPY	产量中 P 的百分比	0. 0025	GMHU	萌发时所需的累积热量单位	100
CKY	产量中 K 的百分比	0. 0032	PPLP1	主要农作物种植密度参数 1	4. 47
WSYF	收获指数底线	0. 40	PPLP2	主要农作物种植密度参数 2	7. 77
PST	病虫害损害因子	0. 60	STX1	盐度对产量的影响	0. 12
COSD	种子单价	3. 45	STX2	作物耐盐阈值	1. 70
PRYG	产量价格	103. 16	BLG1	主要农作物和草本种植密度	0. 01
PRYF	饲料价格	80. 22	BLG2	木本种植密度	0. 10
WCY	产量中水分含量	0. 15	WUB	转化生物量水利用	10. 2
BN1	出苗期植株氮素吸收参数	0. 0440	FTO	棉花产量指数	0
BN2	生长中期植株氮素吸收参数	0. 015	FLT	棉花棉绒指数	0

2.1.4 主要农作物产量统计数据

主要农作物实际产量数据不同于前面所描述的数据，并非 EPIC 模型输入所需，而是用于验证 EPIC 模型模拟作物产量的精度。

本书的实际作物产量数据基本以国家(地区)为单元统计，主要来源于 FAO。对于农业生产大国，如美国、中国、澳大利亚和印度等，以省(州/邦)为单位进行统计(表 2-9)。

表 2-9 主要农作物实际产量数据信息表

数据名称	主要农作物实际产量数据				
不同地区	中国	印度	美国	澳大利亚	其他
发布单位	中国农业部种植业管理司	Department of Agriculture and Cooperation	United States Department of Agriculture	Australian Bureau of Statistics	FAO
统计单元	省级	邦级	州级	州级	国家(地区)级
时间分辨率	2000～2004 年				
储存格式	Excel 格式				
单位	kg/亩	kg/hm^2	Bu/Acre	$1000T/1000hm^2$	Hg/Ha
示例	玉米实际产量				
用途	EPIC 模拟结果验证				
处理方法说明	其中中国台湾数据来源于 FAO；中国香港数据与 FAO 提供的全国产量数据一致	没有产量数据的用 FAO 中该国年平均产量数据代替			

为探究不同数据源的差异，本书以小麦为例，计算各国统计数据与 FAO 数据的差异。从表 2-10 中可以看出，不同来源的 4 个大国的小麦单产相对误差较小，如中国和澳大利亚；美国和印度则相对较大，但除了 2002 年印度小麦相对误差大于 5% 以外，美国和印度其他年份小麦相对误差都小于 5%。通过交叉验证可知，这两种不同来源的数据是可用的。

表 2-10 各国小麦统计数据与 FAO 统计数据差异

年份	中国			美国			澳大利亚			印度		
	农业部	FAO	Re	USDA	FAO	Re	ABS	FAO	Re	DAC	FAO	Re
2000	3.7383	3.7382	0.00	2.7304	2.8238	3.42	1.8209	1.8209	0.00	2.7081	2.7785	2.60
2001	3.8063	3.8061	0.00	2.6134	2.7018	3.38	2.1016	2.1076	0.29	2.7621	2.7081	1.95
2002	3.7764	3.7766	0.01	2.2948	2.3567	2.70	0.9071	0.9071	0.00	2.6100	2.7621	5.83
2003	3.9318	3.9318	0.00	2.8734	2.9712	3.40	1.9998	1.9998	0.00	2.7132	2.6100	3.80
2004	4.2519	4.2519	0.00	2.8084	2.9026	3.35	1.6348	1.6348	0.00	2.6016	2.7132	4.29
均值	3.9009	3.9009	0.00	2.6641	2.7512	3.25	1.6928	1.6940	0.06	2.6790	2.7144	1.39

注：Re 为相对误差；USDA：United States Department of Agriculture；ABS：Australian Bureau of Statistics；DAC：Department of Agriculture and Cooperation。

2.2 主要农作物旱灾风险评价派生数据库

2.2.1 校准后的主要农作物参数

使用作物生长模型在不同区域进行主要农作物模拟时，需要对模型进行校准，以使模型可以在不同地点得到准确的模拟。模型校准主要是对作物参数进行校准。因此，模型校准完成后，可以在全球不同地区建立一套基于 EPIC 模型的主要农作物参数子数据库。以玉米为例，EPIC 模型中共有 56 个主要农作物参数，其中对结果影响较大的参数有 4 个：WA、HI、DMLA 和 DLAI，分别对这 4 个参数进行调整，使模型模拟的作物产量与实际产量数据最接近，从而完成模型的校准。具体校准过程与方法，后文会有详细介绍。这里只给出校准后主要农作物参数样表(表 2-11)。

表 2-11 校准后主要农作物参数示例(以玉米为例)

经度/(°)	纬度/(°)	网格编号	可比地理单元编号	WA	HI	DMLA	DLAI
19.75	41.75	85400	1090	40.00	0.43	6.56	0.52
46.25	40.75	87453	2164	31.75	0.51	4.35	0.72
13.75	48.25	72388	799	98.00	1.50	9.98	2.40
45.75	40.75	87452	2160	80.00	1.50	9.90	2.40
4.25	50.75	67369	413	98.00	0.50	9.98	2.40
23.25	43.25	82407	1309	27.00	0.05	4.43	0.68
…	…	…	…	…	…	…	…

2.2.2 主要农作物模拟产量

作物产量模拟是 EPIC 模型的主要功能之一。判断 EPIC 模型校准是否完成，可以通过比较模拟产量与实际产量的差异来确定。当模拟结果与实际产量比较接近时，则认为模型在该地区的模拟是较为准确的。可见，模型校准是农作物旱灾风险评价的关键一步。本书通过校准后的EPIC模型得到全球不同地区主要农作物模拟单产数据(表2-12)。

表2-12　主要农作物模拟单产示例(以玉米为例)　　　　(单位：t/hm^2)

经度/(°)	纬度/(°)	网格编号	2000年	2001年	2002年	2003年	2004年
-64.25	-38.25	245232	2.59	2.77	3.25	5.07	3.39
-64.25	-40.25	249232	7.11	4.88	6.50	8.17	3.05
-63.75	10.25	148233	0.77	0.78	0.69	0.60	0.79
-63.75	9.75	149233	0.49	0.51	0.42	0.27	0.44
-63.75	9.25	150233	0.40	0.42	0.39	0.21	0.34
-63.75	8.75	151233	0.38	0.38	0.42	0.19	0.30
…	…	…	…	…	…	…	…

2.2.3　主要农作物水分胁迫指数

本书中主要农作物的干旱致灾情况是根据水分胁迫指数来刻画的。将前文所提到的基础数据输入至EPIC模型，生成主要农作物每日的胁迫数值，以.DCS文件的形式保存下来(表2-13)。其中，WS为水分胁迫指数。作物干旱致灾主要以水分胁迫指数的形式表现，当作物遭受干旱时，水分缺失在很大程度上抑制作物的生长，WS就会升高。WS取值范围为0～1,WS越大，表明作物受旱程度越高。

由于气候、地形等自然条件的差异以及灌溉措施的不同，全球不同地区WS存在较大差异。即使同一地区的不同年份，由于降水的年际差异，也会导致WS有所不同。因此，统计全球不同地区、不同年份水分胁迫指数，建立作物水分胁迫子数据库是主要农作物旱灾风险评价的重要基础。

表2-13　逐日主要农作物水分胁迫指数示例(以某网格内玉米为例)

年份	月	日	作物	WS	NS	PS	KS	TS	AS
1999	6	26	CORN	0.704	0	0	0	0	0
1999	6	27	CORN	0.867	0	0	0	0	0
1999	6	28	CORN	0.931	0	0	0	0	0
1999	6	29	CORN	0.955	0	0	0	0	0
1999	6	30	CORN	0.966	0	0	0	0	0
1999	7	1	CORN	0.974	0	0	0	0	0
1999	7	2	CORN	0.908	0	0	0	0	0
1999	7	3	CORN	0.926	0	0	0	0	0
…		…	…	…	…	…	…	…	…

注：WS为水分胁迫指数；NS为氮胁迫指数；PS为磷胁迫指数；KS为钾胁迫指数；TS为温度胁迫指数；AS为空气胁迫指数。

2.2.4 主要农作物干旱致灾强度指数

采用作物生长季的水分胁迫量累积值作为作物所受的干旱致灾因子强度指数。作物干旱致灾强度指数的取值范围为0～1，其值越大，代表致灾强度越大。以此统计国家(地区)内所有网格作物干旱致灾指数数据，构建全球主要农作物干旱致灾指数子数据库(表2-14)。

表2-14 国家单元主要农作物干旱致灾指数统计样表(以玉米10年一遇旱灾为例)

国家名	网格数	最小值	最大值	平均值	标准差	致灾之和
阿富汗	217	0	0.98	0.67	0.18	145.41
阿尔巴尼亚	11	0.17	0.65	0.37	0.13	4.08
阿尔及利亚	12	0.71	0.86	0.78	0.04	9.36
安哥拉	404	0	1	0.17	0.21	70.49
阿塞拜疆	33	0	0.67	0.18	0.2	5.85
阿根廷	591	0	1	0.33	0.201	194.8
澳大利亚	330	0.01	0.96	0.52	0.18	171.84
…	…	…	…	…	…	…

2.2.5 主要农作物旱灾脆弱性关系

1. 主要农作物旱灾脆弱性曲线数据集

基于EPIC模型，采用适宜温度无降水灌溉情景模拟的方法，即在每个网格内假设无降水的条件下控制每天的作物灌溉量，通过灌溉量的增加来减少水分胁迫(对应不同强度的旱灾)。作物生长模型模拟的灌溉量从0增加到最优灌溉(不产生水分胁迫的最大灌溉量)情景，使用EPIC模型进行不同情景(即干旱致灾强度)下的作物产量模拟，得到一一对应水分胁迫指数与产量的组合样本。计算每个网格单元作物生长季内的干旱致灾指数和产量损失率，拟合对应的主要农作物旱灾脆弱性曲线数据集。

2. 主要农作物旱灾脆弱性曲面数据集

作物旱灾脆弱性是作物对干旱致灾因子的损失响应。对于不同的致灾强度、孕灾环境和持续时间，旱灾所造成的作物产量损失存在显著的差异。作物旱灾脆弱性曲面描述了孕灾环境影响下的旱灾强度与产量损失的关系。孕灾环境包括高程、坡度和土壤3个要素，共9个因子(包括高程、坡度、粗颗粒含量、砂质百分比、田间持水量、有机碳量、黏土质含量、密度和pH)。在脆弱性曲线数据集基础上，建立作物旱灾“孕灾环境-致灾强度-损失率”的脆弱性曲面数据集。由于全球每一种孕灾环境要素对应每个网格的“致灾指数-产量损失率”，本书根据各孕灾环境拟合出主要农作物旱灾脆弱性曲面。

2.3　主要农作物旱灾风险评价结果数据库

世界主要农作物旱灾风险评价结果数据库包括三种基本单元尺度：一是以 0.5°×0.5°网格为单元的作物旱灾风险评价数据；二是以可比地理单元为统计单元的风险评价数据以及排序；三是以国家(地区)为统计单元的风险评价数据和排序。这些数据支撑世界主要农作物旱灾风险制图和等级排序。

世界主要农作物旱灾风险数据是由作物旱灾风险评价计算得到的输出结果，为作物旱灾风险格局图与排序图的编制提供数据基础。根据作物旱灾风险评价基本单元的不同，分为网格单元作物旱灾风险数据，记录每个网格单元的旱灾风险值；国家(地区)单元作物旱灾风险数据，记录每个国家(地区)单元内的旱灾风险统计值；可比地理单元作物旱灾风险数据，记录每个可比地理单元内的旱灾风险统计值。

表 2-15 和表 2-16 分别给出了国家(地区)单元和可比地理单元作物旱灾风险评价数据示例。基于不同的基本单元风险数据，分别模拟 4 个年遇型系列，再将这些数据分别划分为 5 个风险等级，最终形成世界主要农作物旱灾风险格局图数据集。

表 2-15　国家(地区)单元主要农作物旱灾风险数据示例(以玉米 10 年一遇旱灾为例)

国家名	网格数	最小值	最大值	平均值	标准差	风险之和
阿富汗	5153	0	0.99	0.59	0.23	3022.9
阿尔巴尼亚	382	0.07	0.78	0.38	0.23	145.01
阿尔及利亚	24	0.54	0.8	0.717	0.09	17.1
安哥拉	9425	0	0.98	0.1	0.21	951.7
阿塞拜疆	1064	0	0.78	0.14	0.19	149.1
阿根廷	13935	0	0.99	0.4	0.23	5584.12
澳大利亚	3084	0.01	0.96	0.7	0.20	2148.47
…	…	…	…	…	…	…

表 2-16　可比地理单元主要农作物旱灾风险数据示例(以玉米 10 年一遇旱灾为例)

可比地理单元编号	网格数	最小值	最大值	平均值	标准差	风险之和
4001	5156	0	0.99	0.59	0.23	3024.37
8002	382	0.07	0.78	0.38	0.23	145.01
12005	18	0.54	0.8	0.74	0.09	13.25
12006	6	0.56	0.7	0.64	0.04	3.86
24010	3986	0	0.98	0.11	0.22	425.73
24011	5440	0	0.92	0.1	0.2	525.99
31013	1065	0	0.78	0.14	0.19	149.08
32014	826	0	0.99	0.18	0.22	150.83
…	…	…	…	…	…	…

2.4 主要农作物旱灾风险评价数据库管理系统设计

主要农作物旱灾风险评价数据库管理系统是一个结合数据库管理与交互(DBM)技术、地理信息系统(GIS)技术、旱灾风险评价原理和数学模型算法等技术手段的大型软件系统。系统拟建立以作物旱灾风险评价过程为核心的世界主要农作物旱灾风险评价数据库，同时形成为用户提供数据整理、统计以及评价分析等处理手段，融合显示表达与下载输出等良好 I/O 交互的共享平台。

2.4.1 数据库管理平台系统总体构架

世界主要农作物旱灾风险评价数据库系统(SEPIC-V-R DBS)是统一管理与存储评价过程中各类数据集(基础数据、派生数据和结果数据)的系统，其为用户从事作物旱灾风险相关研究提供了强有力的数据支持和系统性、条理性的数据组织方法，也实现了方便的数据查询、获取与应用。

SEPIC-V-R DBS 将 ArcEngine 中的 ArcSDE 组件与 SQL Server 数据库软件相结合，对各类数据进行综合管理，实现数据“冗余少、共享程度高”的目的，方便用户查询、浏览和更新，同时可以对相关属性数据进行编辑与统计图表制作。此外，数据库设置了多等级用户权限(初级、中级和高级)，每一类用户都有自己专属的操作权限，能够科学、有效地管理数据库各类用户的使用。

1. 建设原则

数据库构建是数据组织化和结构化的过程。为使数据库能够持续稳定地运行和发挥作用，数据库构建必须遵循以下基本原则。

第一，实用性原则。数据库的使用、更新和维护方便简单，功能明确，执行效率高，能完成数据入库、建库、查询检索、统计及相关图表制作等主要功能，确保系统运行的可靠性。

第二，数据少冗余原则。数据应该尽可能少地冗余。

第三，数据独立性原则。数据和程序需相互独立，整个庞大的数据库管理系统会包含多个子库，各个子数据库原始数据不随其他子库数据的修改而修改，但可以构建相关字段之间的联系。

第四，合理使用索引原则。索引是数据库中重要的数据结构，其根本目的是提高查询效率。

2. 系统结构

SEPIC-V-R DBS 依据灾害系统理论，在地理信息系统技术和数据库技术的支持下构建完成数据库存储结构和旱灾风险分析功能。根据上述评价原理与过程划分出的数据类别，评价数据管理系统包括以下 3 个部分：基本单元库+原始数据库、派生数据库与结果数据库。旱灾风险分析系统由 4 个递进模块组成，分别为模型校准模块、致灾计算模块、脆弱性计算模块、风险计算模块。主要农作物旱灾风险评价基本单元库中设置“区域单元编号”，用以标识各个评价单元，同时另外三种数据库的各个数据表中也设置这样的字段，形成评价单元与原始数据、派生数据、结果数据的索引连接。这样一来，各类数据就被划分到与之对应的评价单元中，使得基于评价单元的数据查询、编辑、统计、更新变得更加容易，具体如图 2-2 所示。

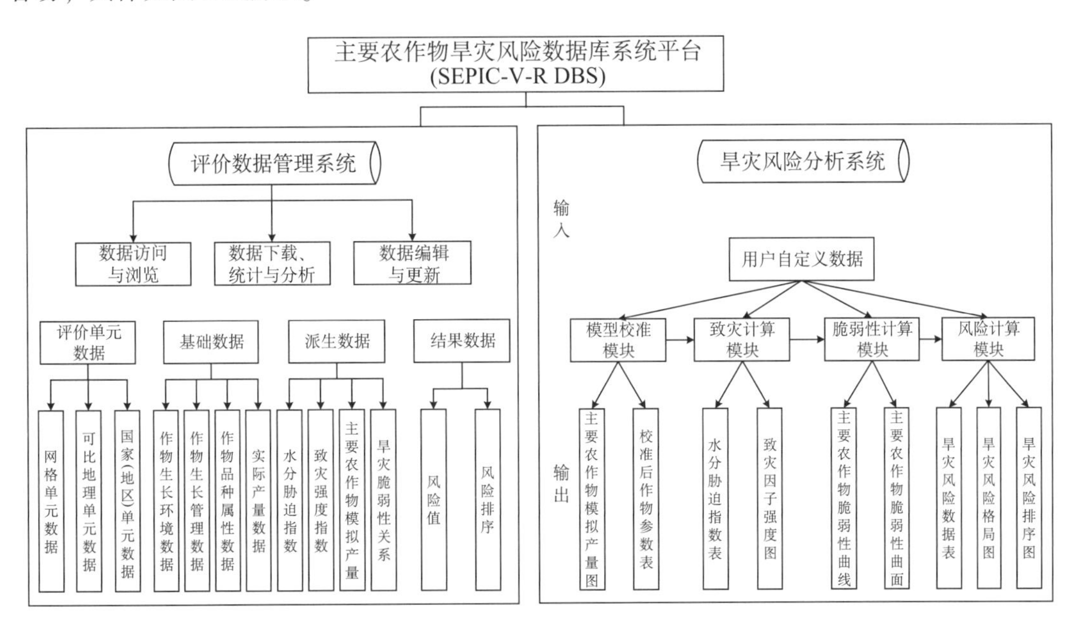

图 2-2　SEPIC-V-R DBS 平台管理系统结构

2.4.2　数据库管理系统功能设计

1. 管理内容分析

数据库由地理空间数据、表格(Excel 等格式)数据等不同类型数据组成。主要农作物旱灾风险评价数据整体划分为四种：基本单元数据、基础数据、派生数据和风险评价结果数据。

基本单元数据：依据 EPIC 模型(属于点模型)进行风险评价，其应用范围较小，对于全球尺度而言，需要划分评价单元执行。根据不同应用条件设置不同类型评价单元，分为两大空间数据类型：矢量评价单元与栅格评价单元。具体包括栅格网格单元、国家(地区)单元、可比地理单元与作物种植区划单元等。

基础数据：依据模型输入数据分为四大类，作物生长环境数据、生长管理数据、品种属性数据以及实际产量数据。这四类数据又由多种子数据组成，其中，作物生长环境数据包括全球 DEM 数据、坡度数据、土壤理化性质数据、气象数据、作物生长范围数据等；生长管理数据包括生育期数据、全球灌溉数据、肥料数据等；品种属性数据包含相关品种及其属性；实际产量数据主要由收集的历年作物产量数据组成。

派生数据：由作物旱灾风险评价过程中生成的重要参数数据组成，根据灾害理论分为致灾因子派生数据、承灾体派生数据、孕灾环境派生数据三大类。其中，致灾因子派生数据包括水分胁迫指数、致灾强度指数等；承灾体派生数据包括作物模拟产量、校准后作物参数、脆弱性曲线、脆弱性曲面等；孕灾环境派生数据包含各项孕灾环境指标。

风险评价结果数据：根据模型输出结果分为世界作物旱灾风险数据、风险评价图、风险排序图等。

2. 功能架构

根据平台架构体系，系统的应用程序划分为两大子功能系统部分：数据库管理与应用、风险评价分析与结果输出(图 2-3)。

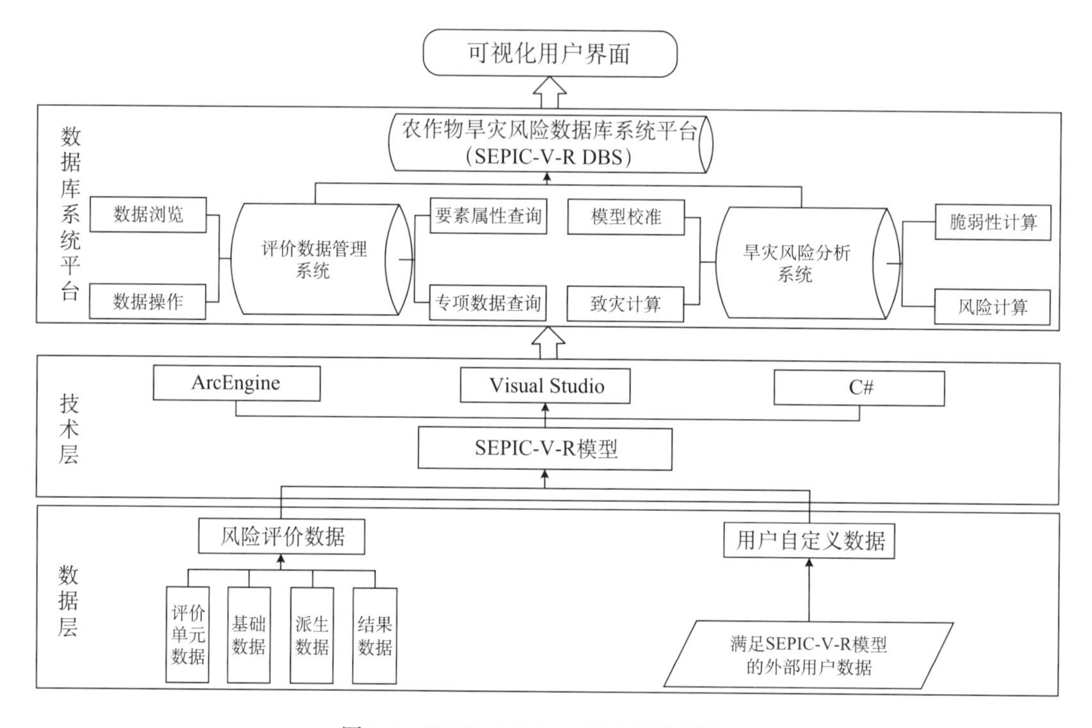

图 2-3 SEPIC-V-R DBS 平台系统框架图

数据库管理与应用功能：面向世界作物旱灾风险评价中各类功能数据库，实现数据更新维护(数据删除、添加)、数据下载发布等数据库管理功能，同时利用 ArcEngine 所提供的接口，为用户提供属性数据查询、字段编辑、数理统计、图表分析等数据库应用功能，并可根据自身需求输出统计数据报告与相关图表，建立友好的 I/O 交互方式。对于使用数据库的用户，本系统提供三种(初级、中级和高级)访问权限设定，保证数据共享性与安全性。

作物旱灾风险评价分析与结果输出功能：面向特定用户提供作物旱灾风险评价分析接口，用户可以简单地使用自己收集获取的数据，完成作物旱灾风险评估。为了满足用户不同的分析处理需求，系统采用两种执行模式：整体执行与分步执行。整体执行模式提供便捷的 I/O 接口，只需输入相关数据文件，便可获得作物旱灾风险计算结果；分布执行模式是为了满足用户对于特定功能的使用需求，依据 SEPIC-V-R 作物旱灾风险评价模型，自应用程序的主体功能中划分出 4 个子功能：模型校准、致灾因子计算、脆弱性计算以及风险计算，使得用户可以单独使用其中若干功能，获取自己所需结果。同时，为方便评价结果的发布与应用，系统设计了结果输出功能，主要为专题地图的输出发布。用户可利用风险评价结果，根据自身应用需要选取结果数据、设置制图元素样式与板式，通过输出系统完成各种专题地图的自动编制与发布。

3. 权限管理

为了保证系统平台数据库的共享性与安全性，设置了用户权限，面向两类主体使用人员：开发维护人员与系统用户。其中，开发维护人员登录数据库后，可进行各类数据库操作(编辑数据、更新数据等)，同时可以根据需求增添或删除某些功能项，完成系统升级维护。

根据 SEPIC-V-R DBS 平台应用程序功能划分，系统分为数据管理系统和作物旱灾风险分析系统。数据管理系统包括数据访问、数据更新、数据下载、数据浏览、数据查询与修改、数据统计以及图表分析 7 个功能模块。作物旱灾风险分析系统包括风险评价分析和结果输出两个功能模块，其中风险评价分析模块采用整体与分布两种执行模式，分布模式中包括模型校准、致灾因子计算、脆弱性分析以及风险计算 4 项子功能。

对于系统用户而言，平台设置三种权限：初级权限、中级权限与高级权限。初级权限用户仅能够查询、浏览数据；中级权限用户在初级权限基础上能够下载数据，进行数理统计与图表分析并输出；高级权限用户在中级权限基础上能够更新、修改数据，具体用户管理权限如表 2-17 所示。

表 2-17　SEPIC-V-R DBS 平台管理权限表

系统功能	操作级别	数据操作	用户权限		
			初级用户	中级用户	高级用户
评价数据管理系统	初级	数据访问	√	√	√
		数据浏览	√	√	√
	中级	数据下载		√	√
		数据统计		√	√
	高级	图表分析		√	√
		数据编辑			√
		数据更新			√
旱灾风险分析系统	中级	示例数据输入		√	√
		示例结果输出		√	√
	高级	自定义数据输入			√
		自定义结果输出			√

2.4.3 技术支撑

SEPIC-V-R DBS 平台系统架构由两大主体部分组成：数据库部分与评价分析部分，作为系统的执行层次。数据库部分以 C/S(客户机与服务器)模式为数据交互方式，其中服务器选用目前常用的大型数据库 SQL Server(2008 版本)，作为数据库部分的软件支持。由于 SQL 数据库对于空间数据兼容性不足，故需采用 ArcSDE(10.1 版本)空间数据引擎技术作为数据访问的通道，实现空间数据建库以及数据库大量数据稳定、高效、快速、准确存储、读取、访问的能力。评价分析部分采用 EPIC 模型模拟作物产量等数据，进行作物旱灾风险评价分析，对于分析结果用户可采用制图原理输出为所需类型的专题地图。

本平台系统在微软 Windows 7(64 位版本)操作系统条件下，基于 ArcEngine 10.1 与 C#语言，采用 Visual Studio 2010 环境进行开发，这些共同构成了系统平台的技术层次。其中，数据库部分采用 ArcEngine 开发包中的 ArcSDE 组件，能够在多种 RMBS 平台上提供高性能、海量性的地理信息数据管理接口，实现通过 SDE 数据通道访问 SQL 数据库中的矢量数据、栅格数据、地形地貌数据、元数据等空间数据，满足多用户操作需求。同时，数据库部分还可扩展支持多种软件平台，如 Oracle、Access 等。评价分析部分采用 C#编程语言为主体，以方便使用 ArcEngine 组件库，利用其提供的便捷接口，实现对空间数据的程序操作，包括空间数据运算分析与可视化、模型计算、GIS 制图与发布等功能。本平台系统采用上述开发模式，很大程度上有利于系统的维护与更新、功能部分扩展实现。

2.5 本章小结

SEPIC-V-R DBS 平台系统是世界主要农作物旱灾风险评价与制图研究的重要基础和动态管理的有效工具，是研究精度和提供服务的保障，可实现数据的科学、系统和动态管理。本章对主要农作物旱灾风险评价基础数据库、派生数据库、结果数据库，以及数据库管理平台系统四方面进行了系统的介绍。

基本单元是数据的载体，根据研究精度需求形成三种尺度的单元：0.5°×0.5°栅格单元、可比地理单元和国家(地区)单元，分别支撑不同空间尺度主要农作物旱灾风险格局和排序的制图与分析。

基础数据库是形成主要农作物旱灾风险评价指标的原始数据，包括生长环境数据、管理数据、品种属性数据，这些数据为 EPIC 模型的输入数据。此外还有作物产量数据，为模型校准验证数据。该数据库建设的关键有两个：一是数据源的各种分辨率数据单元与 0.5°×0.5°网格单元的匹配，即栅格数据重采样；二是基于 EPIC 模型筛选与插补多源数据，从而保证数据有效性。

派生数据库是用于主要农作物旱灾风险评价的过程数据，也体现灾害系统理论结构。这类数据包括：以水分胁迫指数为核心指标的孕灾环境派生数据库，以干旱致灾强度为综合指标的致灾因子派生数据库，以主要农作物模拟产量为指标的承灾体派生数据库。特别强调“致灾–损失”脆弱性曲线和“孕灾–致灾–损失”脆弱性曲面两个数据集是主要农作物风险评价的核心和关键数据。

结果数据库是主要农作物旱灾风险评价的主要成果数据，从呈现方式看，包括 0.5°×0.5°网格、可比地理单元和国家(地区)单元的主要农作物旱灾风险数值和风险等级，体现主要农作物风险制图的精度需求。

第3章　基于 Spatial EPIC 模型的农作物产量模拟*

农作物产量模型的空间化、模拟与验证，以及对未来气候情景下农作物产量模拟和预估，是后期进行农作物干旱致灾因子危险性评价、承灾体脆弱性评价以及农作物旱灾风险评价的基础和关键。

针对单站点 EPIC 模型难以适用于大范围、大尺度研究的局限，本书提出了 Spatial EPIC 模型。Spatial EPIC 模型是 EPIC 模型空间化的产物，它以 EPIC0509 模型为基础，对其输入数据和内部参数空间化，使模型在全球各地区和环境下模拟时，使用不同的数据和参数，体现全球不同地区的空间差异性，从而实现农作物产量模型在较大地理范围的准确模拟。

3.1　EPIC 模型的空间化

EPIC 模型空间化过程包括输入数据的空间化和模型参数的空间化，其中，数据空间化过程在 GEPIC 模型中已经实现。GEPIC 模型是 Junguo Liu 团队基于 EPIC 开发的全球农作物模拟模型，通过 ArcGIS 与 EPIC 相结合，实现 EPIC 模型从单点模拟向区域、全球模拟转化，强调输入数据和输出结果的可视化(Liu et al.，2007b)。Spatial EPIC 在 GEPIC 模型的基础上，更加强调 EPIC 模型参数的空间化，通过对不同地区模型内置参数的调整，使得模型可以在全球不同地区进行准确模拟。本节主要阐述 EPIC、GEPIC 和 Spatial EPIC 模型，并比较它们之间的差异。

3.1.1　EPIC 模型

1977 年的资源保护行动(resources conservation act，RCA)要求美国农业部进行全国水土资源现状调查评价，随后美国国家农业研究机构于 1981 年成立了侵蚀-生产力模型研究小组，并由 Wiliams 教授领导开展模型设计。模型设计的目标有 4 个：一是基于物理原理进行自然过程模拟；二是模拟步长为天，且可模拟百年以上的跨度；三是有广泛的应用；四是可操作性强，能够用于评价土地生产力和土壤侵蚀变化的影响。基于此目标，该小组于 1984 年正式提出了 EPIC 模型，美国得克萨斯农工大学 Blackland Research Center 成为该模型的负责机构，负责模型的技术、文件管理和数据库发展等。

EPIC 模型是用 FORTRAN 语言开发的开源软件，源代码经过编译可以在 DOS、Win-

* 本章执笔人：郭浩、张兴明、尹圆圆、王静爱。

dows 及 UNIX 操作系统下运行。在模型提出之后，诸多学者从模型接口和模块等方面对 EPIC 模型进行了改进，产生了不同版本的 EPIC 模型，如 EPIC5300、EPIC8120、EPIC0250 等。

在接口改进方面，Blackland Research Center 开发了一系列接口软件，可为 EPIC 模型提供图形化的参数输入，进行批量运算，大大提高了 EPIC 模型的易用性。其中，比较重要的接口软件包括 I-EPIC(Interacting EPIC)、CroPMan(crop production and management model)和 WinEPIC(Interactive Windows EPIC)。

在模块改进方面，大量学者对 EPIC 模型中的农作物、土壤温度、天气、侵蚀和养分等子模块进行了函数改进和参数调整。特别是在 1996 年增加的关于水质评价和大气 CO_2 变化的模块，使 EPIC 模型又被称为环境政策影响气候模型(environmental policy impact climate model)(Gassman et al., 2005)。

EPIC 模型是一个定量评价“气候-土壤-农作物-管理”系统的综合动力学模型。EPIC 模型包含 11 个子模块，即气候模块、水文模块、土壤侵蚀模块、养分循环模块、农药模块、土壤温度模块、农作物生长模块、耕作模块、农作物环境模块、经济模块和碳循环模块(Singh and Frevert, 2002)。其中，农作物生长模块、水文模块、土壤温度模块、土壤侵蚀模块和养分循环模块是 EPIC 模型的 5 个核心模块。

EPIC 模型对农作物生长的描述分为 6 个部分：物候发育、潜在生长、水分利用、养分利用、环境胁迫和农作物产量。其原理详请参考 The EPIC model(Williams, 1995)。

EPIC 模型作为一个单站点模型，更多用于局部或小范围内农作物生长模拟、产量预测等研究，对于全球尺度的研究，则有较大的局限性；同时 EPIC 模型鲜有针对农作物致灾风险评价等方面的研究。

3.1.2 GEPIC 模型

GEPIC 模型是由瑞士联邦水科学与技术研究所(Swiss Federal Institute of Aquatic Science and Technology)的 Liu 等(2007)开发完成的。该模型基于 ArcGIS 软件，采用 VBA 语言循环调用站点模型 EPIC0509 进行空间化，实现了站点模型在大尺度上的应用(图 3-1)。EPIC0509 是 GEPIC 模型的核心，ArcGIS 仅提供了该模型空间化的平台，主要目的是实现土壤-农作物-大气-管理系统中主要过程时空变化的动态模拟，如农作物生长、水循环、养分循环、碳循环、土壤侵蚀和气候变化影响等。

GEPIC 模型虽然能够在全球尺度上模拟农作物产量，但在模型的空间化上有一定的局限性。集中体现在两个方面：一是在农作物参数处理方面，GEPIC 模型在全球范围内模拟时仅使用一套农作物参数，难以体现农作物参数的空间差异性；二是在数据的处理速度方面，GEPIC 模型基于 ArcGIS 与 EPIC 构建，对矩阵数据的处理速度较慢，不适合在大数据环境下使用。同时，中国研究者引进的 EPIC 模型多为 FORTRAN 版本，模型程序使用的是 DOS 界面，操作起来比较麻烦(春亮等, 2007)。

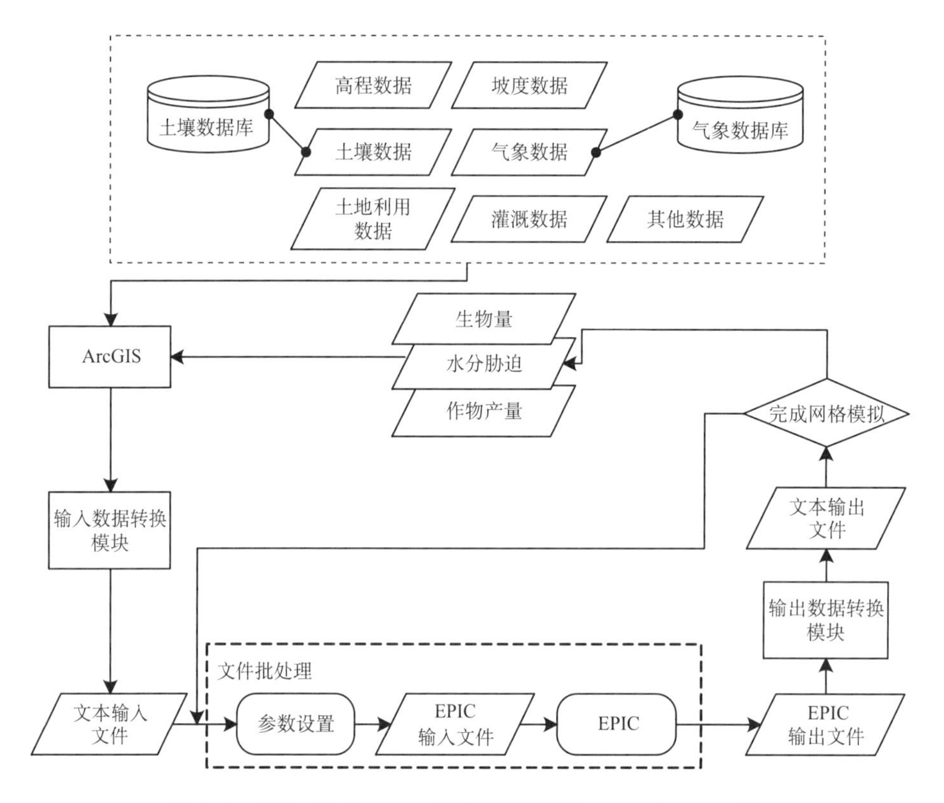

图 3-1　基于 GIS 的 EPIC 模型运行流程(Liu et al., 2007b)

3.1.3　Spatial EPIC 模型

Spatial EPIC(简称 SEPIC)是在 EPIC 模型和 GEPIC 模型的基础上提出的 EPIC 模型空间化框架，主要包括两方面的内容：其一是数据的空间化，即在进行大范围模拟时，模拟单元(小范围、局部地区)之间输入数据的空间差异性的体现；其二是参数的空间化，即在进行大范围模拟时，模拟单元之间 EPIC 模型内部参数的空间差异性的体现。

GEPIC 实现了 EPIC 模型空间化的一个方面，即数据空间化过程，使单站点 EPIC 模型得以在大范围、大尺度上应用，但其对参数空间化没有涉及。同时 GEPIC 模型循环调用不同地区的数据进行模拟，效率较低，模拟一次花费的时间成本较高。Spatial EPIC 模型在其基础上，通过敏感性分析方法，选出模型中的关键参数，并对其进行调整，从而使 EPIC 模型在不同地区模拟时，使用适用于当地的农作物参数，以实现参数空间化过程。同时，本书以 0.5°×0.5°网格为基本单元，在每个基本单元内构建输入数据和模型参数库，建立一系列相互独立的 EPIC 程序，即每个基本单元都有一套独立的、可运行的 EPIC 程序。对每个 EPIC 程序进行校准后，进行批量模拟运算，由于 MATLAB 在批量处理矩阵、函数和数组操作中具有先天的优势，因此，借助 MATLAB 实现模型校准、模拟计算的自动化。本章空间化的 SEPIC 模型为第 6 章 SEPIC-V-R 农作物旱灾风险评价模型的构建提供了重要基础(图 3-2)。

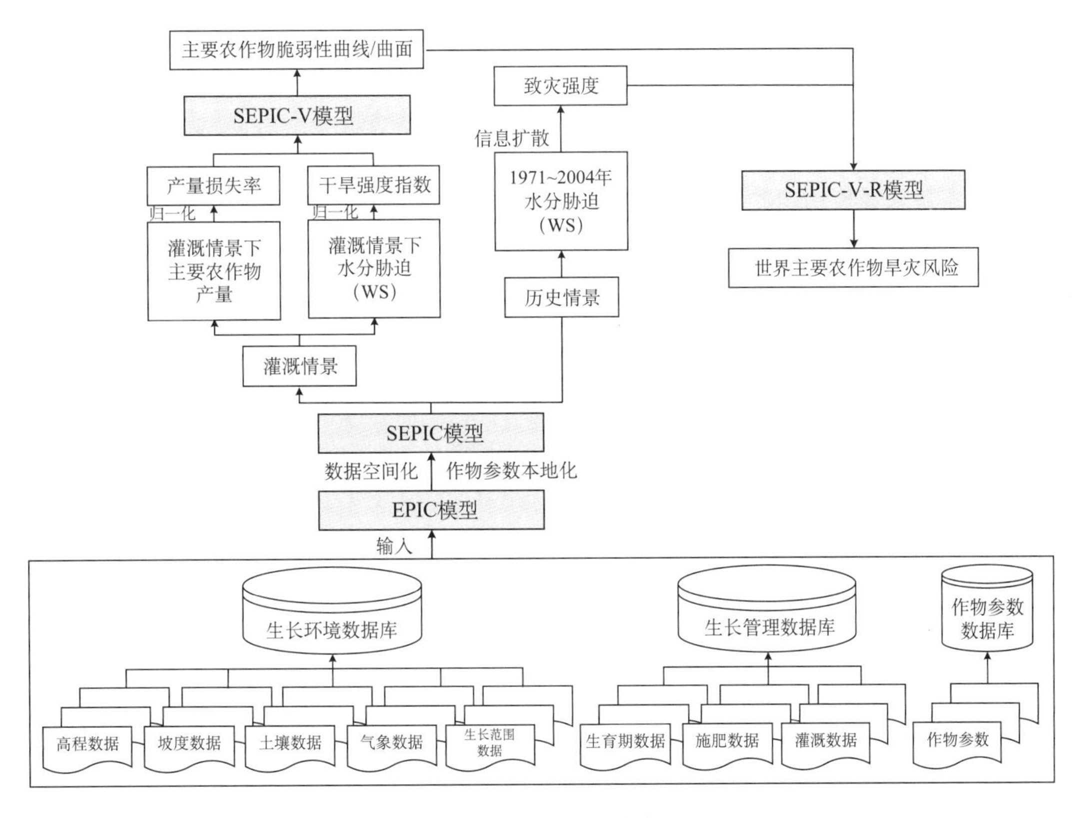

图 3-2　SEPIC 模型框架

3.2　Spatial EPIC 模型的参数空间化

农作物参数空间化是 EPIC 模型空间化的关键内容之一。本节通过敏感性分析方法，选出对 EPIC 模型模拟影响较大的参数(称为敏感参数)，在识别不同地区敏感参数的基础上，对其进行校准，从而实现 EPIC 模型参数空间化的过程。

3.2.1　基于 EFAST 的敏感参数的识别

EPIC 模型校准是主要农作物旱灾风险评价的第一步，其目的是保证 EPIC 模型模拟的准确性，使模拟产量与实际产量在一定程度上保持一致。对模型校准的方法有很多，本书采用基于敏感性分析的模型校准，整个过程分为敏感参数的识别和参数的校准两部分。

1. 敏感性分析方法

敏感性分析(sensitivity analysis)研究模型输入因子对于模型输出结果不确定性的影响(Saltelli and Sobol，1995)，也即研究模型输出结果的变化是如何分配到各个输入因子上的(Crosetto and Tarantola，2001)，也有学者认为敏感性分析就是模型输出结果随模型参数的微小改变而变化的影响程度或敏感程度(黄清华和张万昌,2010)。

根据分析对象的不同,可以将敏感性分析分为局部敏感性(local sensitivity)分析和全局敏感性(global sensitivity)分析(Lamboni et al.,2009;Saltelli et al.,2010)。前者是在一次只改变一个输入变量而控制其他变量不变的情况下,研究模型结果对于该变化的响应。后者是所有输入参数均在各自的取值范围内波动变化,研究模型结果对整体波动变化的响应。局部敏感性分析应用较早(Huang et al.,2006;闫岩等,2006),具有计算简便、可操作性强等特点,但它在敏感性分析过程中,没有考虑所有参数发生变化的耦合作用对于结果的影响。全局敏感性分析弥补了这一缺陷,并逐渐得到广泛应用。根据计算方法的不同,也可将敏感性分析分为基于线性模型的分析方法和基于非线性模型的分析方法。

本书以 EFAST 方法为主,进行敏感性分析计算(Zhang et al.,2017)。EFAST 方法的核心是用一个周期函数的曲线在参数的多维空间内搜索,然后用傅里叶变换计算参数的幅度,幅度越大,敏感性也越高(Xu and Gertner,2007)。EFAST 方法认为,模型结果的方差可以反映模型结果对输入参数的敏感性,它是各个输入参数及参数之间相互作用所导致的(姜志伟等,2011)。

$$V = \sum_{I} V_i + \sum_{i \neq j} V_{ij} + \sum_{i \neq j \neq m} V_{ijm} + \cdots + V_{1,2,\cdots,k} \tag{3.1}$$

式中,V 为模型结果的总方差;V_i 为某一参数 X_i 对于模型结果贡献的方差;V_{ij} 为参数 X_i 通过参数 X_j 作用所贡献的方差,也即耦合方差;V_{ijm} 为参数 X_i 通过参数 X_j、X_m 作用所贡献的方差;$V_{1,2,\cdots,k}$ 为参数 X_i 通过参数 $X_{1,2,\cdots,k}$ 所贡献的方差。

$$V_i = V\left[E\left(\frac{Y}{X_i}\right)\right] \tag{3.2}$$

$$V_{ij} = V[E(Y/X_i, X_j)] - V_i - V_j \tag{3.3}$$

式中,某一个参数 X_i 所贡献的方差 V_i 等于模型结果 Y 对 X_i 条件期望的方差。同样,V_{ij} 表示 Y 对 X_i、X_j 条件期望的方差减去各自所贡献的方差。如此,各参数及参数相互作用的方差与总方差的比值,则为敏感性指数(Crosetto et al.,2000)。参数 X_i 的一阶敏感性指数 S_i 可以表示为

$$S_i = \frac{V_i}{V} \tag{3.4}$$

其反映了某一输入参数对于模型结果总方差的直接贡献率。对于具有多个参数的模型而言,参数 X_i 的总敏感性指数为各阶敏感性指数之和,也即单一输入参数对于模型结果的直接贡献率与参数之间相互作用的间接贡献率之和。敏感性分析作为一种简化模型的有效手段,在模型校准、模型结构优化中都有较好的应用前景(Annoni et al.,2011;Campolongo et al.,2011;Pogson et al.,2012)。

$$S = S_i + S_{ij} + S_{ijm} + \cdots + S_{1,2,\cdots,k} \tag{3.5}$$

利用 EFAST 方法进行敏感性分析的基本流程(图 3-3)是:①确定敏感性分析的指标,即敏感性分析的具体对象;②确定分析对象的取值范围及其分布形式;③分析、计算参数的变化对结果的影响程度,即参数之间相互作用时,模型结果的变化程度;④求出敏感参

数，在相同的变化幅度条件下，确定对模型结果影响较大的参数为敏感参数。Siamlab 是基于 Monte Carlo 方法开发的不确定性和敏感性分析的专业软件，本书借助该软件，进行敏感性分析。

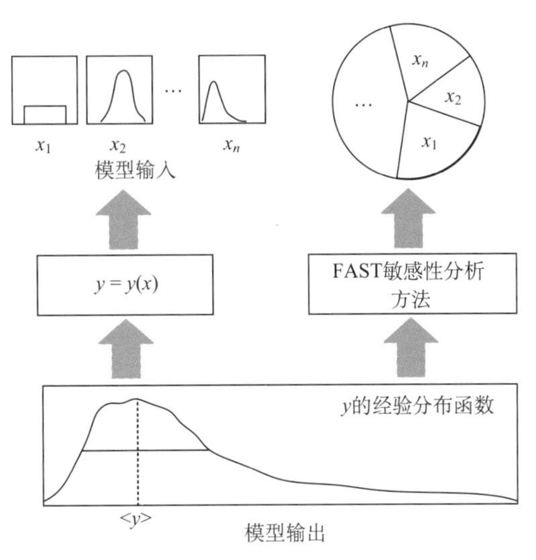

图 3-3　EFAST 计算方法基本流程(Crosetto et al.，2000)

2. 敏感参数识别过程

本书进行敏感性分析主要分为 6 个步骤。

第一步，对参数进行筛选。EPIC 模型中共有 56 个农作物参数，并非所有的参数对于模型模拟结果都有影响。对农作物参数进行筛选，筛选出可能对模型模拟结果有影响的参数，对这些参数进行敏感性分析，在一定程度上能降低运算成本，提高效率。筛除规则如下：①农作物参数中与农作物物化性质无关的参数(如种子花费 COSD、粮食产量价格 PRYG 等)，这些参数与农作物的根本属性无关，其改变不会对产量造成影响，因此，不进行敏感性分析。②农作物特定属性值，一般不会改变的参数(如农作物类别编号 IDC)。这类参数一般为固定值，只会根据农作物类别的改变而改变，不应当进行随机采样，因此，不进行敏感性分析。③农作物参数有特定含义的拆分变量不参与敏感性分析。例如，DLAP1(最适叶面积增长曲线第一点)，小数点前表示该点所在阶段占生育期长度的百分比，小数点后表示最大潜在叶面积指数，因为具有特定的含义，当该参数作为一个整体进行随机采样时不能够表示原来所具有的特定含义，因此，也不进行敏感性分析。④特定农作物的参数。例如，FTO 和 FLT 为棉花的特定参数，在春小麦分析时，该参数为 0，不需要进行敏感性分析。最终，本书从 56 个参数中筛选出了 31 个与模型产量相关的农作物参数进行敏感性分析。

第二步，确定参数取值范围和分布形式。由于蒙特卡罗模拟取决于农作物模型参数的选择、参数取值范围和分布形式的定义，因此，需要根据农作物参数参考值及相关条件的不同，确定参数的取值范围和分布形式。相关研究也证实，参数取值范围和分布形式的不同，对敏感性分析结果有较大的影响(Richter et al.，2010)。所以本书以美国得克萨斯农工大学农业生命研究院的农作物参数数据作为参考值(表3-1)，选取参考值的±20%为取值范围，分布形式采用均匀分布。

表3-1 EPIC模型敏感性分析农作物参数表

参数缩写	参数含义	参考值	取值范围	单位
WA	潜在光能利用率	35	28～42	
HI	收获指数	0.45	0.36～0.54	
TOP	农作物生长最适温度	20	16～24	℃
TBS	农作物生长基点温度	5	4～6	℃
DMLA	最大潜在叶面积指数	6.00	4.80～7.20	
DLAI	生长季峰值点	0.60	0.48～0.72	
RLAD	叶面积下降率	1.00	0.80～1.20	
RBMD	生物量-能量转换系数下降率	1.00	0.80～1.20	
ALT	耐铝性指数	2.00	1.60～2.40	
GSI	强太阳辐射低水汽压下最大气孔导度	0.0070	0.0056～0.0084	ms^{-1}
SDW	正常播种率	90	72～100	%
HMX	最大农作物高度	1.00	0.80～1.20	m
RDMX	最大根深度	2.00	1.60～2.40	m
CNY	产量中N的百分比	0.03030	0.02424～0.03636	g/g
CPY	产量中P的百分比	0.00380	0.00304～0.00456	g/g
CKY	产量中K的百分比	0.00390	0.00312～0.00468	kg/kg
WSYF	收获指数底线	0.210	0.168～0.252	
PST	病虫害损害因子	0.60	0.48～0.72	
WCY	产量中水分含量	0.120	0.096～0.144	%
BW1	直立活体农作物风蚀因子	3.390	2.712～3.500	
BW2	直立死亡农作物风蚀因子	3.390	2.712～3.500	
BW3	倒伏农作物风蚀因子	1.610	1.288～1.932	
WAVP	潜在光能利用率的下降率	10	8～10	
VPTH	叶传导率对水汽压差的敏感阈值	0.5	0.4～0.6	kPa
RWPC1	萌发时根质量百分比	0.40	0.32～0.48	%
RWPC2	收获时根质量百分比	0.20	0.16～0.24	%
GMHU	萌发时所需的累积热量单位	100	80～120	℃
STX1	盐度对产量的影响	0.070	0.056～0.084	(CT/HA)/MMHO/(M)
STX2	作物耐盐阈值	6.00	4.80～7.20	MMHO/CM
BLG1	农作物和草本种植密度	0.010	0.008～0.012	%
BLG2	木本种植密度	0.10	0.08～0.12	%

当参考值的±20%取值范围的上限或下限超出 EPIC 模型所限定的参数范围时，以 EPIC 模型的允许范围为准。

第三步，在参数取值范围内生成农作物参数的随机样本，模拟作物产量。每个随机样本对应一组农作物参数，每个样本作为农作物参数数据与其他环境数据、管理数据一起输入 EPIC 模型，模拟得到对应的农作物产量。EPIC 模型按年份来模拟产量，由于气候等方面的原因，同一地区模拟得到的多年农作物产量也存在着差异。为了平衡同一地区不同年份气候的差异性，减小个别年份突发的极端气候对结果的影响，本书使用 30 年的农作物平均产量作为模型的最终输出结果。

第四步，计算参数的敏感性指数。根据模拟出的农作物产量，结合生成的随机样本，运用 EFAST 方法计算得到每个参数的敏感性指数，并根据敏感性指数的大小进行排序。一般认为敏感性指数>0.1 的参数为敏感参数，在 EPIC 模型校准过程中，应当着重对这些参数进行调整。

第五步，区域敏感性分析，以可比地理单元为评价单元，对全球主要农作物种植的不同地区进行敏感性分析。

第六步，参数敏感性指数分区分类，通过对不同区域参数敏感性指数排序图的归纳进行系统聚类分析。

3. 全球玉米敏感参数分区分类

相对于其他作物，玉米的种植要广泛得多，全球共有 238 个区域(可比地理单元)有玉米种植。对各个玉米种植区域的敏感性分析结果进行统计(图 3-4)，从中可以看出 WA 是最为敏感的参数，在全球有玉米种植的 238 个区域中，有 192 个区域 WA 是敏感参数；其次是 TBS，作为敏感参数出现的次数为 188 次；WSYF、HI、TOP 三个参数作为敏感参数出现也超过 100 次。可见，对于玉米而言，全球超过 50%区域的敏感参数为 WA、TBS、WSYF、HI、TOP 五个参数。RWPC1、DLAI、CNY 也多次作为敏感参数出现，其他参数出现的次数较少。总之，从全球来看，玉米敏感参数较为常见的有 WA、TBS、WSYF、HI、TOP，其中 WA、TBS 最为常见，从另一侧面也反映出这两个参数最为敏感。WSYF、HI 和 TOP 三个参数比较敏感。

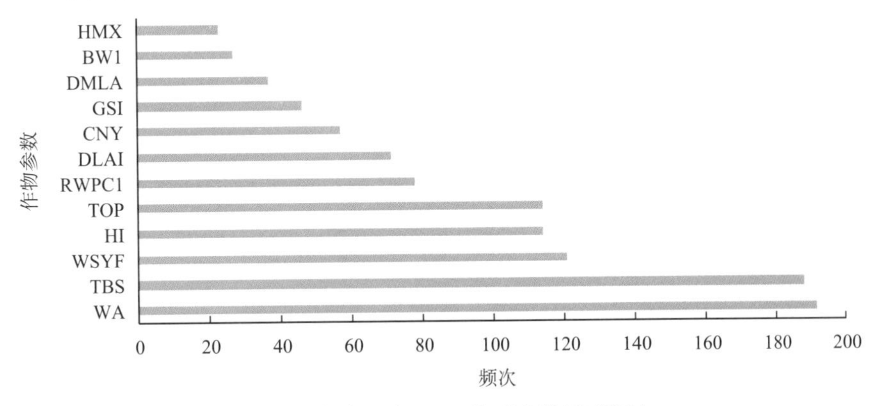

图 3-4　全球玉米 EPIC 模型参数敏感频次

根据系统聚类分析，可以将玉米的敏感性分析结果大致分为以下四类(图 3-5)。第一类[图 3-5(a)]，TBS 为最敏感参数，敏感性指数明显大于其他参数，通常在 0.5 以上。第二类[图 3-5(b)]，WA、HI、TBS、TOP、WSYF 等多个参数可能为敏感参数。第三类[图 3-5(c)]，TOP 为最敏感参数，敏感性指数高于其他参数。第四类[图 3-5(d)]，WA、HI 相对比较敏感，且两者值比较接近。

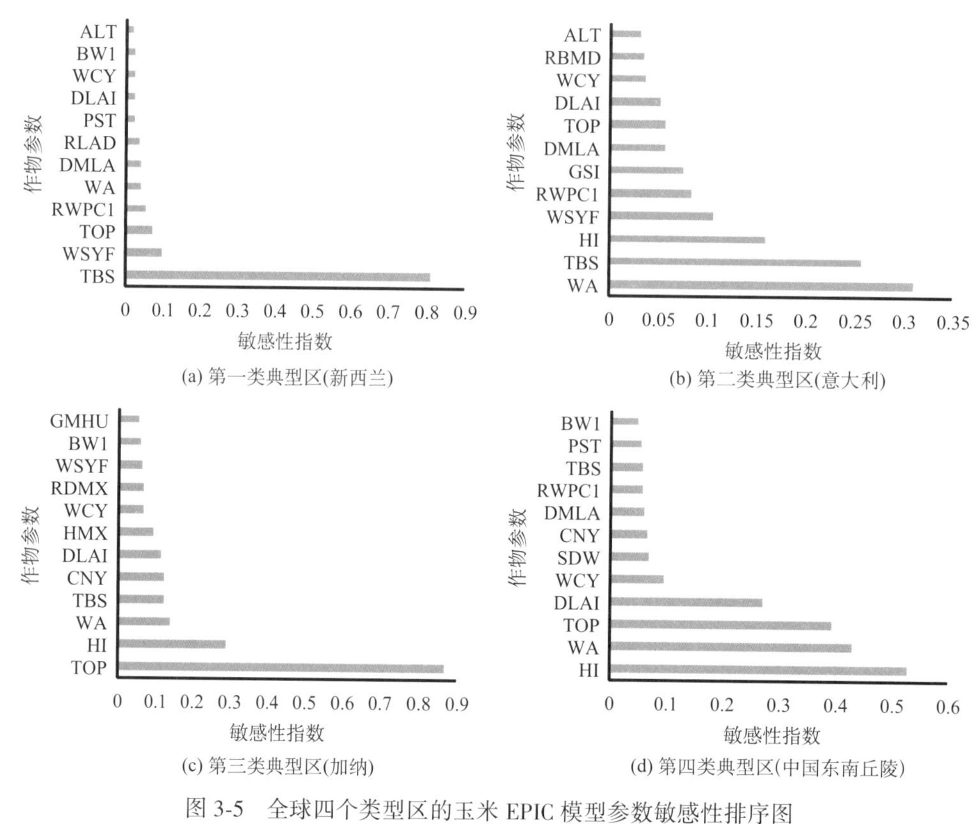

图 3-5 全球四个类型区的玉米 EPIC 模型参数敏感性排序图

4. 全球春小麦敏感参数分区分类

春小麦在全球 56 个区域(可比地理单元)均有种植，其中，WA 作为敏感参数出现的次数最多，高达 50 次；其次是 HI，作为敏感参数出现的次数为 34 次；TOP 出现的次数也较多，共 28 次；WSYF、TBS、RWPC1 同样是较为常见的敏感参数，DLAI、DMLA、HMX 则出现次数较少。因此，从全球整体来看，春小麦敏感参数为 WA、HI、TOP、WSYF、TBS、RWPC1 等，在全球大部分地区，WA 和 HI 都为敏感参数。其次，农作物生长温度相关指标 TOP、TBS 对于 EPIC 模型产量也有较大的影响(图 3-6)。

对全球种植春小麦的 56 个区域进行系统聚类分析，结果分为四类(图 3-7)。第一类[图 3-7(a)]，WA、HI 为相对敏感的参数，同时 WSYF、RWPC1 或 TOP 等也对产量有较大的影响。第二类[图 3-7(b)]，WA、HI 为最敏感的参数，两个参数的敏感性指数相差不大，一般为 0.4～0.6，其他参数的敏感性指数相对较小。第三类[图 3-7(c)]，WA、

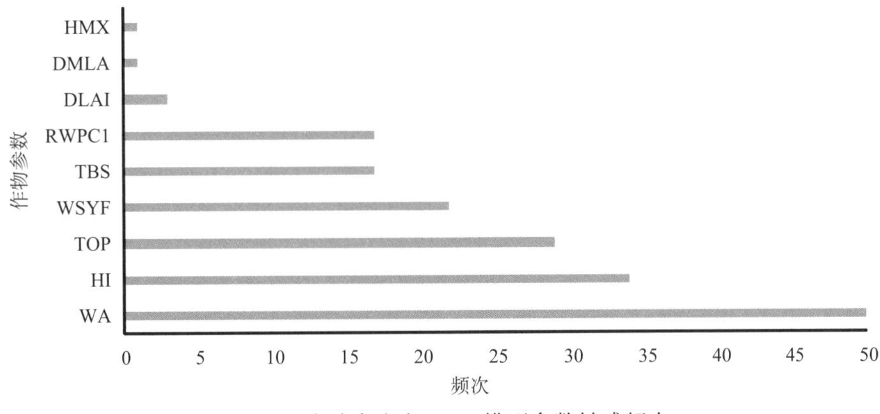

图 3-6　全球春小麦 EPIC 模型参数敏感频次

HI、TBS 为相对敏感的参数，TBS 有时上升为最敏感的参数，三个参数的敏感程度相差不大，而其他参数的敏感性指数较小。第四类[图 3-7(d)]，TOP 为最敏感的参数，敏感性指数非常高，对产量起着决定性作用。

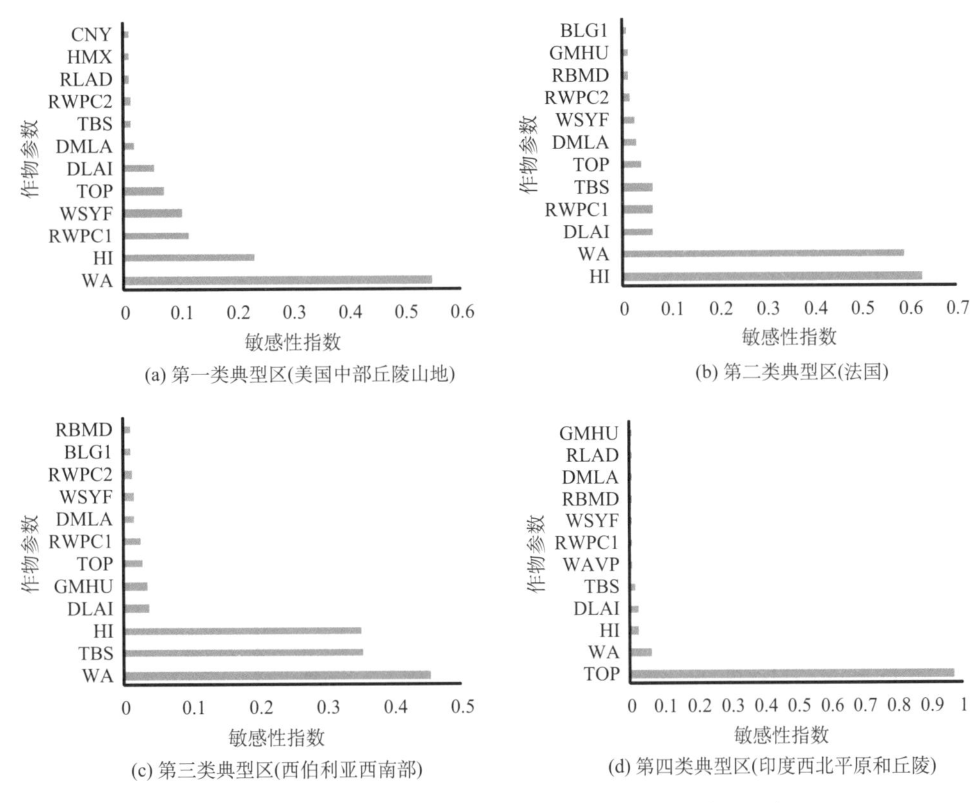

(a) 第一类典型区(美国中部丘陵山地)

(b) 第二类典型区(法国)

(c) 第三类典型区(西伯利亚西南部)

(d) 第四类典型区(印度西北平原和丘陵)

图 3-7　全球四个类型区的春小麦 EPIC 模型参数敏感性排序图

5. 全球冬小麦敏感参数分区分类

冬小麦在全球 51 个区域(可比地理单元)都有种植。由图 3-8 可知，在 51 个区域中，

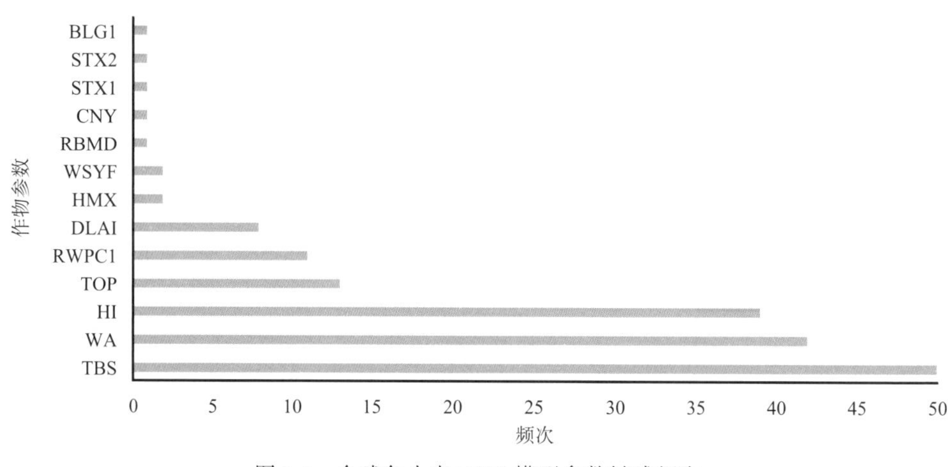

图 3-8 全球冬小麦 EPIC 模型参数敏感频次

TBS 作为敏感参数出现的次数最多，高达 50 次；其次是 WA，作为敏感参数出现的次数为 42 次；HI 出现的次数也较多，共 39 次；TOP、RWPC1、DLAI 同样是较为常见的敏感参数，出现次数都在 10 次左右；HMX、WSYF、RBMD、CNY、STX1、STX2 和 BLG1 则出现次数较少。因此，从全球整体来看冬小麦敏感参数为 TBS、WA 和 HI，这是因为在 EPIC 模型中，农作物的产量是根据农作物地上生物量与收获指数的乘积计算得到的(Williams，1995)。

对 51 个冬小麦种植区域的敏感性分析结果进行系统聚类分析，发现可以将结果大致分为四类(图 3-9)。第一类[图 3-9(a)]，以 TBS 为主要敏感参数，其敏感性指数通常达到 0.6 以上，部分地区 WA、HI 也作为农作物敏感参数出现，但其敏感性指数较低。第二类[图 3-9(b)]，TBS、WA、HI 为最敏感的参数，敏感值通常都在 0.2 以上，且相差不大，其他参数的敏感性指数相对较小。第三类[图 3-9(c)]，HI 的敏感程度较高、同时 WA、TBS 仍然为相对敏感的参数，DLAI 也在大部分小区内作为敏感参数出现，而其他参数的敏感性指数较小。第四类[图 3-9(d)]，在伊朗东部高原区域，STX1、STX2 和 TOP 成为敏感参数，且 STX1 敏感性达到 0.9。

6. 全球水稻敏感参数分区分类

全球共 169 个区域(可比地理单元)种植水稻，种植比较集中，大多在东南亚地区。对每个区域的敏感性分析结果进行统计(图 3-10)。对水稻而言，TBS 是最为敏感的参数，在 169 个种植区域内，TBS 作为敏感参数出现高达 161 次。另外，WSYF 作为敏感参数出现也高达 144 次，其次是 WA 和 TOP 也在 100 次以上。BW1、RWPC1 等参数在部分区域也作为敏感参数出现。但从全球来看，绝大多数地区水稻敏感参数为 TBS、WSYF、WA 和 TOP。

通过系统聚类分析，对全球 169 个水稻种植区域的敏感性分析结果进行分类，可以大致分为以下三类(图 3-11)。第一类[图 3-11(a)]，TBS 为最敏感参数，其敏感性指数远远高于其他参数，一般超过 0.5。第二类[图 3-11(b)]，WSYF、WA、HI、TBS、TOP 和 DLAI 等多个参数为敏感参数。第三类[图 3-11(c)]最敏感参数为 TOP，且其敏感性指数

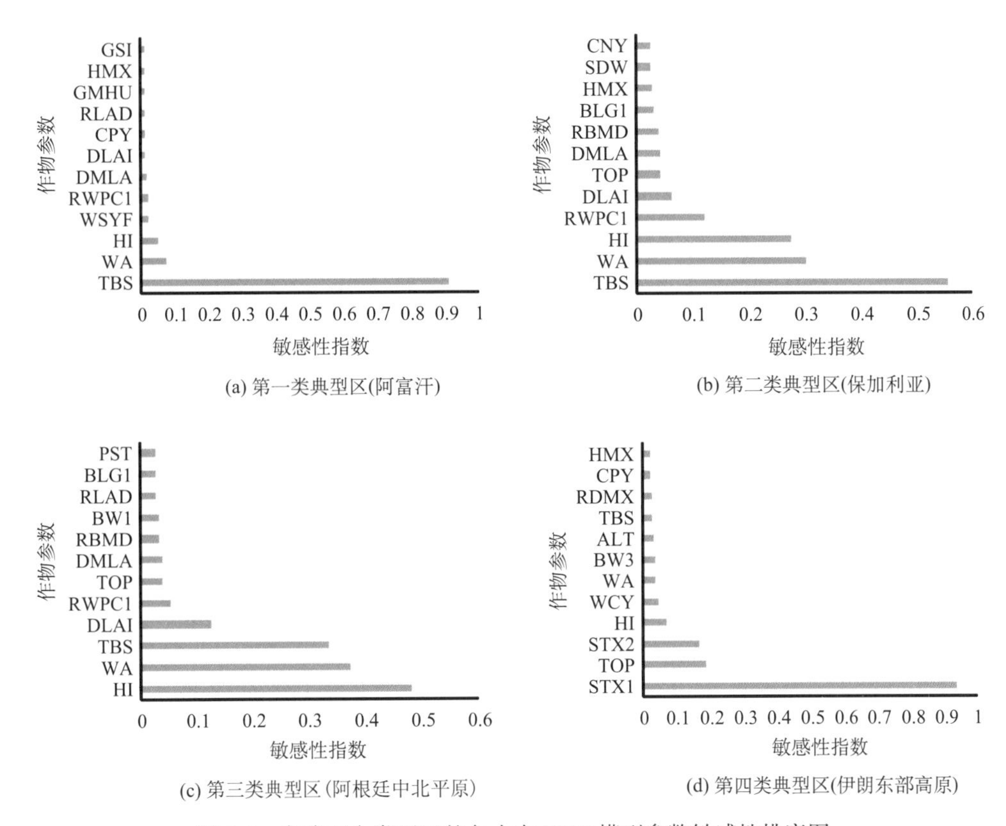

图 3-9　全球四个类型区的冬小麦 EPIC 模型参数敏感性排序图

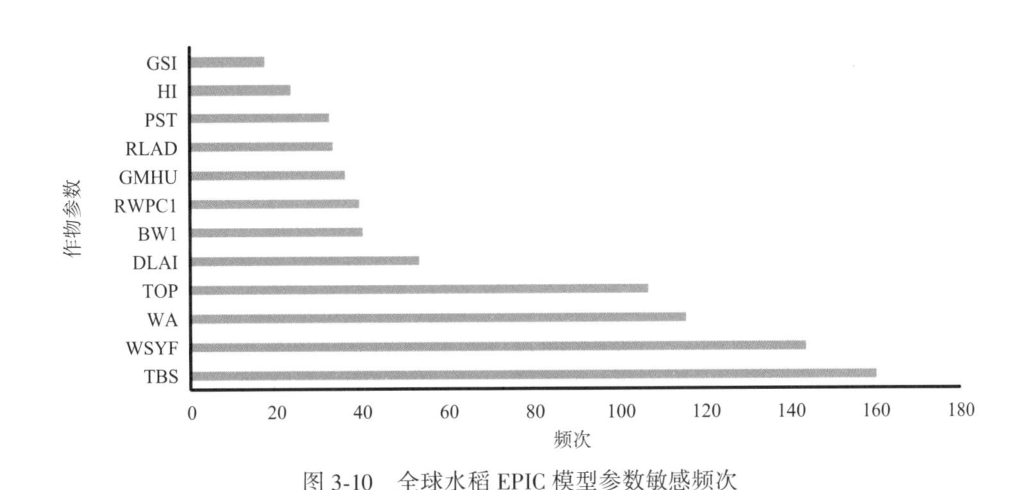

图 3-10　全球水稻 EPIC 模型参数敏感频次

远远高于其他参数。

对每种农作物、每个评价单元内的参数进行敏感性分析，选出对模型影响较大的参数，并对这些参数进行调整，以完成模型校准，从而实现 EPIC 模型空间化过程。

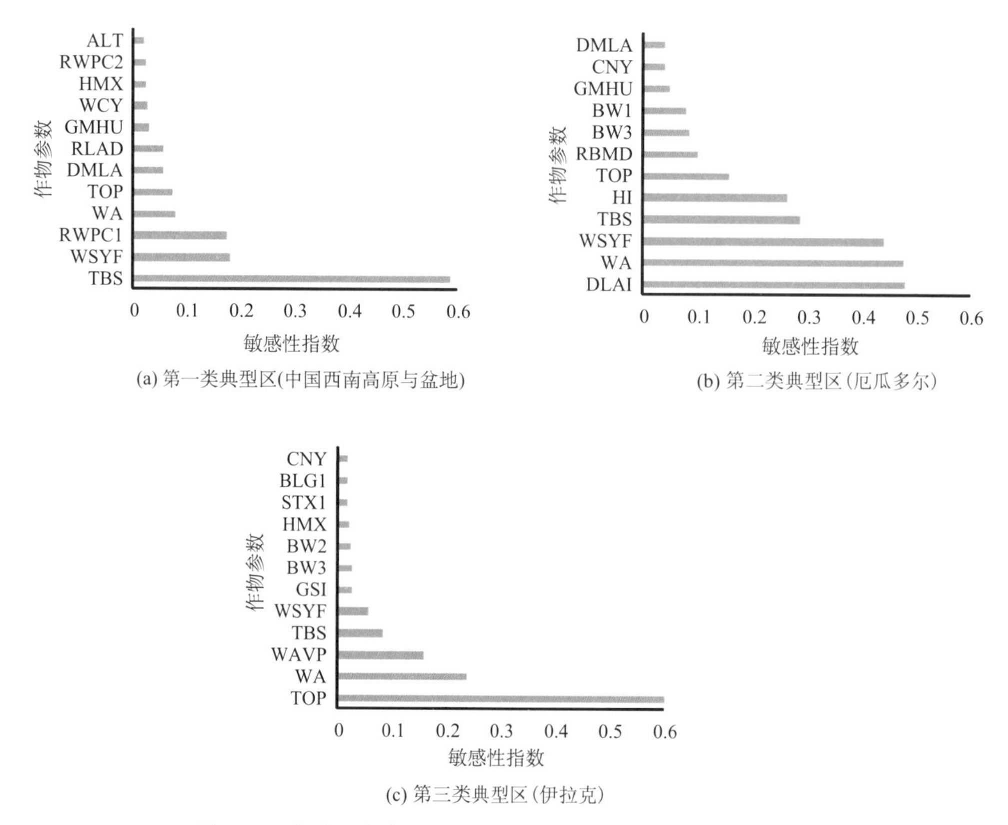

(a) 第一类典型区(中国西南高原与盆地)

(b) 第二类典型区(厄瓜多尔)

(c) 第三类典型区(伊拉克)

图 3-11 全球三个类型区的水稻 EPIC 模型参数敏感性排序图

3.2.2 模型参数校准流程

识别各评价单元的敏感参数后，就需要对这些参数进行校准，即在每个农作物产量数据空间单元内逐步变动各个参数，直至农作物产量模拟最优，完成模型校准。具体来说，以每个参数的默认值为初始参数，逐步调整所选择的参数数值，进行农作物产量模拟；通过比较模拟农作物产量与实际产量，更改参数调整的大小和方向，进行下一步的参数调整和产量模拟；直至模拟产量精度达到标准，或者模拟次数超过限定值，则参数调整停止。

在调整过程中需要解决的关键问题是每次参数调整的方向与步长。这里采用自动调整的方式，根据每次参数调整后农作物产量模拟结果与实际结果的比对，来判断下一次参数调整的方向和大小。这样使得模型模拟的结果不断地向实际情况逼近，从而完成模型校准。该方法简单易操作，且目标明确，节省计算时间成本，在一定程度上可以提高模型校准的效率。图 3-12 为以单个参数为例进行参数校准的流程。

(1)根据初始参数模拟得到相应产量 Y，将 Y 与实际产量 Y_0进行比较。当 Y 与 Y_0的均方根误差(RMSE)满足一定条件时，则认为 EPIC 模型模拟结果比较接近实际情况，对应的参数值保存为最优参数方案。

(2)若不满足条件则进入参数调整阶段。首先判断循环次数，若次数小于 1 则为初次

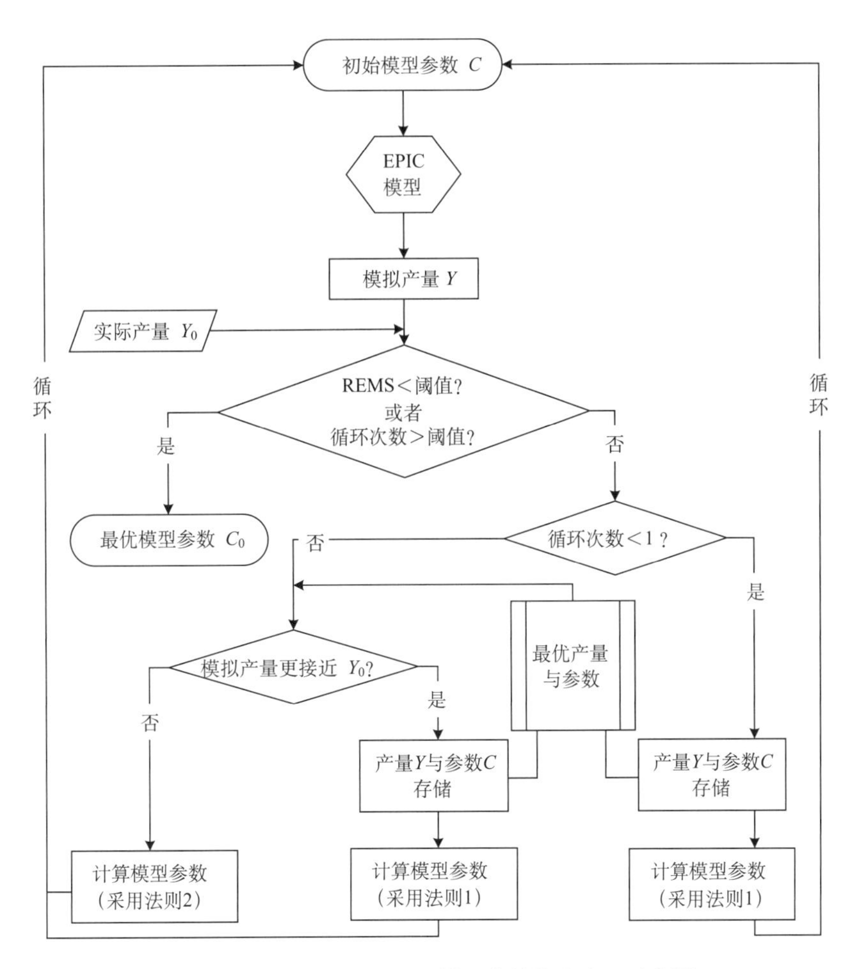

图 3-12　农作物产量 EPIC 模型参数校准流程示意图

调整过程，设定初始参数为最优参数，并采用法则 1(假设正在进行参数的第 n 次调整，第 n 次参数调整步长=初始参数×0.2，方向与第 $n-1$ 次相同，若为第 1 次则默认为正向)再进行循环调整。

(3)若循环次数不小于 1，则进行下一层判断过程：假设进行第 $n+1$ 次模拟，若 n 次的模拟结果较 $n-1$ 次更接近实际产量，则采用法则 1 进行调整，并保存此次循环得到的农作物模拟产量与模型参数；若 n 次模拟结果较 $n-1$ 次更远离实际产量，则采用法则 2(假设正在进行参数的第 n 次调整，第 n 次参数调整步长=[第($n-1$)次参数值-第($n-2$)次参数值]×0.5，方向与 $n-1$ 次调整方向相反。以此类推进行循环操作，直到产量模拟结果满足输出条件或模拟次数达到限定，最后输出最优农作物参数。

3.3　全球农作物产量模拟与验证

SEPIC 模型校准是否准确的判断标准是模拟农作物产量与实际产量的接近程度，且本书是通过模拟农作物产量的损失来计算风险的，因此，产量的模拟与校验显得尤为重要。

3.3.1 全球农作物产量模拟

SEPIC 模型在全球尺度上分区校准后可用于全球农作物产量模拟。基于 SEPIC 模型的全球产量模拟的流程如下：首先，数据输入。空间产量模拟输入涉及的数据种类较多，包括栅格数据、矢量数据和表格数据等，需要批量将其转换为 EPIC 模型的输入格式，主要依托 MATLAB 软件和 ArcGIS 软件的 VBA 完成。其次，产量的并行模拟计算。依托 MATLAB 的多线程工具，以模拟单个站点的 1971～2099 年作物生长过程为一个操作单元，模型通过建立全部模拟范围网格的作物生长模拟环境，将时空维度的模拟进行了多线程划分操作。最后，产量数据的转换与表达。基于 SEPIC 模型的模拟模块，直接输出结果为每个网格每一年一个文本文件，转换为 ASCII 文件。由于数据所限，此处选择 2000～2004 年作为产量模拟的验证时段。全球农作物产量模拟结果如图 3-13～图 3-16 所示。

由图 3-13 看出，全球玉米产量较高的地区主要集中在：欧洲西部，包括伊比利亚半岛、意大利等地区；北美洲东部，主要集中在美国的中部密西西比河流域以及五大湖周边地区；南美洲的阿根廷等地；非洲、中亚地区、墨西哥等中美洲地区玉米产量较低。中国产量较高的地区从东北到西南呈块状分布，依次是松嫩平原和辽河平原、山西和陕西大部分地区、四川盆地和云贵地区。从历年变化来看，2000～2004 年全球玉米模拟产量空间格局变化不大，中国和南美地区产量有所上升。

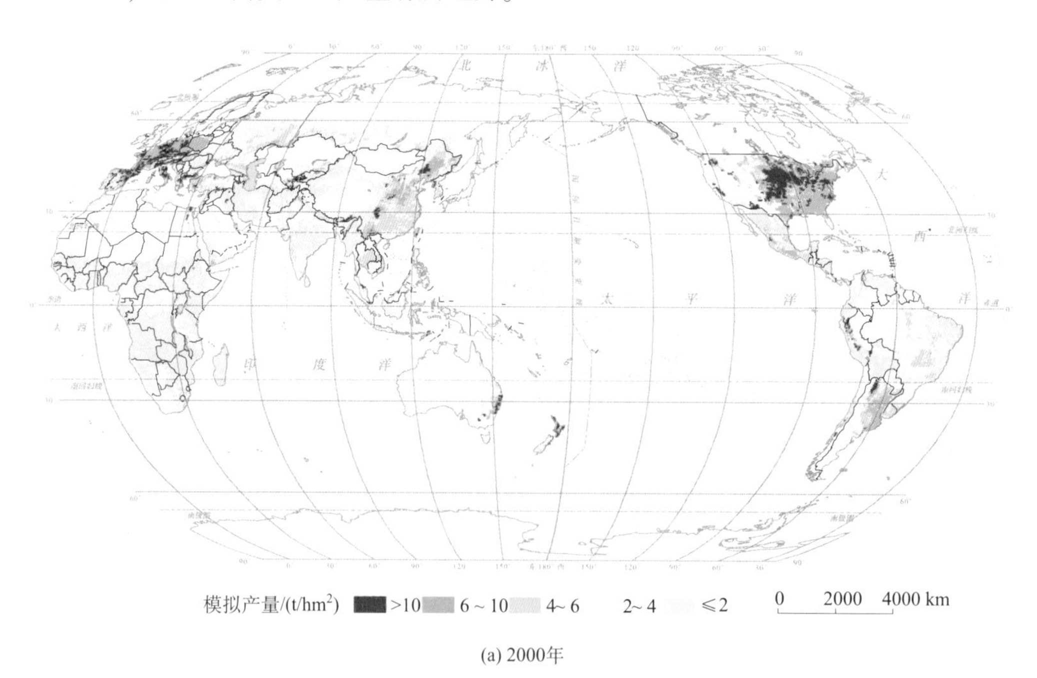

(a) 2000年

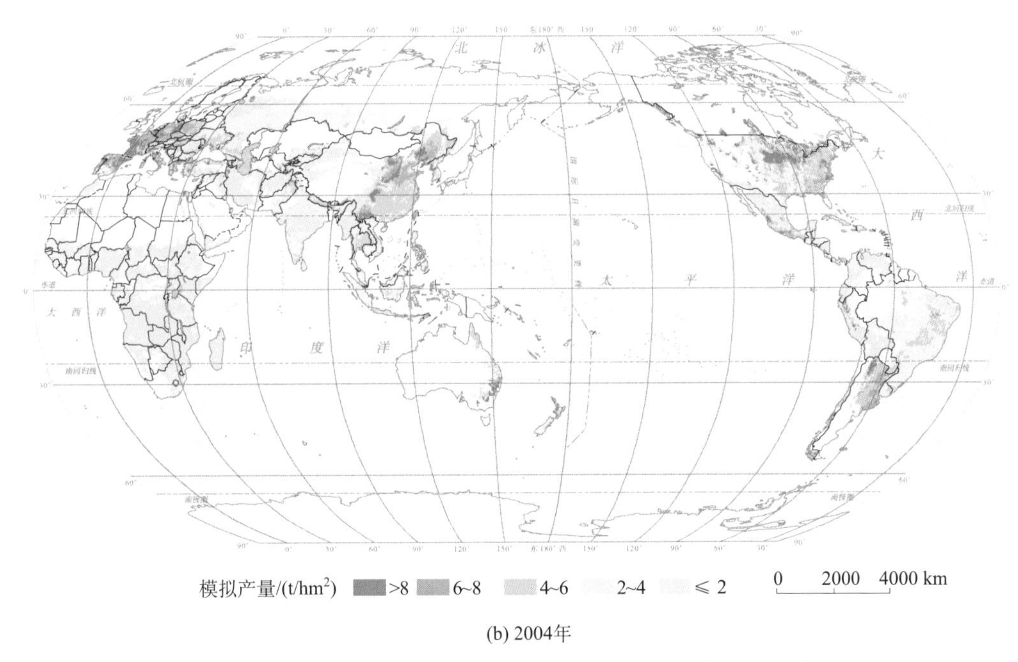

(b) 2004年

图 3-13　全球玉米产量 SEPIC 模型模拟结果(2000 年、2004 年)

由图 3-14 看出，全球春小麦种植较为广泛，高产区也较为分散，各大洲均有分布。亚洲高产区主要集中于印度北部、巴基斯坦南部等地；非洲产量较高的地区主要在非洲南部赞比亚、莫桑比克等地；欧洲春小麦种植较少，高产区集中于北欧部分地区；美洲产量较高的地区位于中美洲以及南美的智利等地。另外，新西兰北部产量也相对较高。中国春小麦产量较高的地区位于四川盆地以及河套地区。中国东部地区也有种植，产量处于中等水平，西北和西南地区春小麦成片种植，产量相对较低。

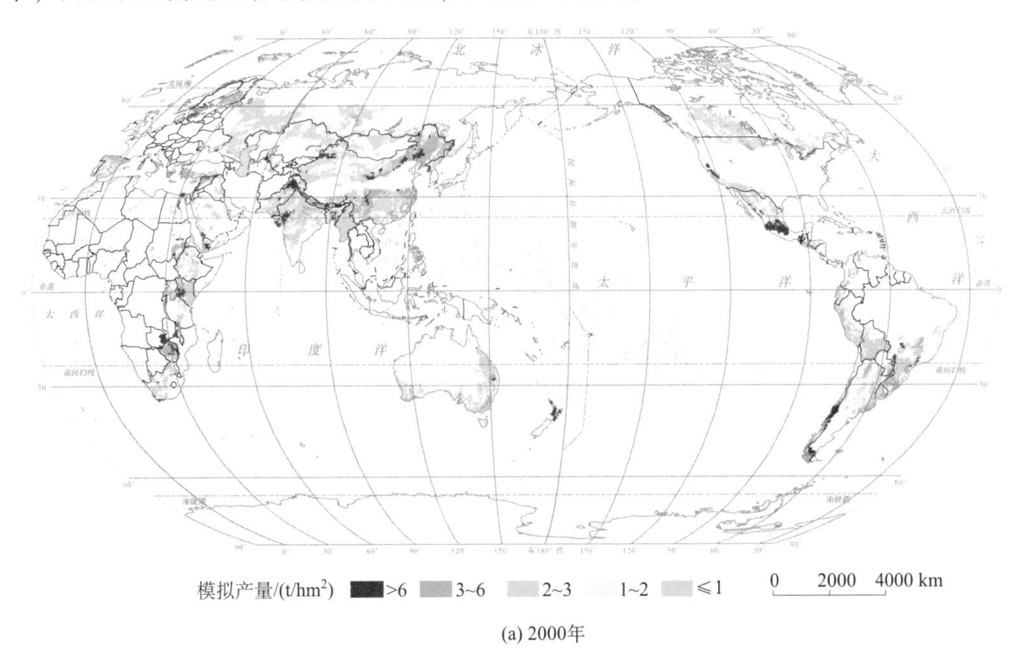

(a) 2000年

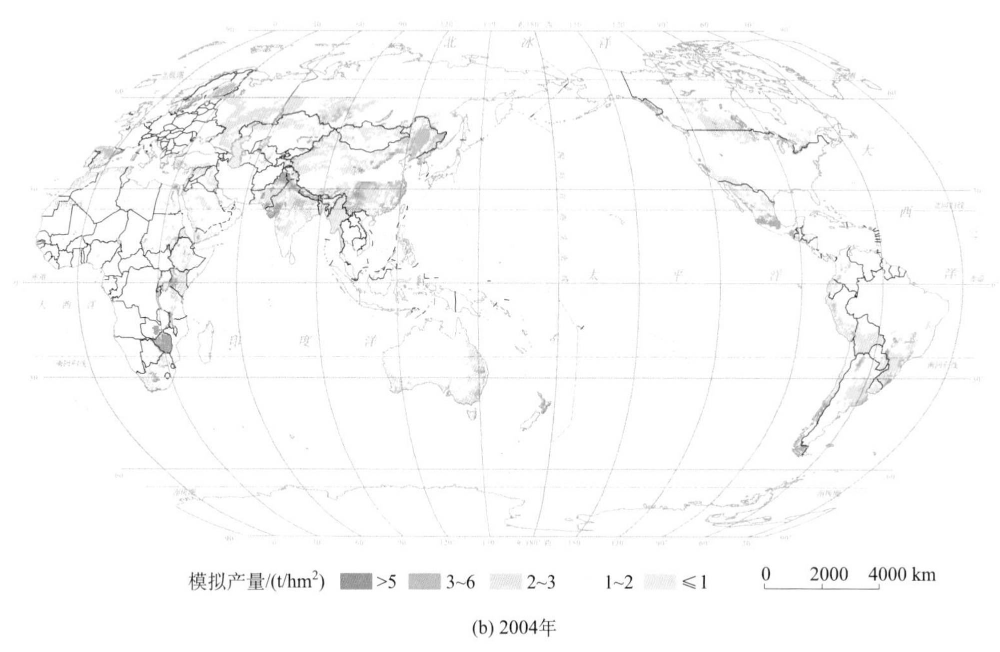

(b) 2004年

图 3-14 全球春小麦产量 SEPIC 模型模拟结果(2000 年、2004 年)

由图 3-15 看出，冬小麦的种植相对集中，主要位于北半球 20°～60°N 之间；高产地区非常集中，主要在西欧地区、中国华北平原、日本南部、美国西北部也属于产量较高的地区。中亚、南非、东欧地区产量较低。

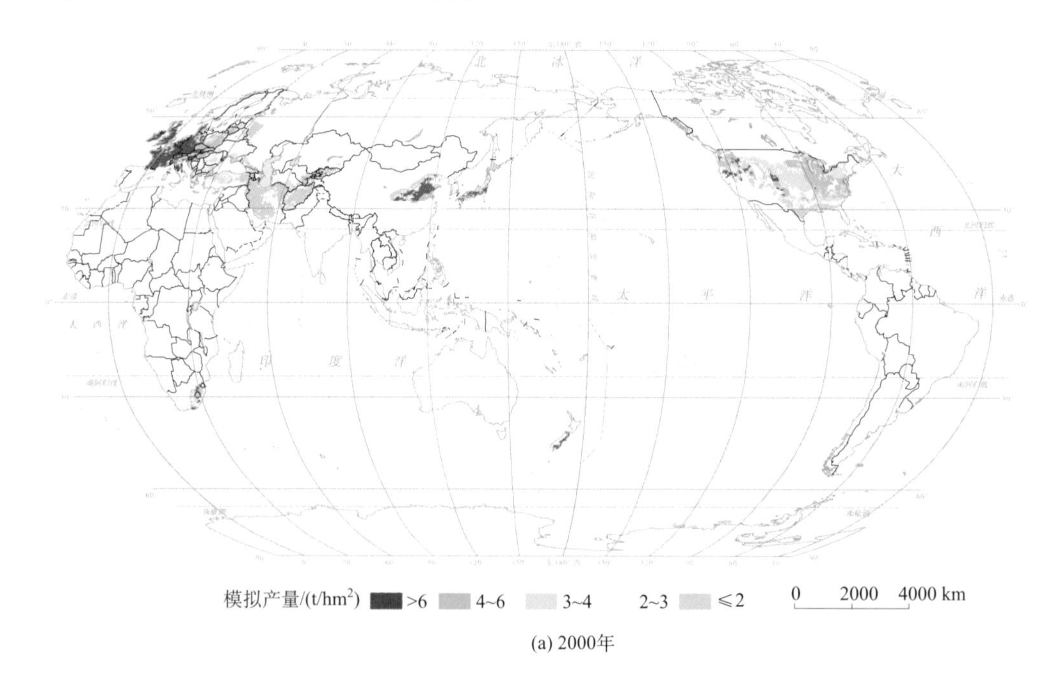

(a) 2000年

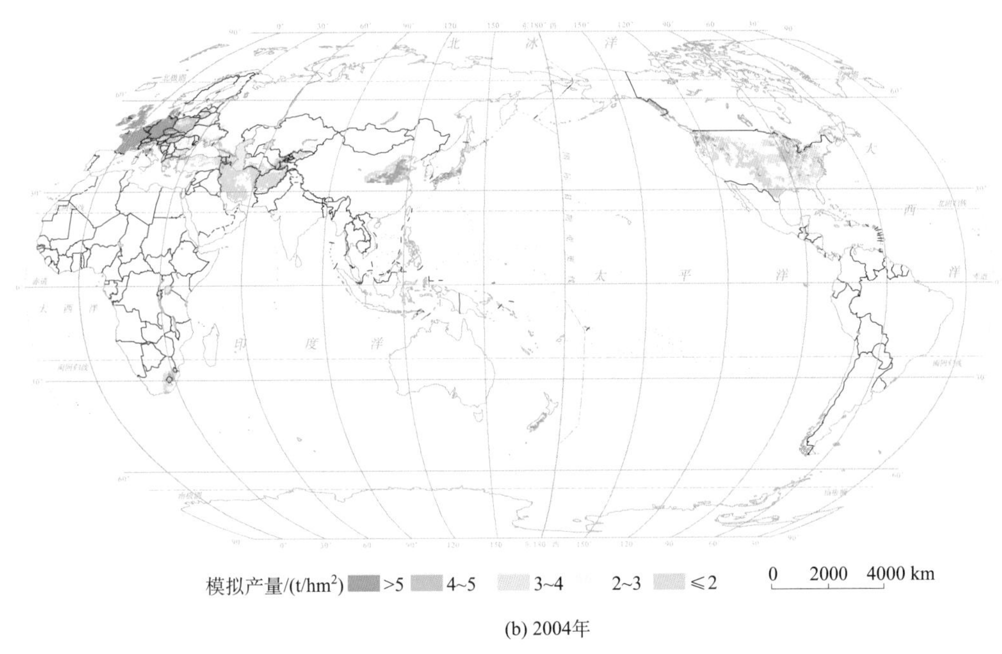

(b) 2004年

图 3-15　全球冬小麦产量 SEPIC 模型模拟结果(2000 年、2004 年)

从图 3-16 看出，全球水稻产量较高的地区主要在中国东部、日本南部、东南亚部分地区、澳大利亚东部、欧洲部分地区，以及南美洲西北部。中亚和非洲等地产量较低。中国水稻高产区包括华南部分地区、中部两湖平原到长江中下游一带以及东北平原部分地区。从历年变化来看，2000～2004 年全球水稻产量高低空间格局并没有太大的变化，中美洲地区和非洲部分地区呈现一定的上升趋势。

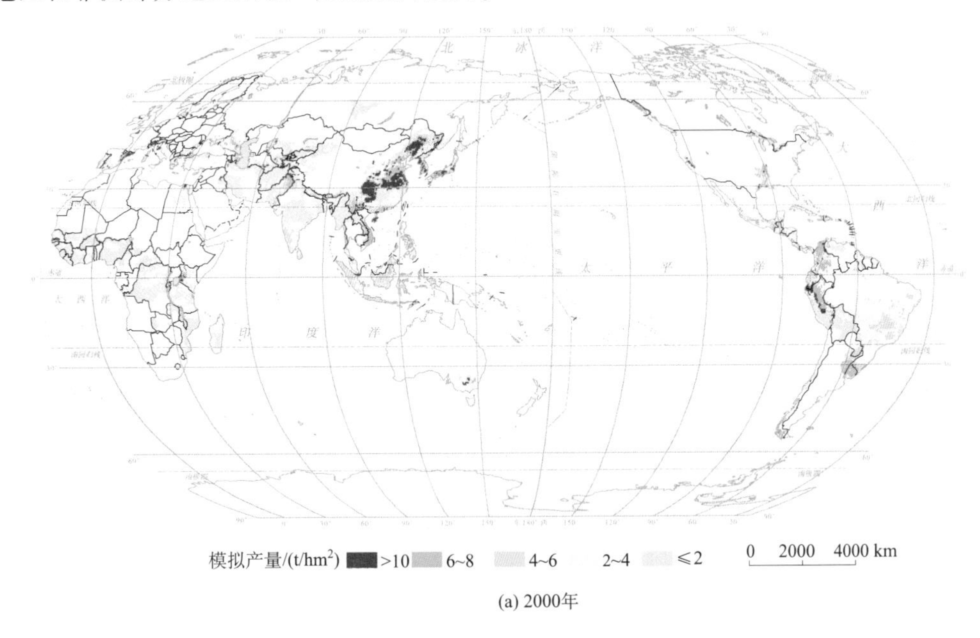

(a) 2000年

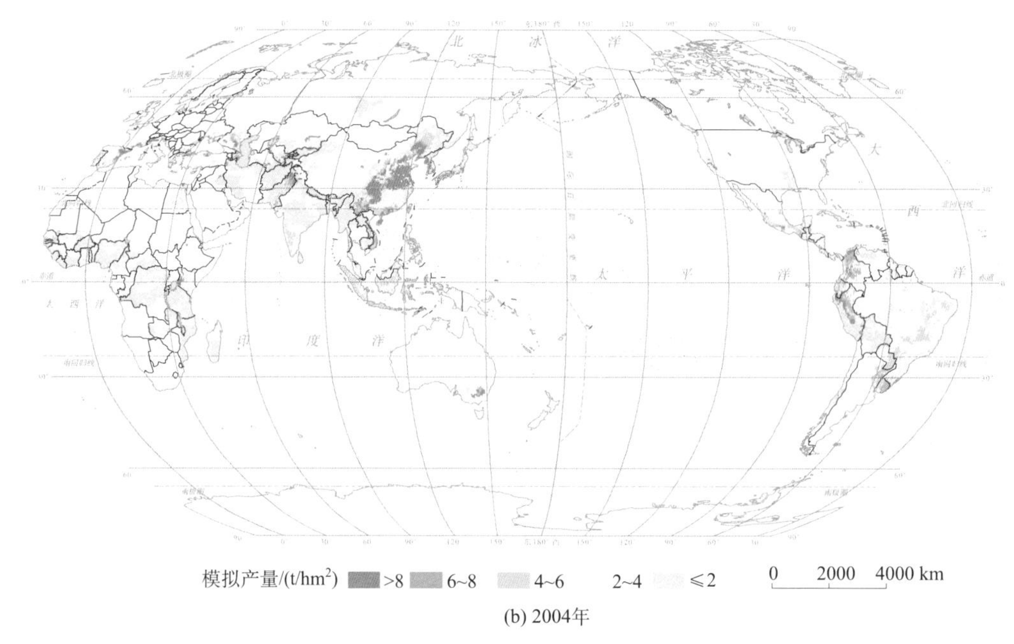

(b) 2004年

图 3-16 全球水稻产量 SEPIC 模型模拟结果(2000 年、2004 年)

3.3.2 全球农作物产量 SEPIC 模型模拟结果验证

农作物产量模拟结果的准确性决定了农作物旱灾风险评价结果的准确性。因此，对农作物产量 EPIC 模型模拟结果进行验证是十分必要的。本节从可比地理单元和国家(地区)单元两个方面对模拟结果进行验证。计算各单元内模拟产量和实际产量的相关系数，来验证 EPIC 模型模拟结果的准确性。

1. 基于可比地理单元的农作物产量 SEPIC 模型模拟验证

本书选择 2001～2004 年 EPIC 模型模拟产量与实际产量进行对比。计算每个可比地理单元内平均模拟产量和平均实际产量，绘制相关分析散点图，并计算两者的相关系数。

全球可比地理单元的玉米模拟产量和实际产量之间为高度相关(图 3-17 和表 3-2)。2001～2004 年玉米模拟产量与实际产量散点多分布在 45°对角线附近，且 R^2 均在 0.55 以上，最高达到 0.66。Person 和 Spearman 相关系数均在 0.7 以上，且通过了置信度为 0.01 的检验。因此，在可比地理单元尺度上，SEPIC 模型能够较好实现对玉米产量的模拟。

全球可比地理单元的小麦模拟产量与实际产量之间为高度相关(图 3-18 和表 3-3)。两者的一元线性回归方程趋势线都比较接近截距为 0 的 1 : 1 趋势线，R^2 约为 0.5，且通过了置信度为 0.01 的检验。模拟产量与实际产量的 R^2 和 ME 较为接近。因此，在可比地理单元尺度上，EPIC 模型能够较好地模拟小麦产量在不同年份的变异。

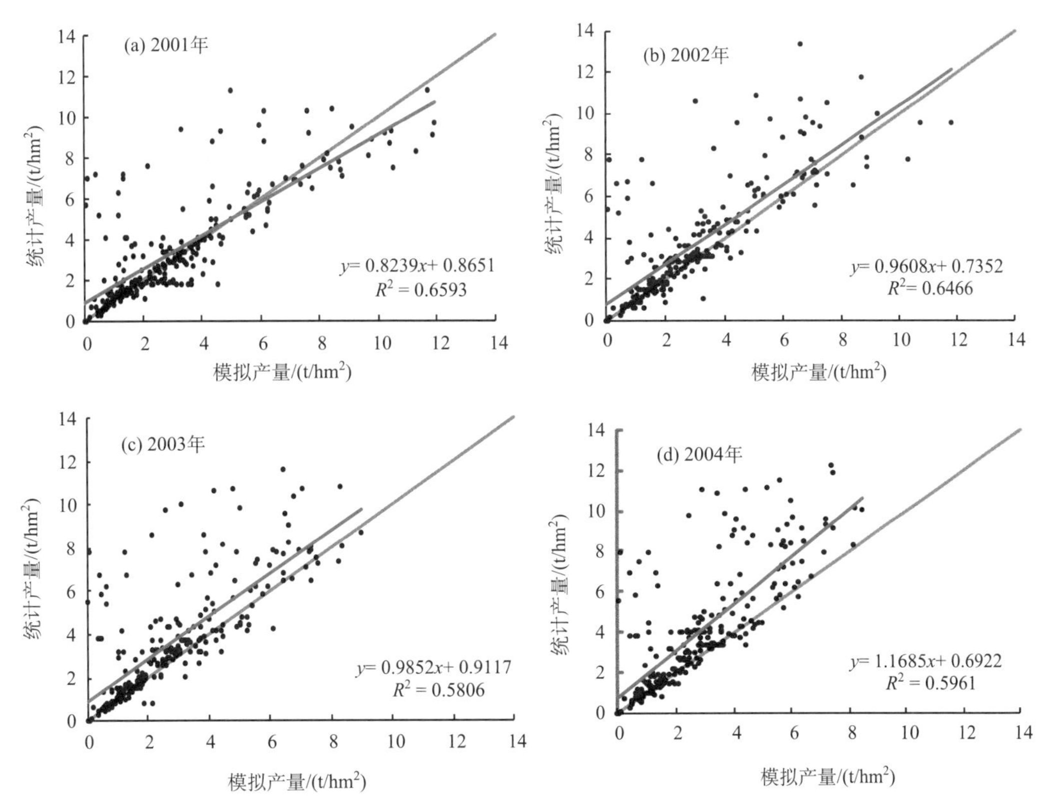

图 3-17　基于可比地理单元的全球玉米统计产量与 SEPIC 模型模拟产量相关关系(2001～2004 年)

表 3-2　全球玉米 SEPIC 模型模拟产量与统计产量相关分析(可比地理单元，2001～2004 年)

年份	线性回归方程	Person 相关系数	Spearman 相关系数	R^2	RMSE	ME	显著水平
2001	$y=0.8239x+0.8651$	0.81	0.79	0.66	1.58	0.77	0.01
2002	$y=0.9608x+0.7352$	0.81	0.79	0.65	1.6	0.77	0.01
2003	$y=0.9852x+0.9117$	0.8	0.81	0.58	1.7	0.67	0.01
2004	$y=1.1685x+0.6922$	0.76	0.77	0.6	2.2	0.63	0.01

表 3-3　全球小麦 SEPIC 模型模拟产量与统计产量相关分析(可比地理单元，2001～2004 年)

年份	线性回归方程	Person 相关系数	Spearman 相关系数	R^2	RMSE	ME	显著水平
2001	$y=0.7873x+0.9106$	0.74	0.64	0.55	1.25	0.76	0.01
2002	$y=0.7532x+0.9879$	0.75	0.65	0.55	1.29	0.79	0.01
2003	$y=0.6872x+1.1891$	0.70	0.59	0.49	1.37	0.66	0.01
2004	$y=0.8135x+1.025$	0.76	0.67	0.57	1.35	0.66	0.01

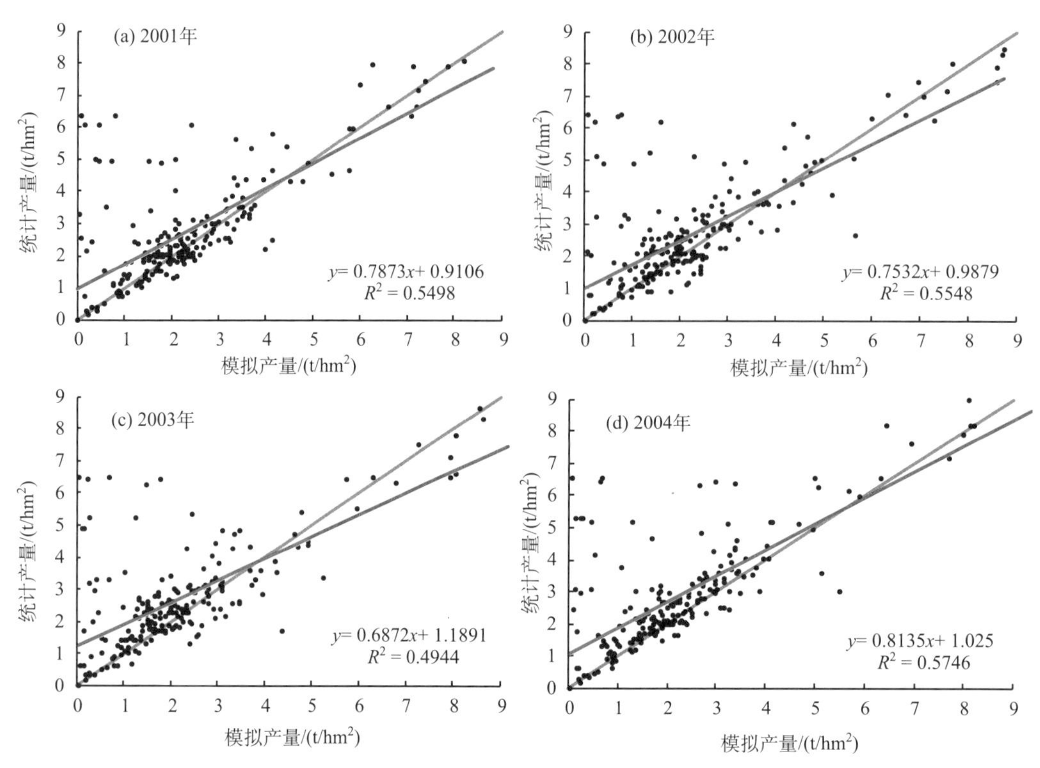

图 3-18 基于可比地理单元的全球小麦统计产量与 SEPIC 模型模拟产量相关关系(2001～2004 年)

全球可比地理单元的水稻模拟产量和实际产量之间为中度相关(图 3-19 和表 3-4)。2001～2004 年二者的相关系数 R^2 为 0.3～0.4，且均通过 0.01 显著性检验。模拟产量和实际产量散点大多分布在 1∶1 趋势线两侧，其中上侧分布较零散，说明有部分地区水稻模拟产量较实际产量偏低。这可能是由于 EPIC 模型对于河流、湖泊等流域单元内的水分考虑不充分，导致一些地区的水分胁迫较实际情况偏大，从而影响产量。总体而言，在可比地理单元尺度上，EPIC 模型能够相对较好地实现对水稻产量的模拟。

表 3-4 全球水稻 SEPIC 模型模拟产量与统计产量相关分析(可比地理单元，2001～2004 年)

年份	线性回归方程	Person 相关系数	Spearman 相关系数	R^2	RMSE	ME	显著水平
2001	$y=0.6056x+1.9059$	0.63	0.6	0.39	1.93	0.33	0.01
2002	$y=0.6046x+2.0312$	0.6	0.57	0.35	2.03	0.11	0.01
2003	$y=0.6303x+2.1516$	0.55	0.56	0.31	2.13	0.09	0.01
2004	$y=0.6423x+2.1458$	0.55	0.54	0.3	2.19	0.05	0.01

2. 基于国家(地区)单元的农作物产量 EPIC 模型模拟结果验证

模型以可比地理单元作为校准的基本单元，仅从可比地理单元单一尺度并不足以证明

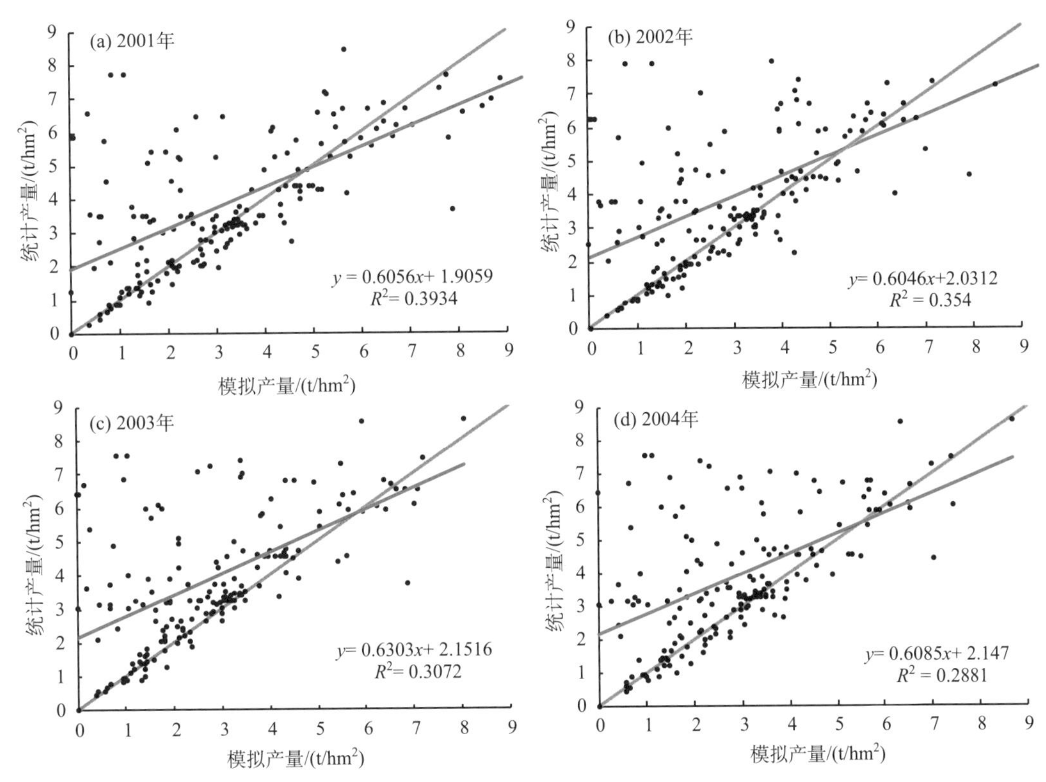

图 3-19　基于可比地理单元的全球水稻统计产量与 SEPIC 模型模拟产量相关关系(2001～2004 年)

模型校准的结果优劣。因此，本节从国家(地区)单元尺度上进行再次验证，计算每个单元内农作物模拟产量与实际产量平均值，并绘制散点图。

全球国家(地区)单元的玉米模拟产量与实际产量之间高度相关(图 3-20 和表 3-5)，R^2 均在 0.7 以上，最高可以达到 0.8。两者的 Person 相关系数和 Spearman 相关系数均在 0.8 以上，且均通过了 0.01 显著性检验。因此，在国家(地区)尺度上，EPIC 模型能够较好地模拟玉米产量。

表 3-5　全球玉米 SEPIC 模型模拟产量与统计产量相关分析[国家(地区)单元，2001～2004 年]

年份	线性回归方程	Person 相关系数	Spearman 相关系数	R^2	RMSE	ME	显著水平
2001	$y=9025x+0.4122$	0.9	0.87	0.81	1.16	0.79	0.01
2002	$y=1.1085x+0.145$	0.87	0.87	0.75	1.47	0.72	0.01
2003	$y=1.1326x+0.2156$	0.86	0.87	0.74	1.43	0.67	0.01
2004	$y=1.3351x+0.0512$	0.86	0.9	0.74	1.81	0.59	0.01

全球国家(地区)单元的小麦模拟产量与实际产量之间高度相关(图 3-21 和表 3-6)，R^2 均大于 0.7，且通过了 0.01 显著性检验。2001～2004 年模拟产量和统计产量的 R^2 和 ME 较为接近，说明模型能够较好地模拟小麦产量在不同年份的变异。

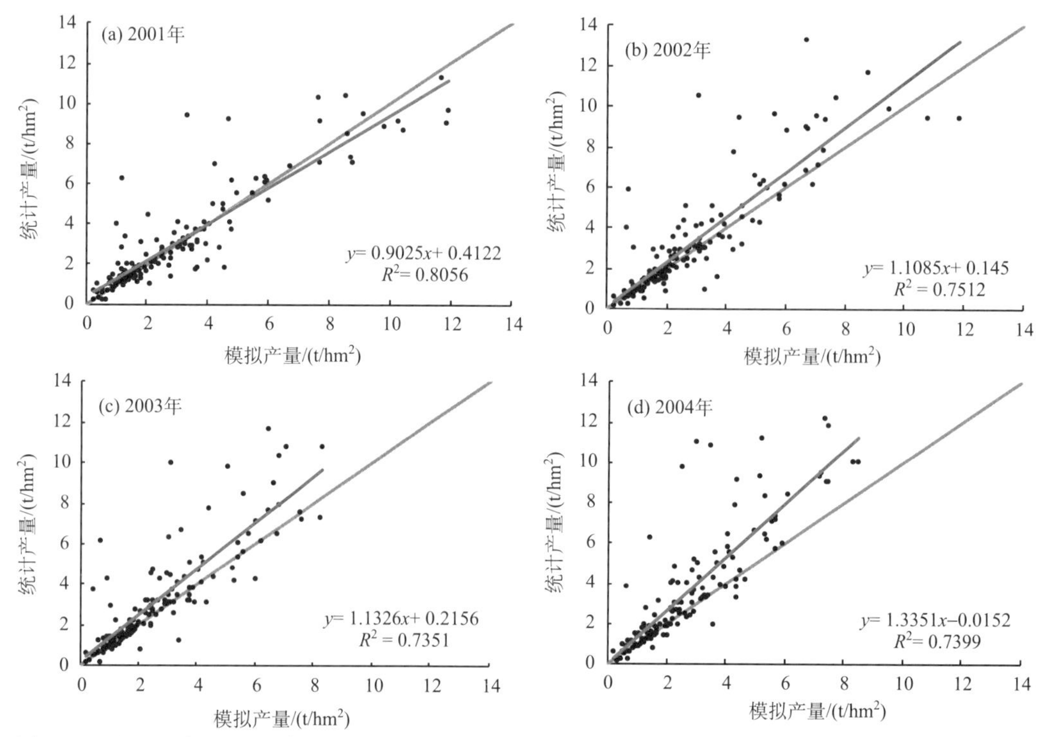

图 3-20 基于国家(地区)单元的全球玉米统计产量与 SEPIC 模型模拟产量相关关系(2001～2004 年)

表 3-6 全球小麦 SEPIC 模型模拟产量与统计产量相关分析[国家(地区)单元，2001～2004 年]

年份	线性回归方程	Person 相关系数	Spearman 相关系数	R^2	RMSE	ME	显著水平
2001	$y=0.9110x+0.5996$	0.87	0.76	0.76	1.03	0.71	0.01
2002	$y=0.8670x+0.7681$	0.89	0.81	0.79	1.01	0.72	0.01
2003	$y=0.7879x+0.8700$	0.86	0.71	0.74	1.07	0.65	0.01
2004	$y=0.9245x+0.7327$	0.89	0. 8	0.8	1.07	0.72	0.01

全球国家(地区)单元的水稻模拟产量与实际产量之间中度相关(图 3-22 和表 3-7)。散点集中在 1∶1 趋势线附近，R^2 为 0.3～0.4，最高值为 0.42。两者的 Pearson 相关系数和 Spearman 相关系数均在 0.5 以上，最高超过 0.65，且通过了 0.01 显著性检验。因此，在国家(地区)尺度上，EPIC 模型能够相对较好地模拟水稻产量。

表 3-7 全球水稻 SEPIC 模型模拟产量与统计产量相关分析[国家(地区)单元，2001～2004 年]

年份	线性回归方程	Person 相关系数	Spearman 相关系数	R^2	RMSE	ME	显著水平
2001	$y=0.6455x+1.5601$	0.65	0.66	0.42	1.63	0.84	0.01
2002	$y=0.6362x+1.6962$	0.63	0.61	0.4	1.71	0.82	0.01
2003	$y=0.6697x+1.8657$	0.56	0.59	0.33	1.86	0.79	0.01
2004	$y=0.7091x+1.7127$	0.57	0.63	0.33	1.87	0.8	0.01

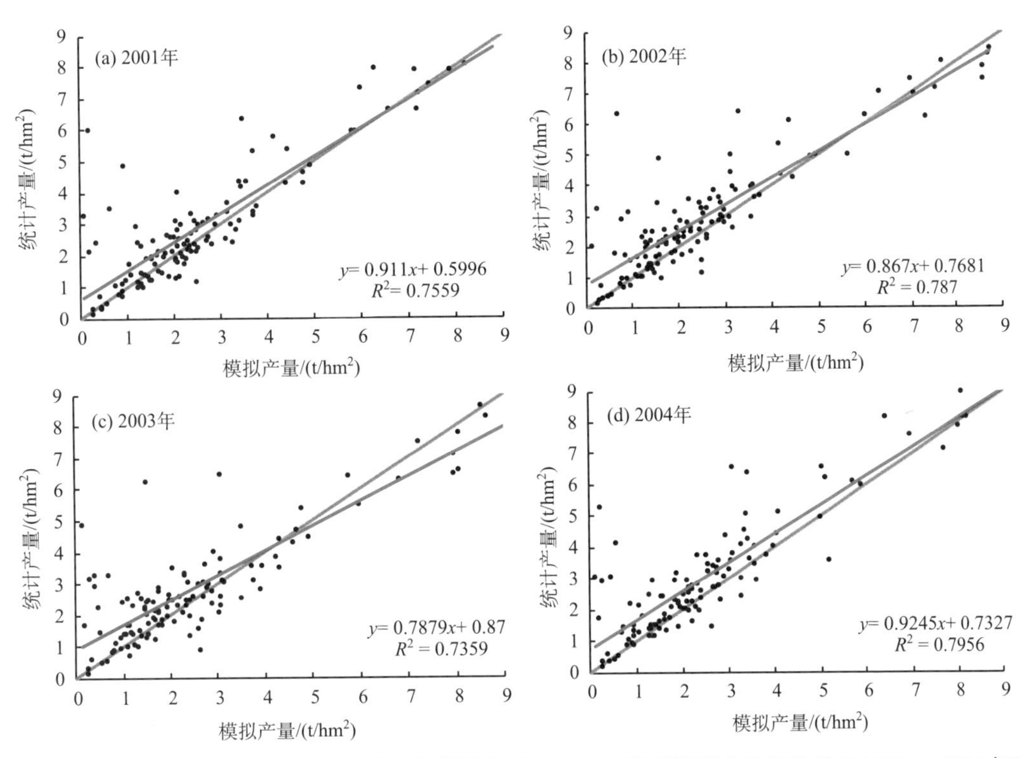

图 3-21 基于国家(地区)单元的全球小麦统计产量与 SEPIC 模型模拟产量相关关系(2001～2004 年)

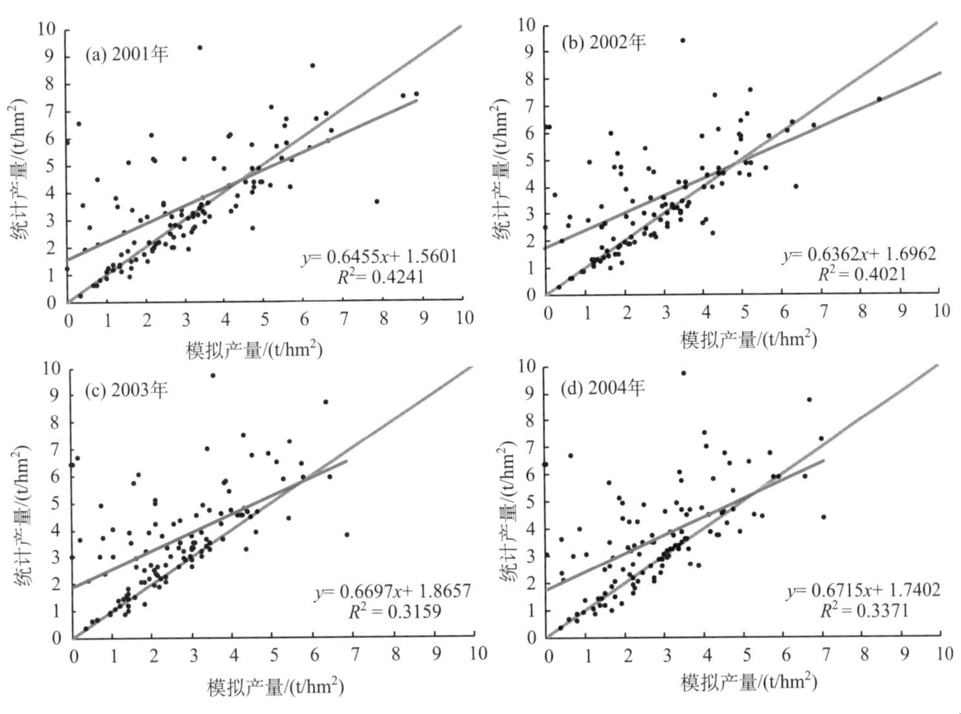

图 3-22 基于国家(地区)单元的全球水稻统计产量与 SEPIC 模型模拟产量相关关系(2001～2004 年)

3.4 未来气候情景下农作物产量模拟与预测

3.4.1 未来气候情景下农作物产量 SEPIC 模型模拟

为了探究未来农作物产量的情况，本节根据 IPCC 浓度情景，对全球不同地区农作物产量未来(2020 年以后)情况进行模拟。在不同浓度情景下，计算 2020 年至 21 世纪末全球不同地区农作物产量的平均值，给出未来在不同的温室气体排放浓度路径情景下，农作物产量高低的空间分布格局。这里未考虑未来政治、经济、人口和科学技术等因素对农作物产量所造成的影响，也未考虑随着气候变化农作物习性和生长范围等发生的改变，只考虑气候变化对未来农作物产量的影响。

图 3-23 表明，未来气候情景下玉米产量高低空间分布情况与目前类似，玉米高产区依然主要分布于 3 个地区，分别是中国由西南到东北一带、西欧、美国北部以及东北部地区。低产区依然分布于非洲、中亚、墨西哥等地。高纬度地区，尤其是俄罗斯南部与蒙古接壤等地，随着温室气体排放浓度的增加，产量有上升的趋势。当未来排放浓度情景为 RCP 8.5 时，该地区变为玉米高产区，这与温室气体排放增加导致的温度上升有关。

图 3-24 表明，未来全球春小麦的高产区与目前相比变化不明显，分布在印度北部、巴基斯坦南部、中国的西南地区和河套地区、中美洲以及智利等地。产量较低的地区位于中国西部、印度中部、泰国、缅甸等地。随着排放浓度的增加，低纬度地区(如印度北部、巴基斯坦南部)高产区的范围逐渐缩小；而中国东北部、俄罗斯等高纬度地区产量逐渐增加。

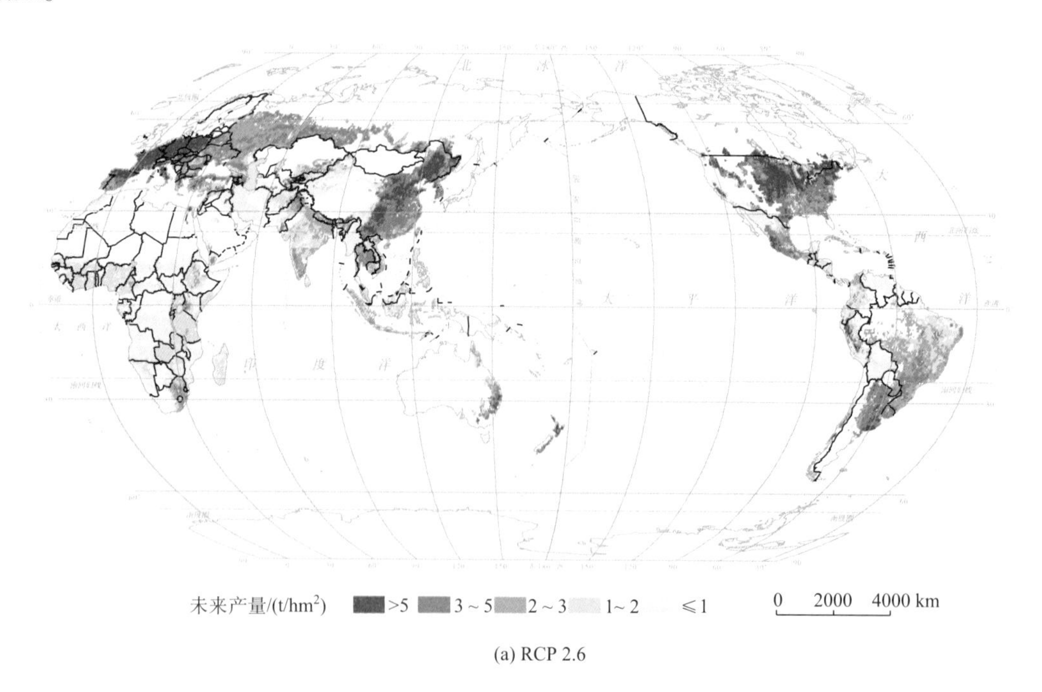

(a) RCP 2.6

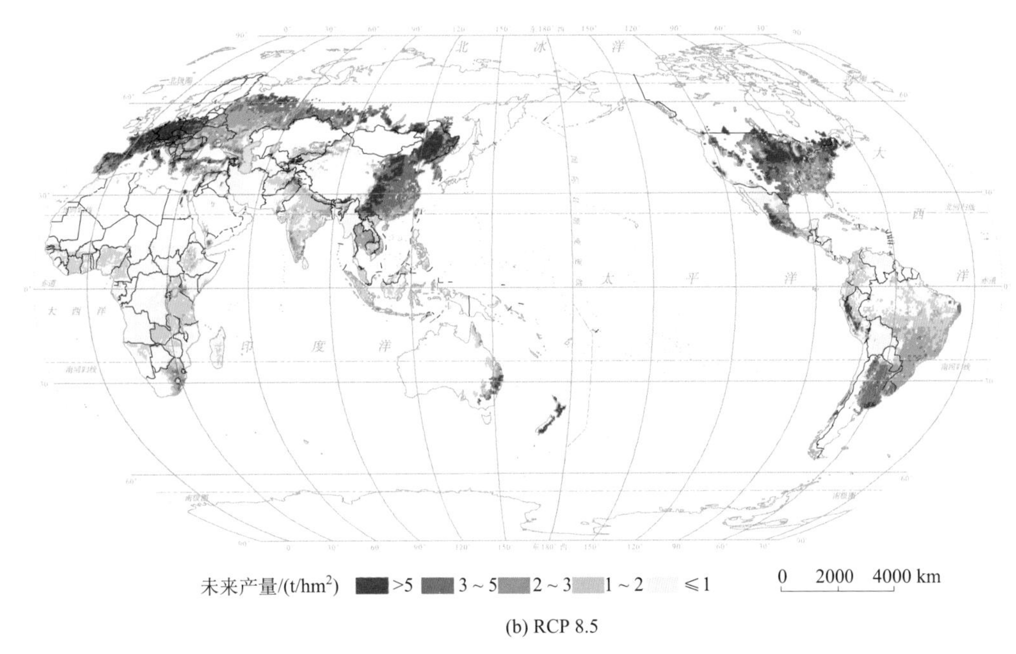

(b) RCP 8.5

图 3-23　未来气候情景下全球玉米 SEPIC 模型模拟产量格局

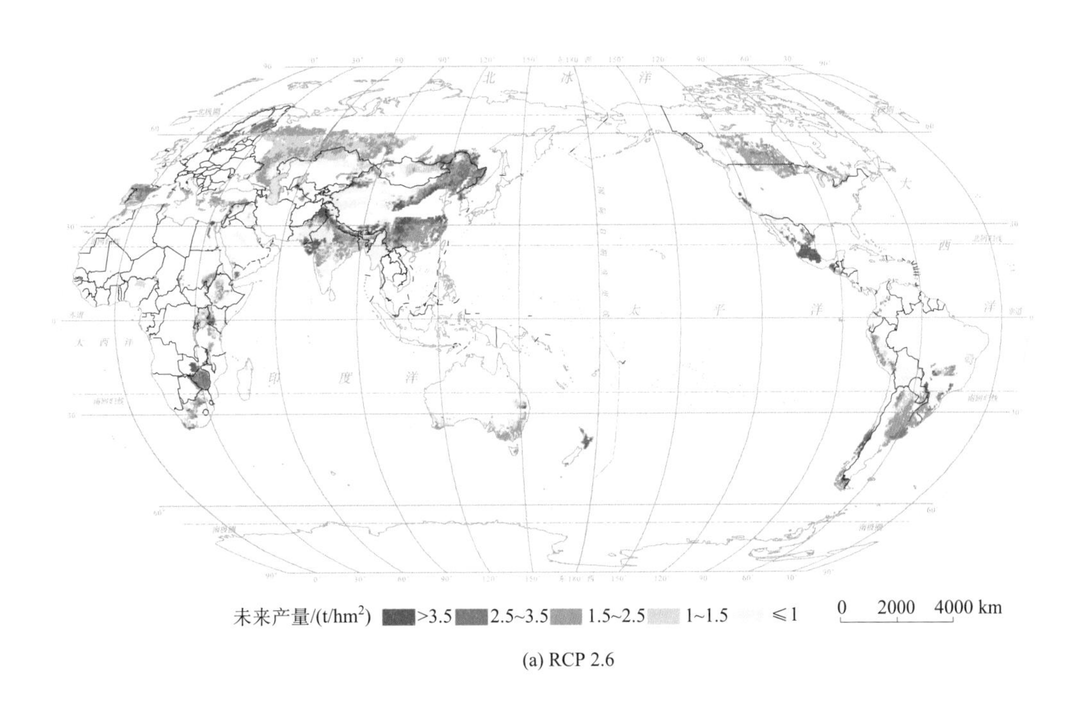

(a) RCP 2.6

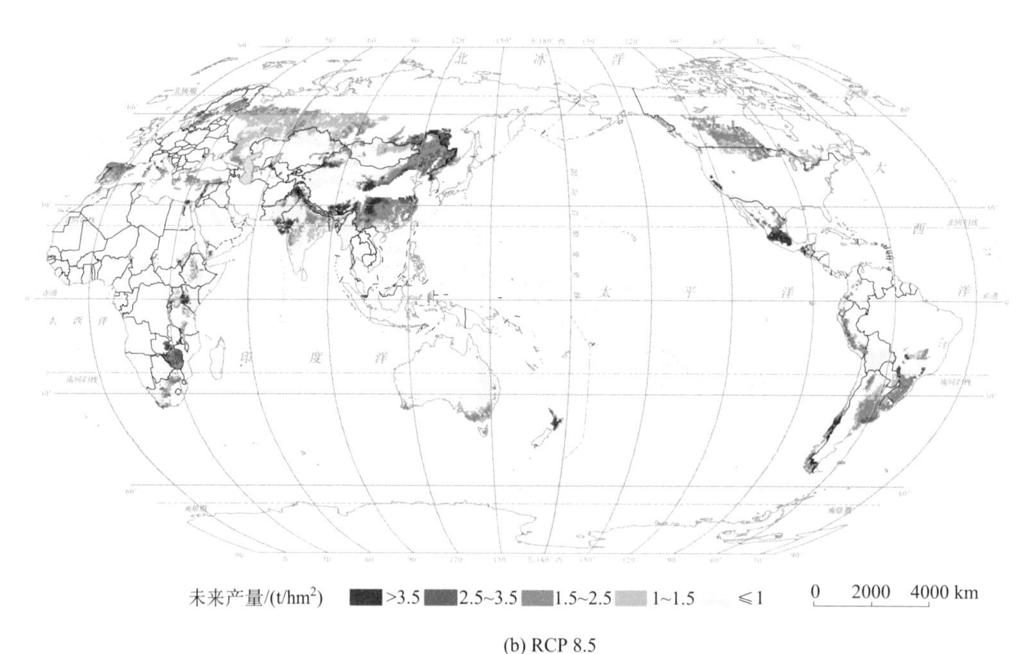

(b) RCP 8.5

图 3-24　未来气候情景下全球春小麦 SEPIC 模型模拟产量格局

图 3-25 表明，未来全球冬小麦产量较高的地区主要在欧洲和亚洲，亚洲主要包括中国的华北平原、日本南部等地，欧洲主要是西欧地区。此外，新西兰、智利等地产量也相对较高。产量较低的区域集中在伊朗等中亚地区。随着排放浓度的增加，冬小麦产量在空间分布格局上几乎没有变化，产量较低和产量较高的区域都比较集中。这可能是由于冬小麦集中种植于中纬度地区，而温室气体导致气候变化的显著区域位于高纬和低纬地区，对冬小麦的影响较小。

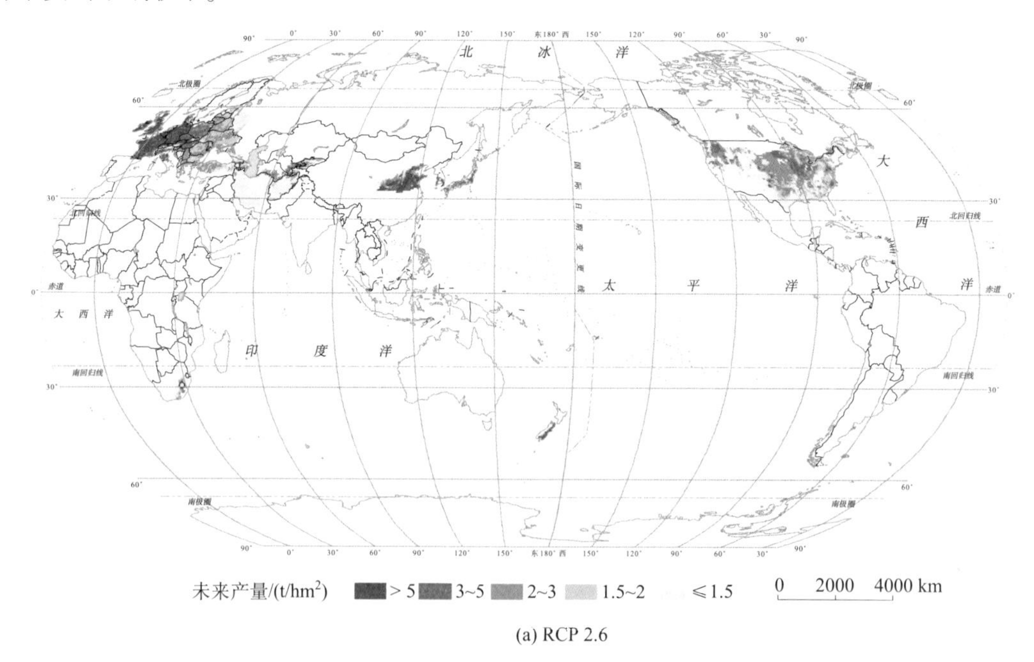

(a) RCP 2.6

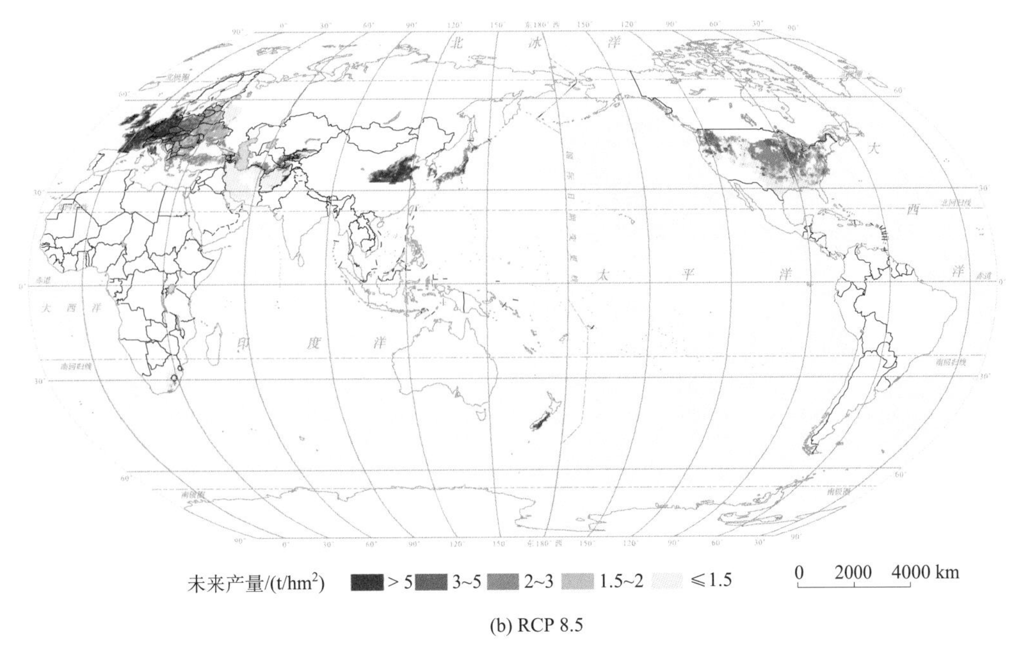

(b) RCP 8.5

图 3-25　未来气候情景下全球冬小麦 SEPIC 模型模拟产量格局

图 3-26 表明，未来水稻的高产区依然集中于亚洲地区，包括中国的华南地区、两湖平原地区和东北地区；此外，印度西北部与巴基斯坦接壤地区产量也较高。南美洲的秘鲁沿岸、欧洲的小部分地区也有较高的产量分布。随着温室气体排放浓度的增加，低纬度地区水稻产量逐渐呈下降趋势，如非洲、墨西哥等地。一些高产地区也出现产量偏低的情况，如印度西北部区域。相反，高纬度地区开始逐渐出现高产区域，如俄罗斯等地，从 RCP 2. 6 到 RCP 8. 5 逐渐变为高产区。

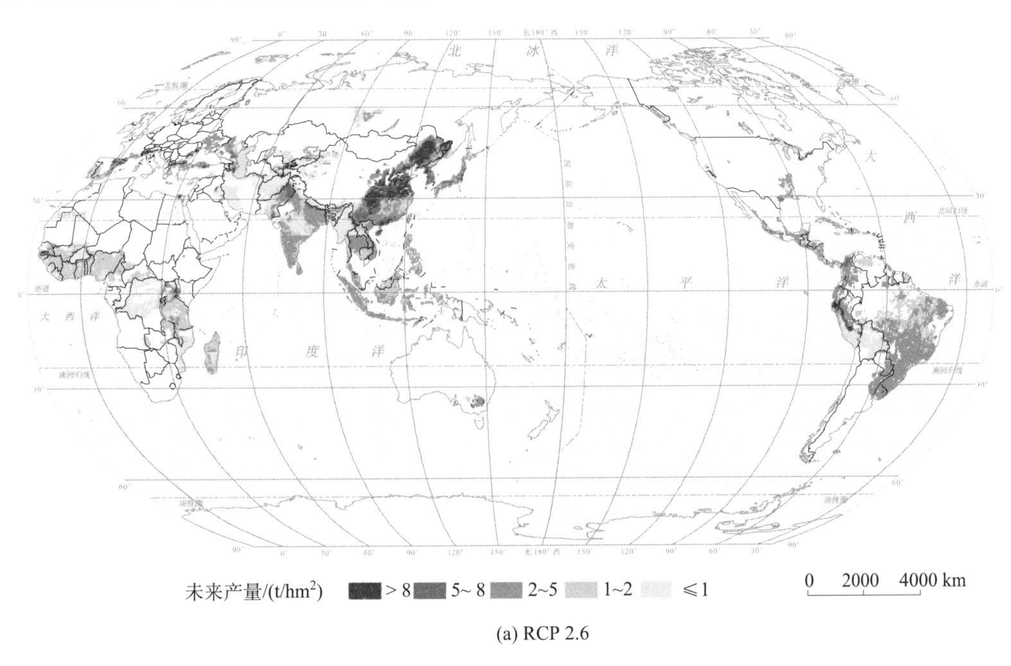

(a) RCP 2.6

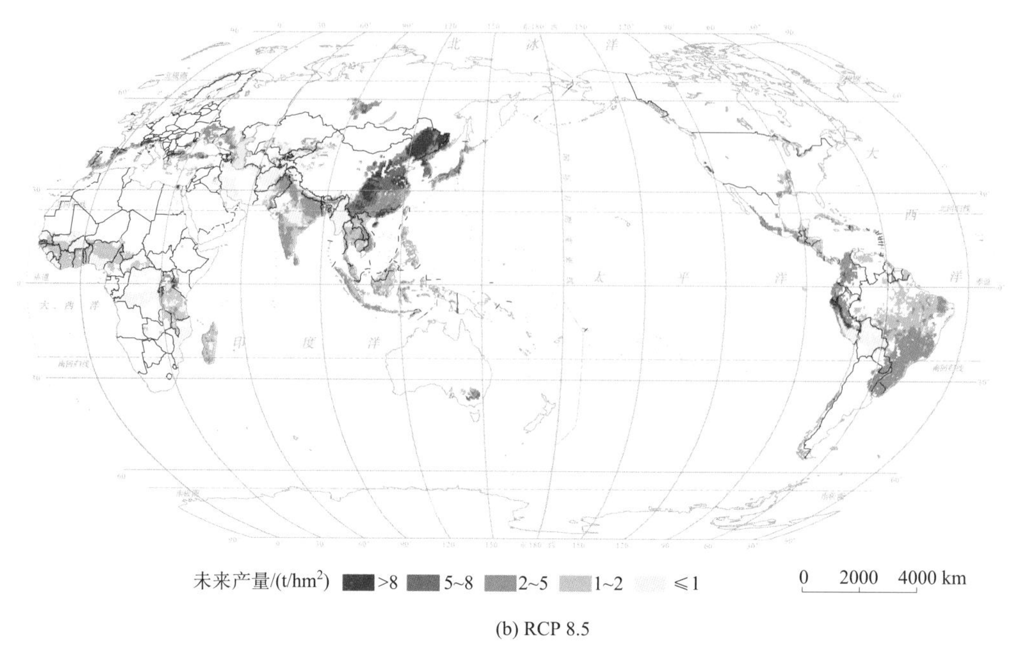

(b) RCP 8.5

图 3-26 未来气候情景下全球水稻 SEPIC 模型模拟产量格局

由此可见，在未来不同温室气体排放浓度情景下，玉米、水稻和小麦三种农作物产量高低空间分布格局与目前相比并没有太大变化，大部分高产区和产量较低的区域与目前相一致。温室气体排放浓度的增加对高纬和低纬地区的玉米和水稻有一定的影响，但对整体格局影响不大。

3.4.2 未来气候情景下农作物 SEPIC 模型模拟产量变化

为近一步探究不同气候情景下全球农作物产量的整体变化趋势，本节计算了 1980～2099 年全球农作物产量平均值，观察全球农作物产量的年际变化。

图 3-27 表明，全球玉米平均产量为 2～3 t/hm^2。不同的排放浓度下，未来全球玉米产量平均值有一定的差异。由于 IPCC 提供的气象数据在 2004 年之前为实测值，因此，4 个浓度情景对应的曲线在 1980s 至 2000s 的前段是一样的。对于未来产量，随着温室气体浓度的增加，曲线的高度逐渐降低，说明温室气体浓度增加会导致未来产量的下降。从趋势线上可以看出，在 RCP 2. 6 浓度情景下，未来全球玉米平均产量依然处于增长的趋势，每 10 年每公顷耕地约增长 0. 0131 t。而当排放浓度达到 RCP 8. 5 情景时，全球玉米平均产量呈现下降趋势，每 10 年每公顷耕地上玉米减产约 0. 0189 t。

图 3-28 表明，未来全球春小麦平均产量在不同气候情景下有较大差异，差异集中体现在 2050s 以后。随着排放浓度的增加，曲线高度逐渐降低，说明未来(尤其是 2050s 以后)随着温室气体浓度的增加，春小麦全球平均产量呈现下降的趋势。在 RCP 2. 6 浓度情景下，每 10 年全球春小麦平均产量约下降 0. 01 t/hm^2；当排放浓度达到 RCP 8. 5 时，全

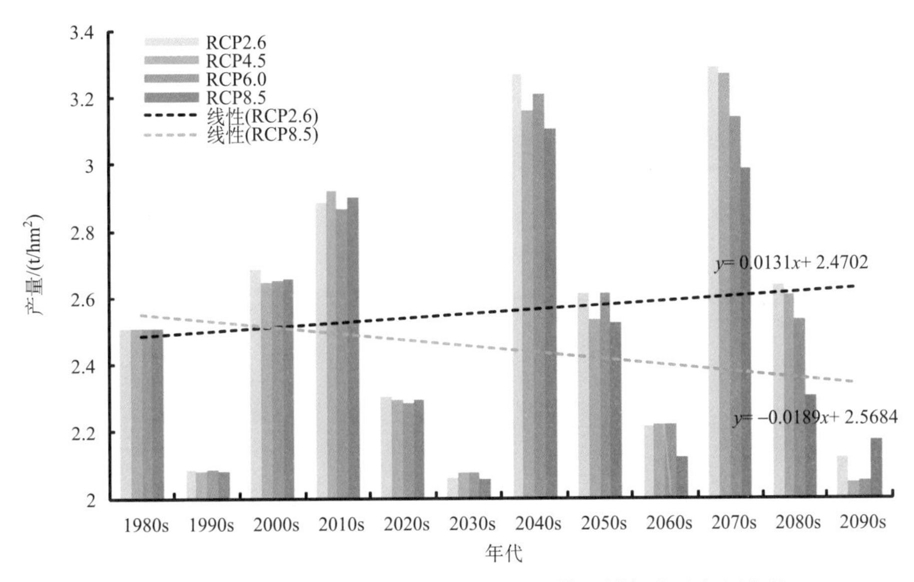

图 3-27　未来气候情景下全球玉米 SEPIC 模型模拟产量年际变化

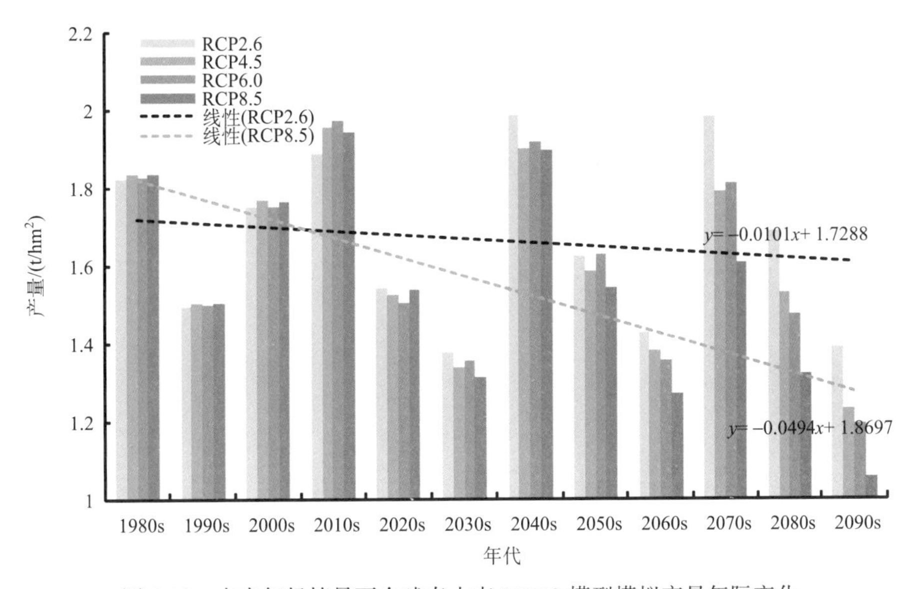

图 3-28　未来气候情景下全球春小麦 SEPIC 模型模拟产量年际变化

球春小麦平均产量下降高达 0. 049 t/hm^2，下降非常明显。可见温室气体排放增加对春小麦的影响很大，会导致其产量急剧下降。

由图 3-29 可以看出，未来全球冬小麦的产量相对比较稳定，受温室气体排放浓度路径情景变化影响不大，整体呈现微弱的增长趋势。以 RCP 2. 6 排放浓度来看，未来每 10 年全球冬小麦平均产量增长约 0. 0059 t/hm^2，增长率较小，可以看出温室气体排放对于冬小麦的影响较小。

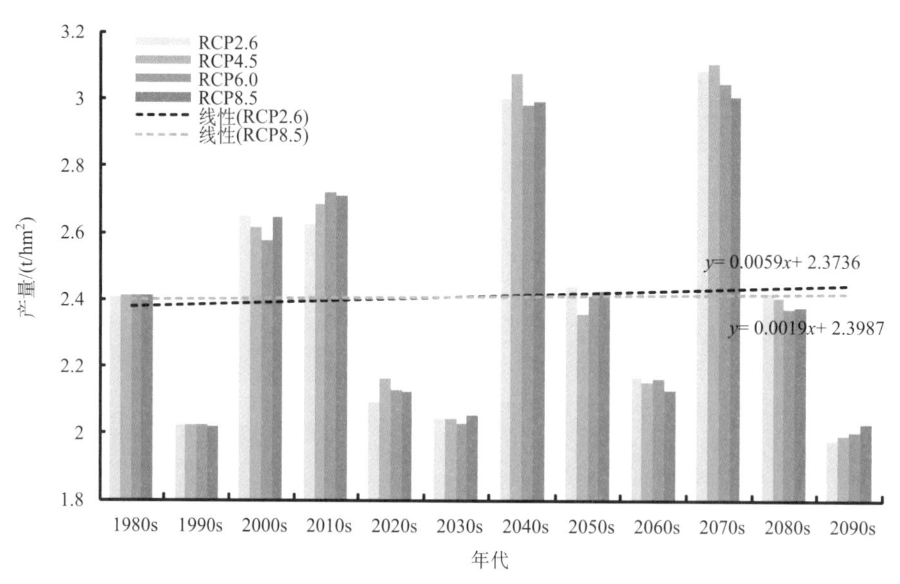

图 3-29 未来气候情景下全球冬小麦 SEPIC 模型模拟产量年际变化

图 3-30 表明，未来全球水稻平均产量为 2～3.3 t/hm^2，随着温室气体排放浓度的增加，全球水稻平均产量呈现上升的趋势。不同排放浓度之间差异不大，RCP 2.6 和 RCP 8.5 排放情景下每 10 年平均产量分别增长约 0.0259 t/hm^{2}和 0.0277 t/hm^2，相差仅 0.0018 t/hm^2，增长趋势几乎相同。

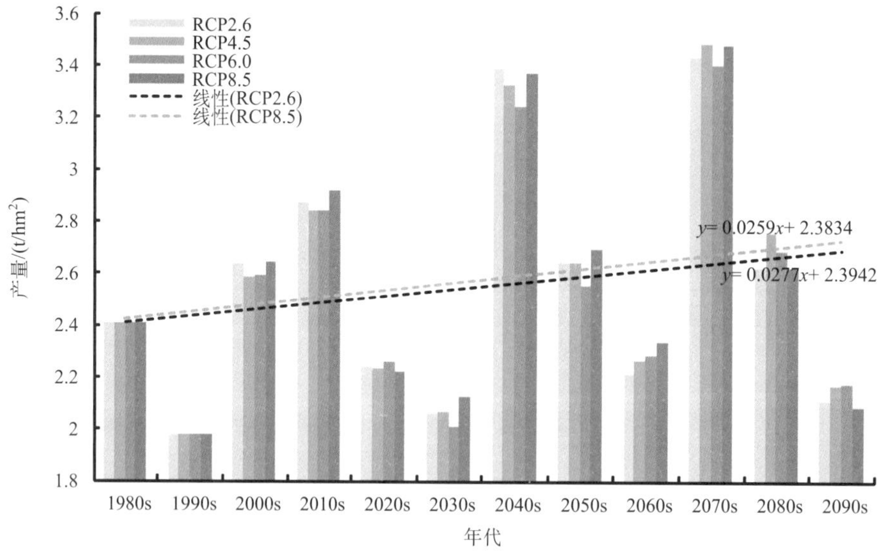

图 3-30 未来气候情景下全球水稻 SEPIC 模型模拟产量年际变化

综上所述，除春小麦以外，未来玉米、水稻和冬小麦全球平均产量都呈现一定的增长趋势。随着排放浓度的增加，玉米逐渐开始减产，水稻和冬小麦的变化不大。春小麦受影响最大，随温室气体浓度的增加，春小麦减产明显。

3.4.3　未来农作物 SEPIC 模型模拟产量变化空间格局

按照低温室气体排放情景(RCP 2.6)，进一步探究未来全球农作物哪些地方增产，哪些地方减产。根据 RCP 2.6 气候情景，模拟 1971～2099 年全球农作物产量情况。为便于区分不同时段，根据距今时间长短，分为近期(2005～2039 年)、中期(2040～2069 年)、和远期(2070～2099 年)。以 1971～2004 年各地区的平均值为基准产量，计算各阶段不同地区平均产量与基准产量的差值，从而得出不同时段未来产量的变化。

由图 3-31 可以看出，未来玉米产量增长的地区主要位于欧洲大部分地区、中国的中部和东北部、中南半岛、美国的中部和东部、南美洲太平洋沿岸和大洋洲地区等，结果与已有研究较为接近(Jones and Thornton，2003；Blanc and Sultan，2015；Yin et al.，2015)。其中，中国中部、青藏高原南部周边地区、欧洲北部和中部、美国东南部、秘鲁等地增产超过 50%。非洲大部分地区、中亚地区、中国华北平原、印度西部、南美洲东部地区，未来玉米产量相对于目前产量呈现减少的趋势，其中，中亚、非洲的部分地区减产超过 50%。在 RCP 2.6 浓度情景下，未来玉米产量随时间增加，在欧洲、亚洲东部、北美洲东部和南美洲呈增长趋势。

图 3-32 表明，未来春小麦产量增长的区域主要集中于欧洲东北部、非洲南部、南美洲南部等，结果与已有研究接近(Lv et al.，2013；IPCC，2014；Yin et al.，2015)。其中，中国的青藏高原南段、印度和巴基斯坦接壤区春小麦产量增加超过 50%。产量减少的区域位于印度、中国南部、西亚和欧洲东部、非洲东部、澳大利亚东部、加拿大和墨西哥等地。其中，印度北部、澳大利亚东部地区减产超过 50%。在 RCP 2.6 浓度情景下，未来春

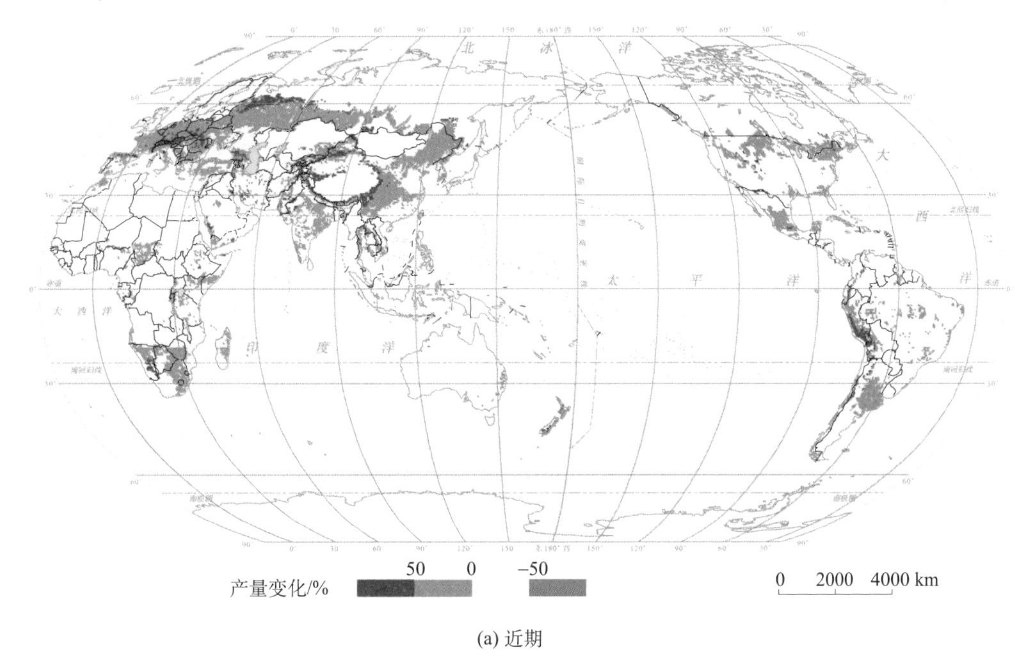

(a) 近期

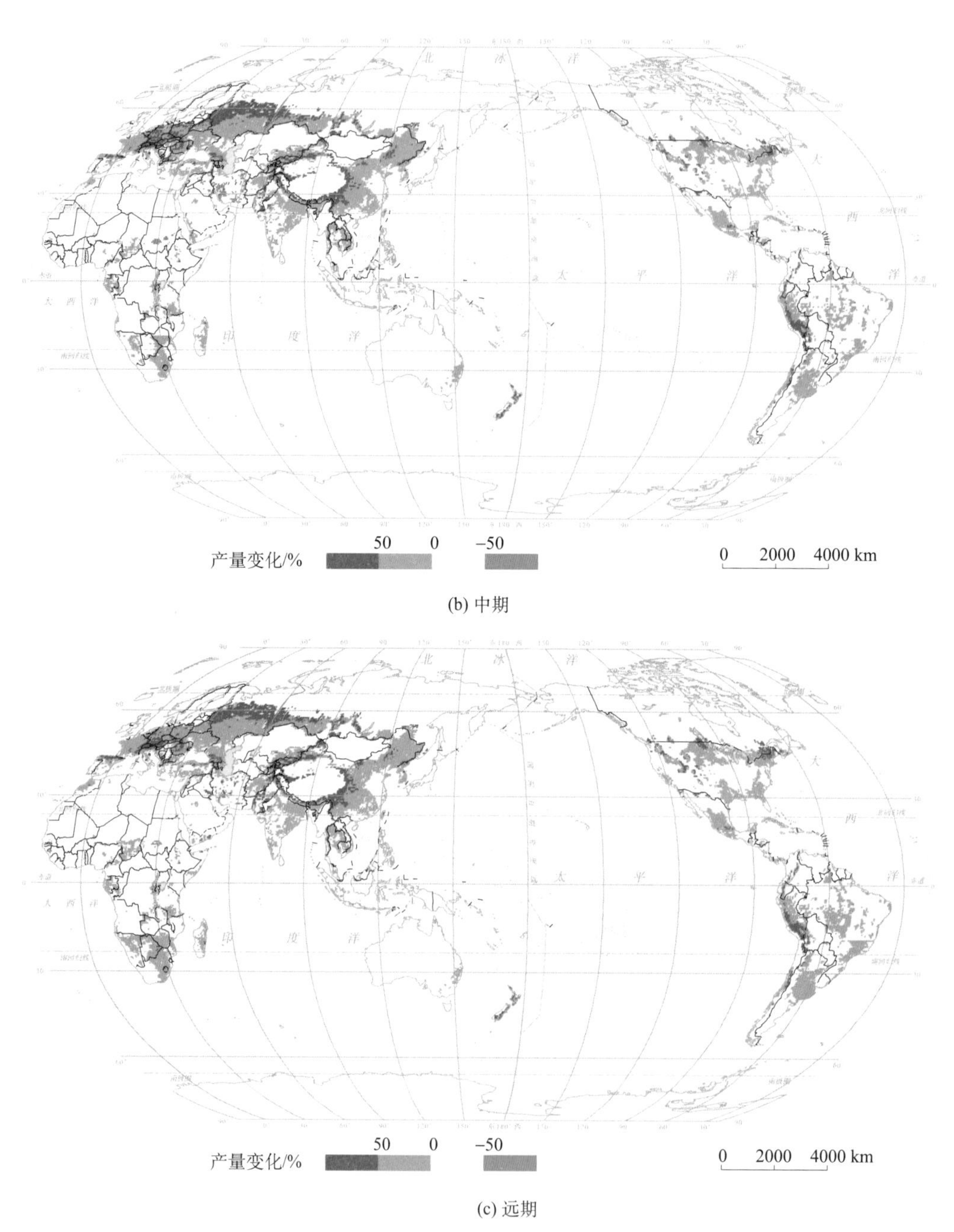

(b) 中期

(c) 远期

图 3-31 RCP 2.6 浓度下未来全球玉米 SEPIC 模型模拟产量变化

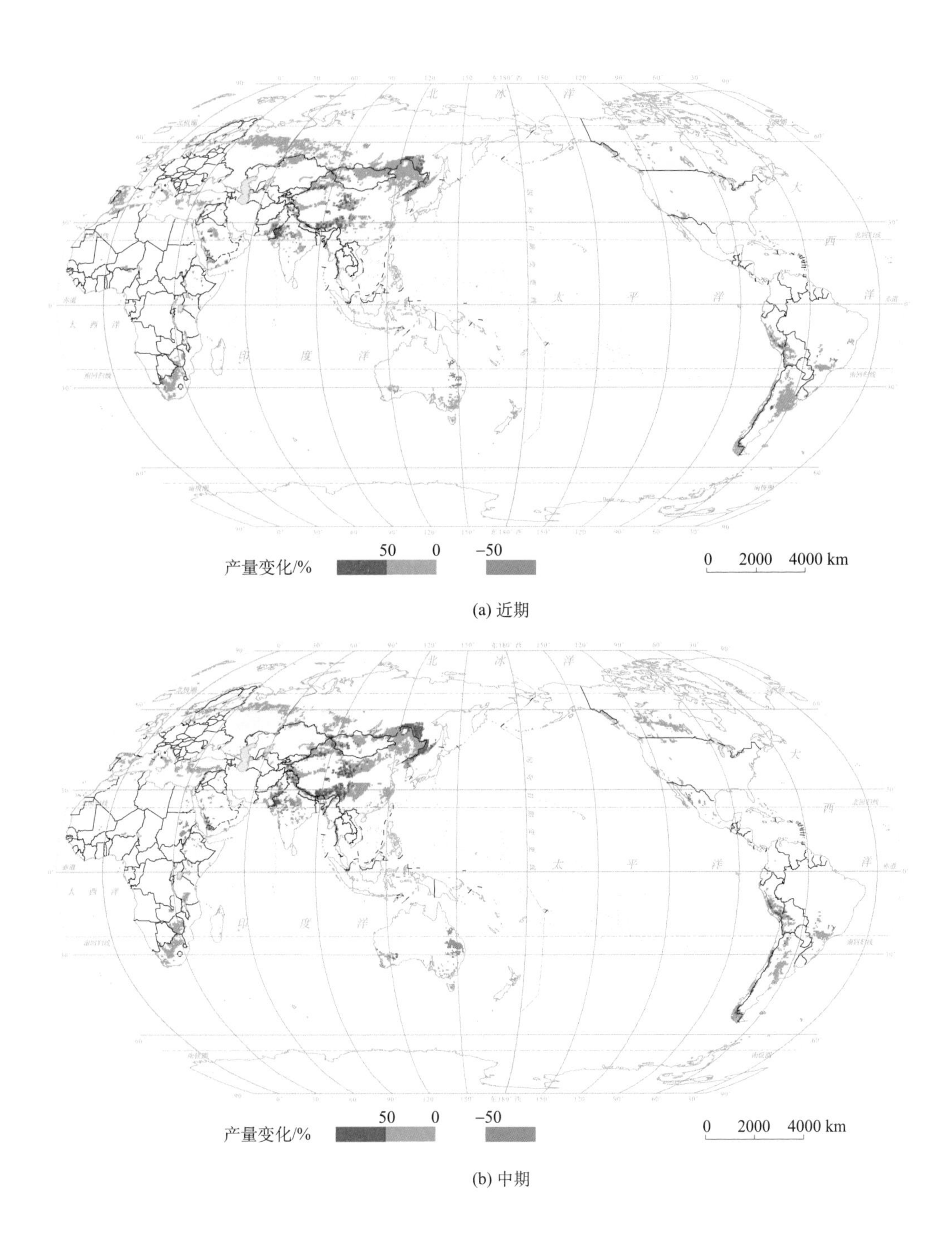

(a) 近期

(b) 中期

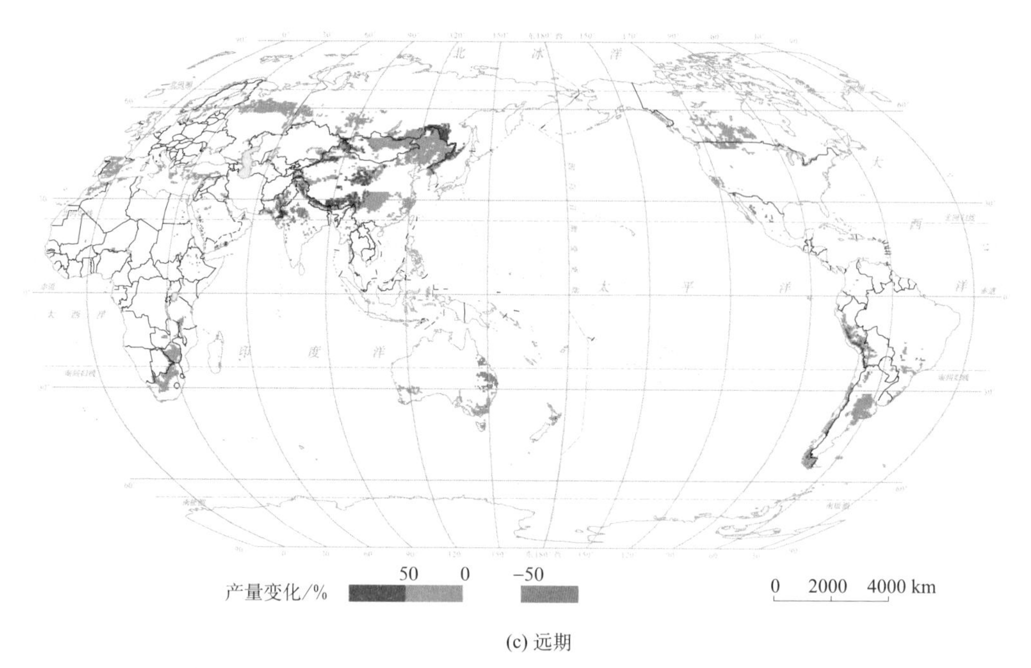

(c) 远期

图 3-32 RCP 2.6 浓度下未来全球春小麦 SEPIC 模型模拟产量变化

小麦产量随时间增加大多呈增长的趋势，较为明显的地区主要在青藏高原南部、中国东北与俄罗斯接壤地区、美国中北部和加拿大南部等地，其中，美国北部与加拿大接壤地区，从近期来看属于产量减少地区，但随时间增加，到 21 世纪末该地区为产量增长地区。

冬小麦未来产量增长的区域主要分布在欧洲南部、中国的华北平原地区、日本、美国的西北部和东南部(图 3-33)。其中，中国华北平原西部、日本等地产量增加超过 50%。减产区域主要分布于欧洲中部、伊朗、美国中部等地区。其中，伊朗、美国南部等地减产超过 50%。近期来看，欧洲大部分地区冬小麦产量均增加，美国中部减产地区约占其国土面积的 1/3。远期来看，大部分地区冬小麦产量呈增加的趋势，美国中部减产区面积减小，欧洲大部分地区为产量增加区；同时，产量减少超过 50% 的地区依然减产严重且有增加的趋势。

未来水稻产量增加的区域主要位于中国东南部和东北部、日本、印度、俄罗斯、巴西、秘鲁和马达加斯加等地(图 3-34)(林德根，2013；IPCC，2014；Yin et al.，2015)。其中，中国的东北、中国西南与印度接壤处、东南沿海、日本、俄罗斯小部分地区、秘鲁等地水稻产量增加可能超过 50%。水稻减产区主要分布在中国的华北平原、印度的北部和南部、马来西亚、中亚地区、非洲几内亚湾周边地区等。RCP 2.6 浓度情景下，未来水稻产量整体呈增长的趋势，从近期来看，东亚和南亚大部分地区处于产量增加区。随着时间推移，上述部分地区增产更加显著，尤其是巴西境内水稻产量增加区面积有明显的增长。

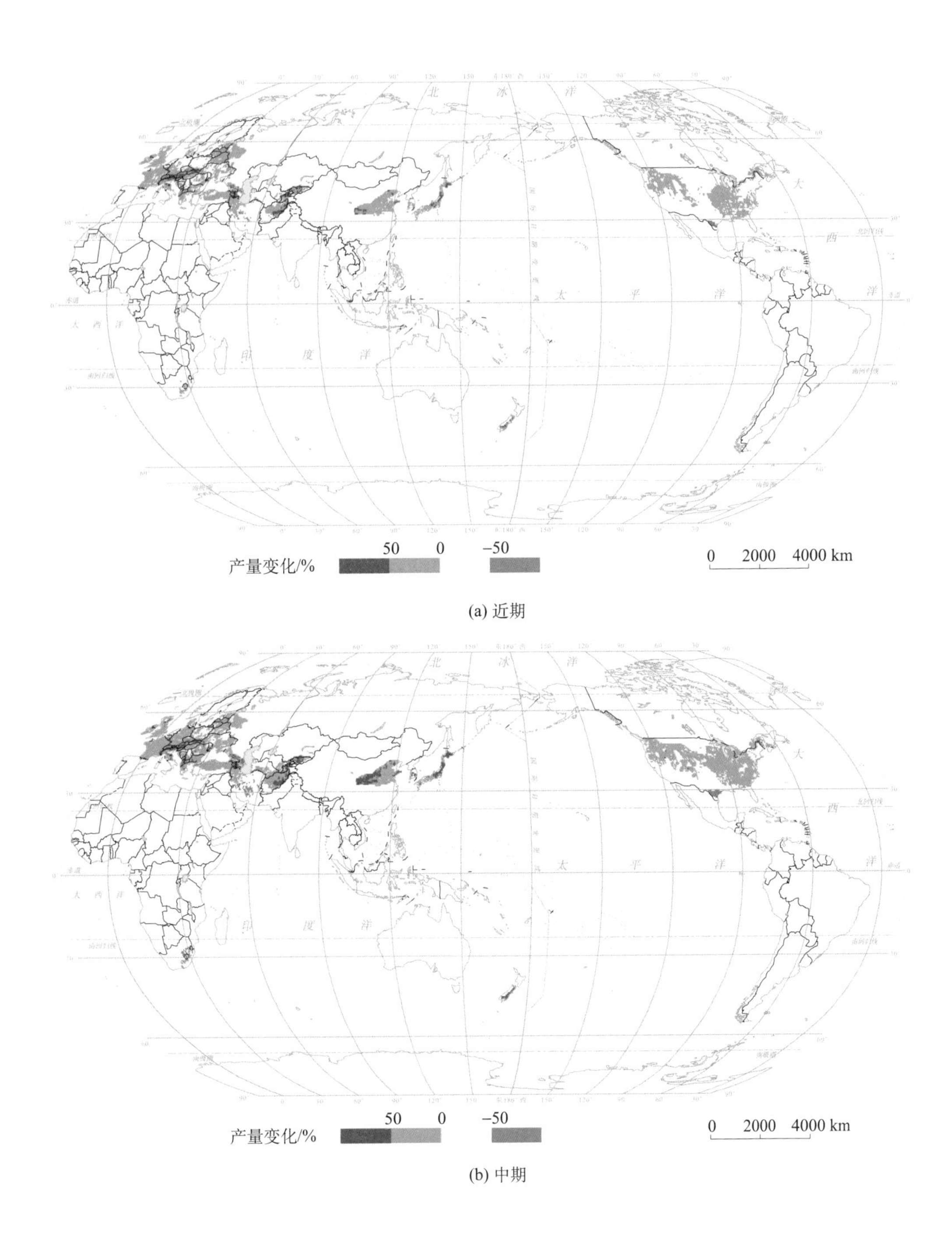

(a) 近期

(b) 中期

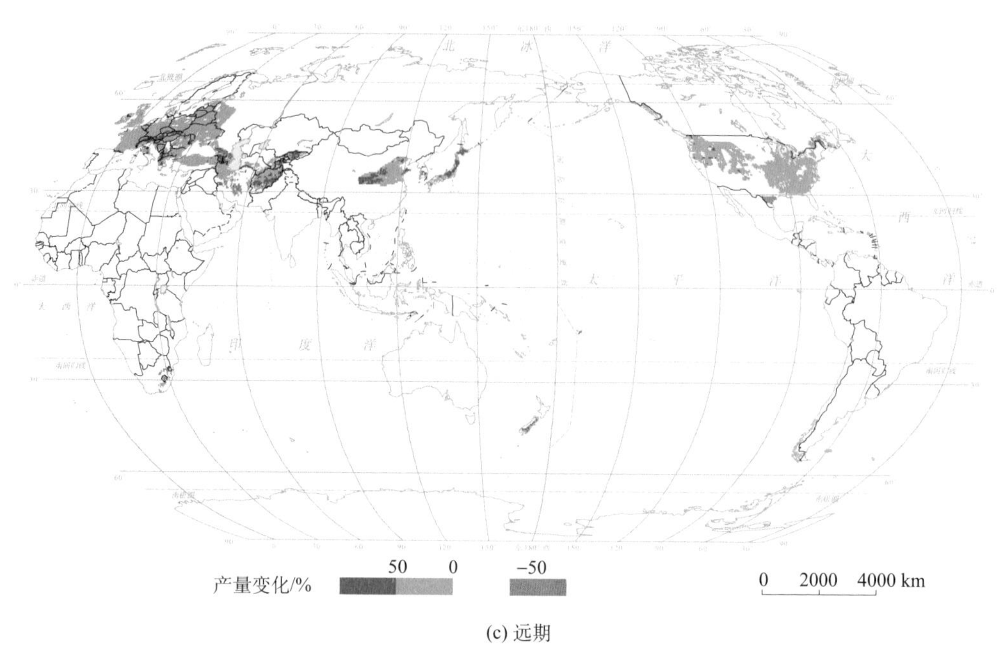

(c) 远期

图 3-33 RCP 2.6 浓度下未来全球冬小麦 SEPIC 模型模拟产量变化

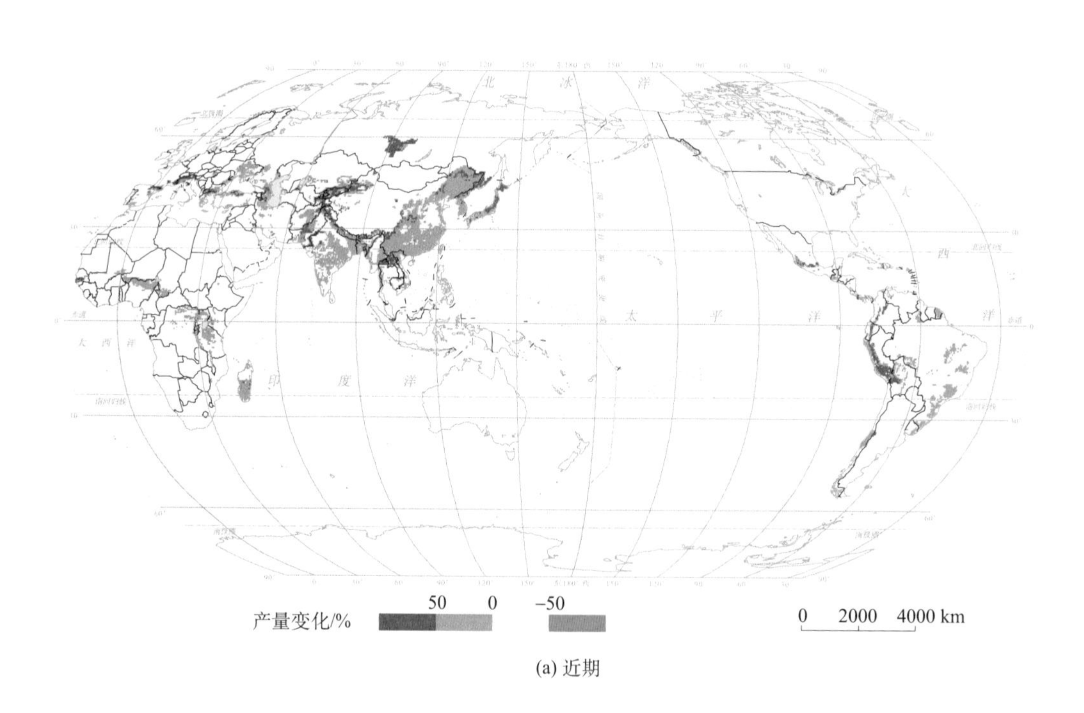

(a) 近期

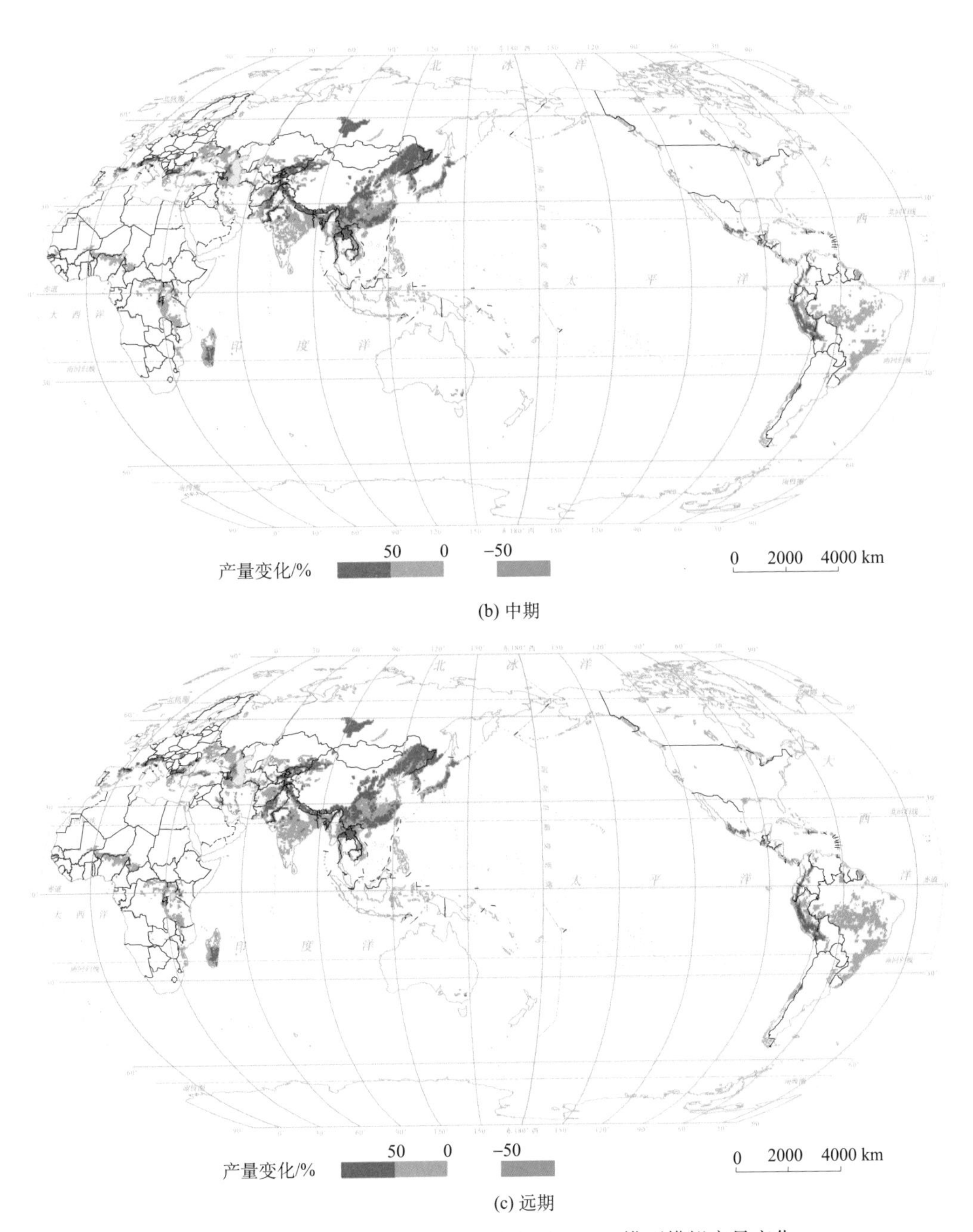

(b) 中期

(c) 远期

图 3-34　RCP 2.6 浓度下未来全球水稻 SEPIC 模型模拟产量变化

3.5 本章小结

本章以农作物产量模拟为目标，以 EPIC 模型空间化、敏感参数识别与校准、农作物产量模拟与验证过程为主线展开研究，以期为全球主要农作物旱灾风险评价，特别是脆弱性曲线的构建提供产量数据支撑。

SEPIC 模型是在 GEPIC 模型的基础上，以 EPIC0509 为内核，提出的 EPIC 模型空间化框架。它主要包括输入数据的空间化和模型参数的空间化两个方面。前者体现了区域地理环境的空间差异性，主要借助于 ArcGIS 软件实现。后者体现了农作物本身的空间差异性，具体表现为 EPIC 模型中农作物参数的空间差异性。EPIC 模型参数的空间化借助于 MATLAB，通过分区敏感参数筛选和分区模型校验实现。

EPIC 模型敏感参数是对模型输出结果影响较大的参数，其变化影响着模型的模拟结果。敏感参数识别是模型空间化中参数空间化的方法与手段。通过敏感性分析选出敏感参数，对敏感参数进行调整，从而实现 EPIC 模型参数空间化。EFAST 敏感性分析方法样本量、计算成本相对较小，具有一定优势。根据敏感性分析结果，全球玉米、小麦和水稻的敏感参数主要为 WA、HI、TOP、TBS 和 WSYF 等。

准确的农作物产量模拟是开展农作物旱灾风险定量评价的基础。2001～2004 年产量验证分析表明，玉米 SEPIC 模型模拟产量与实际产量的相关性为高度相关，可比地理单元和国家(地区)单元的 R^2 分别在 0.55 和 0.7 以上，且均通过了 0.01 显著性检验；小麦 SEPIC 模型模拟产量与实际产量的相关性也为高度相关，可比地理单元和国家(地区)单元的 R^2 分别为 0.5 左右和大于 0.7；水稻模拟产量和实际产量的相关性为中度相关，可比地理单元和国家(地区)单元的 R^2 均为 0.3～0.4。总体来看，模拟产量与实际产量相关性较好，SEPIC 能够较好地模拟这三种作物的产量。

在未来不同气候情景下，各作物产量呈现不同的变化趋势：RCP 2.6 浓度情景下，未来玉米 SEPIC 模型模拟平均产量每 10 年增加 0.0131 t/hm^2，水稻平均产量每 10 年增加 0.0259 t/hm^2，春小麦平均产量每 10 年减少约 0.01 t/hm^2，冬小麦平均产量每 10 年增加约 0.0059 t/hm^2。当排放浓度达到 RCP 8.5 情景时，全球玉米 SEPIC 模型模拟平均产量每 10 年减少约 0.0189 t/hm^2，水稻平均产量每 10 年增加 0.0277 t/hm^2，春小麦平均产量下降高达 0.049 t/hm^2。RCP 2.6 情景下，未来玉米 SEPIC 模型模拟产量增产区主要位于欧洲；春小麦 SEPIC 模型模拟产量增产区主要位于中国的中部和西南地区、欧洲东北部等地区；冬小麦 SEPIC 模型模拟产量增产区主要分布在欧洲南部、中国华北平原、日本等地区；水稻 SEPIC 模型模拟产量增产区主要位于中国东南部、日本、俄罗斯等地区。

第4章 主要农作物干旱致灾因子危险性*

主要农作物干旱致灾因子危险性采用农作物生长期水分胁迫指数的综合值来表征。以SEPIC模型为基础计算的农作物旱灾致灾强度，是开展全球农作物旱灾风险评价以及气候变化背景下农作物旱灾风险评价的关键性指标。

4.1 主要农作物干旱致灾因子危险性评价方法

主要农作物干旱致灾因子评价过程：将环境数据和气象数据输入全球SEPIC模型中，模拟全球主要作物种植范围内的干旱时间序列，进而估算主要农作物不同强度干旱发生的概率，最终得到全球范围内网格单元的主要农作物旱灾致灾强度概率分布曲线。

4.1.1 指标选择与样本模拟

主要农作物旱灾致灾强度(drought intensity，DI)是指农作物实际用水相对于农作物需水的亏缺程度，它的形成不仅受到降水、灌溉和土壤的影响，还受到农作物水分利用能力的影响(图4-1)。

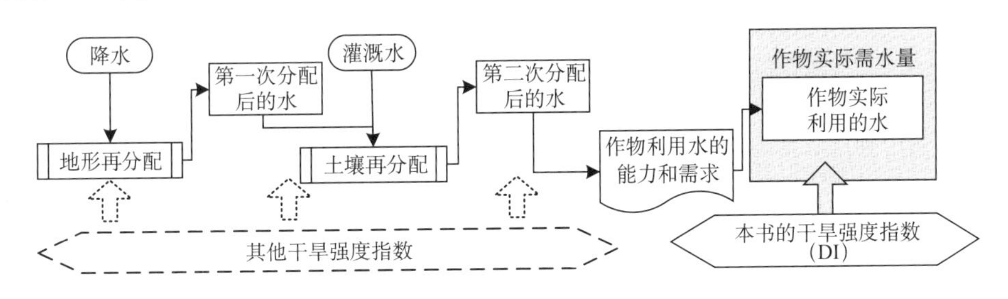

图4-1 农作物旱灾SEPIC模型模拟致灾强度(DI)图解

SEPIC模型可输出以天为步长的作物生长期内的水分胁迫值(其大小由水分供给与作物需水量的关系决定)。DI指数：

$$DI = \frac{WS_{total}}{\max(WS_{total})} \tag{4.1}$$

$$WS_{total} = \sum_{i=1}^{n}(1 - WS_i) \tag{4.2}$$

式中，WS_i为第i天的水分胁迫值；n为生长季内受水分胁迫影响的天数；WS_{total}为某一情

---

* 本章执笔人：张兴明、尹圆圆、郭浩、王静爱。

景下的生长季水分胁迫累积值；$\max(WS_{total})$为所有情景中生长季水分胁迫累积值的最大值。DI 指数的取值范围为 0～1，值越大代表致灾强度越大。

将全球 1975～2004 年历史实际日气象数据、土壤、灌溉、施肥和主要作物种植范围等数据输入 SEPIC 模型，模拟生长期内逐日水分胁迫值，根据式(4.1)和式(4.2)计算 1975～2004 年全球主要农作物各网格单元的 DI。

4.1.2 基于信息扩散的概率分布估计

基于信息扩散的概率分布估计具有使用样本量少、估计客观和计算结果稳定的优点(Chongfu，1997)。为拟合各网格单元的概率分布函数，本书模拟了 30 年(1975～2004 年)的 DI。此处假定每个网格单元的 30 个样本服从正态分布。具体计算步骤如下。

首先，假设 DI 可能发生的值，即研究论域为

$$U = \{u_1, u_2, u_3, \cdots, u_n\} \tag{4.3}$$

基于 DI 的定义，U 的最大值为 1，最小值为 0。本书选取的论域分辨率为 0.0001，最终 $U=\{0, 0.0001, \cdots, 0.9999, 1\}$。

每个网格单元的每一个 DI 样本 H_k 都携带了信息能量，依据扩散函数可以将其扩散给论域 U 中的所有点：

$$f_k(u_i) = \frac{1}{h\sqrt{2\pi}}\exp\left[-\frac{(H_k - u_i)^2}{2h^2}\right] \tag{4.4}$$

式中，h 为扩散系数，根据 DI 样本集合中样本的最大值 b 和最小值 a 及样本个数 m 确定，其计算公式为

$$h = \begin{cases} 0.8146(b-a) & m=5 \\ 0.5690(b-a) & m=6 \\ 0.4560(b-a) & m=7 \\ 0.3860(b-a) & m=8 \\ 0.3362(b-a) & m=9 \\ 0.2986(b-a) & m=10 \\ \dfrac{2.6851(b-a)}{m-1} & m \geqslant 11 \end{cases} \tag{4.5}$$

依据扩散函数扩散后，第 k 个样本数据的信息累积量为

$$c_k = \sum_{i=1}^{n} f_k(u_i) \tag{4.6}$$

点 H_k 的信息对模糊子集的隶属度函数为

$$F(H_k, u_j) = \frac{f_k(u_j)}{c_k} \tag{4.7}$$

$F(H_i, u_j)$即为样本 H_k 的归一化信息分布。

在论域 U 中第 j 个点聚集的信息扩散量为上述样本扩散至 j 点的总量 $q(u_i)$，计算公式为

$$q(u_i) = \sum_{j=1}^{m} F(H_i, u_j) \tag{4.8}$$

对 $q(u_i)$ 进行求和得到样本扩散信息的总量：

$$Q = \sum_{i=1}^{n} q(u_i) \tag{4.9}$$

本书估计 DI 的不确定性，是对一次干旱发生各种强度的可能性进行估计，即发生的概率之和为 1。u_i 所累积的信息能量占总能量(所有样本所携带的总量)的百分比为

$$p(u_i) = \frac{q(u_i)}{Q} \tag{4.10}$$

$p(u_i)$ 即求得的干旱致灾因子强度为 u_i 的概率估计值。干旱的超越概率(EP)是 DI 超越论域 U 中某一个强度值 u_j 的概率，即论域中大于等于 u_j 的值发生概率之和[式(4.11)]。

$$\mathrm{EP}(u_j) = P(u \geqslant u_j) = \sum_{i=j}^{n} \frac{p(u_j)}{T} \tag{4.11}$$

4.2　世界玉米干旱致灾因子危险性

4.2.1　玉米 SEPIC 模型模拟干旱致灾因子危险性评价结果

根据 SEPIC 模型模拟输出结果，编制了 4 个年遇型 DI 水平下的玉米 SEPIC 模型模拟干旱致灾强度系列图(图 4-2～图 4-5)，包括玉米 10 年一遇、20 年一遇、50 年一遇和 100 年一遇干旱致灾强度。各年遇型下的 DI 分为 5 级：第 1 级(0～0.1)为微度干旱影响；第 2 级(0.1～0.3)为轻度干旱影响；第 3 级(0.3～0.5)为中度干旱影响；第 4 级(0.5～0.7)为重度干旱影响；第 5 级(0.7 以上)为极重度干旱影响。

从全球尺度看，世界玉米 DI 呈现低纬度和高纬度致灾强度低，中纬度致灾强度高的空间格局。北半球由于受副热带高压和季风气候的影响，大陆西侧和中心地区玉米 DI 高，其余地区较低。南半球因受副热带高压和洋流(秘鲁寒流和本格拉寒流)的影响，大陆东西两侧玉米 DI 高，其余地区较低。在四种年遇型干旱致灾水平下，占全球玉米分布区面积最大的 DI 指数主要分布在 0～0.3 这个区间内，即都属于轻度玉米 DI 影响区。随着年遇型的增加，玉米 DI 逐渐增大，玉米微度和轻度 DI 影响区所占比例逐渐减少，中度、重度和极重度 DI 影响区所占比例逐渐增加(图 4-6)。其中，4 个年遇型下玉米微度干旱影响区所占比例分别是 42.31%、36.89%、31.62% 和 31.03%；极重度干旱影响区所占比例分别为 8.51%、10.1%、12.22% 和 13.47%。

从大洲尺度看，有玉米种植的六大洲均有重度和极重度干旱影响区分布。大洋洲玉米旱灾最重，中度和重度干旱影响占主体。其次是北美洲和欧洲，轻度和中度干旱影响占主体。亚洲、南美洲和非洲的玉米旱灾最轻，微度干旱影响占主体(图 4-7)。重度和极重度

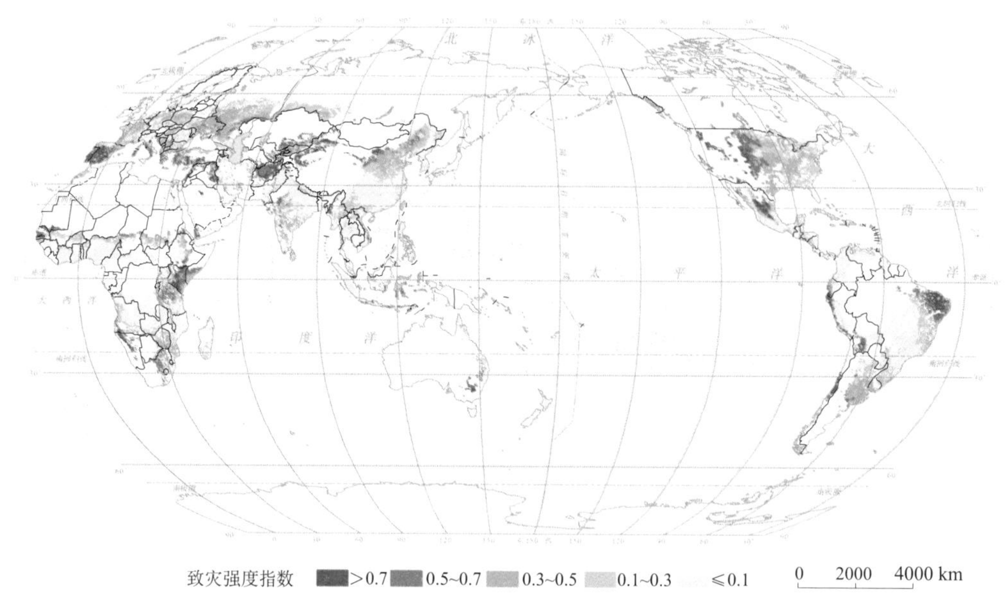

图 4-2 世界玉米 SEPIC 模型模拟 10 年一遇干旱致灾强度

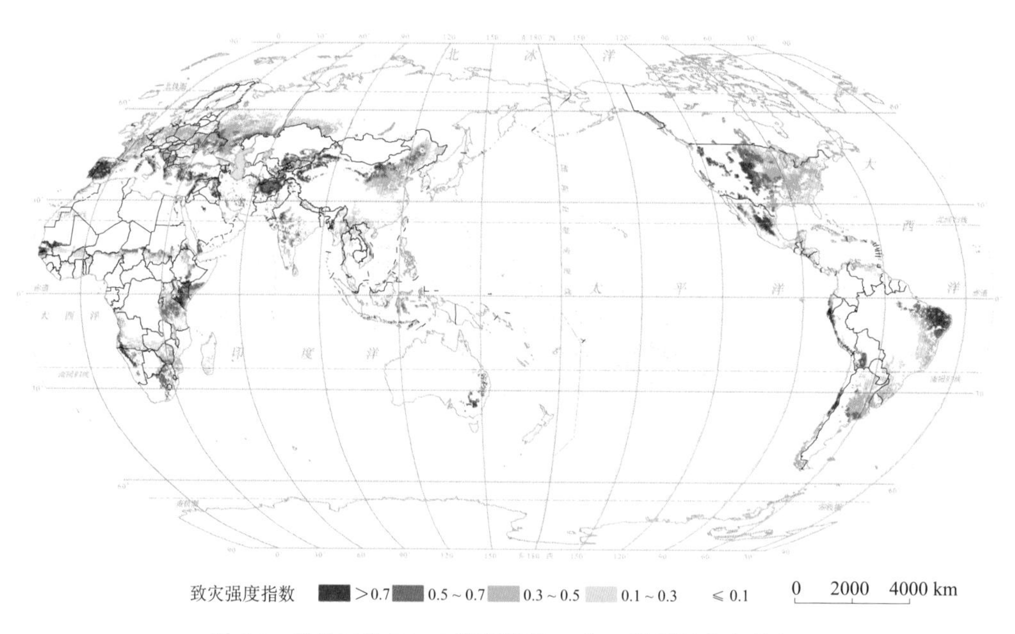

图 4-3 世界玉米 SEPIC 模型模拟 20 年一遇干旱致灾强度

干旱影响区所占面积比在各大洲均随年遇型增加而增加；微度干旱影响区所占面积比在各大洲均随年遇型增加而减少；轻度和中度干旱影响除在大洋洲随年遇型增加而减少外，其余大洲中度干旱变化相对较为一致(先增加后减少)。极重度干旱影响最重的是大洋洲，10 年一遇、20 年一遇、50 年一遇和 100 年一遇 DI 下所占比例分别是 16.3%、19.06%、

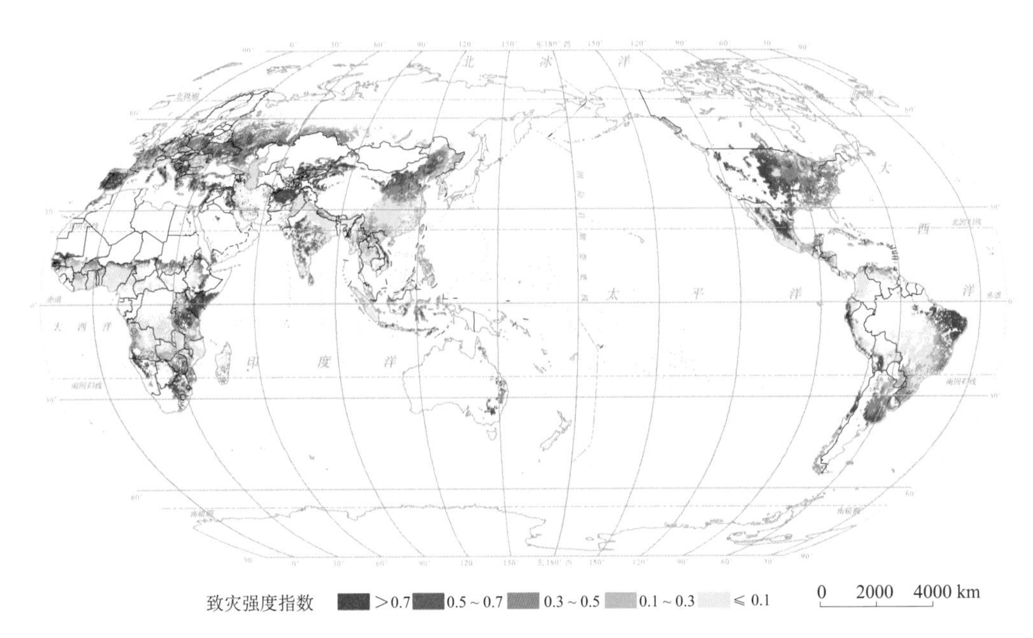

图 4-4　世界玉米 SEPIC 模型模拟 50 年一遇干旱致灾强度

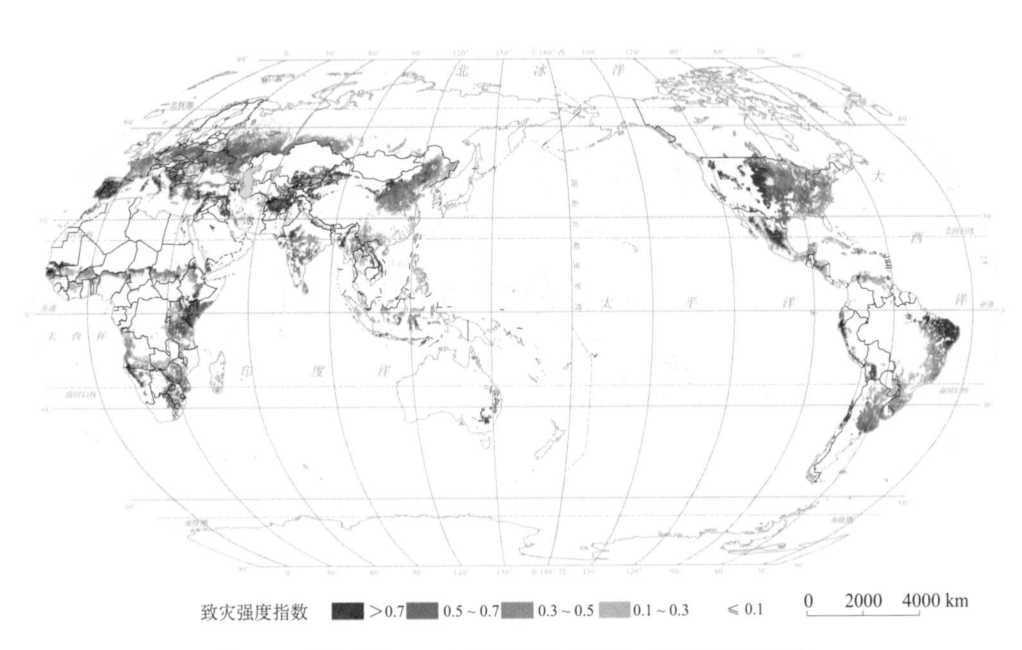

图 4-5　世界玉米 SEPIC 模型模拟 100 年一遇干旱致灾强度

24.07%和 25.57%。中度干旱影响最显著的是欧洲，4 个年遇型下所占比例分别是 27.65%、35.96%、42.23%和 41.56%。

从国家(地区)来看，玉米 DI 高的区域主要分布在葡萄牙、西班牙、希腊西部、伊朗东部、阿富汗的中部和北部、中国的西北部和内蒙古、肯尼亚的中部和南部、美国的东北

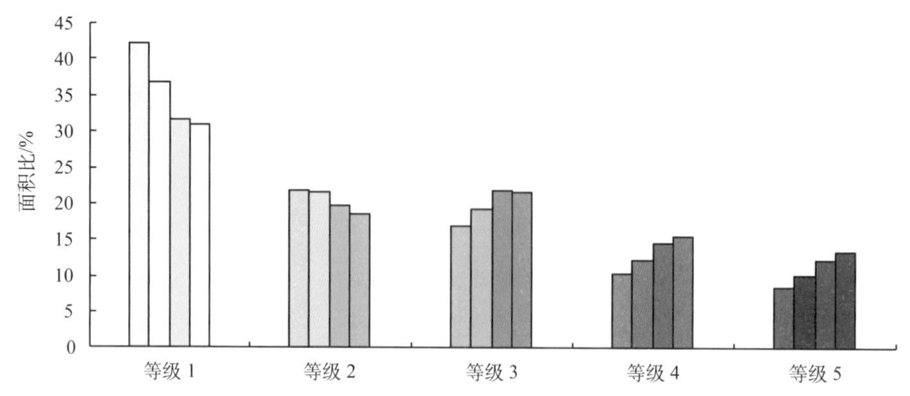

图 4-6 世界玉米 SEPIC 模型模拟旱灾致灾强度各等级面积百分比

每个等级内，由左至右分别为 10 年一遇、20 年一遇、50 年一遇和 100 年一遇

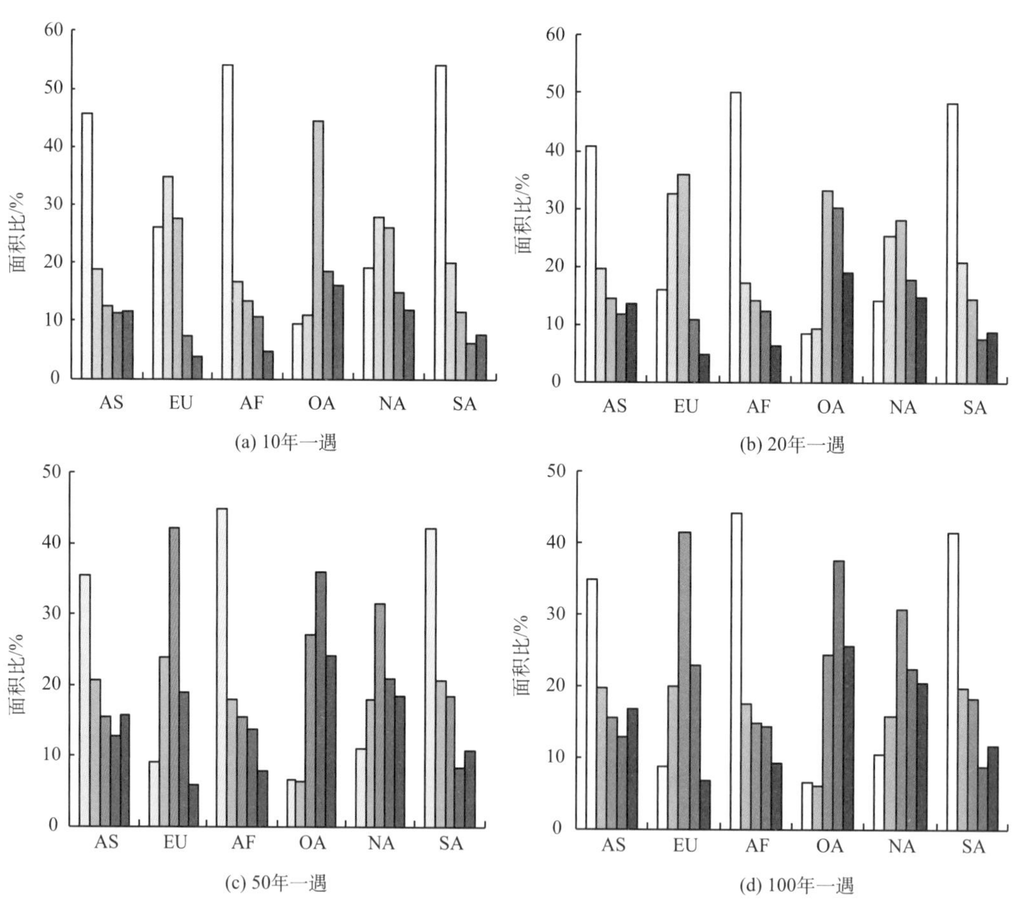

图 4-7 世界 6 大洲玉米 SEPIC 模型模拟干旱各等级面积百分比

图中，AS：亚洲；EU：欧洲；AF：非洲；OA：大洋洲；NA：北美洲；SA：南美洲

注：每个大洲内由左至右对应不同干旱等级(强度由小变大)

部和中央大平原西部、墨西哥高原中部、巴西高原东北部、厄瓜多尔南部、秘鲁西部、玻利维亚西南部、智利中部、澳大利亚东南部等地区。这些玉米DI高值区多分布在世界玉米主要生产国，如美国、中国、巴西等。

中国玉米DI的高值区主要集中在西北地区、华北地区和东北地区西部。这主要是由中国季风气候影响下降水东南多西北少且不稳定的特征所决定。玉米DI最大的区域是西北地区，且随着年遇型增加逐渐呈现北高南低、西高东低的空间格局。整体上看，中国玉米DI指数多小于0.3，主要受微度和轻度干旱的影响，属于轻度干旱影响国家。中国玉米微度和轻度干旱影响范围随着年遇型增加而减少，4个年遇型下两者影响区所占面积比之和分别是67.29%、62.06%、57.1%和55.66%。中度、重度和极重度干旱影响比重随着年遇型增加而增加。其中，玉米极重度干旱在4个不同年遇型下所占比重分别是12.12%、13.41%、15.01%和16.09%。

4.2.2　气候变化背景下玉米SEPIC模型模拟干旱致灾强度变化

根据气候情景数据，驱动SEPIC模型，计算出不同气候变化情景下，21世纪近期(2005～2039年)、中期(2040～2069年)和远期(2070～2099年)玉米干旱致灾强度期望值相对于历史时期(1975～2004年)致灾强度期望值的变化，并编制系列图谱。各时期的玉米DI变化等级分为6级：第1级(<-0.05)为重度减少区；第2级(-0.05～-0.025)为中度减少区；第3级(-0.025～0)为轻度减少区；第4级(0～0.025)为轻度增加区；第5级(0.025～0.05)为中度增加区；第6级(≥0.05)为重度增加区。

从全球尺度看，以RCP2.6和RCP8.5为例，世界玉米DI变化呈现北半球中高纬度增强，南半球中高纬度减弱，低纬度基本不变的空间格局(图4-8～图4-10)。

全球未来玉米DI重度增加区集中分布在欧洲、亚洲中部、北美洲北部和南美洲东部沿海地区，面积随着时间的增加和气候变化情景的增加而增加，到21世纪末，4个RCP情景下重度增加区所占面积比分别为23.46%、33.58%、34.42%和38.63%(图4-11)。未来玉米DI中度增加区主要分布在中国东北和中国东南、巴西南部等地区，除RCP 2.6外，其他情景下均呈现逐渐减小的趋势，到21世纪中叶4个RCP情景下中度增加区所占面积比分别为9.88%、9.06%、10.32%和7.94%；到21世纪末中度增加区所占面积比分别为9.98%、8.36%、7.96%和6.82%。未来玉米DI轻度增加区所占面积比最大，多在30%以上，且均呈减小趋势，到21世纪末4个RCP情景下轻度增加区所占面积比分别为51.88%、42.68%、40.51%和34.91%。未来玉米DI减小区主要集中在非洲、南亚、北美洲中部和西部、南美洲南部、中国东北部的部分地区，到21世纪末轻度和中度减少区所占面积比之和在4个RCP情景下分别为14.67%、15.38%、17.1%和19.64%。

从大洲尺度看，除欧洲和大洋洲外，各大洲玉米DI变化以轻度变化为主(图4-12)。欧洲玉米DI变化以重度增加为主，到21世纪末4个RCP情景下轻度增加区的面积比依次为15.75%、5.94%、5.10%和4.89%；中度增加区的面积比依次为10.44%、3.74%、3.15%和2.10%；重度增加区的面积比依次为67.88%、84.92%、85.83%和85.54%。大洋洲玉米DI变化在21世纪初期以轻度变化(轻度增加和轻度减少)为主，4个RCP情景下

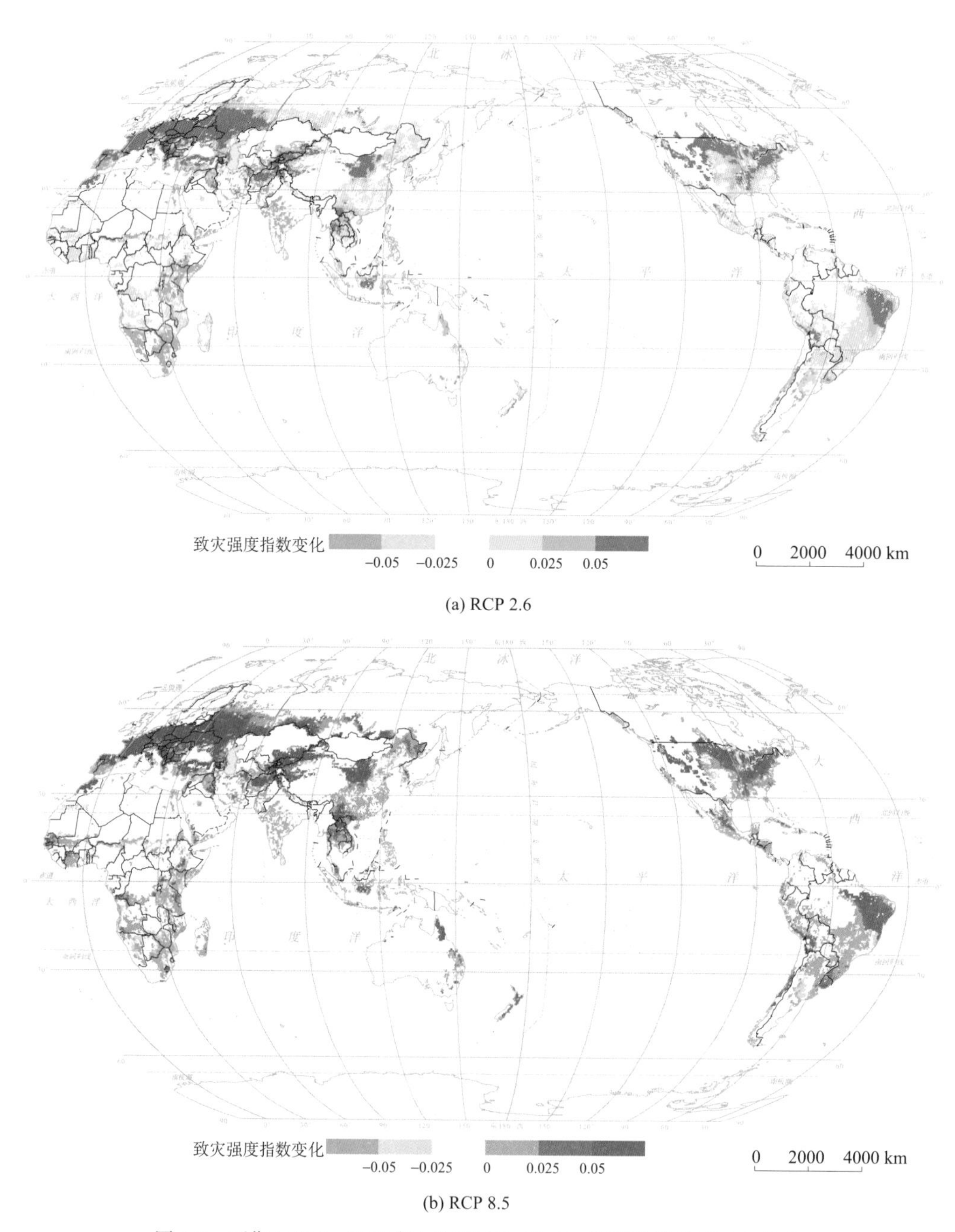

(a) RCP 2.6

(b) RCP 8.5

图 4-8 近期(2005～2039 年)世界玉米 SEPIC 模型模拟干旱致灾强度相对于历史时期(1975～2004 年)的变化

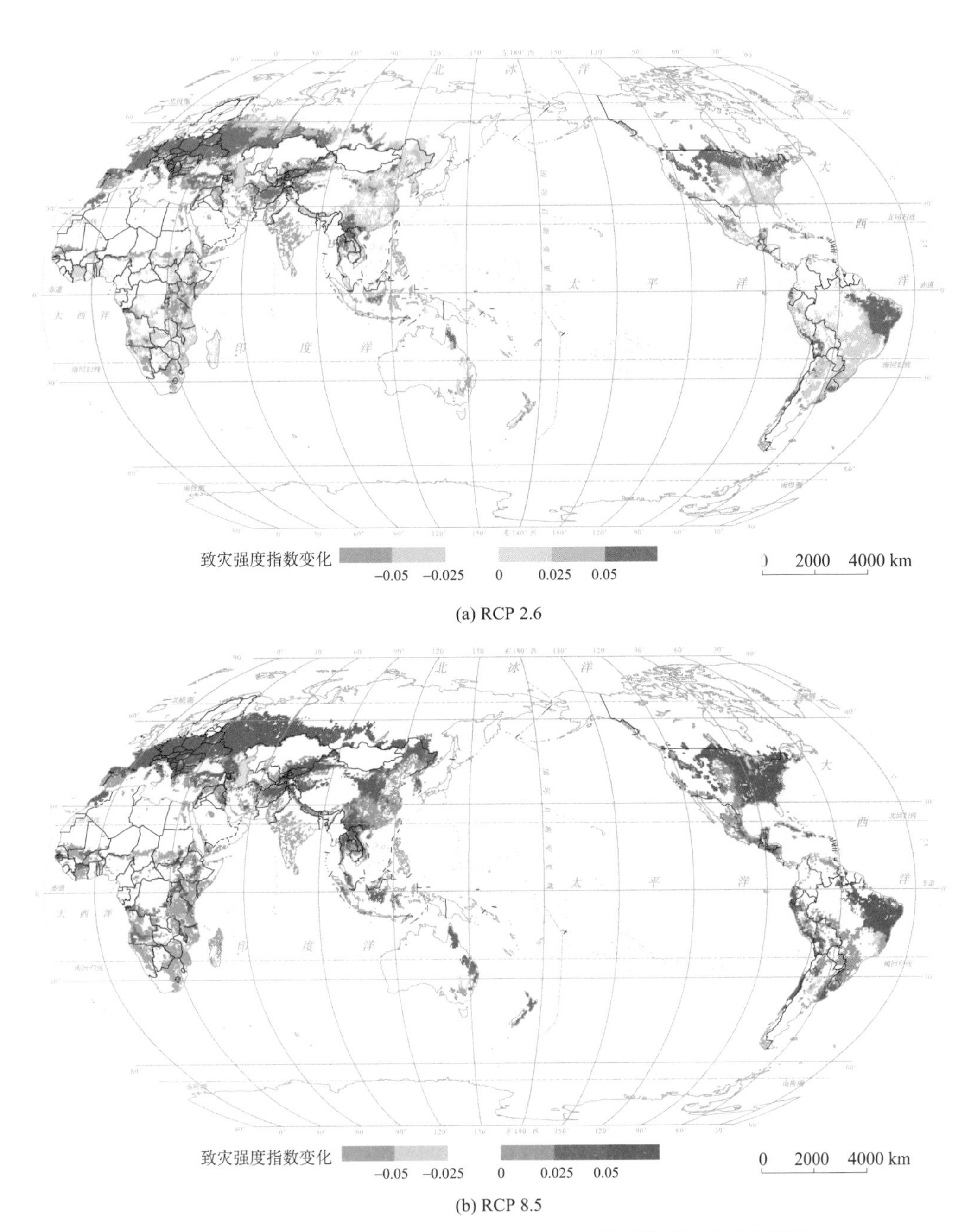

(a) RCP 2.6

(b) RCP 8.5

图 4-9　中期(2040～2069 年)世界玉米 SEPIC 模型模拟干旱致灾强度相对于历史时期(1975～2004 年)的变化

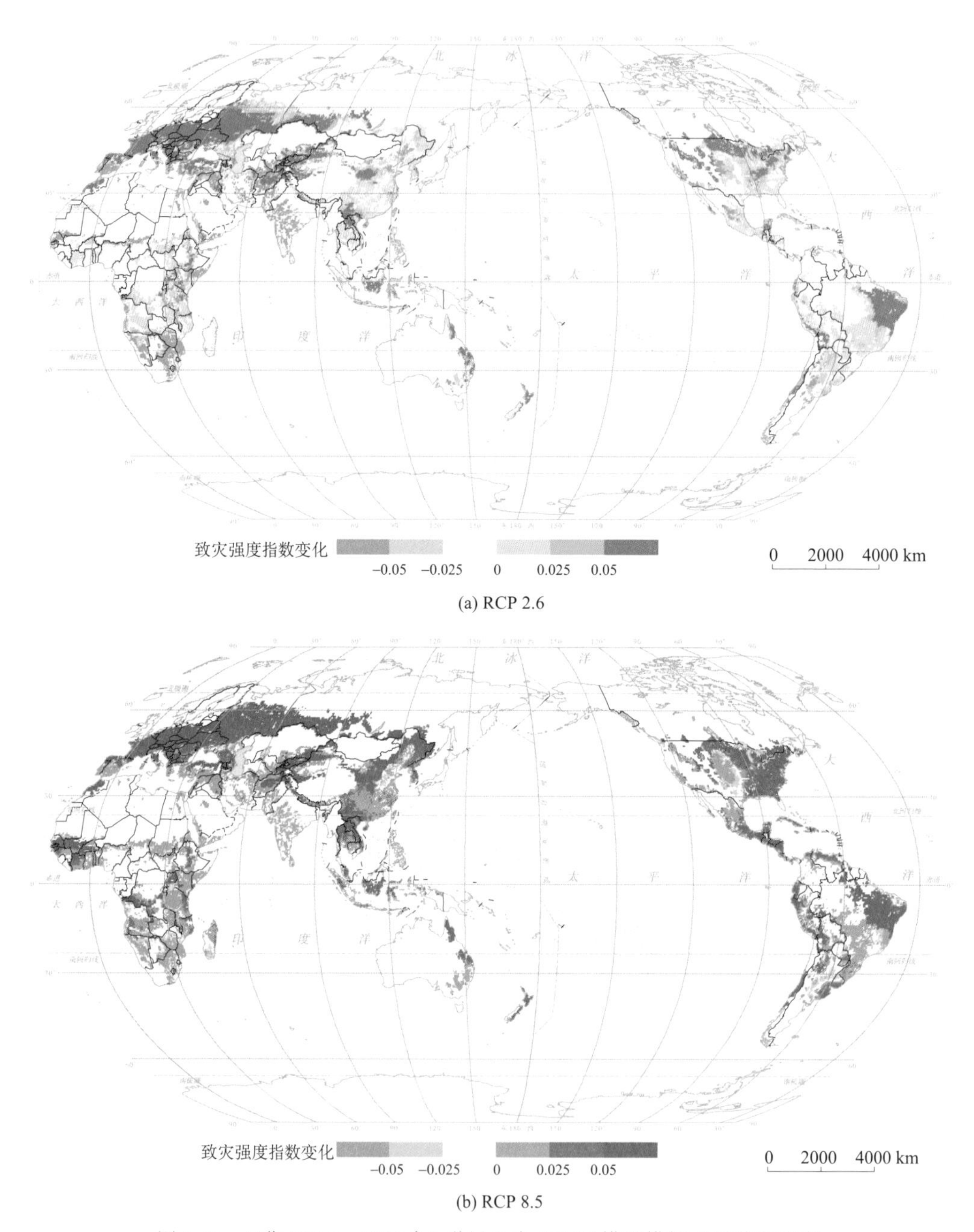

图 4-10 远期(2070～2099 年)世界玉米 SEPIC 模型模拟干旱致灾强度相对于历史时期(1975～2004 年)的变化

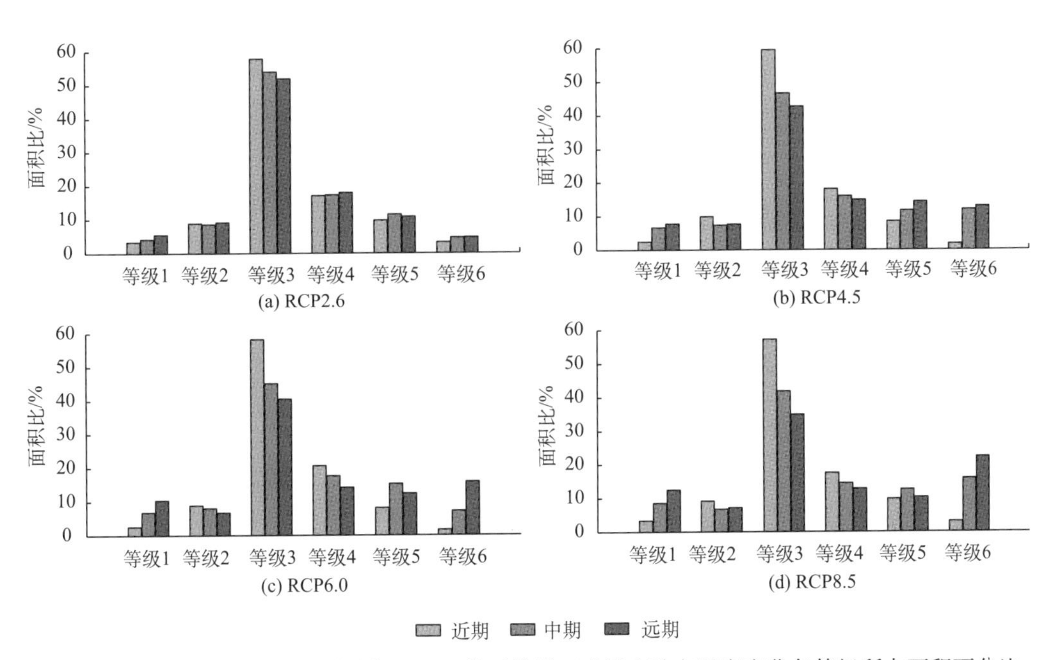

图 4-11　4 个 RCP 情景下不同时期 SEPIC 模型模拟玉米旱灾致灾强度变化各等级所占面积百分比

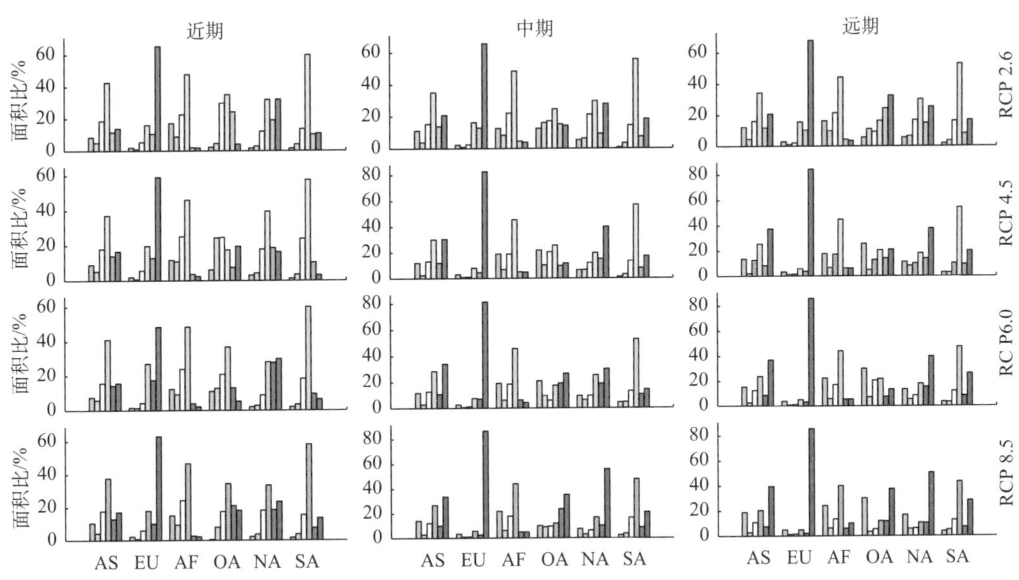

图 4-12　4 个 RCP 情景下不同时期世界各大洲 SEPIC 模型模拟玉米旱灾致灾强度变化各等级所占面积百分比

图中，AS：亚洲；EU：欧洲；AF：非洲；OA：大洋洲；NA：北美洲；SA：南美洲

注：每个大洲内由左至右对应不同干旱等级(强度由小变大)

轻度变化区面积比分别是 64. 91%、42. 41%、57. 97%和 52. 23%；21 世纪中期四种情景下轻度变化区面积比分别为 42. 02%、46. 45%、23. 44%、21. 77%；21 世纪末 4 种情景下轻度变化区面积比分别为 25. 94%、33. 70%、29. 03%、23. 71%。

4.3 世界小麦干旱致灾因子危险性

4.3.1 小麦 SEPIC 模型模拟干旱致灾因子危险性评价结果

根据 SEPIC 模型的输出结果，编制了 4 个年遇型 DI 水平下的小麦干旱致灾强度系列图，包括小麦干旱灾害 10 年一遇、20 年一遇、50 年一遇和 100 年一遇致灾强度。

1. 春小麦

按干旱致灾数据将各年遇型下春小麦 DI 分为 5 级：第 1 级(0～0. 01)为微度干旱影响；第 2 级(0. 01～0. 1)为轻度干旱影响；第 3 级(0. 1～0. 25)为中度干旱影响；第 4 级(0. 25～0. 35)为重度干旱影响；第 5 级(0. 35 以上)为极重度干旱影响(图 4-13～图 4-16)。

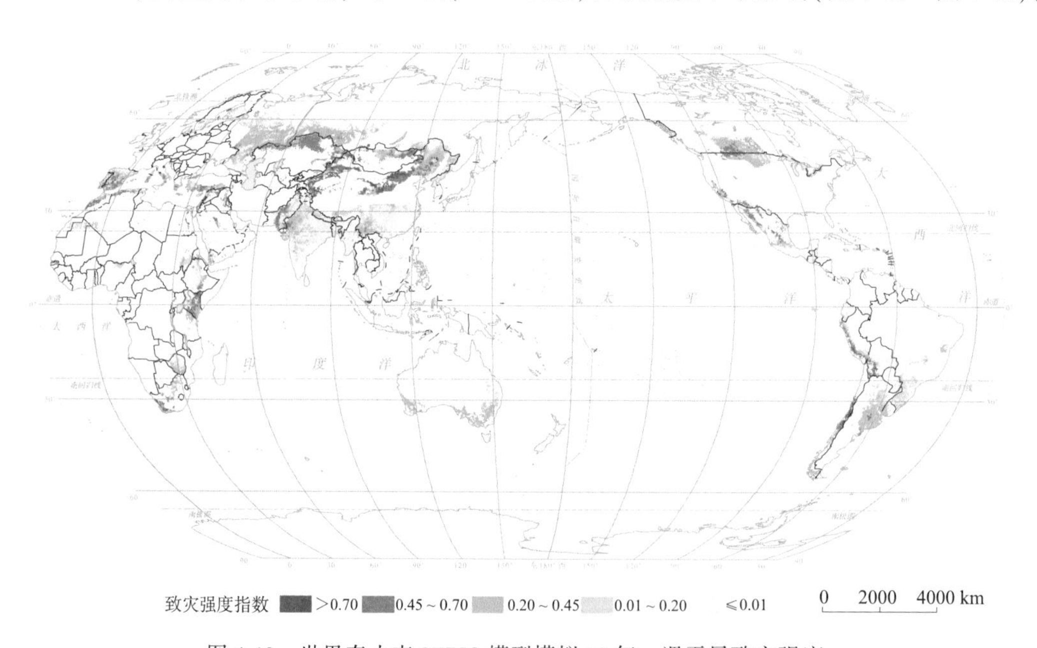

图 4-13 世界春小麦 SEPIC 模型模拟 10 年一遇干旱致灾强度

从全球尺度看，世界春小麦 DI 呈现低纬度、高纬度低和中纬度高的空间格局。春小麦 DI 指数高值区主要分布于中国的西北部地区以及南美洲西海岸智利、玻利维亚、秘鲁中部一带。随着干旱年遇型的增加，春小麦 DI 逐渐增大，重度和极重度影响范围逐渐扩大。在四种年遇型干旱致灾水平下，占全球春小麦分布区面积比最大的 DI 指数主要在 0. 2～0. 45 区间内，即都属于中度春小麦 DI 影响区。在 10 年一遇、20 年一遇、50 年一遇和 100 年一遇的致灾水平下，微度春小麦 DI 影响区所占比例基本不变；轻度 DI 所占比例

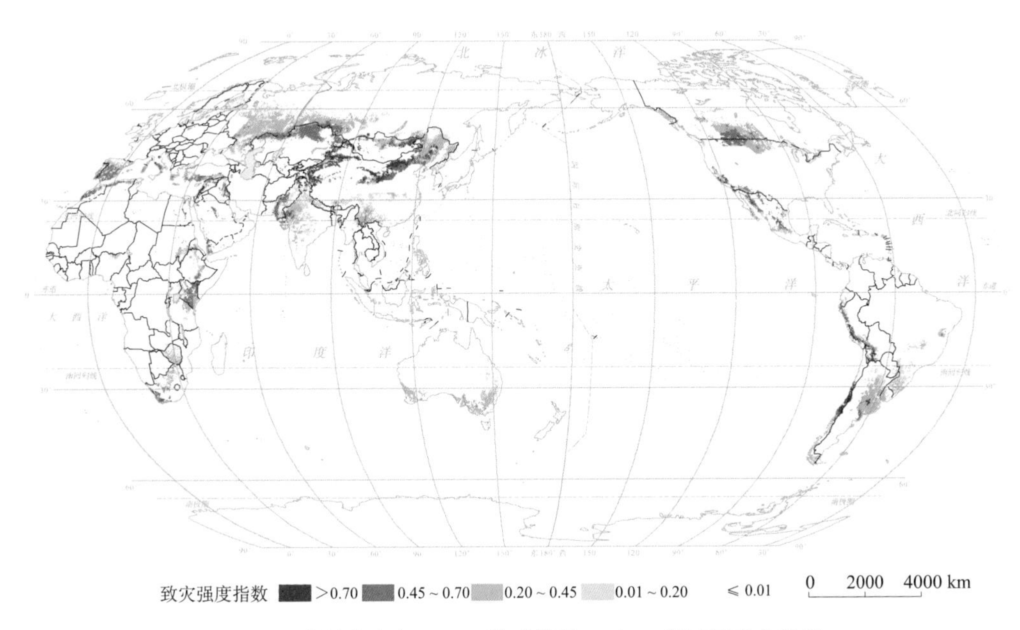

图 4-14　世界春小麦 SEPIC 模型模拟 20 年一遇干旱致灾强度

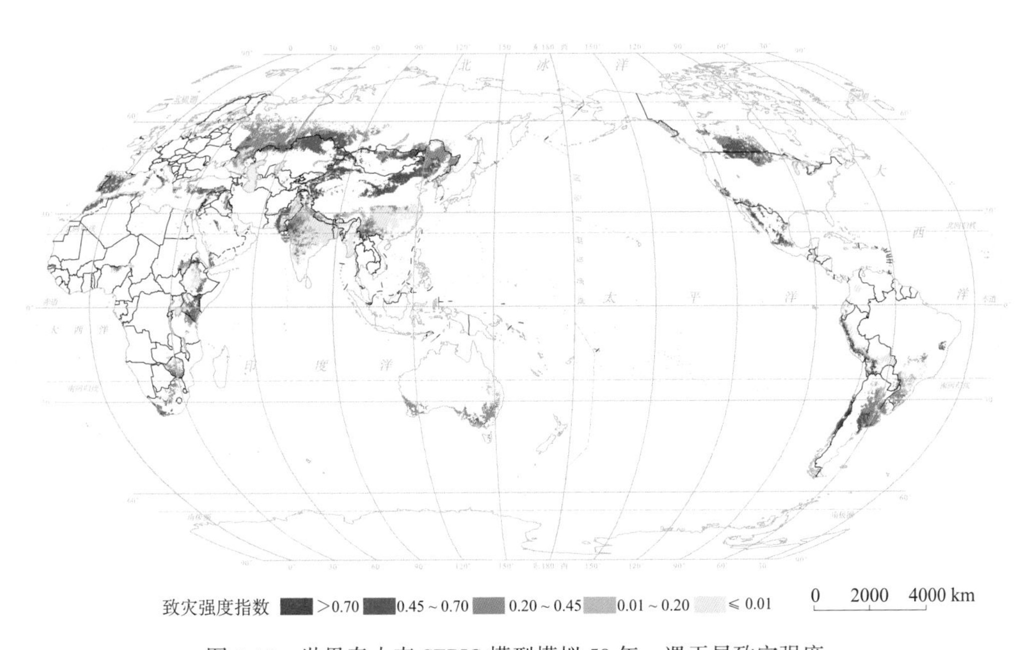

图 4-15　世界春小麦 SEPIC 模型模拟 50 年一遇干旱致灾强度

逐渐减小；重度和极重度 DI 所占比例逐渐增加(图 4-17)。其中，4 个年遇型下轻度干旱影响区所占比例分别是 20. 87%、4. 66%、10. 21% 和 9. 37%；重度干旱影响区所占比例分别是 14. 94%、18. 47%、23. 24% 和 25. 49%；极重度干旱影响区所占比例分别为 5. 03%、6. 21%、7. 68% 和 8. 55%。

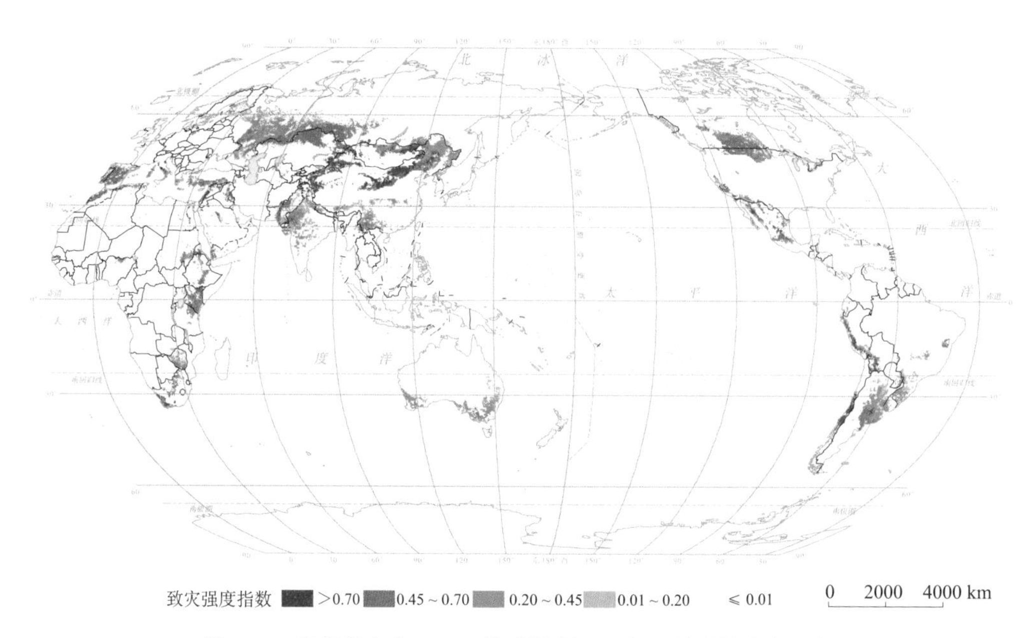

图 4-16 世界春小麦 SEPIC 模型模拟 100 年一遇干旱致灾强度

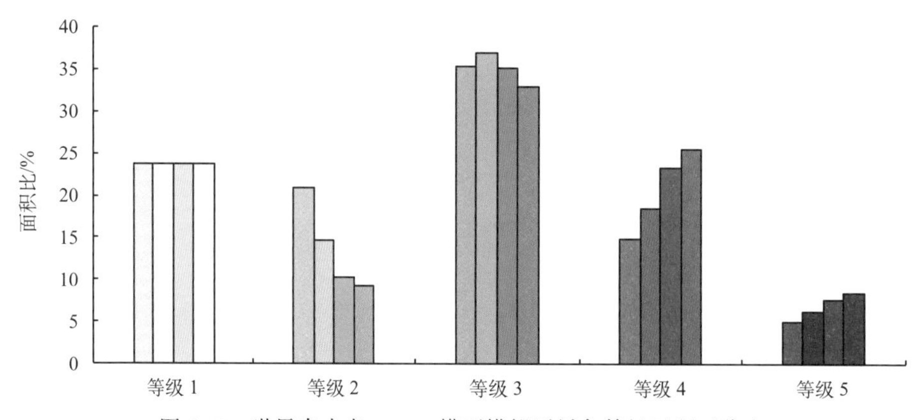

图 4-17 世界春小麦 SEPIC 模型模拟干旱各等级面积百分比

注：每个等级内，由左至右分别为 10 年一遇、20 年一遇、50 年一遇和 100 年一遇

从大洲尺度看，除欧洲和大洋洲外，其余大洲均有极重度春小麦干旱影响区分布。大洋洲和欧洲中度春小麦干旱影响占主体；北美洲中度和重度干旱影响占主体；亚洲、非洲和南美洲微度和中度干旱影响占主体(图 4-18)。各大洲极重度和重度春小麦干旱影响区所占面积比均是随着年遇型增加而增加；轻度干旱影响区所占面积比均是随着年遇型增加而减少；微度干旱影响区所占面积比随年遇型增加保持不变。中度干旱影响区面积比由 10 年一遇到 20 年一遇呈增加趋势，由 20 年一遇到 100 年一遇呈减少趋势。极重度干旱影响最重的是亚洲，4 个年遇型下所占面积比分别是 6. 93%、8. 52%、10. 4%和 11. 68%。

从国家(地区)来看，春小麦 DI 高的区域主要分布在中国、智利、玻利维亚、秘鲁等

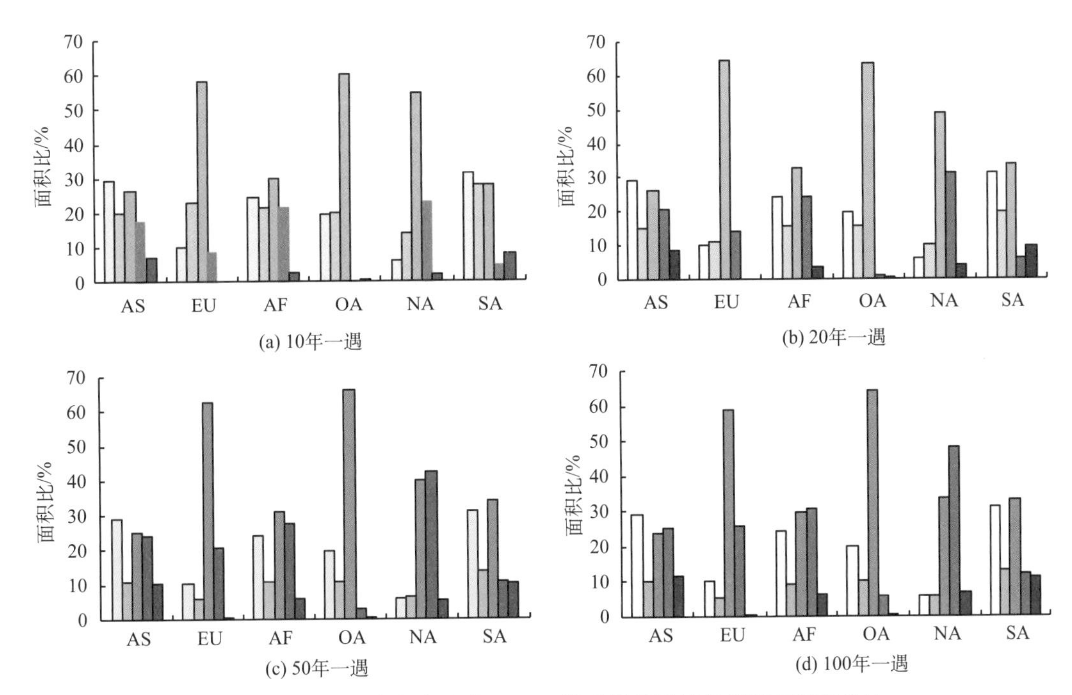

图 4-18 世界6大洲春小麦 SEPIC 模型模拟干旱各等级面积百分比

图中，AS：亚洲；EU：欧洲；AF：非洲；OA：大洋洲；NA：北美洲；SA：南美洲

注：每个大洲内由左至右对应不同干旱等级(程度由小变大)

地区。上述春小麦 DI 区主要分布在世界小麦主要生产国，如中国、澳大利亚、加拿大等。中国春小麦 DI 呈现西北地区高东南地区低的格局。这主要是由中国季风气候影响下降水南多北少，东多西少的特征决定的。春小麦 DI 高值区主要集中在中国西北和北部地区，最大的区域是西北地区和内蒙古东部地区。

中国春小麦 DI 指数均小于 0.35，主要受中度干旱的影响，且影响范围随年遇型增加而减少，4 个年遇型下中度干旱影响区所占面积比分别是 66.28%、58.31%、47.65% 和 37.66%。重度和极重度干旱影响比重随年遇型增加而增加，其中重度干旱在 4 个不同年遇型下所占比重分别是 18.07%、30.76%、44.86% 和 55.1%。

2. 冬小麦

按干旱致灾数据将各年遇型下冬小麦 DI 分为 5 级：第 1 级(0～0.01)为微度干旱影响；第 2 级(0.01～0.2)为轻度干旱影响；第 3 级(0.2～0.45)为中度干旱影响；第 4 级(0.45～0.7)为重度干旱影响；第 5 级(0.7 以上)为极重度干旱影响(图 4-19～图 4-22)。

从全球尺度看，冬小麦 DI 高值区主要集中在北半球 30°～60°纬度地区，其中包括三大区域：欧洲西部沿海地带、亚洲西部地区和美国西部高原中部、中央大平原西部以及阿巴拉契亚山脉一带。在四种年遇型干旱致灾水平下，占全球冬小麦分布区面积比最大的 DI 指数主要分布在 0～0.25 区间内，属于微度和中度冬小麦 DI 影响区。在 10 年一遇、20 年一遇、50 年一遇和 100 年一遇的干旱致灾水平下，微度 DI 影响区所占比例基本不变；轻

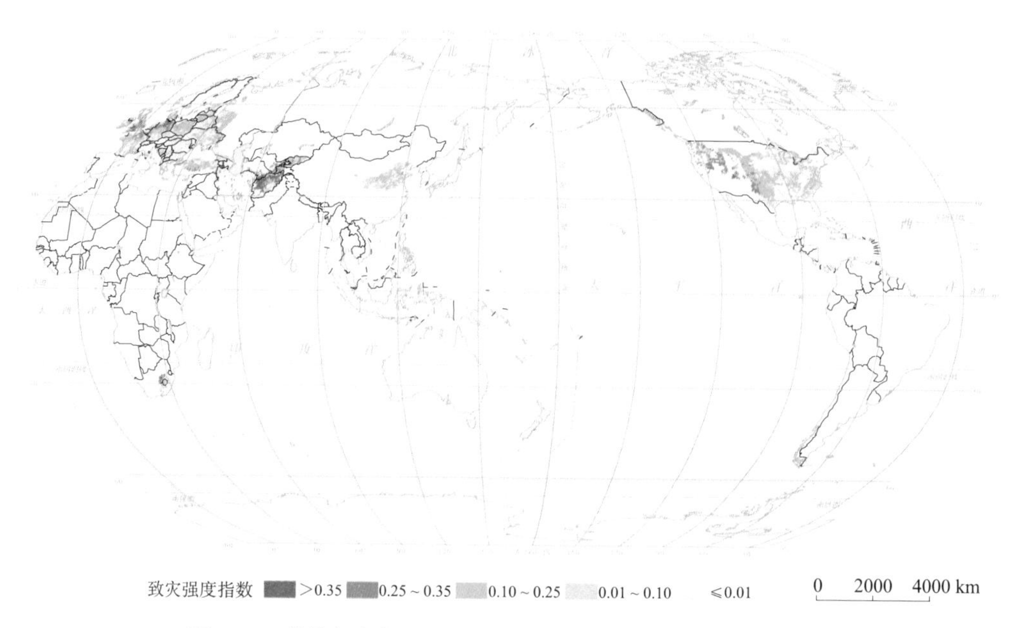

图 4-19 世界冬小麦 SEPIC 模型模拟 10 年一遇干旱致灾强度

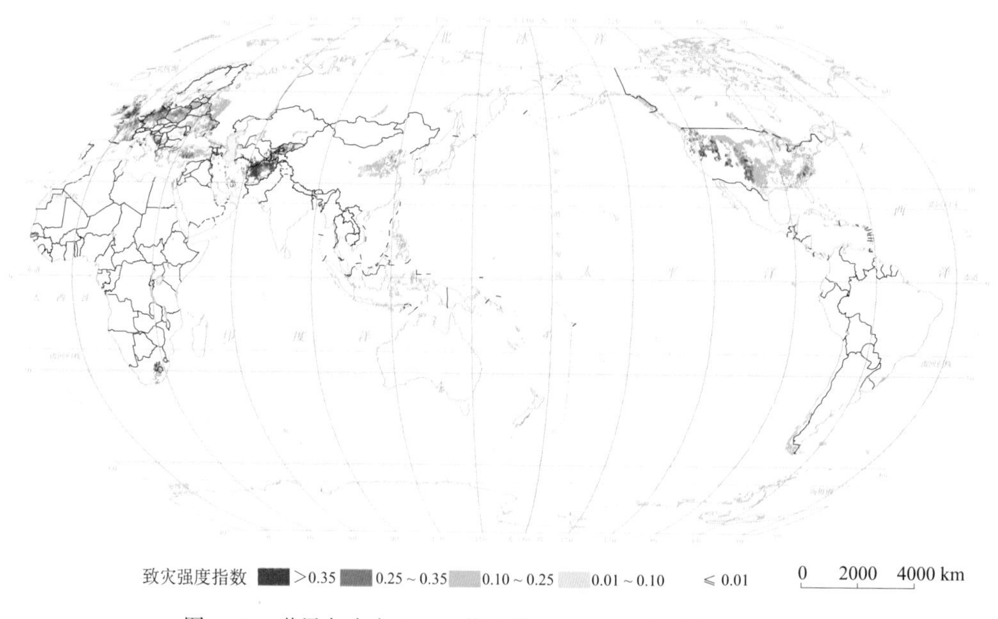

图 4-20 世界冬小麦 SEPIC 模型模拟 20 年一遇干旱致灾强度

度 DI 所占比例逐渐减小；重度和极重度 DI 所占比例逐渐增加(图 4-23)。其中，4 个年遇型下重度和极重度干旱影响区所占面积比之和分别为 11.6%、16.24%、22.03%和 24.37%。

从大洲尺度看，除大洋洲外，其余大洲均有极重度冬小麦干旱影响区分布。大洋洲和

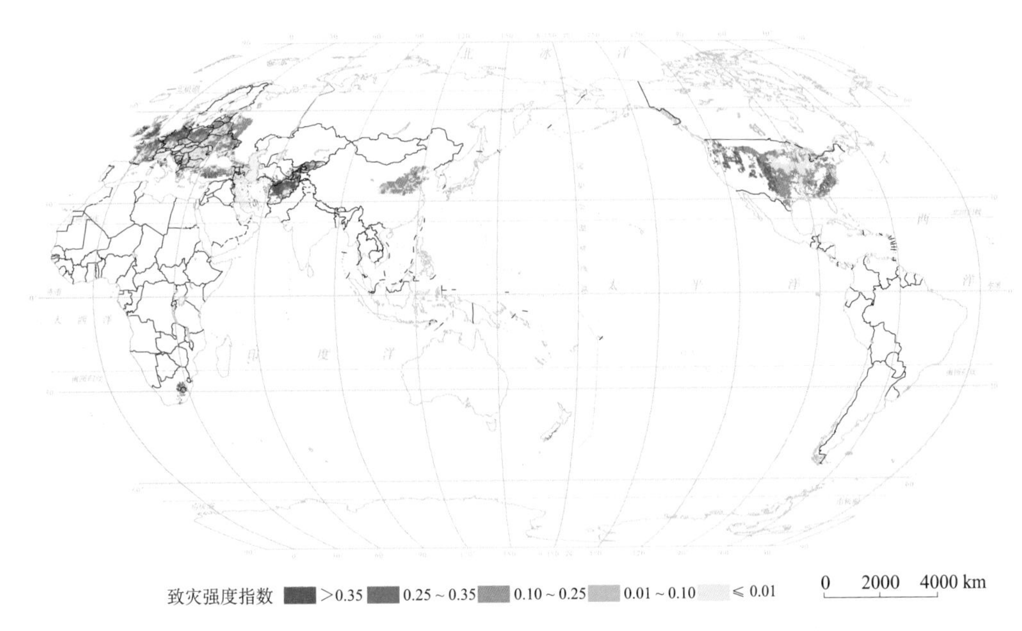

图 4-21　世界冬小麦 SEPIC 模型模拟 50 年一遇干旱致灾强度

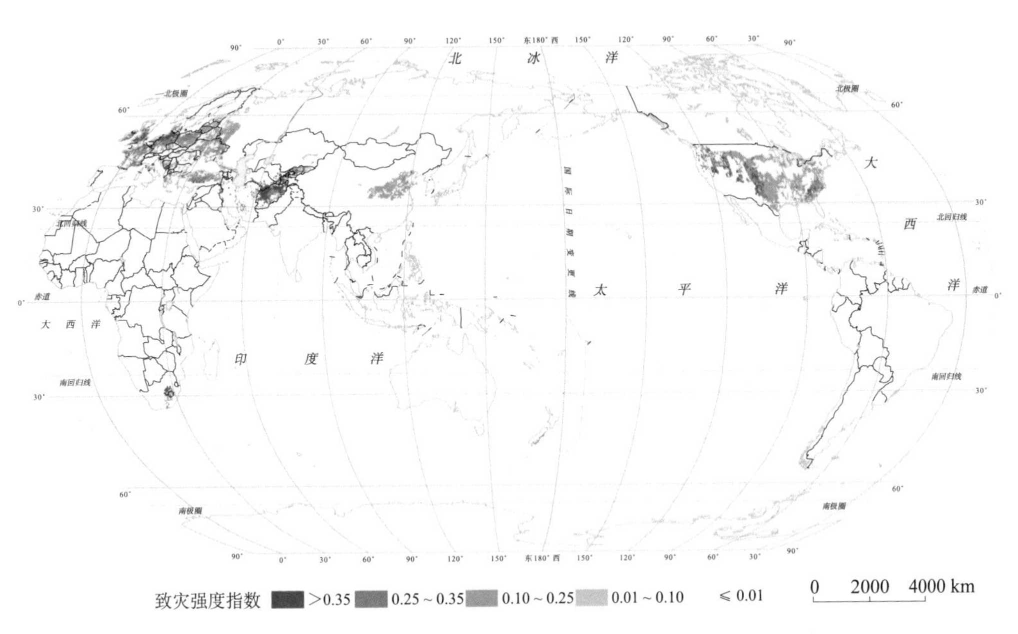

图 4-22　世界冬小麦 SEPIC 模型模拟 100 年一遇干旱致灾强度

北美洲中度干旱影响占主体；亚洲和欧洲微度和中度干旱影响占主体；中度、极重度干旱对非洲均有影响(图 4-24)。各大洲冬小麦极重度干旱影响区所占面积比均随年遇型增加而增加；轻度干旱影响区所占面积比均随年遇型增加而减少；微度干旱影响区所占面积比随

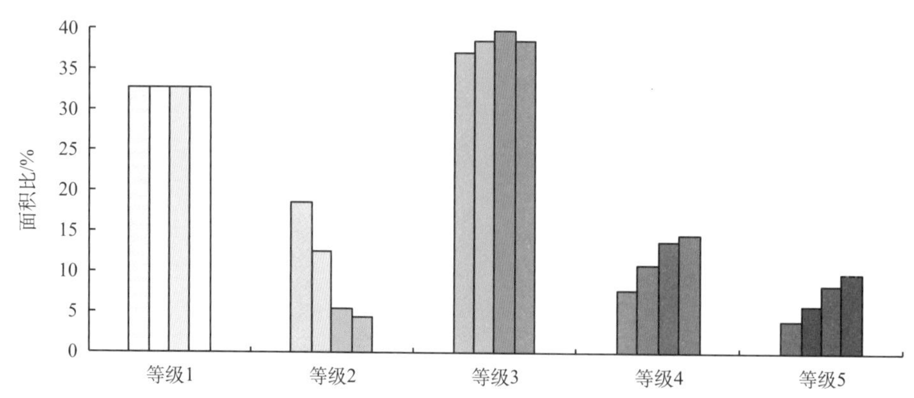

图 4-23　世界冬小麦 SEPIC 模型模拟干旱各等级面积百分比

注：每个等级内，由左至右分别为 10 年一遇、20 年一遇、50 年一遇和 100 年一遇

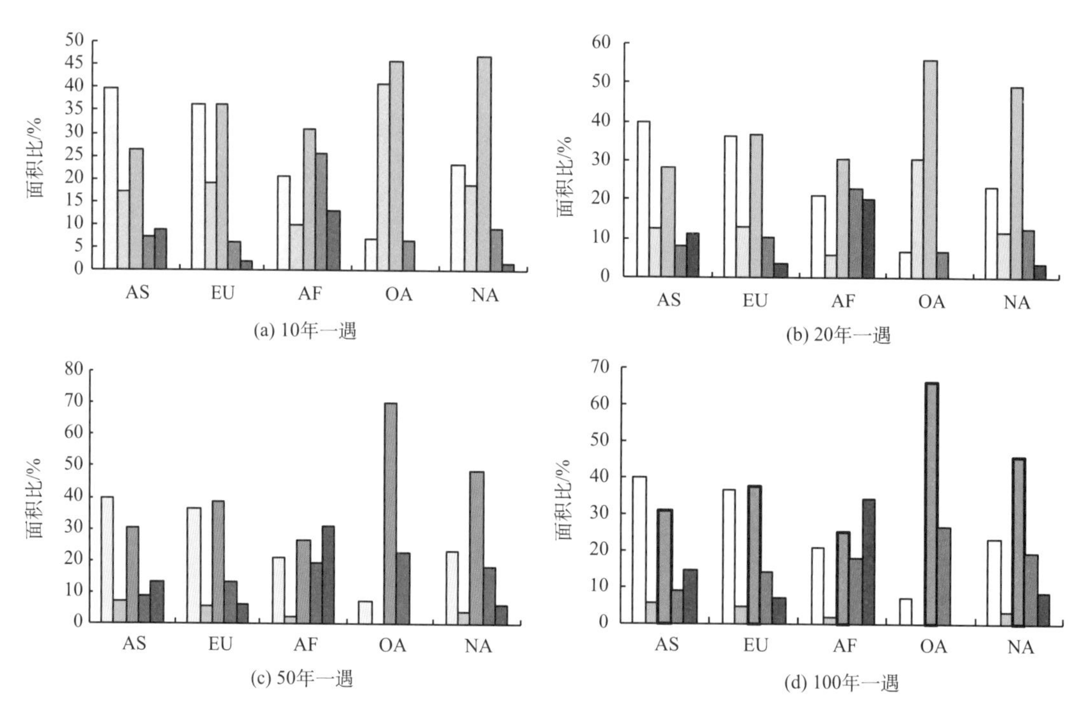

图 4-24　世界 6 大洲冬小麦 SEPIC 模型模拟干旱各等级面积百分比

图中，AS：亚洲；EU：欧洲；AF：非洲；OA：大洋洲；NA：北美洲

注：每个大洲内由左至右对应不同干旱等级(程度由小变大)

年遇型增加保持不变。非洲中度干旱影响区面积比随年遇型增加而减少；亚洲随年遇型增加而增加，北美洲、欧洲和大洋洲呈先增加后减少。中度干旱影响最重的是大洋洲，4 个年遇型下所占面积比分别是 45.8%、56.09%、70.17%和 66.39%。

从国家(地区)来看，冬小麦 DI 高的区域主要分布在中国、英国、德国、美国等地区。中国冬小麦 DI 呈现为华北地区高，东北和黄土高原地区低。从整体上看，中国冬小麦属于轻度和中度干旱影响，4 个年遇型下 DI 指数分别为 0. 07、0. 09、0. 11 和 0. 114。无论在何种年遇型下，华北平原地区冬小麦 DI 指数最大，大于 0. 18，属于中度干旱影响区；西北高山和盆地南段次之，DI 指数在 0. 11～0. 144 区间内。中西部山地和高原、东北平原和中南部高原、山地地区冬小麦 DI 指数均为 0. 055～0. 085，属于轻度干旱影响区。西南高原和盆地、东北山地西段和东南平原地区属于微度干旱影响区。

4. 3. 2　气候变化背景下小麦 SEPIC 模型模拟干旱致灾强度变化

1. 春小麦

根据气候情景数据，驱动 SEPIC 模型，计算不同气候变化情景下 21 世纪近期(2005～2039 年)、中期(2040～2069 年)和远期(2070～2099 年)春小麦致灾强度期望值相对于历史时期(1975～2004 年)致灾强度期望值的变化，并编制系列图谱。各时期的春小麦 DI 变化等级分为 6 级：第 1 级(<-0. 05)为重度减少区；第 2 级(-0. 05～-0. 025)为中度减少区；第 3 级(-0. 025～0)为轻度减少区；第 4 级(0～0. 025)为轻度增加区；第 5 级(0. 025～0. 05)为中度增加区；第 6 级(≥0. 05)为重度增加区。

从全球尺度看，以 RCP2. 6 和 RCP8. 5 为例世界春小麦 DI 变化呈现北半球中高纬度增强，南半球中高纬度减弱，低纬度减弱的空间格局(图 4-25～图 4-27)。未来全球春小麦 DI 中度增加区集中分布在美国北部、北欧、蒙古、中国西北和西南等国家或地区，且面积随着时间的增加和温室气体排放浓度的增加而增加。

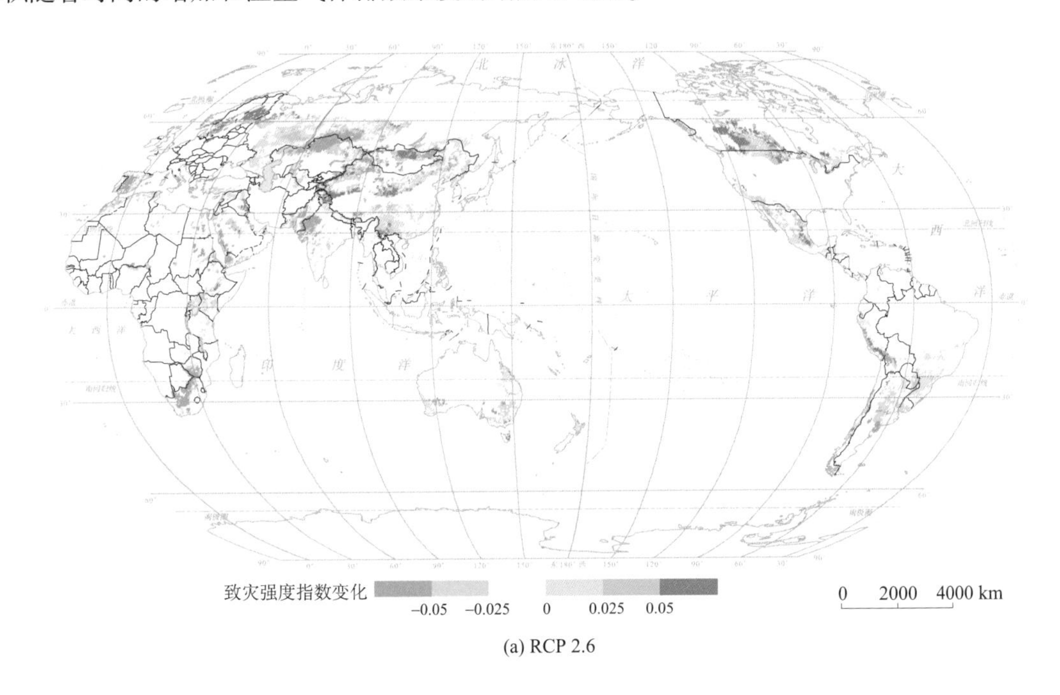

(a) RCP 2.6

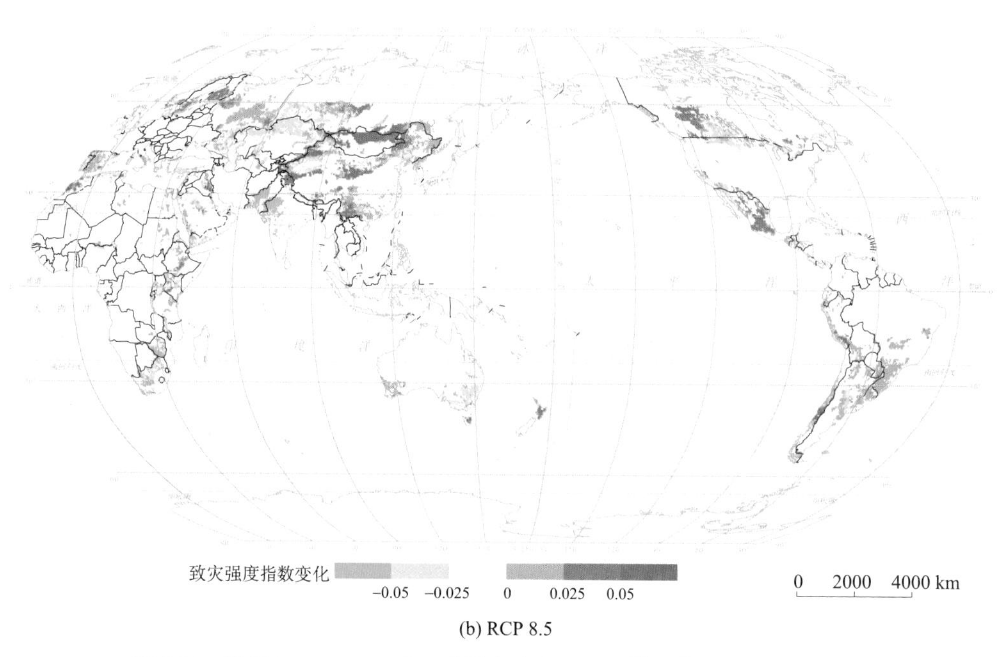

(b) RCP 8.5

图 4-25 近期(2005～2039 年)世界春小麦 SEPIC 模型模拟干旱致灾强度相对于历史时期(1975～2004 年)的变化

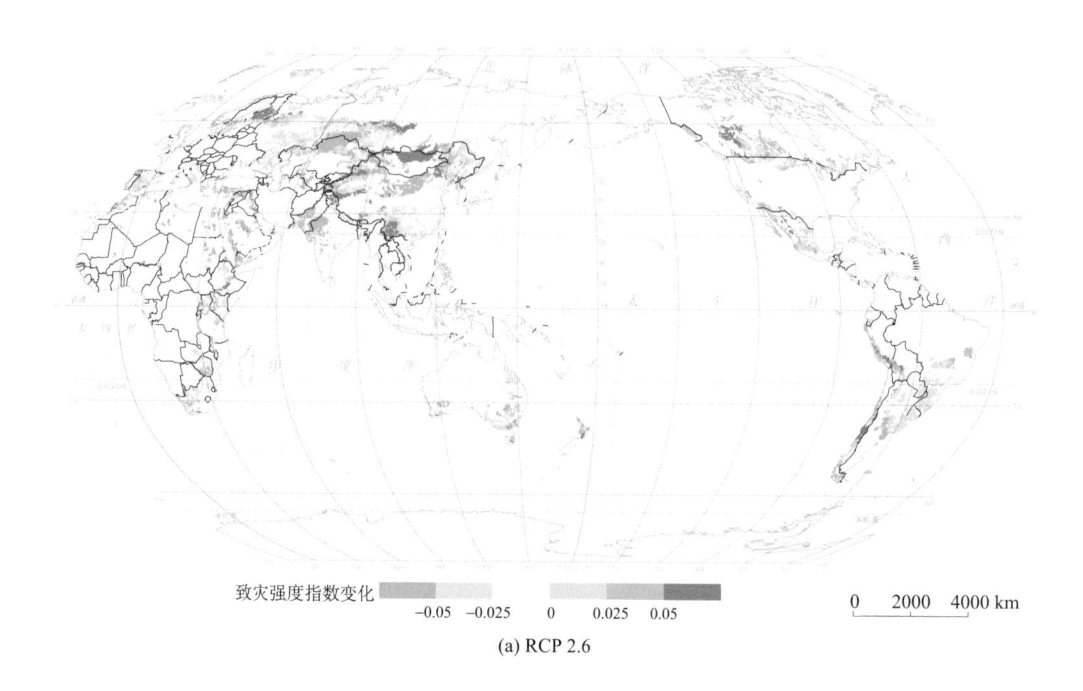

(a) RCP 2.6

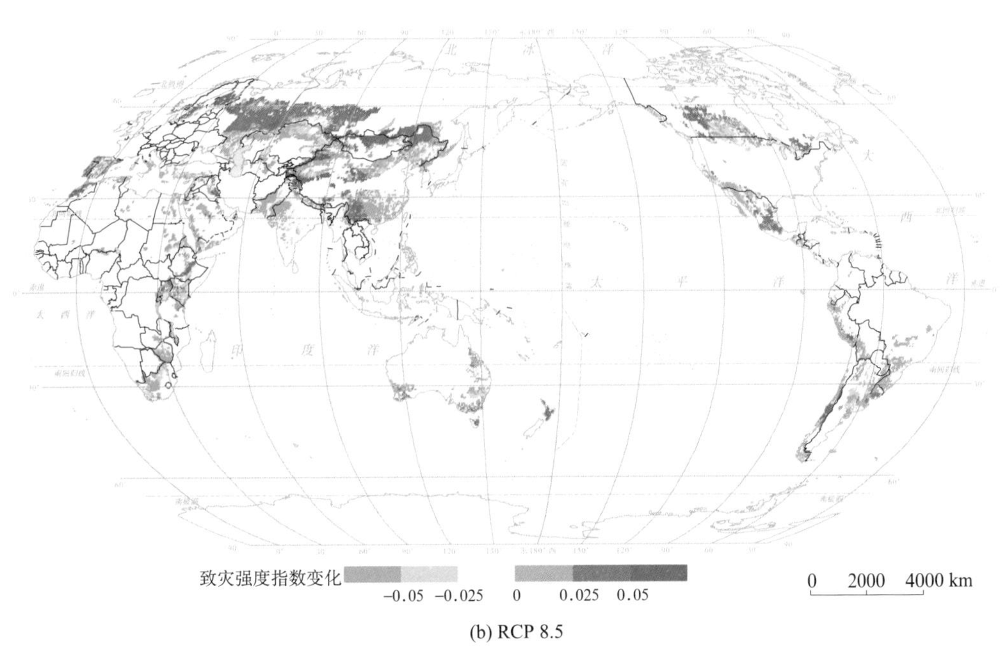

(b) RCP 8.5

图 4-26　中期(2040～2069 年)世界春小麦 SEPIC 模型模拟干旱致灾强度相对于历史时期(1975～2004 年)的变化

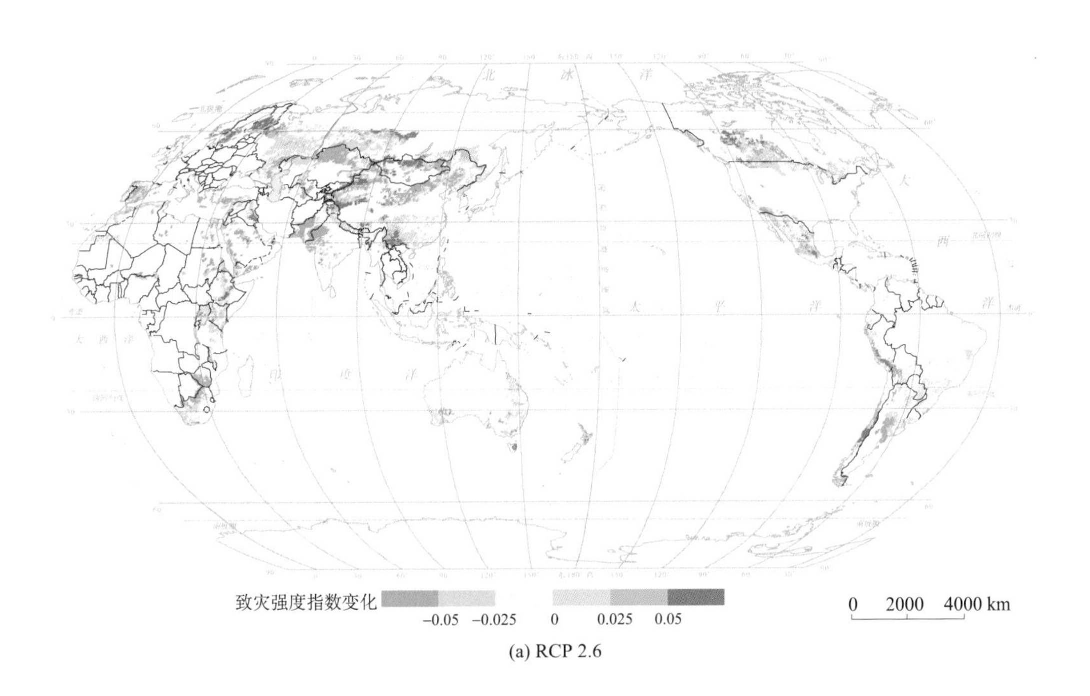

(a) RCP 2.6

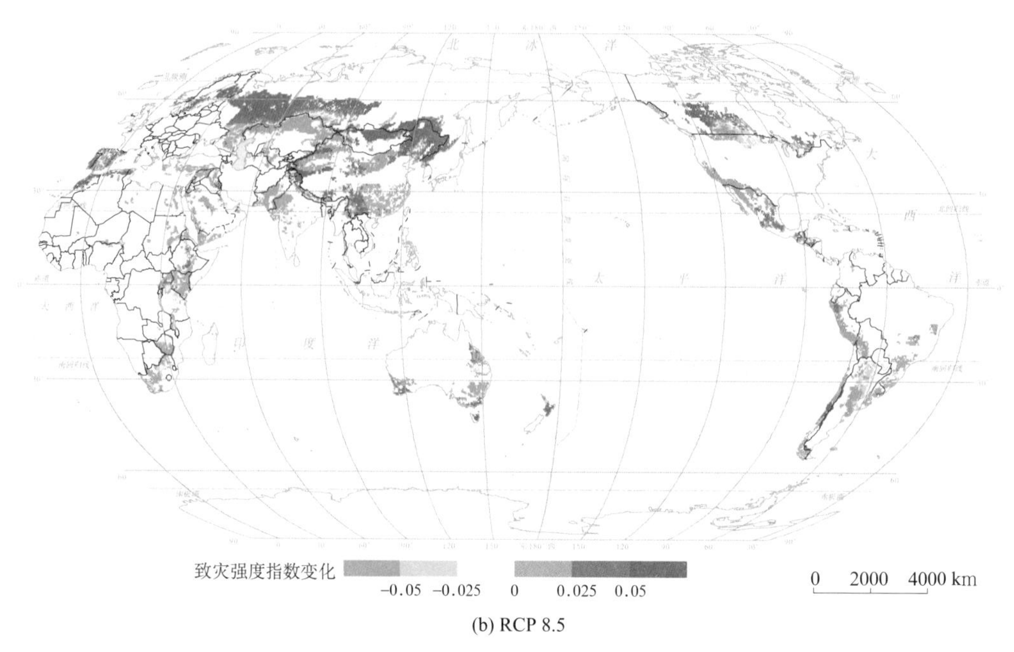

(b) RCP 8.5

图 4-27 远期(2070～2099 年)世界春小麦 SEPIC 模型模拟干旱致灾强度相对于历史时期(1975～2004 年)的变化

到 21 世纪末，4 个 RCP 情景下春小麦干旱致灾重度增加区所占面积比分别为 7.62%、18.7%、16.92%和 25.17%。未来春小麦 DI 轻度增加区在世界各个大洲均有分布，主要集中在中国南部、东欧和南美洲东南部等地区，到 21 世纪中叶轻度增加区所占面积比分别为 37.91%、33.95%、32.03%和 31.02%。21 世纪末，中度增加区所占面积比分别为 33.36%、28.68%、28.99%和 24.64%。轻度减弱区主要集中在南亚、非洲东部、南美洲西部等地区，到 21 世纪末轻度减弱区所占面积比分别是 24.82%、16.11%、14.52%和 13.47%。中度和重度减弱区主要集中分布在亚欧大陆中部、西亚、中国西北部、美国北部和西南部、南美洲南部等地区，且随着时间的变化和排放浓度的增加而逐渐增加(图 4-28)。

从大洲尺度看，各大洲春小麦 DI 变化以轻度变化为主(图 4-29)。欧洲春小麦 DI 变化以增加为主，到 21 世纪末 4 个 RCP 情景下轻度增加区的面积比依次为 35.92%、19.54%、21.25%和 15.68%；中度增加区的面积比依次为 5.27%、27.64%、20.66%和 5.18%；重度增加区的面积比依次为 13.53%、37.37%、18.70%和 85.02%。亚洲、非洲和南美洲均以轻度变化为主，面积比均在 50%以上，其他变化所占面积比相对较小。

2. 冬小麦

根据气候情景数据，驱动 SEPIC 模型，计算不同气候变化情景下 21 世纪近期(2005～2039 年)、中期(2040～2069 年)和远期(2070～2099 年)3 个时段冬小麦致灾强度期望值相对于历史时期(1975～2004 年)冬小麦致灾强度期望值的变化，并编制系列图谱。各时

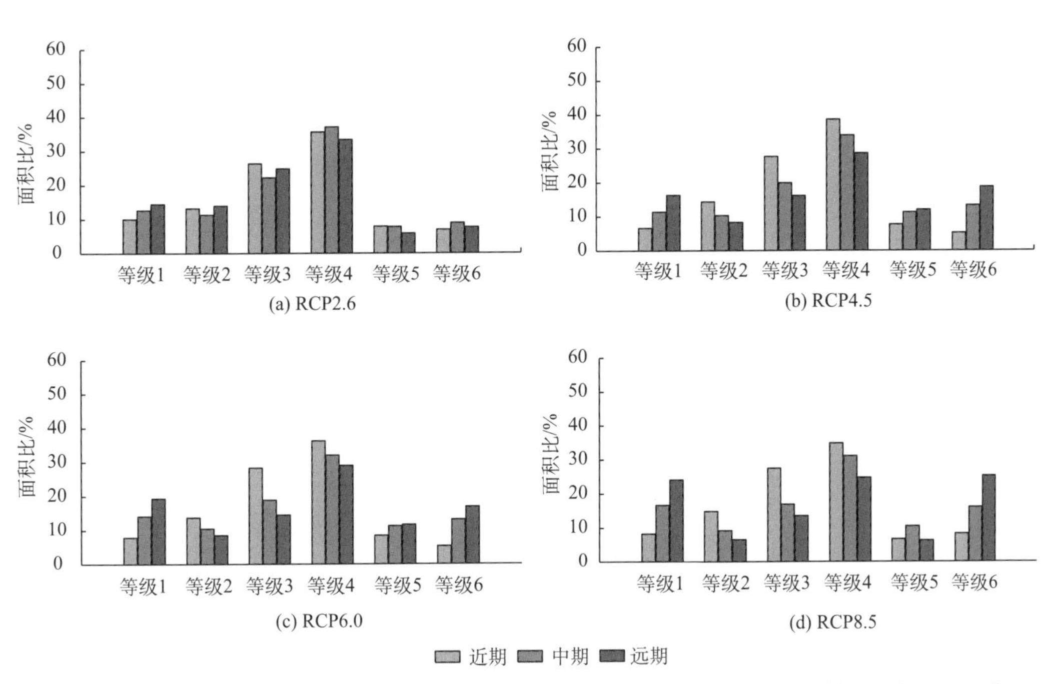

图 4-28　4 个 RCP 情景下不同时期 SEPIC 模型模拟春小麦旱灾致灾强度变化各等级所占面积百分比

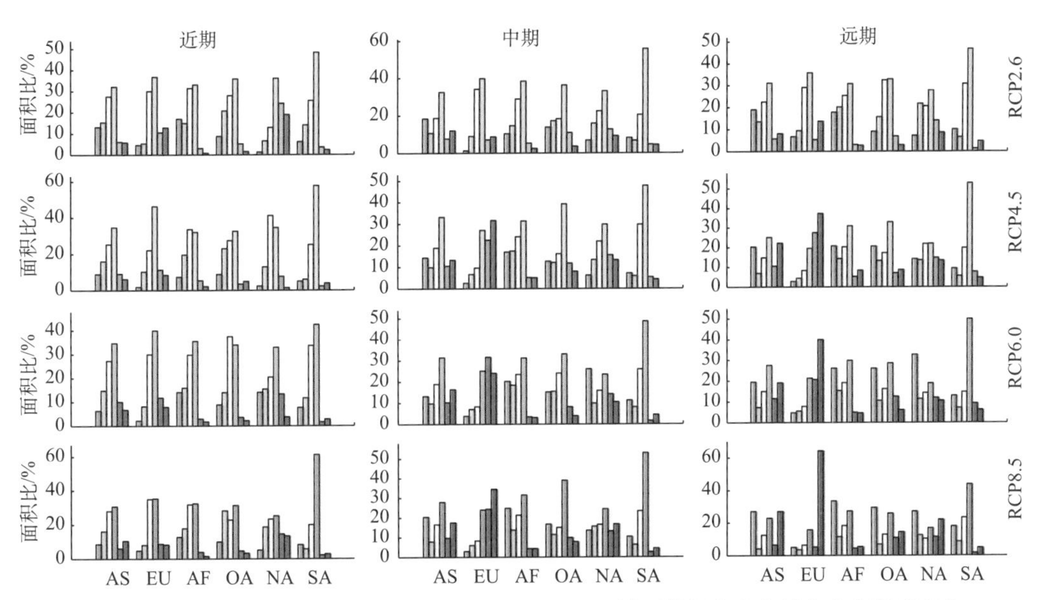

图 4-29　4 个 RCP 情景下不同时期世界各大洲 SEPIC 模型模拟春小麦旱灾致灾强度变化各等级所占面积百分比

图中，AS：亚洲；EU：欧洲；AF：非洲；OA：大洋洲；NA：北美洲；SA：南美洲

注：每个大洲内由左至右对应不同干旱等级(程度由小变大)

期的冬小麦 DI 变化等级分为 6 级：第 1 级(<-0.05)为重度减少区；第 2 级(-0.05～-0.025)为中度减少区；第 3 级(-0.025～0)为轻度减少区；第 4 级(0～0.025)为轻度增加区；第 5 级(0.025～0.05)为中度增加区；第 6 级(≥0.05)为重度增加区。从全球尺度看，以 RCP2.6 和 RCP8.5 为例，世界冬小麦 DI 变化呈现北欧、西亚、中国黄土高原地区、美国西部等地区增强，其余地区减弱的空间格局(图 4-30～图 4-32)。

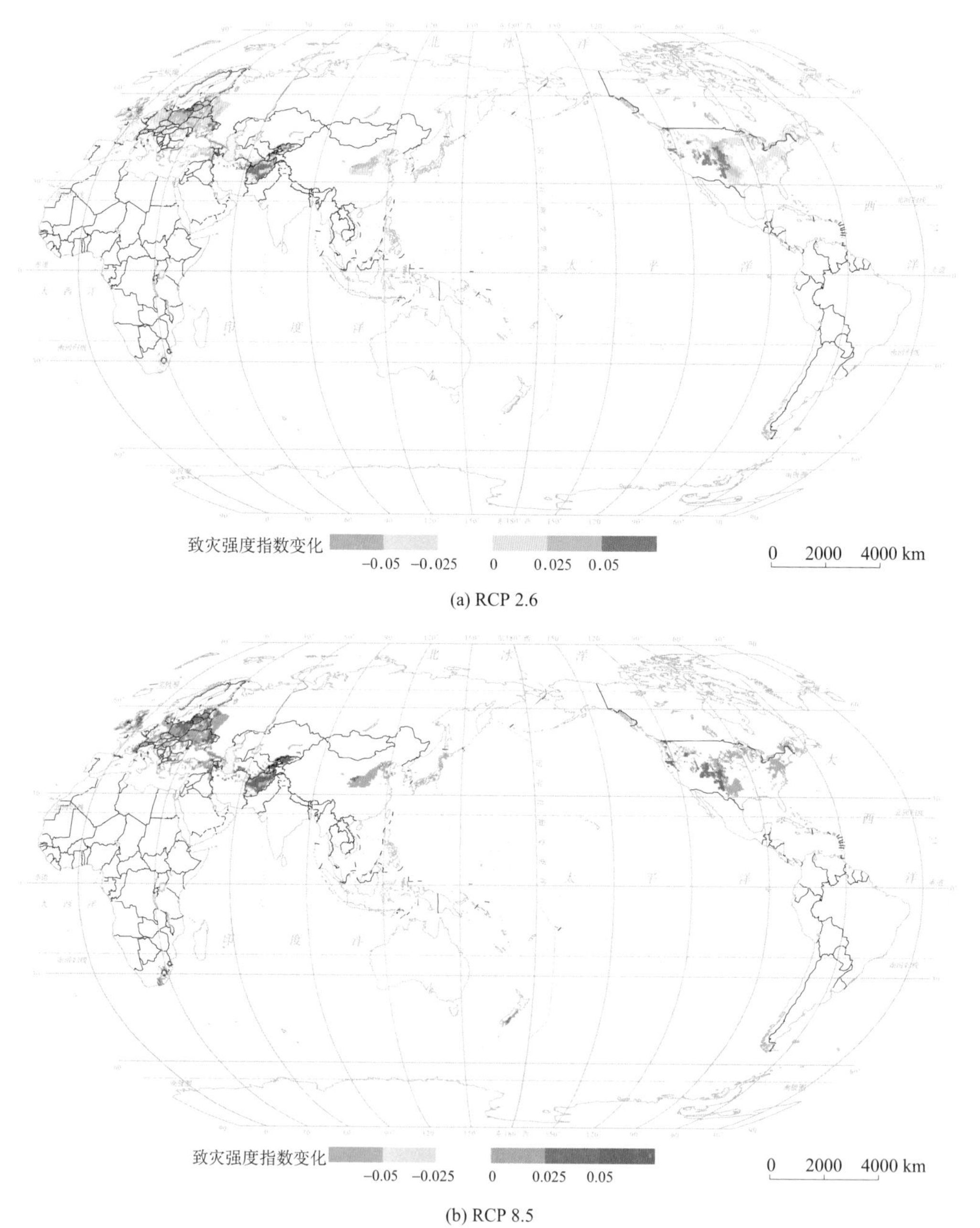

图 4-30 近期(2005～2039 年)世界冬小麦 SEPIC 模型模拟干旱致灾强度相对于历史时期(1975～2004 年)的变化

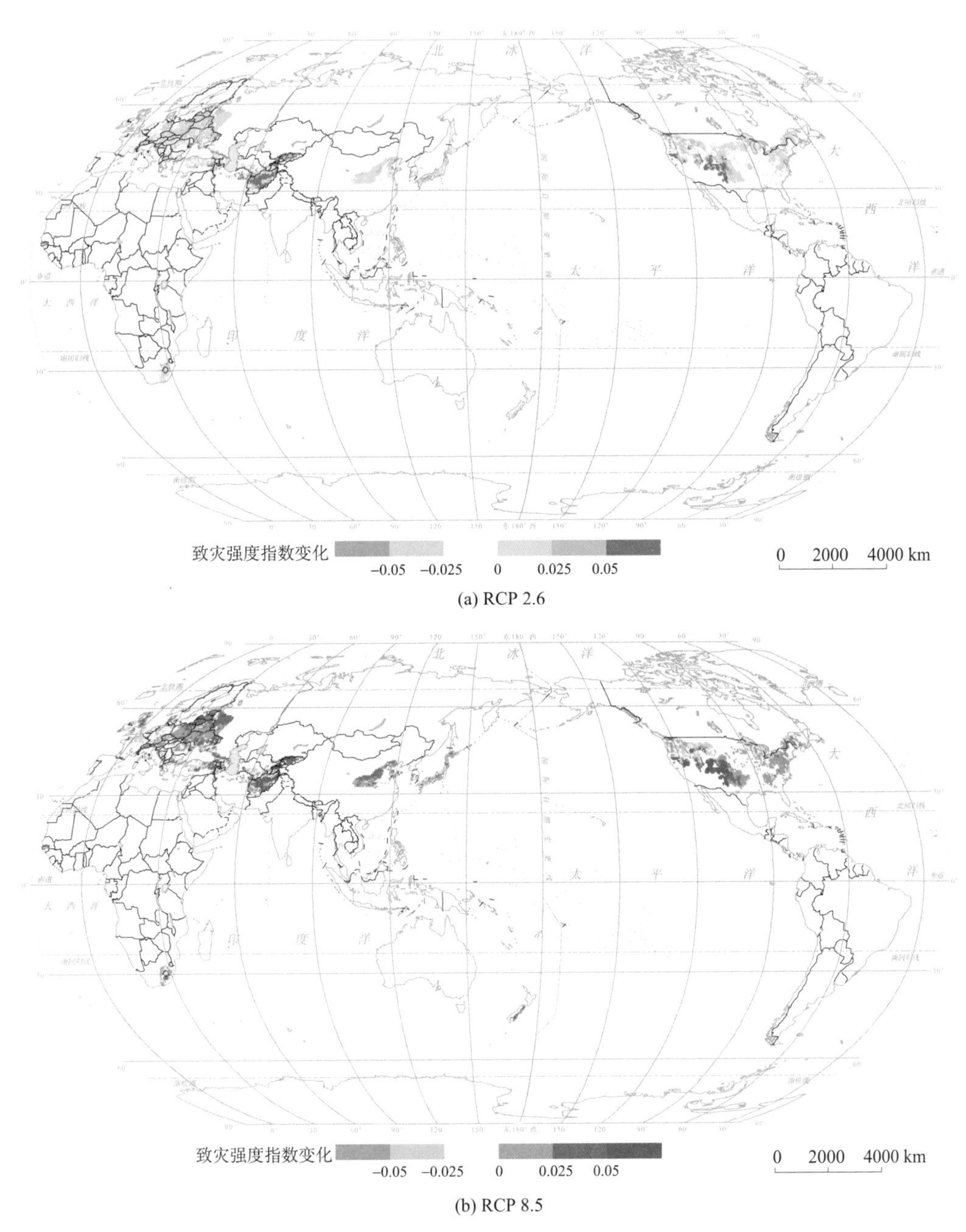

(a) RCP 2.6

(b) RCP 8.5

图 4-31　中期(2040～2069 年)世界冬小麦 SEPIC 模型模拟干旱致灾强度相对于历史时期(1975～2004 年)的变化

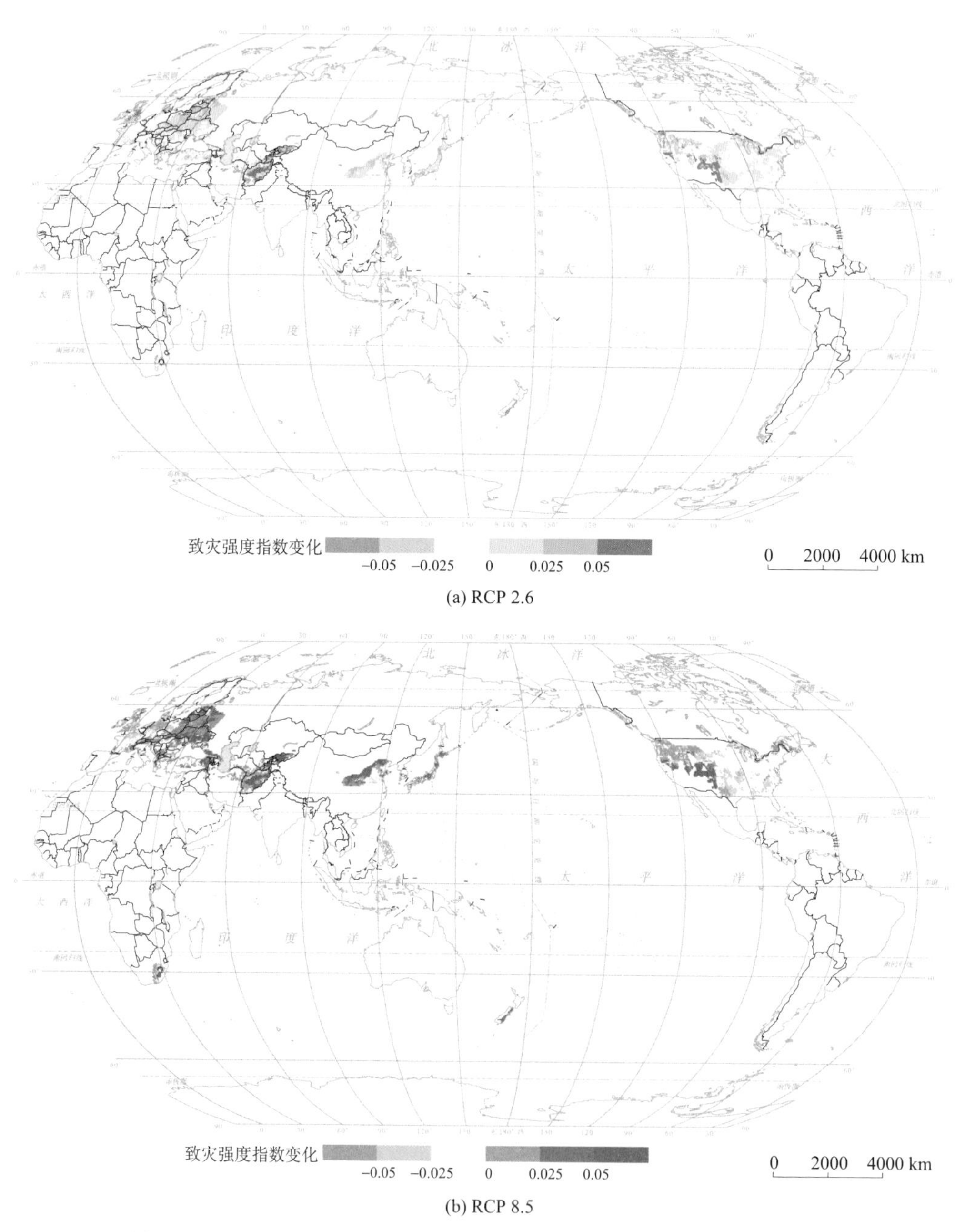

(a) RCP 2.6

(b) RCP 8.5

图 4-32 远期(2070～2099 年)世界冬小麦 SEPIC 模型模拟干旱致灾强度相对于历史时期(1975～2004 年)的变化

未来冬小麦 DI 变化以轻度增加为主，所占面积比在 RCP 4.5 和 RCP 6.0 情景下先减少再增加，在 RCP 2.6 和 RCP 8.5 情景下逐渐减少；到 21 世纪末不同 RCP 情景下轻度增加区所占面积比分别为 50.42%、39.44%、40.42% 和 28.82%（图 4-33）。重度增加区所占面积比重相对较小，多小于 10%；在 RCP 2.6 情景下逐渐减少，在 RCP 6.0 和 RCP 8.5 情景下逐渐增加，在 RCP 4.5 情景下先增加再减少；到 21 世纪末不同 RCP 情景下重度增加区所占面积比分别为 5.56%、8.25%、9.33% 和 12.16%。未来世界冬小麦 DI 减少范围无论在何种 RCP 情景下均呈增加趋势；到 21 世纪末不同 RCP 情景下所占面积比分别为 33.8%、43.43%、38.75% 和 49.5%，其中以轻度减少为主。

从大洲尺度看，各大洲冬小麦 DI 变化以轻度增加为主（图 4-34）。欧洲冬小麦 DI 变化以增加为主，到 21 世纪末 4 个 RCP 情景下干旱轻度增加区的面积比依次为 61.79%、59.06%、60.71% 和 48.83%；中度增加区的面积比依次为 14.33%、7.67%、16.26% 和 13.85%。其余大洲均以轻度变化为主，面积比均在 50% 以上。

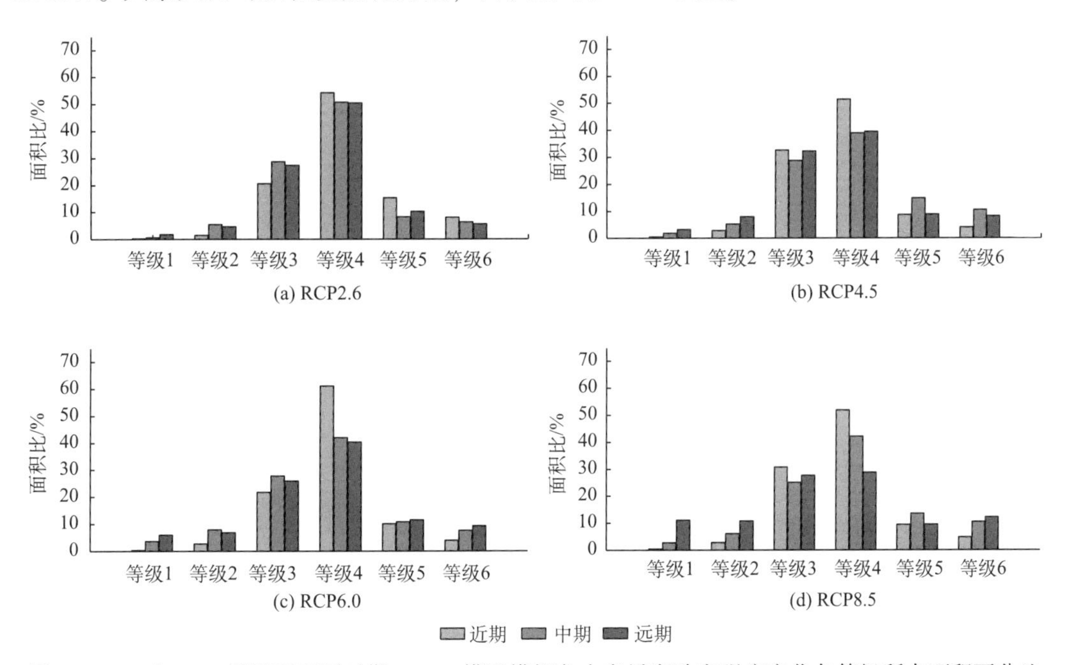

图 4-33 4 个 RCP 情景下不同时期 SEPIC 模型模拟冬小麦旱灾致灾强度变化各等级所占面积百分比

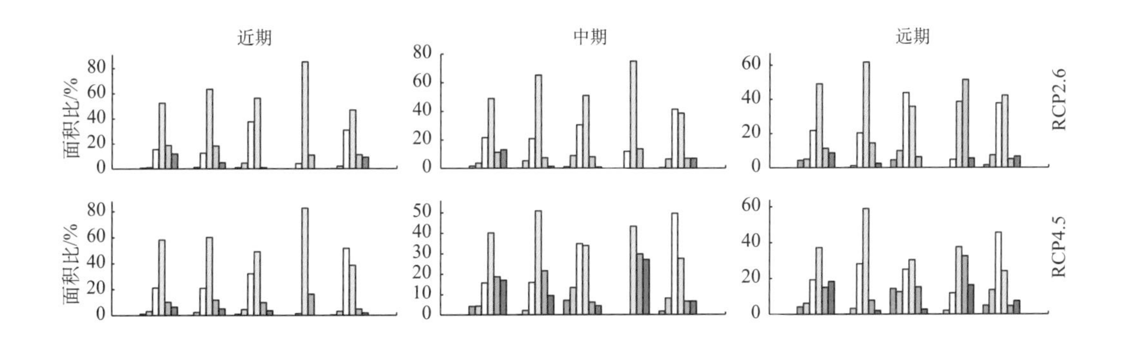

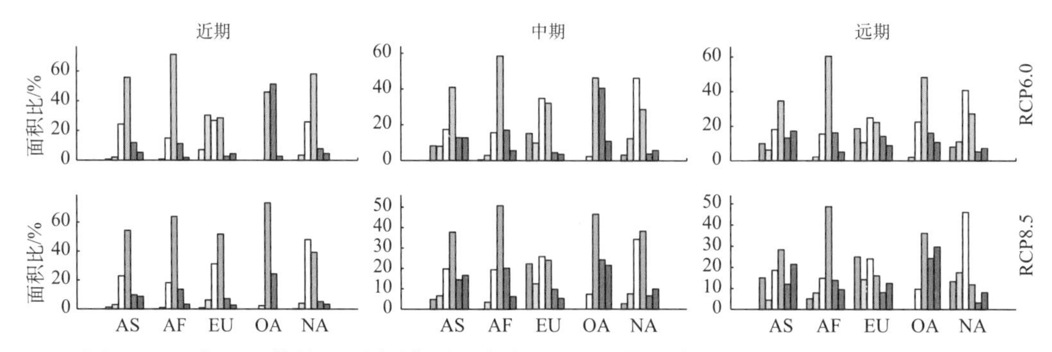

图 4-34　4 个 RCP 情景下不同时期世界各大洲 SEPIC 模型模拟冬小麦旱灾致灾强度变化各等级所占面积百分比

图中，AS：亚洲；AF：非洲；EU：欧洲；OA：大洋洲；NA：北美洲

注：每个大洲内由左至右对应不同干旱等级(程度由小变大)

4.4　世界水稻干旱致灾因子危险性

4.4.1　水稻 SEPIC 模型模拟干旱致灾因子危险性评价结果

根据 SEPIC 模型的输出结果，编制了 4 个年遇型 DI 水平下的水稻干旱致灾强度系列图(图 4-35～图 4-38)，包括水稻 10 年一遇、20 年一遇、50 年一遇和 100 年一遇致灾强度。各年遇型下的水稻 DI 等级分为 5 级：第 1 级(0～0.01)为微度干旱影响；第 2 级(0.01～0.1)为轻度干旱影响；第 3 级(0.1～0.2)为中度干旱影响；第 4 级(0.2～0.4)为重度干旱影响；第 5 级(0.4 以上)为极重度干旱影响。

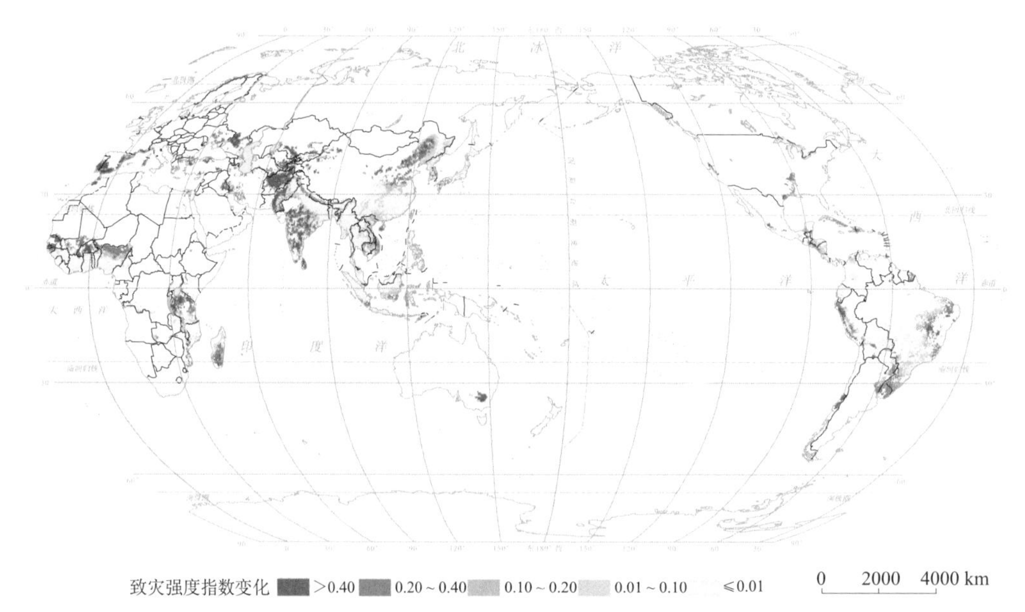

图 4-35　世界水稻 SEPIC 模型模拟 10 年一遇旱灾致灾强度

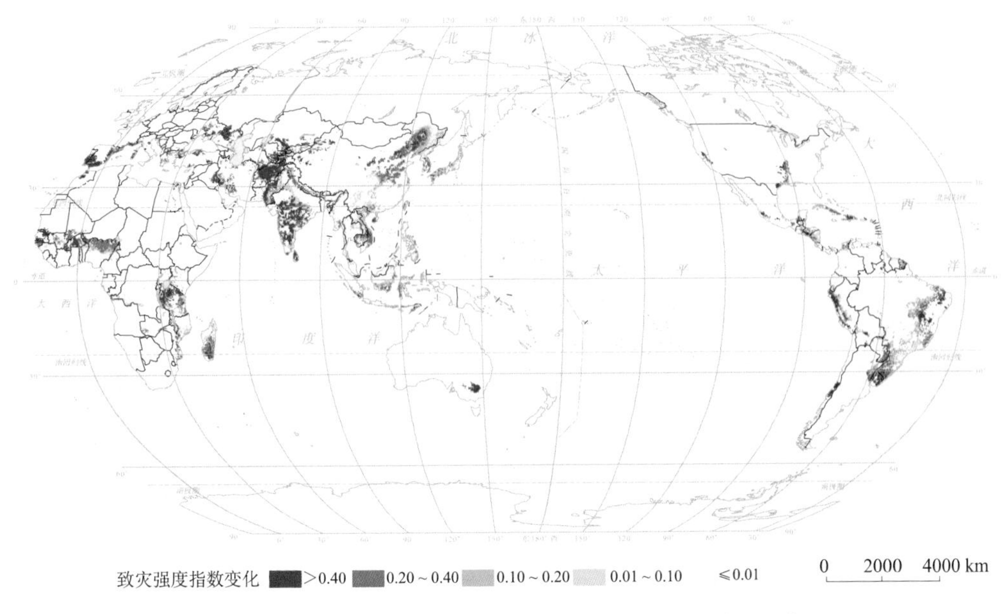

图 4-36　世界水稻 SEPIC 模型模拟 20 年一遇旱灾致灾强度

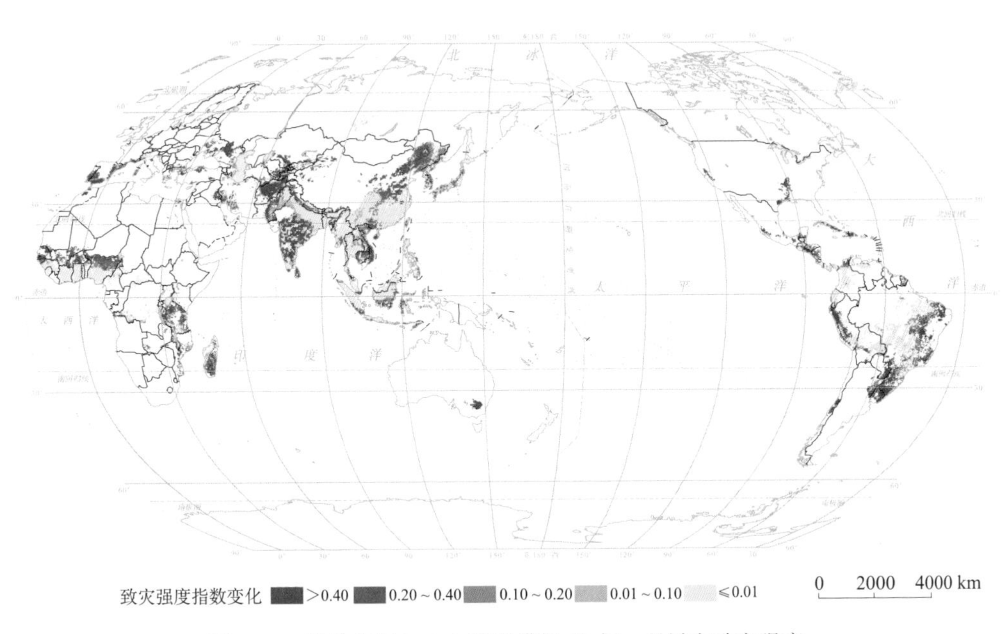

图 4-37　世界水稻 SEPIC 模型模拟 50 年一遇旱灾致灾强度

从全球尺度看，世界水稻 DI 呈现中低纬度低，高纬度高；高纬度大陆中部和西侧高，东部低；中低纬度大陆中部低，东西两岸高的空间格局。上述 DI 空间格局主要受降水空间分布规律的影响。随着年遇型的增加，水稻 DI 逐渐增大，重度和极重度影响范围逐渐扩大。在四种年遇型水稻干旱致灾水平下，占全球水稻分布区面积最大的 DI 指数主要分

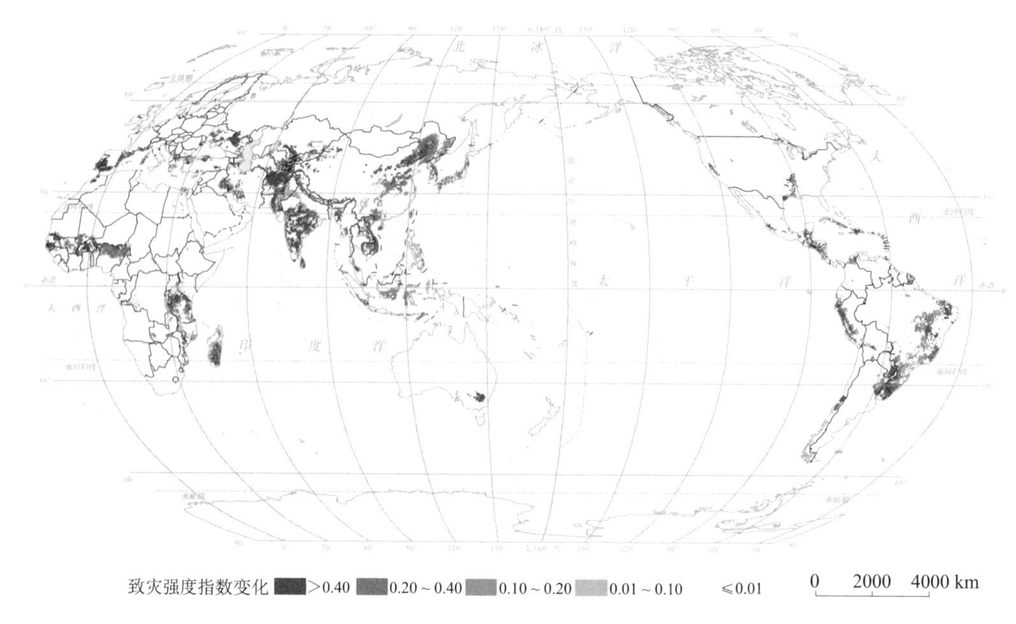

图 4-38 世界水稻 SEPIC 模型模拟 100 年一遇旱灾致灾强度

布在 0～0. 01 区间内，即都属于微度水稻 DI 影响区(图 4-39)。在 10 年一遇、20 年一遇、50 年一遇和 100 年一遇的干旱致灾水平下，水稻微度和中度 DI 影响区所占比例基本不变，轻度 DI 所占比例逐渐减小，重度和极重度 DI 所占比例逐渐增加。其中，4 个年遇型下水稻轻度干旱影响区所占比例分别是 15. 89%、11. 23%、5. 94% 和 5. 09%；极重度干旱影响区所占比例分别是 14. 55%、17. 31%、21. 08% 和 22. 77%。

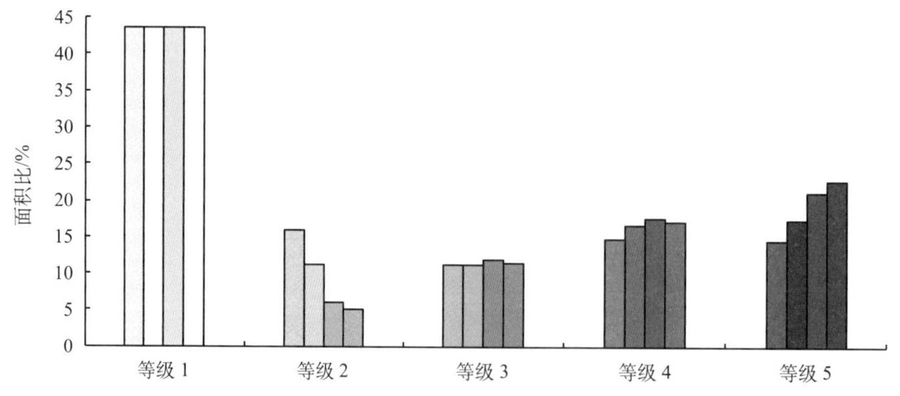

图 4-39 世界水稻 SEPIC 模型模拟干旱各等级面积百分比

注：每个等级内，由左至右分别为 10 年一遇、20 年一遇、50 年一遇和 100 年一遇

从大洲尺度看，各大洲均有水稻重度和极重度干旱影响区分布；大洋洲和欧洲极重度干旱影响占主体；北美洲重度干旱影响占主体；亚洲、非洲和南美洲微度干旱影响占主体(图 4-40)。除大洋洲外，其余 5 个大洲水稻极重度干旱影响区所占面积比均随年遇型增加

而增加；轻度干旱影响区所占面积比均随年遇型增加而减少。水稻微度干旱影响区所占面积比在各大洲均是随年遇型增加基本不变。中度和重度干旱影响区面积由10年一遇到50年一遇呈增加趋势，由50年一遇到100年一遇呈减少趋势。极重度干旱影响最重的是大洋洲，4个年遇型下所占面积比基本不变。欧洲极重度干旱影响区所占面积比重在4个年遇型下分别是53.92%、59.74%、64.71%和65.56%。水稻重度干旱影响最重的是北美洲，4个年遇型下所占比例分别是35.54%、39.62%、40.53%和38.15%。水稻微度干旱影响最显著的是亚洲、非洲和南美洲，各年遇型下所占比例均在45%以上。

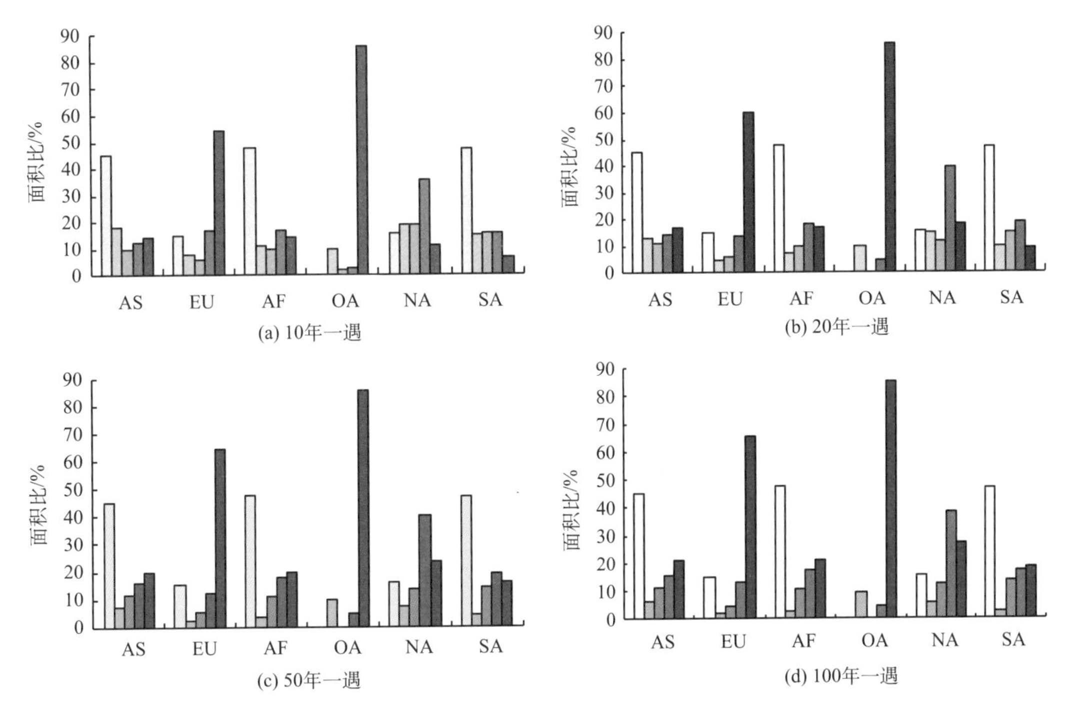

图4-40 世界六大洲水稻SEPIC模型模拟干旱各等级面积百分比

图中，AS：亚洲；EU：欧洲；AF：非洲；OA：大洋洲；NA：北美洲；SA：南美洲

注：每个大洲内由左至右对应不同干旱等级(程度由小变大)

从国家(地区)来看，水稻DI高的区域主要分布在中国西北部、印度、巴基斯坦中北部、阿富汗大部分地区、塔吉克斯坦和乌兹别克斯坦接壤处、俄罗斯与乌克兰接壤处、伊拉克东部、非洲西部布基纳法索、坦桑尼亚西北部、西班牙与葡萄牙南部地区、澳大利亚东部以及美国西部等地区。上述水稻DI高值区部分分布在世界水稻主要生产国，如中国、印度、印尼等。

中国水稻干旱呈现北高南低、西高东低的空间格局。这主要是由中国季风气候影响下降水南多北少，东多西少的特征决定的。水稻DI高值区主要集中在中国西北地区、华北地区和东北地区西部；最大的区域是西北地区和内蒙古东部地区。中国水稻主要受微度和轻度干旱的影响，且影响范围随着年遇型增加而减少，这两级DI在4个年遇型下影响区所占面积比之和分别是72.25%、67.06%、60.09%和60.35%。水稻中度、重度和极重度干旱影响比重随年遇型增加而增加，其中极重度干旱在4个不同年遇型下影响区所占比重分别是7.83%、9.98%、14.53%和17.12%。

4.4.2 气候变化背景下水稻 SEPIC 模型模拟干旱致灾强度变化

根据气候情景数据，驱动 SEPIC 模型，计算不同气候变化情景下 21 世纪近期(2005～2039 年)、中期(2040～2069 年)和远期(2070～2099 年)水稻干旱致灾强度期望值相对于历史时期(1975～2004 年)致灾强度期望值的变化，并编制系列图谱。各时期的 DI 变化等级分为 6 级：第 1 级(<-0.05)为重度减少区；第 2 级(-0.05～-0.025)为中度减少区；第 3 级(-0.025～0)为轻度减少区；第 4 级(0～0.025)为轻度增加区；第 5 级(0.025～0.05)为中度增加区；第 6 级(≥0.05)为重度增加区。从全球尺度看，以 RCP2.6 和 RCP8.5 为例，世界水稻 DI 变化以轻度变化为主，轻度变化面积比均在 50% 以上；空间上呈现北半球中高纬度增强，其余地区基本不变或减弱的格局(图 4-41～图 4-43)。

未来全球水稻 DI 重度增加区集中分布在欧洲东部、中国中部、中国东北部和西北部、中美洲、南美洲西部沿海等地区，且面积随着时间和温室气体排放浓度的增加而增加(图 4-44)。到 21 世纪末重度增加区所占面积比分别为 9.95%、16.41%、15.91% 和 19.47%。未来水稻 DI 中度增加区分布在中国中部和东北部、南美洲南部等地区，RCP 2.6 情景下基本保持不变，RCP 4.5 和 RCP 6.0 情景下先增加后减少，RCP 8.5 情景下呈增加趋势，到 21 世纪末中度增加区所占面积比分别为 5.48%、6.66%、6.98% 和 7.19%。未来水稻 DI 轻度增加区主要分布在中国东南部、巴西南部、刚果等地，到 21 世纪末轻度增加区所占面积比分别为 47.34%、42.25%、40.69% 和 35.72%。未来水稻 DI 减小区主要集中在非洲、欧洲南部、南亚、西亚、南美洲等地区，到 21 世纪末轻度和中度减少区所占面积比之和分别为 23.93%、19.48%、19.86% 和 19.59%。

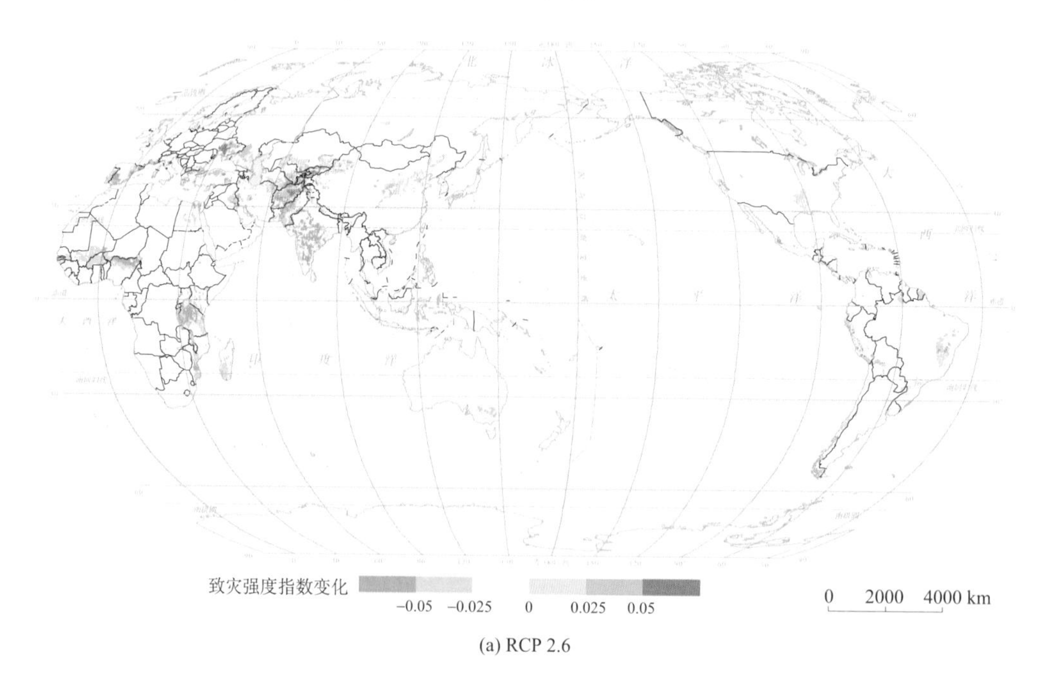

(a) RCP 2.6

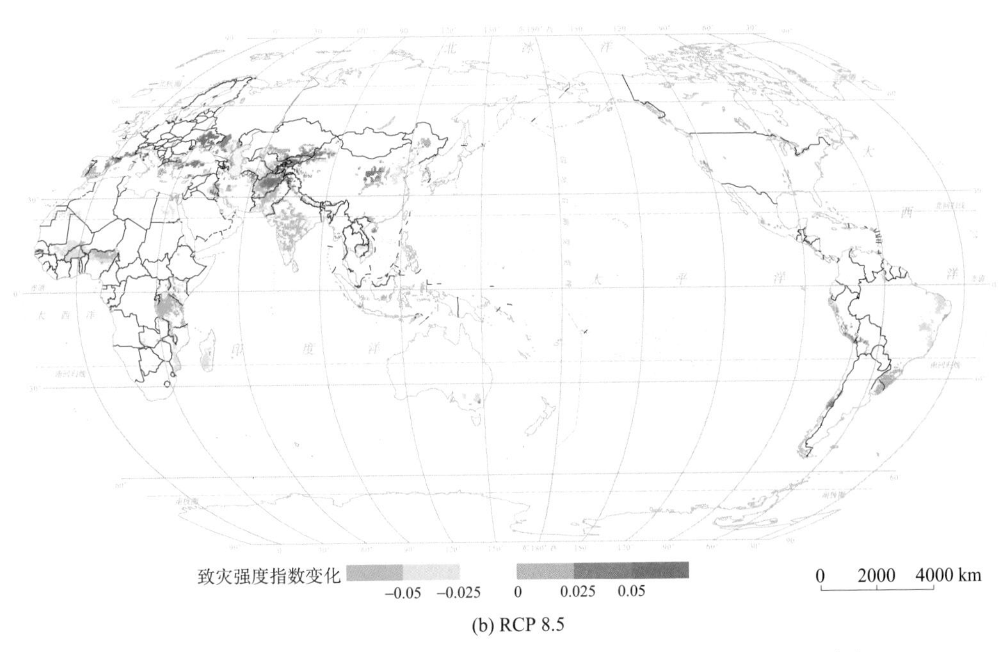

(b) RCP 8.5

图 4-41　近期(2005～2039 年)世界水稻 SEPIC 模型模拟干旱致灾强度相对于历史时期(1975～2004 年)的变化

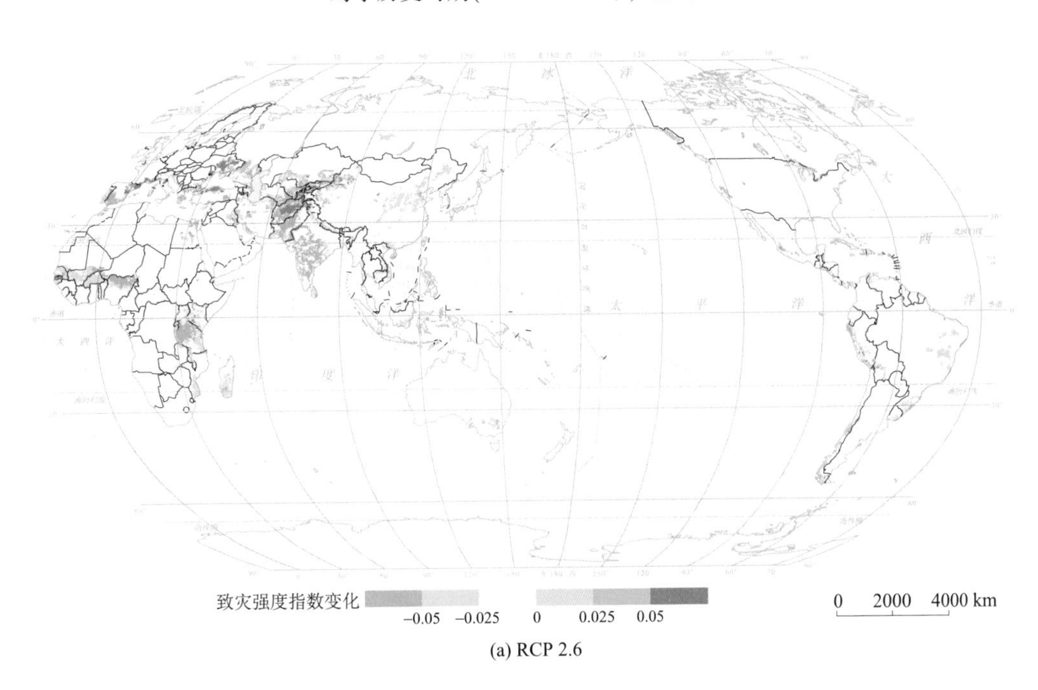

(a) RCP 2.6

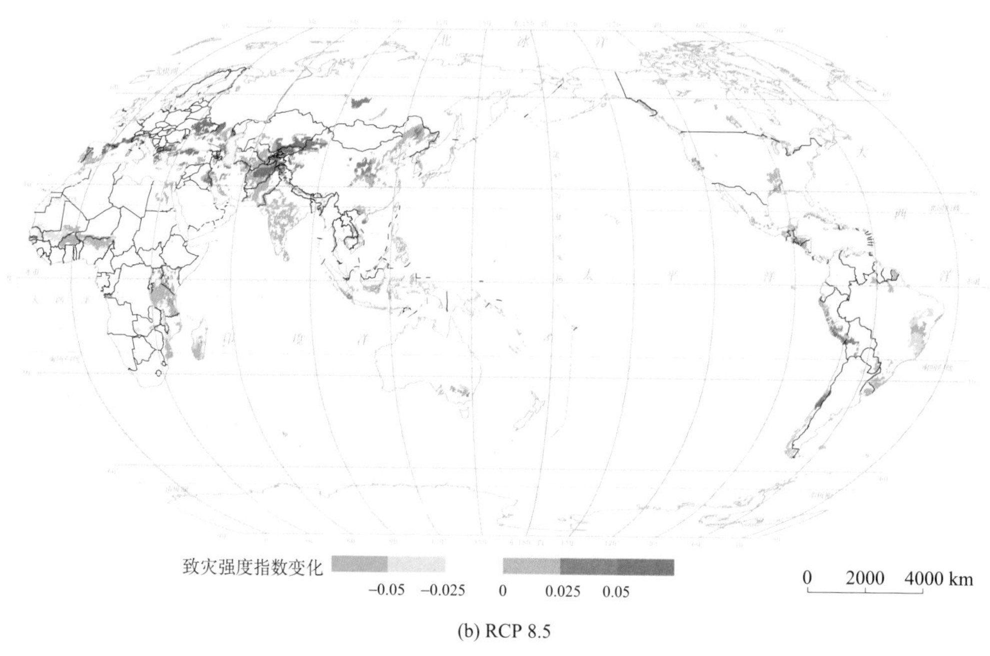

(b) RCP 8.5

图 4-42 中期(2040～2069 年)世界水稻 SEPIC 模型模拟干旱致灾强度相对于历史时期(1975～2004 年)的变化

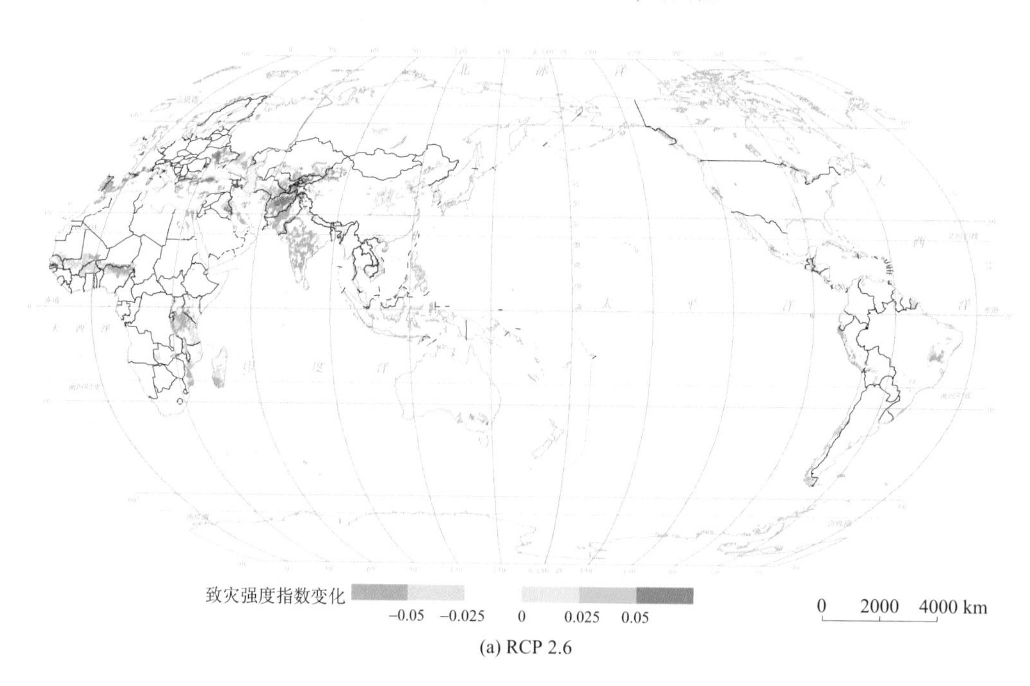

(a) RCP 2.6

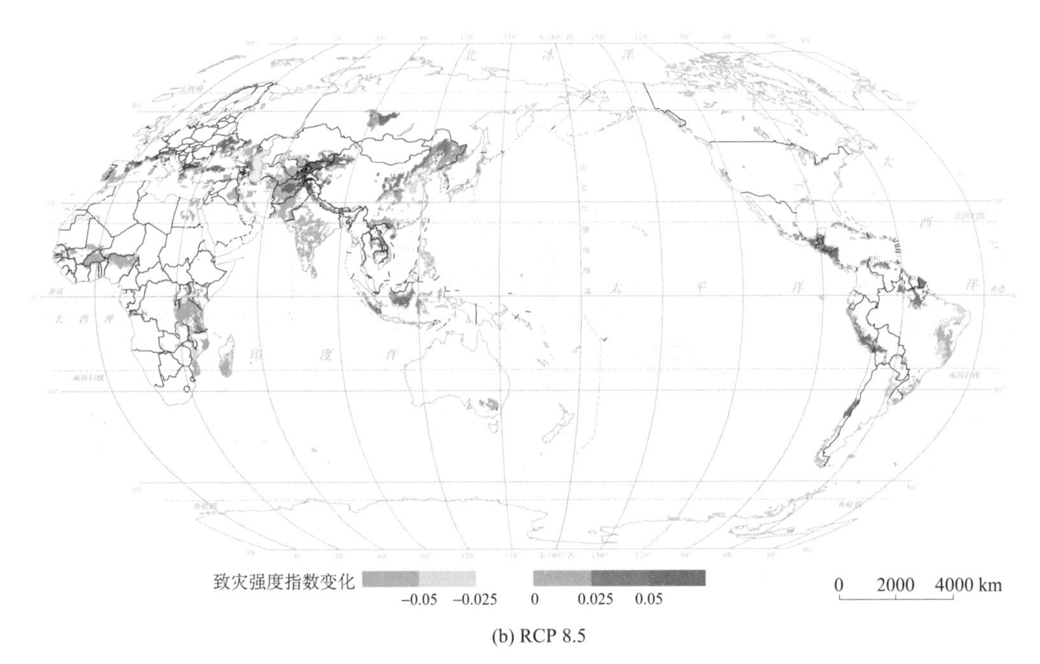

(b) RCP 8.5

图 4-43　远期(2070～2099 年)世界水稻 SEPIC 模型模拟干旱致灾强度相对于历史时期(1975～2004 年)的变化

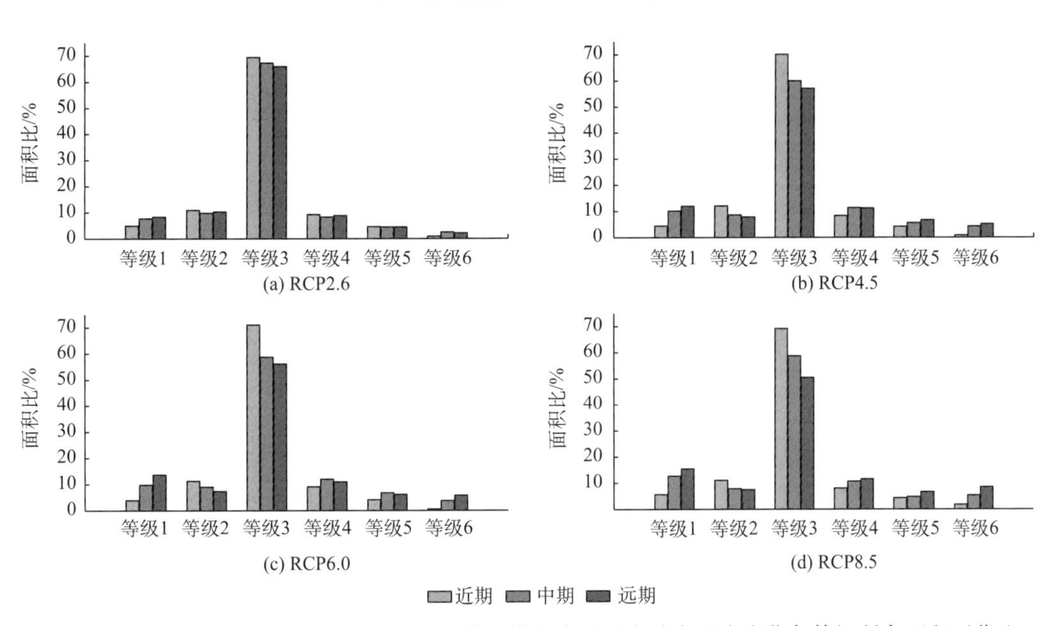

图 4-44　4 个 RCP 情景下不同时期 SEPIC 模型模拟水稻旱灾致灾强度变化各等级所占面积百分比

从大洲尺度看，亚洲、北美洲、非洲和南美洲水稻 DI 以轻度变化为主，欧洲以重度增加为主，大洋洲以中度和重度减少为主(图 4-45)。未来气候变化将会导致欧洲水稻干旱呈加重趋势，4 个 RCP 情景下重度增加区的面积比在 21 世纪初依次为 56. 54%、55. 92%、48. 73%和 55. 36%；21 世纪中叶分别为 54. 93%、60. 83%、68. 46%和 60. 98%；21 世纪末分别为 53. 51%、58. 63%、60. 24%和 55. 79%。未来气候变化将会导致大洋洲水稻干旱呈减弱趋势，4 个 RCP 情景下中度和重度减少区的面积比之和在 21 世纪初分别是 50. 68%、63. 01%、64. 38%和 42. 47%；21 世纪中叶分别为 71. 23%、76. 71%、73. 97%和 76. 71%；21 世纪末分别为 67. 12%、73. 97%、79. 45%和 80. 82%。

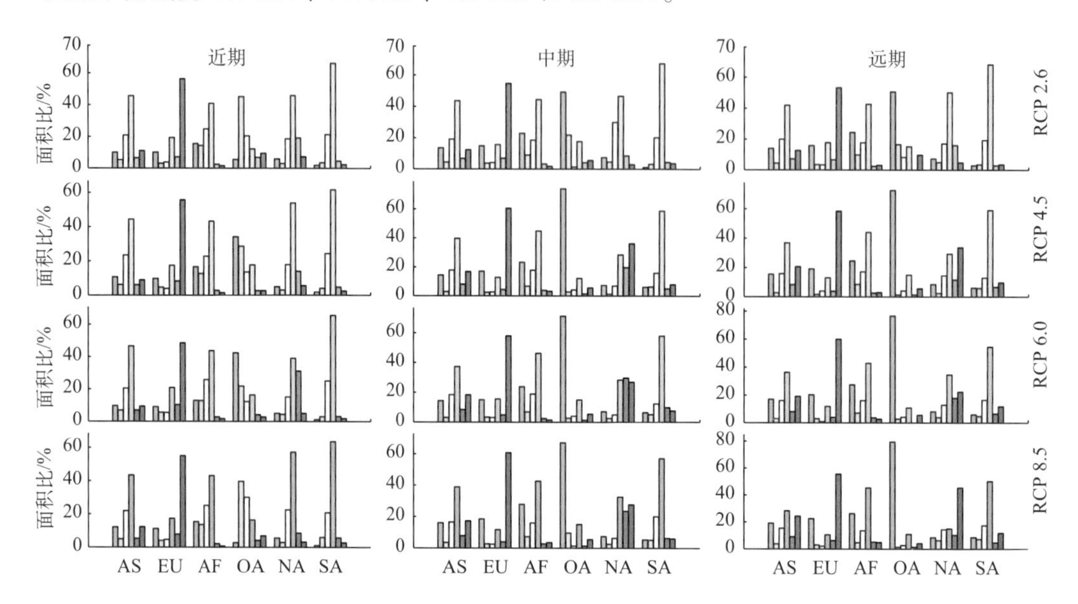

图 4-45 4 个 RCP 情景下不同时期世界各大洲 SEPIC 模型模拟水稻旱灾致灾强度变化各等级所占面积百分比

图中，AS：亚洲；EU：欧洲；AF：非洲；OA：大洋洲；NA：北美洲；SA：南美洲

注：每个大洲内由左至右对应不同干旱等级(程度由小变大)

4.5 本章小结

本章采用 SEPIC 模型模拟的方法，基于 1975～2004 年的气象观测数据，评估了全球四种农作物(玉米、春小麦、冬小麦和水稻)的 SEPIC 模型模拟干旱致灾强度(DI)；基于 2005～2099 年的气象模拟数据，分析了未来气候变化背景下不同作物的 SEPIC 模型模拟 DI 变化趋势。

玉米：从全球尺度看，DI 呈现低纬度和高纬度低，中纬度高的空间格局。从国家(地区)尺度来看，玉米 DI 高的区域主要分布在葡萄牙、西班牙、希腊西部、伊朗东部、阿富汗中部和北部、中国西北部和内蒙古等地区。

春小麦：从全球尺度看，DI 呈现低纬度和高纬度低，中纬度高的空间格局。从国家(地区)尺度来看，春小麦 DI 高的区域主要分布在中国、智利、玻利维亚、秘鲁等地区。

冬小麦：从全球尺度看，DI 高值区主要集中在北半球 30°～60°纬度地区，其中包括三大区域：欧洲西部沿海地带、亚洲西部地区、美国西部高原中部。从国家(地区)尺度来看，冬小麦 DI 高的区域主要分布在中国、英国、德国、美国等地区。

水稻：从全球尺度看，DI 呈现中低纬度低，高纬度高；高纬度大陆中部和西侧高，东部低；中低纬度大陆中部低，东西两岸高的空间格局。从国家(地区)尺度来看，水稻 DI 高的区域主要分布在中国西北部、印度、巴基斯坦中北部、阿富汗大部分地区、塔吉克斯坦和乌兹别克斯坦接壤处、俄罗斯与乌克兰接壤处、伊拉克东部、非洲西部布基纳法索、坦桑尼亚西北部、西班牙与葡萄牙南部地区、澳大利亚东部以及美国西部等地区。

随着年遇型的增加，玉米、春小麦、冬小麦和水稻的 DI 逐渐增大，且重度和极重度影响范围逐渐扩大。未来气候变化背景下，各玉米、春小麦、冬小麦和水稻 DI 均有不同程度的增加。

第 5 章　主要农作物旱灾脆弱性曲线构建*

脆弱性曲线表达了灾害强度与损失的关系，多用于特定承灾体、站点或者均质性较高的小区域灾害风险相关研究中。农作物旱灾脆弱性是农作物对干旱致灾因子损失的响应，不同的 DI 和其持续时间以及不同的孕灾环境，都会造成农作物产量损失的显著差异。农作物旱灾脆弱性曲线表达了 DI 与农作物产量损失(loss rate，LR)的关系，它是农作物旱灾风险定量化表达的关键。本章主要阐述了农作物旱灾脆弱性曲线的构建方法、不同单元(网格、大洲和全球)农作物旱灾脆弱性曲线的表达和不同地理环境(高程)下的农作物旱灾脆弱性曲线差异三个方面的内容。

5.1　农作物旱灾脆弱性曲线的构建方法

常见的农作物旱灾脆弱性曲线构建方法包括田间实验法、作物模型模拟法等。其中，田间实验法是根据某一作物生长发育的生态、生理要求，人为地创造其生长发育的最佳环境条件，通过田间实际栽培来获取作物的最高产量；再通过对其他生态条件(包括辐射、热量、水分、养分等)的定量观测，研究各因素对作物产量的影响，推算出作物生产力。其优点是目的明确、信息完整、综合性强、结论也较精确，但要求投入较多的人力物力，是一项需要较多仪器设备、技术性很强的工作，难以在大范围内实行(徐春达和高晓飞，2003)。本书采用基于 SEPIC 模型模拟构建农作物旱灾脆弱性曲线的方法。

5.1.1　农作物旱灾脆弱性曲线模拟构建思路

农作物旱灾脆弱性曲线是 DI 与 LR 的函数表达。干旱致灾强度是归一化的农作物生育期内累积水分胁迫值。损失率是各情景下农作物产量相对于最大农作物产量的减产率。农作物模型可以快速计算农作物生产潜力，预报产量。在农作物旱灾脆弱性曲线构建过程中可以通过改变农作物模型中种植处理相关的设定，探查增产的障碍因素，并确定温度、水分和 N、P、K 等胁迫对农作物可能造成的影响。农作物实际生长受水分、温度、养分等的共同影响。若探讨水分不足对农作物产量的影响，需要控制除水分外的其他变量不变。鉴于此，本书拟在温度适宜、养分充足、无通气性胁迫和盐分胁迫的情景下，模拟水分短缺(干旱)对农作物产量损失的影响(图 5-1)。

---

* 本章执笔人：尹圆圆、张兴明、史培军、王静爱、郭浩。

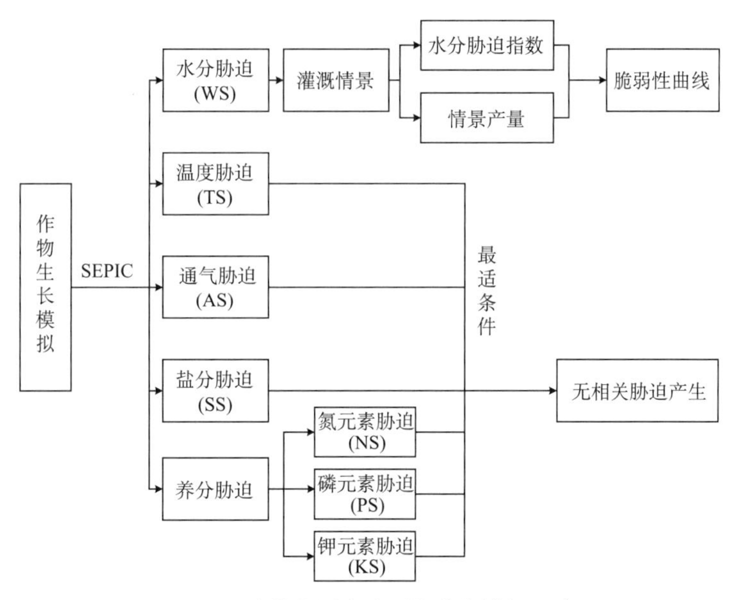

图 5-1　农作物旱灾脆弱性曲线模拟思路

5.1.2　农作物损失率–干旱强度样本生成

1. 农作物干旱致灾强度指数

本书使用第 4 章中构建的农作物干旱致灾强度指数表示农作物干旱强度，该指数能够同时反映水分胁迫强度和胁迫持续时间两个特征。

本书采用情景灌溉法，通过控制评价单元内每日灌溉量，使用 SEPIC 模型模拟农作物水分胁迫及其相应产量。模拟灌溉量从 0 增加到最优灌溉(不产生水分胁迫的最大灌溉量)，得到一一对应的干旱致灾强度与农作物产量的组合样本。当灌溉为 0 时，干旱致灾强度为最大，即为 1，产量为 0，损失率为 1；生长季水分胁迫指数为 0 的灌溉情景即最优情景，其农作物产量为最大潜在产量，即 max(y)(图 5-2)。灌溉情景是通过控制操作管理文档(OPS 文件)中的灌溉管理措施来实现的。

2. 农作物产量损失率

农作物在生长过程中，受到不同程度的干旱影响，其影响最终反映在的产量上，即受干旱影响越严重，农作物产量损失越大。

本书设定了 20 个灌溉情景，每个灌溉情景得到对应的农作物产量。计算各情景下的农作物产量相对于最大产量的损失百分比，即农作物产量损失率(LR)，作为农作物因干旱造成的损失[式(5.1)]：

$$\mathrm{LR} = \frac{\max(y) - y}{\max(y)} \tag{5.1}$$

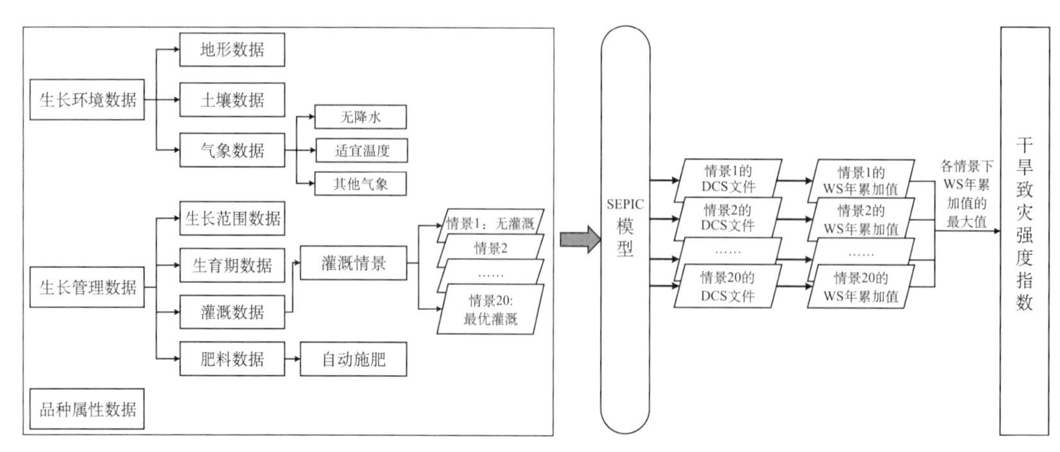

图 5-2 主要农作物干旱致灾强度指数计算框架

式中，y 为某种情景下的产量；LR 为因干旱导致的农作物产量损失率；$\max(y)$ 为最优灌溉情景(不产生通气性胁迫的灌溉最大值)下的农作物产量。

5.1.3 农作物旱灾脆弱性曲线型

在每个评价单元内，将上述农作物旱灾致灾强度指数与农作物产量损失率相结合，通过函数拟合得到每个评价单元的农作物旱灾脆弱性曲线函数，通常认为其函数型是 Logistic 型[式(5.2)](王志强，2008)。

$$\mathrm{LR} = \frac{a/(1 + b \times \exp(c \times \mathrm{DI})) - a/(1 + b)}{a/(1 + b \times \exp(c)) - a/(1 + b)} \times d \tag{5.2}$$

式中，a、b、c、d 分别为农作物旱灾脆弱性曲线的常量参数；LR 为农作物产量损失率；DI 为农作物干旱致灾强度。

5.2 网格单元农作物旱灾脆弱性曲线

由于全球不同地区的地理环境、管理措施、作物品种等的不同，不同作物、同种作物不同地区的脆弱性相差较大。为方便探讨脆弱性的空间规律，本节拟合了作物种植范围内 0.5°×0.5°网格单元的脆弱性曲线。

5.2.1 网格单元玉米旱灾脆弱性曲线

本节拟合了各 0.5°×0.5°网格单元的玉米旱灾脆弱性曲线。不同网格单元的脆弱性曲线有一定差异。鉴于全球有 24 972 个玉米种植单元，采用等级随机抽样的方法，针对有玉米分布的 5 个脆弱性等级区选择了 36 个网格单元展示其脆弱性曲线(图 5-3)。由图 5-3 可以看出，位于俄罗斯的 4 个网格的玉米旱灾脆弱性曲线有明显差异，点 94.75°E，51.75°N

所对应的脆弱性曲线，产量损失率随致灾强度增加，上升幅度较大，接近45°。而点46.25°E，53.75°N所对应的脆弱性曲线有明显的分段：致灾强度达到0.3以前，产量损失率上升幅度较小；致灾强度为0.3～0.6，产量损失率随致灾强度增加呈明显上升；致灾强度达0.7以上时，产量损失率随致灾强度增加上升幅度趋于平缓。

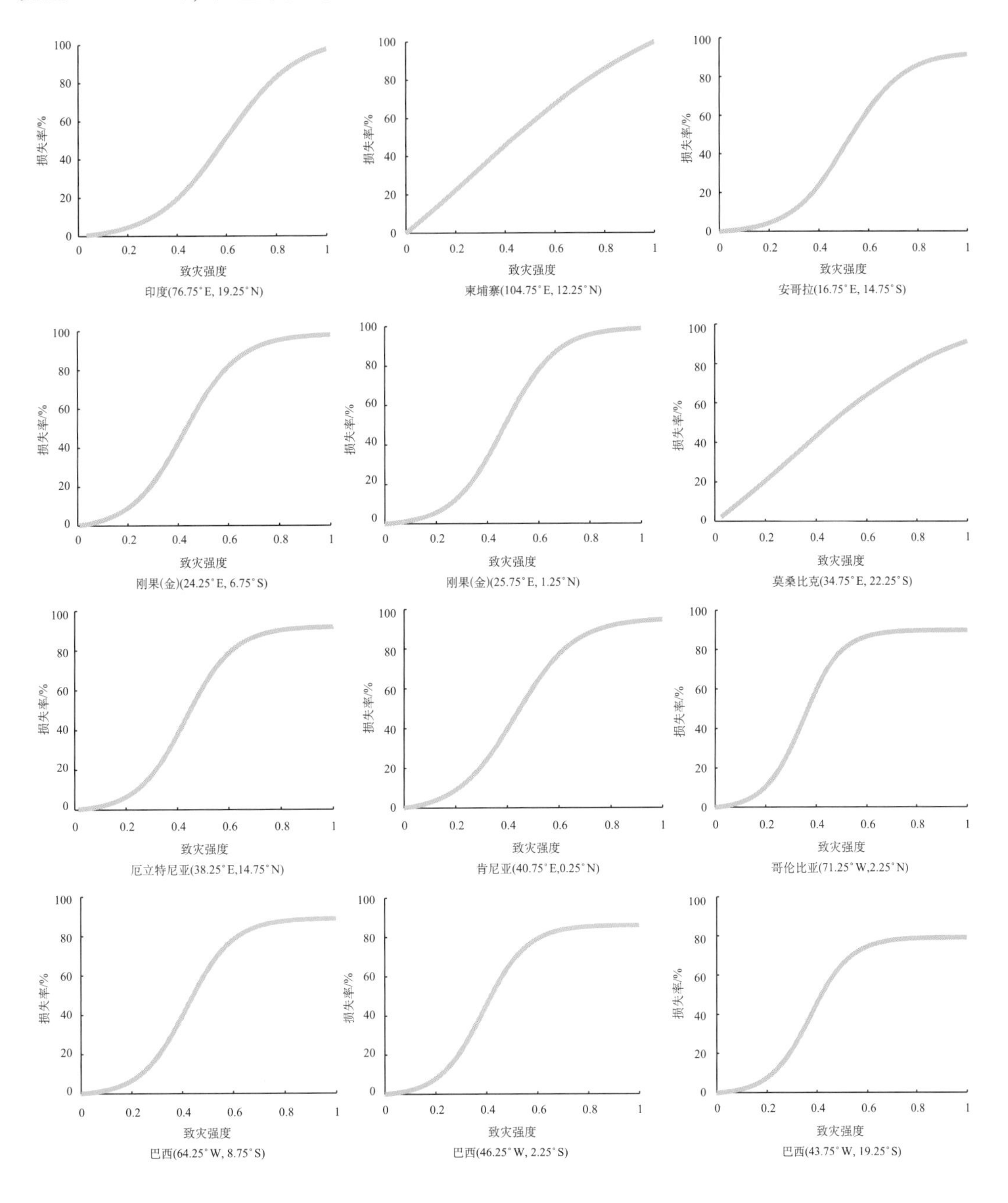

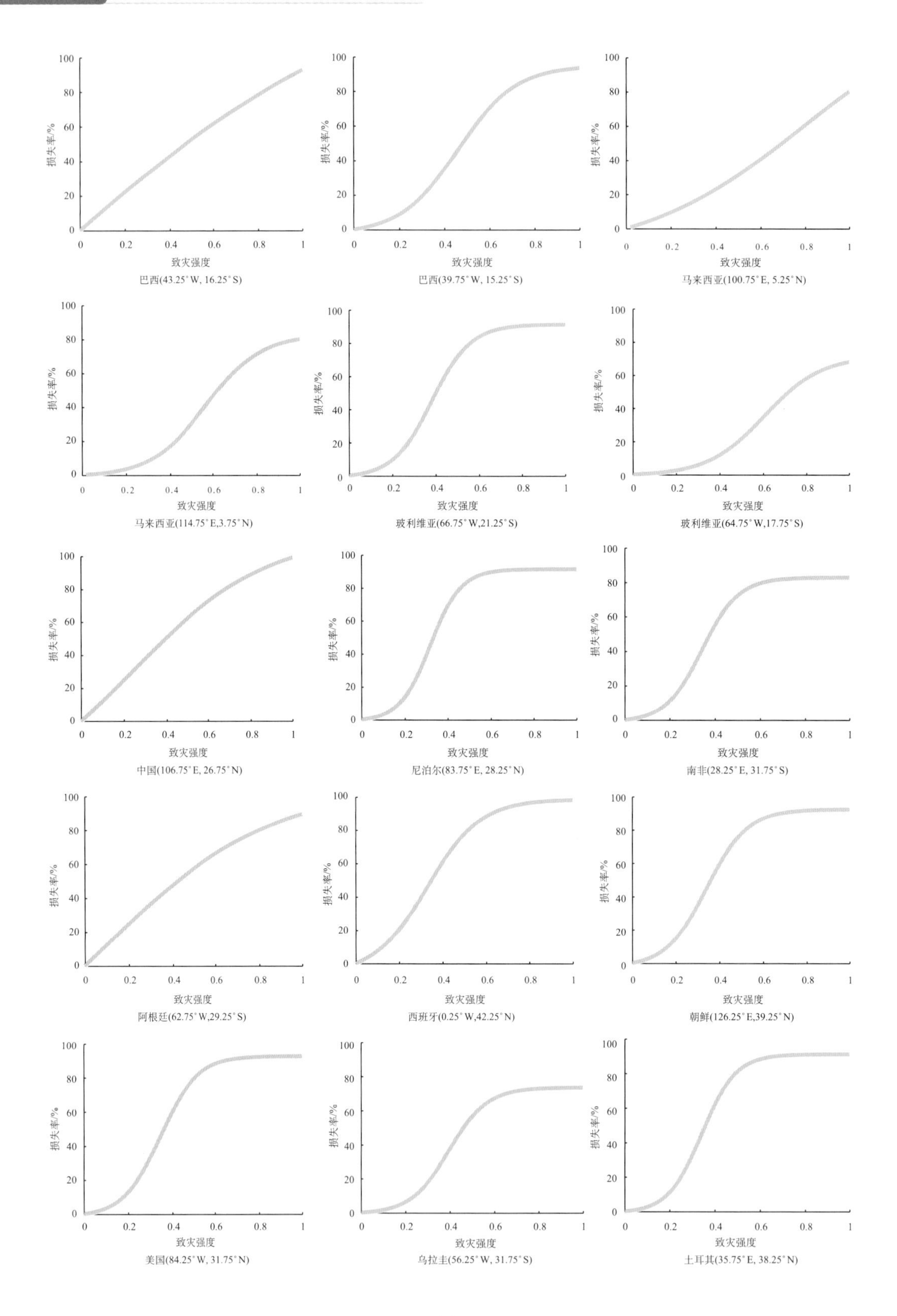
损失率/%
致灾强度
巴西(43.25°W, 16.25°S)
巴西(39.75°W, 15.25°S)
马来西亚(100.75°E, 5.25°N)
马来西亚(114.75°E,3.75°N)
玻利维亚(66.75°W,21.25°S)
玻利维亚(64.75°W,17.75°S)
中国(106.75°E, 26.75°N)
尼泊尔(83.75°E, 28.25°N)
南非(28.25°E, 31.75°S)
阿根廷(62.75°W,29.25°S)
西班牙(0.25°W,42.25°N)
朝鲜(126.25°E,39.25°N)
美国(84.25°W, 31.75°N)
乌拉圭(56.25°W, 31.75°S)
土耳其(35.75°E, 38.25°N)

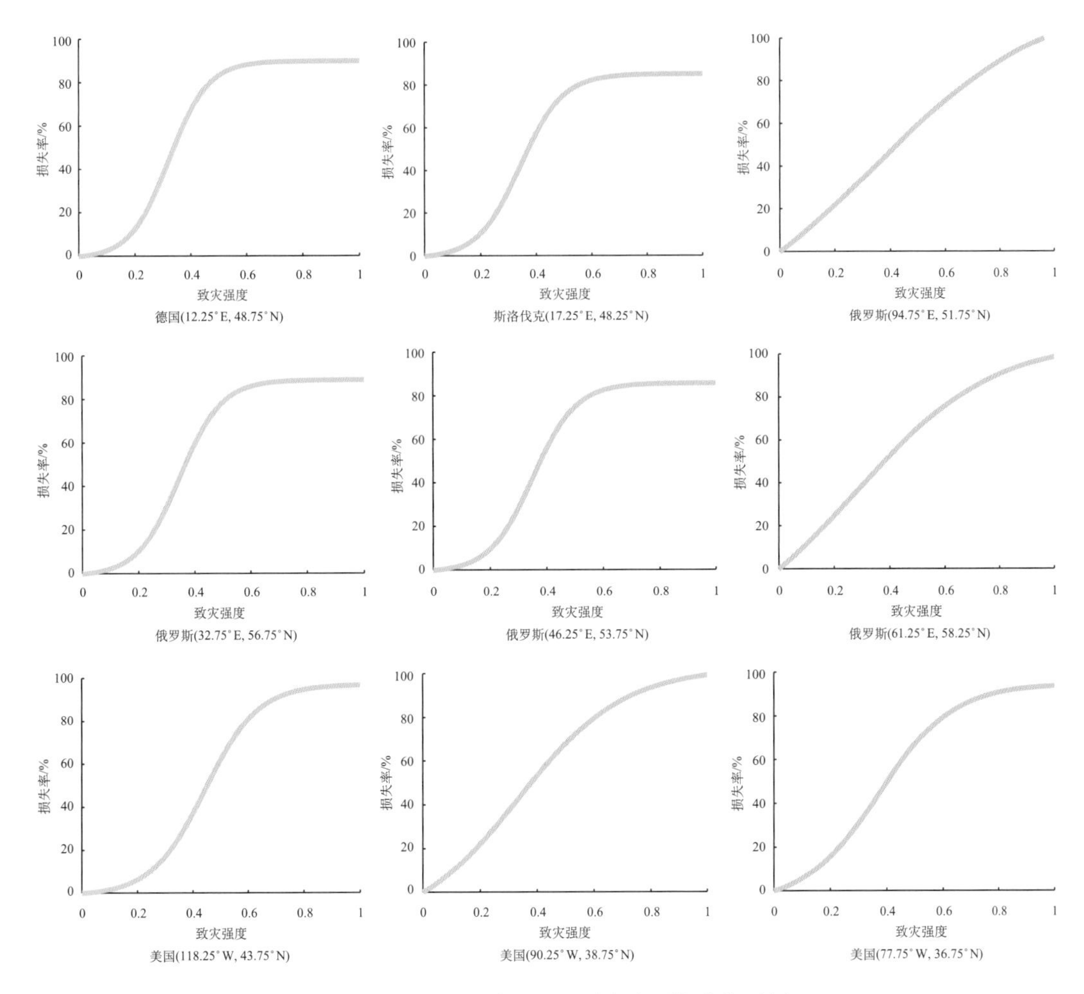

图 5-3　不同网格单元玉米旱灾脆弱性曲线示例

为进一步分析玉米旱灾脆弱性的空间规律，本书计算了玉米旱灾脆弱性曲线拐点处对应的 DI 以表征各网格玉米旱灾脆弱性特征(图 5-4)。由图 5-4 可知，欧洲、美国北部、大洋洲、南美洲西部等地区是玉米高脆弱性区域，其次是中国、印度等地区。南美洲东南部、非洲中部、南亚等地区是世界玉米脆弱性最低的地区。从大洲尺度看，大洋洲和欧洲玉米脆弱性较高；其次是南美洲和非洲；北美洲玉米脆弱性最低，各等级面积比分别为 69.98%、4.01%、7.03%、14.08%和 4.89%(表 5-1)。

5.2.2　网格单元小麦旱灾脆弱性曲线

本节分别拟合了各 0.5°×0.5°网格单元的春小麦旱灾脆弱性曲线和冬小麦旱灾脆弱性曲线，不同网格单元的脆弱性曲线有一定差异。鉴于全球有 14 905 个春小麦种植单元和 6183 个冬小麦种植单元，采用等级随机抽样的方法，针对有小麦分布的 5 个脆弱性等级区选择了 27 个春小麦网格单元和 15 个冬小麦网格单元，展示其脆弱性曲线(图 5-5 和图 5-6)。

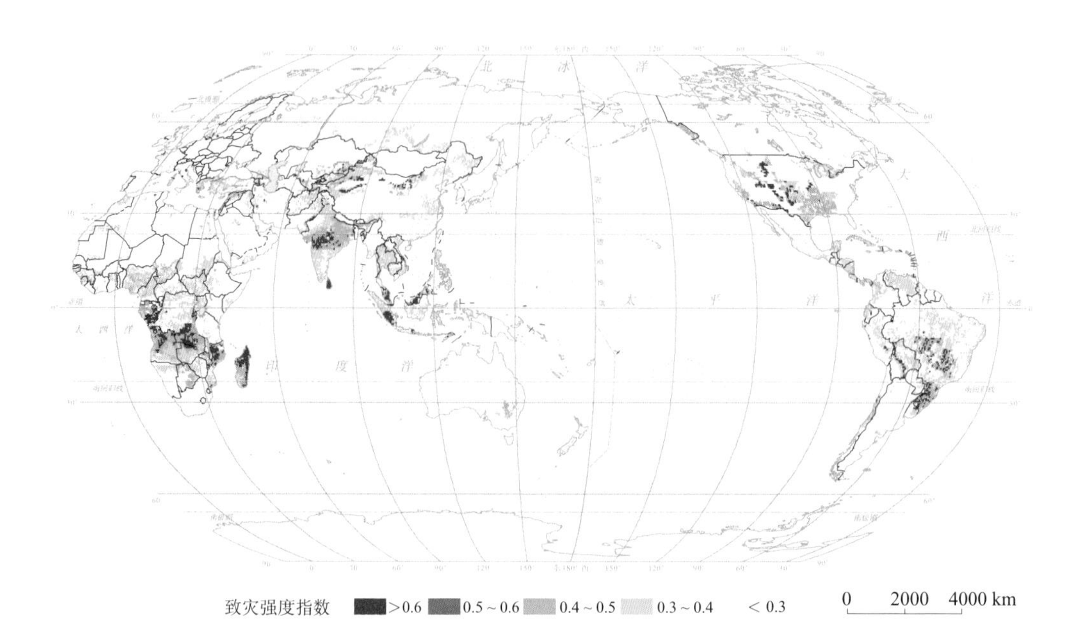

图 5-4 玉米旱灾脆弱性曲线拐点处所对应的致灾强度

表 5-1 各大洲玉米旱灾脆弱性曲线拐点处所对应的旱灾强度等级面积百分比(%)

脆弱性等级	1	2	3	4	5
非洲	8. 82	10. 9	31. 43	41. 32	7. 53
亚洲	38. 49	4. 1	22. 47	30. 81	4. 13
欧洲	28. 79	0. 07	1. 78	50. 08	19. 27
北美洲	69. 98	4. 01	7. 03	14. 08	4. 89
大洋洲	4. 12	5. 04	14. 61	46. 32	29. 92
南美洲	11. 93	13. 94	33. 42	26. 83	13. 89

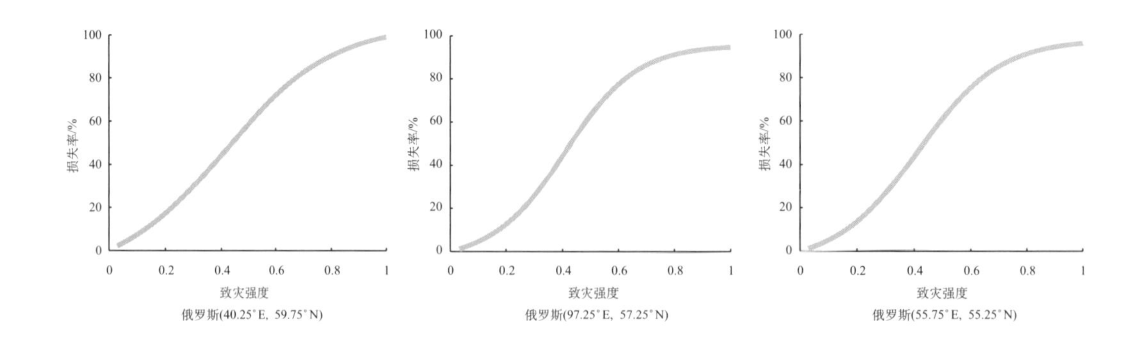

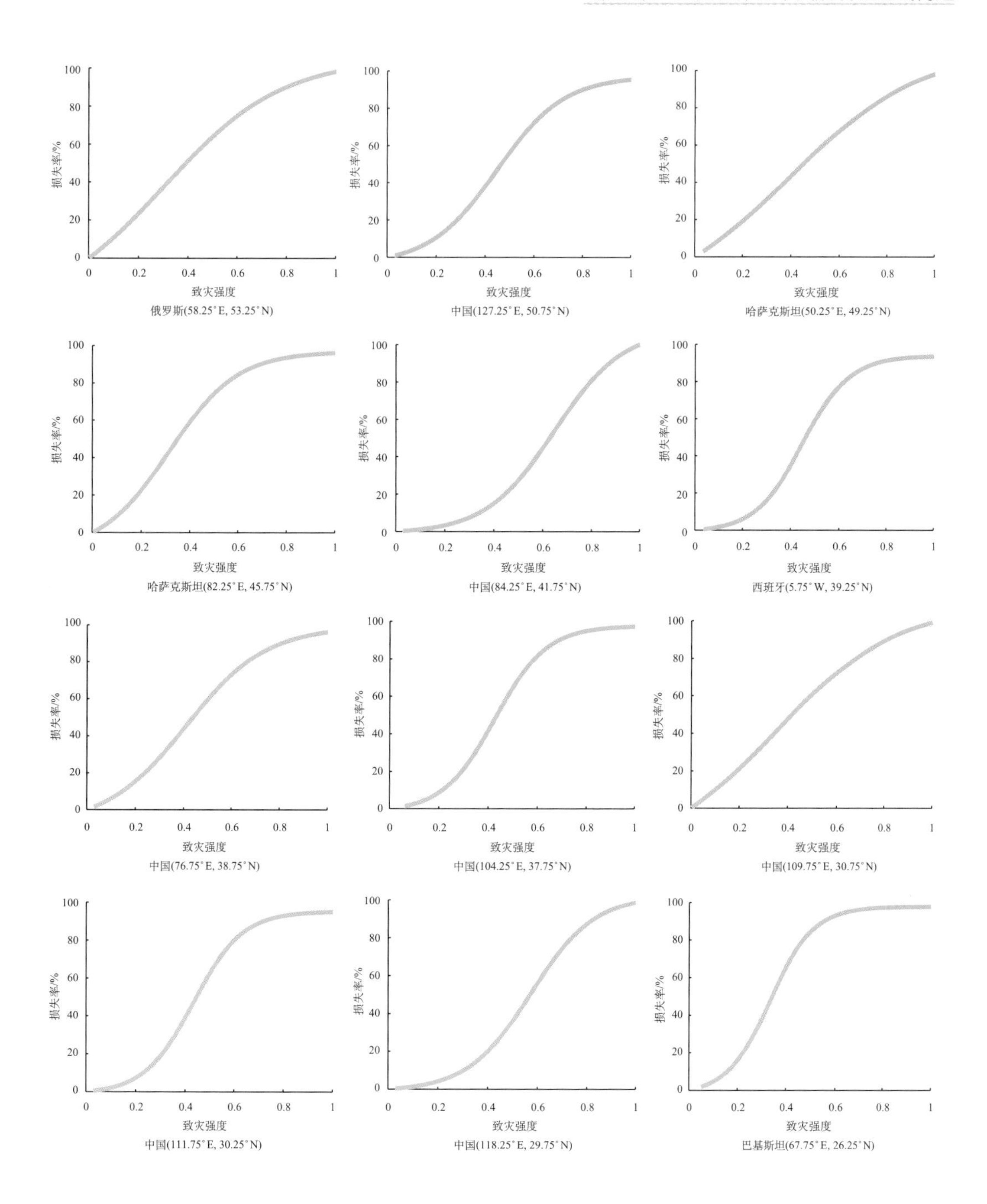
损失率/%
致灾强度
俄罗斯(58.25°E, 53.25°N)
中国(127.25°E, 50.75°N)
哈萨克斯坦(50.25°E, 49.25°N)
哈萨克斯坦(82.25°E, 45.75°N)
中国(84.25°E, 41.75°N)
西班牙(5.75°W, 39.25°N)
中国(76.75°E, 38.75°N)
中国(104.25°E, 37.75°N)
中国(109.75°E, 30.75°N)
中国(111.75°E, 30.25°N)
中国(118.25°E, 29.75°N)
巴基斯坦(67.75°E, 26.25°N)

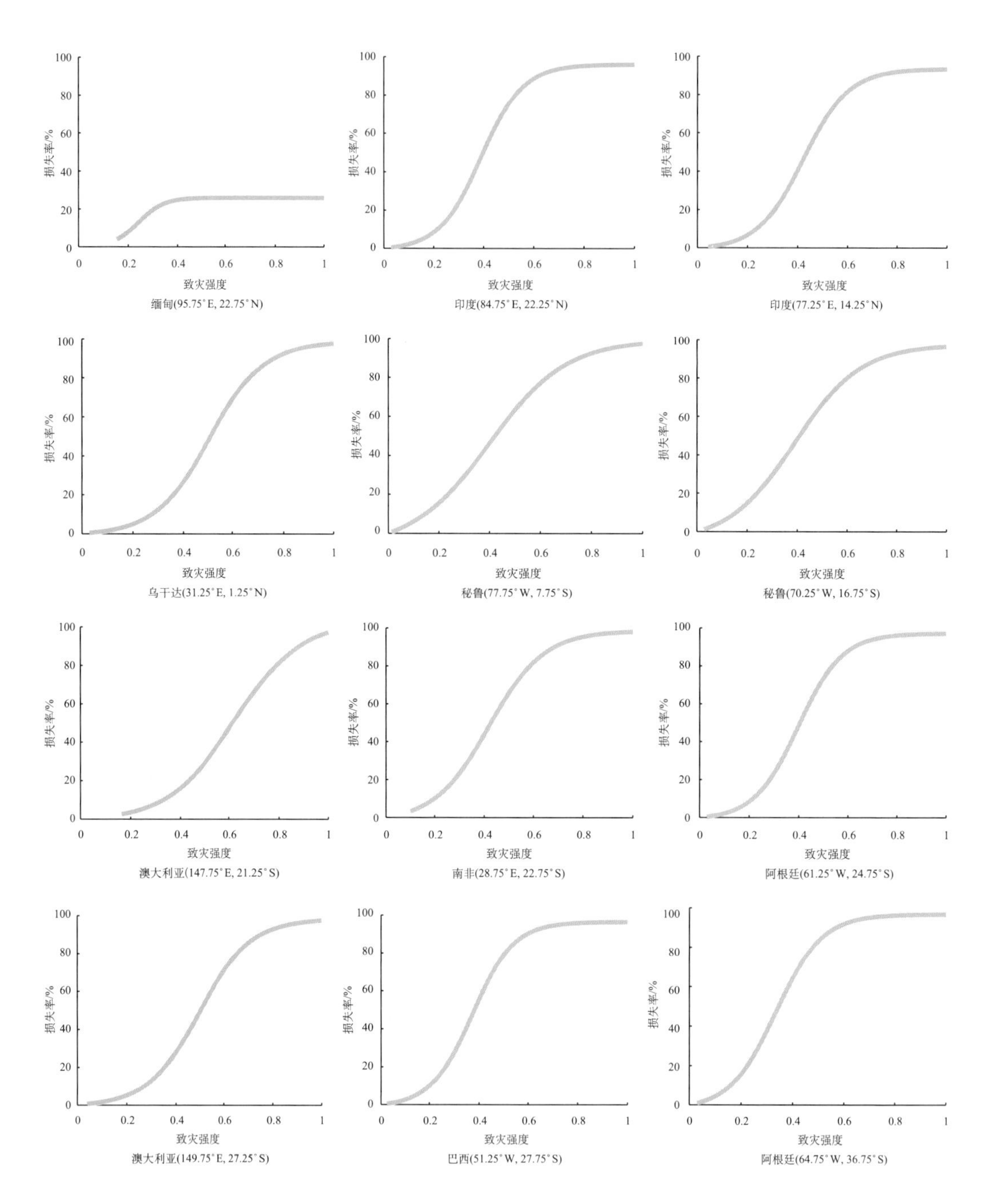

图 5-5 不同网格单元春小麦旱灾脆弱性曲线示例

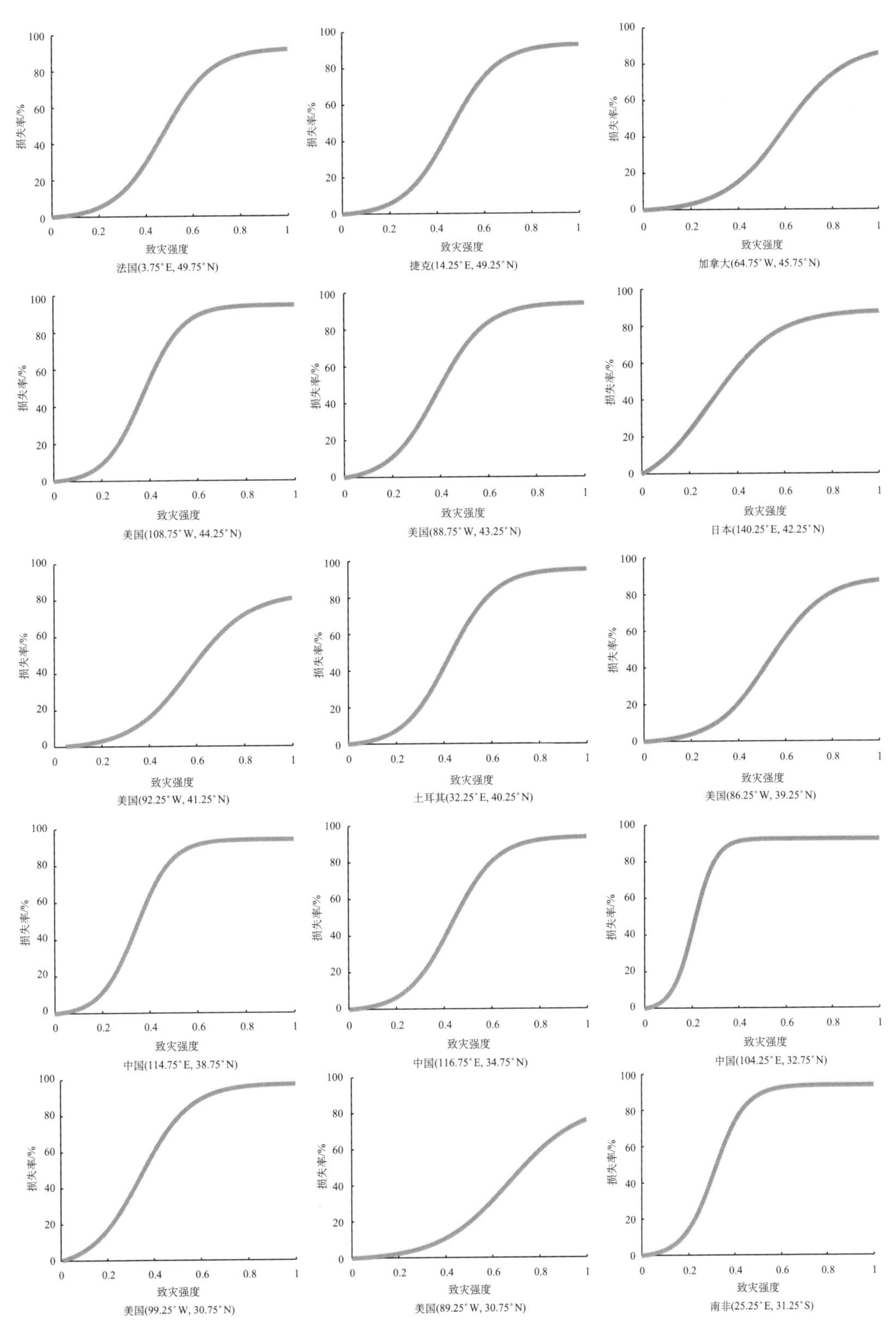

图 5-6　不同网格单元冬小麦旱灾脆弱性曲线示例

图 5-7 和图 5-8 分别展示了春小麦和冬小麦旱灾脆弱性曲线拐点处所对应的致灾强度。春小麦高旱灾脆弱性区域集中分布在中国东南沿海、印度西北部、澳大利亚等地区。从大洲尺度看，大洋洲和非洲是各大洲中春小麦旱灾脆弱性较高的洲；其次是欧洲和亚洲。北美洲春小麦旱灾脆弱性最低，各等级面积比分别为 64. 25%、13. 75%、20. 83%、1. 15% 和 0. 03%（表 5-2）。冬小麦旱灾高脆弱性区域主要分布在欧洲东部、北美洲东南部等地区。从大洲尺度看，欧洲冬小麦旱灾脆弱性最高，其次是北美洲。南美洲冬小麦旱灾脆弱性最低（表 5-3）。

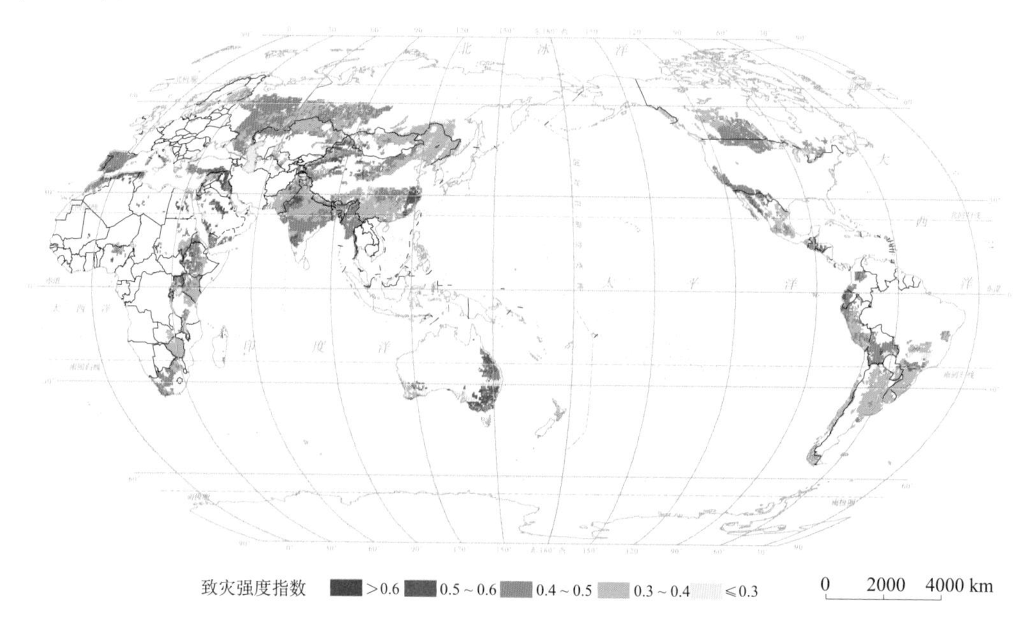

图 5-7　春小麦旱灾脆弱性曲线拐点处所对应的致灾强度

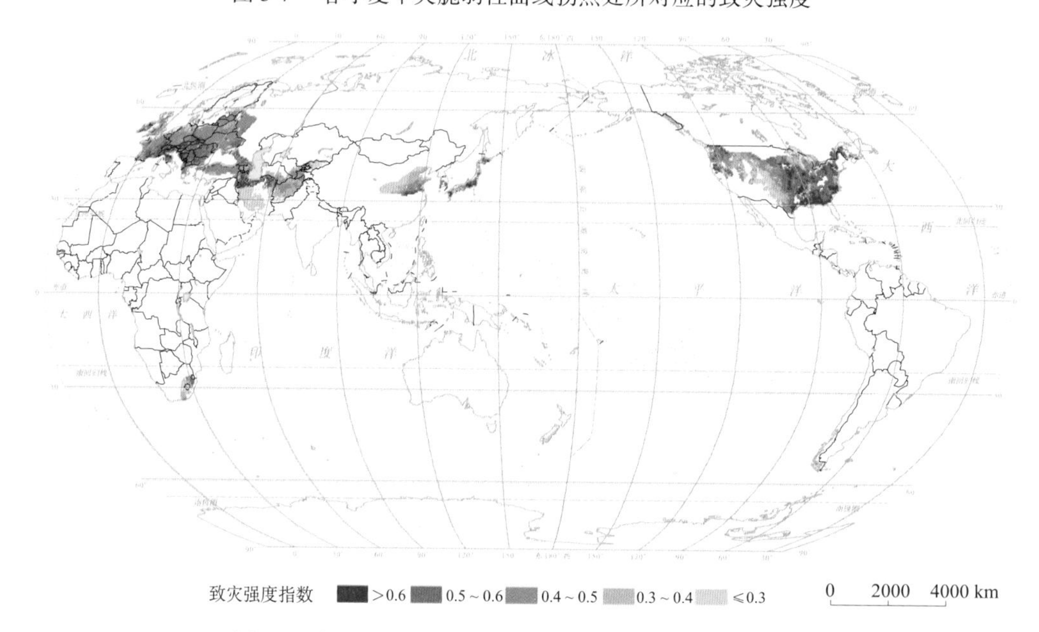

图 5-8　冬小麦旱灾脆弱性曲线拐点处所对应的致灾强度

表 5-2　各大洲春小麦旱灾脆弱性曲线拐点处所对应的旱灾致灾强度等级面积百分比(%)

脆弱性等级	1	2	3	4	5
非洲	1. 98	48. 23	41. 65	7. 48	0. 66
亚洲	22. 32	42. 74	29. 74	4. 43	0. 76
欧洲	21. 8	23. 77	53. 24	1. 14	0. 05
北美洲	64. 25	13. 75	20. 83	1. 15	0. 03
大洋洲	26. 74	16. 78	28. 51	24. 76	3. 21
南美洲	4. 93	61. 04	30. 96	2. 63	0. 45

表 5-3　各大洲冬小麦旱灾脆弱性曲线拐点处所对应的旱灾致灾强度等级面积百分比(%)

脆弱性等级	1	2	3	4	5
非洲	32. 48	41. 54	17. 3	8. 68	0
亚洲	75. 09	8. 78	10. 06	3. 92	2. 16
欧洲	40. 68	4. 35	35. 06	15. 03	4. 87
北美洲	65. 05	5. 94	9. 27	13. 9	5. 84
大洋洲	96. 13	2. 92	0. 94	0	0
南美洲	100	0	0	0	0

5. 2. 3　网格单元水稻旱灾脆弱性曲线

本节拟合了各 0. 5°×0. 5°网格单元的水稻旱灾脆弱性曲线，不同网格单元的水稻旱灾脆弱性曲线有一定差异。鉴于全球有 13 361 个水稻种植单元，采用等级随机抽样的方法，针对有水稻分布的 5 个脆弱性等级区选择 30 个网格单元展示其水稻旱灾脆弱性曲线(图 5-9)。

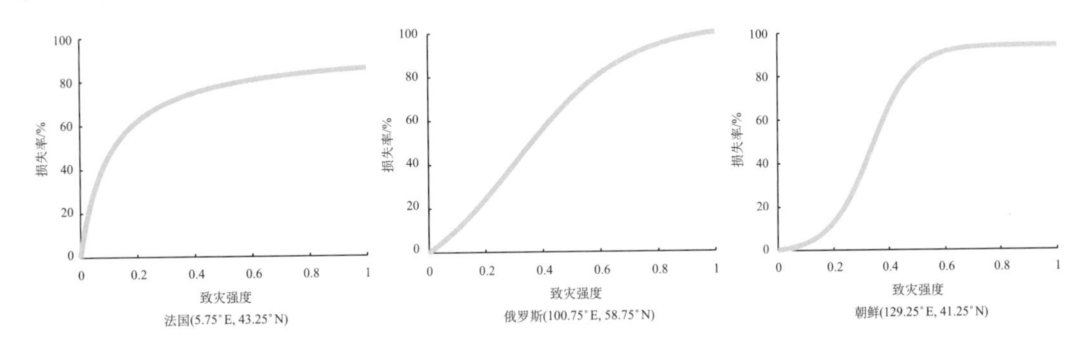

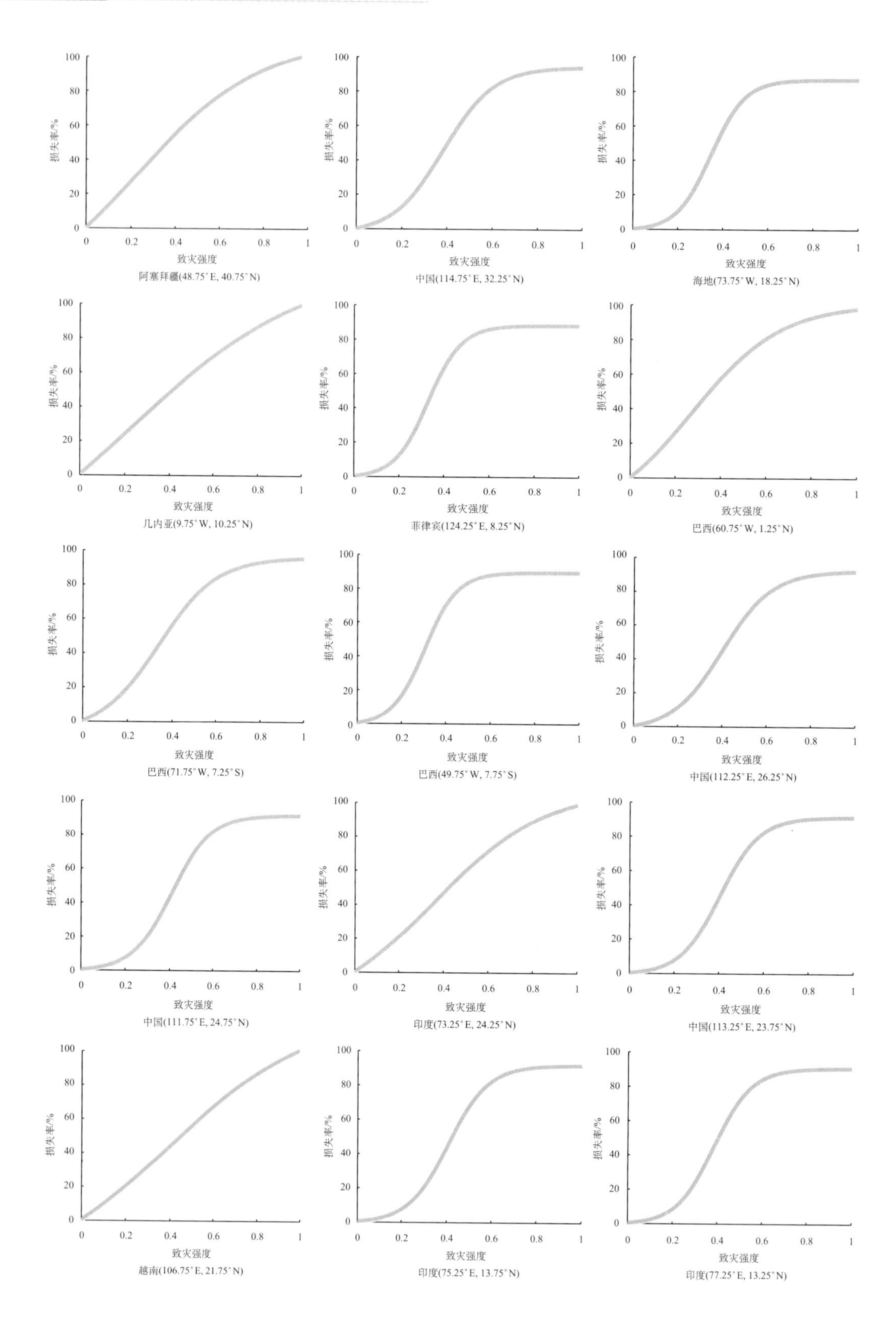

损失率/%
致灾强度
阿塞拜疆(48.75°E, 40.75°N)
中国(114.75°E, 32.25°N)
海地(73.75°W, 18.25°N)
几内亚(9.75°W, 10.25°N)
菲律宾(124.25°E, 8.25°N)
巴西(60.75°W, 1.25°N)
巴西(71.75°W, 7.25°S)
巴西(49.75°W, 7.75°S)
中国(112.25°E, 26.25°N)
中国(111.75°E, 24.75°N)
印度(73.25°E, 24.25°N)
中国(113.25°E, 23.75°N)
越南(106.75°E, 21.75°N)
印度(75.25°E, 13.75°N)
印度(77.25°E, 13.25°N)

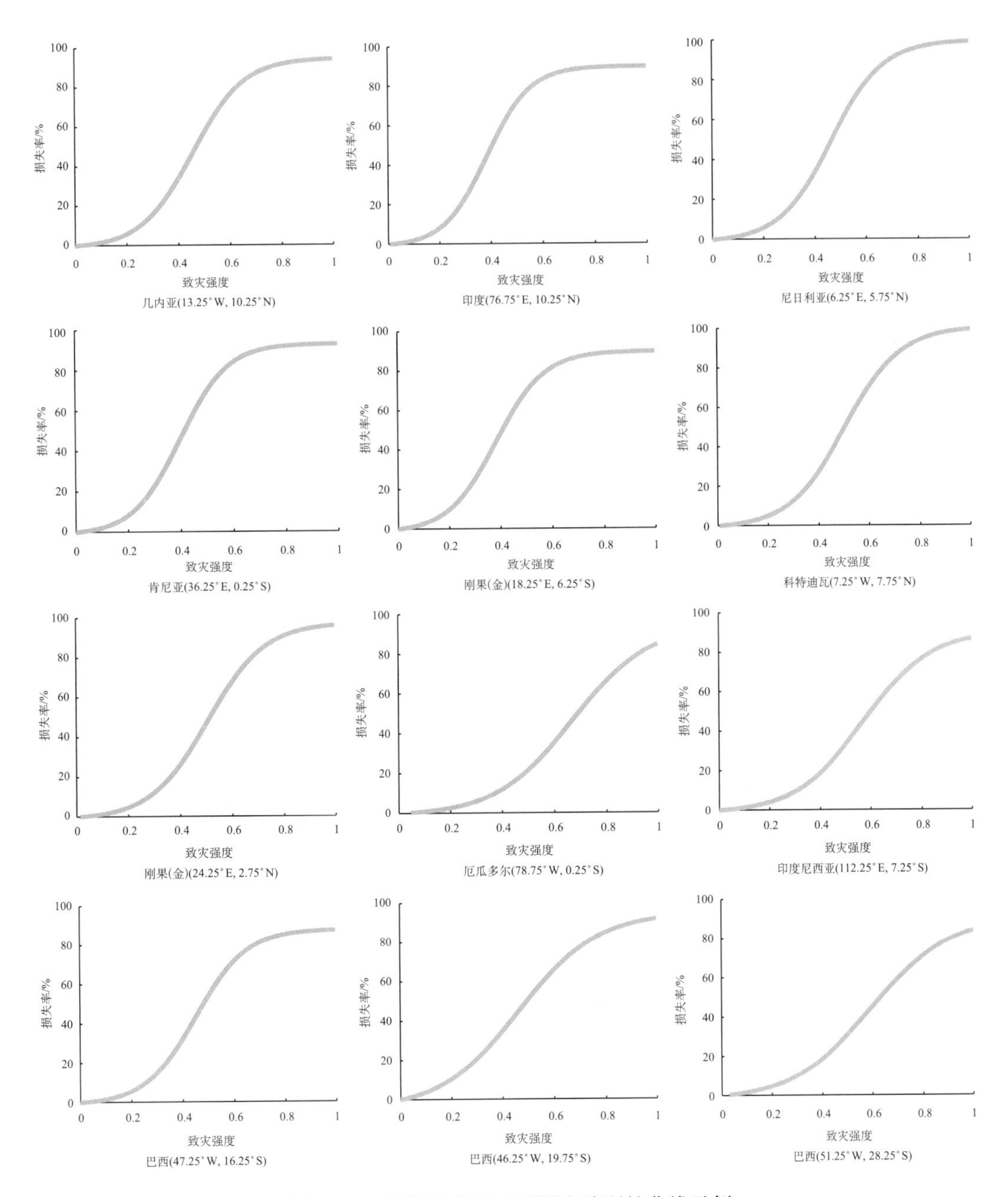

图 5-9　不同网格单元水稻旱灾脆弱性曲线示例

为进一步分析水稻旱灾脆弱性的空间规律，计算了水稻旱灾脆弱性曲线拐点处对应的DI以表征各网格水稻旱灾脆弱性特征。由图 5-10 可知，亚欧大陆中部、非洲东部沿海、南美洲西部沿海等地区是水稻旱灾高脆弱性区域，其次是印度北部、巴西东南部等地区。欧洲、中国南部和南亚等地区是世界水稻脆弱性最低的地区。从大洲尺度看，非洲是各大洲中水稻脆弱性最高的洲，各水稻旱灾脆弱性等级面积百分比依次为 3.68%、40.23%、

32.78%、8.62%和14.69%；其次是南美洲，轻度水稻旱灾脆弱性等级所占比重为33.07%。大洋洲、北美洲和欧洲的水稻旱灾脆弱性最低，微度水稻旱灾脆弱性等级面积百分比均在85%以上(表5-4)。

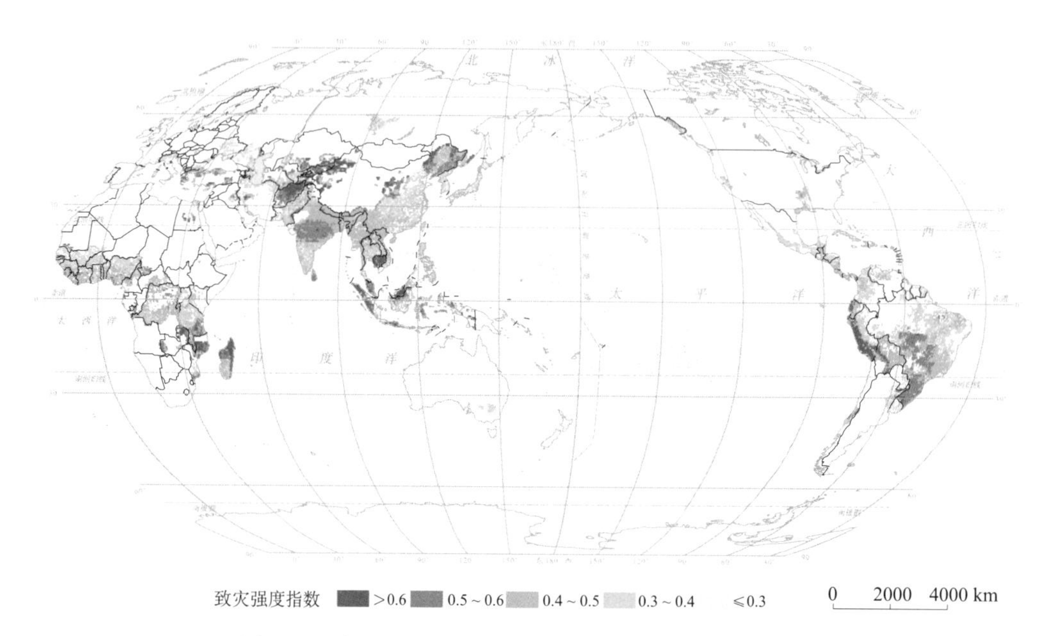

图5-10 水稻旱灾脆弱性曲线拐点处所对应的致灾强度

表5-4 各大洲水稻旱灾脆弱性曲线拐点处所对应的旱灾致灾强度等级面积百分比(%)

脆弱性等级	1	2	3	4	5
非洲	3.68	40.23	32.78	8.62	14.69
亚洲	47.98	19.73	15.89	7.66	8.73
欧洲	86.97	9.98	1.92	0.56	0.56
北美洲	93.95	4.74	1.22	0.03	0.05
大洋洲	98.23	1.77	0	0	0
南美洲	13.98	33.07	19.28	14.54	19.13

5.3 大洲农作物旱灾脆弱性曲线

本节在统计分析各大洲所有网格单元主要农作物旱灾脆弱性曲线特征的基础上，通过拟合各大洲主要农作物旱灾脆弱性曲线，对比分析大洲尺度上主要农作物旱灾脆弱性的差异。

5.3.1 各大洲玉米旱灾脆弱性曲线

玉米在全球各大洲均有种植。亚洲、欧洲、非洲、大洋洲、北美洲和南美洲玉米种植网格个数分别为 8 229、3 395、5 478、523、3 280 和 4 067 个。在各大洲玉米网格单元脆弱性曲线的基础上，拟合得到各大洲玉米旱灾脆弱性曲线(图 5-11)。

由图 5-11(a)可知，亚洲极个别地区 DI 很小(<0.1)时玉米 LR 就可以达到较大(约>80%)水平。亚洲大部分地区当 DI 达到 0.3 以上时，玉米产量均有不同程度的损失；DI 达到 1 时，LR 多在 70%以上。亚洲玉米旱灾脆弱性曲线的增长速率变化不大，即随着 DI 逐渐增加，玉米 LR 增长幅度变化较小。当 DI 达到最大时，LR 接近 100%。

由图 5-11(b)可知，欧洲各网格单元玉米旱灾脆弱性曲线形态比较接近。当 DI 达到 0.2 以上时均有不同程度的产量损失；DI 在 0.3～0.5 时，LR 增长幅度最大；DI 达到 0.7 以上时，LR 增长幅度趋于平缓；最终 DI 达到最大时，LR 在 80%以上。

由图 5-11(c)可知，当 DI 达到 1 时，非洲地区玉米 LR 集中在 60%以上。当 DI 达到 0.4 以上时，该地区玉米产量均有不同程度的损失。对非洲大部分地区而言，当 DI 在 0～0.3 时，玉米 LR 逐渐增大；DI 达到 0.7 以上时，LR 逐渐平缓。非洲玉米旱灾脆弱性曲线的增长速率变化不大。当 DI 达到最大时，LR 在 90%以上。

由图 5-11(d)可知，大洋洲 DI 超过 0.2 时，玉米产量开始出现不同程度的损失。大多数地区 DI 在 0～0.3 时，玉米 LR 逐渐增长，但增长幅度较小；当 DI 达到 0.3～0.6 时，LR 增长幅度达到最大；DI 超过 0.6 时，LR 接近最大，增长幅度逐渐减小；最终当 DI 达到最大值时，大部分地区玉米 LR 超过 80%。

由图 5-11(e)可知，北美洲各网格单元玉米旱灾脆弱性曲线形态也较为接近，DI 达到 0.3 以上时，该地区玉米产量均有不同程度的损失；DI 在 0.3～0.6 时，LR 增长最快；DI 达到 0.6 以上时，玉米旱灾脆弱性曲线开始趋于平缓，LR 变化幅度减小；当 DI 达到 1 时，LR 超过 80%。

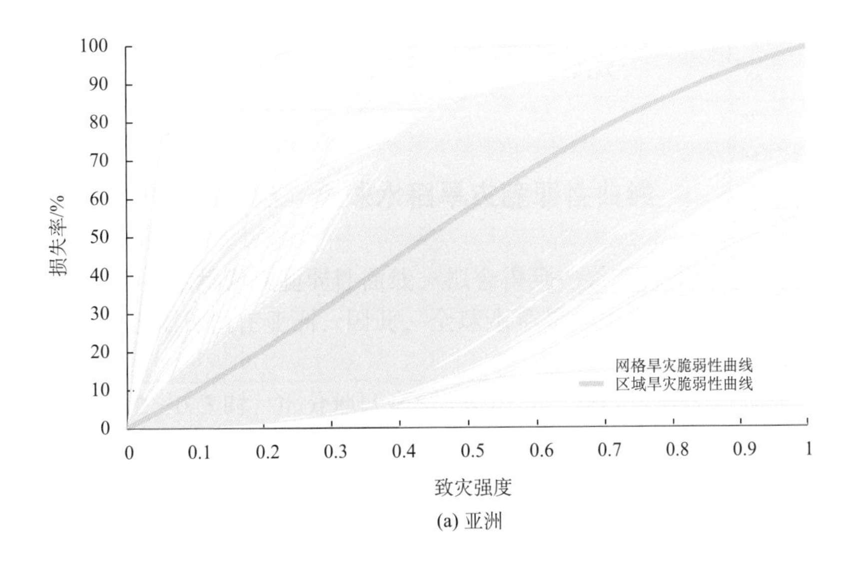

(a) 亚洲

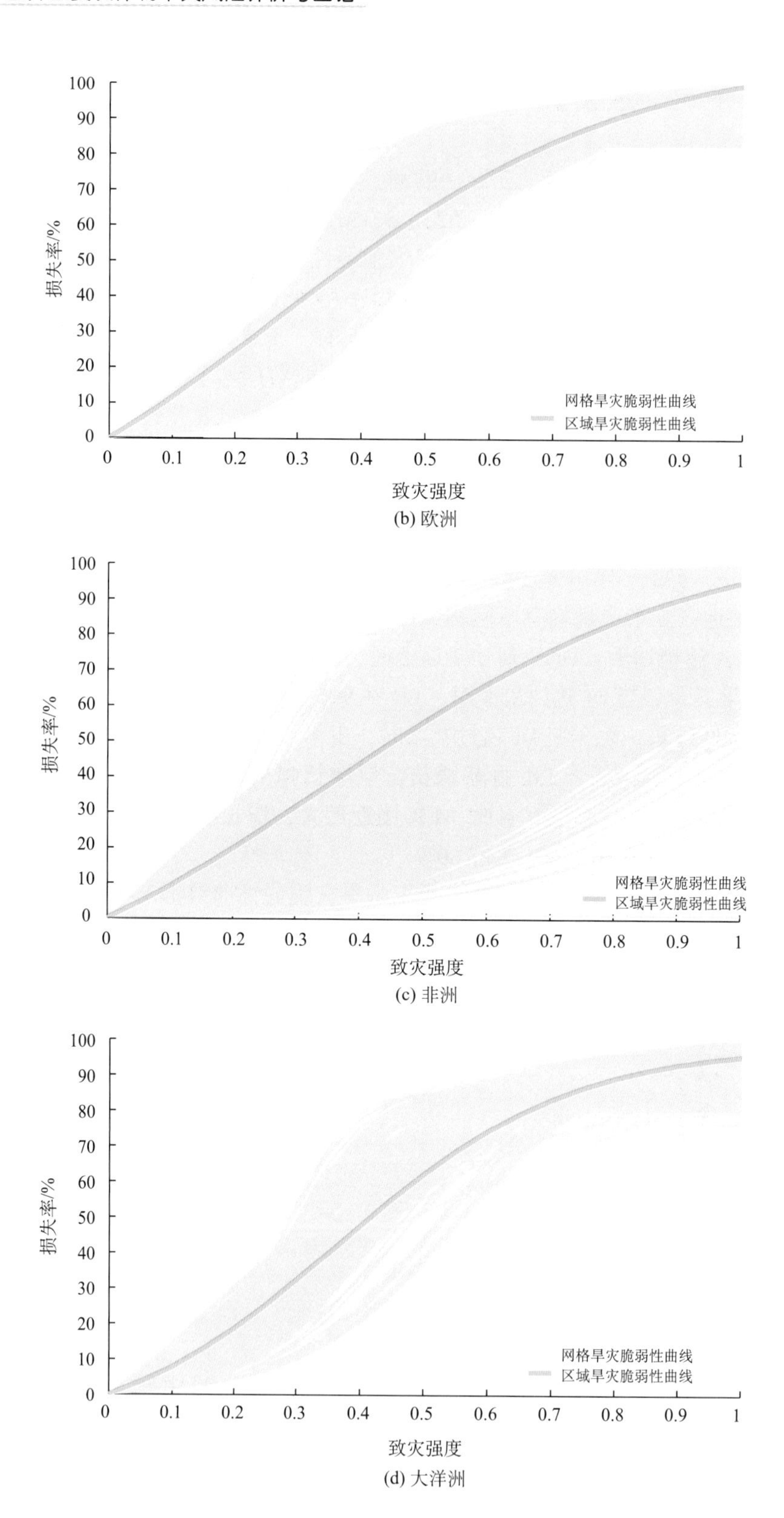
损失率/%
100
90
80
70
60
50
40
30
20
10
0
0.1
0.2
0.3
0.4
0.5
0.6
0.7
0.8
0.9
1
致灾强度
网格旱灾脆弱性曲线
区域旱灾脆弱性曲线

(b) 欧洲

(c) 非洲

(d) 大洋洲

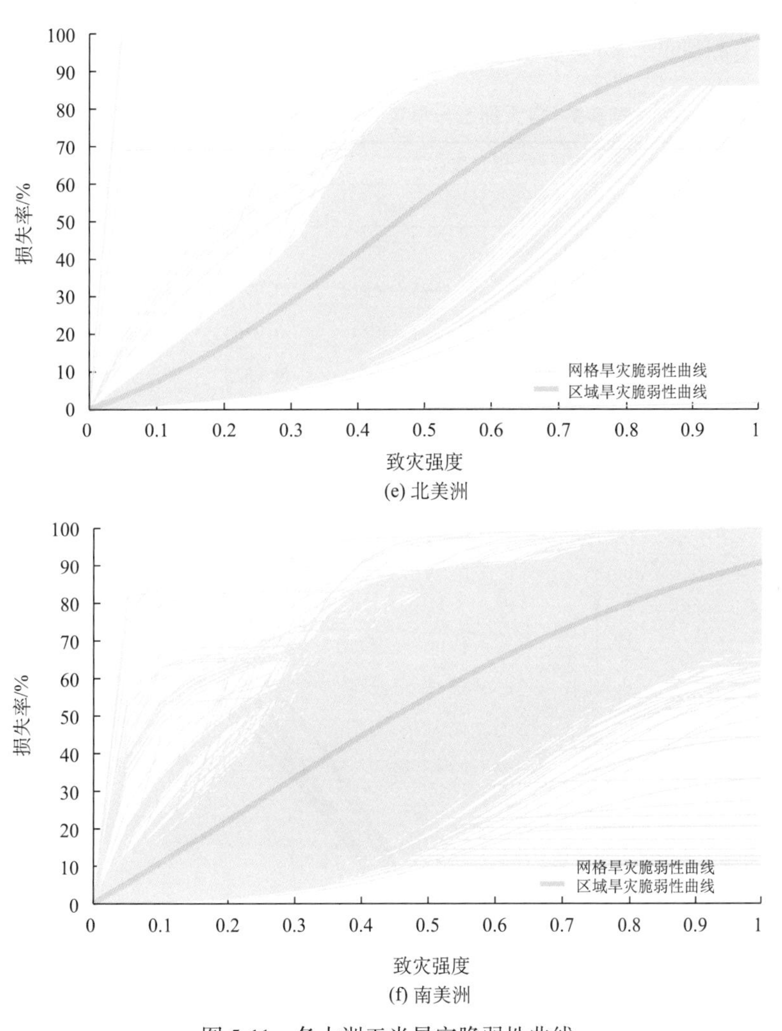

(e) 北美洲

(f) 南美洲

图 5-11　各大洲玉米旱灾脆弱性曲线

由图 5-11(f)可知，南美洲网格单元玉米旱灾脆弱性曲线形态复杂多样。南美洲部分地区玉米生长遭受较小的 DI 时，就可能造成较大的产量损失；也有部分地区 LR 随着 DI 增长变化不大，始终保持在 10% 上下。但对于该洲大部分地区而言，当 DI 达到 0. 3 时，玉米产量均呈现不同程度的损失。DI 在 0. 3～0. 7 时，LR 增幅较大；DI 达到 0. 7 以上时，LR 增幅减小。当 DI 达到最大时，大部分地区玉米产量呈现 60%～100% 不同程度的损失。

在有玉米种植的六大洲中，欧洲的玉米旱灾脆弱性曲线拟合优度最高，达到 0. 99，均方根误差也最小，为 0. 0326。其次是亚洲、大洋洲等，南美洲拟合优度最低(表 5-5)。由六大洲玉米旱灾脆弱性曲线(图 5-12)可知，欧洲玉米旱灾脆弱性曲线要明显高于其他大洲，即在相同 DI 条件下，欧洲玉米受干旱影响造成的产量损失要高于其他大洲。大洋洲玉米 DI 在 0～0. 3 时，玉米 LR 与其他地区相似；当 DI 达到 0. 4～0. 8 时，玉米 LR 仅次于欧洲；DI 超过 0. 8 时，玉米 LR 增长幅度低于欧洲、北美洲和亚洲等地区。DI 达到最大时，玉米 LR 最高的地区为欧洲、北美洲、亚洲，LR 接近 100%；大洋洲和非洲次之，LR 超过 90%；南美洲最低，约为 90%。

表 5-5 各大洲玉米旱灾脆弱性曲线拟合参数表

区域	拟合参数				R^2	RMSE
	a	*b*	*c*	*d*		
亚洲	30.9952	3.2998	−3.2566	0.9920	0.97	0.07
欧洲	110.9999	2.8746	−3.7565	0.9933	0.99	0.03
非洲	61.8529	3.5347	−3.4851	0.9464	0.95	0.08
大洋洲	30.9999	7.8085	−5.5400	0.9525	0.96	0.07
北美洲	−54.0672	6.6724	−4.3969	0.9903	0.95	0.08
南美洲	58.4398	1.8874	−2.7465	0.9096	0.93	0.09

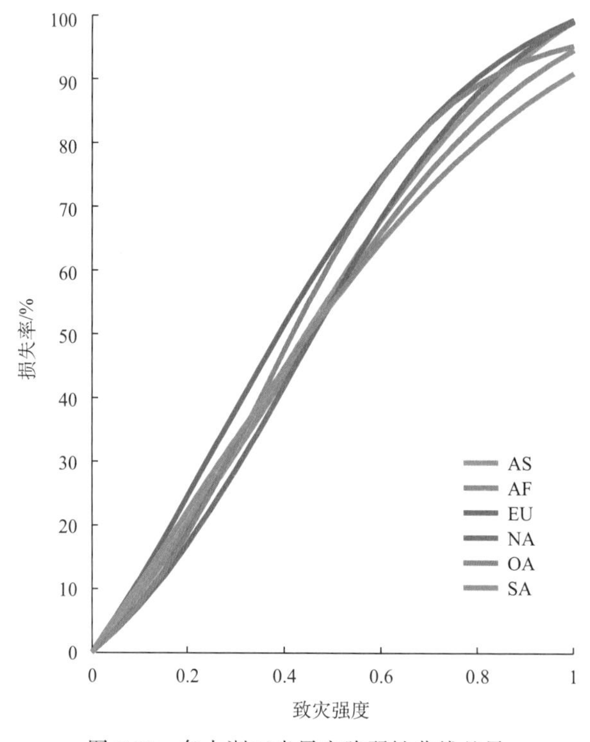

图 5-12 各大洲玉米旱灾脆弱性曲线差异

5.3.2 各大洲小麦旱灾脆弱性曲线

1. 春小麦

本书中春小麦网格评价单元共有 14 905 个，其中亚洲 7 105 个，欧洲 1 807 个，非洲

1 605 个，大洋洲 760 个，北美洲 1 622 个，南美洲 2 006 个。在各大洲范围内所有春小麦网格单元旱灾脆弱性曲线的基础上，拟合得到各大洲春小麦旱灾脆弱性曲线。

由图 5-13(a)可知，亚洲春小麦旱灾脆弱性曲线形态较为复杂，有个别地区 DI 仅为 0.1～0.2 时，春小麦 LR 即达到 90%以上；也有部分地区 DI 达到 0.9 或最大值时，春小麦产量也仅损失 50%～70%。对于亚洲大部分地区而言，DI 大于 0.3 时，春小麦均出现不同程度的减产；DI 达到最大值时，亚洲大部分地区春小麦 LR 为 85%～100%不等。

由图 5-13(b)可知，除极个别地区外，欧洲大部分地区 DI 在 0～0.2 时，春小麦 LR 随 DI 增加缓慢上升；DI 在 0.3～0.7 时，LR 上升幅度加大；DI 大于 0.7 时，LR 上升幅度开始减缓；DI 达到最大时，LR 为 85%～100%。

由图 5-13(c)可知，非洲各网格单元春小麦旱灾脆弱性曲线形态相对比较统一，DI 小于 0.3 时，春小麦 LR 随 DI 增高而缓慢上升；DI 处于 0.3～0.6 时，LR 上升幅度增大；DI 大于 0.7 时，LR 增长幅度逐渐减小，曲线趋于平缓；DI 达到最大时，非洲大部分地区春小麦减产 85%以上。

由图 5-13(d)可知，大洋洲春小麦旱灾脆弱性曲线线型较为复杂多样，大部分地区 DI 小于 0.1 时，LR 基本保持在 10%以内；当 DI 超过 0.2 时，各地区开始出现较大差异，部分地区 DI 达 0.3～0.4 时，LR 已经高达 80%～90%；DI 达到 0.7 时，LR 大多为 70%～95%；DI 达最大值时，LR 可以达到 85%～100%。

由图 5-13(e)可知，北美洲春小麦旱灾脆弱性曲线形态相对比较统一，当 DI 达到 0.2 时，该地区春小麦产量呈现 5%～20%不同程度的损失；DI 达到 0.4 以上时，LR 随 DI 变化速率明显加大，各网格单元的 LR 差异也明显增加；DI 达到 0.8 以上时，LR 随 DI 变化速率减小，LR 的空间差异性也开始减弱，基本保持在 80%～95%；当 DI 达到最大时，大部分地区 LR 达到 90%～100%。

由图 5-13(f)可知，南美洲部分区域春小麦的 DI 达到 0.1 以后，春小麦 LR 达到 50%，随后不再增长；也有部分区域 DI 达到 0.7 后，LR 稳定在 50%，也不再变化。其他大部分

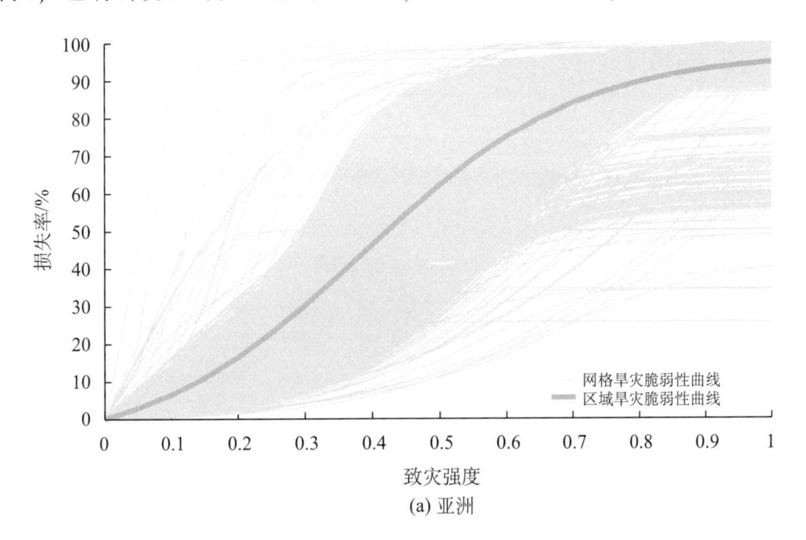

(a) 亚洲

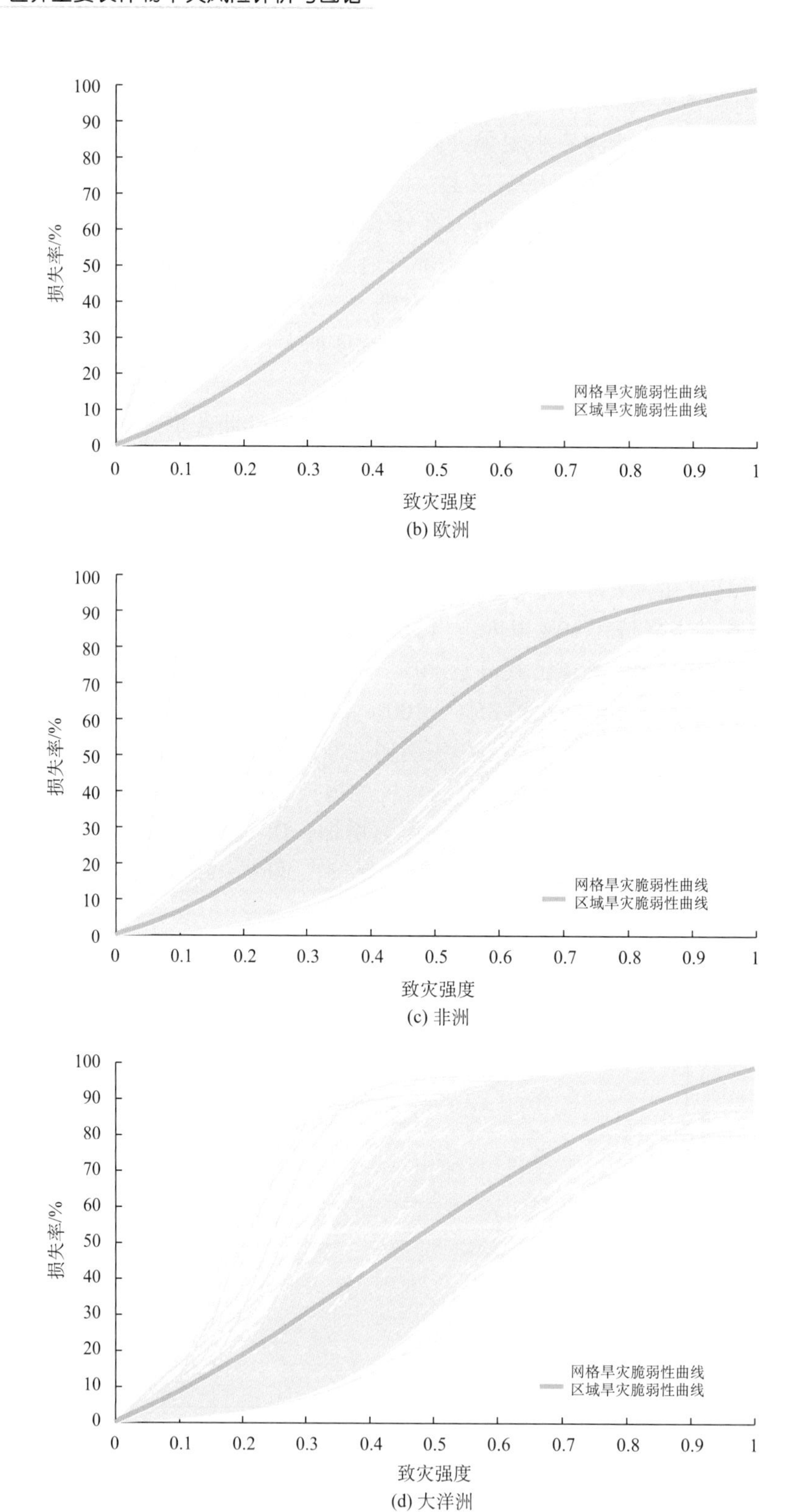
100
90
80
70
60
50
40
30
20
10
0
损失率/%
0
0.1
0.2
0.3
0.4
0.5
0.6
0.7
0.8
0.9
1
致灾强度
网格旱灾脆弱性曲线
区域旱灾脆弱性曲线

(b) 欧洲

(c) 非洲

(d) 大洋洲

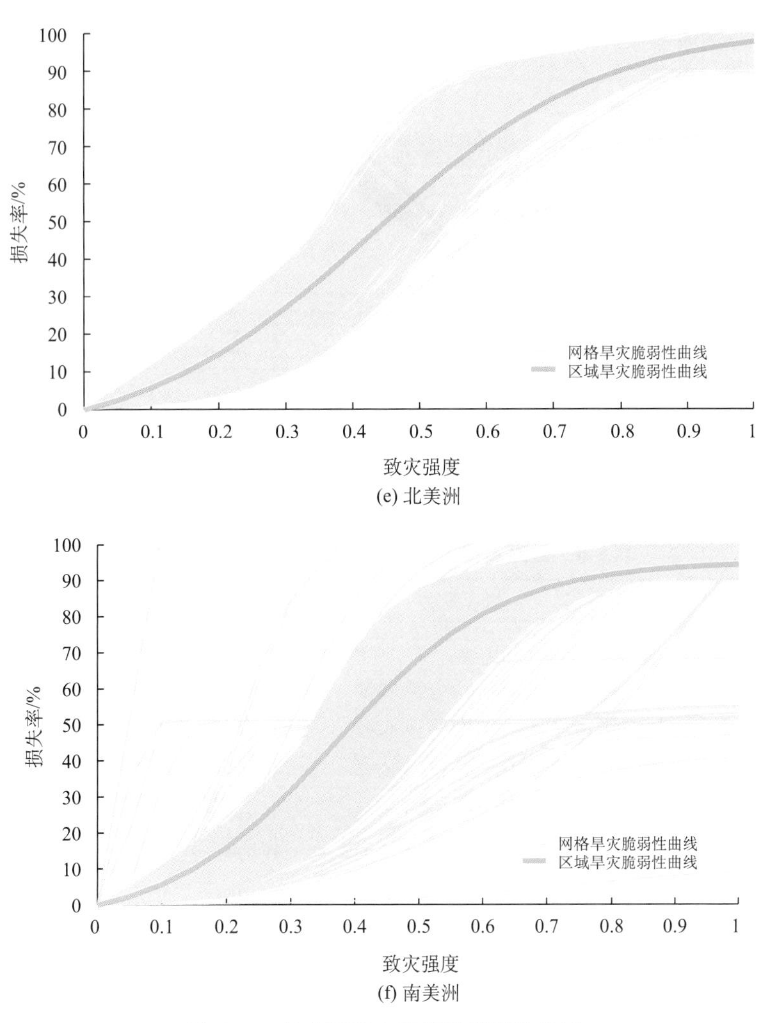

(e) 北美洲

(f) 南美洲

图 5-13　各大洲春小麦旱灾脆弱性曲线

区域 LR 随 DI 变化呈现“S”型曲线增长。对于大部分区域而言，DI 小于 0. 2 时，春小麦 LR 大多在 20% 以内；DI 达 0. 3～0. 7 时，LR 差异加大，随 DI 上升速率增加；DI 达到最大时，LR 基本在 90% 以上。

对比六大洲春小麦旱灾脆弱性曲线得到图 5-14 和表 5-6。在有春小麦种植的六大洲中，欧洲春小麦旱灾脆弱性曲线拟合优度最高，R^2 达到 0. 99，均方根误差也最小，仅为 0. 039。北美洲和非洲次之，大洋洲拟合优度相对最差，R^2 为 0. 92(表 5-6)。对比六大洲春小麦旱灾脆弱性曲线(图 5-14)可知，当 DI 小于 0. 3 时，各大洲春小麦 LR 差别不大，约为 30%；DI 达到 0. 3 以上时，南美洲地区的春小麦 LR 明显高于其他地区；DI 达到 0. 5 以上时，大洋洲 LR 要低于其他地区；亚洲、欧洲、非洲和北美洲 LR 随 DI 变化趋势较相似；DI 超过 0. 8 时，南美洲和亚洲 LR 变化趋于平缓。DI 达到最大时，南美洲和亚洲 LR 最低，约为 93%；欧洲、北美洲和大洋洲 LR 达到最高，几乎接近 100%。

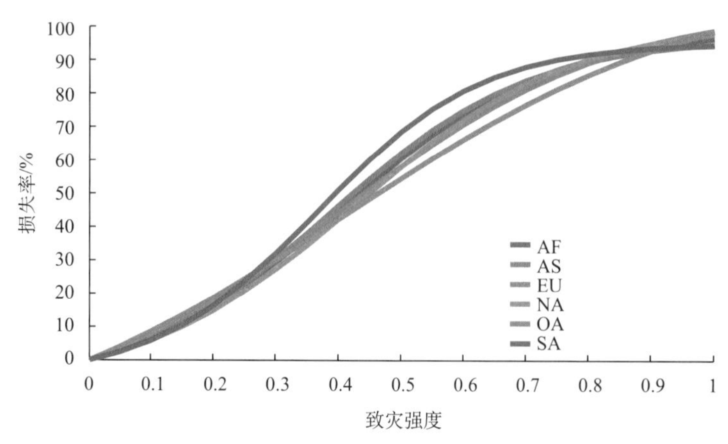

图 5-14 各大洲春小麦旱灾脆弱性曲线差异

表 5-6 各大洲春小麦旱灾脆弱性曲线拟合参数表

区域	拟合参数				R^2	RMSE
	a	*b*	*c*	*d*		
亚洲	50.9984	11.3504	-6.2685	0.9483	0.93	0.1
欧洲	90.9971	6.5593	-4.6242	0.9900	0.99	0.04
非洲	-68.9988	10.6128	-5.8775	0.9659	0.96	0.08
大洋洲	38.0317	4.2053	-3.4765	0.9868	0.92	0.11
北美洲	67.4594	11.7537	-5.7694	0.9792	0.98	0.06
南美洲	91.0001	17.0547	-7.7062	0.9453	0.94	0.1

2. 冬小麦

全球冬小麦网格评价单元共有6183个，其中，亚洲1746个，欧洲2047个，非洲117个，大洋洲38个，北美洲2235个。在各大洲所有网格单元冬小麦旱灾脆弱性曲线基础上，拟合得到各大洲冬小麦旱灾脆弱性曲线。

由图5-15(a)可知，亚洲冬小麦旱灾脆弱性曲线差异较大。DI大于0.2时，冬小麦产量有不同程度的减少；DI在0.3～0.4时，部分地区LR超过80%，说明这些地区冬小麦对干旱的敏感程度较高。随着DI的增加，LR的差异性也逐渐加大，至DI达到0.8以后，LR变化幅度开始逐渐减小。当DI达到最大时，亚洲大部分地区冬小麦LR为75%～100%。

由图5-15(b)可知，欧洲冬小麦旱灾脆弱性曲线形态也有较大差异，一些地区DI为0.3～0.4时，冬小麦产量有较大损失，LR可以达到80%左右，表明冬小麦受干旱影响较大，脆弱性较高。也有部分地区DI较小时，LR变化不大，当DI达到0.6以后，LR随DI变化开始迅速增加，表明这些地区冬小麦可以承受一定程度的干旱，但对于高强度干旱无法抵御。对于欧洲大部分地区而言，DI小于0.2时，冬小麦LR变化较小，多在20%以下；DI 超过 0.3 时，LR 区域差异性开始逐渐增大；DI 达到 0.8 时，LR 变化幅度逐渐减小；DI 达到最大时，大部分地区 LR 为 70%～100%。

由图 5-15(c)可知，非洲冬小麦种植较少，冬小麦 DI 超过 0.2 后，该地区冬小麦产量均有不同程度的损失，冬小麦 LR 为 5%～30%；随着冬小麦 DI 的增大，冬小麦 LR 的差异也逐渐变大，不同环境下冬小麦 DI 为 0.2～0.6 时均可造成 50%的产量损失；冬小麦 DI 达到 0.8 以后，冬小麦 LR 变化幅度逐渐减小；冬小麦 DI 达到最大值时，冬小麦 LR 均超过 90%。

由图 5-15(d)可知，大洋洲冬小麦种植较少。从脆弱性曲线形态来看，大部分地区冬小麦干旱 DI 达到 0.1 以后，冬小麦 LR 开始急剧增长；冬小麦 DI 达到 0.3 或 0.6 以上时，冬小麦 LR 开始趋于稳定；冬小麦 DI 达到最高时，冬小麦 LR 为 80%～90%不等，表明该地区冬小麦产量易受干旱影响，脆弱性较高。

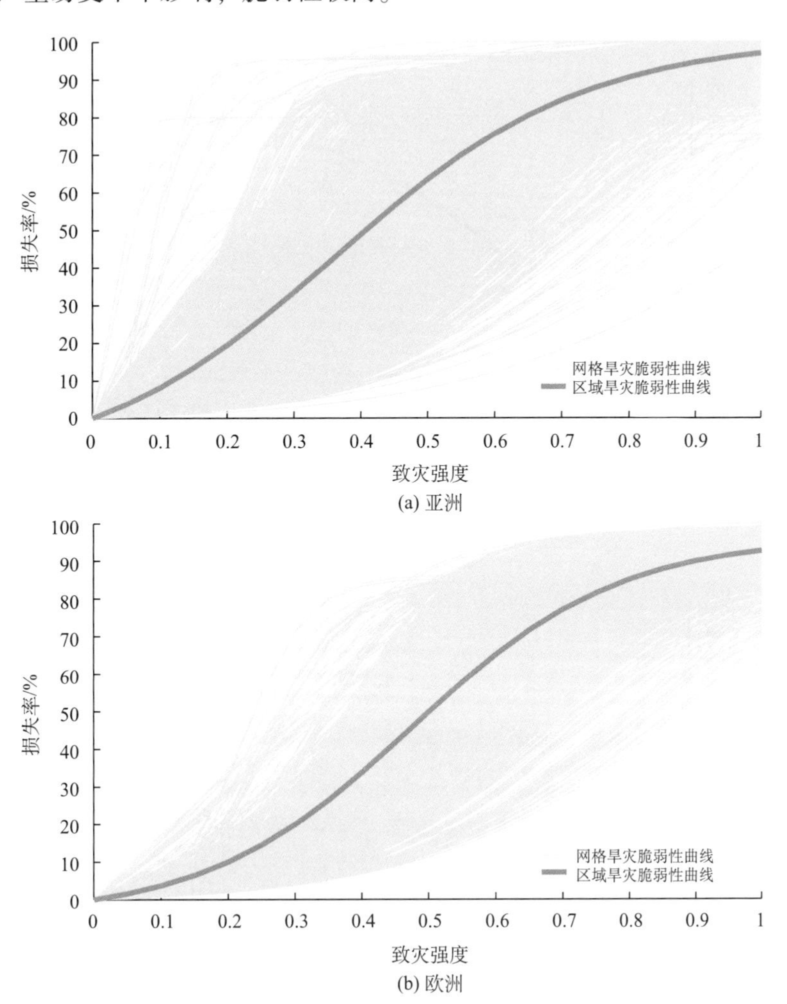

(a) 亚洲

(b) 欧洲

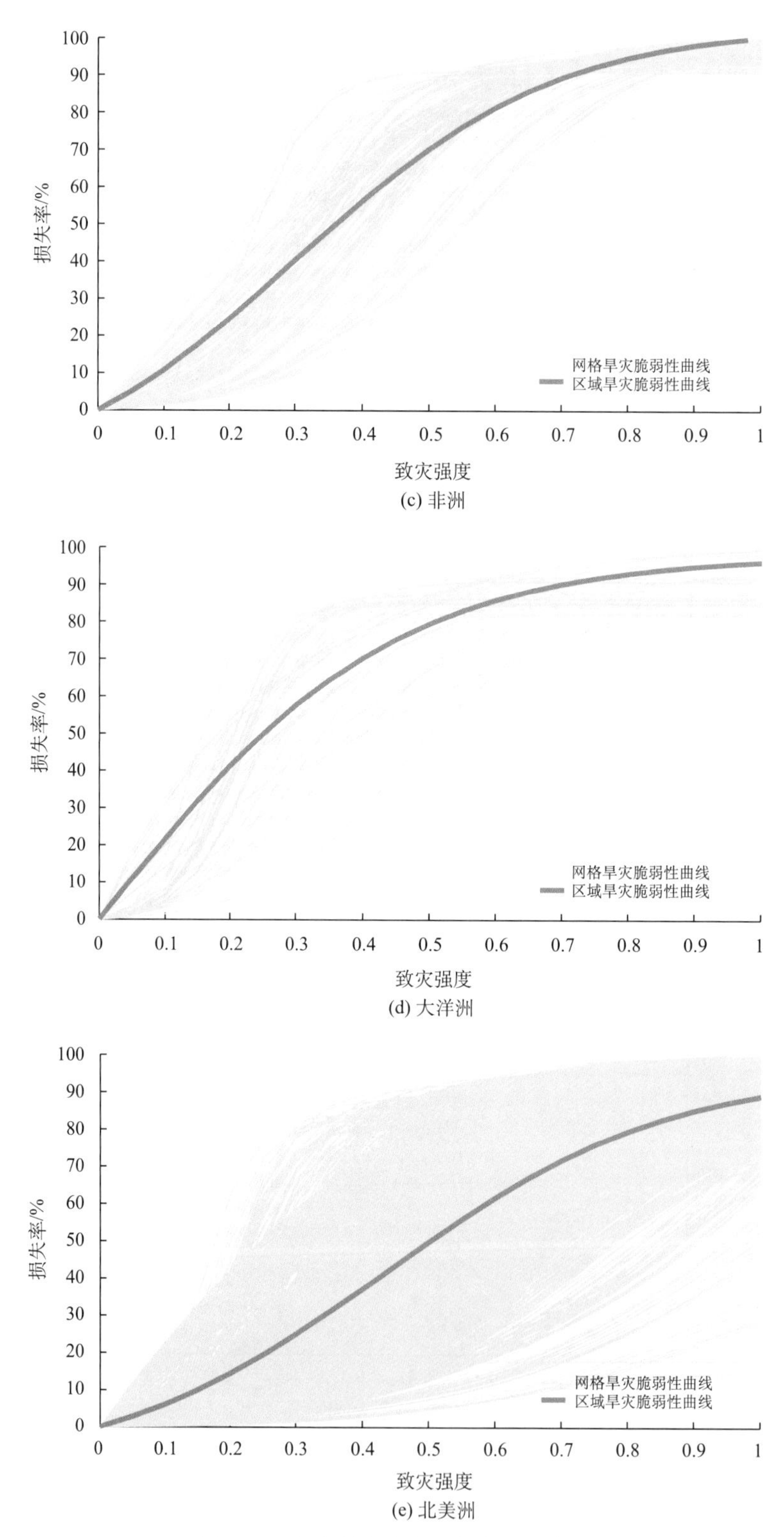

(c) 非洲

(d) 大洋洲

(e) 北美洲

图 5-15　各大洲冬小麦旱灾脆弱性曲线

由图5-15(e)可知，北美洲冬小麦旱灾脆弱性曲线形态与欧洲较为接近。冬小麦DI大于0.3后，北美洲大部分地区冬小麦均出现不同程度的减产。部分地区的DI达到0.3～0.4时，冬小麦LR接近80%，表明其极易受干旱影响，较小程度的干旱即会对产量造成巨大损失。大部分地区冬小麦LR随DI增加有明显的增长，冬小麦DI为0.2～0.7时在不同地点均可造成50%的产量损失，差异较大；冬小麦DI达0.7以上时，冬小麦LR的变化幅度开始减缓；冬小麦DI达到最大时，大部分地区冬小麦LR在65%～100%之间。

在有冬小麦种植的各大洲中，大洋洲冬小麦脆弱性曲线拟合优度最高，R^2约为0.97，均方根误差为0.06，其次是非洲、欧洲和亚洲，北美洲拟合优度相对最差，R^2为0.9，均方根误差为0.12(表5-7)。对比各大洲冬小麦脆弱性曲线(图5-16)可知，各大洲冬小麦旱灾脆弱性的差异较大。当冬小麦DI为0.3时，大洋洲冬小麦LR最大超过50%，非洲约为40%，亚洲约为30%，北美洲和欧洲在20%左右；冬小麦DI达到0.5之前，各大洲冬小麦LR由大到小依次为大洋洲、非洲、亚洲、北美洲和欧洲；DI超过0.5时，欧洲冬小麦LR超过北美洲，居于第4；冬小麦DI达到0.7以上时，非洲冬小麦LR开始超过大洋洲，成为损失最大的地区；当冬小麦DI达到最大时，非洲冬小麦LR接近100%，其次是亚洲、大洋洲、欧洲，北美洲冬小麦LR最低。

表5-7 各大洲冬小麦旱灾脆弱性曲线拟合参数表

区域	拟合参数				R^2	RMSE
	a	*b*	*c*	*d*		
亚洲	30.9996	7.0926	-5.4093	0.9686	0.9	0.12
欧洲	-48.9988	22.0037	-6.5139	0.9258	0.94	0.09
非洲	50.9984	4.8603	-5.1852	1.0040	0.96	0.07
大洋洲	14.7015	1.0319	-4.5144	0.9620	0.97	0.06
北美洲	30.9989	7.9665	-4.7272	0.8913	0.9	0.12

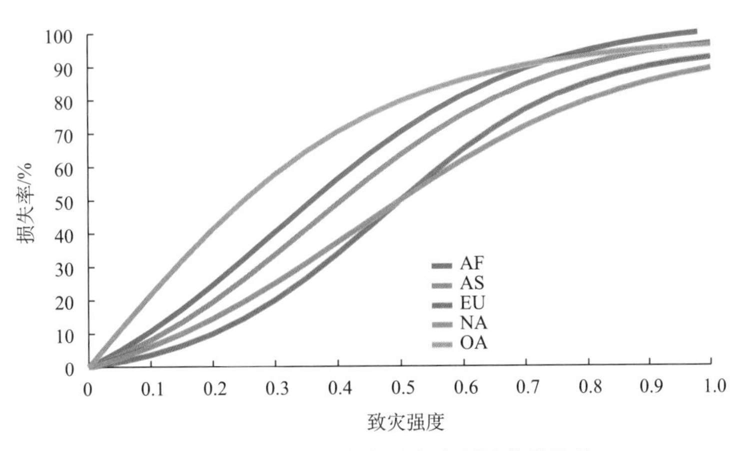

图5-16 各大洲冬小麦旱灾脆弱性曲线差异

5.3.3 各大洲水稻旱灾脆弱性曲线

全球水稻网格评价单元共13361个，其中亚洲6304个，欧洲647个，非洲2670个，大洋洲73个，北美洲520个，南美洲3147个。在各大洲网格单元水稻旱灾脆弱性曲线的基础上，拟合得到各大洲水稻旱灾脆弱性曲线。

由图5-17(a)可知，亚洲作为水稻种植最多的大洲，脆弱性曲线形态也有较大差异。部分地区水稻极易受干旱影响，水稻DI小于0.1时，就可以造成60%以上的产量损失；也有部分地区水稻能够承受干旱影响，随着水稻DI的增加，水稻LR变化不大，稳定在20%～30%不等。对于亚洲大部分地区而言，水稻DI为0～0.2时，水稻LR多集中在30%以内；水稻DI达到0.3～0.7时，水稻LR随水稻DI增加差异性增大，同时其增长速率也逐渐增加；水稻DI达0.8时，水稻LR变化幅度减小；水稻DI达最大时，大部分地区水稻LR在70%以上。

由图5-17(b)可知，水稻DI超过0.2后，欧洲水稻产量开始出现不同程度的减小，水稻DI为0.2～0.4时，该地区水稻LR变化最为剧烈，大部分地区水稻LR随DI增大剧烈上升；水稻DI达0.5以上时，水稻LR变化趋于平缓；水稻DI达最大时，水稻LR在85%以上。

由图5-17(c)可知，当水稻DI大于0.2时，非洲水稻出现不同程度的减产；水稻DI较小时，水稻LR差异不大；水稻DI大于0.3时，水稻LR差异性开始增大，随水稻DI变化，其变化速率也开始增加；水稻DI超过0.7时，水稻LR变化速率减缓；水稻DI达到最大时，水稻LR达60%～100%。

由图5-17(d)可知，大洋洲水稻脆弱性曲线形态较为统一，呈现典型的“S”型，大致可以分为3段：水稻DI为0～0.2时，水稻LR变化较小，随水稻DI增大，在25%以下；水稻DI在0.2～0.6时，水稻LR随水稻DI增大而迅速增加，曲线上升幅度达到最大；水稻DI超过0.6时，水稻LR随水稻DI增加而增大的幅度逐渐减小；水稻DI达到最大时，水稻LR约在90%左右。

由图5-17(e)可知，北美洲水稻旱灾脆弱性曲线形态相对统一，DI在0～0.2时，水稻LR增长较慢，多在25%以下；水稻DI超过0.3时，水稻LR上升幅度随水稻DI增大而迅速加大；水稻DI到0.6以上时，水稻LR变化开始趋于平缓；水稻DI达到最大时，水稻LR为80%～100%。

由图5-17(f)可知，水稻DI超过0.2时，南美洲水稻产量均有不同程度的损失，水稻DI为0～0.3时，水稻LR在40%以下；水稻DI在0.3～0.6时，水稻LR随水稻DI增大，上升幅度增加；水稻DI超过0.8时，脆弱性曲线趋于平缓，水稻LR随水稻DI变化幅度减小；水稻DI达到最大时，大部分地区水稻LR为70%～100%。

在有水稻种植的各大洲中，水稻旱灾脆弱性曲线拟合较好的是北美洲和大洋洲，R^2为0.99，均方根误差约为0.04。欧洲和非洲次之，亚洲水稻旱灾脆弱性曲线拟合R^2约为0.93，南美洲水稻旱灾脆弱性曲线拟合相对最差，R^2为0.91，均方根误差为0.11(表5-8)。对比各大洲水稻旱灾脆弱性曲线(图5-18)可知，DI小于0.3时，各大洲水稻旱灾脆

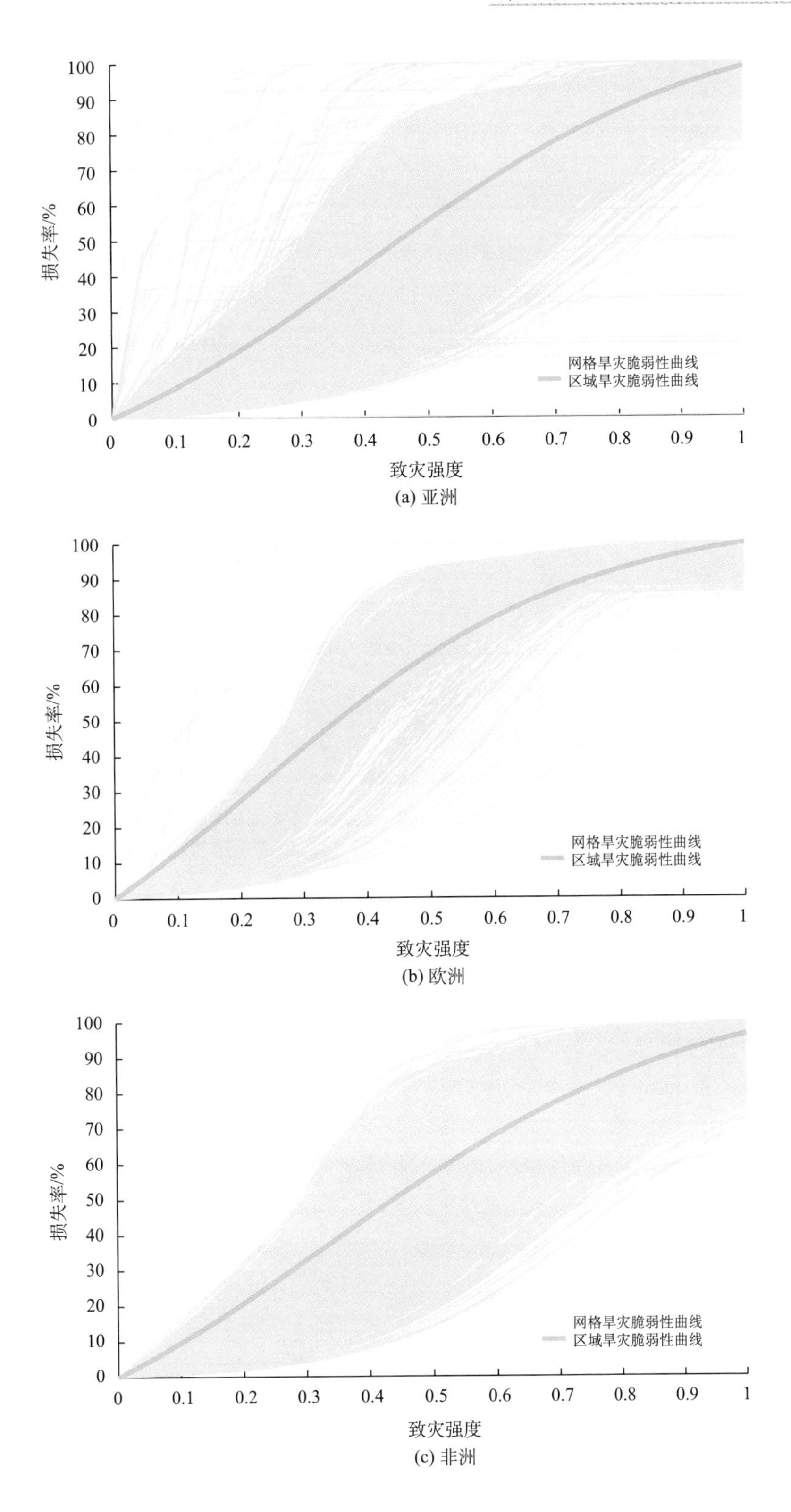
损失率/%
100
90
80
70
60
50
40
30
20
10
0
0
0.1
0.2
0.3
0.4
0.5
0.6
0.7
0.8
0.9
1
致灾强度
网格旱灾脆弱性曲线
区域旱灾脆弱性曲线

(a) 亚洲

损失率/%
100
90
80
70
60
50
40
30
20
10
0
0
0.1
0.2
0.3
0.4
0.5
0.6
0.7
0.8
0.9
1
致灾强度
网格旱灾脆弱性曲线
区域旱灾脆弱性曲线

(b) 欧洲

损失率/%
100
90
80
70
60
50
40
30
20
10
0
0
0.1
0.2
0.3
0.4
0.5
0.6
0.7
0.8
0.9
1
致灾强度
网格旱灾脆弱性曲线
区域旱灾脆弱性曲线

(c) 非洲

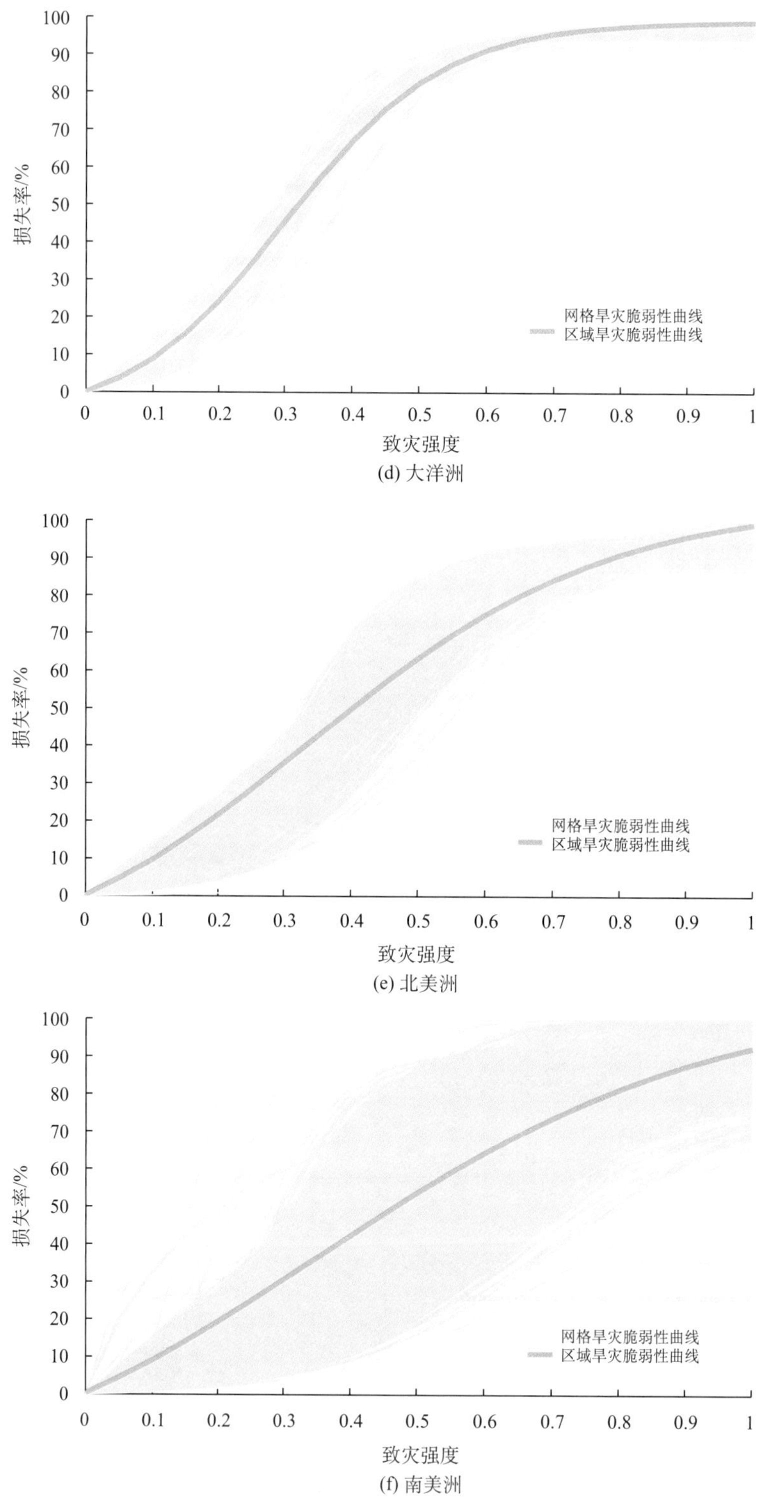

(d) 大洋洲

(e) 北美洲

(f) 南美洲

图 5-17　各大洲水稻旱灾脆弱性曲线

弱性曲线比较接近，欧洲略高于其他大洲，LR均小于40%；DI超过0.3时，大洋洲水稻旱灾LR要明显高于其他地区，水稻LR由大到小依次为大洋洲、欧洲、北美洲、非洲、亚洲和南美洲；水稻DI达0.7以上时，亚洲水稻LR开始超过非洲；水稻DI达到最大值时，欧洲、大洋洲、北美洲和亚洲水稻LR均接近100%，非洲和南美洲水稻LR在90%左右。

表5-8　各大洲水稻旱灾脆弱性曲线拟合参数表

区域	拟合参数				R^2	RMSE
	a	b	c	d		
亚洲	31.0011	4.5195	−3.6926	0.9859	0.93	0.1
欧洲	−47.4756	2.4853	−4.0026	0.9967	0.96	0.07
非洲	80.9931	3.3583	−3.5307	0.9610	0.96	0.07
大洋洲	70.9988	12.8198	−8.4748	0.9856	0.99	0.04
北美洲	31.0000	4.7854	−4.5530	0.9885	0.99	0.04
南美洲	50.9921	3.5287	−3.4657	0.9208	0.91	0.11

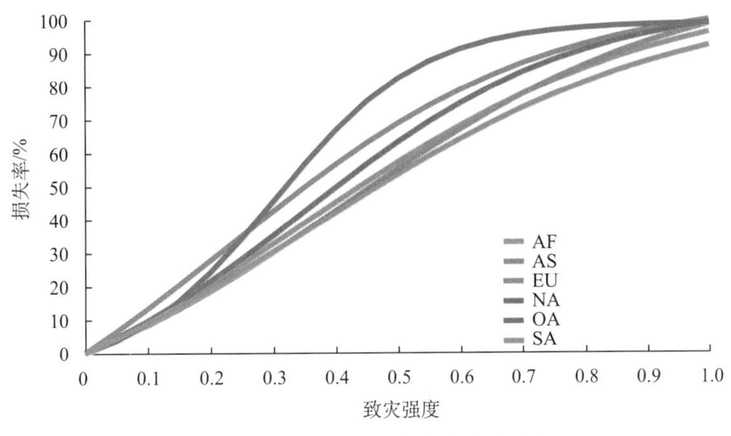

图5-18　各大洲水稻旱灾脆弱性曲线差异

5.4　全球农作物旱灾脆弱性曲线

为对比分析全球主要农作物旱灾脆弱性差异，在分析全球主要农作物网格单元旱灾脆弱性曲线的基础上，拟合主要农作物的全球旱灾脆弱性曲线，并分析主要农作物全球旱灾脆弱性曲线的差异。

5.4.1　全球玉米旱灾脆弱性曲线

全球玉米旱灾脆弱性曲线较为复杂，部分地区玉米DI达到0.3以上时，玉米LR的增长已经减缓，损失率趋于稳定；也有部分地区随玉米 DI 增加玉米 LR 变化不大，为 10%～20%，该类地区玉米有明显的耐旱性(图 5-19)。全球大部分地区玉米 DI 大于 0.3 时，玉米产量均出现不同程度的损失，且随着玉米 DI 的增大，玉米 LR 也逐渐增加；玉米 DI 在 0.5～0.6 时，玉米 LR 差异最大，分布在 5%～90% 区间内；玉米 DI 达到最大时，玉米 LR 在 50%～100%。根据网格单元玉米旱灾脆弱性曲线拟合得到一条全球玉米旱灾脆弱性曲线。该曲线显示，全球大部分地区随玉米 DI 增加，玉米 LR 的增长幅度相对稳定。

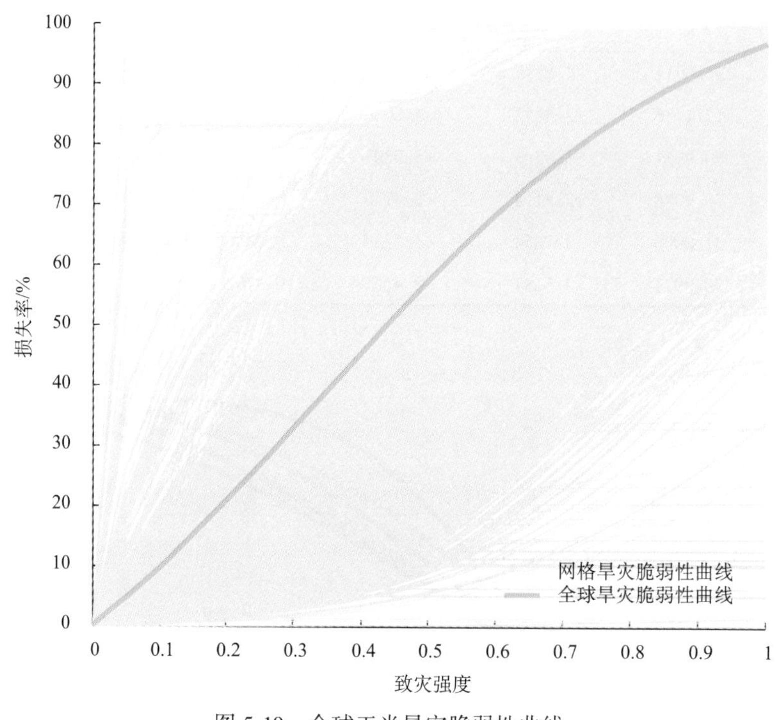

图 5-19 全球玉米旱灾脆弱性曲线

5.4.2 全球小麦旱灾脆弱性曲线

从全球春小麦旱灾脆弱性曲线(图 5-20)可以看出，全球大部分地区春小麦 DI 超出 0.2 时，春小麦产量均会受到不同程度的损失；春小麦 DI 在 0～0.3 时，春小麦 LR 随春小麦 DI 增加而缓慢增长；春小麦 DI 达到 0.3～0.7 时，春小麦 LR 随春小麦 DI 变化幅度加大，全球春小麦 LR 在该阶段也最大；春小麦 DI 超过 0.7 时，春小麦 LR 的增长幅度开始减缓，逐渐趋于稳定；春小麦 DI 达到最大时，大部分地区春小麦 LR 为 80%～100%。

从全球冬小麦旱灾脆弱性曲线(图 5-21)可以看出，其冬小麦 LR 差异性很大，即全球不同环境下，冬小麦受干旱影响程度有较大不同。当冬小麦 DI 达到 0.3 时，全球冬小麦 LR 最低仅为 1% 左右，最高可以达到 80% 以上；冬小麦 DI 在 0.3～0.7 时，冬小麦 LR 随冬小麦 DI 增加而增长的幅度加大；冬小麦 DI 大于 0.7 时，幅度开始减小；至冬小麦 DI 达到最大时，大部分地区冬小麦 LR 在 60% 以上。

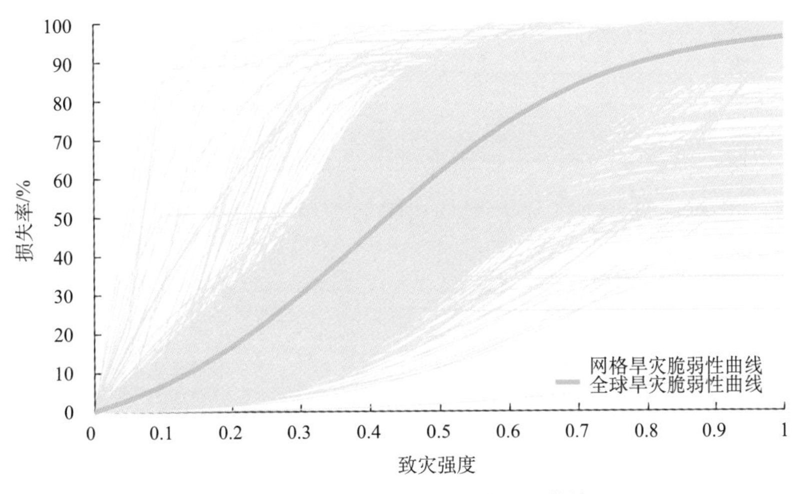

图 5-20　全球春小麦旱灾脆弱性曲线

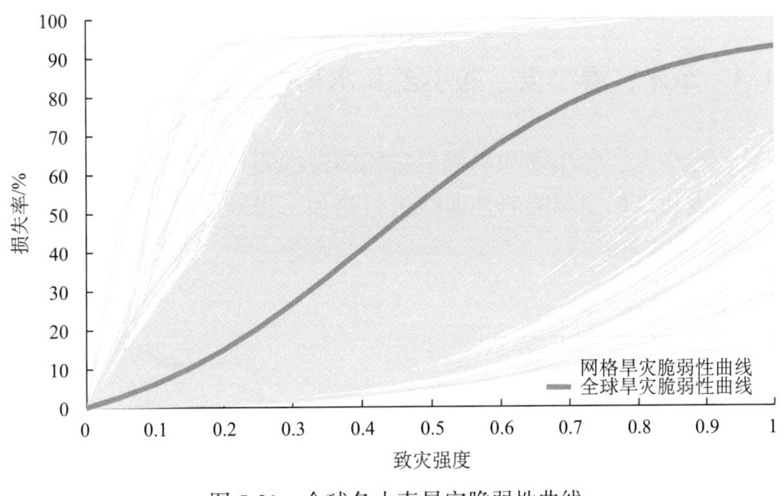

图 5-21　全球冬小麦旱灾脆弱性曲线

5.4.3　全球水稻旱灾脆弱性曲线

根据全球网格单元水稻旱灾脆弱性曲线，拟合得到一条全球水稻旱灾脆弱性曲线(图 5-22)。由于大部分水稻种植在亚洲，因此，全球水稻旱灾脆弱性曲线与亚洲水稻旱灾脆弱性曲线较为接近。

水稻 DI 达到 0.2～0.3 时，部分地区水稻 LR 已大于 90%，表明该地区水稻极易受干旱影响，对干旱的抵抗能力较弱；水稻 DI 大于 0.3 时，全球不同地区水稻 LR 的差异性增大；水稻 DI 达 0.5 时，水稻 LR 差异性最大，为 10%～90%；水稻 DI 大于 0.5 时，全球几乎所有地区水稻 LR 均超过 10%；水稻 DI 达到 0.7 以上时，水稻 LR 随 DI 变化逐渐减

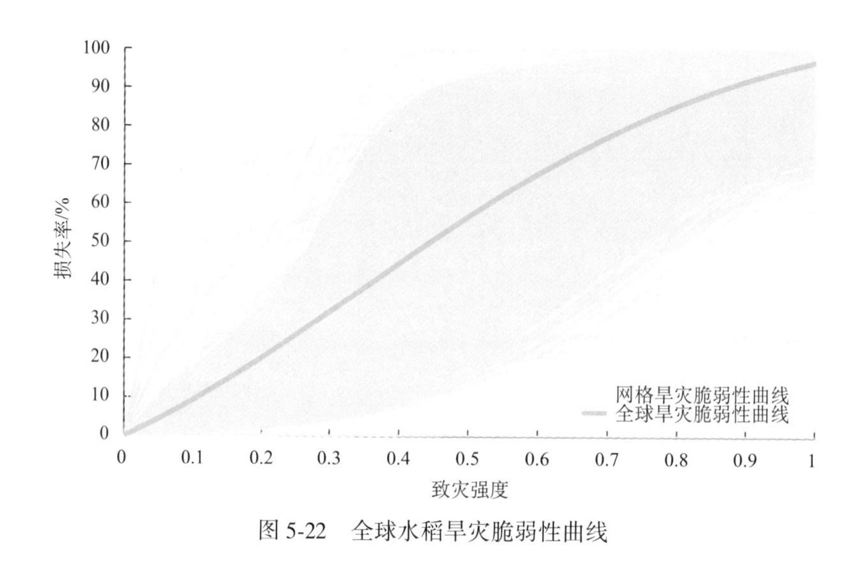

图 5-22　全球水稻旱灾脆弱性曲线

缓；水稻 DI 达到最大时，全球大部分地区水稻 LR 为 70%～100%。

5.4.4　玉米、春小麦、冬小麦和水稻旱灾脆弱性曲线的差异

为对比玉米、春小麦、冬小麦和水稻旱灾脆弱性的差异，本节对前文中拟合得到的玉米、春小麦、冬小麦和水稻全球脆弱性曲线进行叠加，得到全球主要农作物旱灾脆弱性曲线差异图(图 5-23)。

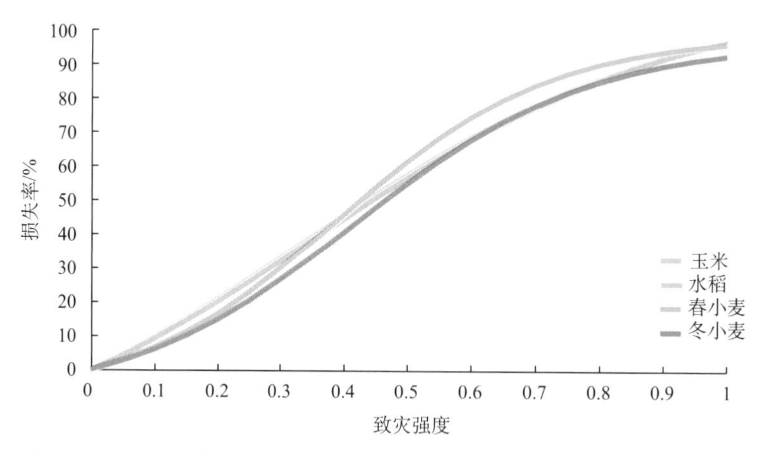

图 5-23　全球玉米、春小麦、冬小麦和水稻作物旱灾脆弱性曲线差异

在这四种作物中，全球玉米旱灾脆弱性曲线拟合最优，R^2最大，约 0.96，均方根误差最小，为 0.07。其次是春小麦，R^2为 0.94，均方根误差为 0.09。水稻旱灾脆弱性曲线拟合优度为 0.93，均方根误差为 0.1。全球冬小麦受干旱影响 LR 差异性较大，因此，拟合优度也最低，R^2为 0.9，均方根误差为 0.12(表 5-9)。对比全球四种主要农作物旱灾脆弱

性曲线(图5-23)可以看出，玉米和水稻旱灾脆弱性曲线形态较为接近，冬小麦和春小麦在DI较小时，LR比较相似，随着DI加大，春小麦LR逐渐超过冬小麦。DI小于0.4时，玉米、水稻的LR高于春小麦和冬小麦；DI大于0.4时，春小麦LR迅速增加，超过玉米、水稻；DI达到0.6～0.8时，玉米、水稻和冬小麦LR较为接近，春小麦LR高于其他三种作物；DI达到最高时，玉米、水稻LR高于春小麦，冬小麦LR最低。

表5-9 主要农作物全球旱灾脆弱性曲线拟合参数表

作物	拟合参数				R^2	RMSE
	a	*b*	*c*	*d*		
玉米	10.9998	3.3992	-3.5149	0.9689	0.96	0.07
春小麦	-28.9985	10.6634	-5.9940	0.9593	0.95	0.09
冬小麦	200.9966	10.0623	-5.4677	0.9256	0.9	0.12
水稻	50.9997	3.5776	-3.5428	0.9680	0.93	0.1

5.5 不同高程区间农作物旱灾脆弱性曲线

地理环境要素的不同使得各大洲内部农作物旱灾脆弱性曲线存在较大差异。高程是地理环境要素中代表性指标之一。为探究各大洲不同高程下农作物旱灾脆弱性差异，将高程分为7个区间，即：<50 m、50～200 m、200～500 m、500～1000 m、1000～1500 m、1500～2000 m、≥2000 m，选择各高程区间内农作物旱灾脆弱性曲线的平均状态为该区间的农作物旱灾脆弱性曲线。

5.5.1 不同高程区间玉米旱灾脆弱性曲线

图5-24表明了世界六大洲各高程区间玉米旱灾脆弱性曲线的差异。

亚洲地区玉米种植主要集中在50～1000 m高程范围内，其中200～500 m区间玉米种植最多，约占亚洲玉米种植总面积的24.46%。由不同高程玉米旱灾脆弱性曲线可以看出，在相同DI下，随着高程的增加，亚洲玉米LR有上升的趋势。同等DI下，高程小于50 m的地区，玉米LR小于其他区间，1500～2000 m和2000 m以上区间的玉米LR均高于其他区间。

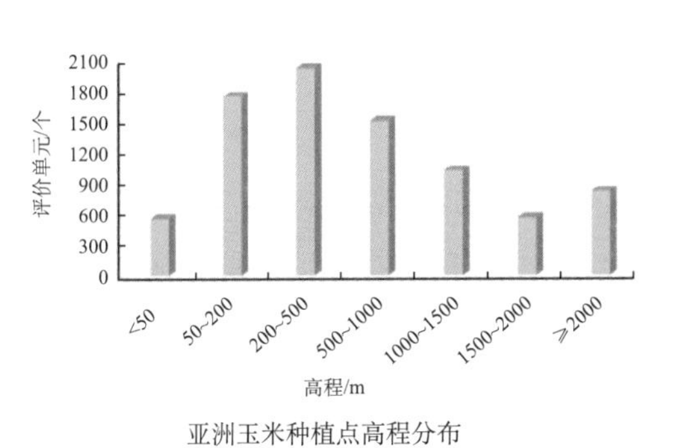

亚洲玉米种植点高程分布

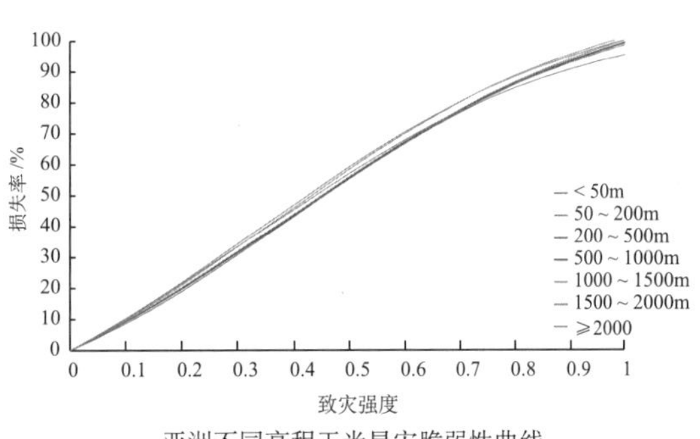

亚洲不同高程玉米旱灾脆弱性曲线

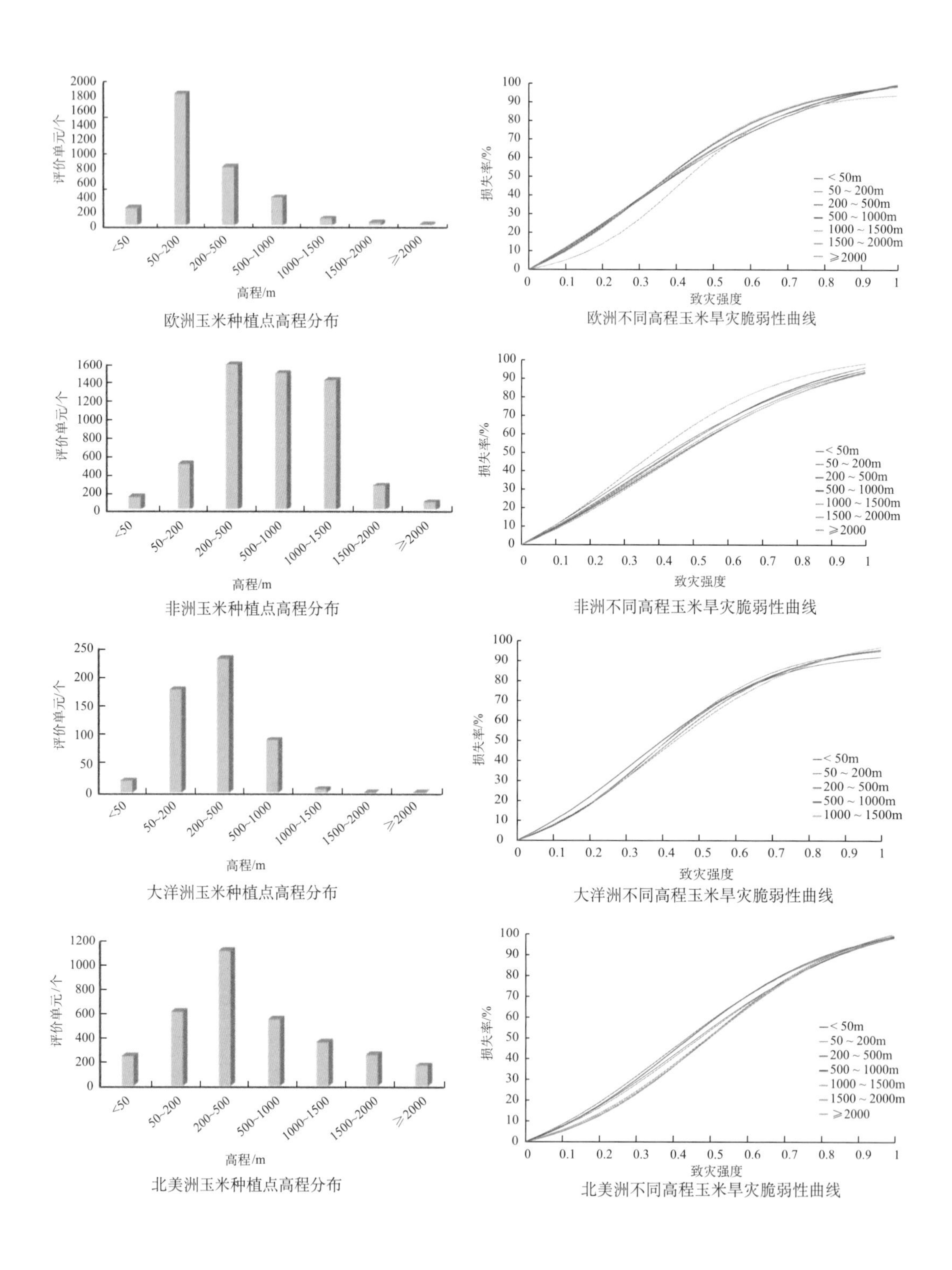

欧洲玉米种植点高程分布

欧洲不同高程玉米旱灾脆弱性曲线

非洲玉米种植点高程分布

非洲不同高程玉米旱灾脆弱性曲线

大洋洲玉米种植点高程分布

大洋洲不同高程玉米旱灾脆弱性曲线

北美洲玉米种植点高程分布

北美洲不同高程玉米旱灾脆弱性曲线

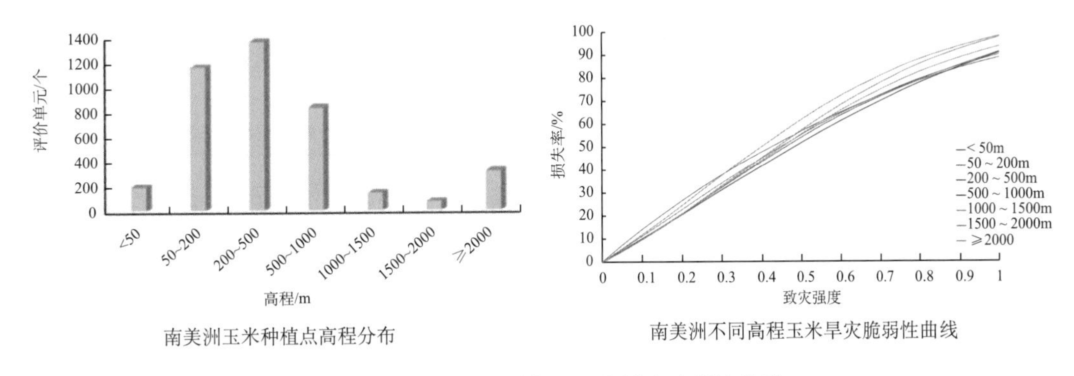

南美洲玉米种植点高程分布

南美洲不同高程玉米旱灾脆弱性曲线

图 5-24　各大洲不同高程玉米旱灾脆弱性曲线

欧洲地区玉米大多集中种植在海拔 50～200m 范围内，占欧洲玉米种植总面积的 53.25%。由不同高程玉米旱灾脆弱性曲线可以看出，在 DI 小于 0.3 时，50m 以下和 50～200m 地区的玉米 LR 超过其他区间；DI 大于 0.4 时，500～1000m 和 1000～1500m 范围内的玉米 LR 要明显高于其他地区；高程在 2000m 以上的地区，玉米旱灾脆弱性曲线与其他区间有明显不同。

非洲地区玉米种植主要集中在 200～1500m 范围内，其中，200～500m 范围内玉米种植最多，约占非洲玉米种植总面积的 28.95%。50m 以下和 2000m 以上的地区玉米种植较少。根据不同高程玉米旱灾脆弱性曲线可以看出，DI 处于 0.1～0.9 时，50～200m 地区的玉米 LR 略低于 50m 以下地区。2000m 以上地区的玉米旱灾脆弱性曲线与其他地区有明显不同，在同等 DI 下，2000m 以上地区的玉米 LR 明显高于其他区间。

大洋洲玉米种植主要集中在 50～500m 范围内，其中，200～500m 范围内玉米种植最多，约占该地区玉米种植总面积的 43.98%。DI 小于 0.5 时，相同 DI 下 500～1000m 区间的玉米 LR 高于其他区间，50m 以下和 50～200m 区间的玉米 LR 较为接近；DI 大于 0.9 时，相同 DI 下，1000～1500m 区间的玉米 LR 最大，50m 以下区间玉米 LR 最小。

北美洲玉米种植主要集中在 200～500m 范围内，约占北美洲玉米种植总面积的 33.78%。由不同高程玉米旱灾脆弱性曲线可以看出，北美洲地区 1000～1500m、1500～2000m 和 2000m 以上区间的玉米旱灾脆弱性曲线较为相似，50m 以下和 50～200m 区间玉米旱灾脆弱性曲线相似，200～500m 和 500～1000m 区间玉米旱灾脆弱性曲线比较接近。当 DI 小于 0.7 时，相同 DI 下 1000m 以上地区的玉米 LR 小于其他区间，200～1000m 地区的玉米 LR 大于其他区间；当 DI 大于 0.9 时，1000m 以上地区的玉米 LR 高于其他区间。

南美洲玉米种植主要集中在 50～1000m 范围内，其中，200～500m 范围内玉米种植最多，约占该地区玉米种植总面积的 33.44%。DI 小于 0.3 时，相同 DI 下高程小于 50m 的地区玉米 LR 高于其他区间；DI 大于 0.4 时，随着高程增加，玉米 LR 逐渐增加，2000m 以上地区玉米 LR 达到最高，其次是 1500～2000m 和 1000～1500m 的地区。

5.5.2 不同高程区间小麦旱灾脆弱性曲线

1. 春小麦

图 5-25 表明了世界六大洲各高程区间春小麦旱灾脆弱性曲线的差异。

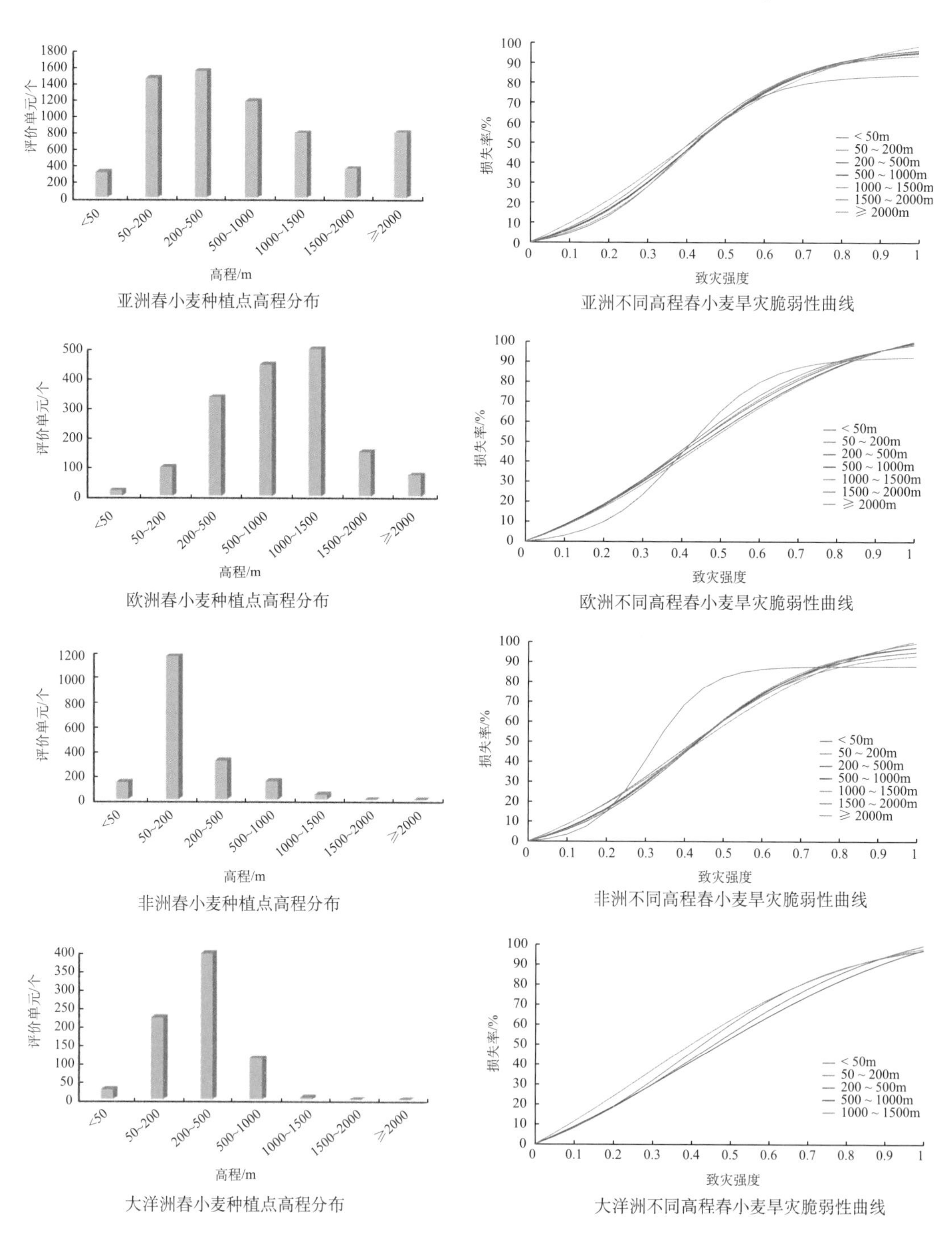

亚洲春小麦种植点高程分布

亚洲不同高程春小麦旱灾脆弱性曲线

欧洲春小麦种植点高程分布

欧洲不同高程春小麦旱灾脆弱性曲线

非洲春小麦种植点高程分布

非洲不同高程春小麦旱灾脆弱性曲线

大洋洲春小麦种植点高程分布

大洋洲不同高程春小麦旱灾脆弱性曲线

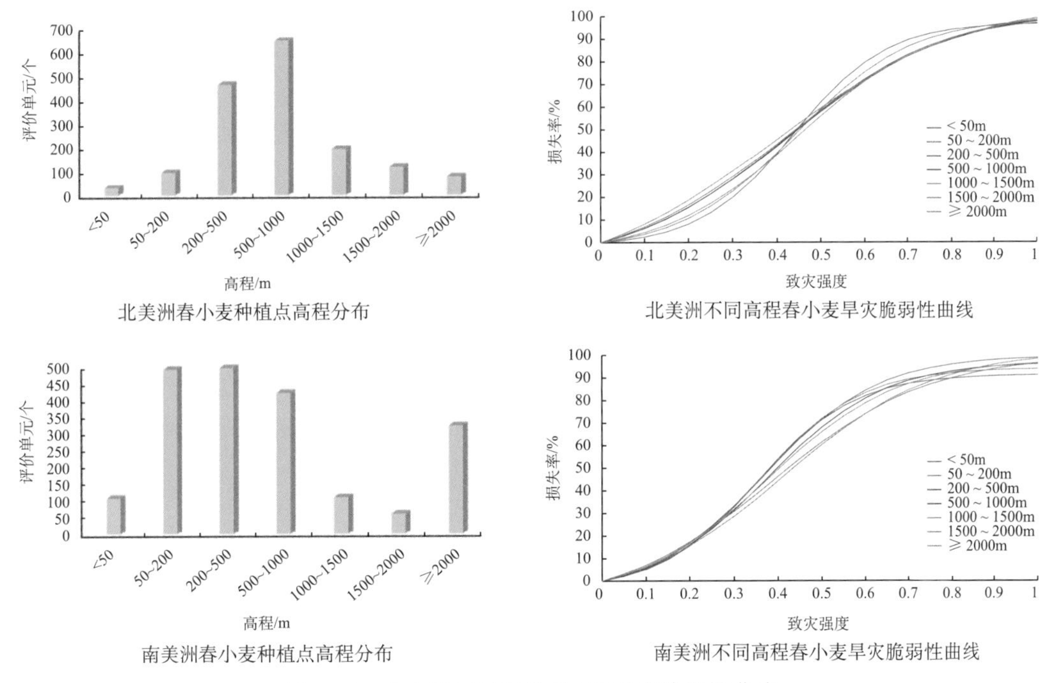

图 5-25　各大洲不同高程春小麦旱灾脆弱性曲线

亚洲地区除 50m 以下和 1500～2000m 范围外，其他高程区间均有一定数量的春小麦种植，其中 200～500 m 范围内春小麦种植最多。DI 小于 0.4 时，相同 DI 下，2000m 以上地区春小麦 LR 最大，50m 以下地区春小麦 LR 最小；DI 大于 0.7 时，相同 DI 下，高程小于 50m 地区春小麦 LR 明显小于其他区间。整体上，随着高程增加，春小麦 LR 呈增加趋势。

欧洲地区春小麦大多集中种植在海拔 50～200m 范围内。由不同高程下春小麦旱灾脆弱性曲线可以看出，当 DI 小于 0.4 时，相同 DI 下，1500～2000m 地区春小麦 LR 最小；DI 在 0.4～0.8 时，相同 DI 下，1500～2000m 地区春小麦 LR 高于其他地区，其次是高程小于 50m 的地区。此外，50～200m 和 200～500m 地区春小麦 LR 较为接近，500～1000m 和 1000～1500m 地区春小麦 LR 也比较相似。

非洲地区春小麦种植主要集中在 200～1500m 范围内，其中，1000～1500m 范围内春小麦种植最多。DI 小于 0.3 时，相同 DI 下 1500～2000m 和 2000m 以上地区的春小麦 LR 高于其他地区；DI 在 0.3～0.7 时，相同 DI 下，高程小于 50m 地区的春小麦 LR 明显高于其他区间；DI 超过 0.8 时，相同 DI 下，春小麦 LR 随高程增加而逐渐增加。高程小于 50m 地区的春小麦旱灾脆弱性曲线与其他区间有明显不同。

大洋洲春小麦种植主要集中在 200～500m 范围内。由不同高程春小麦旱灾脆弱性曲线可以看出，高程小于 50m 和高程为 50～200m 地区春小麦旱灾脆弱性曲线比较相似。相同 DI 下，1000～1500m 地区的春小麦 LR 最大，200m 以下地区的 LR 次之，500～1000m 范围内春小麦 LR 最小。

北美洲春小麦种植主要集中在200～1000m范围内，其中200～500m范围内春小麦种植最多。由不同高程春小麦旱灾脆弱性曲线可以看出，DI小于0.5时，相同DI下，随着高程的增加，春小麦LR整体呈增加趋势，2000m以上地区春小麦LR最高，50m以下地区春小麦LR最低。当DI达0.5～0.9时，相同DI下，50m以下地区和50～200m地区春小麦LR高于其他地区。

南美洲除50m以下地区和1000～2000m范围内春小麦种植较少外，其他地区均有一定数量的春小麦种植，其中50～200m和200～500m区间内春小麦种植较多。由不同高程春小麦旱灾脆弱性曲线可以看出，DI小于0.6时，相同DI下，500m以下地区春小麦LR较为接近，均高于其他地区；500～1000m和1000～1500m地区春小麦LR较为接近；1500～2000m和2000m以上地区春小麦LR较为接近，且最小。DI超过0.7后，相同DI下，50m以下地区春小麦LR高于其他地区，200～500m范围内春小麦LR最小。

2. 冬小麦

图5-26表明了世界五大洲各高程区间冬小麦旱灾脆弱性曲线的差异。

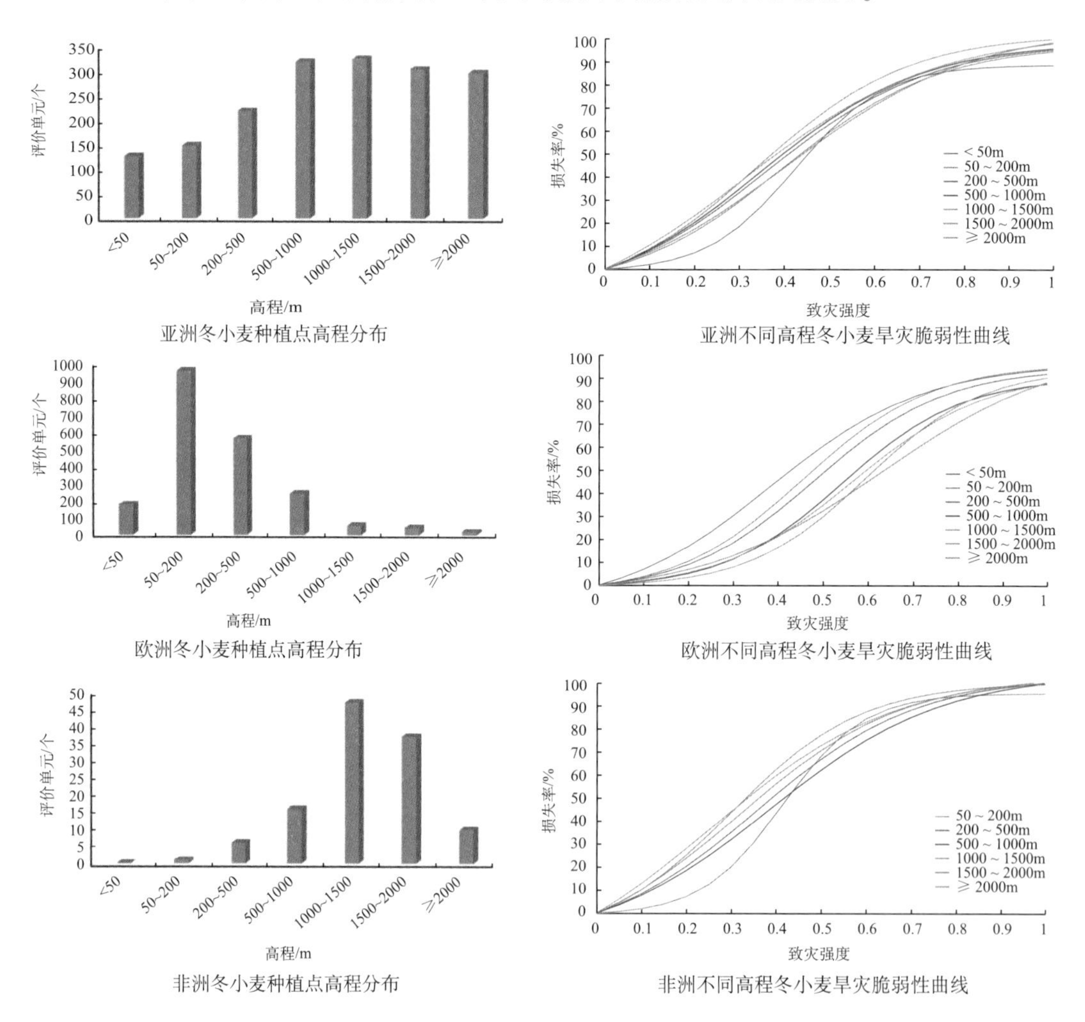

亚洲冬小麦种植点高程分布

亚洲不同高程冬小麦旱灾脆弱性曲线

欧洲冬小麦种植点高程分布

欧洲不同高程冬小麦旱灾脆弱性曲线

非洲冬小麦种植点高程分布

非洲不同高程冬小麦旱灾脆弱性曲线

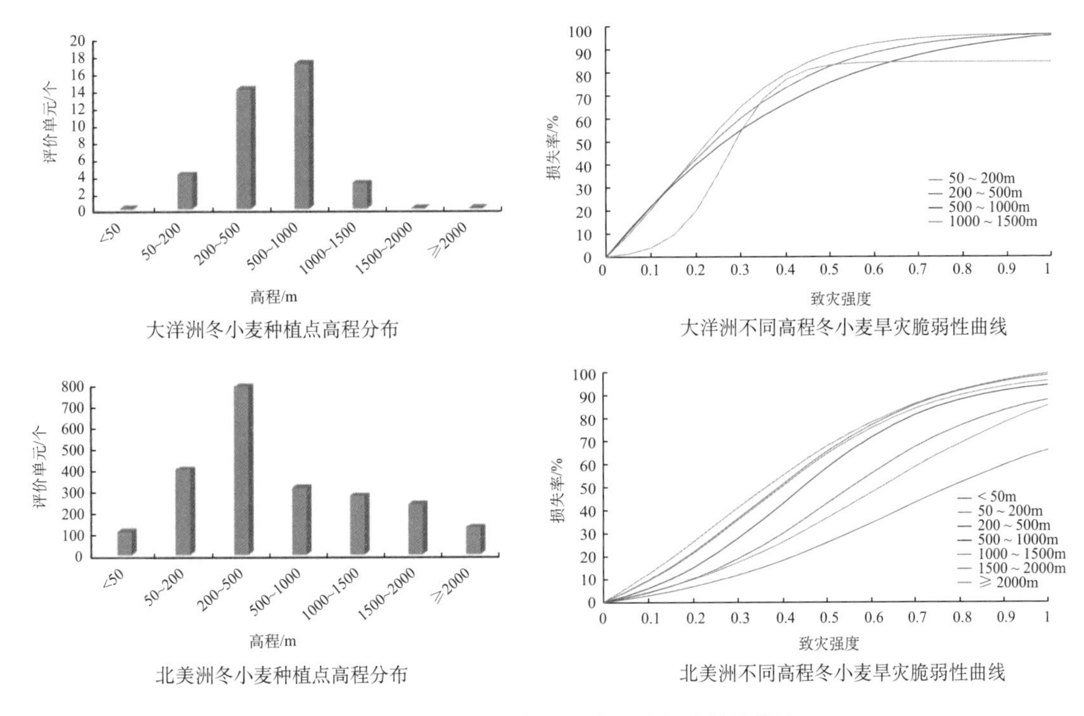

图 5-26　各大洲不同高程冬小麦旱灾脆弱性曲线

亚洲地区冬小麦种植较多，主要种植在海拔 200m 以上地区，其中 1000～1500m 范围内冬小麦种植最多。从不同高程冬小麦旱灾脆弱性曲线可以看出，其整体趋势与非洲地区比较相似，DI 小于 0.3 时，相同 DI 下，高程小于 50m 地区的冬小麦 LR 明显小于其他地区；当 DI 大于 0.4 时，高程大于 2000m 地区的冬小麦 LR 均高于其他地区。

欧洲地区冬小麦主要种植在 50～200m 范围内。从不同高程冬小麦旱灾脆弱性曲线可以看出，欧洲地区不同高程下冬小麦旱灾脆弱性曲线差异较大。当 DI 小于 0.6 时，相同 DI 下，随着高程的增加，冬小麦 LR 呈减小趋势，高程小于 50m 地区冬小麦 LR 最大，大于 2000m 地区冬小麦 LR 最小。

非洲地区冬小麦种植主要集中在 1000～2000m 范围内，其中 1000～1500m 范围内种植最多。从不同高程冬小麦旱灾脆弱性曲线可以看出，DI 小于 0.3 时，相同 DI 下，1000～1500m 范围内冬小麦 LR 最大，50～200m 地区冬小麦 LR 最小；DI 大于 0.3 时，相同 DI 下，2000m 以上地区冬小麦 LR 逐渐增加，达到最大。整体上，随着高程的增加，冬小麦 LR 呈增加趋势，50～200m 范围内冬小麦旱灾脆弱性曲线与其他地区明显不同。

大洋洲地区冬小麦仅在 50～1500m 范围内有种植，其中 500～1000m 范围内冬小麦种植最多。从不同高程冬小麦旱灾脆弱性曲线可以看出，相同 DI 下，随着高程增加，冬小麦 LR 呈减小趋势，其中 1000～1500m 范围内冬小麦旱灾脆弱性曲线与其他区间明显不同。

北美洲地区冬小麦种植主要集中在 200～500m 范围内，从不同高程冬小麦旱灾脆弱性曲线可以看出，相同 DI 下，冬小麦 LR 随着高程增加有明显的增加趋势。高程小于 50m 的地区冬小麦 LR 最小，DI 达到最大时，该区间冬小麦 LR 最大仅约 65%。

5.5.3 不同高程区间水稻旱灾脆弱性曲线

图 5-27 表明了世界六大洲各高程区间水稻旱灾脆弱性曲线的差异。

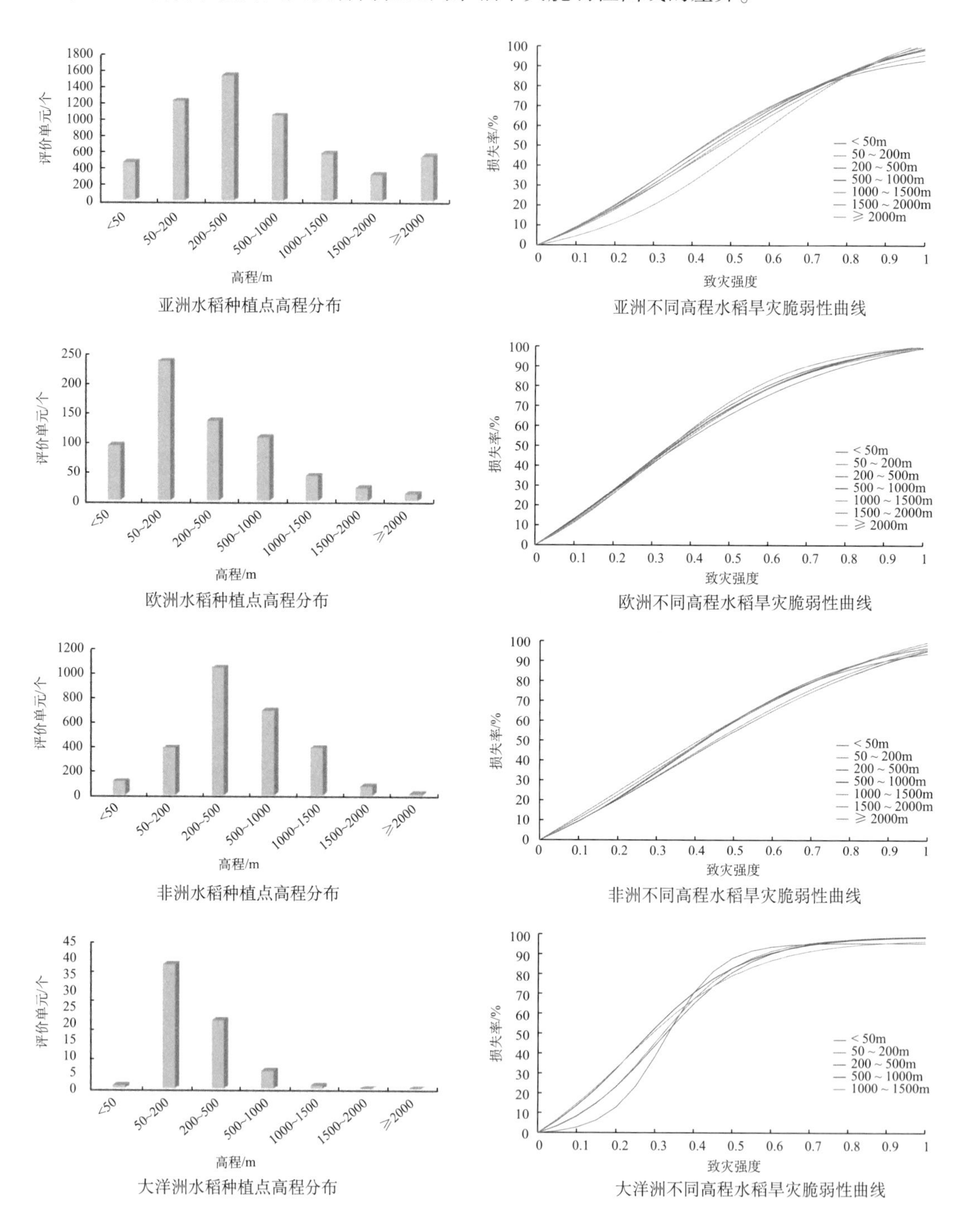

亚洲水稻种植点高程分布

亚洲不同高程水稻旱灾脆弱性曲线

欧洲水稻种植点高程分布

欧洲不同高程水稻旱灾脆弱性曲线

非洲水稻种植点高程分布

非洲不同高程水稻旱灾脆弱性曲线

大洋洲水稻种植点高程分布

大洋洲不同高程水稻旱灾脆弱性曲线

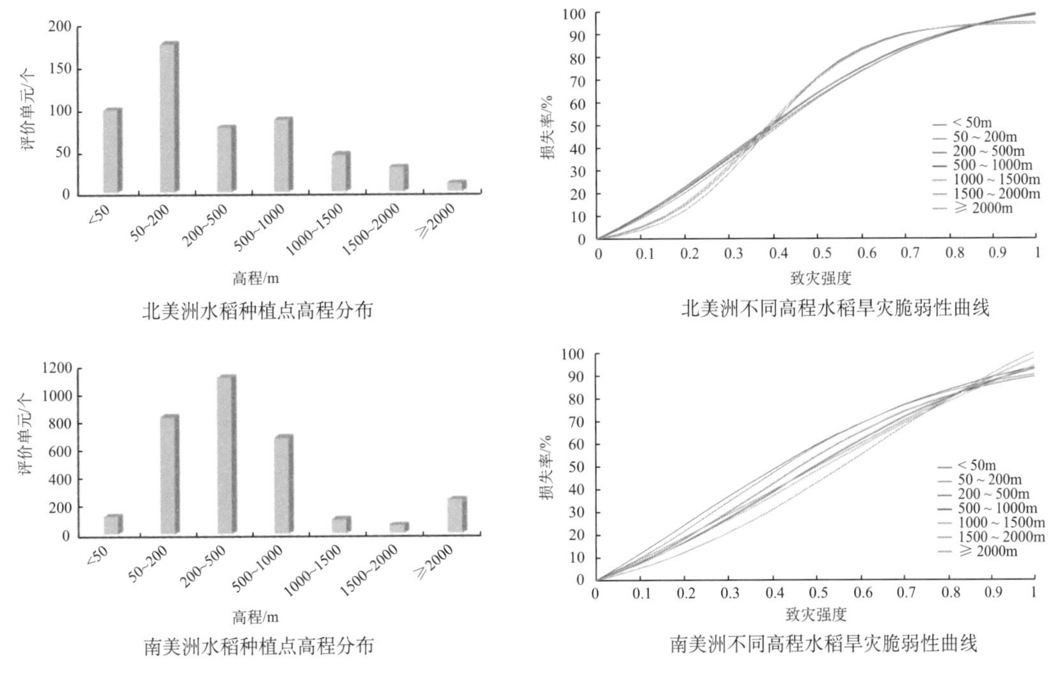

图 5-27 各大洲不同高程水稻脆弱性曲线

亚洲是水稻的主要种植区，水稻种植量明显高于其他地区，其中 200～500m 区间是水稻种植的主要地区。从不同高程水稻旱灾脆弱性曲线可以看出，DI 小于 0.8 时，相同 DI 下，高程小于 50m 和 50～200m 范围内的水稻旱灾脆弱性曲线较为接近，其 LR 最大；1000～1500m 和 1500～2000m 范围内水稻旱灾脆弱性曲线较相似；高程大于 2000m 地区的水稻 LR 最小。当 DI 大于 0.8 时，相同 DI 下，随着高程增加，水稻 LR 呈增加的趋势。

欧洲水稻种植主要集中在高程 50～200m 地区。从不同高程水稻旱灾脆弱性曲线可以看出，该地区不同高程下水稻旱灾脆弱性曲线形态差异较小，DI 小于 0.4 时，相同 DI 下各高程水稻 LR 差异不大；DI 大于 0.4 时，1500～2000m 范围内水稻 LR 最大，高程小于 50m 地区水稻 LR 最小。

非洲地区水稻种植主要集中在 200～500m 范围内。从不同高程水稻旱灾脆弱性曲线可以看出，该地区不同高程下水稻旱灾脆弱性曲线比较接近。DI 小于 0.5 时，相同 DI 下高程大于 2000m 地区的水稻 LR 最大，其次是 1500～2000m 地区。高程 500～1000m 和 1000～1500m 地区的水稻旱灾脆弱性曲线较为相似，且相同 DI 下该区间水稻 LR 最小。

大洋洲在 1500m 以下地区有水稻种植，其中 50～200m 是水稻种植最多的区间。从不同高程水稻旱灾脆弱性曲线可以看出，DI 小于 0.4 时，相同 DI 下，随着高程增加，水稻 LR 呈增加趋势，其中 500～1000m 和 1000～1500m 地区的 LR 较为接近，50～200m 和 200～500m 区间的 LR 比较相似，50m 以下地区 LR 最小；DI 达到 0.4～0.7 时，相同 DI 下，50m 以下地区水稻 LR 高于其他地区；DI 大于 0.7 时，50～1000m 范围内水稻 LR 大于其他地区。

北美洲水稻种植主要集中在50～200m范围内，其次是小于50m的地区，高程大于2000m的地区水稻种植较少。从不同高程水稻旱灾脆弱性曲线可以看出，高程超过1000m后，水稻旱灾脆弱性曲线发生明显的变化，1000m以上地区水稻旱灾脆弱性曲线较为相似，1000m以下地区水稻旱灾脆弱性曲线比较接近。DI小于0.4时，相同DI下，1000m以下地区水稻LR高于1000m以上地区；DI位于0.4～0.8时，相同DI下，1000m以上地区水稻LR高于1000m以下地区；DI大于0.9时，1000m以上地区水稻LR小于1000m以下地区。

南美洲水稻种植主要集中在50～1000m范围内，其中，200～500m范围内水稻种植最多。从不同高程水稻旱灾脆弱性曲线可以看出，该地区不同高程下水稻旱灾脆弱性曲线有较大差异。DI小于0.9时，相同DI下，随着高程增加，水稻LR呈减小的趋势；DI达到0.9以上时，相同DI下，高程大于2000m的地区，水稻LR大于其他地区。

5.5.4 各大洲不同高程区间主要农作物旱灾脆弱性曲线对比

综合各大洲和不同高程区间的主要农作物旱灾脆弱性曲线，得到各大洲不同高程区间的主要农作物旱灾脆弱性曲线(图5-28)。

从图中可以看出，亚洲地区高程在50m以下，DI较小时，春小麦和冬小麦旱灾脆弱性低于玉米和水稻，即相同DI下，其LR较小；随着高程增加，春小麦和冬小麦在较小DI下的LR接近玉米和水稻，至高程2000m时，相同DI下春小麦和冬小麦的LR远远高于玉米和水稻。

欧洲地区高程为50m以下时，四种作物的旱灾脆弱性曲线较为接近。随着高程的增加，旱灾脆弱性曲线差异也逐渐明显，其中冬小麦旱灾脆弱性随着高程的增加有一定的降低趋势，也即在相同DI下，冬小麦LR明显低于其他三种作物，而水稻的LR是四种作物中最高的，其次是玉米和春小麦。

非洲地区高程200m以下时，冬小麦旱灾脆弱性曲线明显有别于其他三种作物，当DI较小时，冬小麦LR低于其他三种作物，随着DI增大，其LR迅速上升，当DI达到较高水平时，冬小麦LR高于其他作物；随着高程增加，冬小麦在高DI条件下，LR明显高于其他作物，其次是春小麦和玉米。

大洋洲作物种植主要集中在1500m以下地区，且四种作物旱灾脆弱性曲线差异较大。高程在50m以下时，没有冬小麦种植，相同DI下，水稻LR最高；50m以上的区间内，随着高程增加，在高DI条件下，水稻LR逐渐超过冬小麦。即高程50～200m范围内，DI小于0.7时，相同DI下，LR由大到小依次为冬小麦、水稻、玉米和春小麦；DI超过0.7后，水稻LR达到最大。高程200～500m内，DI小于0.5时，相同DI下，冬小麦LR最大；DI超过0.5后，水稻LR成为最大。高程在500m以上，DI小于0.3时，相同DI下，冬小麦LR最大；DI超过0.3后，水稻LR超过冬小麦。

北美洲地区高程500m范围内，冬小麦旱灾脆弱性明显低于其他三种作物，在相同DI下，冬小麦的LR最低，水稻的LR相对较高；高程在500～1000m时，四种作物旱灾脆弱性曲线比较接近；高程达到1000m以上时，相同DI下，玉米的LR最小，冬小麦LR逐渐升高达到最大，水稻在DI较高时，依然有较大的LR。

南美洲地区没有冬小麦种植，春小麦的旱灾脆弱性相对较高，在高DI条件下，春小麦LR最高，玉米次之，水稻的LR相对较小。随着高程的增加，玉米脆弱性逐渐接近春小麦，至1500 m以上，相同DI下，玉米LR接近春小麦。

5.6 本章小结

本章基于SEPIC模型，在不考虑通气、氮、磷、钾和温度胁迫影响的前提下，采用灌溉情景方法，模拟不同灌溉情景下的玉米、春小麦、冬小麦和水稻水分胁迫指数及其单产。将归一化的水分胁迫指数和玉米、春小麦、冬小麦和水稻产量相对于其最高产量减产百分比分别作为玉米、春小麦、冬小麦和水稻DI和LR，拟合了全球不同单元(0.5°×0.5°网格、大洲和全球)玉米、春小麦、冬小麦和水稻的旱灾脆弱性曲线，并探讨了它们在不同高程区间内的旱灾脆弱性曲线差异。

不同网格单元的玉米、春小麦、冬小麦和水稻旱灾脆弱性差异较大。对比各大洲这四种农作物旱灾脆弱性，结果表明：欧洲玉米脆弱性明显高于其他大洲；当玉米DI达0.4～0.8时，大洋洲玉米LR仅次于欧洲；当玉米DI最大时，欧洲、北美洲和亚洲的玉米LR接近100%。春小麦DI小于0.3时，各大洲春小麦LR差别不大，约为30%；春小麦DI大于0.3时，南美洲春小麦LR明显高于其他大洲。冬小麦DI小于0.5时，各大洲冬小麦LR由大到小依次为大洋洲、非洲、亚洲、北美洲和欧洲；当冬小麦DI大于0.7时，非洲冬小麦LR最大；当冬小麦DI达到最大时，非洲冬小麦LR接近100%，其次是亚洲、大洋洲、欧洲，北美洲。水稻DI大于0.3时，各大洲水稻LR由大到小依次为大洋洲、欧洲、北美洲、非洲、亚洲和南美洲；水稻DI达到最大值时，欧洲、大洋洲、北美洲和亚洲水稻LR均接近100%，非洲和南美洲水稻LR在90%左右。

全球玉米、春小麦、冬小麦和水稻旱灾脆弱性曲线拟合结果表明：玉米和水稻LR随玉米和水稻DI变化而变化的幅度接近；当玉米和水稻DI大于0.4时，春小麦LR迅速增加，超过玉米和水稻，全球冬小麦LR在四种作物中最低。

第6章　主要农作物旱灾风险计算与制图*

在主要农作物干旱致灾因子危险性计算和旱灾脆弱性曲线构建的基础上，依据主要农作物旱灾风险评价模型，计算了单一农作物旱灾风险强度和主要农作物综合旱灾风险强度。基于网格单元、可比地理单元和国家(地区)单元，确定了主要农作物旱灾风险地图制图内容体系。根据主要农作物旱灾风险地图信息传输特点，选择合理的地图表示方法，设计地图的版式、色彩和符号，采用以ArcGIS为主的制图软件，编制了世界主要农作物旱灾风险地图图谱，以更直观地获取世界主要农作物旱灾风险的区域差异和时空格局，服务于农作物旱灾风险防范。

6.1　基于SEPIC-V-R模型的主要农作物旱灾风险计算

一般而言，一个完整的风险评价模型包括致灾因子危险性和承灾体脆弱性两个方面。联合国开发计划署建议的风险表达式(UNDP, 2004)为

$$\text{Risk} = \text{Hazard} \times \text{Vulnerability} \tag{6.1}$$

式中，Risk为风险；Hazard为致灾因子危险性；Vulnerability为承灾体脆弱性。此前，基于SEPIC模型的致灾因子危险性评价，得到全球各网格的主要农作物干旱致灾因子强度超越概率密度曲线(详见第4章)；基于SEPIC-V模型进行主要农作物旱灾脆弱性评价，得到全球各网格的主要农作物旱灾脆弱性曲线(详见第5章)。运用式(6.1)，计算全球主要农作物旱灾风险(SEPIC-V-R)。

6.1.1　单一农作物旱灾风险计算

在本书的第4章中，根据模拟的1975～2004年的主要农作物水分胁迫(WS)，归一化得到主要农作物干旱强度指数(DI)，运用信息扩散方法，得到各网格单元DI的概率密度分布。在第5章中，设定了20个灌溉情景，通过控制灌溉量，改变农作物生长过程中的WS。灌溉量由低至高，对应得到20组WS(归一化得到DI)和相对于最小WS下产量的主要农作物产量损失率(LR)，建立主要农作物DI与其LR的函数关系lr · f(lr)，得到主要农作物旱灾脆弱性曲线。

1. 主要农作物旱灾风险计算——产量损失率(LR)

主要农作物旱灾风险的计算在上述工作的基础上继续展开(图6-1)，根据已有的主要农

* 本章执笔人：王静爱、连芳、郭浩、尹圆圆、张兴明。

作物 DI 概率分布曲线和主要农作物旱灾脆弱性曲线，两者对应相乘得到 LR 的概率分布曲线。根据固定超越概率 0.9 对应 10 年一遇，0.95 对应 20 年一遇，0.98 对应 50 年一遇，0.99 对应 100 年一遇，积分得到不同年遇型的主要农作物旱灾风险值。对 lr · f(lr) 函数进行积分，则得到主要农作物旱灾期望风险值，也即在 LR 的 0～1 区间内，对 LR 及其对应概率乘积进行积分。据此编制了各作物旱灾期望损失率图(4 幅)和年遇型损失率图(16 幅)。

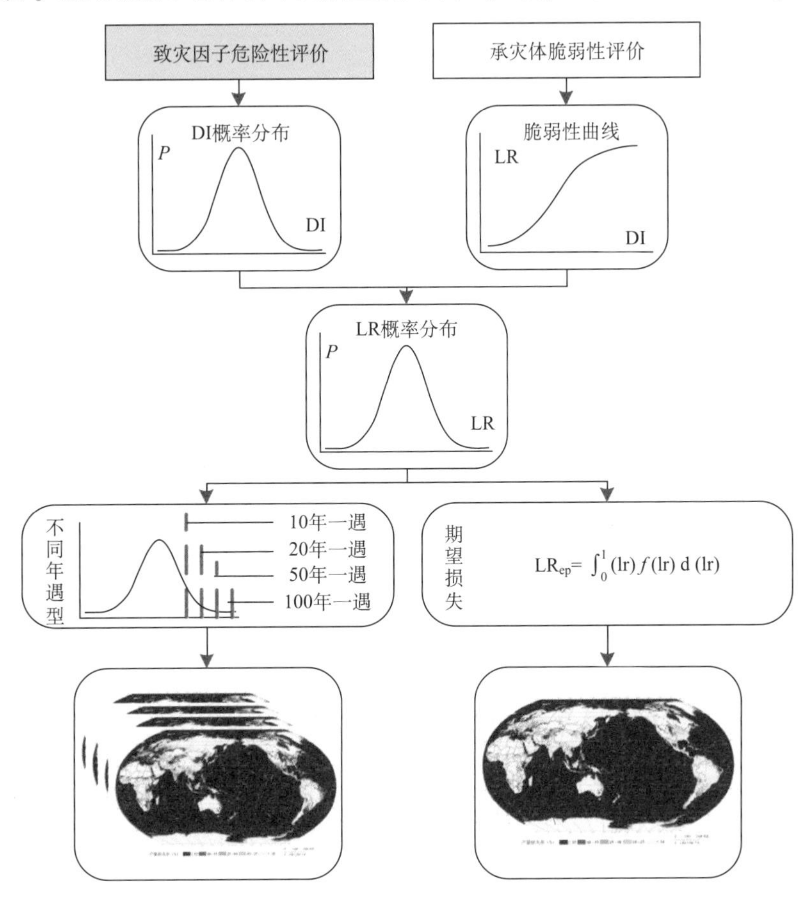

图 6-1　主要农作物旱灾风险计算与地图

注：图中 P 为对应的概率；f(lr) 为 LR 的概率分布曲线方程

根据图 6-2 计算未来情景下的主要农作物旱灾风险。在假设未来主要农作物旱灾脆弱性不改变的前提下，计算未来 4 种排放浓度情景，即 RCP2.6、RCP4.5、RCP6.0 和 RCP8.5 下的 DI，拟合得到未来情景下的主要农作物 DI 概率分布曲线，与主要农作物旱灾脆弱性曲线相结合，计算得到未来主要农作物旱灾风险。根据时段不同划分为近期(2005～2039 年)、中期(2040～2069 年)和远期(2070～2099 年)。将不同时期的主要农作物旱灾期望损失率与前文计算得到的期望损失率相减得到对比图。据此编制了各作物 3 个时段 RCP2.6 和 RCP8.5 两种排放浓度情景下的主要农作物旱灾期望损失率图(24 幅)、3 个时段 RCP2.6 和 RCP8.5 两种排放浓度情景下的主要农作物旱灾期望损失率相对于历史时期的变化图(24 幅)。

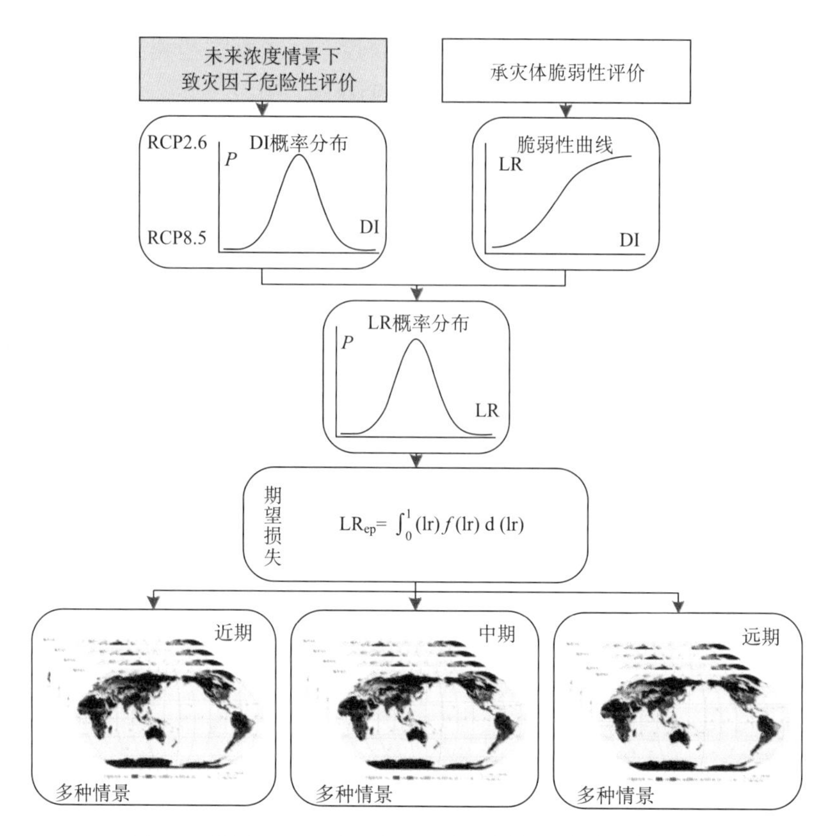

图 6-2 基于未来情景的主要农作物旱灾风险计算与地图

2. 主要农作物旱灾风险计算——风险指数(RI)

基于网格单元不同年遇型和期望产量损失率值，进一步计算区域单元的主要农作物旱灾风险指数(RI)。使用国家(地区)单元底图或可比地理单元底图，统计各网格单元的不同年遇型和期望产量损失率，得到各区域单元内产量损失率之和为 SUMLR，设 U 为不同区域统计得到的不同年遇型产量损失率之和的集合。

$$U=\begin{Bmatrix}\mathrm{SUMLR}_{11} & \cdots & \mathrm{SUMLR}_{1j}\\ \vdots & \ddots & \vdots\\ \mathrm{SUMLR}_{i1} & \cdots & \mathrm{SUMLR}_{ij}\end{Bmatrix} \tag{6.2}$$

式中，i 表示有 i 个区域单元；j 为 1～5，表示不同年遇型或期望产量损失率。因此，共有 $5\times i$ 个统计值。取其中最大值 U_{max} 为区域单元最大损失率值，对各区域单元的期望损失率进行归一化，得到国家(地区)单元或可比地理单元风险指数图。

$$\mathrm{RI}=\frac{\mathrm{SUMLR}_i}{\mathrm{U}_{max}} \tag{6.3}$$

式中，RI 为区域单元风险指数；SUMLR_i 表示第 i 个区域单元损失率之和。

据此编制了各主要农作物基于可比地理单元的期望风险指数图、20年一遇和100年一遇两种年遇型风险指数图和未来3个时段RCP2.6和RCP8.5两种排放浓度情景的期望风险指数图，基于国家(地区)单元的期望风险指数图、20年一遇和100年一遇两种年遇型风险指数图和未来3个时段RCP8.5浓度情景的期望风险指数图。同时，根据国家(地区)单元期望风险指数图对各个国家和地区的主要农作物旱灾风险值进行排序，并确定中国主要农作物旱灾风险在世界上的位置。

6.1.2　主要农作物综合旱灾风险计算

基于网格单元的单一农作物旱灾风险，考虑经济等相关要素，运用加权综合分析方法计算主要农作物综合旱灾风险。加权综合分析是一种常见的风险评估方法，其按一定函数关系等权重或非等权重将多个评价指标组合成综合评估模型。其中，权重的确定是该方法中的关键问题。

1. 经济损失量(L)转换

多种农作物综合旱灾风险的计算较为复杂，一方面，由于不同农作物单产有较大差异，因此，不能简单进行风险叠加，需要将风险转化为统一度量指标来进行计算；另一方面，各农作物的权重也需要统一度量指标作为计算基础。本书将不同地区玉米、小麦、水稻三种农作物的旱灾期望产量损失率转化为统一的单位面积经济损失量(L)。式(6.4)为各农作物旱灾风险单位面积经济损失量的计算公式。

$$L = \frac{S \times Y \times R \times P}{S} \tag{6.4}$$

式中，L表示单一农作物单位面积内经济损失量；S表示该网格的面积；Y表示该农作物的平均单产；R表示该作物在该网格的期望产量损失率；P表示该农作物的平均销售价格。

就单一农作物而言，用世界平均单产Y(t/hm^2)乘以网格的面积S(hm^2)得到产量值，以表示该网格的潜在产量；以潜在产量乘以期望产量损失率R，即得到该网格可能的产量损失量；产量损失量乘以该农作物世界平均交易价格P(USD/t)，得到经济损失量。最终除以面积S，即得到单位面积农作物旱灾经济损失量。

本书所使用的世界平均农作物单产和平均交易价格数据均来自FAO，具体如表6-1，为便于计算将其单位统一为t/hm^2，即世界玉米平均单产为4.8986 t/hm^2，小麦单产为3.0854 t/hm^2，水稻单产为4.5104 t/hm^2。就平均交易价格而言，水稻最高，玉米次之，小麦最低。

表6-1　2012年世界各农作物平均单产和平均交易价格(来源于：FAO)

农作物名称	平均单产/(Hg/hm^2)	平均交易价格/(USD/t)
玉米	48 986.12	396.5198
小麦	30 854.18	345.2922
水稻	45 103.76	507.6596

2. 各农作物权重(*W*)计算

各农作物权重(*W*)的计算如下

$$W_i = \frac{L_i}{\sum_{i=1}^{n} L_i} \tag{6.5}$$

对单一网格而言，一个单元内可能种植一种或多种农作物。式中，n 表示该网格单元内种植的农作物数目，取 1～3，包括玉米、小麦和水稻。式中，W_i表示第 i 种农作物的权重值，L_i为第 i 种农作物的单位面积旱灾经济损失量，其与各农作物单位面积经济损失量总和之比为权重值。

3. 多种农作物综合旱灾风险(R_s)计算

根据每个网格单元内各主要农作物权重值，计算综合风险

$$R_s = \sum_{i=1}^{n} W_i \times R_i \tag{6.6}$$

式中，R_s表示各网格单元的作物综合旱灾风险值；n 为该单元内种植的农作物数目；W_i为第 i 种作物的权重值；R_i为第 i 种作物的期望产量损失率。

据此，编制了基于网格单元的主要农作物综合旱灾风险格局图(1 幅)。

6.2 主要农作物旱灾风险制图基本单元

制图单元尺度的不同会影响风险空间区域规律的表达精度，合理尺度的制图单元能更好地反映农作物旱灾风险的区域规律，增强区域因地制宜防范风险的能力。本书提出了三种尺度的基本制图单元，从小到大依次为 0.5°×0.5°网格单元、可比地理单元和国家(地区)单元。据此编制了世界主要农作物旱灾风险系列地图 218 幅。

6.2.1 网格单元

基于地球坐标系，将全球划分为 0.5°×0.5°的网格，在此空间精度下，全球共有玉米网格 24972 个，小麦网格 21088 个，水稻网格 13361 个。选择该网格精度的主要依据有 3 个：一是全球尺度下干旱孕灾环境与致灾因子基础数据的精度大多为 0.5°×0.5°；二是在全球尺度下，该精度网格能较为合适地匹配 1∶2500 万到 1∶10000 万比例尺下的农作物(即承灾体)种植面积大小，表达分布范围和区域差异；三是在全球范围内涉及的主要农作物网格数量适中，可满足旱灾风险格局与区域差异的分析需要。

网格单元是主要农作物旱灾风险评价与制图的基本单元。从数据库的数据存储、农作物生长站点模型的空间化、致灾强度的计算、脆弱性曲线的拟合，到风险制图的等级确定，都是以 0.5°×0.5°网格进行的。与其他分区建立主要农作物旱灾脆弱性曲

线的研究(Yin et al.，2014)相比，分网格建立农作物旱灾脆弱性曲线可提高主要农作物旱灾风险评价的准确性和区域差异，亦可推动全球尺度下的主要农作物旱灾风险评价研究。

从全球风险管理角度看，基于网格单元的主要农作物旱灾风险图，由于其斑块细碎、信息量过大，不利于区域主要农作物旱灾风险防范政策的制定与实施。因此，需要将网格单元的评价结果进行综合，形成行政单元的评价结果。

6.2.2　国家(地区)单元

基于世界政治地图，世界 245 个国家和地区中，种植玉米的有 145 个，小麦 118 个，水稻 108 个。选择国家(地区)单元的主要依据有 3 个：一是全球尺度下大多以国家(地区)作为权威的统计单元，以此为制图单元的各类风险评价图较多，具有广泛的可比性；二是以此为制图单元的风险图适用于风险管理；三是从网格单元到国家(地区)单元的升尺度风险综合具有可行性。

在气候变化和经济全球化的大背景下，旱灾导致的农作物损失已成为各个国家和地区，特别是旱灾高风险地区的重点关注问题。从粮食安全、经济发展等角度上看，对各个国家(地区)进行主要农作物旱灾风险严重程度排序有其必要性。此外，中国作为人口大国和粮食消费大国，确定其在世界主要农作物旱灾风险中的位置，可提升中国在世界粮食风险管理中的决策作用。

基于国家(地区)单元的农作物旱灾风险图有两个不可避免的问题：一是由于不同国家(地区)之间面积悬殊，面积超过 500 万 km^2的国家只有俄罗斯、加拿大、中国、美国、巴西和澳大利亚，而世界各国平均面积仅为 62 万 km^2，同一等级的旱灾风险在面积大国的表达上会产生夸大的视觉错误；二是由于面积大国的农作物种植范围和旱灾风险有内部差异，如中国的水稻期望旱灾风险为极重度等级，而中国内部东西部差异明显，造成水稻的种植范围和旱灾风险均一化认知错误。

基于国家(地区)单元的旱灾风险制图由于消除了面积大国的内部差异，不利于区域风险差异分析和风险管理。因此，需要进一步将面积大国降尺度划分，来保证区域间的可比性。

6.2.3　可比地理单元

针对基于网格单元和国家(地区)单元的农作物旱灾风险图在地图信息传递上的不足，提出了划分“可比地理单元”的方案，即在国家(地区)单元基础上，根据与各国(地区)平均面积的关系，进一步细化成面积相对均一的制图单元。

1. 编制原则与思路

在保证易于与行政统计数据匹配的条件下，根据区域灾害系统理论，可比地理单元底图的编制遵循三大原则：行政区划完整性原则；景观单元完整性原则；现势性和实用性原则。编制过程中，主要以国家(地区)的平均面积为基础，通过判断国家(地区)面积与平均面积的关系，确定将国家(地区)整体作为一个评价单元，还是需进一步划分。总体思路如图 6-3 所示。

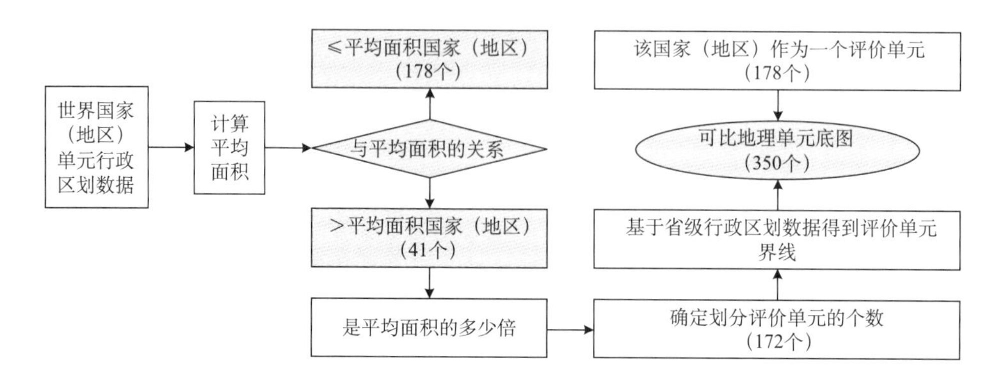

图 6-3 基于行政单元区划的世界可比地理单元底图制作思路

(1)国家(地区)面积≤平均面积的国家(地区)作为 1 个评价单元(共 178 个)。

(2)国家(地区)面积>平均面积的国家(地区)：

若平均面积<国家(地区)面积≤1.5 倍平均面积，该国家(地区)为 1 个评价单元；

若 1.5 倍平均面积<国家(地区)面积≤2.5 倍平均面积，该国家(地区)为 2 个评价单元；

若 2.5 倍平均面积<国家(地区)面积≤3.5 倍平均面积，该国家(地区)为 3 个评价单元；

若 3.5 倍平均面积<国家(地区)面积≤4.5 倍平均面积，该国家(地区)为 4 个评价单元；

若 4.5 倍平均面积<国家(地区)面积≤5.5 倍平均面积，该国家(地区)为 5 个评价单元；

依次类推，理论上可将国家(地区)面积大于平均面积的 41 个国家(地区)划分为 172 个评价单元。

按照上述规则，理论上全球可划分可比地理单元共计 350 个。

2. 编制步骤

基于上述底图制作的原则与思路，可比地理单元划分步骤如下。

(1)计算国家(地区)平均面积，得到平均面积$\bar{A}$为 623 658 km^2；

(2)判断国家(地区)面积(A)与平均面积($\bar{A}$)的关系：

若 $A \leq \bar{A}$，则整个国家(地区)作为 1 个评价单元，国界线或地区界线即为可比地理单元界线；

若 $A > \bar{A}$，则计算 A 与$\bar{A}$之间的倍数关系，确定国家(地区)划分可比地理单元个数。

若$\overline{A}<A\leqslant 1.5\overline{A}$，则整个国家（地区）作为1个评价单元，国界线或地区界线即为可比地理单元界线；

若$1.5\overline{A}<A\leqslant 2.5\overline{A}$或$2.5\overline{A}<A\leqslant 3.5\overline{A}$或…或$26.5\overline{A}<A\leqslant 27.5\overline{A}$，则整个国家（地区）分别被划分为2、3、4、…、27个评价单元；

若省（州）面积$AP\leqslant\overline{A}$，则在保证省（州）级单元行政区划完整的原则下，根据空间邻域关系，参照遥感影像，确定可比地理单元界线；

若省（州）面积$AP>\overline{A}$，则在保证市（县）级单元行政区划完整的原则下，根据空间邻域关系，参照遥感影像，确定可比地理单元界线。

根据上述步骤将全球大于平均面积的41个国家（地区）划分为172个可比地理单元。

3. 可比地理单元编码

可比地理单元采用5位数字进行编码，前3位为国家（地区）代码，后2位为单元代码。单元代码是按照面积由大到小的顺序依次进行编号的。如“03601”，其中“036”为国家代码，即加拿大；“01”为单元代码，即该国可比地理单元中面积最大的单元。

基于可比地理单元的农作物旱灾风险制图，既能在一定程度上避免网格单元风险图存在的斑块细碎和空间规律不易识别的缺陷；也能在一定程度上有效规避国家（地区）单元风险图存在的面积大国风险严重程度视觉误差和认知偏差。因此，可比地理单元也是全球农作物旱灾风险的基本制图单元。

6.3　主要农作物旱灾风险地图编制

6.3.1　制图技术过程

依据风险图谱编制流程（图6-4），应用Access为主的数据库建设软件和ArcGIS为主的制图软件，编制了世界主要农作物旱灾风险地图图谱。编制流程分5步。

第1步：数据库建设。数据库中包括全球玉米、春小麦、冬小麦和水稻4种农作物的孕灾环境、致灾因子、承灾体和风险4部分的栅格数据或矢量数据，以及派生的综合旱灾致灾因子数据和风险数据。

第2步：制图单元编制。制图单元包括网格单元、可比地理单元和国家（地区）单元3种基本单元，以及玉米、春小麦、冬小麦和水稻的种植范围界线。

第3步：制图数据处理。对数据进行直方图分析，确定合理的分级方案。

第4步：地图设计。包括表示方法选择、地图色彩设计和地图符号设计。

第5步：地图编制，形成图谱。采用ArcGIS为主的制图软件，编制世界主要农作物旱灾风险地图图谱。

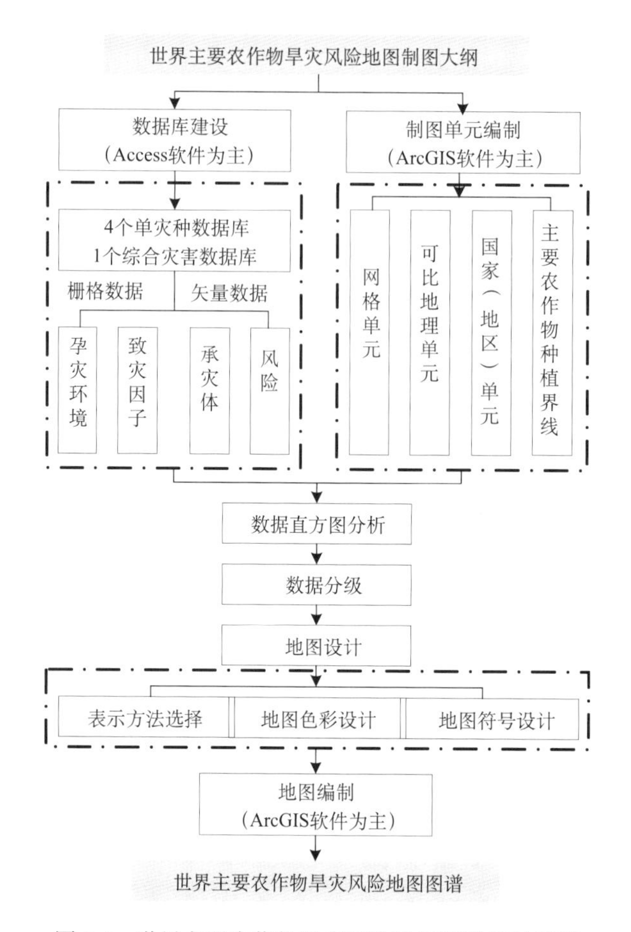

图 6-4　世界主要农作物旱灾风险地图图谱编制流程

6.3.2　制图内容体系

世界农作物旱灾风险主要用产量损失率和风险指数来刻画，以此来确定其风险地图的核心内容。世界农作物旱灾风险系列地图的编制从以下 4 个维度展开（图 6-5）：①承灾体维度，即旱灾风险评价的对象，涉及玉米、春小麦、冬小麦和水稻 4 种主要农作物。不同农作物种植范围各不相同，对应旱灾所表现出来的脆弱性不同，所承受的旱灾风险差异较大，因此，需要区别不同农作物进行风险地图编制。②空间尺度维度，涉及网格单元、可比地理单元和国家（地区）单元三种尺度的基本制图单元。基于这三种尺度分别编制了三套旱灾风险地图，以满足不同尺度区域旱灾风险分析和风险防范的需求。③年遇型维度，涉及期望风险和 10 年一遇、20 年一遇、50 年一遇及 100 年一遇 4 个年遇型风险（本书篇幅有限，只展示 20 年一遇及 10 年一遇），该维度体现了旱灾的概率风险，以提供确定各等级旱灾风险设防水平的科学依据。④情景维度，涉及了现状情景和 IPCC 提供的 RCP2.6、RCP4.5、RCP6.0 及 RCP8.5 4 种未来气候变化浓度排放情景（本书篇幅有限，只展示 RCP2.6 及 RCP8.5 情景，国家（地区）单元只展示 RCP8.5 情景），可预测未来旱灾高风险区的转移情况。

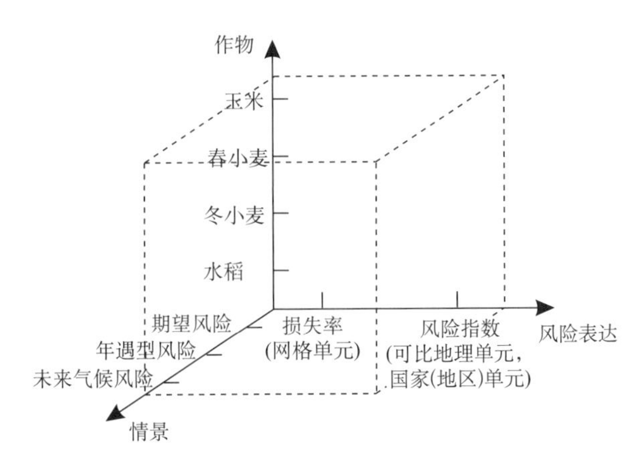

图 6-5 世界主要农作物旱灾风险系列地图逻辑结构

6.3.3 地图表示方法与图例设计

1. 范围法表示农作物种植范围

范围法是用轮廓界线、颜色、纹理、注记及面状符号等在地图上表示间断、成片或零星散布制图对象的分布范围及状况的方法。用范围法限定区域界线，来表达主要农作物(承灾体)在全球的分布。根据区域灾害系统理论，有承灾体的区域才会有风险的存在。因此，主要农作物的种植区域是世界主要农作物风险地图的制图区域。

在编制世界主要农作物旱灾风险系列图的过程中，运用范围法的主要目的在于：①基于单一作物维度，表示玉米、春小麦、冬小麦和水稻各自的种植区域界线；②基于空间尺度维度，用种植主要农作物的格点范围表示主要农作物网格单元风险图的制图区域，用种植主要农作物的可比地理单元范围表示主要农作物可比地理单元风险图的制图区域，用种植主要农作物的国家(地区)范围表示主要农作物国家(地区)风险图的制图区域。

2. 比值分级法表示世界农作物旱灾风险强度

比值分级法是世界主要农作物旱灾风险系列地图的核心表示方法。比值分级法是根据各单元的统计数据对它们进行分级，用不同的色阶(色相、饱和度或亮度的差别)来表现某种现象的发展水平或聚群性特点。该方法对具有任何空间分布特征的现象都适用，主要涉及分级的级数、界限和分层设色表达。世界主要农作物旱灾风险系列地图的分级参照了《世界自然灾害风险图集》(Shi et al., 2015)，分为5级，并以数值表示。

1)分级界限确定

比值分级法的核心问题是分级界限的确定，它对分级能否保持数据分布特征起决定作用，一般以保持数据分布特征为主，同时考虑地图视觉效果，最终要达到增强同级区域间的一致性和不同级别间的差异性的目的。分级界线通常取决于分级方法，目前常用的主要有等差分级、等比分级、等数量分级、正态分布分级、最优分割分级等(Slocum et al.，2009)。下面简要介绍这些分级方法，并从是否容易计算、方法是否容易理解、是否考虑数据的分布情况等方面比较它们的优缺点。

a. 等差分级：最为常见的分级模型，当数据呈等差变化时，用该分级模型比较合适。等差分级模型的最大优势是计算简单，在 GIS 制图软件推出之前，该方法最常用；且该方法容易理解；由该方法得到的图例数据没有间隔，不易出现缺失值。但等差分级模型也存在缺点，即没有考虑数据在数轴上的分布情况。

b. 等比分级：常见的分级模型，当数据呈等比变化时，用该分级模型比较合适。其优缺点与等差分级模型类似。

c. 等数量分级：在等数量分级模型中，数据按大小顺序排列好，并且每个级别中包含的数目一样。每个级别所包含的数据的数目为 n = round(总数÷分级数)，n 的值为四舍五入的结果。该方法的优点是计算简单；由于每个级别包含的数目相同，因此，它们占有总数的比率也相同；该方法的分级是按顺序排列再分级的，对于顺序量表的数据依然适合；由于每个级别包含的数目相同，因此，面积差别不会很大。该方法的缺点同样是没有考虑数据在数轴上的分布情况。

d. 正态分布分级：优点是分级界线比较容易计算(较等差、等比复杂)，考虑到了数据在数轴上的分布情况；缺陷是当数据呈正态分布时，分级效果较好，若数据不按照正态分布，得到的分级结果则不理想。

e. 最优分割分级：是在尽量保证有序样本不被破坏的前提下使其分割的同一级别内的离差平方和最小而不同级别之间的离差平方和达到最大的一种分级方法，可以用来对有序样本进行分级。该方法的优点是考虑了数据在数轴上的分布情况，并且使同一级别内部数据差异小，而不同级别之间数据差异大。该方法也有很大的缺陷，即计算复杂，且难以理解，很多软件不包含该算法[后来 ArcGIS 软件包含了该算法，名称为“natural breaks(Jenks)”]。

对于全球农作物旱灾风险图的编制，将图层约束法与目前常用的分级方法相结合可使单张风险地图得到理想的分级结果(潘东华等，2010；周垠，2013)；将信息论方法与目前常用的分级方法相结合可使农作物旱灾风险图谱得到理想的分级结果(何宗宜，1995；周垠，2013)。根据地图信息论的原理，对于农作物旱灾风险图谱，在分级界线一致(最大熵相同)的情况下，应考虑图谱整体所能传递的信息量，即图谱中的单张农作物旱灾风险地图所包含的信息量相对熵总和最大，剩余熵总和最小(周垠，2013)。分级数为 5 时，以基于网格单元的世界春小麦旱灾风险系列地图为例探讨分级界线的确定。

由表 6-2 可知，基于网格单元的世界春小麦旱灾风险系列地图中，信息量最高的分级方案分别是等差分级方案 2，相对熵为 10.886，剩余熵为 0.724，即当分级数确定为 5 时，等差分级方案 2 是理论上的最佳分级方案。

表 6-2　基于网格单元的世界春小麦旱灾风险系列地图不同分级方案

项目		等差分级界线			等比分级界线		自然裂点分级界线
		方案 1	方案 2	方案 3	方案 1	方案 2	方案 1
风险等级/%	高	>70	>50	>65	>40	>80	>70
	较高	50～70	35～50	40～65	20～40	40～80	44～70
	中	30～50	20～35	20～40	10～20	20～40	24～44
	较低	10～30	5～2	5～2	5～1	10～20	8～24
	低	≤10	≤5	≤5	≤5	≤10	≤8
图谱信息量	相对熵	10. 115	10. 497	10. 772	10. 280	10. 025	10. 385
	剩余熵	1. 495	1. 112	0. 838	1. 330	1. 585	1. 224
	相对熵	10. 115	10. 497	10. 772	10. 280	10. 025	10. 385

2)分层设色设计

世界主要农作物旱灾风险图用不同的色系来区别不同的作物，玉米为黄色系，小麦为红紫色系，水稻为绿色系。风险值的数量差异则用颜色视觉变量来表达。本系列地图设计了两种分层设色体系。

第 1 种：色彩饱和度随着风险值的降低而减弱

用分层设色表达不同情景下期望风险和不同年遇型风险等 5 个级别的风险强度(图 6-6)，为了增强各风险图之间的可比性，采用了统一的分层设色图例设计(图 6-7)。

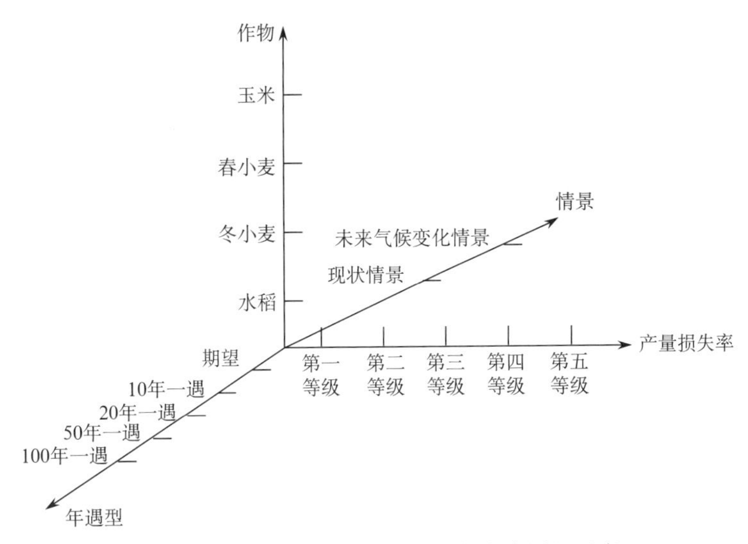

图 6-6　不同年遇型各作物旱灾损失率图组要素

第 2 种：色彩饱和度随着风险变化绝对量的升高而增加

用分层设色表达 3 个时段 4 种浓度情景下相对于历史时期风险变化的 6 个级别变化量(图 6-8)，用两种色相区别了风险变化的增量和减量(图 6-9)。

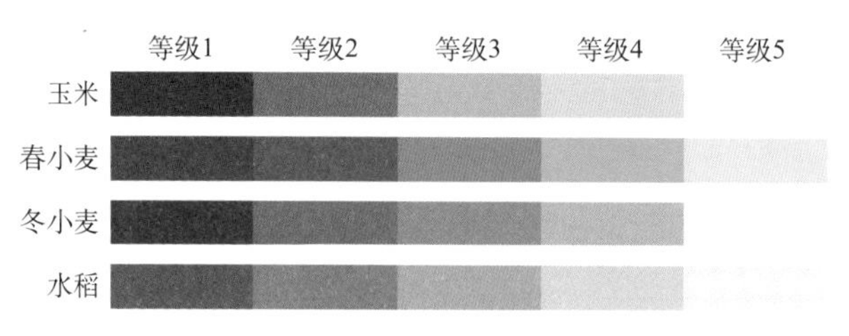

图 6-7 风险级别的分层设色样例

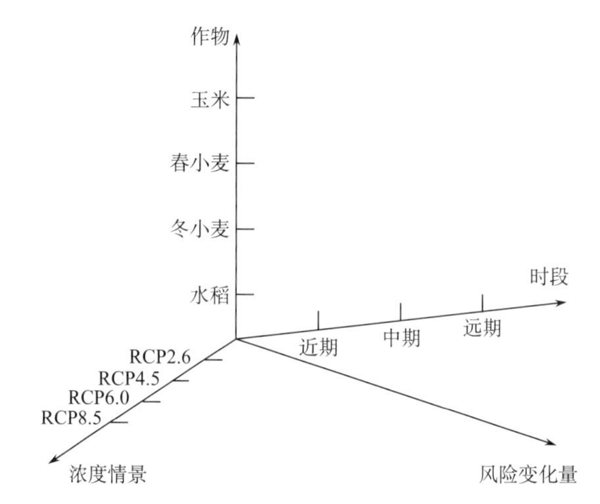

图 6-8 未来风险变化图组要素

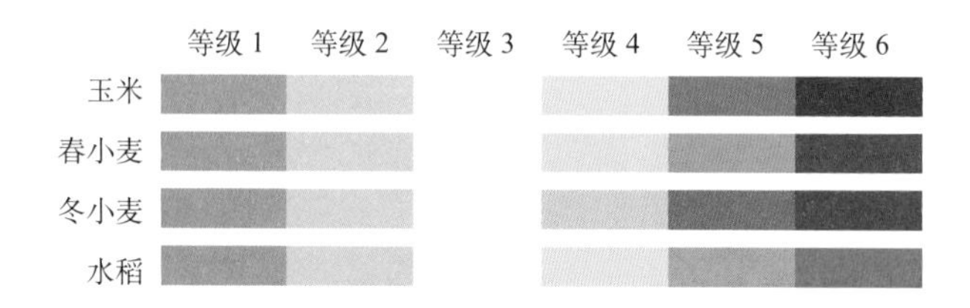

图 6-9 未来风险变化分层设色样例

3. 量底法表示世界农作物旱灾综合风险强度

量底法是质底法和比值分级法的组合：一方面表示类别差异；另一方面表示各类别本身的分级数量差异。

世界主要农作物综合旱灾风险图采用量底法表示不同农作物叠加的组合类型，即玉米、小麦、水稻、玉米-小麦、玉米-水稻、小麦-水稻和玉米-小麦-水稻 7 种组合的差异。每种类别用比值分级法分为 5 个等级来表示综合风险强度(图 6-10)。

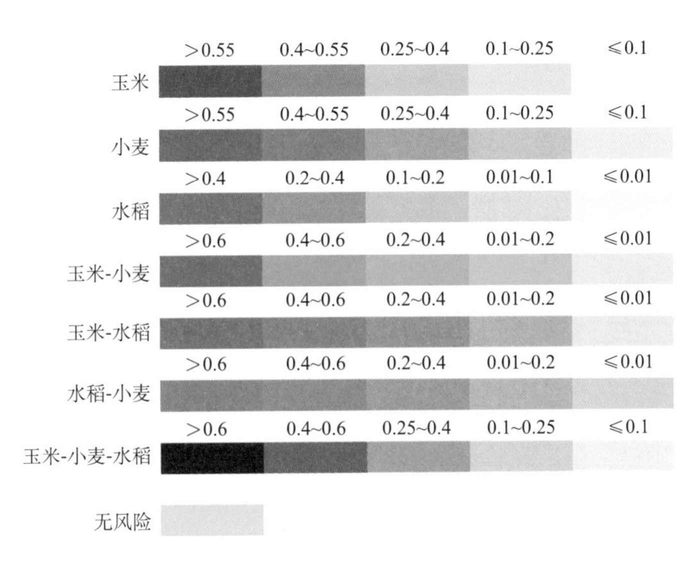

图 6-10　世界主要农作物综合旱灾风险图图例

4. 分区统计图法表示国家(地区)农作物旱灾风险强度

分区统计法是在各统计分区内以点状符号或其他符号表示制图数据的方法。分区统计法是对定量特征更高程度的概括。此方法主要用于表示国家(地区)单元的世界主要农作物旱灾风险系列地图。为了更直观地表达不同国家(地区)之间的风险强度差异，采用球状符号表示，逐级按 1.2 倍明辨系数缩小(图 6-11)。

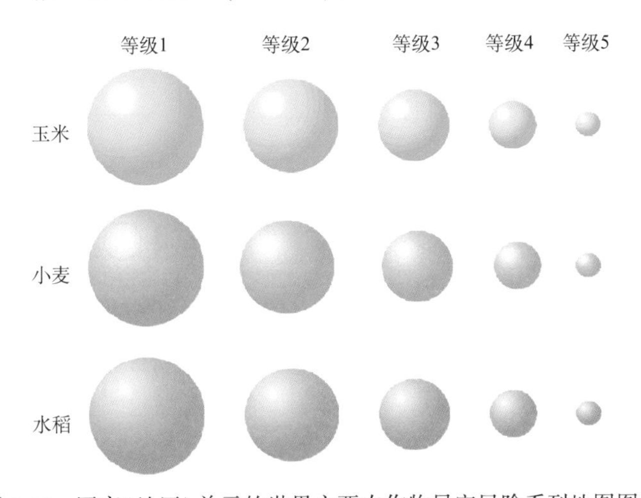

图 6-11　国家(地区)单元的世界主要农作物旱灾风险系列地图图例

6.4 基于区域灾害系统理论的主要农作物旱灾风险地图图谱编制

基于区域灾害系统理论，编制了世界主要农作物旱灾风险地图图谱(图 6-12)。该图谱由 5 个系列组成。

(1)孕灾环境图谱，主要包括影响世界农作物旱灾风险分布格局的自然地理因素，如地形、坡度、土壤类型、降水量、气温等。

(2)承灾体图谱，包括玉米、春小麦、冬小麦和水稻的分布范围、田间管理(播种、生育期、灌溉和施肥等)、历史产量和未来产量等。

(3)致灾因子图谱，包括现状情景下 4 个年遇型(10 年一遇、20 年一遇、50 年一遇和 100 年一遇)和未来 4 种气候变化浓度情景(RCP2. 6、RCP4. 5、RCP6. 0 和 RCP8. 5)下的干旱致灾强度指数。

(4)脆弱性曲线图谱，包括 4 种作物不同尺度的旱灾脆弱性曲线，分别为：网格尺度的脆弱性曲线 59 421 条、分大洲按不同高程区(<50 m、50～200 m、200～500 m、500～1000 m、1000～1500 m、1500～2000 m 和≥2000 m)拟合的旱灾脆弱性曲线 150 条、按 6 个大洲(亚洲、欧洲、非洲、大洋洲、北美洲和南美洲)拟合的旱灾脆弱性曲线 23 条，以及世界玉米旱灾脆弱性曲线、世界小麦旱灾脆弱性曲线和世界水稻旱灾脆弱性曲线各 1 条。

(5)风险图谱，包括 4 种作物 3 种制图单元的旱灾风险地图，分别为现状情景下的期望风险和年遇型(10 年一遇、20 年一遇、50 年一遇和 100 年一遇)风险、未来情景(RCP2. 6、RCP4. 5、RCP6. 0 和 RCP8. 5)下的期望风险和未来相对于历史时期的风险变化，以及多作物综合旱灾风险。

6.5 本章小结

本章阐述了世界主要农作物旱灾风险的计算与制图。内容包括基于脆弱性曲线的世界农作物旱灾风险计算，农作物旱灾风险制图基本单元的制作与选择，地图的表示方法选择和版式、色彩和符号设计，以及世界玉米、春小麦、冬小麦和水稻旱灾风险地图图谱的编制。

基于区域灾害系统理论，构建了一套农作物旱灾风险评价的计算模型与图谱体系。其中，风险计算模型为 Risk = Hazard×Vulnerability，体现旱灾致灾强度和农作物承灾体的旱灾脆弱性；图谱为多作物(玉米、春小麦、冬小麦和水稻)、多尺度、多情景、多年遇型的世界主要农作物旱灾风险地图图谱(219 幅)。这套理论与方法可以为世界其他农作物的气象灾害风险评价与制图提供借鉴。

基于作物旱灾风险评价的计算模型，从两个方面展开计算。一是计算了用产量损失率(LR)和风险指数(RI)两个指标表达的世界玉米、春小麦、冬小麦和水稻旱灾风险强度。前者对应单一作物网格单元的风险评价，后者对应单一作物可比地理单元与国家(地区)单元的风险评价。二是计算了不同情景下的农作物旱灾风险，得到现状情景下的期望 LR 及

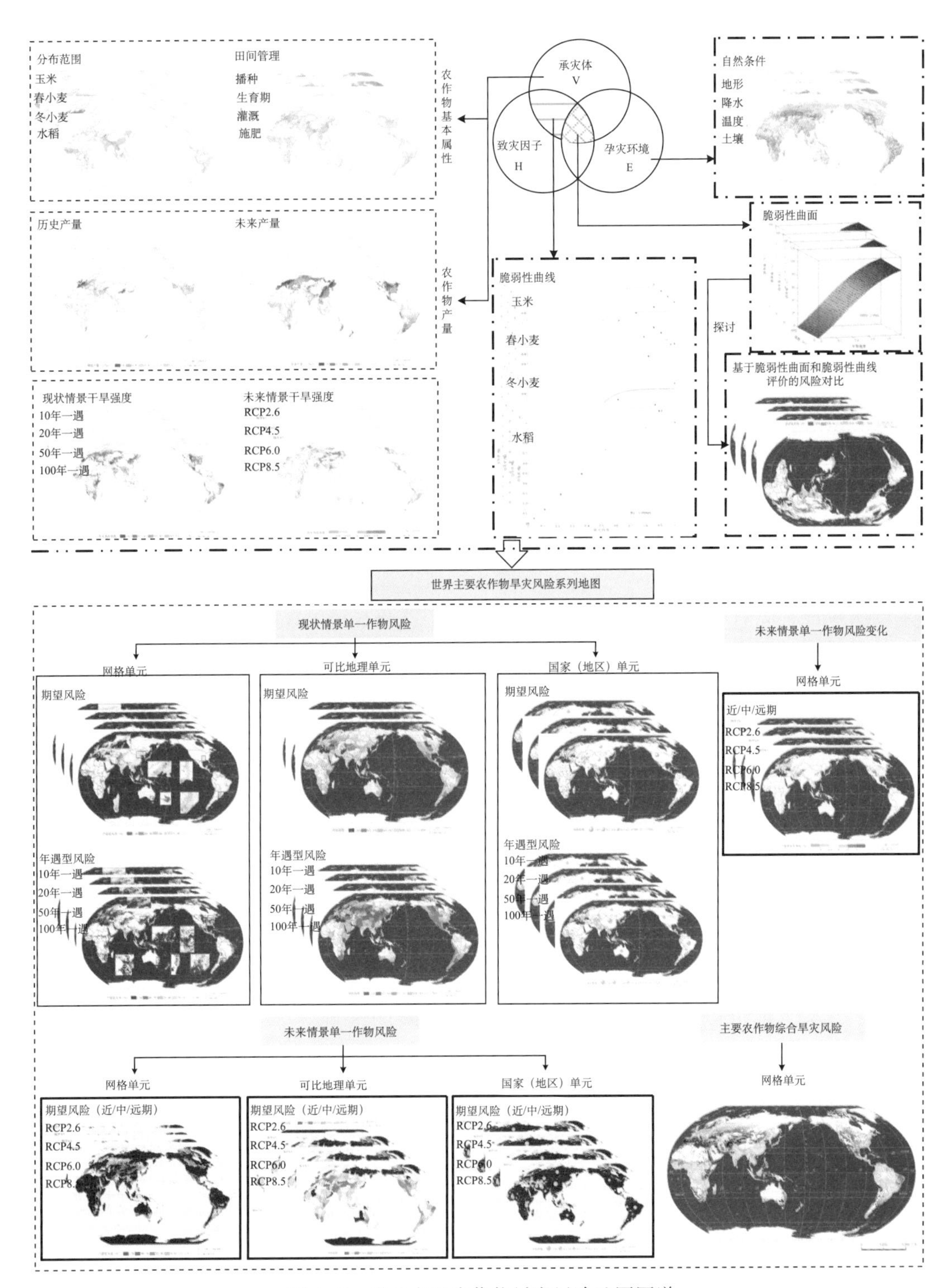

图 6-12　世界主要农作物旱灾风险地图图谱

期望 RI 和 4 个年遇型(10 年一遇、20 年一遇、50 年一遇和 100 年一遇)的 LR 和 RI、未来气候变化情景下 3 个时段(近期、中期和远期)4 种排放浓度(RCP2.6、RCP4.5、RCP6.0 和 RCP8.5)的期望 LR 和期望 RI。这套世界玉米、春小麦、冬小麦和水稻旱灾风险评价指标数据，不仅支撑了本书旱灾风险地图图谱的编制，也为世界农业旱灾风险评价研究提供了新的数据源。

基于世界玉米、春小麦、冬小麦和水稻旱灾风险评价指标数据，建立了 3 种尺度的地图制图基本单元，即 0.5°×0.5°网格单元、可比地理单元和国家(地区)单元。其中，可比地理单元的制作考虑了行政面积与地貌单元的匹配性，采用“平均面积”的标准。不同的制图单元在旱灾风险信息的传递上各有所长，可满足不同尺度玉米、春小麦、冬小麦和水稻风险区域规律分析和其风险防范的需求。

基于 3 种尺度的制图单元，采用范围法、比值分级法、量底法和分区统计图法，清晰地表达了世界主要玉米、春小麦、冬小麦和水稻旱灾风险。其中，比值分级法是世界玉米、春小麦、冬小麦和水稻旱灾风险系列地图的核心表示方法，设计了两套分层设色的色彩谱系：一套表达不同情景下期望风险和不同年遇型风险的 5 个级别风险强度，色彩饱和度随着风险值的降低而减弱；另一套表达 3 个时段下 4 种浓度情景相对于历史时期风险变化的 6 个级别变化量，色彩饱和度随着玉米、春小麦、冬小麦和水稻风险变化绝对量的升高而增加。提高了玉米、春小麦、冬小麦和水稻风险地图的可视化表达效果和其风险评价结果的明辨性，更有利于世界玉米、春小麦、冬小麦和水稻旱灾风险的区域差异分析。

基于玉米、春小麦、冬小麦和水稻旱灾风险计算的结果，设计了世界玉米、春小麦、冬小麦和水稻旱灾风险地图 5 个级序的内容结构和相应图谱。该体系第 1 级序为要素维度，即单一农作物和多种农作物综合；第 2 级序为情景维度，即现状情景、未来情景和未来时期相对于历史时期的变化；第 3 级序为空间尺度维度，即网格单元、可比地理单元和国家(地区)单元；第 4 级序为年遇型维度，即期望风险和年遇型风险；第 5 级序为承灾体维度，即玉米、春小麦、冬小麦和水稻。据此命名了世界玉米、春小麦、冬小麦和水稻旱灾风险地图图谱的每一幅地图。基于区域灾害风险理论，采用 ArcGIS 为主的制图软件，按照玉米、春小麦、冬小麦和水稻旱灾风险地图制图流程，编制了世界玉米、春小麦、冬小麦和水稻旱灾风险的孕灾环境地图图谱、致灾因子地图图谱、承灾体地图图谱、脆弱性曲线图谱和旱灾风险地图图谱。该图谱体系及制图方法不仅可以为农作物旱灾风险地图的编制提供参考，也可以为系统分析农作物旱灾风险的区域规律及其风险防范提供科学依据。

第7章 世界主要农作物旱灾风险评价与格局分析*

在SEPIC-V-R作物旱灾风险评价模型的基础上，本章根据第4章计算出的各作物干旱致灾因子强度，以及第5章构建的各作物旱灾脆弱性曲线，计算世界主要作物旱灾风险，并对其风险评价结果进行验证。同时，根据不同RCP气候情景数据，评价未来气候变化情景下世界玉米、小麦和水稻的旱灾风险，并对其空间格局进行简要分析。

7.1 玉米旱灾风险评价与分布格局

7.1.1 玉米旱灾风险评价

根据SEPIC-V-R主要农作物旱灾风险评价模型的输出结果，编制了世界玉米旱灾期望损失率图(图7-1)和4个不同年遇型水平下的玉米旱灾风险图谱(图7-2～图7-5)。玉米旱灾风险等级统一分为5级：第1级(损失率为0～10%)为微度；第2级(损失率为10%～25%)为轻度；第3级(损失率为25%～40%)为中度；第4级(损失率为40%～55%)为重度；第5级(损失率为55%以上)为极重度。

玉米旱灾期望损失。从全球尺度看，世界玉米旱灾损失高风险区分布在北半球中纬度大陆西侧和大陆中部、赤道地区大陆东侧、南半球中纬度地区。微度、轻度、中度、重度和极重度玉米旱灾风险区占世界玉米种植面积的比例分别为64.14%、15.36%、7.01%、4.25%和9.25%。

图7-6给出了世界六大洲玉米旱灾各期望损失等级面积百分比。玉米旱灾微度风险在除大洋洲外的五个大洲中面积比例最大，均超过45%。玉米旱灾轻度风险在欧洲所占比例最大，约28%。玉米旱灾重度和极重度风险在大洋洲所占面积百分比最大，为23.64%和21.71%；在其余五大洲中所占面积百分比均小于11%。玉米种植面积最小的大洋洲其旱灾风险最高，玉米种植面积最大的亚洲和非洲其旱灾风险最低。

图7-7给出了世界主要玉米种植国家玉米旱灾各期望损失等级面积百分比。玉米旱灾中度风险在南非所占面积比例最大，约为25%；其次是俄罗斯和美国，分别约为13%和11%。玉米旱灾重度风险在南非面积比例最大，约为26%；其余主要玉米种植国家的比例均小于10%。玉米旱灾极重度风险在墨西哥所占面积比例最大，约为16%；其次是美国，约为12%；其余主要玉米种植国家的比例均小于10%。

---

* 本章执笔人：王静爱、张兴明、郭浩、尹圆圆、连芳。

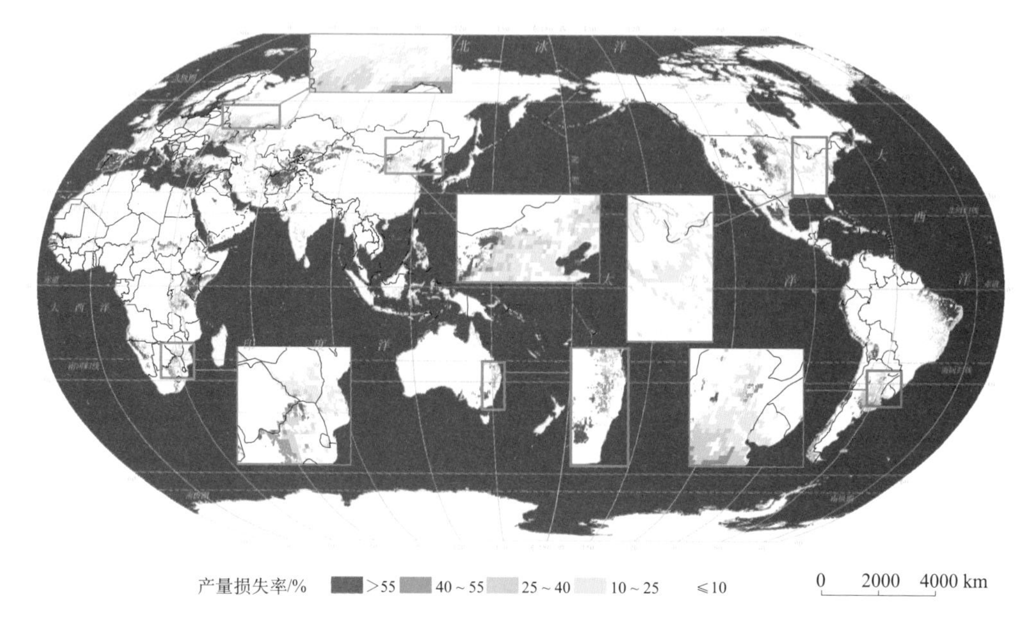

图 7-1　世界玉米旱灾期望损失率

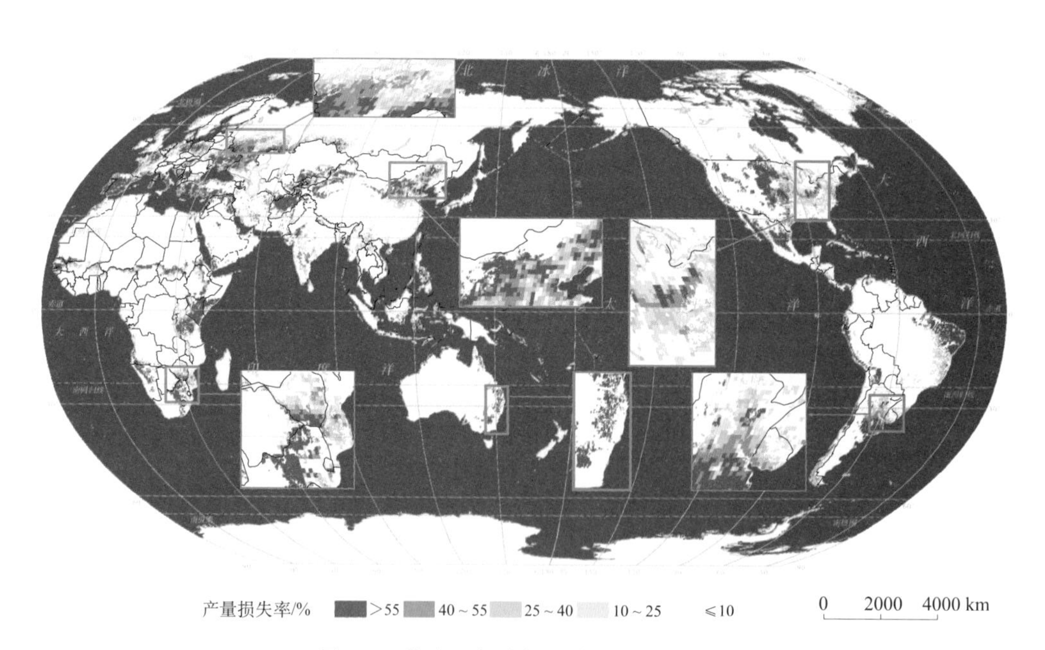

图 7-2　世界玉米旱灾 10 年一遇损失率

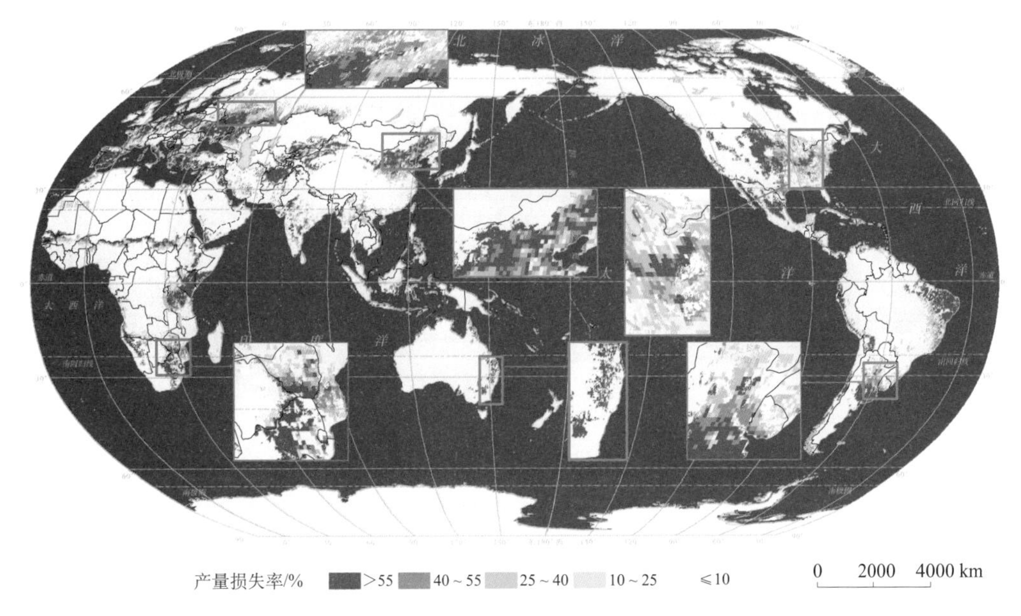

图 7-3　世界玉米旱灾 20 年一遇损失率

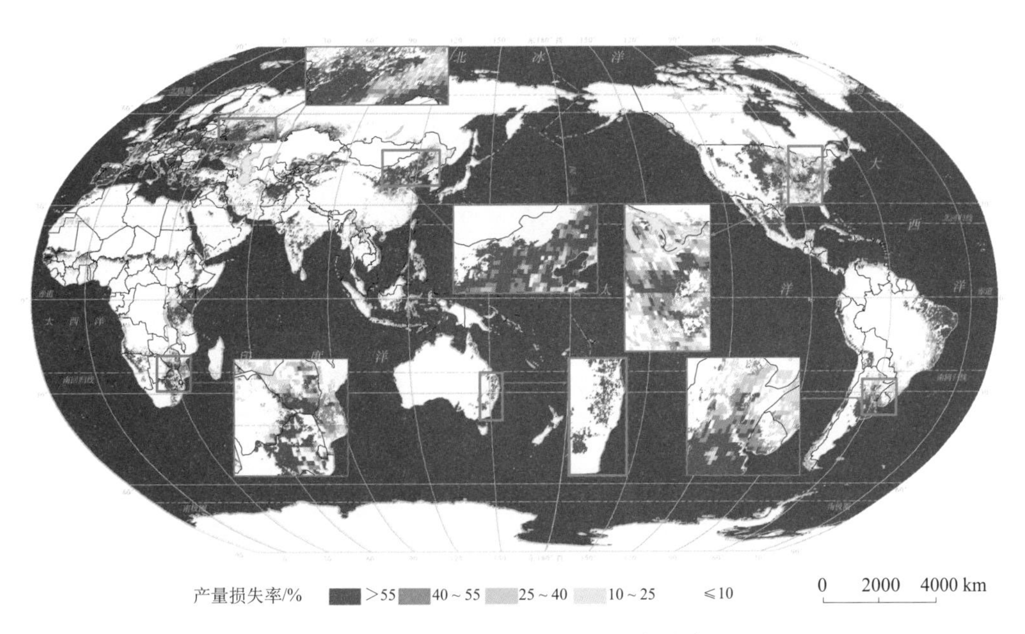

图 7-4　世界玉米旱灾 50 年一遇损失率

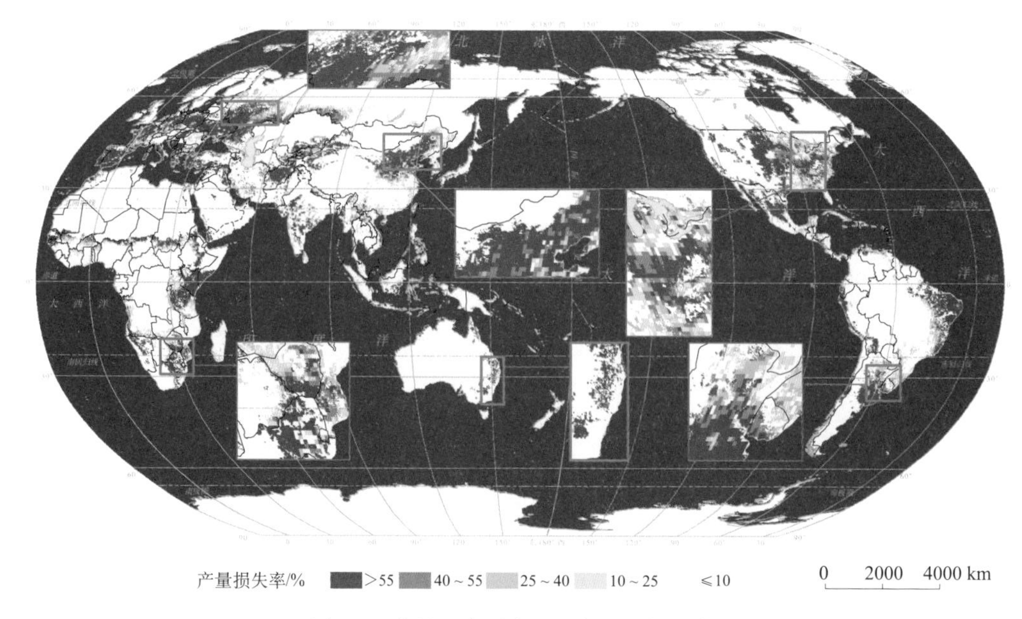

图 7-5 世界玉米旱灾 100 年一遇损失率

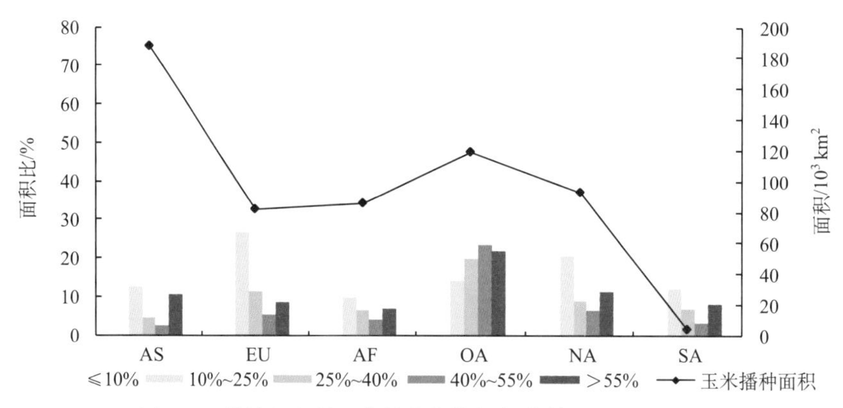

图 7-6 世界各大洲玉米旱灾各期望损失等级面积百分比

图中，AS：亚洲；EU：欧洲；AF：非洲；OA：大洋洲；NA：北美洲；SA：南美洲

图 7-8 给出了中国及各可比地理单元区玉米旱灾损失率期望值。中国整体为玉米旱灾微度风险水平，玉米 LR 中值为 2.5%，且 75% 的玉米种植区域 LR 小于 13%。西北高山和盆地南段属玉米旱灾极重度风险区，玉米 LR 为 89.9%，且四分位距（75% 分位损失率和 25% 分位损失率差值）最大，约为 74.3%。西北高山和盆地北段以及北部高原属玉米旱灾中度风险区，玉米 LR 分别为 42.4% 和 30.5%。其余区域均属玉米旱灾微度风险影响区。

不同年遇型玉米旱灾风险。从全球尺度看，世界玉米旱灾风险空间格局为低纬度和高纬度风险低，中纬度风险高。由于受副热带高压/季风气候和寒流的影响，高值区主要分布在北半球中高纬度地区。其中，北美洲中部平原的玉米带及墨西哥中部地区、中亚及中国的西北地区和欧洲地中海北岸（包括伊比利亚半岛、意大利半岛、多瑙河中游平原与东

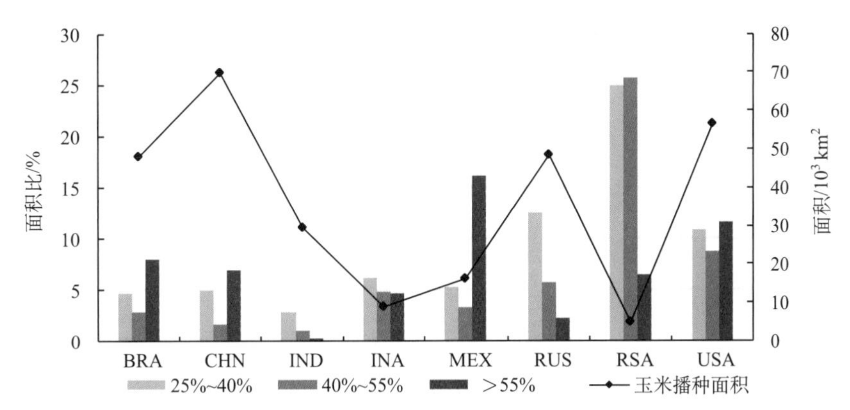

图 7-7　世界主要玉米种植国家玉米旱灾各期望损失等级面积百分比

图中，BRA：巴西；CHN：中国；IND：印度；INA：印度尼西亚；MEX：墨西哥；RUS：俄罗斯；RSA：南非；USA：美国

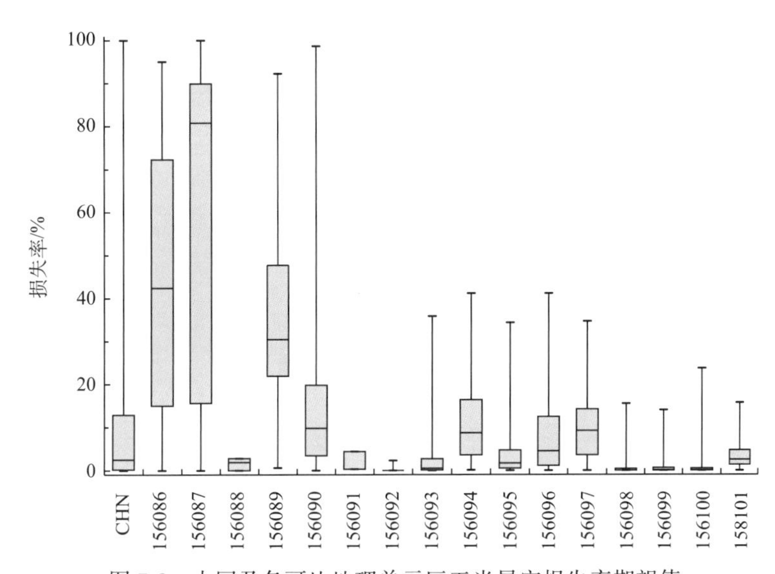

图 7-8　中国及各可比地理单元区玉米旱灾损失率期望值

图中，CHN：中国；156086：西北高山和盆地北段；156087：西北高山和盆地南段；156088：青藏高原西段；156089：北部高原；156090：中西部山地和高原；156091：中西部高原和盆地；156092：青藏高原东段；156093：西南高原和盆地；156094：东北山地西段；156095：东北山地东段；156096：东北平原；156097：华北平原；156098：中南部高原和平原；156099：东南平原；156100：东南丘陵；158101：东南山地

欧平原)是北半球三个玉米旱灾高风险中心(图 7-2～图 7-5)。随着年遇型的增加，玉米旱灾风险逐渐增大，玉米旱灾重度和极重度风险范围逐渐扩大。在四种年遇型致灾水平下，占世界玉米分布区面积最大的是玉米旱灾微度风险区(图 7-9)，其所占面积比例在 4 个年遇型下均是最大，依次约为 50%、45%、39% 和 38%；玉米旱灾轻度、中度和重度风险区所占面积比例均小于 13%；玉米旱灾极重度风险区所占比例在 4 个年遇型下依次为 20. 46%、25. 42%、30. 7% 和 33. 35%。

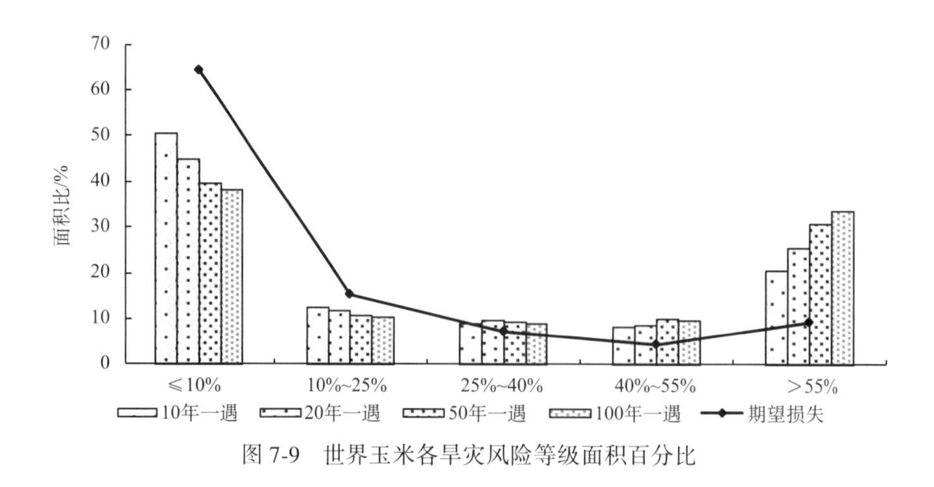

图 7-9 世界玉米各旱灾风险等级面积百分比

图 7-10 给出了世界六大洲玉米各旱灾风险等级面积百分比。玉米旱灾轻度风险区在亚洲、非洲和南美洲所占面积比例最大，4 个年遇型下所占面积比重均大于 45%；北美洲和欧洲所占面积比例在 10 年一遇致灾水平下最大，分别约为 32% 和 28%；大洋洲所占面积比例最小，约为 10% 左右。玉米旱灾轻度、中度和重度风险区在六大洲中所占面积比例均小于 18%。玉米旱灾极重度风险区在大洋洲所占面积比例最大，4 个年遇型下依次为 68. 47%、72. 17%、76. 38% 和 77. 36%；北美洲和欧洲所占面积比例在 20 年、50 年和 100 年一遇的致灾水平下最大，均大于 30%。

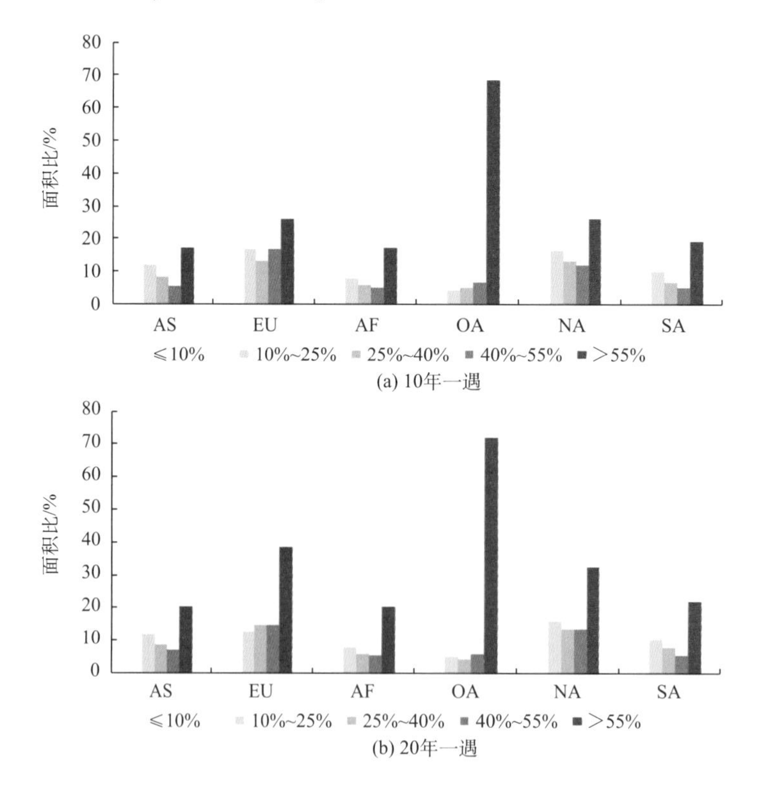

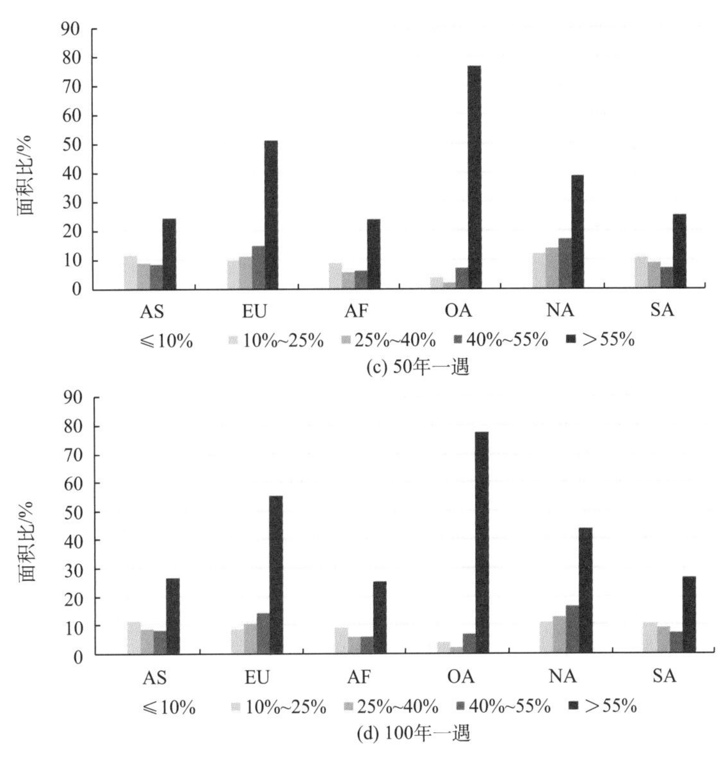

图 7-10　世界各大洲玉米各旱灾风险等级面积百分比

图中，AS：亚洲；EU：欧洲；AF：非洲；OA：大洋洲；NA：北美洲；SA：南美洲

从国家(地区)单元来看，玉米旱灾风险高的区域主要分布在美国、中国、俄罗斯、巴西、西班牙、阿富汗、肯尼亚、阿根廷、墨西哥、土耳其、乌克兰、哈萨克斯坦、南非、坦桑尼亚、伊拉克、澳大利亚、秘鲁、印度、纳米比亚、苏丹、埃塞俄比亚等。玉米旱灾高风险区多分布在世界主要玉米生产国，如美国、中国、巴西等。表 7-1 给出了世界 8 个主要玉米种植国家玉米旱灾中度、重度和极重度风险区面积百分比。南非、美国和俄罗斯玉米旱灾极重度风险区所占面积比例最大，100 年一遇致灾水平下其所占面积比分别为 72. 3% 、50. 38% 和 37. 24% 。南非是玉米旱灾重度和极重度风险最严重的国家，4 个年遇型下两者所占面积百分比之和分别是 57. 8% 、64. 49% 、69. 82% 和 72. 3% ；印度是玉米旱灾重度和极重度风险最小的国家，4 个年遇型下两者所占面积百分比之和分别是 8. 29% 、11. 55% 、16% 和 18. 77% 。

表 7-1　世界主要玉米种植国家玉米旱灾中度、重度和极重度风险等级面积百分比

国家	10 年一遇		20 年一遇		50 年一遇		100 年一遇	
	40% ～55%	>55%	40% ～55%	>55%	40% ～55%	>55%	40% ～55%	>55%
巴西	2. 69	17. 74	4. 14	19. 9	6. 49	22. 37	6. 19	23. 82
中国	6. 61	14. 68	9. 22	18. 94	10. 1	24. 62	8. 53	28. 25

续表

国家	10年一遇		20年一遇		50年一遇		100年一遇	
	40%～55%	>55%	40%～55%	>55%	40%～55%	>55%	40%～55%	>55%
印度	4.63	3.66	4.57	6.98	5.89	10.11	6.89	11.88
印度尼西亚	4.05	19.39	4.74	22.46	6.45	25.05	6.4	26.51
墨西哥	5.76	26.57	4.29	31.02	3.92	33.9	3.94	35.65
俄罗斯	16.2	14.87	17.54	22.2	19.89	32.79	20.02	37.24
南非	7.05	57.8	6.19	64.49	5.99	69.82	4.91	72.3
美国	14.49	28.73	17.06	36.35	21.57	44.24	20.43	50.38

图7-11给出了中国及各可比地理单元区4个年遇型下的玉米旱灾损失率。中国主要受玉米旱灾微度风险的影响，4个年遇型下所占面积比例分别是55.6%、49.18%、43.31%和41.89%；玉米旱灾中度、重度和极重度风险影响比重随着年遇型增加而增加，其中玉米旱灾极重度区在4个年遇型下所占面积比例分别是14.68%、18.94%、24.62%和28.25%。西北高山和盆地南段属玉米旱灾极重度风险影响区，4个年遇型下玉米LR分别为86.1%、87.1%、88.2%和88.3%；四分位距分别为62.7%、54.8%、47.5%和43%。西北高山和盆地北段以及北部高原，在10年一遇情景下属玉米旱灾重度玉米风险影响区，在20年、50年和100年一遇情景下属玉米旱灾极重度玉米风险影响区。中西部山地和高原、东北山地西段、东北平原以及华北平原，在10年一遇情景下属玉米旱灾轻度风险影响区，在20年、50年和100年一遇情景下属玉米旱灾中度风险影响区。青藏高原东段、中南部高原和平原、东南平原以及东南丘陵属于玉米旱灾微度风险影响区，四分位距均小于5%。其余地区属于玉米旱灾微度和轻度风险影响区。

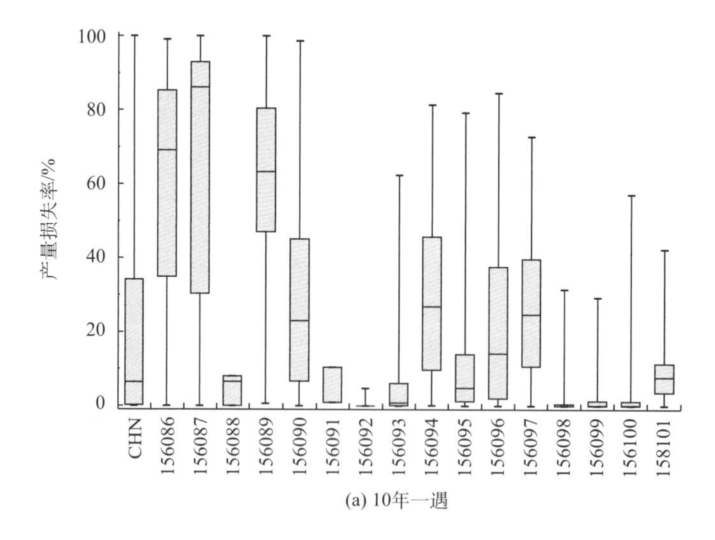

(a) 10年一遇

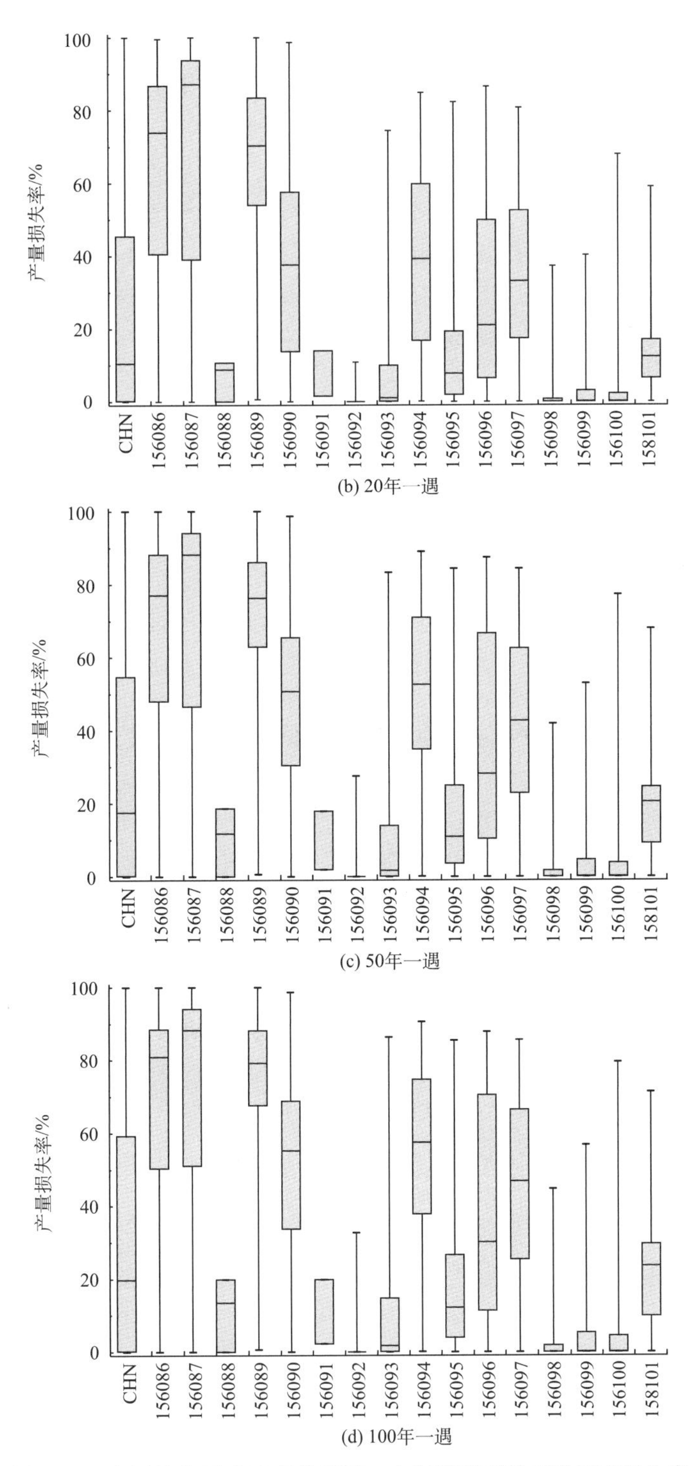

图 7-11　中国及各可比地理单元区 4 个年遇型下的玉米旱灾损失率

图中，CHN：中国；156086：西北高山和盆地北段；156087：西北高山和盆地南段；156088：青藏高原西段；156089：北部高原；156090：中西部山地和高原；156091：中西部高原和盆地；156092：青藏高原东段；156093：西南高原和盆地；156094：东北山地西段；156095：东北山地东段；156096：东北平原；156097：华北平原；156098：中南部高原和平原；156099：东南平原；156100：东南丘陵；158101：东南山地

7.1.2 玉米旱灾风险评价结果验证

选择中国22个玉米主产省份(即玉米播种面积与主要农作物播种面积比大于5%的省份),将其折算的玉米损失率分别与4个不同旱灾致灾水平下的损失率进行相关分析(表7-2)。结果表明,两者具有显著的相关性,10年一遇、20年一遇、50年一遇和100年一遇玉米旱灾损失率与多年平均损失率间的Pearson相关系数分别为0.47、0.55、0.61和0.62,且均通过了显著性水平0.05的检验。

表7-2 中国区玉米旱灾风险评价结果验证

风险类型	相关系数	决定系数
10年一遇损失率	0.48	0.03
20年一遇损失率	0.55	0.01
50年一遇损失率	0.61	0.003
100年一遇损失率	0.62	0.002

7.1.3 气候变化情景下玉米旱灾风险评价

根据气候情景数据驱动下SEPIC-V-R模型的输出结果,计算不同情景下21世纪近期(2005~2039年)(图7-12)、中期(2040~2069年)(图7-13)和远期(2070~2099年)(图7-14)3个时段玉米LR期望值,以及相对于历史时期(1975~2004年)LR期望值的变化,并编制系列图谱。各时期的玉米旱灾风险变化等级分为6级:第1级(≤-5%)为重度减轻区;第2级(-5%~2.5%)为中度减轻区;第3级(-2.5%~0)为轻度减轻区;第4级(0~2.5%)为轻度增加区;第5级(2.5%~5%)为中度增加区;第6级(>5%)为重度增加区(图7-15~图7-17)。根据风险变化,计算RCP情景下不同时期玉米旱灾风险变化等级所占面积百分比(图7-18)。

从全球尺度看,世界玉米旱灾风险变化空间格局为北半球中高纬度增加,南半球中高纬度减轻,低纬度基本不变。

(1)重度减轻区:主要分布在美国中部、亚洲中部、伊朗、伊拉克、印度部分地区、非洲东部和南部、澳大利亚东南部;21世纪末,4个RCP情景下其所占面积百分比分别为9.06%、11.27%、13.15%和15.23%。

(2)中度减轻区:该变化所占面积比例在RCP 4.5和RCP 6.0情景下呈逐渐减少的趋势,RCP 2.6情景下呈增加的趋势,RCP 8.5情景下则为先减少再增加的趋势;21世纪末,4个RCP情景下其所占面积百分比分别为4.92%、3.7%、3.44%和3.41%。

(3)轻度减轻区:主要分布在中国东部、印度东北部、非洲中部和西部、南美洲北部等地区;21世纪末,4个RCP情景下其所占面积百分比分别为14.89%、10.87%、10.48%和10.06%。

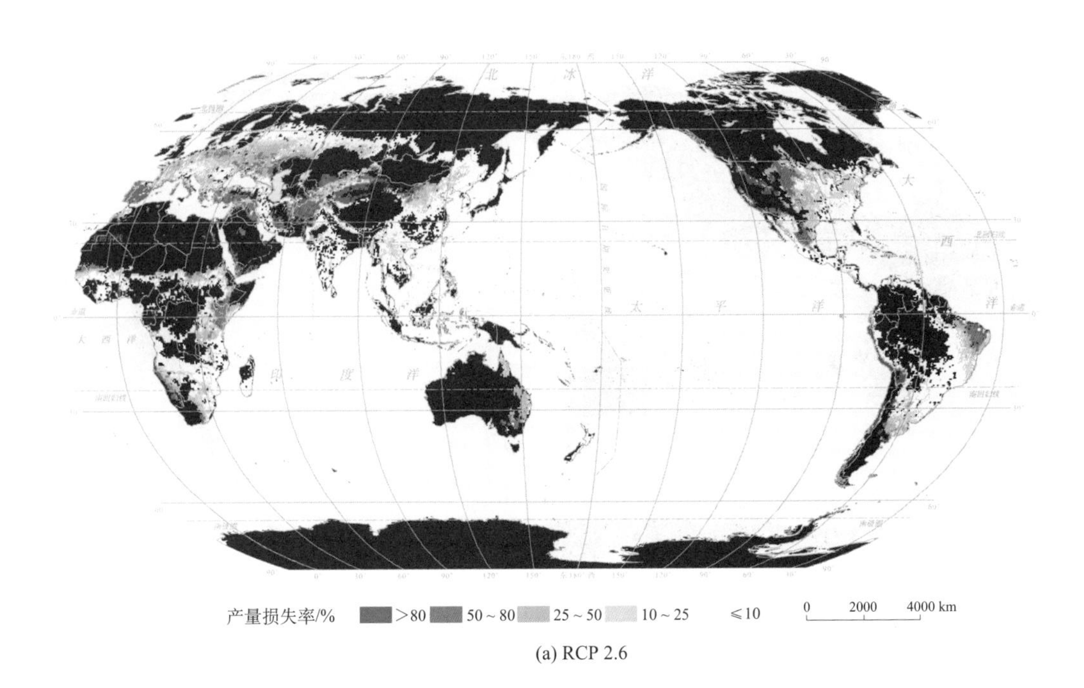

(a) RCP 2.6

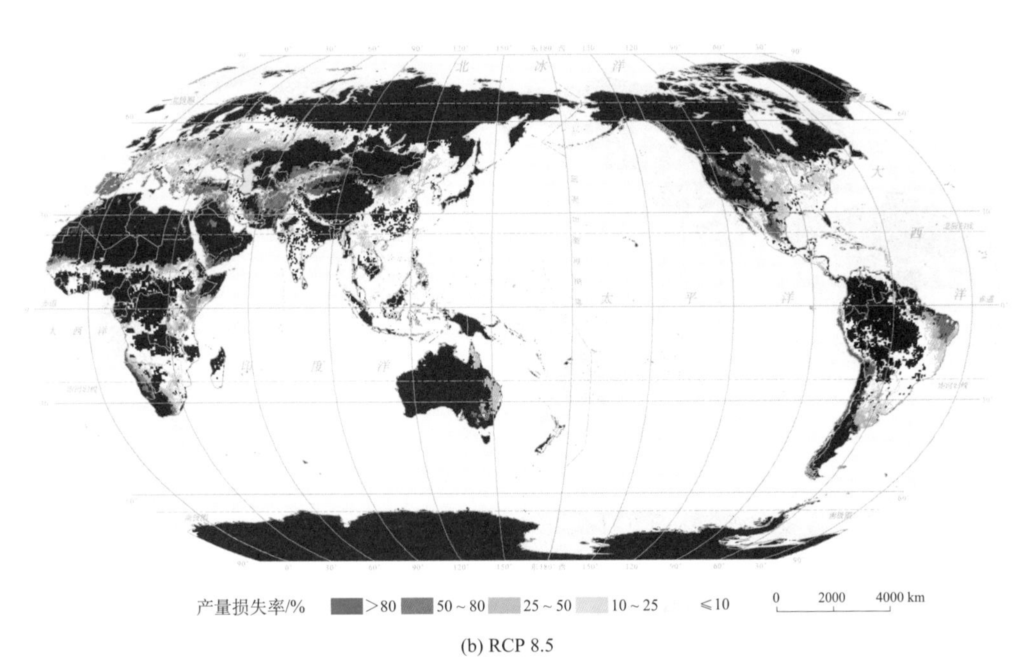

(b) RCP 8.5

图 7-12　近期(2005～2039 年)世界玉米旱灾期望损失率

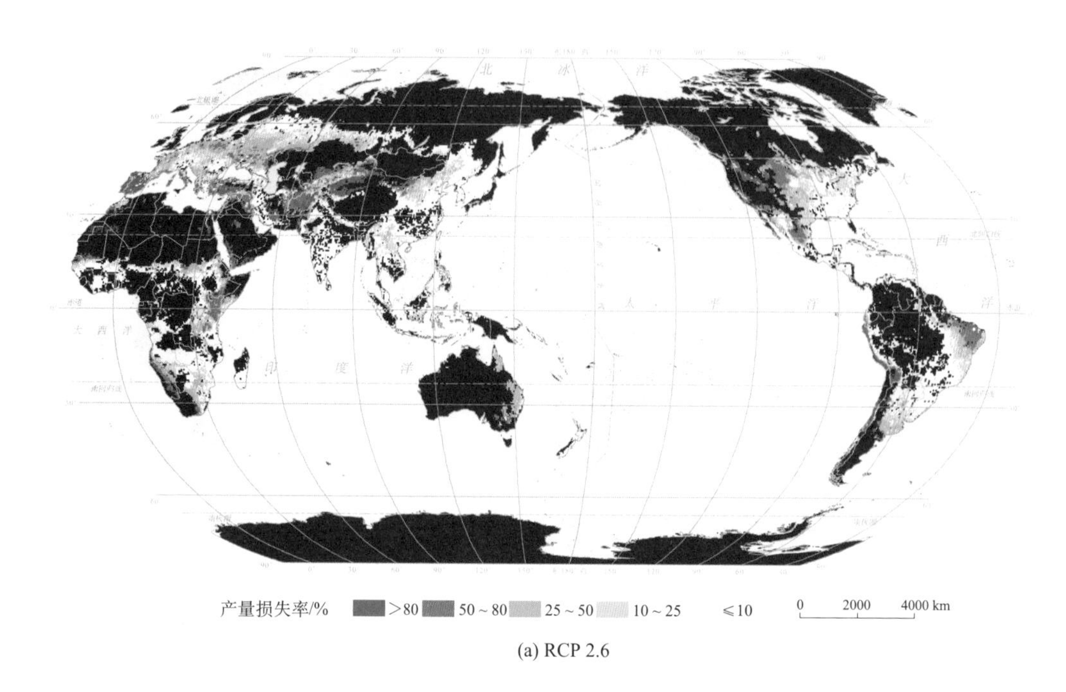

(a) RCP 2.6

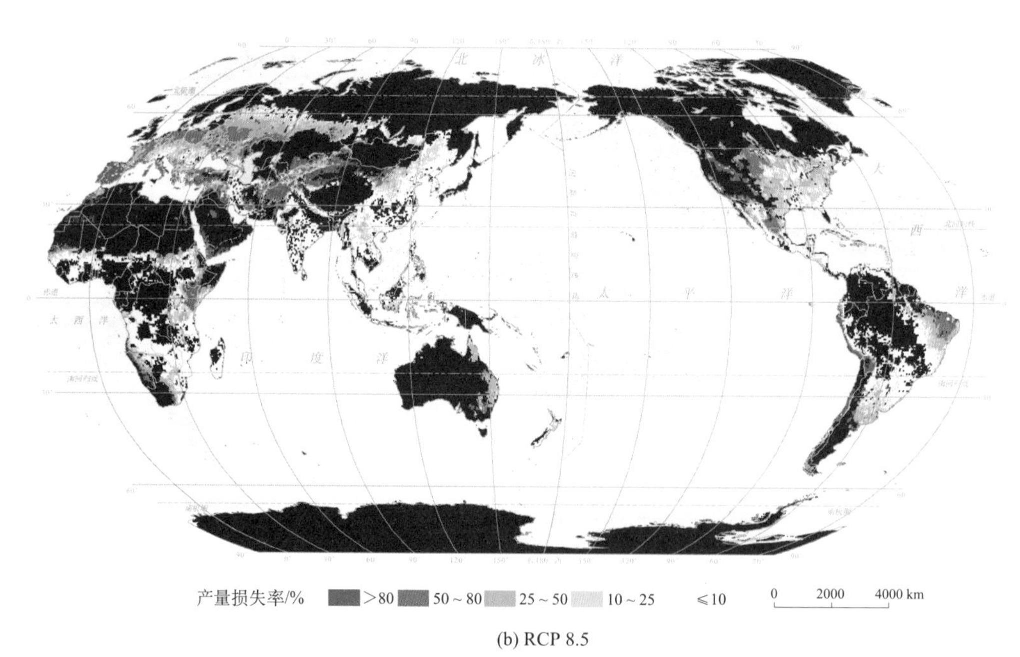

(b) RCP 8.5

图 7-13 中期(2040～2069 年)年世界玉米旱灾期望损失率

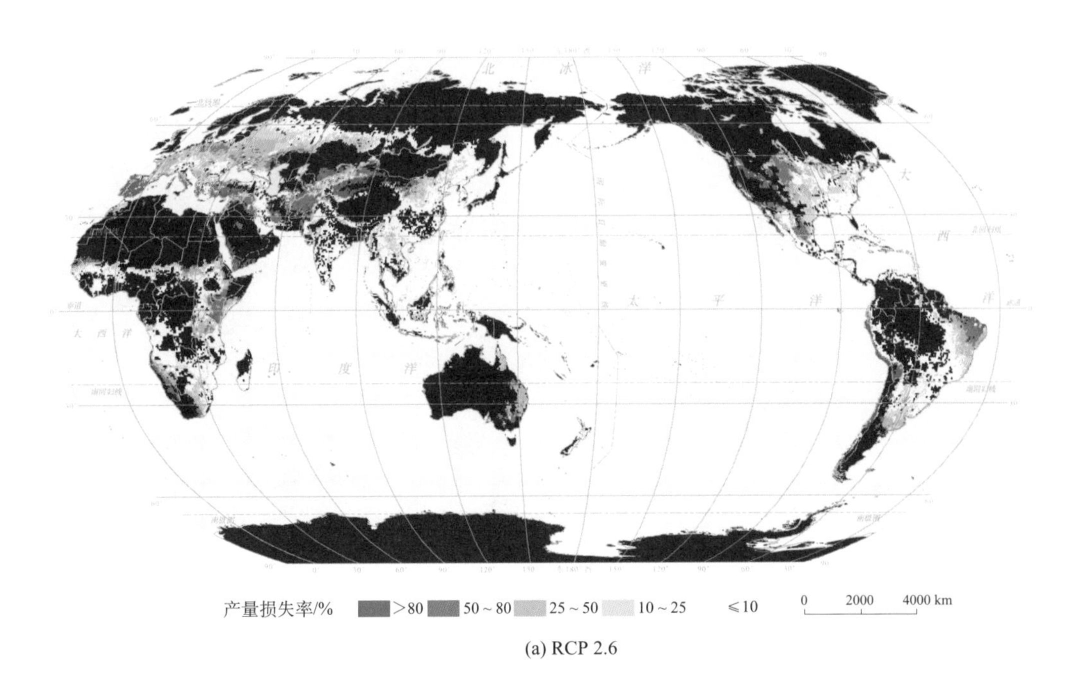

(a) RCP 2.6

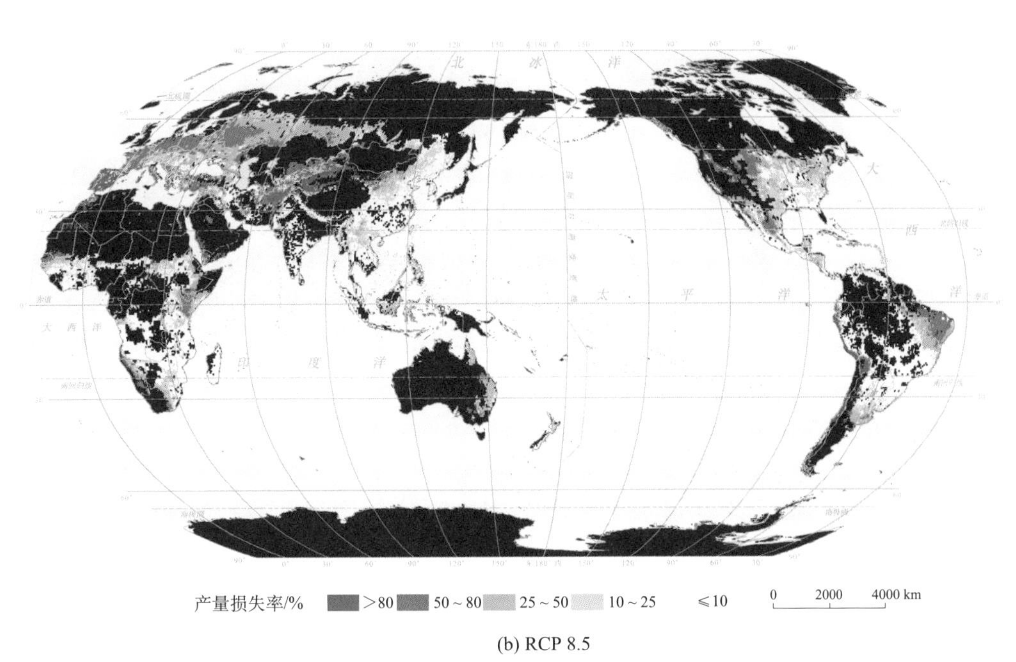

(b) RCP 8.5

图 7-14　远期(2070～2099 年)世界玉米旱灾期望损失率

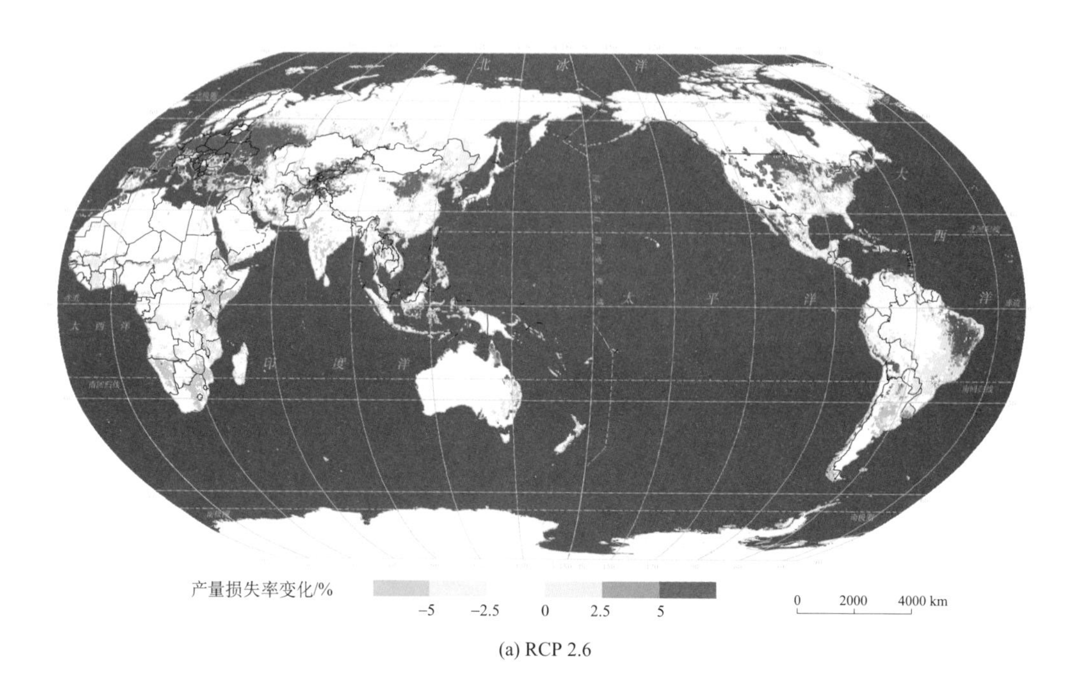

(a) RCP 2.6

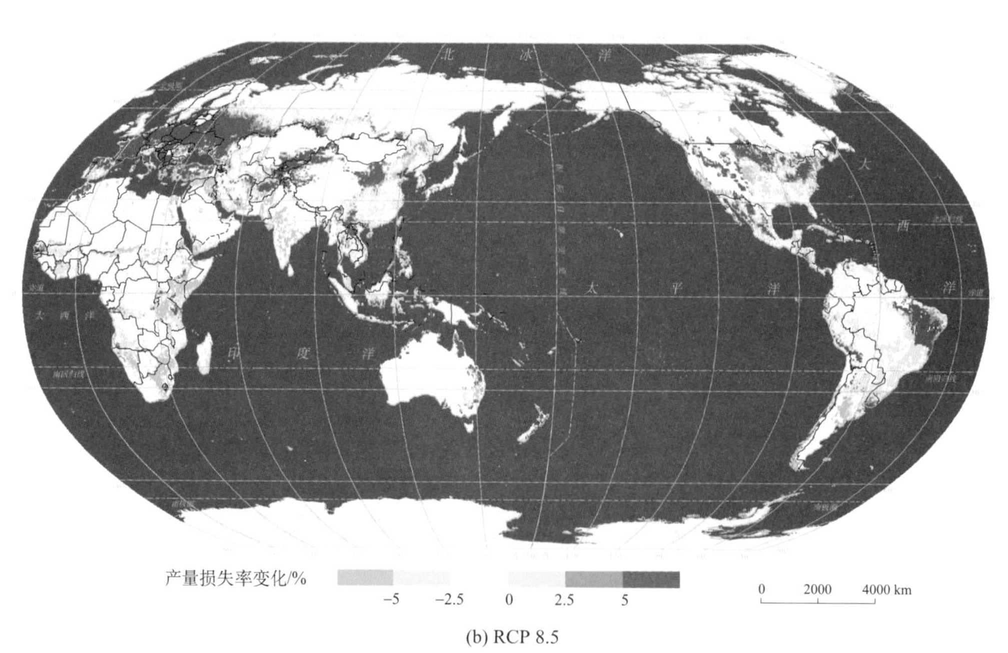

(b) RCP 8.5

图 7-15　近期(2005～2039 年)世界玉米旱灾风险相对于历史时期的变化

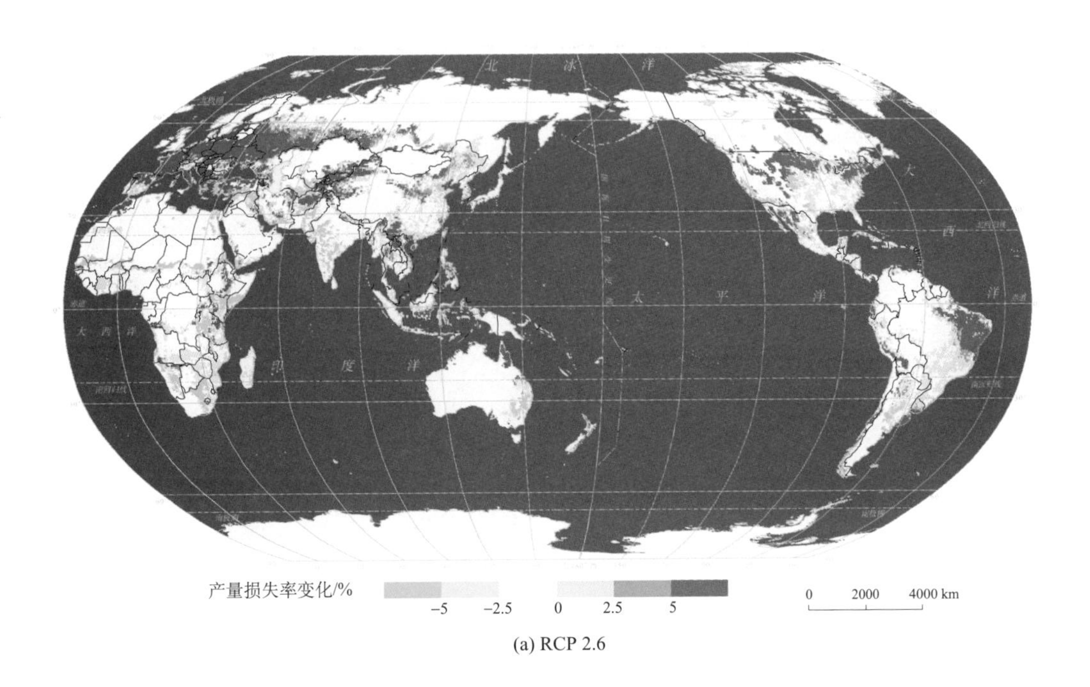

(a) RCP 2.6

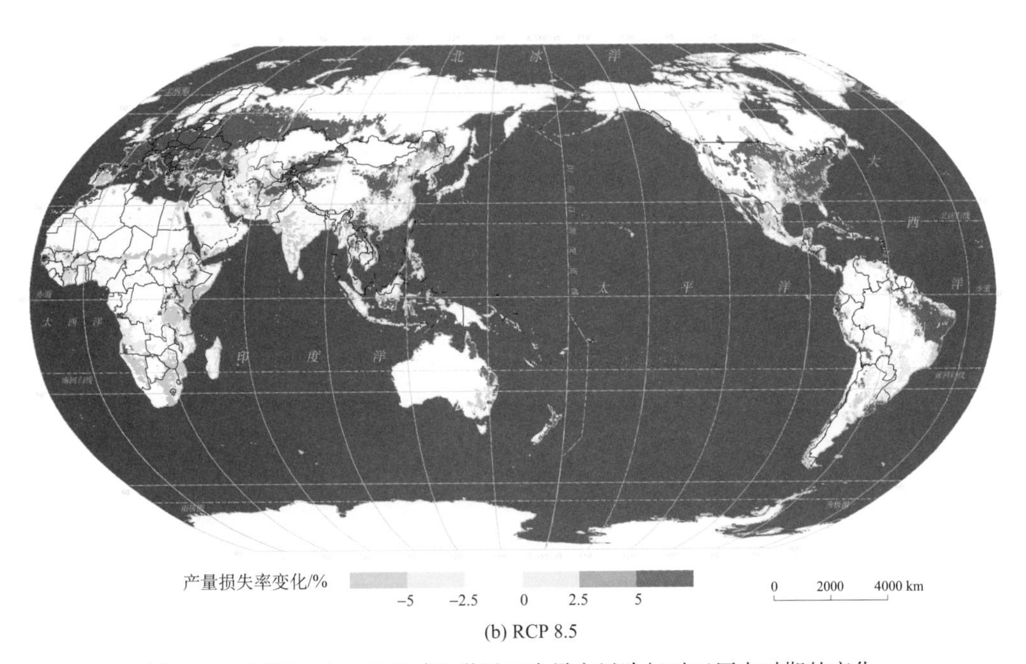

(b) RCP 8.5

图 7-16　中期(2040～2069 年)世界玉米旱灾风险相对于历史时期的变化

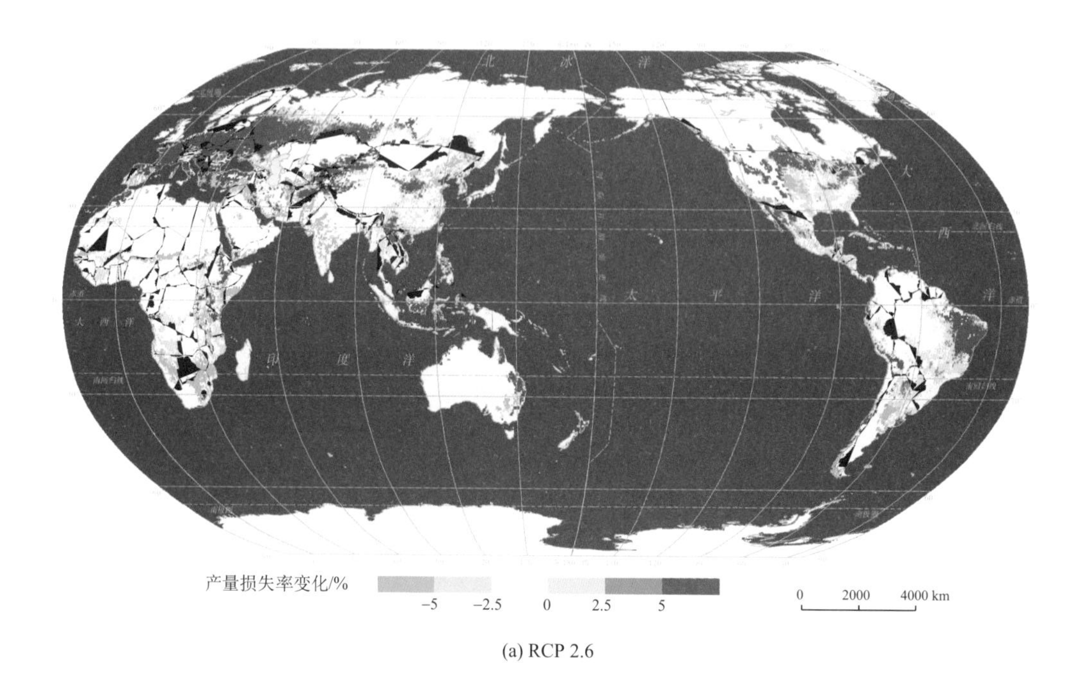

(a) RCP 2.6

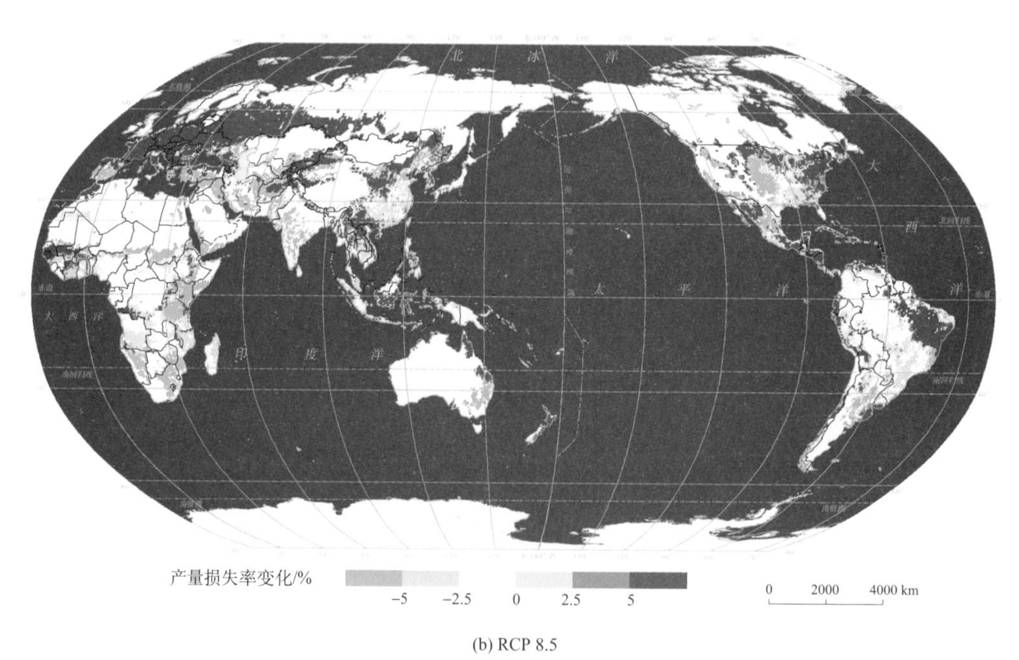

(b) RCP 8.5

图 7-17　远期(2070～2099 年)世界玉米旱灾风险相对于历史时期的变化

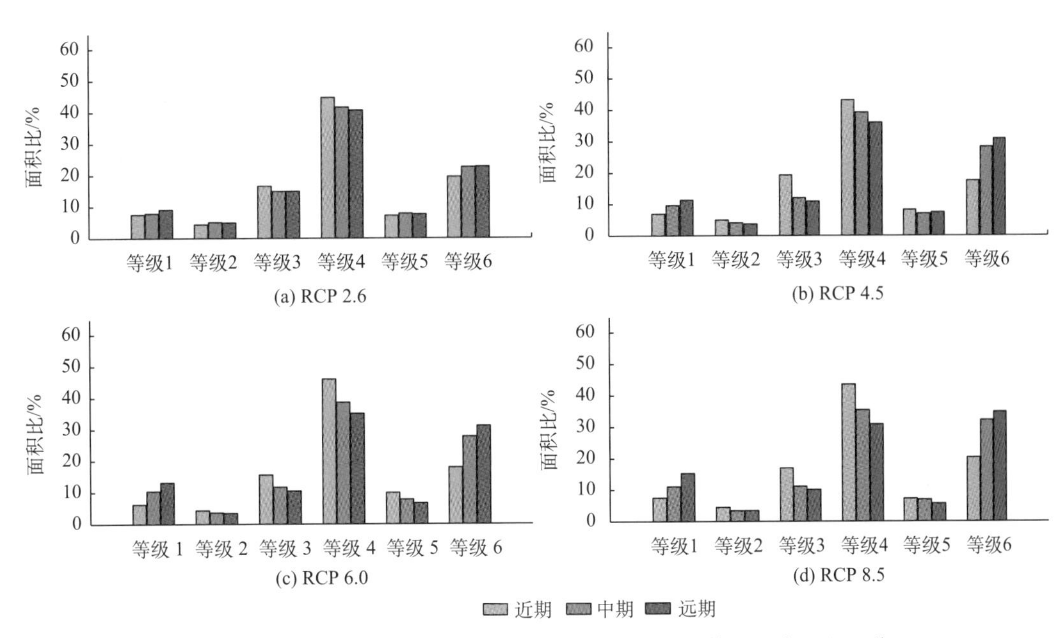

图 7-18　4 个 RCP 情景下不同时期玉米旱灾风险变化等级所占面积百分比

（4）轻度增加区：主要分布在中国西南、东南和东北部、美国东南部等地区；其所占比例在各级中最大，大多为 30%～40%，且呈逐渐减少的趋势；21 世纪末，四种 RCP 情景下其所占面积比例分别为 40.69%、35.96%、35.11%和 30.87%。

（5）中度增加区：其所占面积比例在 RCP 6.0 和 RCP 8.5 情景下呈减少趋势，RCP 2.6 情景下呈先增加后减少，RCP 4.5 情景下呈先减少后增加的趋势。

（6）重度增加区：主要分布在欧洲大部分地区、中国中部和西北部、美国北部、巴西东部等地区；21 世纪末，4 个 RCP 情景下其所占面积百分比分别为 22.81%、30.82%、31.21%和 34.80%。

图 7-19 给出了 4 个 RCP 情景下不同时期世界各大洲玉米旱灾风险变化等级所占面积百分比。亚洲、非洲和南美洲玉米旱灾风险均以轻度增加为主，欧洲玉米旱灾风险变化以重度增加为主。

（1）RCP 2.6：亚洲、非洲和南美洲各等级所占比例变化不大；北美洲轻度增加区和重度增加区所占比例较大且呈下降趋势；欧洲重度增加区所占比例明显高于其他各级；大洋洲重度减轻区所占比例呈先增加后减少的趋势，轻度增加区所占比例呈减少趋势，而重度增加区呈明显的增加趋势。21 世纪末，亚洲、北美洲、欧洲、非洲、南美洲和大洋洲重度增加区所占比例分别为 18.90%、24.29%、67.98%、4.00%、15.85%和 44.52%。

（2）RCP 4.5：亚洲和南美洲轻度增加区所占比例呈下降趋势，重度增加区所占比例呈上升趋势；北美洲轻度增加区有明显的减少，重度增加区增大；欧洲以重度增加区为主，其他各等级有所下降；非洲轻度增加区比例下降；大洋洲重度增加区比例先下降后上升。21 世纪末，亚洲、北美洲、欧洲、非洲、南美洲和大洋洲重度增加区所占比例分别为 33.16%、32.79%、81.91%、5.68%、17.83%和 26.54%。

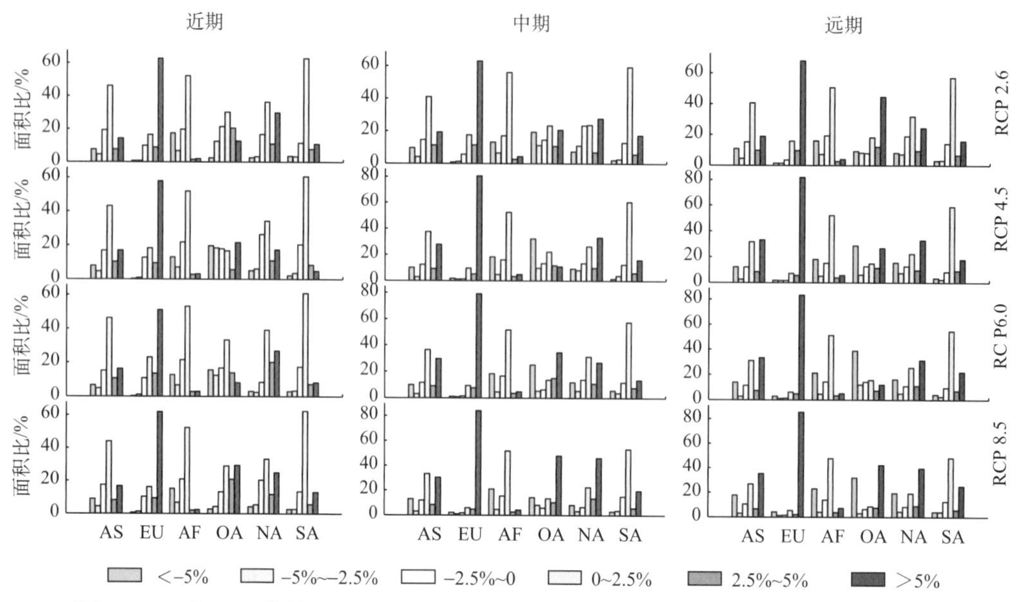

图 7-19 4 个 RCP 情景下不同时期世界各大洲玉米旱灾风险变化等级所占面积百分比

图中，AS：亚洲；EU：欧洲；AF：非洲；OA：大洋洲；NA：北美洲；SA：南美洲

注：每个大洲内由左至右对应不同干旱等级(程度由小变大)

(3) RCP 6.0：亚洲轻度增加区比例下降，重度增加区比例上升；北美洲、非洲、南美洲轻度增加区比例也呈下降的趋势；大洋洲重度减轻区比例增加，重度增加区比例先上升后下降。21 世纪末，亚洲、北美洲、欧洲、非洲、南美洲和大洋洲重度增加区所占比例分别为 33.32%、31.34%、83.42%、5.04%、21.98% 和 11.93%。

(4) RCP 8.5：各大洲重度增加区比例有明显的上升，其他各等级比例相对有所下降，大洋洲重度减轻区也呈上升趋势。21 世纪末，亚洲、北美洲、欧洲、非洲、南美洲和大洋洲重度增加区所占比例分别为 35.28%、39.47%、85.40%、7.22%、24.95% 和 42.21%。

7.2 小麦旱灾风险评价与分布格局

7.2.1 小麦旱灾风险评价

根据 SEPIC-V-R 风险评价模型的输出结果，分别编制了世界春小麦和冬小麦旱灾期望损失率图和 4 个年遇型水平下的春小麦和冬小麦旱灾风险图谱。春小麦旱灾风险等级统一分为 5 级：第 1 级(损失率为 0～10%)为微度；第 2 级(损失率为 10%～25%)为轻度；第 3 级(损失率为 25%～40%)为中度；第 4 级(损失率为 40%～55%)为重度；第 5 级(损失率为 55% 以上)为极重度。冬小麦旱灾风险等级统一分为 5 级：第 1 级(损失率为 0～1%)为微度；第 2 级(损失率为 1%～5%)为轻度；第 3 级(损失率为 5%～10%)为中度；第 4 级(损失率为 10%～20%)为重度；第 5 级(损失率为 20% 以上)为极重度。

1. 春小麦

春小麦旱灾期望损失。从全球尺度看，世界春小麦旱灾损失风险的空间格局为亚欧大陆中部高，其余地区低(图7-20)。春小麦旱灾风险微度、轻度、中度、重度和极重度区所占面积比例分别是57.75%、18.01%、9.76%、5.55%和8.93%。

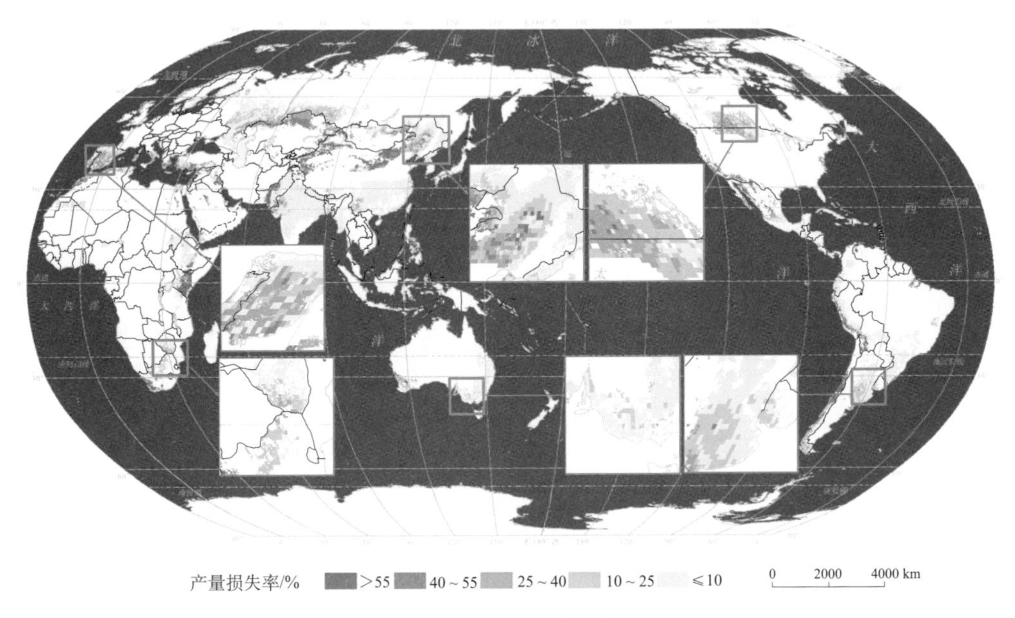

图7-20 世界春小麦旱灾期望损失率

图7-21给出了世界六大洲春小麦旱灾各期望损失等级面积百分比。春小麦旱灾微度风险区在除北美洲外的五个大洲中面积比最大，均超过50%；亚洲、欧洲、非洲、南美洲和大洋洲春小麦旱灾微度风险影响面积所占比重分别为57.92%、58.83%、54.36%、72.85%和79.04%。春小麦旱灾轻度风险区在北美洲所占比例最大，约为38%。春小麦旱灾中度、重度和极重度风险区在各大洲中所占比例均小于20%。

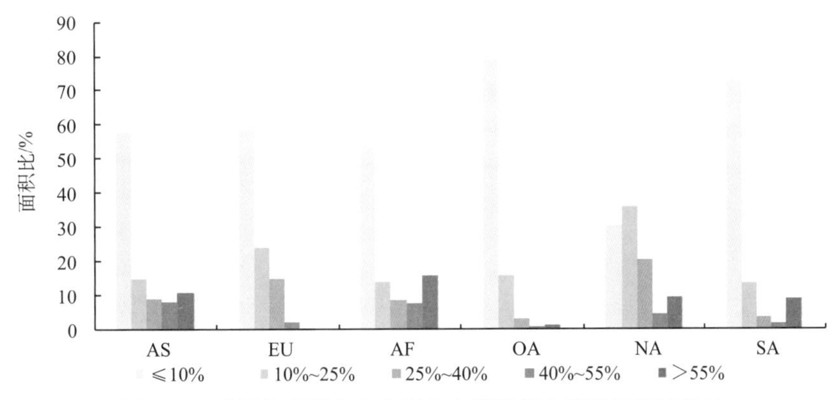

图7-21 世界各大洲春小麦旱灾各期望损失等级面积百分比

图中，AS：亚洲；EU：欧洲；AF：非洲；OA：大洋洲；NA：北美洲；SA：南美洲

图 7-22 给出了世界主要春小麦种植国家春小麦旱灾各期望损失等级面积百分比。除加拿大、哈萨克斯坦和美国外，春小麦旱灾微度风险区在其余 7 个国家所占面积比例最大，均大于 44%。春小麦旱灾轻度风险区在加拿大所占面积比例最大，约为 48%。春小麦旱灾中度和重度风险区在哈萨克斯坦所占面积比例最大，分别约为 32% 和 43%。春小麦旱灾极重度风险在巴基斯坦所占面积比例最大，约为 26%，其余国家所占面积比均小于 15%。

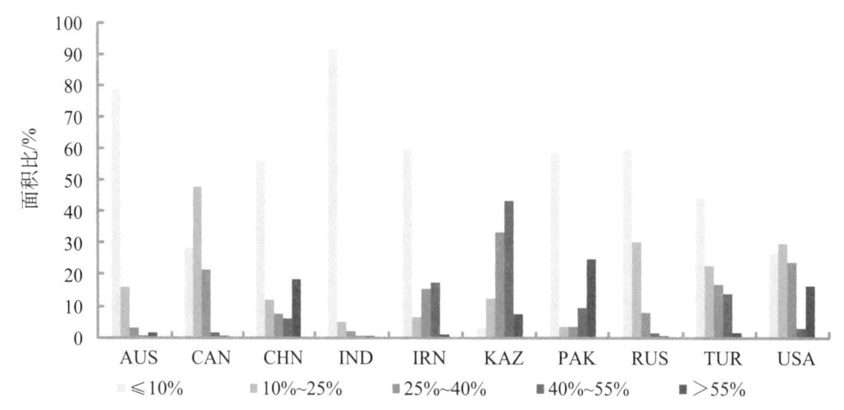

图 7-22　世界主要春小麦种植国家春小麦旱灾各期望损失等级面积百分比

图中，AUS：澳大利亚；CAN：加拿大；CHN：中国；IND：印度；IRN：伊朗；KAZ：哈萨克斯坦；PAK：巴基斯坦；RUS：俄罗斯；TUR：土耳其；USA：美国

图 7-23 给出了中国及各可比地理单元区春小麦旱灾损失率期望值。中国整体为春小麦旱灾微度风险水平，春小麦 LR 为 6.1%，且 75% 的春小麦种植区域 LR 小于 40%。西北高山和盆地南段属春小麦旱灾极重度风险影响区，春小麦 LR 为 82.9%，四分位距约为 22.5%。北部高原和中西部山地及高原地区属春小麦旱灾极重度风险影响地区，LR 分别为 66.6% 和 55.2%。西北高山和盆地北段属春小麦旱灾重度风险影响区，LR 为 53.8%。华北平原属春小麦旱灾中度风险影响区，LR 为 25.1%。中西部高原和盆地、东北山地西段以及东北平原属春小麦旱灾轻度风险影响区，LR 分别为 16.8%、14.8% 和 14.8%。其余地区属春小麦旱灾微度风险影响区，LR 和四分位距均小于 10%。

不同年遇型春小麦旱灾风险。从全球尺度看，春小麦旱灾高风险区分布在中国西北地区、巴基斯坦中部、南美洲西海岸、墨西哥与美国接壤处、加拿大中南部及与其接壤的美国北部、肯尼亚、南非东部、乌克兰北部、地中海沿岸和澳大利亚西南地区(图 7-24～图 7-27)。随着年遇型的增加，春小麦旱灾风险逐渐增大，重度和极重度风险影响范围逐渐扩大，微度、轻度和中度风险影响范围逐渐缩小。在四种年遇型旱灾致灾水平下，占世界春小麦分布区面积最大的是春小麦旱灾微度风险影响区。春小麦旱灾风险微度区所占面积比例在 4 个年遇型下均是最大，依次约为 42.46%、36.78%、32.78% 和 31.92%；极重度风险所占比例次之，在 4 个年遇型下依次为 20.37%、25.58%、31.49% 和 34.44%；轻度、中度和重度风险所占面积比例均小于 15%(图 7-28)。

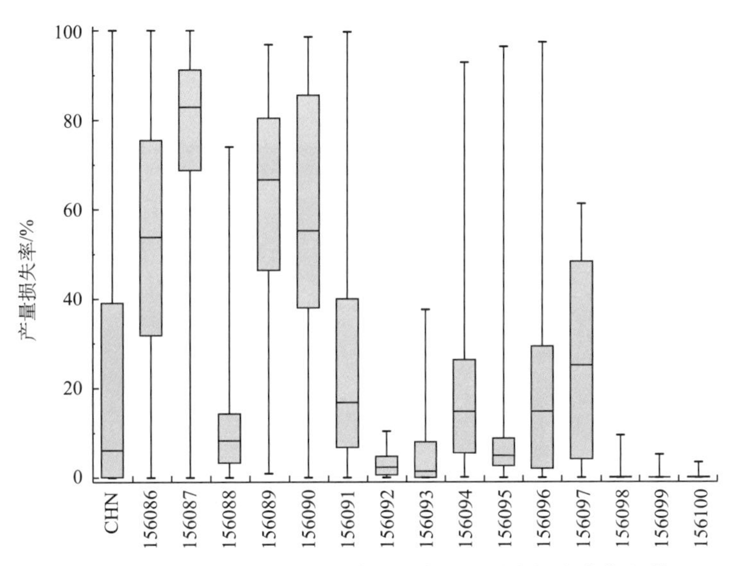

图 7-23　中国及各可比地理单元区春小麦旱灾损失率期望值

图中，CHN：中国；156086：西北高山和盆地北段；156087：西北高山和盆地南段；156088：青藏高原西段；156089：北部高原；156090：中西部山地和高原；156091：中西部高原和盆地；156092：青藏高原东段；156093：西南高原和盆地；156094：东北山地西段；156095：东北山地东段；156096：东北平原；156097：华北平原；156098：中南部高原和平原；156099：东南平原；156100：东南丘陵

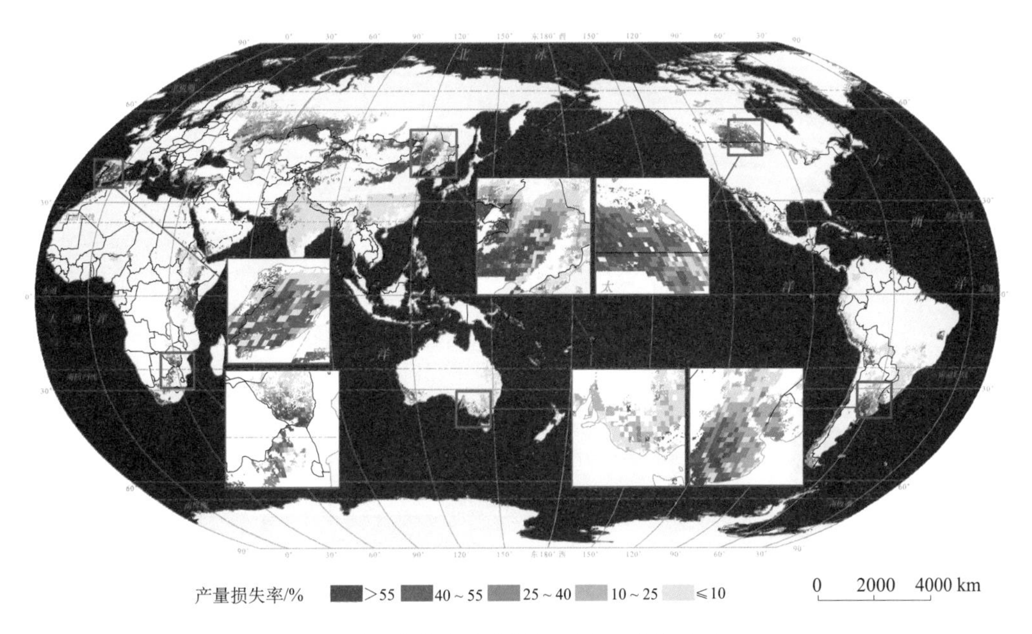

图 7-24　世界春小麦旱灾 10 年一遇损失率

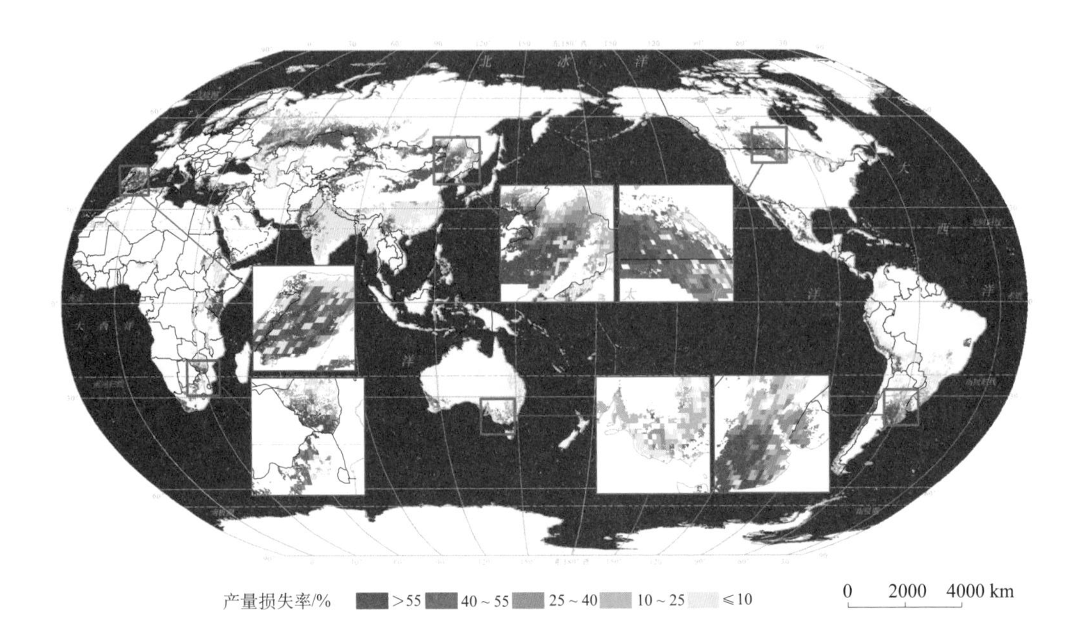

图 7-25　世界春小麦旱灾 20 年一遇损失率

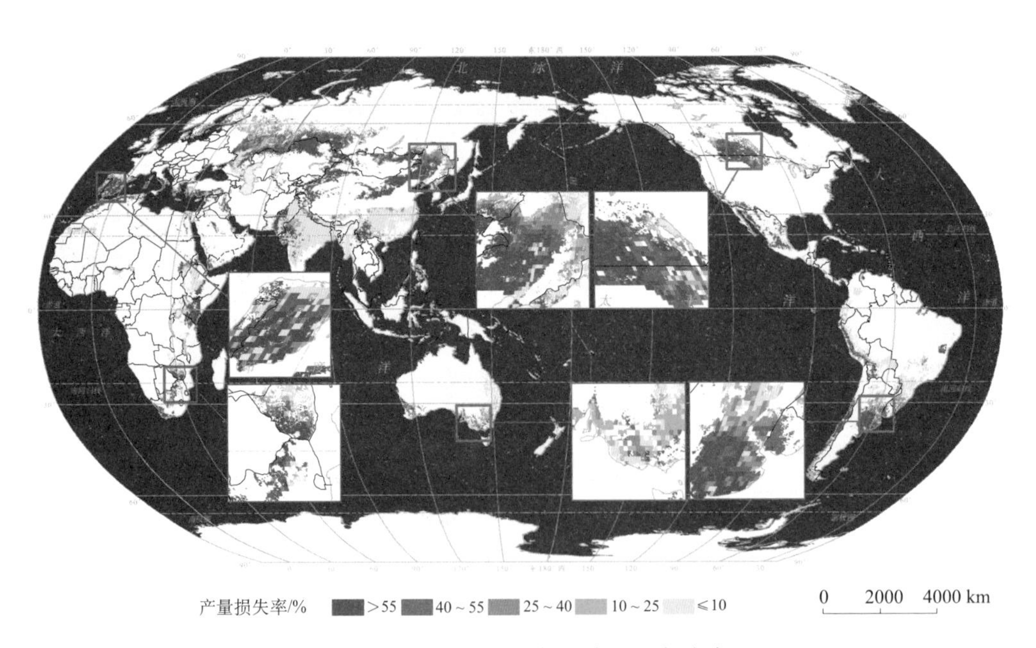

图 7-26　世界春小麦旱灾 50 年一遇损失率

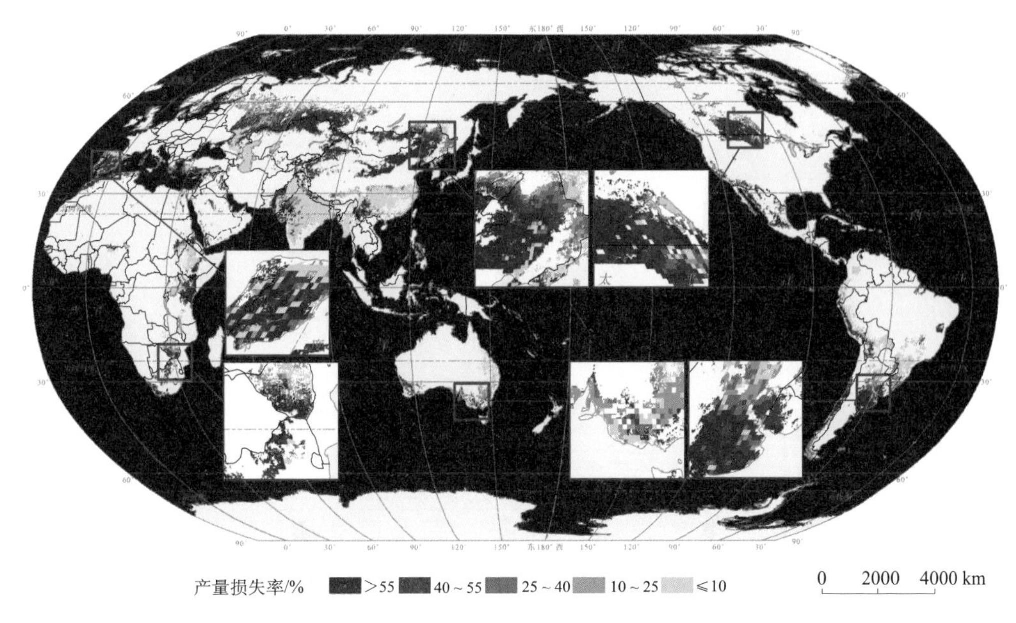

图 7-27　世界春小麦旱灾 100 年一遇损失率

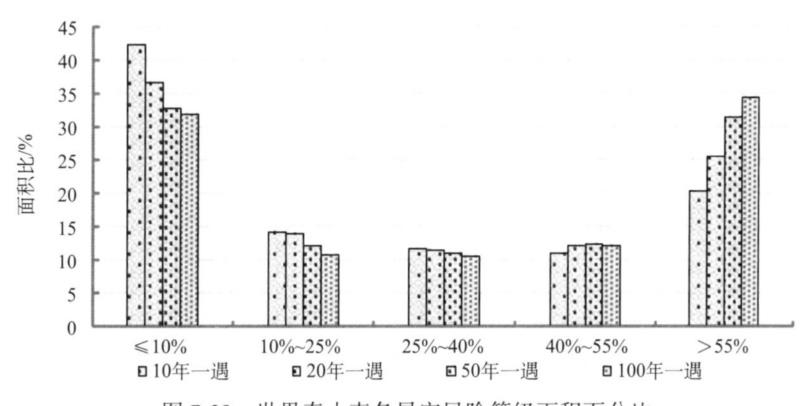

图 7-28　世界春小麦各旱灾风险等级面积百分比

图 7-29 给出了世界六大洲春小麦旱灾各风险等级面积百分比。微度风险在亚洲、南美洲和大洋洲所占面积比例最大，4 个年遇型致灾水平下均大于 30%。轻度、中度和重度风险在亚洲、非洲、南美洲所占比例均小于 15%；在北美洲和欧洲相对较大。极重度风险所占面积比例最大的是北美洲，4 个年遇型致灾水平下所占比例分别是 21.87%、30.31%、41.91%和 48.19%；其次是亚洲和非洲，4 个年遇型下，亚洲极重度风险所占比例分别是 25.94%、30.64%、36.11% 和 38.46%；非洲极重度风险所占比例分别是 26.69%、31.62%、36.12%和 38.24%。

表 7-3 给出了世界 8 个主要小麦种植国家春小麦各旱灾风险等级面积百分比。哈萨克斯坦受旱灾风险影响最大，4 个年遇型下极重度旱灾风险面积比分别是 75.75%、84.61%、

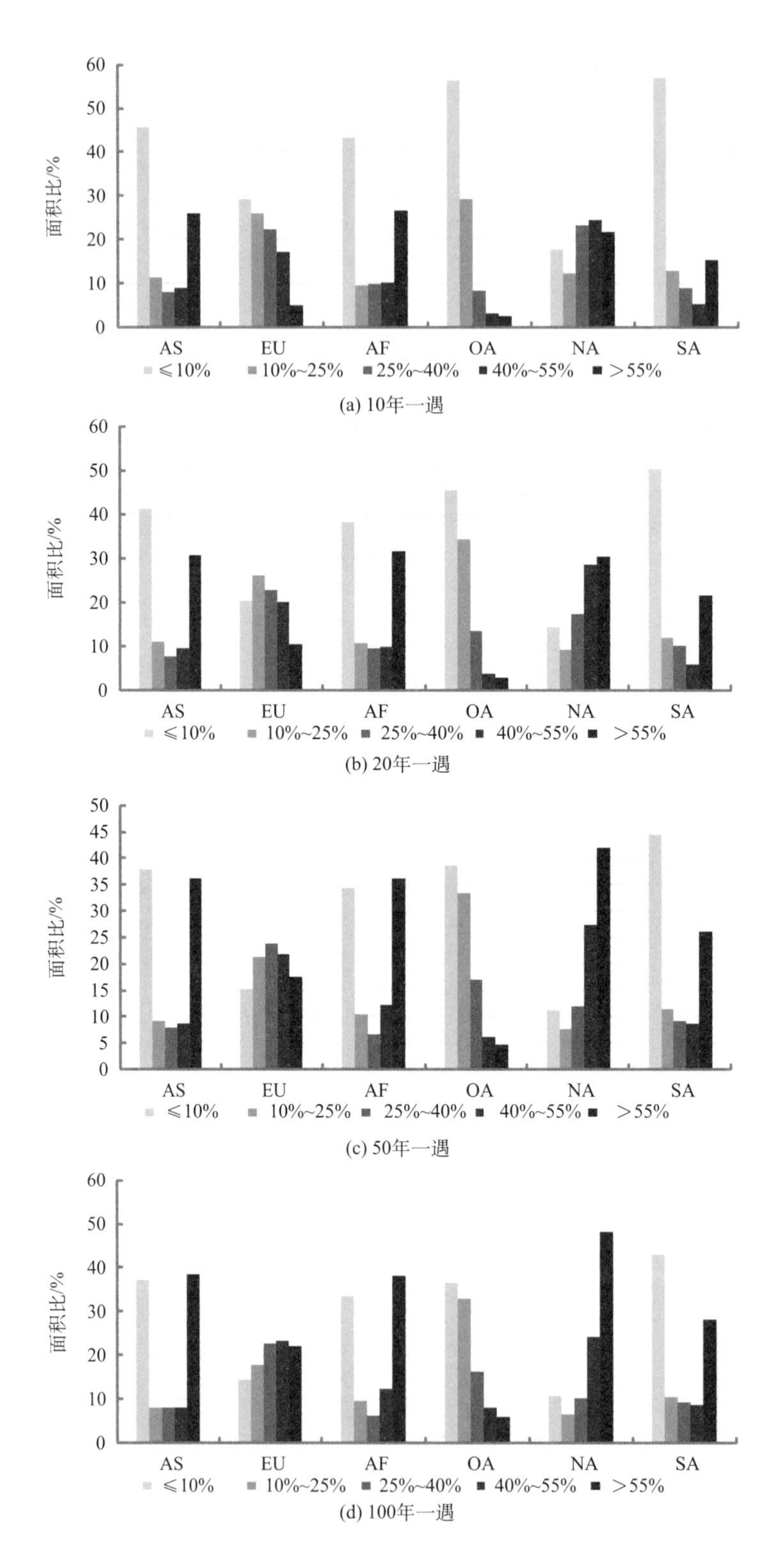

图 7-29 世界各大洲春小麦各旱灾风险等级面积百分比

图中，AS：亚洲；EU：欧洲；AF：非洲；OA：大洋洲；NA：北美洲；SA：南美洲

92.89%和94.94%。其次是加拿大和中国，重度和极重度旱灾风险所占比例之和大于50%。印度主要受微度旱灾风险的影响，4个年遇型下所占面积比例分别是83.38%、79.18%、75.43%和74.94%。中国属于轻度春小麦旱灾风险影响区，4个年遇型下微度、轻度和中度旱灾风险影响区所占面积比之和分别是61.05%、57.77%、53.39%和1.61%；重度和极重度旱灾风险影响比重随着年遇型增加而增加，其中极重度旱灾风险在4个年遇型下所占比例分别是32.81%、36.11%、39.8%和41.49%。

表7-3　世界主要小麦种植国家春小麦旱灾各风险等级面积百分比(%)

国家		AUS	CAN	CHN	IND	IRN	KAZ	PAK	RUS
10年一遇	0～10%	56.83	13.14	44.05	83.38	76.92	0.95	56.01	27.4
	10%～25%	28.94	14.69	11	8.98	0	1.22	3.16	27.27
	25%～40%	8.43	28.57	6	3.59	9.62	4.43	1.84	23.65
	40%～55%	3.26	30.97	6.15	0.65	13.46	17.65	2.29	16.63
	>55%	2.54	12.64	32.81	3.4	0	75.75	36.71	5.05
20年一遇	0～10%	46.05	9.02	39.03	79.18	76.92	0.92	56.01	18.45
	10%～25%	33.86	11.56	11.99	10.1	0	0.89	2.32	25.32
	25%～40%	13.32	17.4	6.75	4.34	9.62	1.28	1.16	23.11
	40%～55%	3.82	37.41	6.12	2.23	13.46	12.3	2.03	21.51
	>55%	2.95	24.61	36.11	4.15	0	84.61	38.48	11.6
50年一遇	0～1%	39.45	5.58	35.25	75.43	76.92	0.92	55.63	13.48
	10%～25%	33.91	8.01	10.15	9.85	0	0.58	0.62	20.13
	25%～40%	16.66	12.63	7.99	5.02	0	1.11	2.64	23.91
	40%～55%	5.5	33	6.82	4.12	22.12	4.49	1.33	21.14
	>55%	4.48	40.77	39.8	5.57	0.96	92.89	39.78	21.34
100年一遇	0～10%	37.08	5.32	34.39	74.94	76.92	0.92	55.37	12.36
	10%～25%	33.84	6.77	9.24	8.54	0	0.31	0.87	16.96
	25%～40%	16.2	10.46	7.98	6.06	0	0.72	1.25	22.66
	40%～55%	7.36	28.27	6.9	4.34	22.12	3.11	2.71	22.38
	>55%	5.52	49.17	41.49	6.13	0.96	94.94	39.8	25.64

注：AUS：澳大利亚；CAN：加拿大；CHN：中国；IND：印度；IRN：伊朗；KAZ：哈萨克斯坦；PAK：巴基斯坦；RUS：俄罗斯。

图7-30给出了中国及各可比地理单元区春小麦4个年遇型下的旱灾损失率。中国属于春小麦轻度或中度风险影响国家，4个年遇型下LR分别为16.2%、22.9%、32.7%和35.7%；四分位距分别为73.9%、80.1%、84.7%和86.5%。西北高山和盆地北段、西北高山和盆地南段、北部高原、中西部山地和高原、中西部高原和盆地、东北山地西段、东北平原以及华北平原春小麦风险高，属于极重度风险影响区，4个年遇型致灾水平下LR均大于55%。东北山地东段和青藏高原西段属于轻度风险影响区，其余地区属于微度风险影响区。

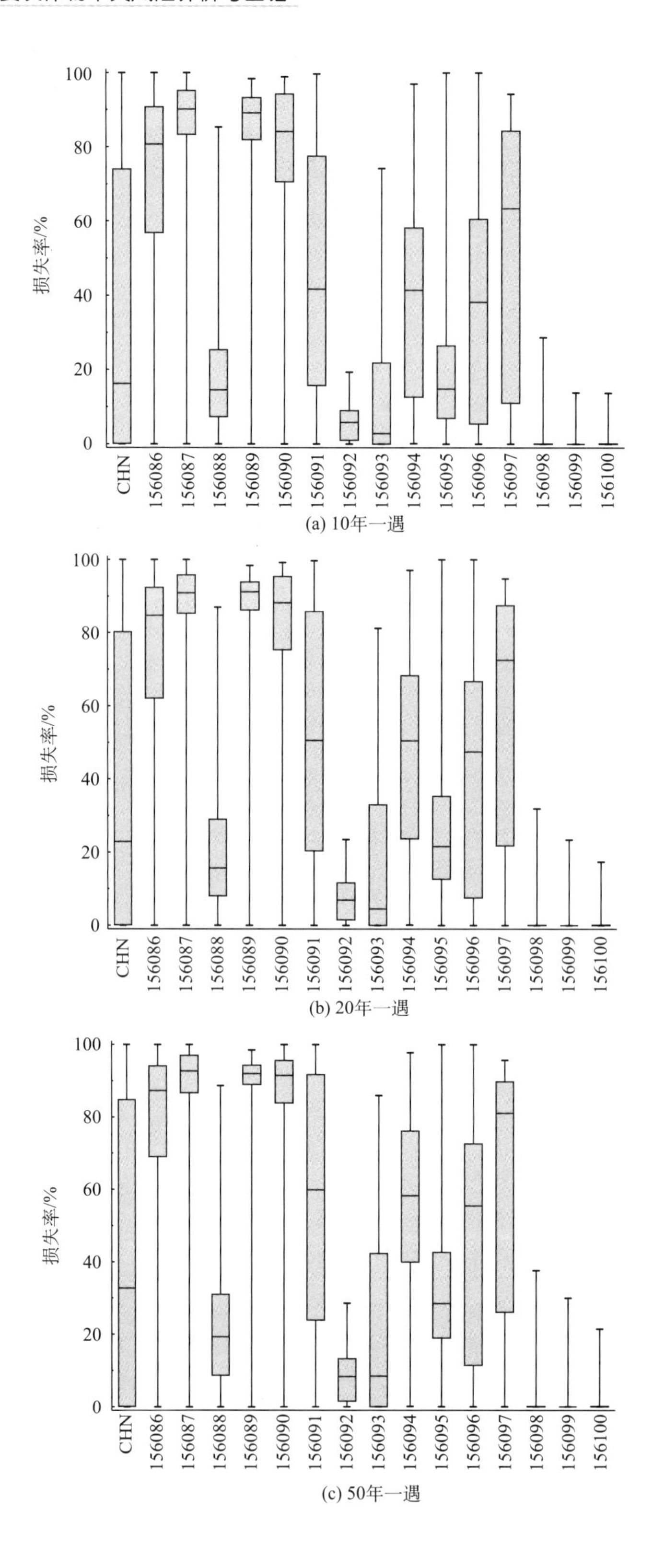

(a) 10年一遇

(b) 20年一遇

(c) 50年一遇

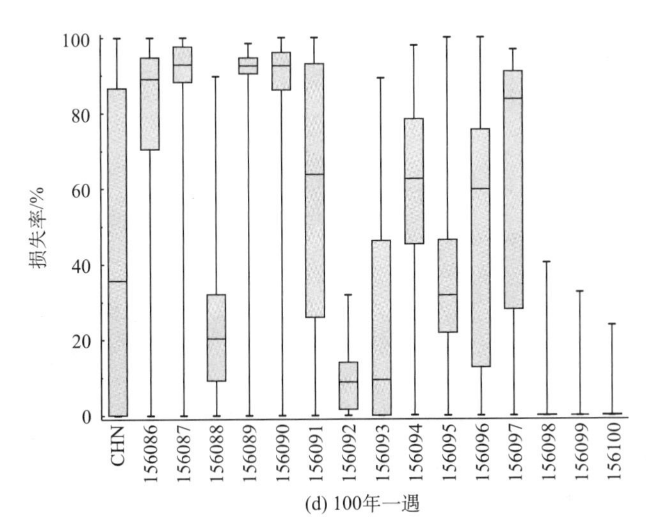

图 7-30　中国及各可比地理单元区 4 个年遇型下的春小麦旱灾损失率

图中，CHN：中国；156086：西北高山和盆地北段；156087：西北高山和盆地南段；156088：青藏高原西段；156089：北部高原；156090：中西部山地和高原；156091：中西部高原和盆地；156092：青藏高原东段；156093：西南高原和盆地；156094：东北山地西段；156095：东北山地东段；156096：东北平原；156097：华北平原；156098：中南部高原和平原；156099：东南平原；156100：东南丘陵

2. 冬小麦

冬小麦旱灾期望损失。从全球尺度看，世界冬小麦旱灾损失风险的空间格局为欧洲、美国中东部和中国华北平原等地区高，亚欧大陆中部低(图 7-31)。微度、轻度、中度、重度和极重度冬小麦旱灾风险区分别占冬小麦种植面积的 61.84%、21.86%、5.95%、4.88%和 5.47%。

图 7-32 给出了世界五大洲冬小麦旱灾各期望损失等级面积百分比。微度风险区在亚洲、北美洲和欧洲所占面积比例最大，分别约为 53%、58%和 70%。轻度风险区在各大洲所占面积比均在 20%左右。中度和重度风险区在大洋洲所占面积比例最大，约为 28%和 22%，其余各大洲均小于 10%。极重度风险区在非洲所占面积比例最大，约为 32%；其次是大洋洲，约为 18%。

图 7-33 给出了世界主要冬小麦种植国家冬小麦旱灾各期望损失等级面积百分比。微度风险区在除哈萨克斯坦外的 7 个国家中所占面积比例最大，均大于 40%。轻度风险区在土耳其所占面积比例最大，约为 41%；其次是中国和俄罗斯，分别约为 32%和 28%。中度风险区在哈萨克斯坦所占面积比例最大，约为 58%。重度和极重度风险区在所有国家所占面积比例均小于 15%。

图 7-34 给出了中国及各可比地理单元区冬小麦旱灾损失率期望值。中国整体属于微度风险影响国家，冬小麦 LR 为 0.9%，且 75%的冬小麦种植区域 LR 小于 3%。西北高山和盆地南段属重度风险影响区，冬小麦 LR 为 13.8%。东北平原属中度影响区，LR 为 6.9%，四分位距为 3.1%。中西部山地和高原地区属轻度风险影响区，LR 为 1.9%，四分

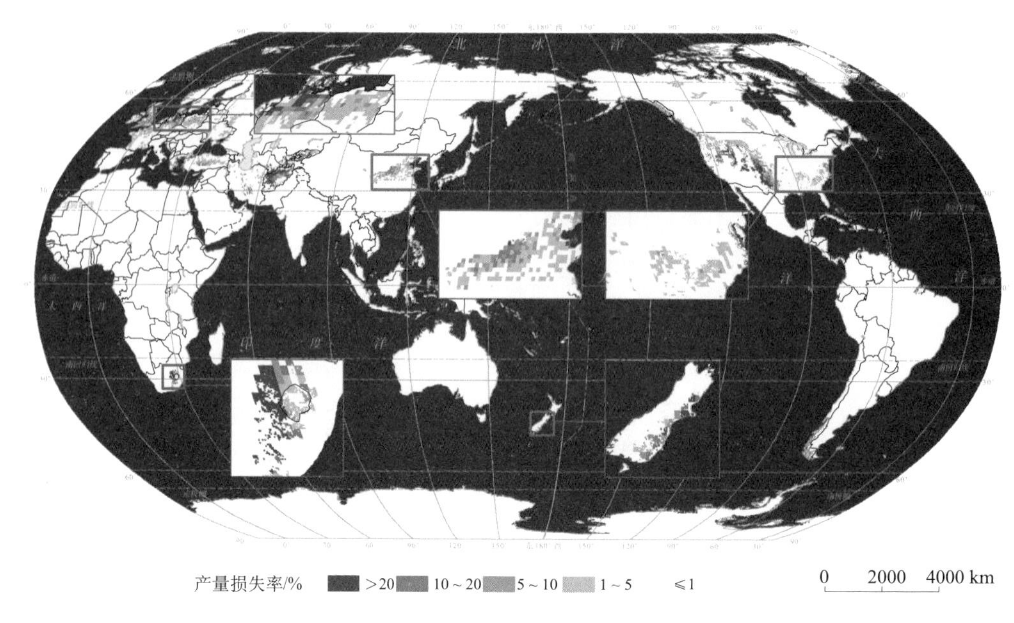

图 7-31 世界冬小麦旱灾期望损失率

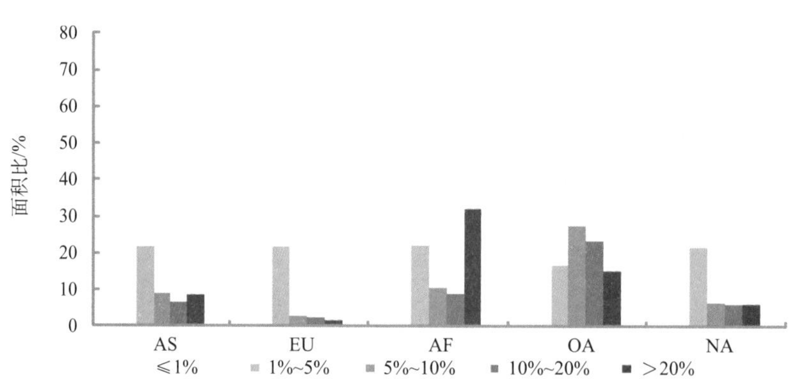

图 7-32 世界各大洲冬小麦旱灾各期望损失等级面积百分比

图中，AS：亚洲；EU：欧洲；AF：非洲；OA：大洋洲；NA：北美洲

位距为 4.9%。其余地区均属于微度风险影响区，LR 均小于 1%。

不同年遇型冬小麦旱灾风险。从全球来看，冬小麦旱灾高风险区分布在阿富汗北方地区、美国中西部、西欧平原，以及英格兰东部、南非东南部、中国华北地区、土耳其中部(图 7-35～图 7-38)。随着年遇型的增加，冬小麦旱灾风险逐渐增大，中度、重度和极重度风险影响范围逐渐扩大。在四种年遇型旱灾致灾水平下，占世界冬小麦分布区面积最大的是微度风险影响区(图 7-39)。微度风险区所占面积比例在 4 个年遇型下均是最大，依次约为 44.33%、39.64%、34.79% 和 34.4%；轻度风险区所占面积比例在 4 个年遇型下均次之，依次约为 28%、27%、24% 和 22%；中度和重度风险区所占面积比例均小于 15%；极重度风险区所占面积比例在 4 个年遇型下依次为 10.77%、13.03%、16.05% 和 17.46%。

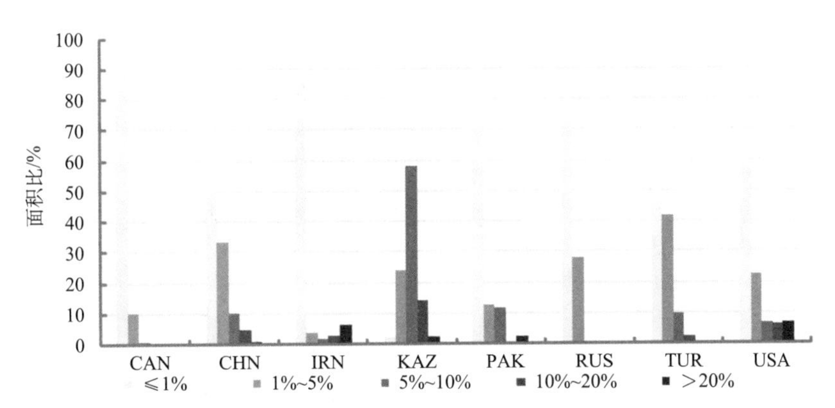

图 7-33 世界主要冬小麦种植国家冬小麦旱灾各期望损失等级面积百分比

图中，CAN：加拿大；CHN：中国；IRN：伊朗；KAZ：哈萨克斯坦；PAK：巴基斯坦；RUS：俄罗斯；TUR：土耳其；USA：美国

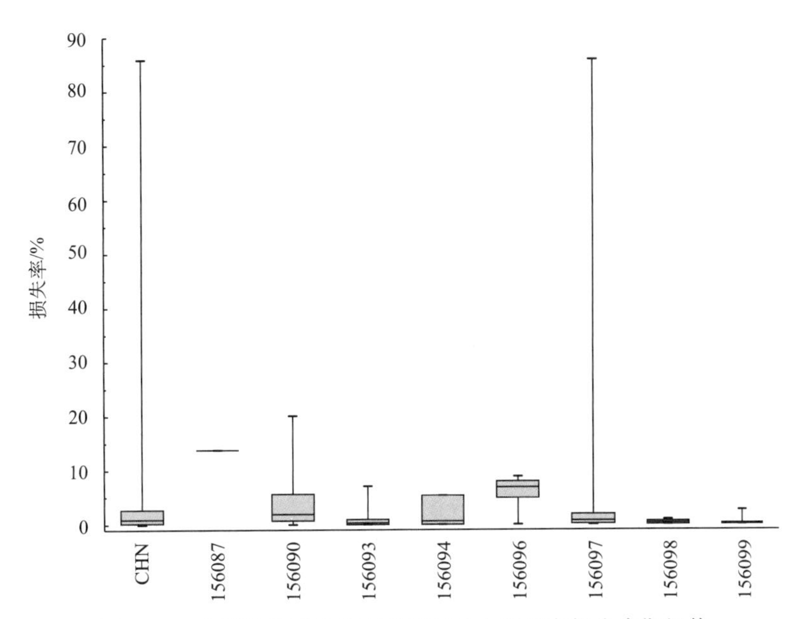

图 7-34 中国及各可比地理单元区冬小麦旱灾损失率期望值

图中，CHN：中国；156087：西北高山和盆地南段；156090：中西部山地和高原；156093：西南高原和盆地；156094：东北山地西段；156096：东北平原；156097：华北平原；156098：中南部高原和平原；156099：东南平原

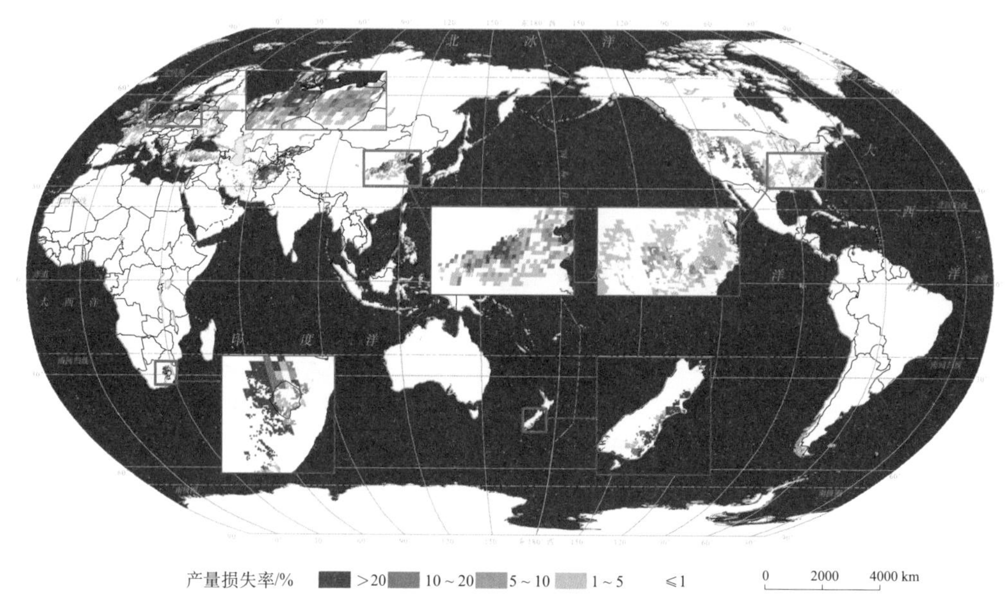

图 7-35 世界冬小麦旱灾 10 年一遇损失率

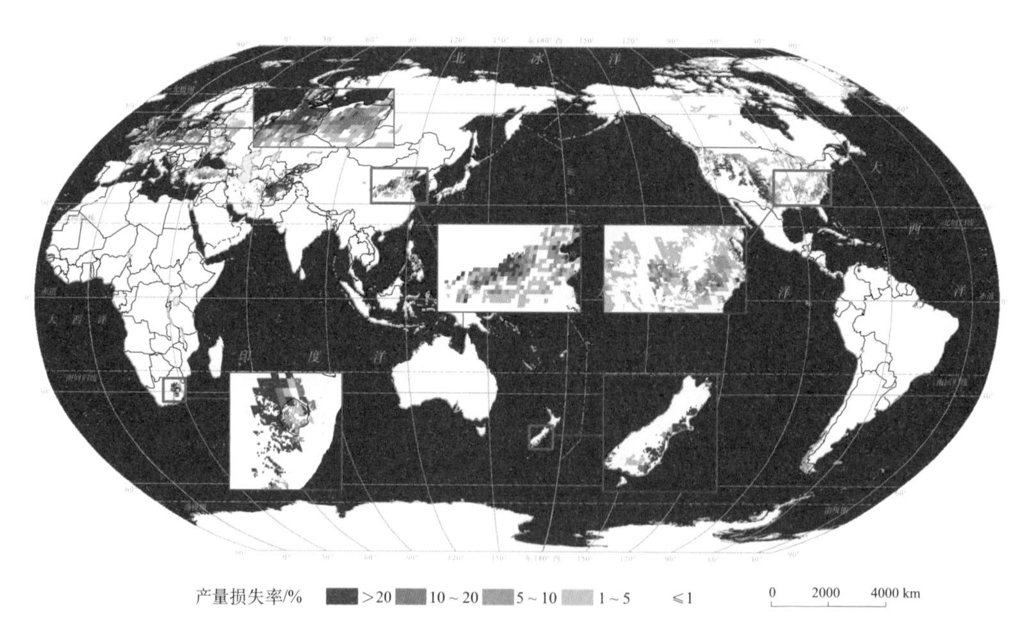

图 7-36 世界冬小麦旱灾 20 年一遇损失率

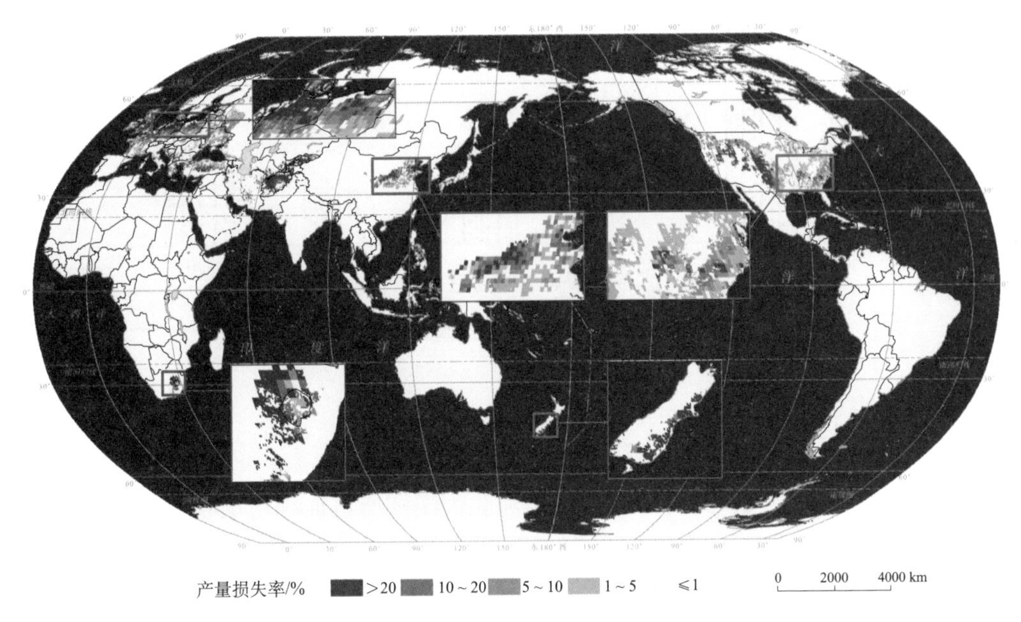

图 7-37　世界冬小麦旱灾 50 年一遇损失率

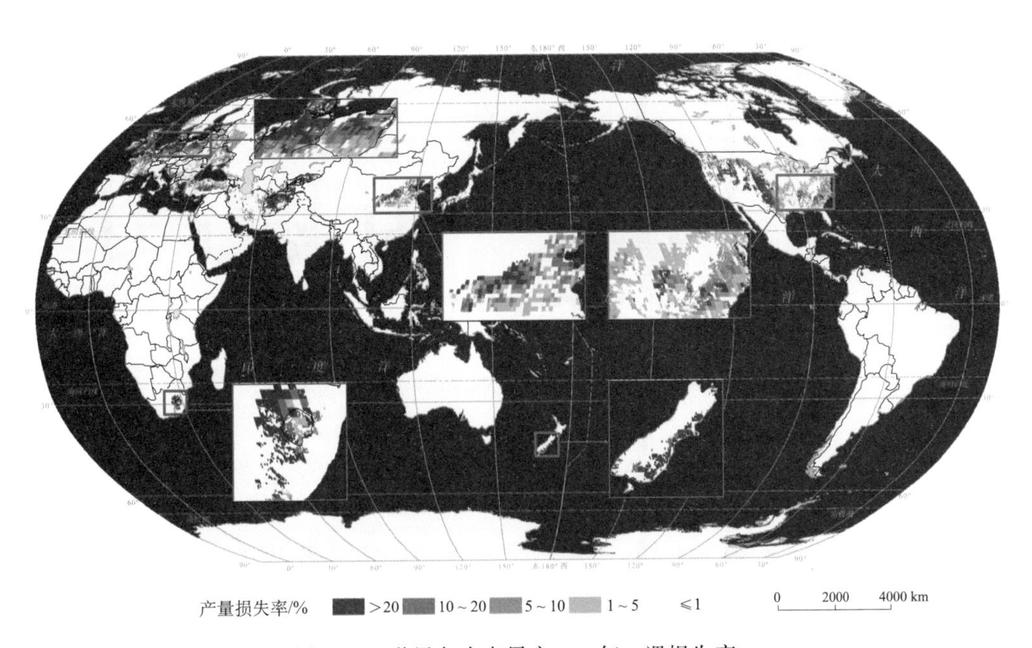

图 7-38　世界冬小麦旱灾 100 年一遇损失率

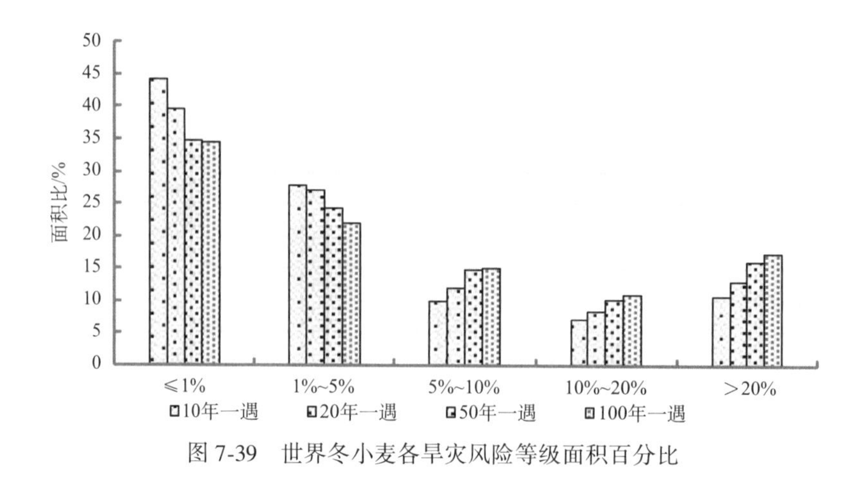

图 7-39 世界冬小麦各旱灾风险等级面积百分比

图 7-40 给出了世界五大洲冬小麦各旱灾风险等级面积百分比。微度风险区在亚洲和欧洲所占面积比例最大，4 个年遇型下所占面积比重均大于 35%；北美洲所占面积比例在 10 年一遇致灾水平下最大，约为 38%；南美洲和大洋洲所占面积比例较小，均小于 25%。轻度旱灾风险在北美洲所占面积比例在 20、50、100 年一遇致灾水平下最大，均大于 30%。中度和重度风险区在五大洲中所占面积比例均小于 15%。极重度风险区在大洋洲所占面积比例最大，4 个年遇型下依次为 50. 63%、60. 29%、78. 57% 和 78. 78%；其次是非洲，4 个年遇型下依次为 41. 01%、48. 87%、51. 48% 和 51. 48%。

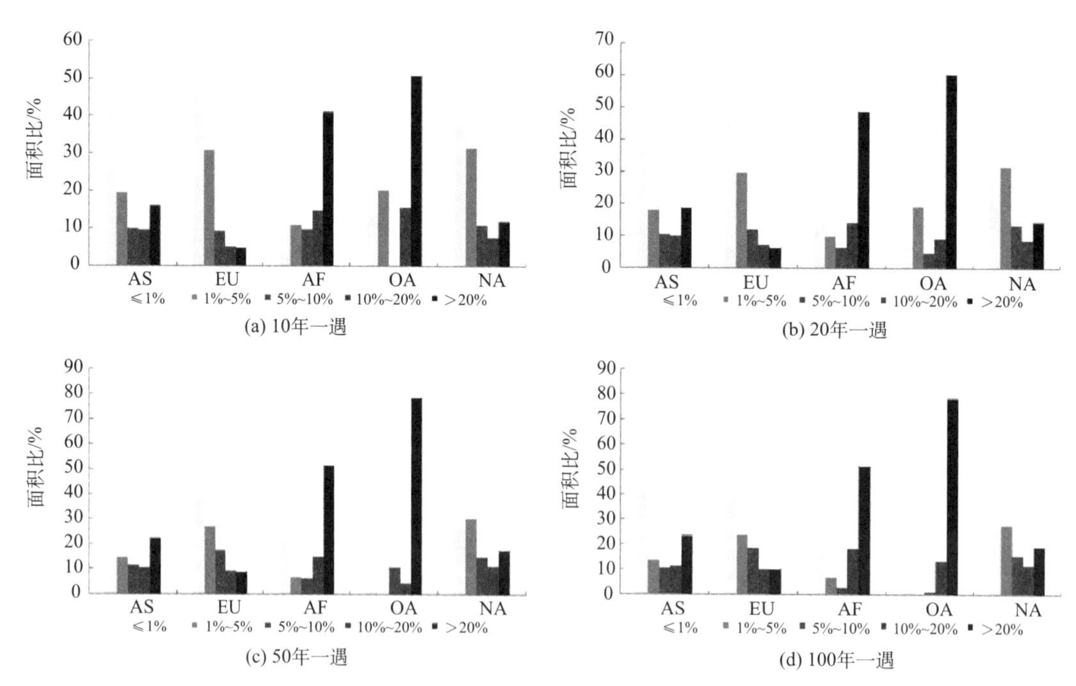

图 7-40 世界各大洲冬小麦旱灾各风险等级面积百分比

图中，AS：亚洲；EU：欧洲；AF：非洲；OA：大洋洲；NA：北美洲

表7-4给出了世界8个主要小麦种植国家冬小麦各旱灾风险等级面积百分比。美国冬小麦受旱灾风险影响最大，4个年遇型下极重度风险区面积比分别是12.37%、14.89%、18.2%和19.78%。加拿大、伊朗和巴基斯坦主要受微度风险的影响。中国冬小麦旱灾风险呈东南高西北低的空间格局，高值区主要集中在黄土高原和西北地区。中国主要受微度风险的影响，4个年遇型下所占面积比例分别是36.7%、33.28%、32.49%和32.23%。

表7-4 世界主要小麦种植国家冬小麦旱灾各风险等级面积百分比(%)

国家		AUS	CAN	CHN	IND	IRN	KAZ	PAK	RUS
10年一遇	0～1%	62.64	36.7	83.6	0	73.37	18.37	28.69	37.32
	1%～5%	34.41	33.74	3.66	18	6.51	73.87	33.92	31.42
	5%～10%	2.35	13.45	1.81	18	5.33	7.76	23.26	11.16
	10%～20%	0	10.68	0.85	48	11.83	0	10.95	7.73
	>20%	0.6	5.43	10.07	16	2.96	0	3.18	12.37
20年一遇	0～1%	51.91	33.28	82.18	0	73.37	16.56	26.58	31.46
	1%～5%	45.14	31.9	3.96	18	0	65.06	28.4	31.22
	5%～10%	2.35	15.03	1.61	10	6.51	16.61	24.38	13.57
	10%～20%	0	11.91	1.53	56	17.16	1.77	15.79	8.86
	>20%	0.6	7.89	10.71	16	2.96	0	4.84	14.89
50年一遇	0～1%	40.91	32.49	82.18	0	73.37	15.84	23.2	25.93
	1%～5%	43.53	24.72	2.45	2	0	37.38	25.47	29.8
	5%～10%	12.61	18.61	1.67	24	6.51	43.09	21.9	14.81
	10%～20%	2.35	13.73	1.17	58	7.1	3.32	21.22	11.25
	>20%	0.6	10.45	12.52	16	13.02	0.37	8.21	18.2
100年一遇	0～1%	40.91	32.23	82.18	0	73.37	15.84	23.18	25.45
	1%～5%	43.53	22.76	1.75	2	0	25.11	24.43	27.17
	5%～10%	12.61	17.79	2.11	24	6.51	53.94	19	15.61
	10%～20%	2.35	15.5	1.36	58	4.73	4.42	22.47	11.98
	>20%	0.6	11.72	12.59	16	15.38	0.68	10.92	19.78

注：AUS：澳大利亚；CAN：加拿大；CHN：中国；IND：印度；IRN：伊朗；KAZ：哈萨克斯坦；PAK：巴基斯坦；RUS：俄罗斯。

图7-41给出了中国及各可比地理单元区冬小麦4个年遇型下的旱灾损失率。中国属于微度或轻度风险影响国家，4个年遇型下冬小麦LR分别为7.4%、9.1%、10.7%和11.4%；四分位距分别为11.4%、13.2%、14.5%和15.1%。东北平原属重度和极重度风险影响区，4个年遇型下LR分别为18%、20.9%、22.8%和23.8%；四分位距分别是2.3%、1.4%、1.4%和1.4%。西北高山和盆地南段属重度风险影响区，4个年遇型下LR分别为11%、12.3%、13.6%和14.4%。中西部山地和高原、华北平原，以及中南部高原和平原属于中度风险影响区，其余地区属于轻度风险影响区。

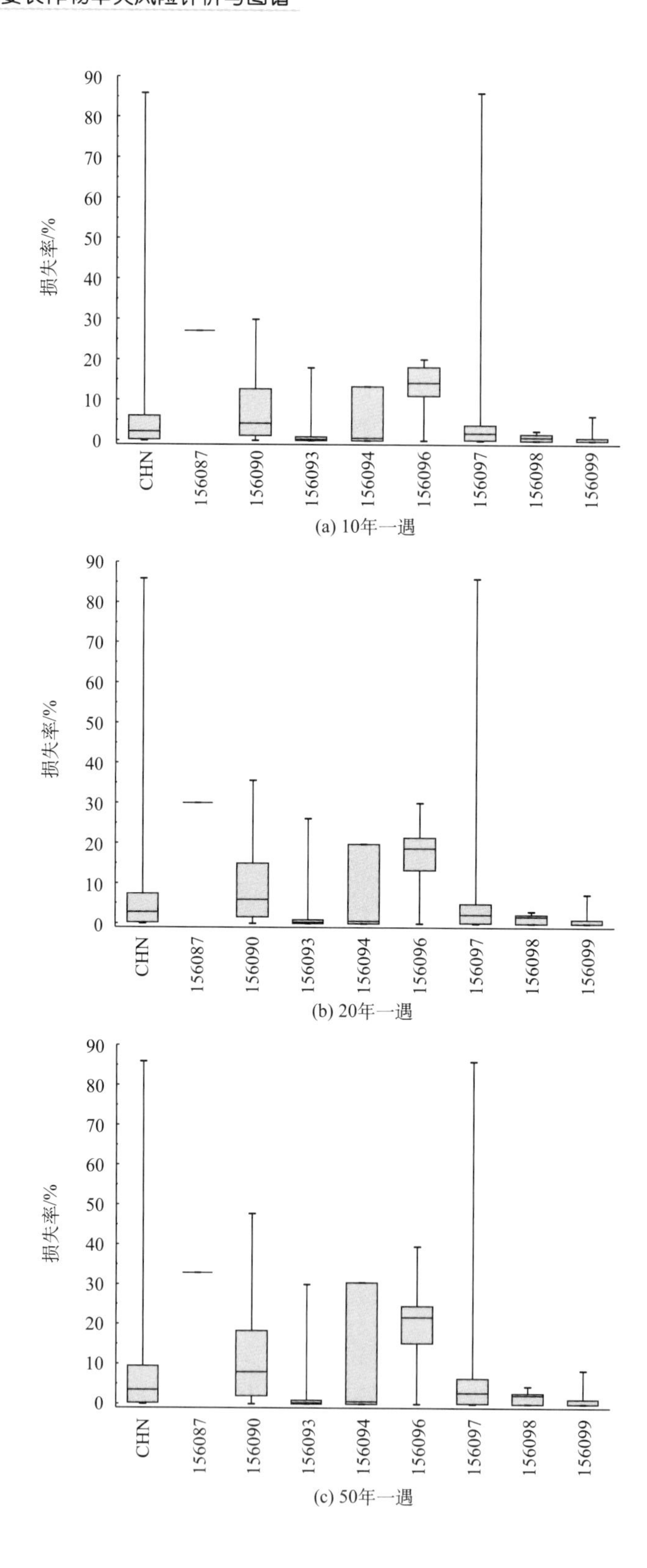

(a) 10年一遇

(b) 20年一遇

(c) 50年一遇

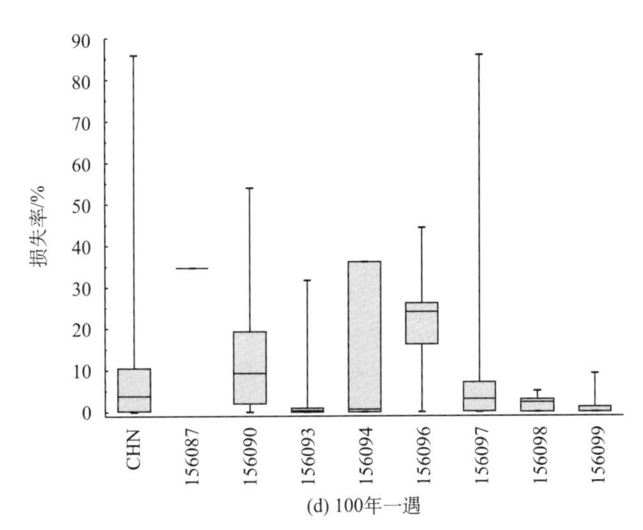

图 7-41　中国及各可比地理单元区 4 个年遇型下的冬小麦旱灾损失率

图中，CHN：中国；156087：西北高山和盆地南段；156090：中西部山地和高原；156093：西南高原和盆地；156094：东北山地西段；156096：东北平原；156097：华北平原；156098：中南部高原和平原；156099：东南平原。

7.2.2　小麦旱灾风险评价结果验证

选择中国 22 个省份(即小麦播种面积与主要农作物播种面积比大于 5% 的省份)的折算小麦损失率分别与 4 个不同干旱致灾水平下的损失率进行相关分析(表 7-5)。结果表明，两者具有显著的相关性，10 年一遇、20 年一遇、50 年一遇和 100 年一遇小麦旱灾损失率与多年平均损失率间的 Pearson 相关系数分别是 0.5、0.52、0.54 和 0.55，且均通过了显著性水平 0.05 的检验，其中，50 年一遇和 100 年一遇通过显著性水平 0.01 的检验。

表 7-5　中国区小麦旱灾风险评价结果验证

风险类型	相关系数	决定系数
10 年一遇损失率	0.5	0.018
20 年一遇损失率	0.52	0.013
50 年一遇损失率	0.54	0.01
100 年一遇损失率	0.55	0.01

7.2.3 气候变化情景下小麦旱灾风险评价

1. 春小麦

根据气候情景数据驱动下 SEPIC-V-R 模型的输出结果，计算不同情景下 21 世纪近期(2005～2039 年)(图 7-42)、中期(2040～2069 年)(图 7-43)和远期(2070～2099 年)(图 7-44)3 个时段春小麦 LR 期望值，以及相对于历史时期(1975～2004 年)LR 期望值的变化，并编制系列图谱。各时期的春小麦旱灾风险变化等级分为 6 级：第 1 级(≤-5%)为重度减轻区；第 2 级(-5%～-2.5%)为中度减轻区；第 3 级(-2.5%～0)为轻度减轻区；第 4 级(0～2.5%)为轻度增加区；第 5 级(2.5%～5%)为中度增加区；第 6 级(>5%)为重度增加区(图 7-45～图 7-47)。根据风险变化，计算 RCP 情景下不同时期春小麦风险变化等级所占面积百分比(图 7-48)。

从全球尺度看，世界春小麦旱灾风险变化空间格局为北半球高纬度增强，低纬度和南半球中高纬度减弱。

(1) 重度减轻区：主要分布在哈萨克斯坦北部、俄罗斯东南部、蒙古、中国的西北部和东北部、印度西北部、巴基斯坦、非洲南部、法国、美国和墨西哥交界处、阿根廷等地区；21 世纪末，4 个 RCP 情景下其所占面积百分比分别为 18.55%、18.18%、20.66% 和 23.66%。

(2) 中度减轻区：该变化所占面积比例，在 RCP 4.5、RCP 6.0 和 RCP 8.5 情景下呈逐渐减少的趋势，RCP 2.6 情景下则为先减少再增加的趋势；21 世纪末，4 个 RCP 情景下其所占面积百分比分别为 10.53%、6.47%、6.64% 和 5.98%。

(3) 轻度减轻区：主要分布在中国、印度、俄罗斯、巴基斯坦、缅甸、越南、澳大利亚、巴西、秘鲁、玻利维亚、阿根廷，以及非洲中部和西部的部分国家(地区)；21 世纪末，4 个 RCP 情景下其所占面积百分比分别为 23.61%、16.87%、15.79% 和 15.18%。

(4) 轻度增加区：主要分布在中国的西南部、俄罗斯东部、美国和加拿大交界处、墨西哥、巴西等地区；其所占面积百分比在各级中最大，大多为 30%～40%，且呈逐渐减少的趋势；21 世纪末，四种 RCP 情景下其所占面积比例分别为 34.25%、33.08%、34.39% 和 27.29%。

(5) 中度增加区：其所占比例，在 RCP 4.5、RCP 6.0 和 RCP 8.5 情景下呈增加趋势，RCP 2.6 情景下呈逐渐减少的趋势；21 世纪末，4 个 RCP 情景下其所占面积百分比分别为 5.37%、10.02%、8.98% 和 6.91%。

(6) 重度增加区：主要分布在蒙古、芬兰等地区；21 世纪末，4 个 RCP 情景下其所占面积百分比分别为 7.7%、15.39%、13.53% 和 20.97%。

图 7-49 给出了 4 个 RCP 情景下不同时期世界各大洲春小麦旱灾风险变化等级所占面积百分比。各大洲春小麦旱灾致灾强度变化以轻度减轻和轻度增加为主。

(1) RCP 2.6：亚洲、南美洲和大洋洲各等级所占比例变化不大；北美洲、欧洲中度和重度增加区所占比例先增加后下降；非洲中度增加区持续增加，重度增加区先增加后下降。21 世纪末，亚洲、欧洲、非洲、大洋洲、北美洲和南美洲中度和重度增加区所占比例之和分别为 13.58%、18.51%、7.42%、6.9%、22.44% 和 5.21%。

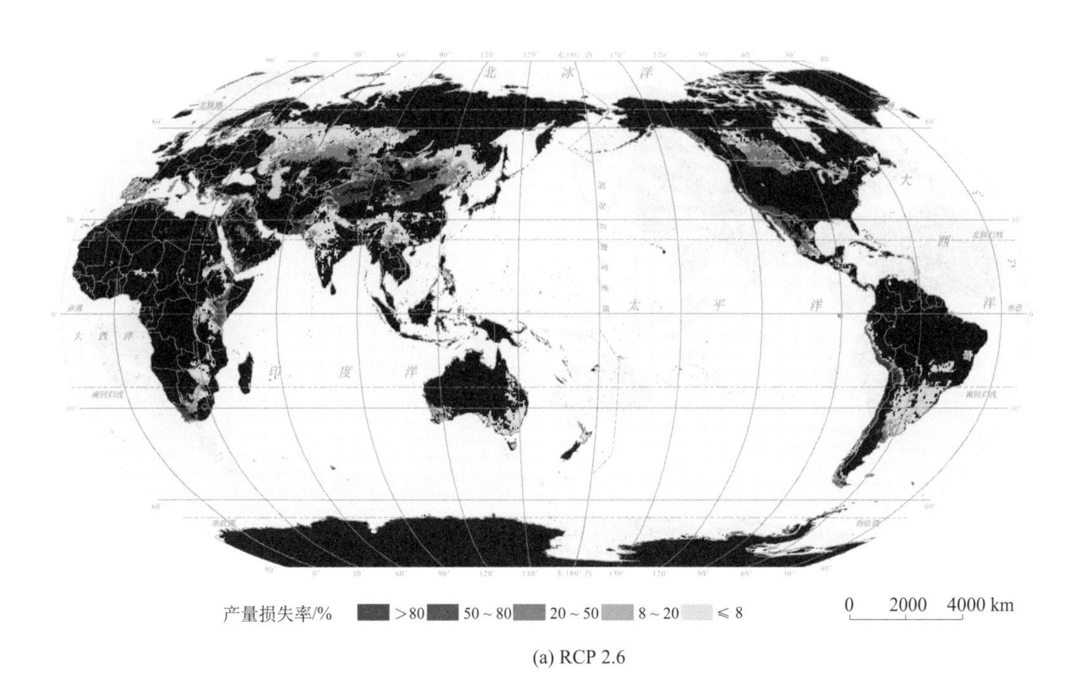

(a) RCP 2.6

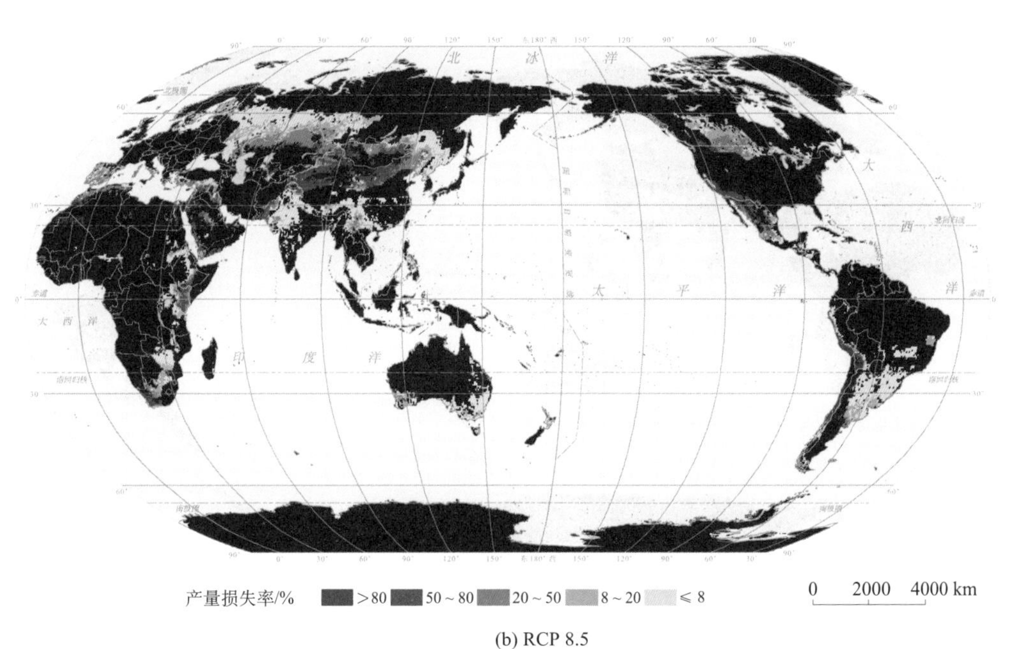

(b) RCP 8.5

图 7-42　近期(2005～2039 年)世界春小麦旱灾期望损失率

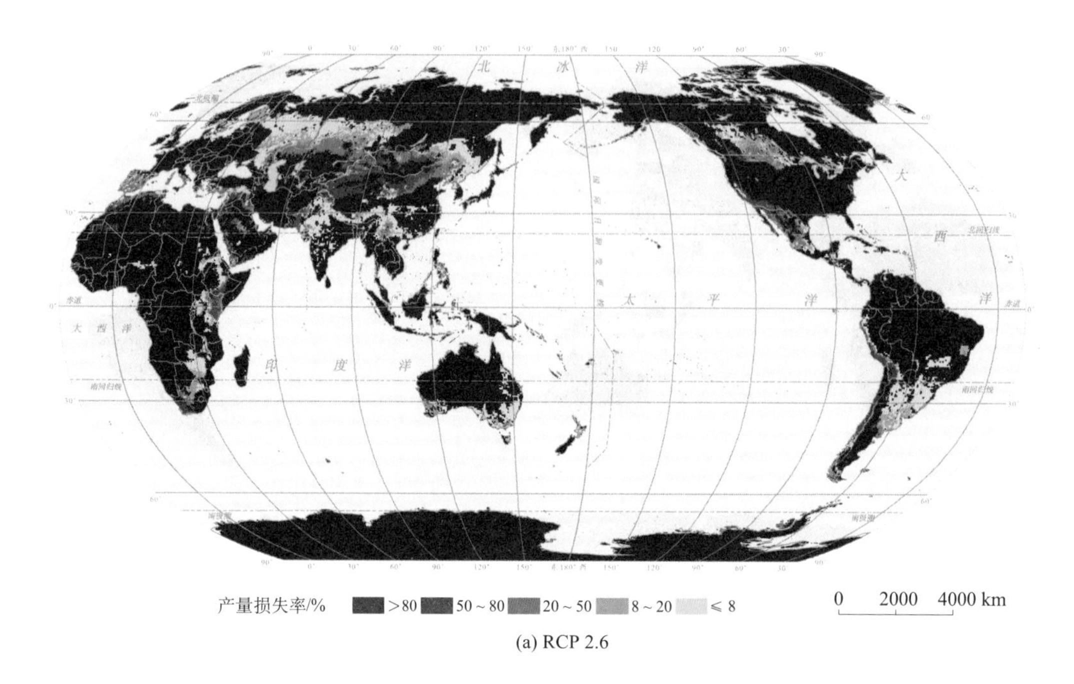

(a) RCP 2.6

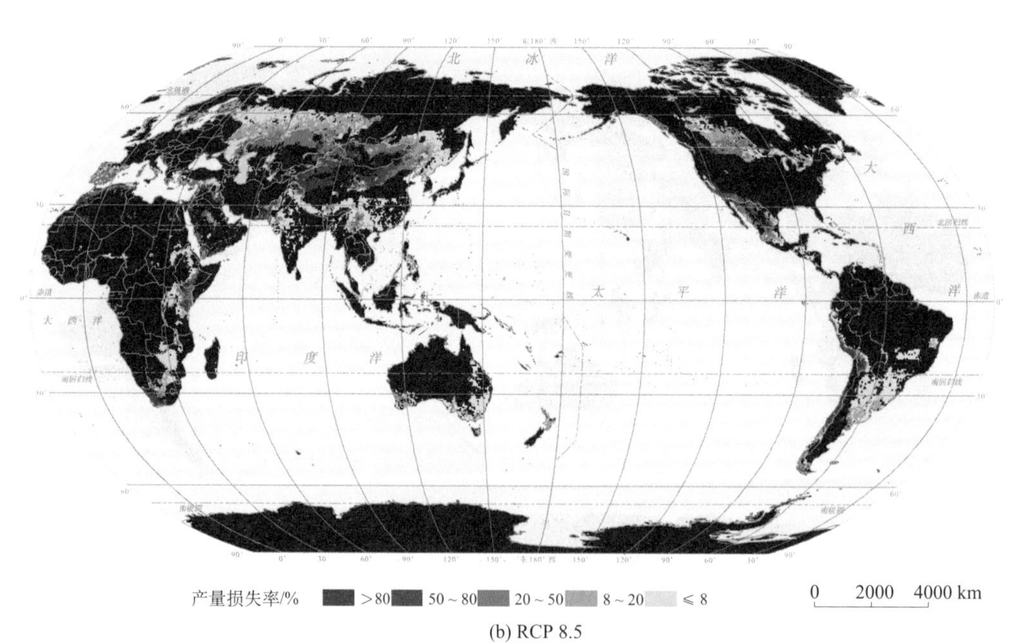

(b) RCP 8.5

图 7-43 中期(2040～2069 年)世界春小麦旱灾期望损失率

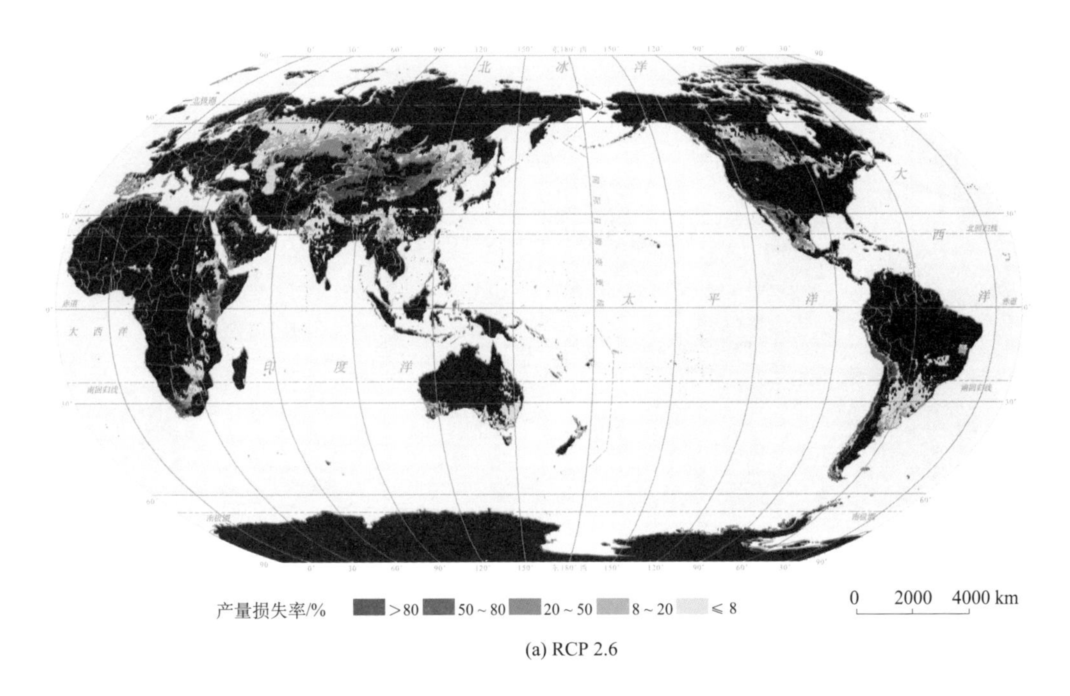

(a) RCP 2.6

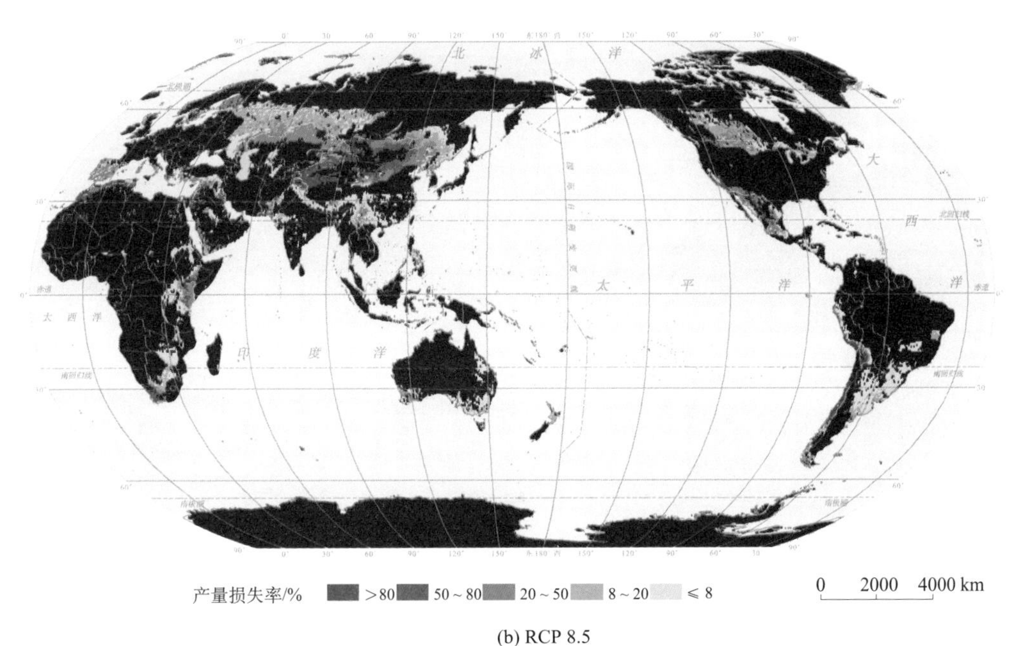

(b) RCP 8.5

图 7-44　远期(2070～2099 年)世界春小麦旱灾期望损失率

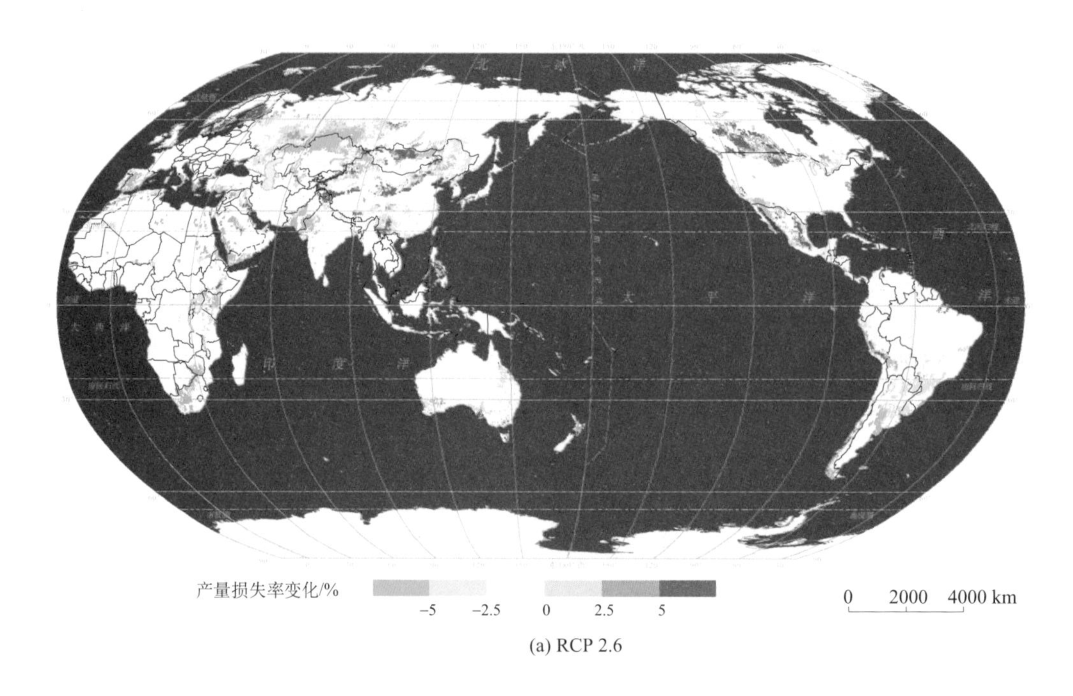

(a) RCP 2.6

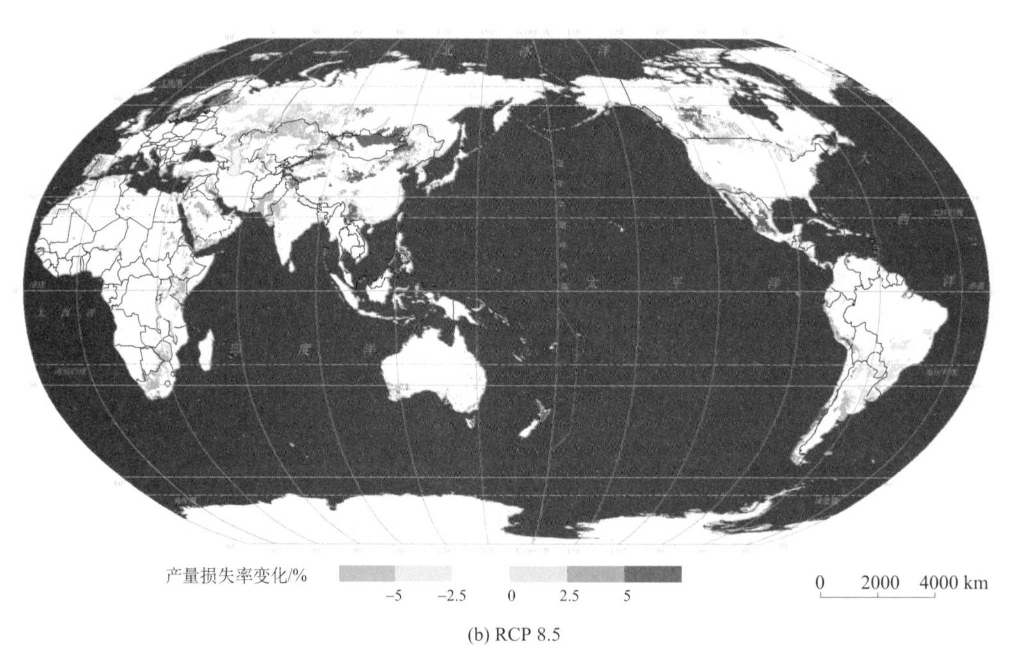

(b) RCP 8.5

图 7-45 近期(2005～2039 年)世界春小麦旱灾风险相对于历史时期的变化

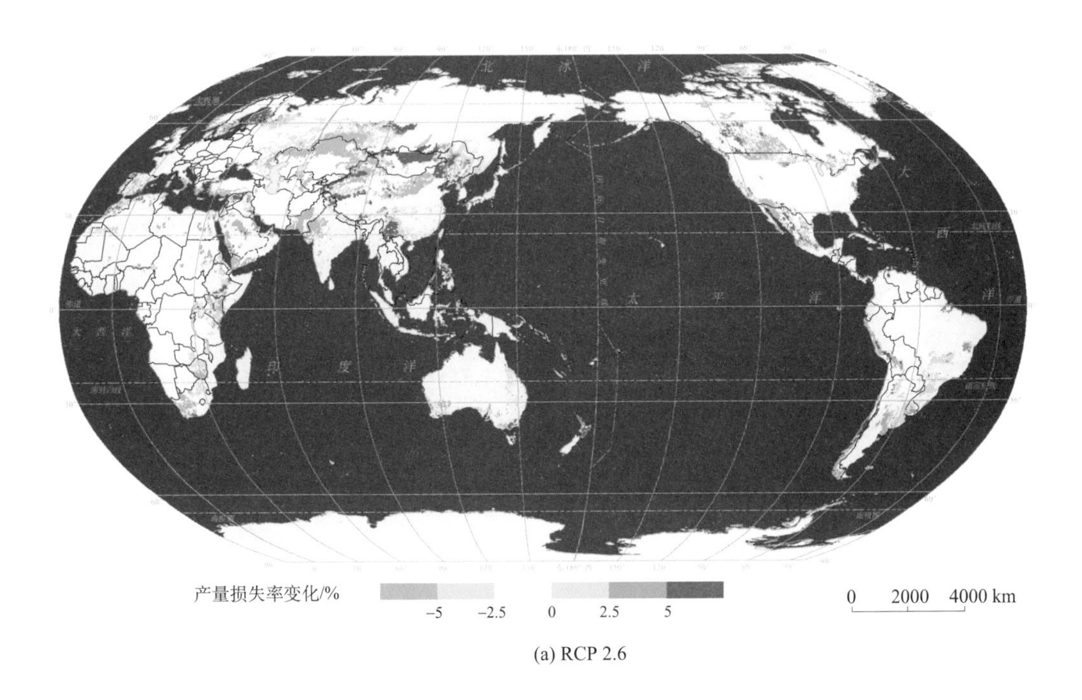

(a) RCP 2.6

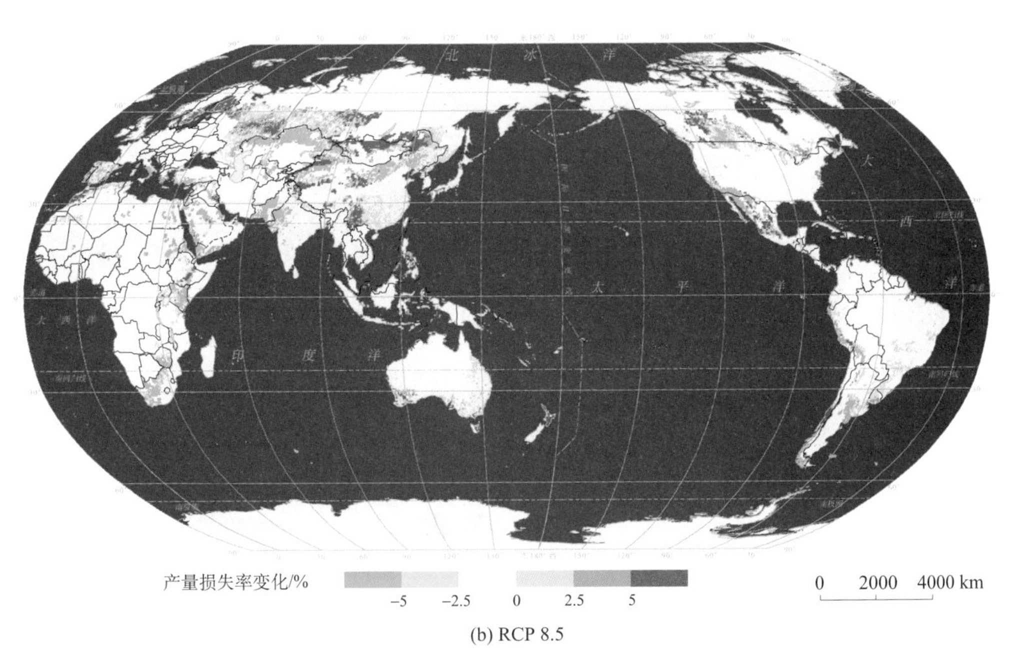

(b) RCP 8.5

图 7-46　中期(2040～2069 年)世界春小麦旱灾风险相对于历史时期的变化

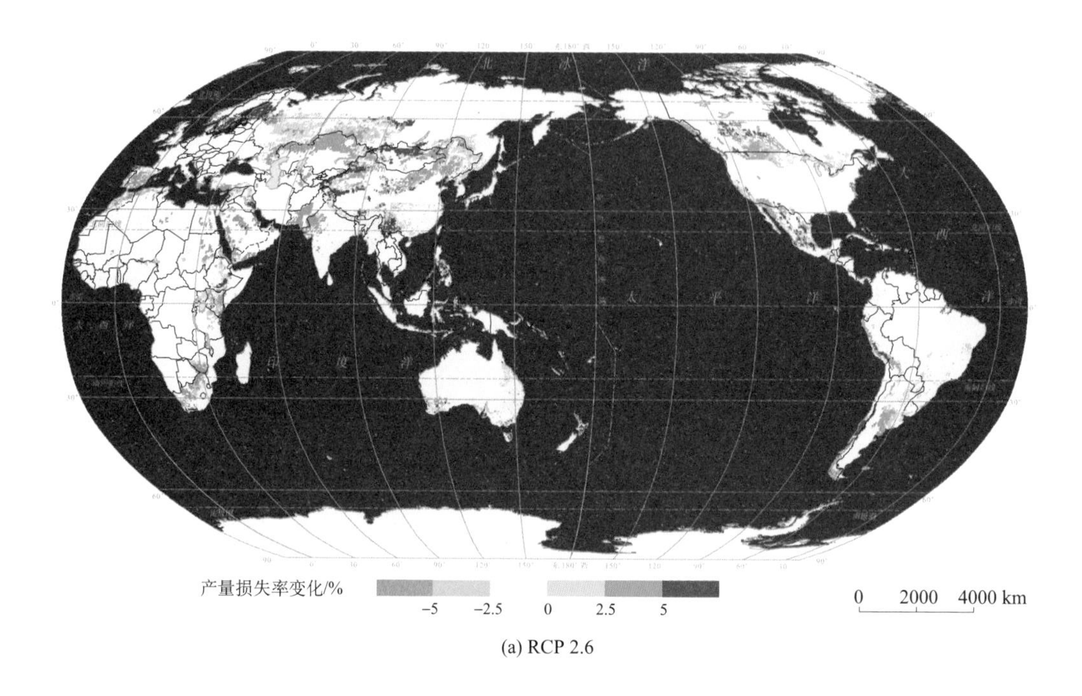

(a) RCP 2.6

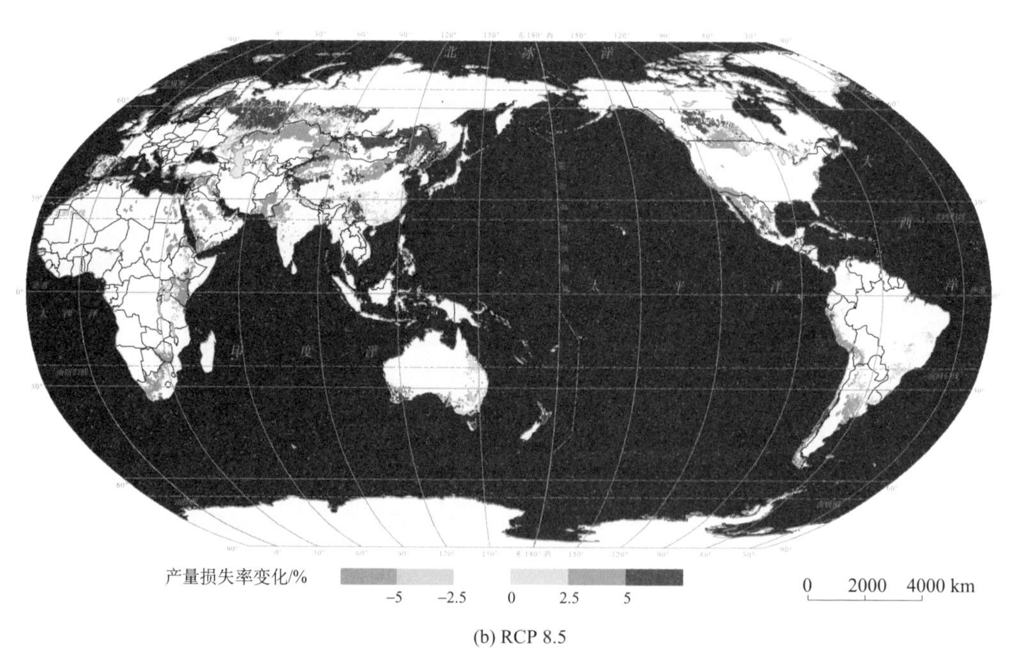

(b) RCP 8.5

图 7-47　远期(2070～2099 年)世界春小麦旱灾风险相对于历史时期的变化

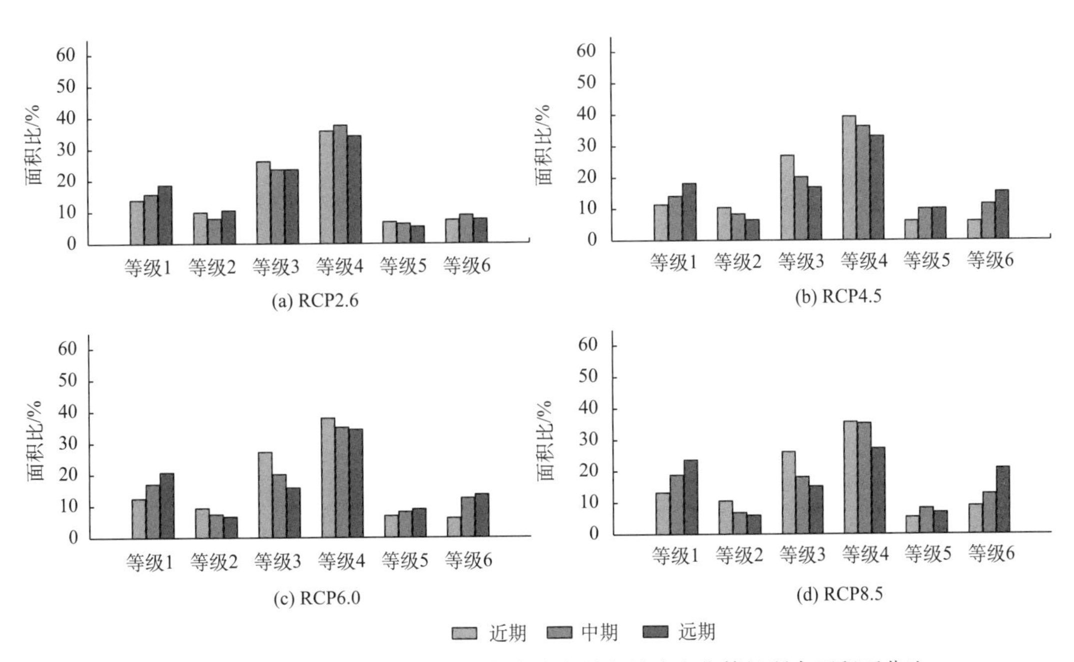

图7-48　4个RCP情景下不同时期春小麦旱灾风险变化等级所占面积百分比

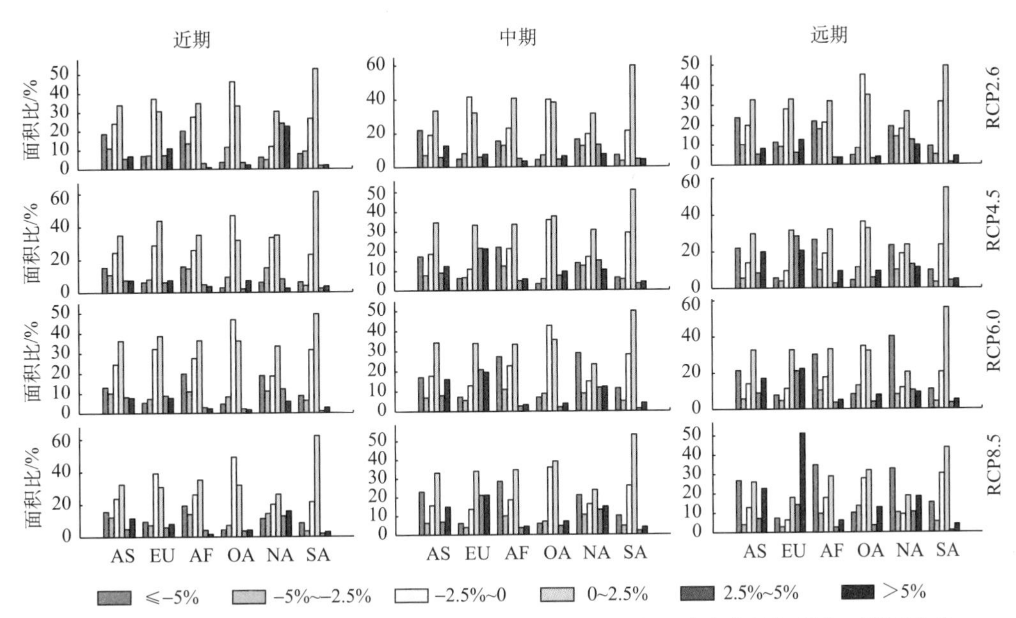

图7-49　4个RCP情景下不同时期世界各大洲春小麦旱灾风险变化等级所占面积百分比

图中，AS：亚洲；EU：欧洲；AF：非洲；OA：大洋洲；NA：北美洲；SA：南美洲

注：每个大洲内由左至右对应不同干旱等级(程度由小变大)

（2）RCP 4.5：亚洲、北美洲和大洋洲重度减轻区、中度和重度增加区所占比例增加；欧洲中度和重度增加区所占比例增加；非洲重度减轻区所占比例持续增加。21世纪末，亚洲、欧洲、非洲、大洋洲、北美洲、南美洲中度和重度增加区所占比例之和分别为28.46%、48.9%、12.11%、15.04%、24.35%和9.01%。

（3）RCP 6.0：21世纪中期，亚洲、北美洲、非洲、南美洲和大洋洲各等级所占比例变化均小于10%；欧洲轻度减轻区大幅减少，约20%。21世纪末，亚洲、欧洲、非洲、大洋洲、北美洲和南美洲中度和重度增加区所占比例之和分别为：26.05%、43.39%、8.6%、11.6%、19.76%和8.51%。

（4）RCP 8.5：亚洲、大洋洲、北美洲和南美洲各等级所占面积比例变化不大；欧洲21世纪中期轻度减轻区面积大幅减少，21世纪末期中度和重度增加区面积所占比例大幅增加；非洲各等级所占面积比例在21世纪中期变化不大，21世纪末期重度增加区所占比例大幅减少。21世纪末，亚洲、欧洲、非洲、大洋洲、北美洲和南美洲中度和重度增加区所占比例之和分别为30.02%、65.27%、8.67%、16.22%、28.99%和4.98%。

2. 冬小麦

根据气候情景数据驱动下SEPIC-V-R模型的输出结果，计算不同情景下21世纪近期（2005～2039年）（图7-50）、中期（2040～2069年）（图7-51）和远期（2070～2099年）（图7-52）3个时段冬小麦LR期望值，以及相对于历史时期（1975～2004年）LR期望值的变化，并编制系列图谱。各时期的旱灾风险变化等级分为6级：第1级（≤-5%）为重度减轻区；第2级（-5%～-2.5%）为中度减轻区；第3级（-2.5%～0）为轻度减轻区；第4级（0～2.5%）为轻度增加区；第5级（2.5%～5%）为中度增加区；第6级（>5%）为重度增加区（图7-53～图7-55）。根据风险变化计算RCP情景下不同时期冬小麦旱灾风险变化等级所占面积百分比（图7-56）。

从全球尺度看，世界冬小麦旱灾风险变化空间格局为美国西部、中国黄土高原、西亚等地区增强，其他地区减弱。

（1）重度减轻区：主要分布在伊朗、土耳其等地区；21世纪末，4个RCP情景下其所占面积百分比分别为2.47%、3.51%、4.64%和7.94%。

（2）中度减轻区：该变化所占面积比例，在RCP 4.5、RCP 6.0和RCP 8.5情景下呈逐渐增加的趋势，RCP 2.6情景下呈先增加再减少的趋势；21世纪末，4个RCP情景下其所占面积百分比分别为1.92%、3.23%、3.61%和4.42%。

（3）轻度减轻区：主要分布在法国、德国、意大利、土耳其、伊朗、阿富汗、中国、日本、美国等地区；21世纪末，4个RCP情景下其所占面积百分比分别为24.66%、29.61%、26.04%和30.86%。

（4）轻度增加区：其所占比例在各级中最大，大多在50%以上；21世纪末，四种RCP情景下其所占面积比例分别为60.8%、51.06%、53.57%和44.62%。

（5）中度增加区：其所占比例在RCP 4.5和RCP 8.5情景下呈先增加再减少趋势，RCP 2.6情景下呈逐渐减少趋势，RCP 6.0情景下呈先减少后增加趋势；21世纪末，四种RCP情景下其所占面积比例分别为3.72%、4.12%、4.19%和3.49%。

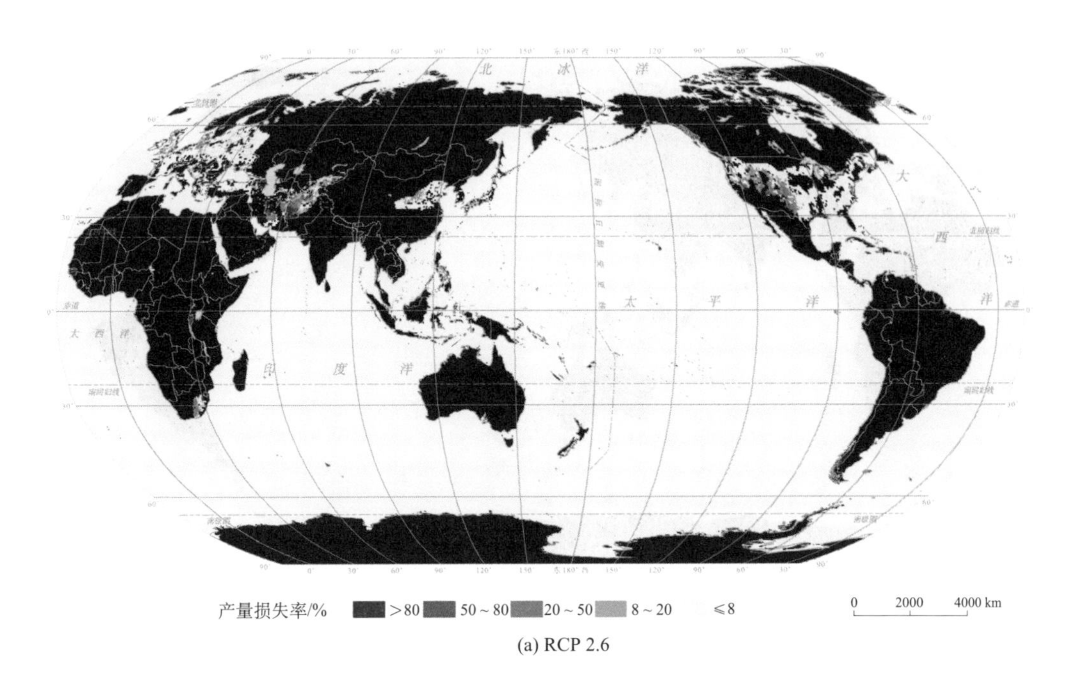

(a) RCP 2.6

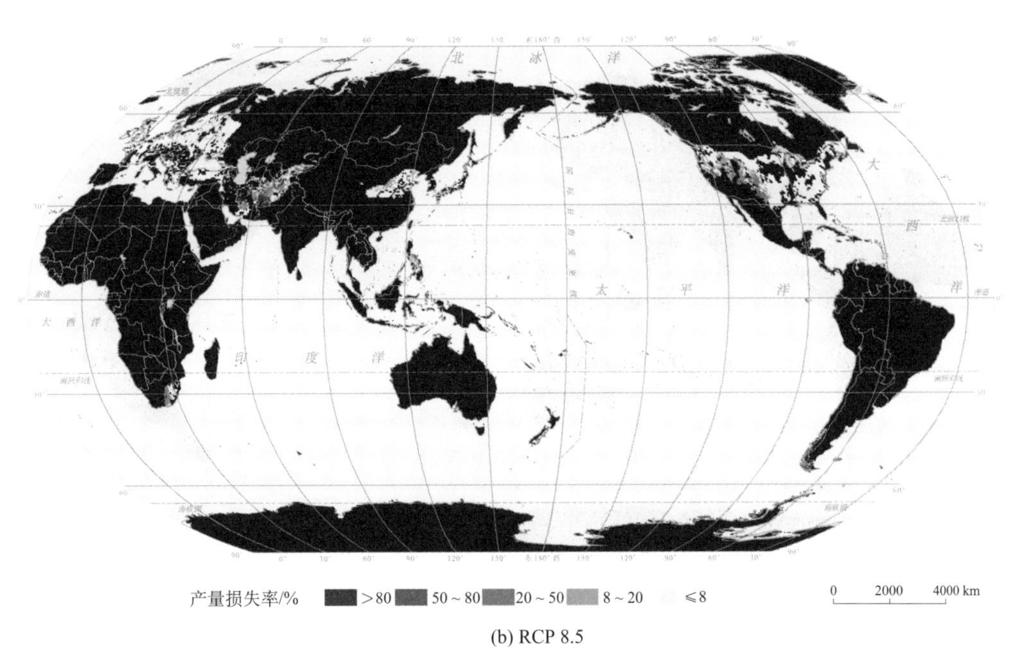

(b) RCP 8.5

图 7-50　近期(2005~2039 年)世界冬小麦旱灾期望损失率

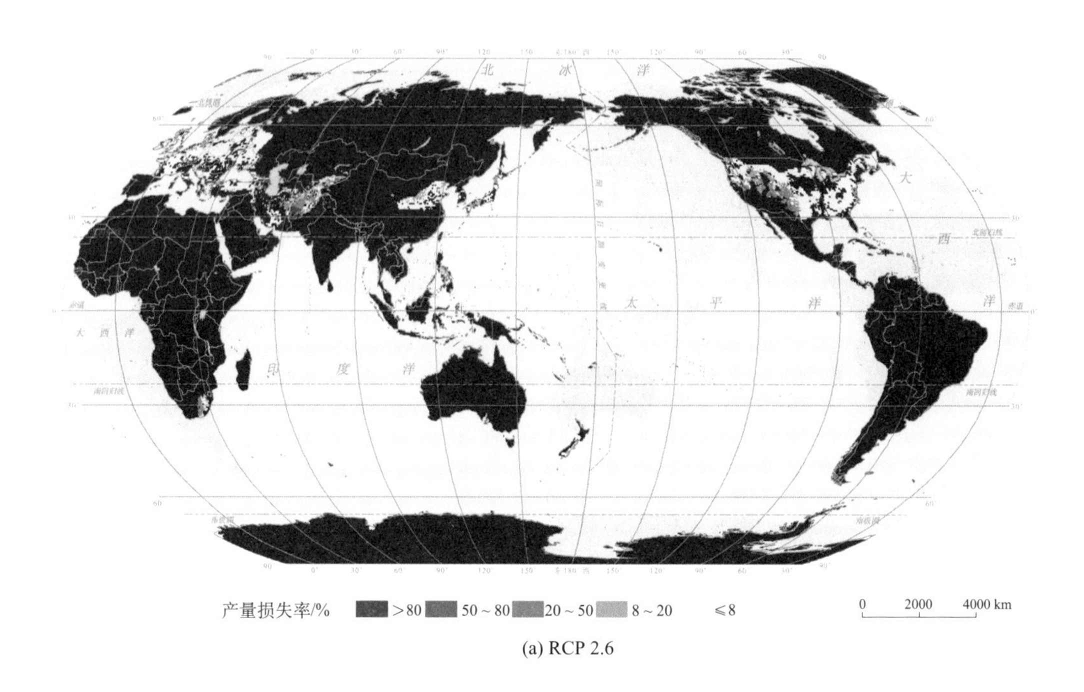

(a) RCP 2.6

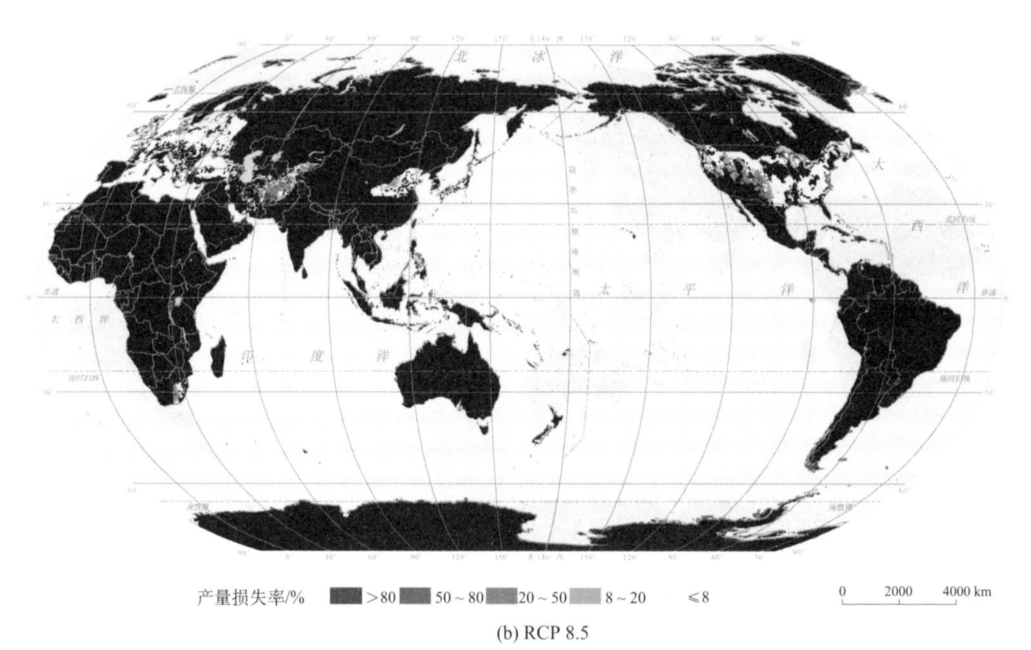

(b) RCP 8.5

图 7-51 中期(2040~2069 年)世界冬小麦旱灾风险期望损失率

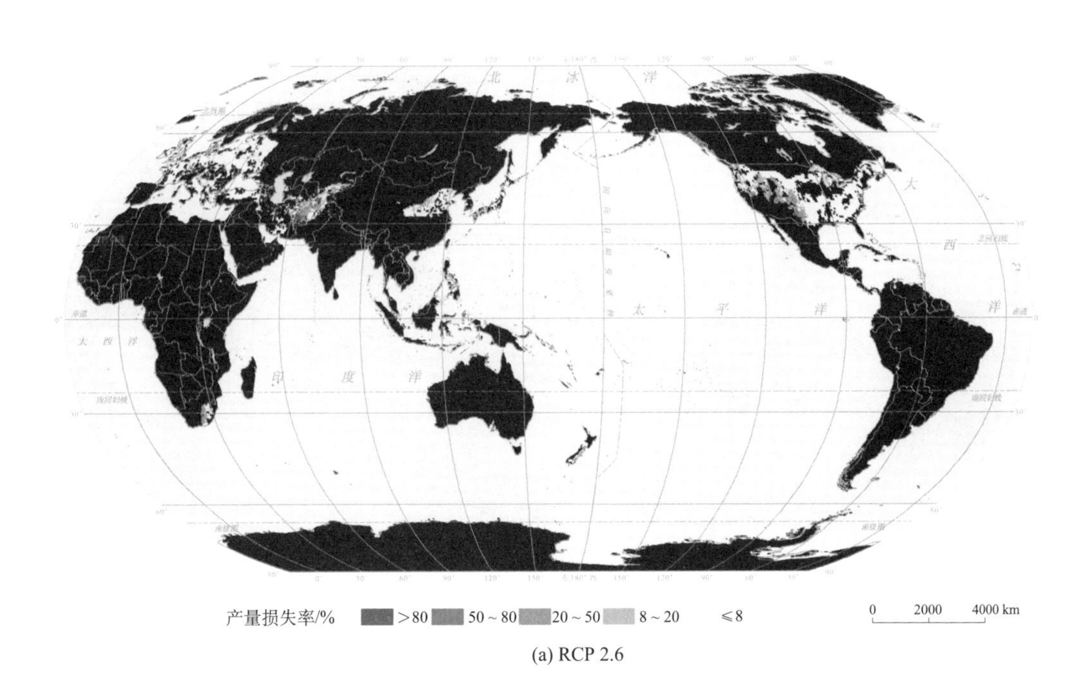

(a) RCP 2.6

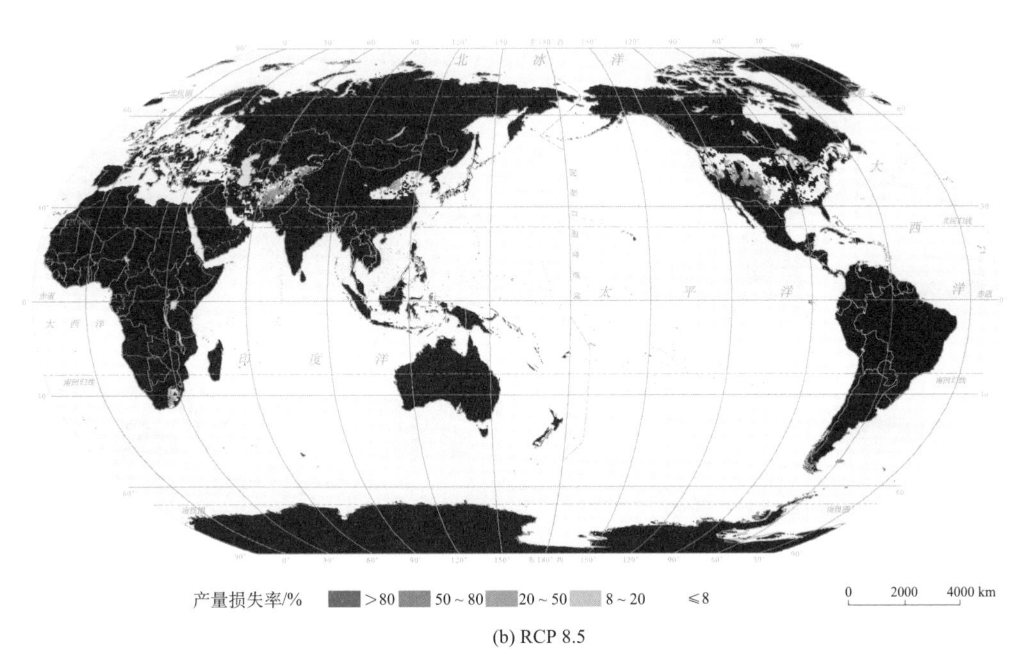

(b) RCP 8.5

图 7-52　远期(2070～2099 年)世界冬小麦旱灾风险期望损失率

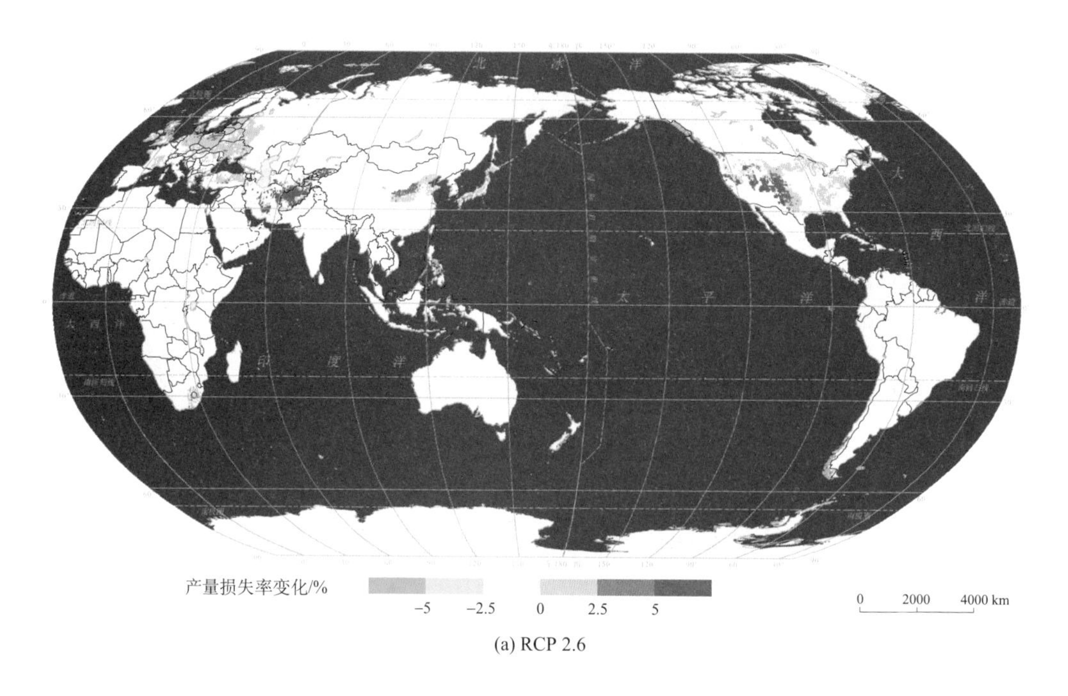

(a) RCP 2.6

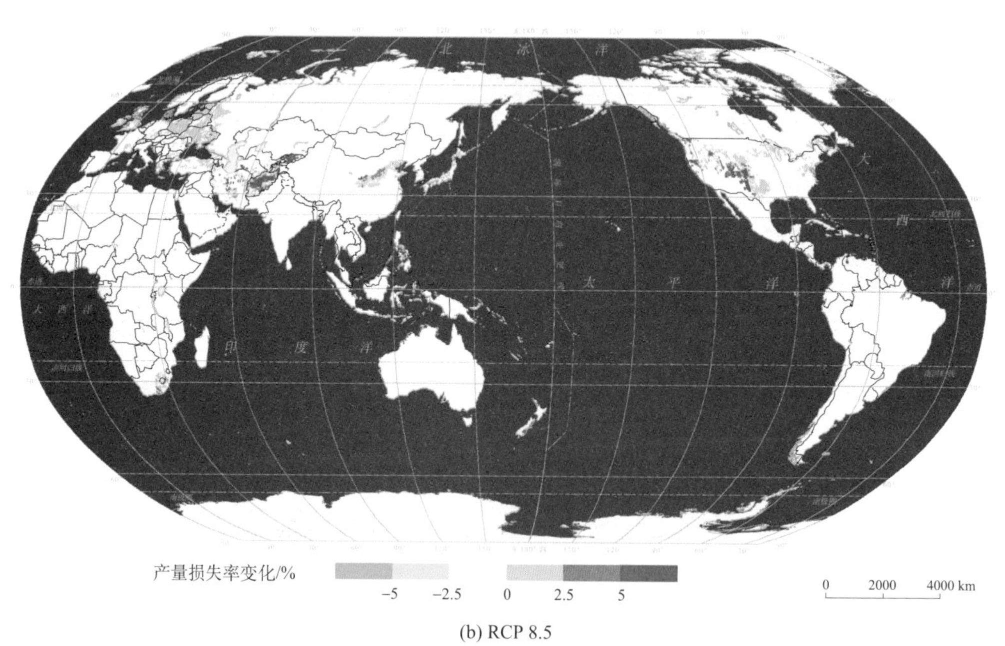

(b) RCP 8.5

图 7-53 近期(2005～2039 年)世界冬小麦旱灾风险相对于历史时期的变化

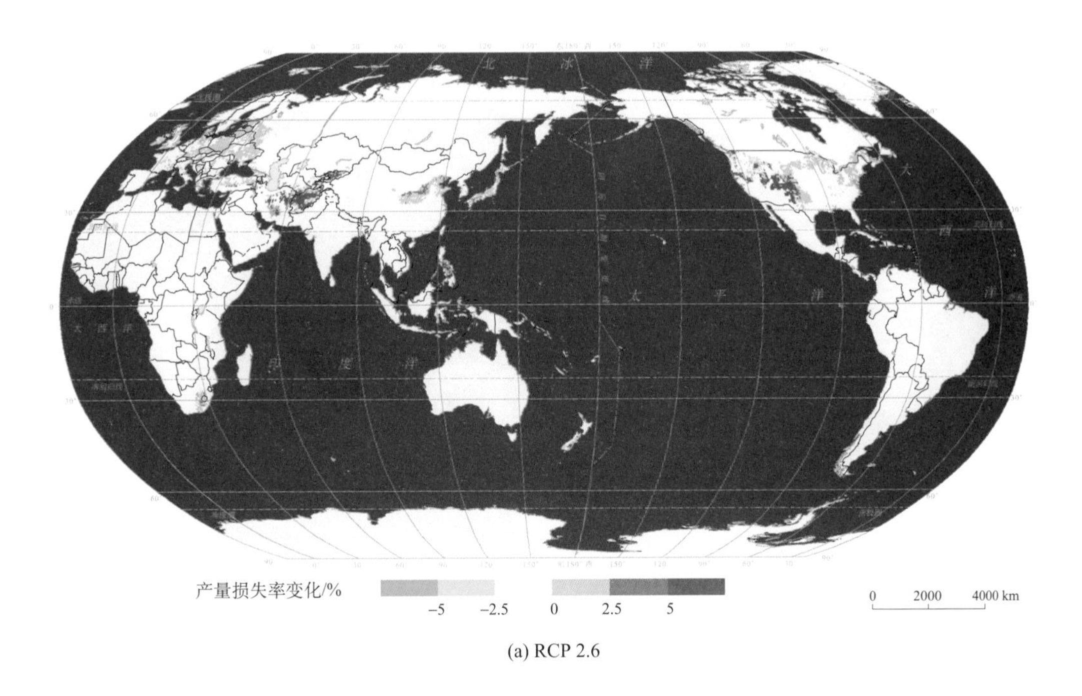

(a) RCP 2.6

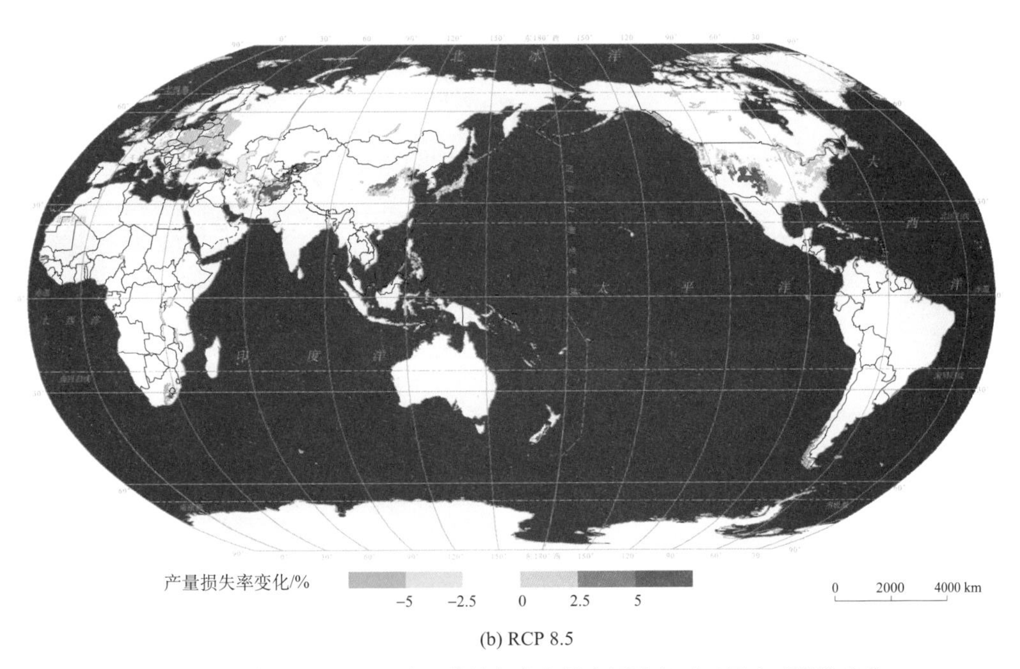

(b) RCP 8.5

图 7-54　中期(2040～2069 年)世界冬小麦旱灾风险相对于历史时期的变化

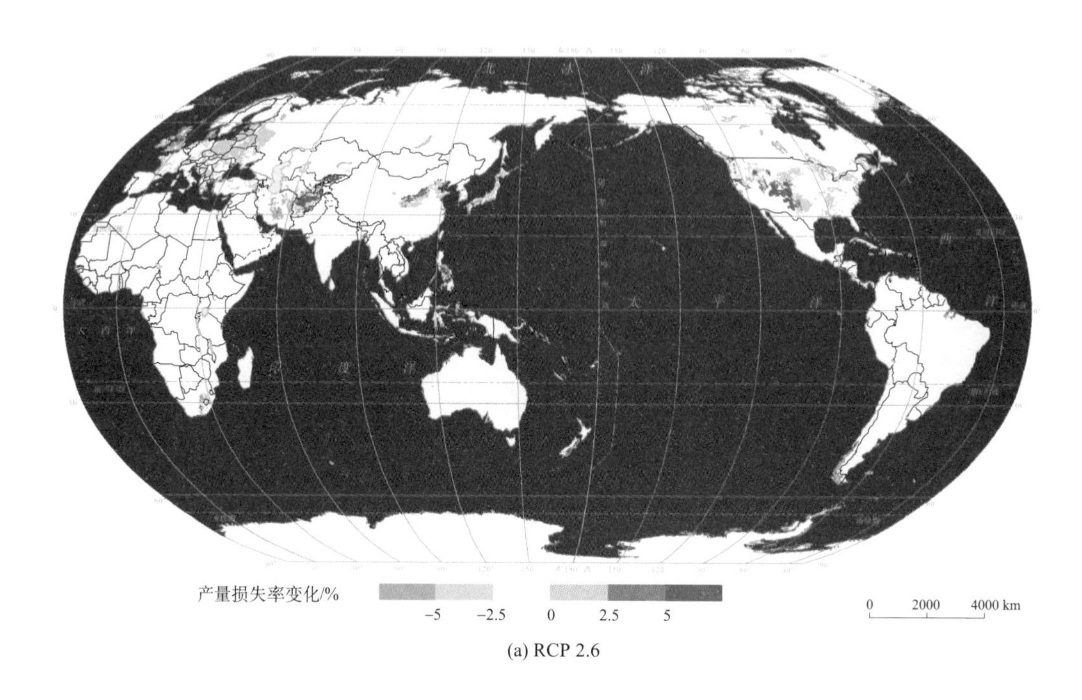

(a) RCP 2.6

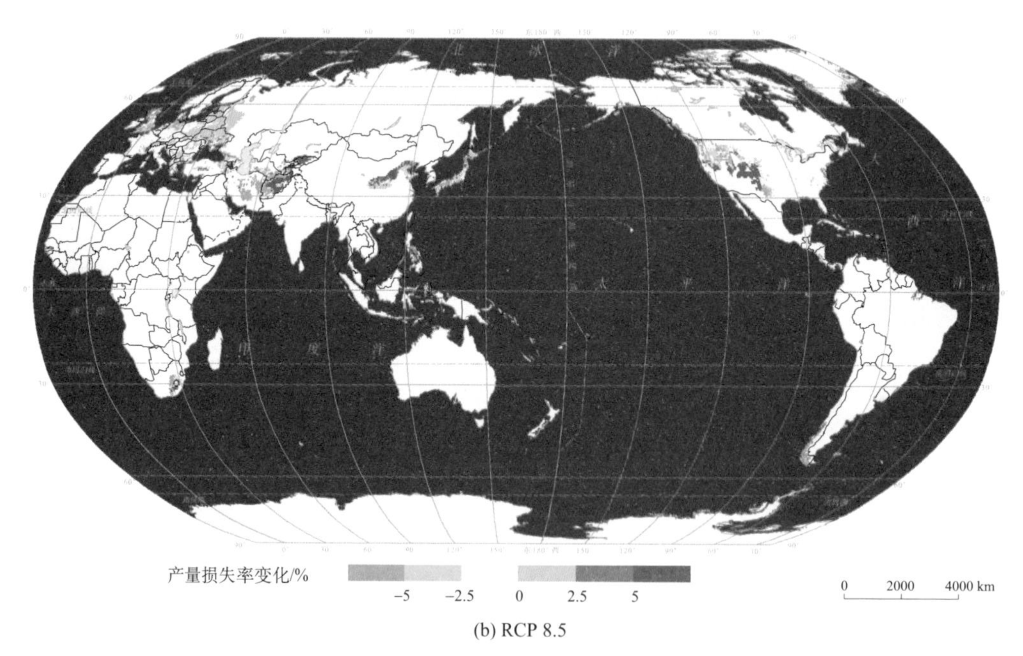

(b) RCP 8.5

图 7-55　远期(2070～2099 年)世界冬小麦旱灾风险相对于历史时期的变化

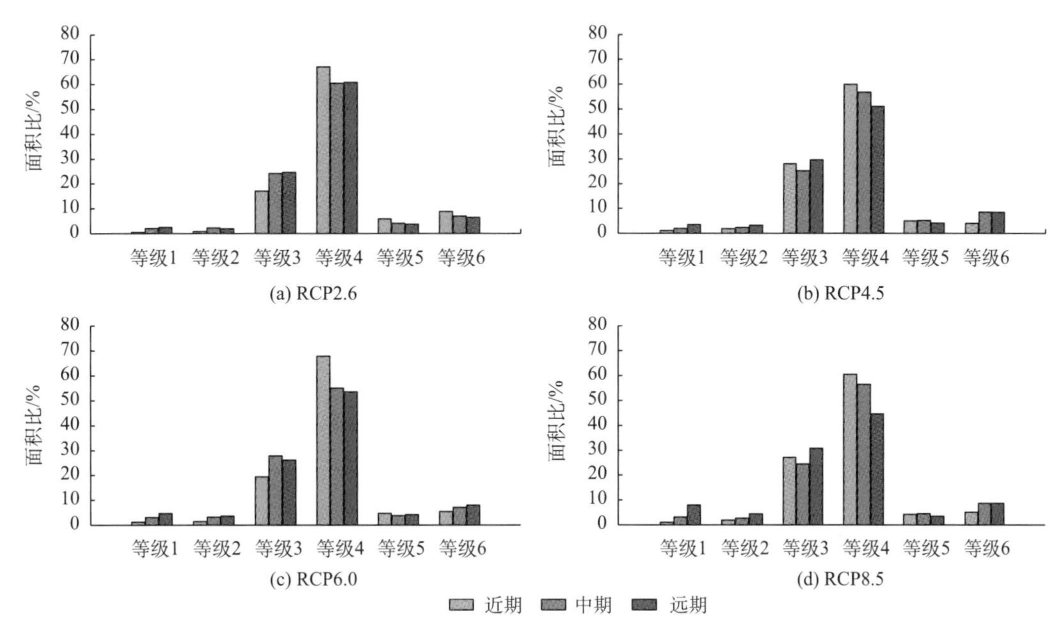

图 7-56　4 个 RCP 情景下不同时期冬小麦旱灾风险变化等级所占面积百分比

（6）重度增加区：主要分布在阿富汗、美国西部等地区；21 世纪末，4 个 RCP 情景下其所占面积百分比分别为 6.42%、8.46%、7.96% 和 8.67%。

图 7-57 给出了 4 个 RCP 情景下不同时期世界各大洲冬小麦旱灾风险变化等级所占面积百分比。亚洲和欧洲冬小麦旱灾风险均以轻度增加为主；北美洲以轻度减轻和轻度增加为主；非洲以重度减轻、轻度减轻和轻度增加为主；大洋洲以增加为主。

（1）RCP 2.6：亚洲、北美洲、欧洲和非洲各等级所占比例变化不大；大洋洲没有重度和中度减轻区，重度增加区所占比例明显增加。21 世纪末，亚洲、欧洲、非洲、大洋洲和北美洲重度增加区所占比例分别为 10.09%、0.96%、7%、44.52% 和 8.17%。

（2）RCP 4.5：各大洲重度和中度减轻区比例基本保持不变；轻度增加区有一定比例的上升。大洋洲重度增加区所占比例先大幅增加，后大幅减少。21 世纪末，亚洲、欧洲、非洲、大洋洲和北美洲重度增加区所占比例分别为 17.13%、0.42%、6.84%、29.64% 和 9.01%。

（3）RCP 6.0：亚洲和北美洲重度和中度减轻区，以及重度增加区比例增加，轻度减轻、轻度增加和中度增加区比例减少；大洋洲风险减轻区和轻度增加区比例增加，中度和重度增加区比例减少。21 世纪末，亚洲、欧洲、非洲、大洋洲和北美洲重度增加区所占比例分别为 14.43%、1.39%、11.11%、21.56% 和 8.42%。

（4）RCP 8.5：各大洲重度和中度减轻区所占比例增加，轻度增加区面积减少。21 世纪末，亚洲、欧洲、非洲、大洋洲和北美洲重度增加区所占比例分别为 16.46%、0.97%、12.82%、43.11% 和 9.14%。

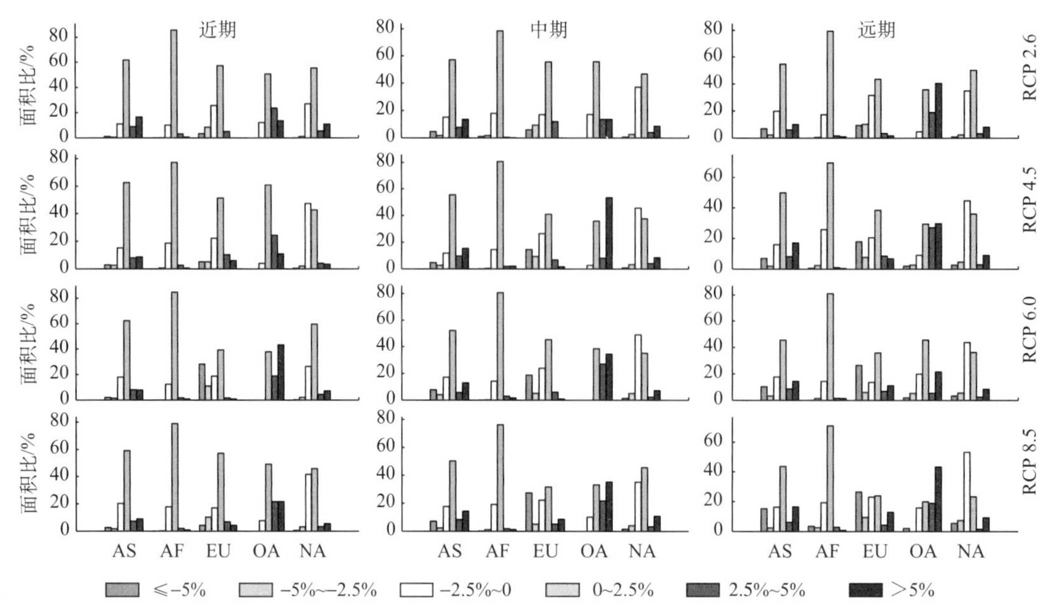

图 7-57　4 个 RCP 情景下不同时期世界各大洲冬小麦旱灾风险变化等级所占面积百分比

图中，AS：亚洲；AF：非洲；EU：欧洲；OA：大洋洲；NA：北美洲

注：每个大洲内由左至右对应不同干旱等级(程度由小变大)

7.3　水稻旱灾风险评价与分布格局

7.3.1　水稻旱灾风险评价

根据 SEPIC-V-R 风险评价模型的输出结果，编制了世界水稻旱灾期望损失率图(图 7-58)和 4 个不同年遇型水平下的水稻旱灾风险图谱(图 7-62～图 7-65)。水稻旱灾风险等级统一分为 5 级：第 1 级(损失率为 0～1%)为微度；第 2 级(损失率为 1%～10%)为轻度；第 3 级(损失率为 10%～20%)为中度；第 4 级(损失率为 20%～40%)为重度；第 5 级(损失率为 40%以上)为极重度。

水稻旱灾期望损失。从全球尺度看，世界水稻旱灾损失高风险区分布在北半球中纬度大陆西侧和大陆中部。微度、轻度、中度、重度和极重度风险区占世界水稻种植面积的比例分别为 58.58%、19.94%、6.78%、4.94%和 9.77%。

图 7-59 给出了世界六大洲水稻旱灾各期望损失等级面积百分比。微度风险区在南美洲、非洲和亚洲占主体，面积百分比依次为 63.92%、61.12%和 59.76%。轻度风险区在北美洲占主体，面积百分比为 39.45%。中度和重度风险区在六大洲所占比例均小于 20%。极重度风险区在大洋洲占主体，面积百分比为 85.27%。水稻种植面积最小的大洋洲风险最高，水稻种植面积最大的亚洲和南美洲风险最低。

图 7-60 给出了世界主要水稻种植国家水稻旱灾各期望损失等级面积百分比。微度风险区在除越南和巴基斯坦外的 10 个主要水稻种植国家中所占比例最大，均大于 60%。轻

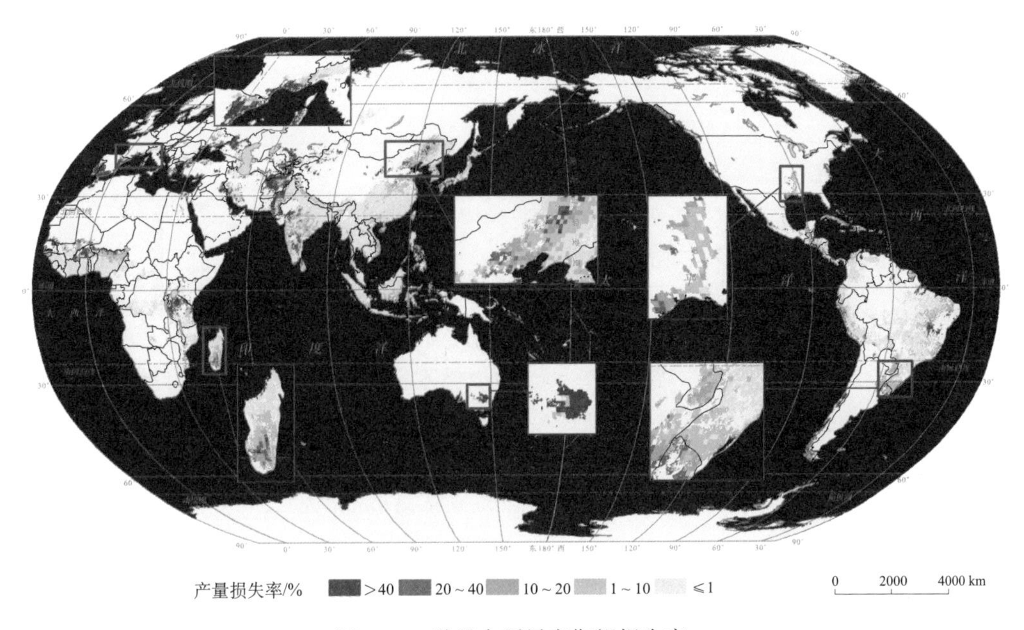

图 7-58　世界水稻旱灾期望损失率

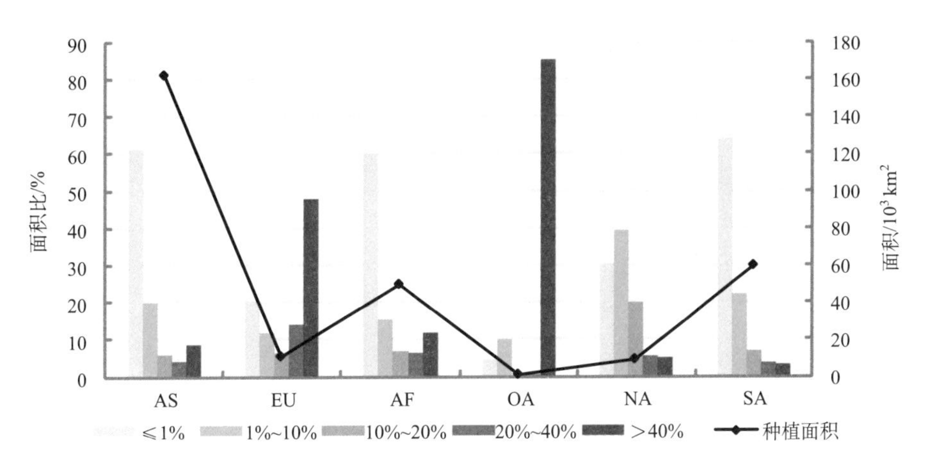

图 7-59　世界各大洲水稻旱灾各期望损失等级面积百分比

图中，AS：亚洲；EU：欧洲；AF：非洲；OA：大洋洲；NA：北美洲；SA：南美洲

度风险区在越南所占面积比例最大，约为 51%。中度风险区在除尼日利亚外的所有国家均小于 10%，重度风险区在所有国家所占面积比例均不大于 10%。极重度风险区所占面积比例最大的是巴基斯坦，约为 37%。

图 7-61 给出了中国及各可比地理单元区水稻旱灾损失率期望值。中国整体为微度水稻旱灾风险影响国家，水稻 LR 为 0. 3%，且 75% 的水稻种植区域旱灾损失率小于 3%。西北高山和盆地南段属极重度水稻旱灾风险影响区，水稻 LR 为 73%，且四分位距最大，约为 80%。西北高山和盆地北段、北部高原以及华北平原属中度旱灾风险影响区，LR 分别

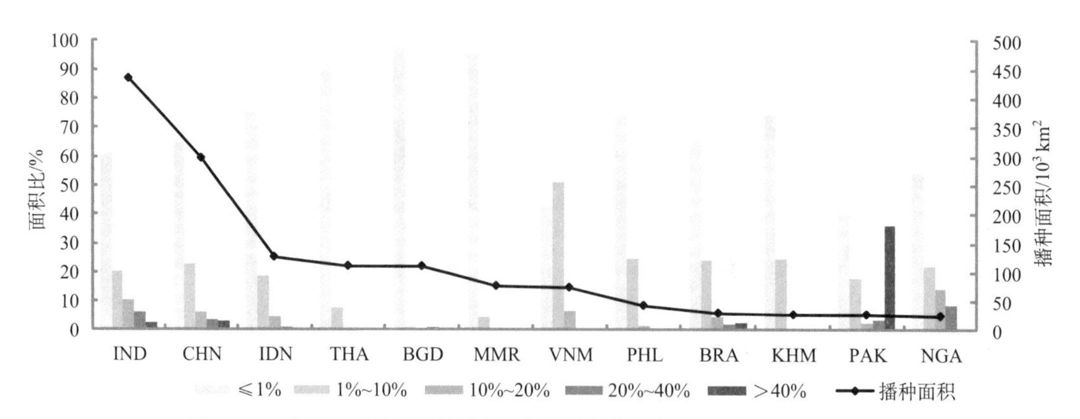

图 7-60 世界主要水稻种植国家水稻旱灾各期望损失等级面积百分比

图中，IND：印度；CHN：中国；IDN：印尼；THA：泰国；BGD：孟加拉国；MMR：缅甸；VNM：越南；PHL：菲律宾；BRA：巴西；KHM：柬埔寨；PAK：巴基斯坦；NGA：尼日利亚

为 19%、16% 和 11%。中西部山地和高原、东北山地西段、东北平原以及东南山地属轻度旱灾风险影响区，LR 分别为 2.5%、3%、1.7% 和 2.2%。其余区域均属于微度旱灾风险影响区，旱灾损失率和四分位距均小于 1%。

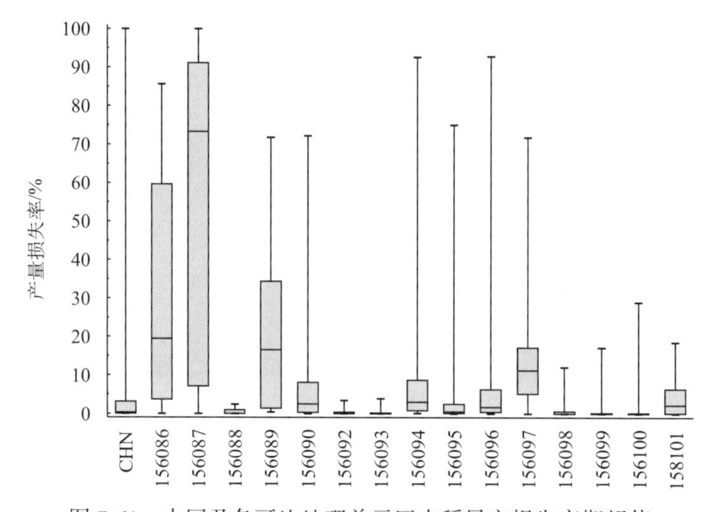

图 7-61 中国及各可比地理单元区水稻旱灾损失率期望值

图中，CHN：中国；156086：西北高山和盆地北段；156087：西北高山和盆地南段；156088：青藏高原西段；156089：北部高原；156090：中西部山地和高原；156092：青藏高原东段；156093：西南高原和盆地；156094：东北山地西段；156095：东北山地东段；156096：东北平原；156097：华北平原；156098：中南部高原和平原；156099：东南平原；156100：东南丘陵；158101：东南山地

不同年遇型水稻旱灾风险。从全球尺度看，世界水稻旱灾风险空间格局为低纬度和中纬度旱灾风险低，高纬度旱灾风险高。欧洲、北美洲、非洲北部、塔克拉玛干沙漠边缘、坦桑尼亚、巴西东部和澳大利亚的水稻旱灾高风险是由重度和极重度的 DI 决定的；亚欧大陆中部、中国的西部和内蒙古东部、印度北部，以及南美洲南部的高风险是由极重度 DI

和较高脆弱性共同决定的。随着年遇型的增加，水稻旱灾风险逐渐增大，重度和极重度风险影响范围逐渐扩大。在四种年遇型致灾水平下，占世界水稻分布区面积最大的是微度风险影响区(图 7-66)，面积比例依次约为 52. 76%、49. 63%、46. 56%和 46. 45%；轻度风险区所占面积比例随年遇型增加呈微弱减少，在 10%～20%之间；中度和重度风险区所占比例均小于 10%；极重度风险区所占比例依次为 15. 68%、18. 6%、22. 11%和 23. 56%。

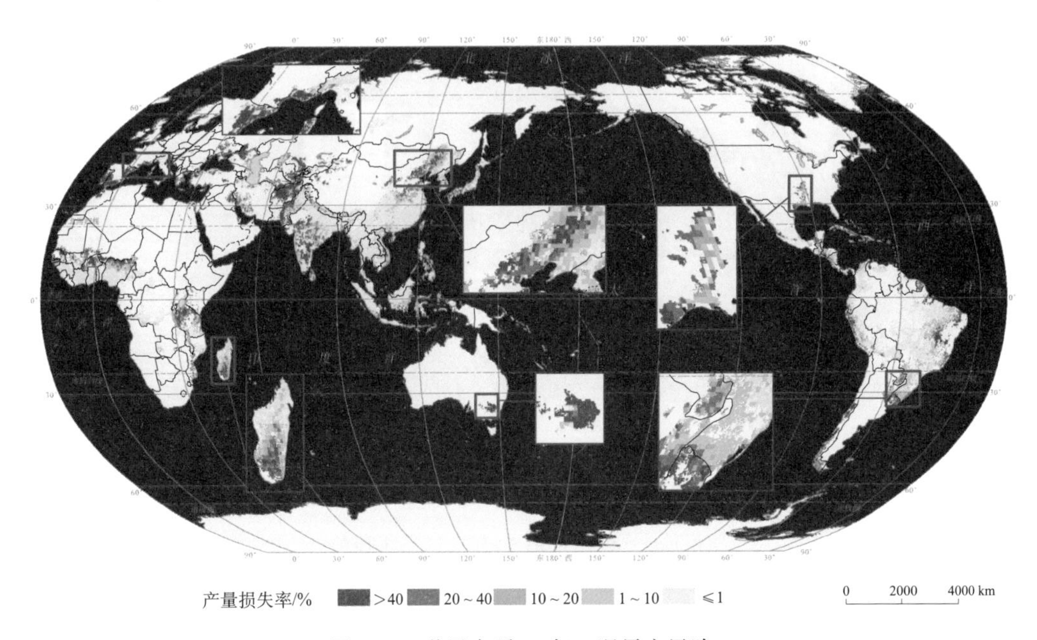

图 7-62　世界水稻 10 年一遇旱灾风险

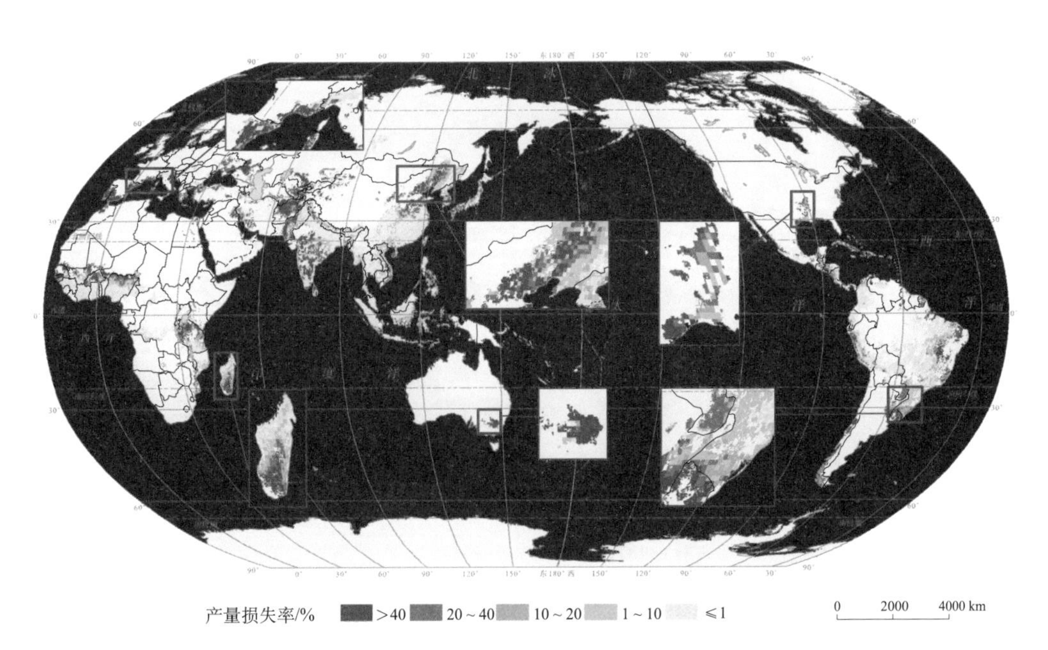

图 7-63　世界水稻 20 年一遇旱灾风险

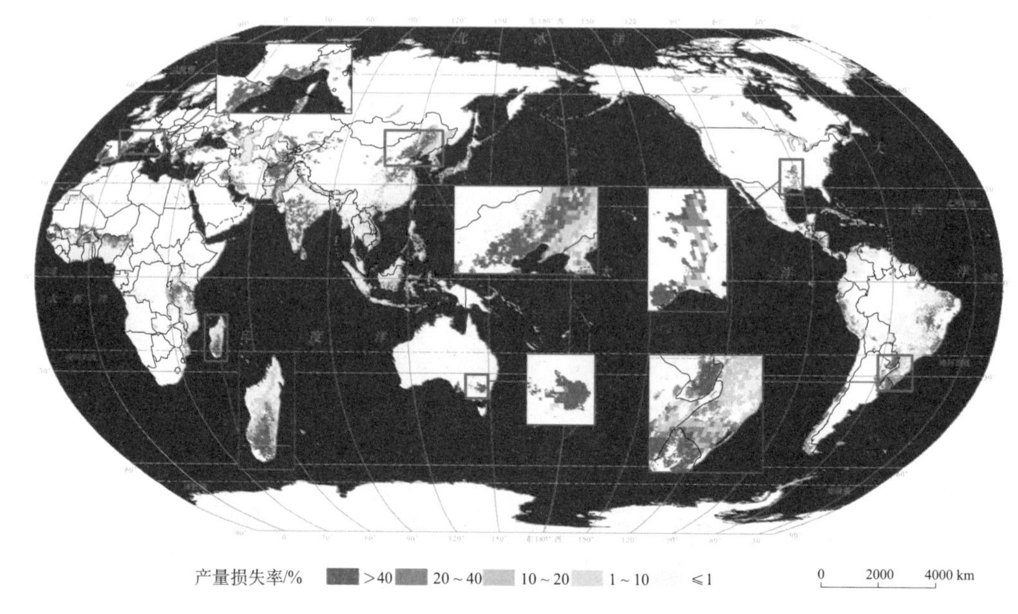

图 7-64 世界水稻 50 年一遇旱灾风险

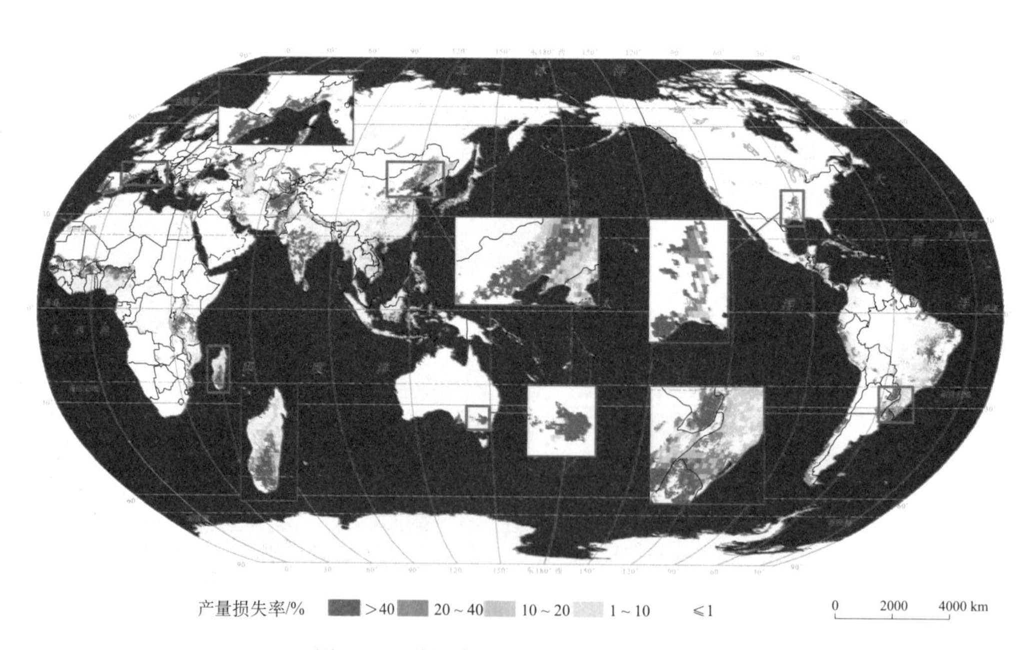

图 7-65 世界水稻 100 年一遇旱灾风险

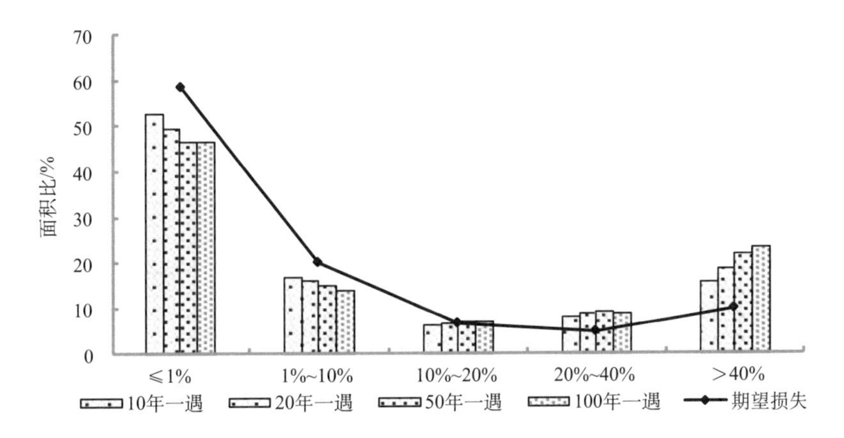

图 7-66　世界水稻旱灾各风险等级面积百分比

图 7-67 给出了世界六大洲水稻旱灾各风险等级面积百分比。微度风险区在亚洲、非洲和南美洲所占面积比例最大，均大于 45%；在其余大洲所占面积百分比均小于 29%。轻度、中度和重度风险区在六大洲所占面积比例较小，均小于 25%。极重度旱灾风险区在大洋洲、欧洲和北美洲所占面积比例最大，4 个年遇型下，其在大洋洲所占比例分别是 85. 49%、85. 49%、88. 04% 和 88. 04%；在欧洲所占比例分别是 69. 93%、67. 78%、69. 73%和 69. 92%。

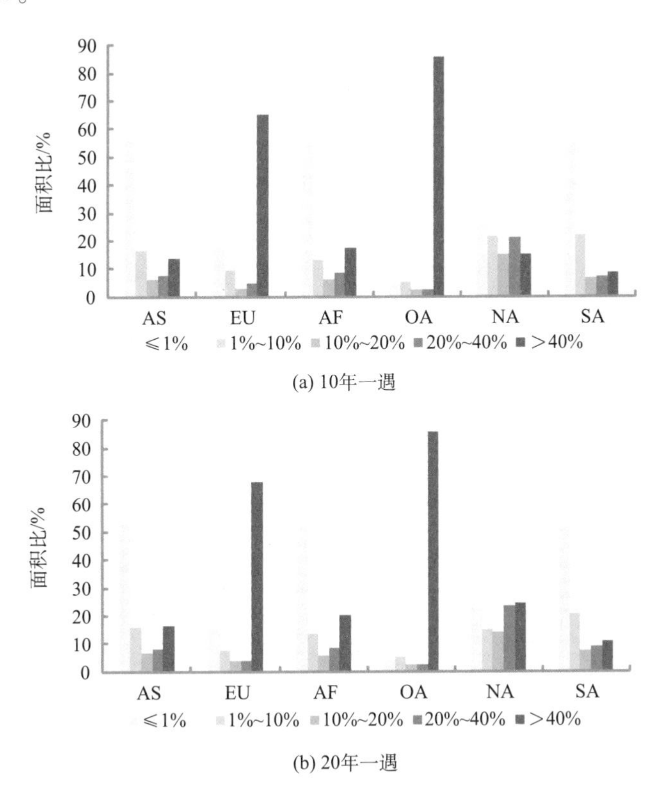

(a) 10年一遇

(b) 20年一遇

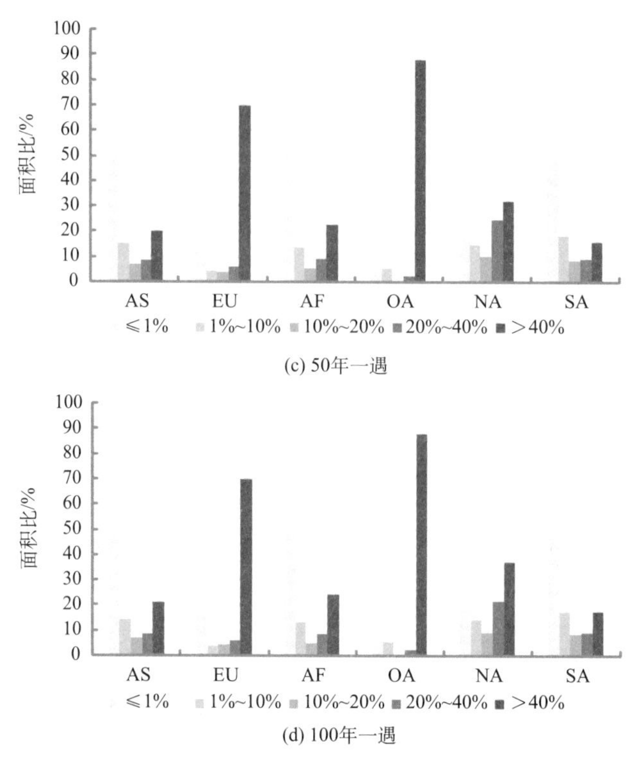

图 7-67 世界各大洲水稻旱灾各风险等级面积百分比

图中，AS:亚洲；EU:欧洲；AF:非洲；OA:大洋洲；NA:北美洲；SA:南美洲

从国家(地区)单元来看，水稻旱灾高风险区域主要分布在阿富汗、中国、西班牙、巴基斯坦、印度、坦桑尼亚、巴西、俄罗斯、布基纳法索、澳大利亚、哈萨克斯坦、乌兹别克斯坦、土库曼斯坦、葡萄牙、伊朗、伊拉克、美国、尼日利亚、智利、秘鲁等国家。表 7-6给出了世界 8 个主要水稻种植国家(地区)水稻旱灾风险等级面积百分比。印度和中国水稻受旱灾风险影响最大，4 个年遇型下重度和极重度风险区面积比分别是 24. 73%、31. 08%、38. 13%和 40. 92%；17. 54%、23. 49%、29. 62%和 31. 65%。越南主要受轻度风险区的影响，4 个年遇型下所占面积比重分别是 55. 28%、51. 44%、42. 47%和 40. 96%。其余国家水稻旱灾风险较小。

表 7-6 世界主要水稻种植国家(地区)水稻旱灾风险各等级面积百分比(%)

国家(地区)		BGD	CHN	IDN	IND	MMR	PHL	THA	VNM
10 年一遇	0～1%	96. 67	63. 88	70. 11	63. 83	91. 12	65. 12	85. 58	20. 63
	1%～10%	2. 51	19. 33	17. 81	14. 05	8. 7	25. 05	13. 57	55. 28
	10%～20%	0	8. 2	6. 39	8. 3	0	8. 55	0. 42	17. 52
	20%～40%	0. 81	8. 59	5. 69	13. 81	0. 18	1. 29	0. 42	6. 57
	>40%	0	8. 95	2. 08	10. 92	0	0	0	1. 13

续表

国家(地区)		BGD	CHN	IDN	IND	MMR	PHL	THA	VNM
20年一遇	0～1%	92.53	61.82	66.4	64.65	85.46	64.61	82.23	15.24
	1%～10%	5.77	19.62	18.21	13.76	12.55	16.82	15.59	51.44
	10%～20%	0.89	8.43	8.18	6.88	1.3	14.66	2.17	19.54
	20%～40%	0.81	10.13	7.21	14.71	0.68	3.91	0	13.79
	>40%	0	13.36	4.11	16.37	0	0	0.42	3.24
50年一遇	0～1%	92.53	58.39	63.08	66.46	84.86	62.37	75.89	15.38
	1%～10%	5.77	19.86	20.19	12.85	10.01	16.32	19.34	42.47
	10%～20%	0	9.7	10.11	6.75	3.96	8.56	4.77	22.46
	20%～40%	1.7	12.04	6.62	13.93	1.17	12.76	0	19.69
	>40%	0	17.58	7.75	24.2	0.5	1.73	0.42	11.18
100年一遇	0～1%	92.53	59.36	62.75	68.46	84.86	63.68	75.89	15.78
	1%～10%	5.77	18.37	20.23	11.03	9.47	15.13	18.65	40.96
	10%～20%	0	10.27	7.77	7.53	4.11	8.54	5.04	24.41
	20%～40%	1.7	12	9.25	12.99	1.56	12.65	0.42	18.85
	>40%	0	19.65	8.26	27.93	0.5	3.87	0.42	14.1

注：BGD：孟加拉国；CHN：中国；IDN：印度尼西亚；IND：印度；MMR：缅甸；PHL：菲律宾；THA：泰国；VNM：越南。

中国水稻旱灾风险高值区主要集中在中国的西北地区、华北地区和东北地区中西部。华北地区和长江下游地区，尤其是长江下游地区的高风险是由该地区的高脆弱性决定的。中国主要受水稻微度风险区的影响，4个年遇型下其所占面积比分别是63.88%、61.82%、58.39%和59.36%；中度、重度和极重度风险区影响比重随着年遇型增加而增加，其中极重度风险区在4个年遇型下所占比例分别是8.95%、13.36%、17.58%和19.65%。图7-68给出了中国及各可比地理单元区4个年遇型下的水稻旱灾损失率。西北高山和盆地南段属极重度风险影响区，4个年遇型下水稻LR分别为78.4%、79.3%、80.4%和81.1%；四分位距分别为76%、73%、64.7%和62.6%。西北高山和盆地北段水稻旱灾风险处于第二位，属极重度风险影响区，4个年遇型下水稻LR分别为41.9%、49.4%、52.5%和54.7%。北部高原水稻旱灾风险处于第三位，属重度风险影响区，4个年遇型下水稻LR分别为35%、40.3%、43.8%和46%。华北平原水稻旱灾风险处于第四位，属重度风险影响区，4个年遇型下水稻LR分别为28.9%、38%、47.1%和50.9%。青藏高原西段、青藏高原东段、东北山地东段、中南部高原和平原，以及东南山地属于中度风险影响区；其余地区属于轻度风险影响区，且四分位距均小于10%。

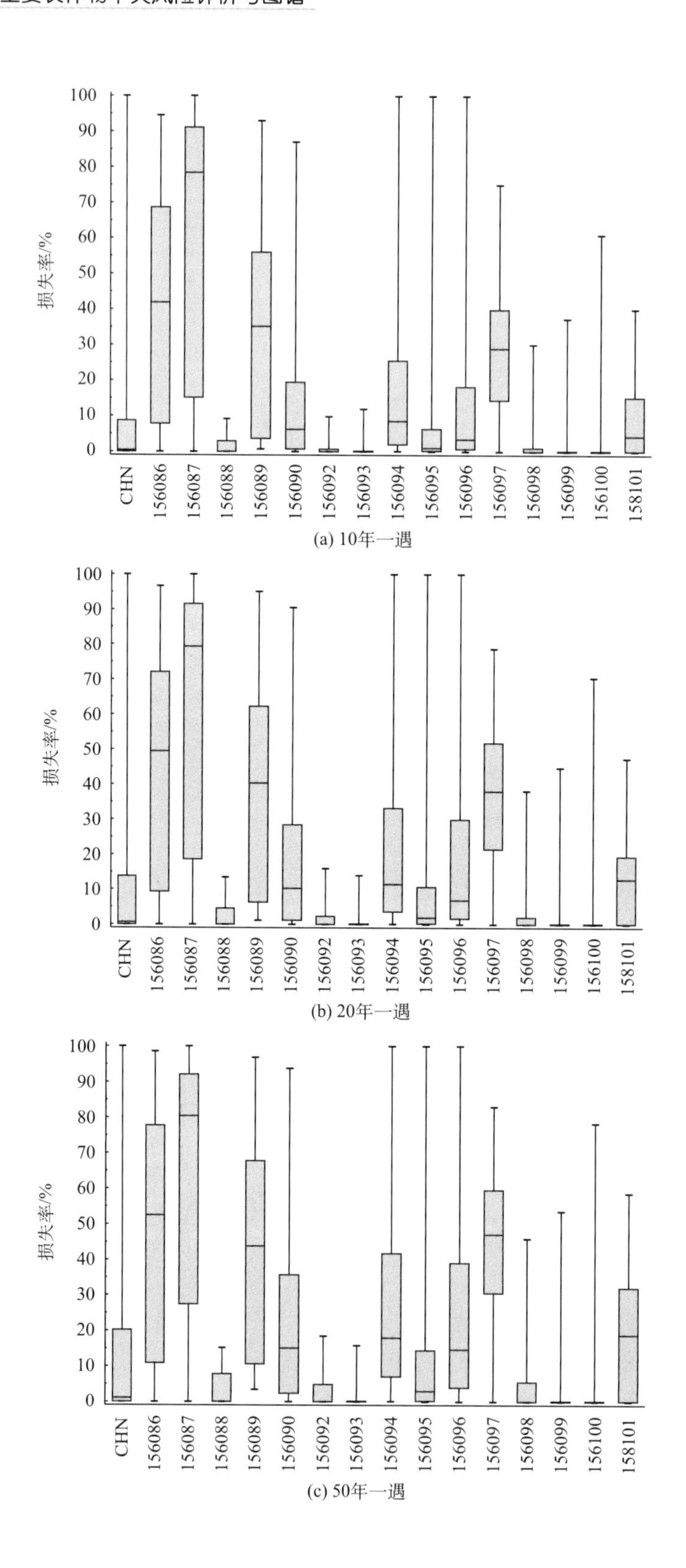

(a) 10年一遇

(b) 20年一遇

(c) 50年一遇

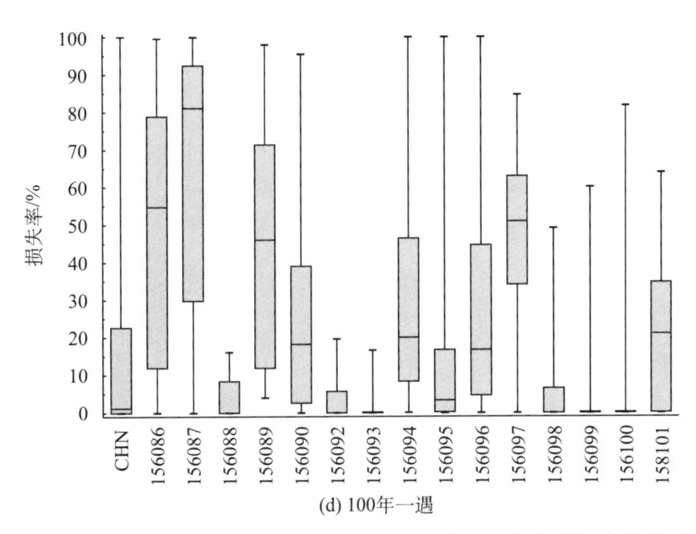

图 7-68　中国及各可比地理单元区 4 个年遇型下的水稻旱灾损失率

图中，CHN：中国；156086：西北高山和盆地北段；156087：西北高山和盆地南段；156088：青藏高原西段；156089：北部高原；156090：中西部山地和高原；156091：中西部高原和盆地；156092：青藏高原东段；156093：西南高原和盆地；156094：东北山地西段；156095：东北山地东段；156096：东北平原；156097：华北平原；156098：中南部高原和平原；156099：东南平原；156100：东南丘陵；158101：东南山地

7.3.2　水稻旱灾风险评价结果验证

选择中国水稻播种面积与主要农作物播种面积比大于 5% 的省份，将其折算的水稻损失率分别与 4 个不同致灾水平下的损失率进行相关分析（表 7-7）。结果表明，两者具有显著的相关性，10 年一遇、20 年一遇、50 年一遇和 100 年一遇水稻旱灾损失率与多年平均损失率间的 Pearson 相关系数分别是 0.53、0.56、0.59 和 0.59，且均通过了显著性水平 0.05 的检验，其中 50 年一遇和 100 年一遇通过了显著性水平为 0.01 的检验。

表 7-7　中国区水稻旱灾风险评价结果验证

风险类型	相关系数	决定系数
10 年一遇损失率	0.53	0.017
20 年一遇损失率	0.56	0.01
50 年一遇损失率	0.59	0.01
100 年一遇损失率	0.59	0.01

7.3.3　气候变化情景下水稻旱灾风险评价

根据气候情景数据驱动下 SEPIC-V-R 主要农作物风险评价模型的输出结果，计算不同

RCP情景下 21世纪近期（2005～2039 年）(图 7-69)、中期(2040～2069 年)(图 7-70)和远期(2070～2099 年)(图 7-71)3 个时段水稻 LR 期望值，以及相对于历史时期(1975～2004 年)LR 期望值的变化，并编制系列图谱。各时期的旱灾风险变化等级分为 6 级：第 1 级(≤-5%)为重度减轻区；第 2 级(-5%～-2.5%)为中度减轻区；第 3 级(-2.5%～0)为轻度减轻区；第 4 级(0～2.5%)为轻度增加区；第 5 级(2.5%～5%)为中度增加区；第 6 级(>5%)为重度增加区(图 7-72～图 7-74)。

从全球尺度看(图 7-75)，世界水稻旱灾风险变化空间格局为北半球中高纬度增强，其余地区基本不变或减弱。

(1) 重度减轻区：主要分布在印度中部、亚洲中部、非洲东部和巴西东部等地区；21 世纪末，4 个 RCP 情景下其所占面积百分比分别为 11.81%、13.41%、14.83% 和 16.69%。

(2) 中度减轻区：其所占比例呈逐渐减少的趋势；21 世纪末，4 个 RCP 情景下其所占面积百分比分别为 4.35%、3.98%、3.94% 和 4.41%。

(3) 轻度减轻区：主要分布在东南亚、印度东北部、非洲西部几内亚湾周边地区、巴西中部等地区；所占比例呈逐渐减少的趋势；21 世纪末，4 个 RCP 情景下其所占面积百分比分别为 17.56%、14.57%、15.57% 和 14.87%。

(4) 轻度增加区：主要分布在中国南部、巴西东南部、美国南部等地区；所占比例在各级中最大，均在 40% 以上，且呈逐渐减少的趋势；21 世纪末，4 个 RCP 情景下其所占面积比例分别为 53.58%、49.69%、48.20% 和 43.70%。

(5) 中度增加区：其所占比例在 RCP 4.5 和 RCP 8.5 情景下呈增加趋势，RCP 2.6 下呈先减少后增加，RCP 6.0 呈减少的趋势；21 世纪末，4 个 RCP 情景下其所占面积比例分别为 4.09%、4.99%、4.21% 和 4.99%。

(6) 重度增加区：主要分布在中国中部至东北部、中国西北地区、阿富汗、欧洲东部以及南美洲智利、秘鲁等地区；所占比例呈增加的趋势；21 世纪末，4 个 RCP 情景下其所占面积比例分别为 8.62%、13.35%、13.24% 和 15.35%。

图 7-76 给出了 4 个 RCP 情景下不同时期世界各大洲水稻旱灾风险变化等级所占面积百分比。亚洲、北美洲、非洲和南美洲水稻旱灾风险均以轻度增加为主；欧洲水稻旱灾风险变化以重度增加为主。

(1) RCP 2.6：亚洲、非洲和南美洲各风险等级所占比例变化不大；北美洲轻度增加区呈先减少再增加的趋势，而轻度减轻区呈先增加再减少的趋势；欧洲重度增加区所占比例明显高于其他各级；大洋洲轻度减轻区所占比例逐渐增大，轻度增加区逐渐减少。21 世纪末，亚洲、北美洲、欧洲、非洲、南美洲和大洋洲水稻旱灾风险重度增加区所占比例分别为 10.61%、3.50%、50.51%、2.20%、2.70% 和 12.33%。

(2) RCP 4.5：北美洲轻度减轻和轻度增加区所占比例呈减少的趋势，重度增加区所占比例有明显的增大；大洋洲重度减轻区所占比例呈先增大后减少的趋势。21 世纪末，亚洲、北美洲、欧洲、非洲、南美洲和大洋洲水稻旱灾风险重度增加区所占比例分别为 15.89%、27.22%、57.84%、1.69%、7.75% 和 6.85%。

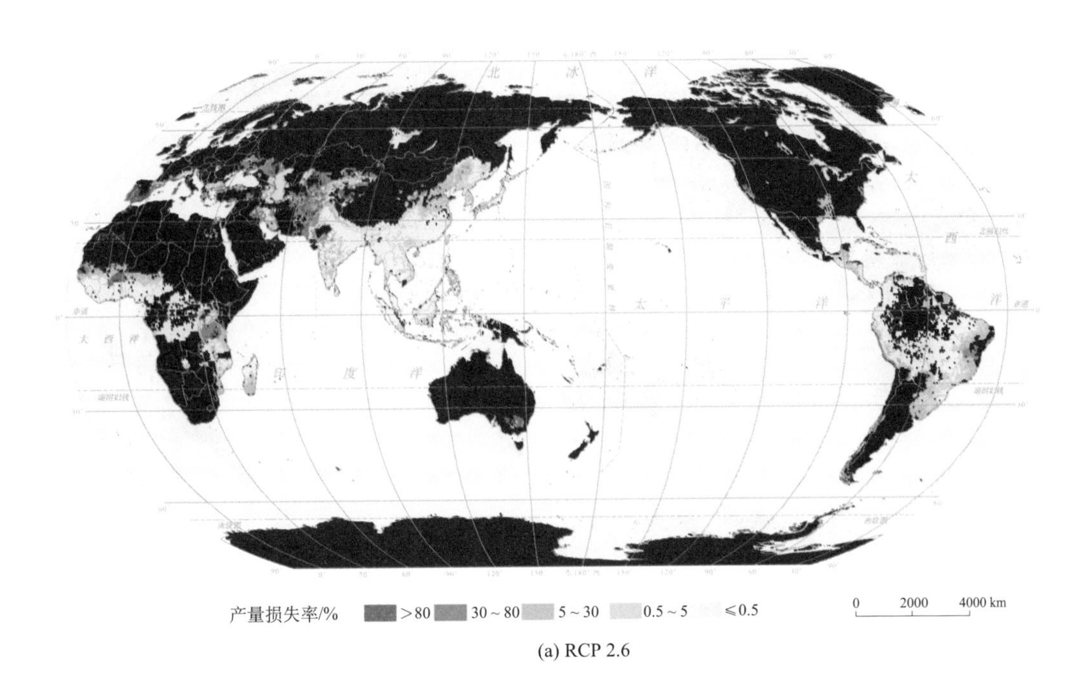

(a) RCP 2.6

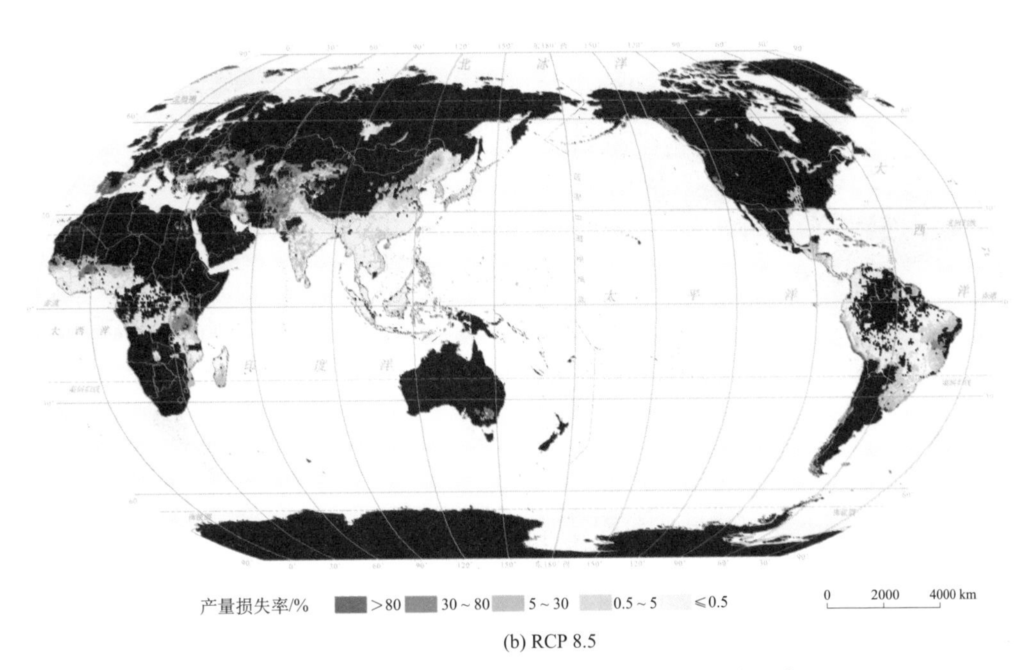

(b) RCP 8.5

图 7-69　近期(2005～2039 年)世界水稻旱灾期望损失率

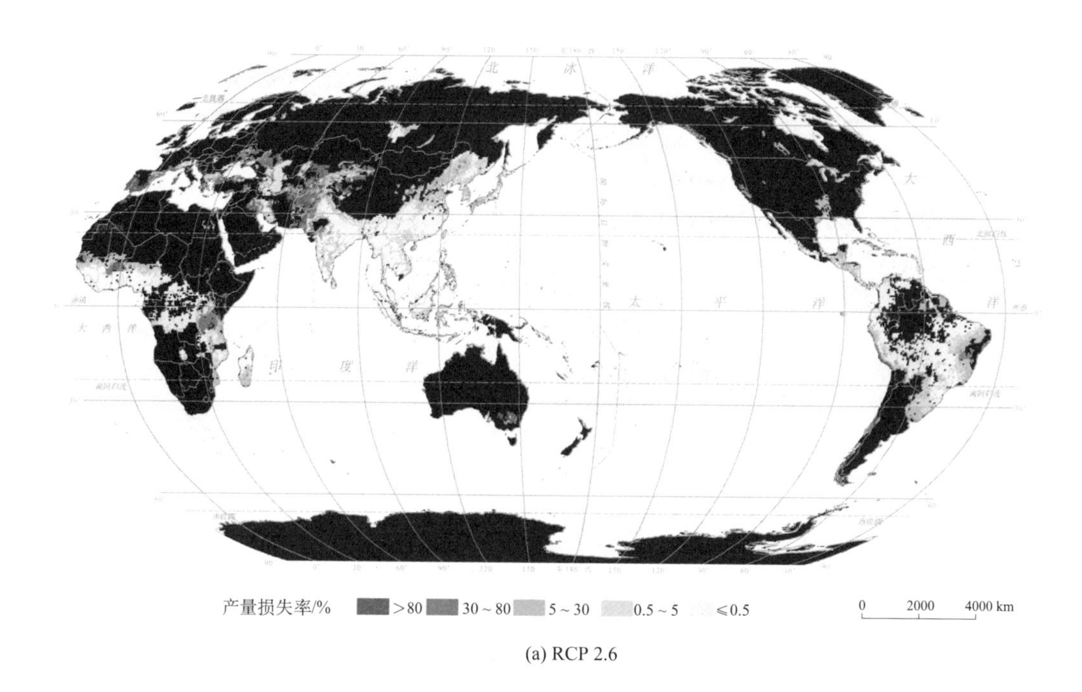

(a) RCP 2.6

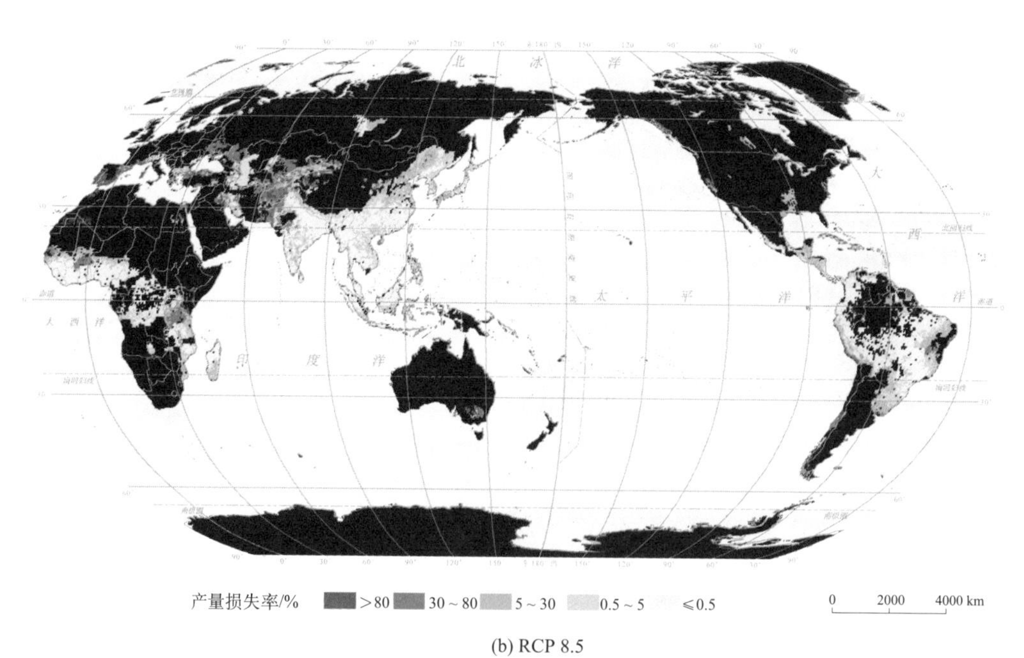

(b) RCP 8.5

图 7-70 中期(2040～2069 年)世界水稻旱灾期望损失率

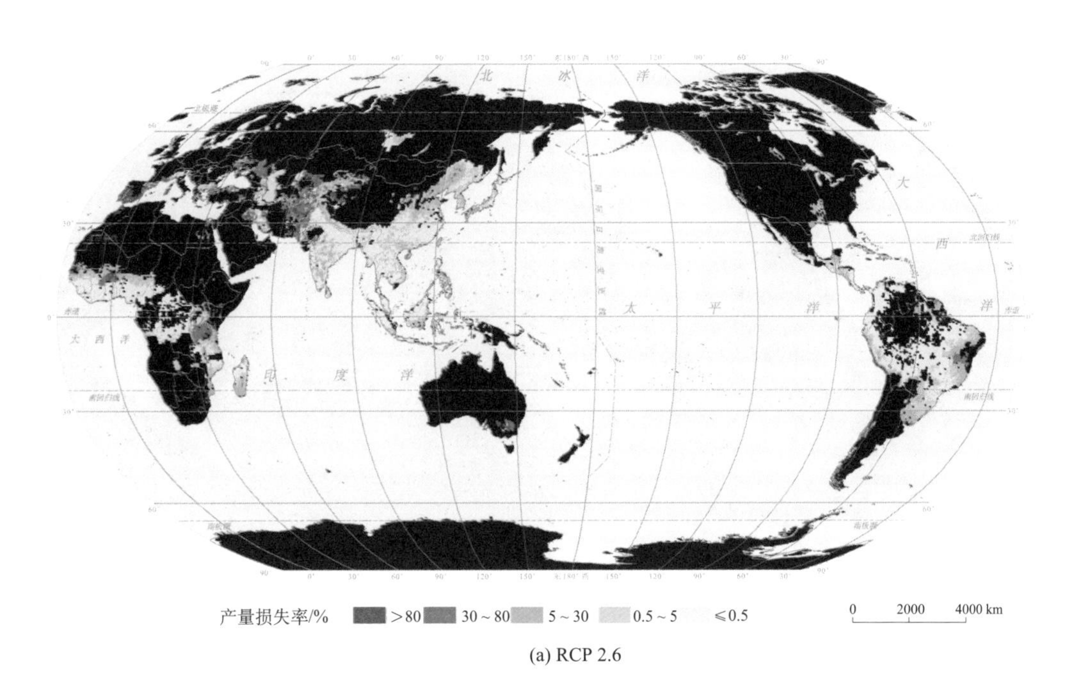

(a) RCP 2.6

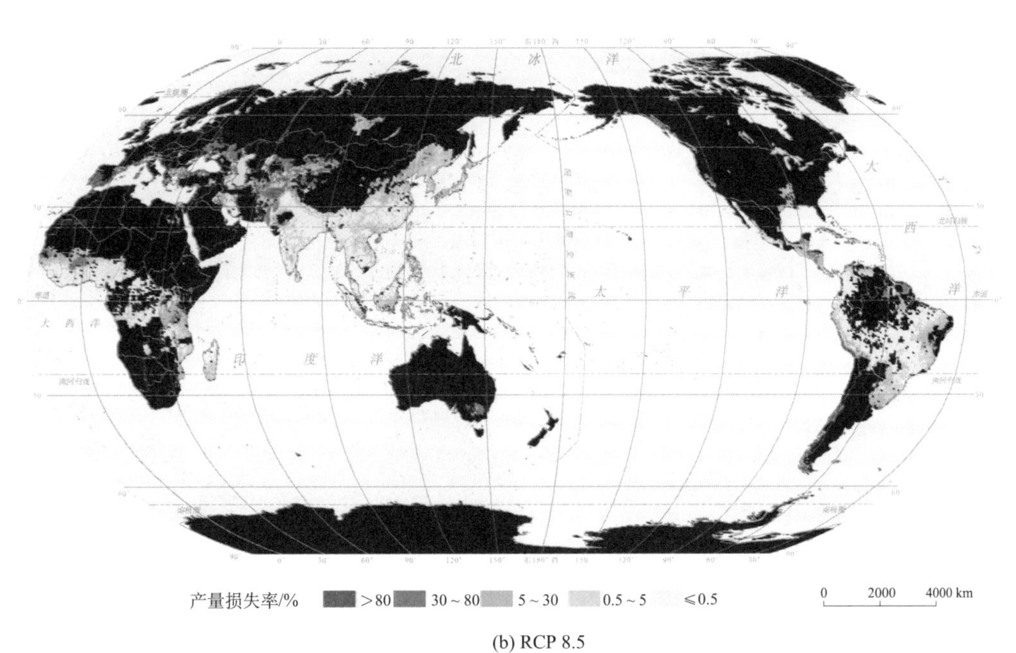

(b) RCP 8.5

图 7-71　远期(2070～2099 年)世界水稻旱灾期望损失率

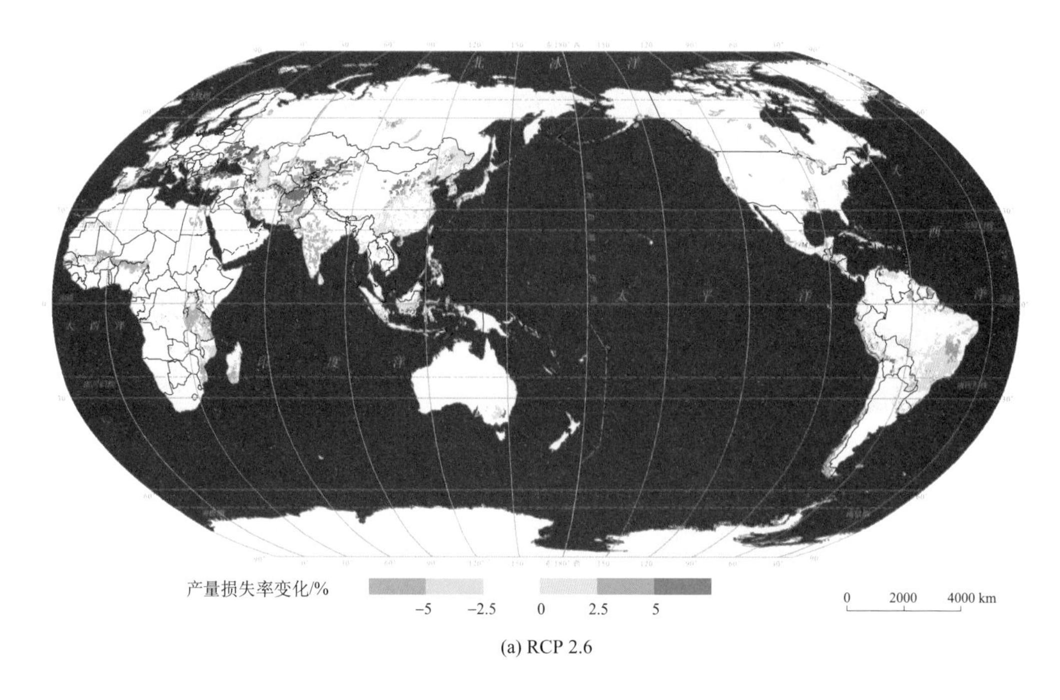

(a) RCP 2.6

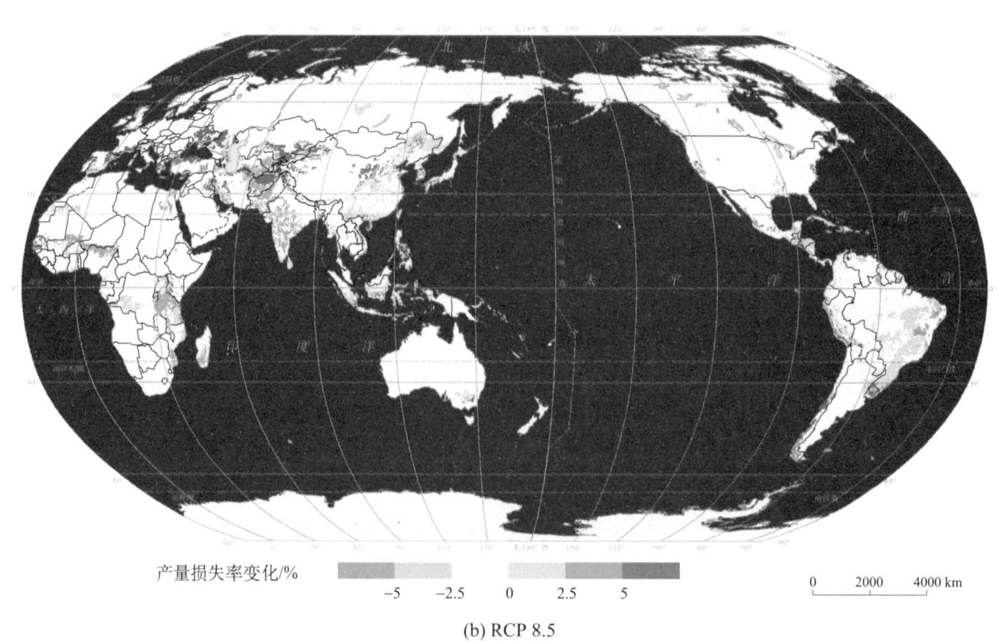

(b) RCP 8.5

图 7-72 近期(2005～2039 年)世界水稻旱灾风险相对于历史时期的变化

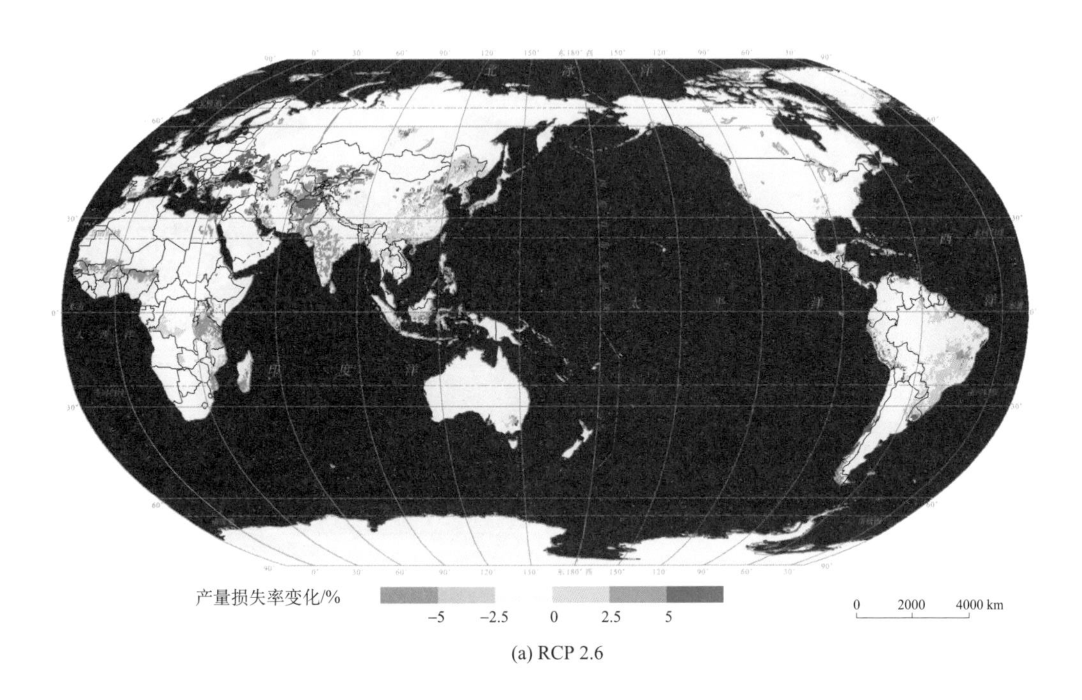

(a) RCP 2.6

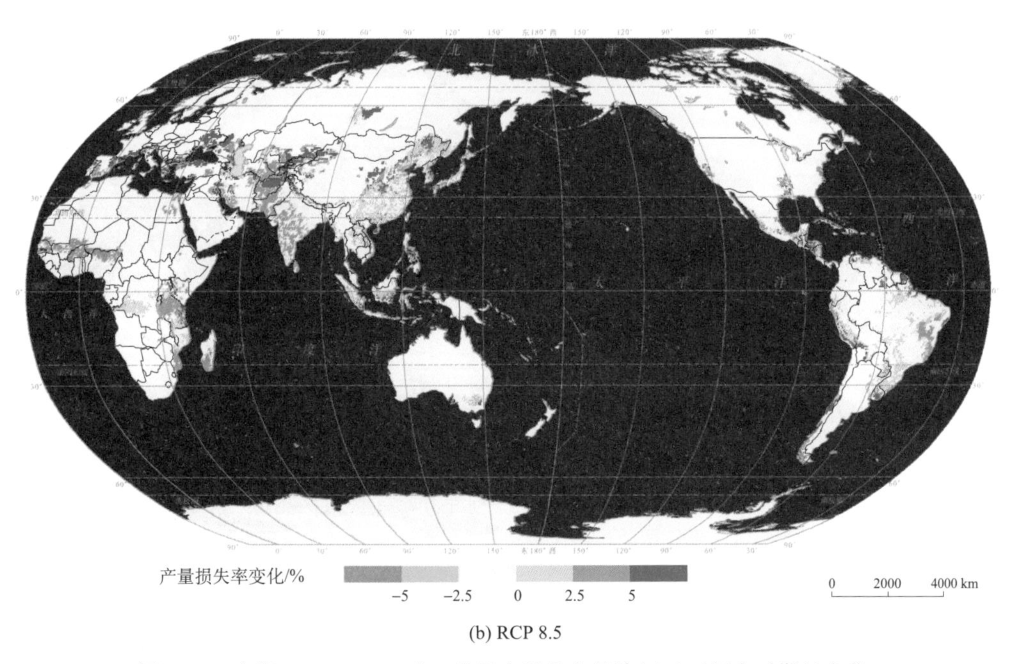

(b) RCP 8.5

图 7-73　中期(2040～2069 年)世界水稻旱灾风险相对于历史时期的变化

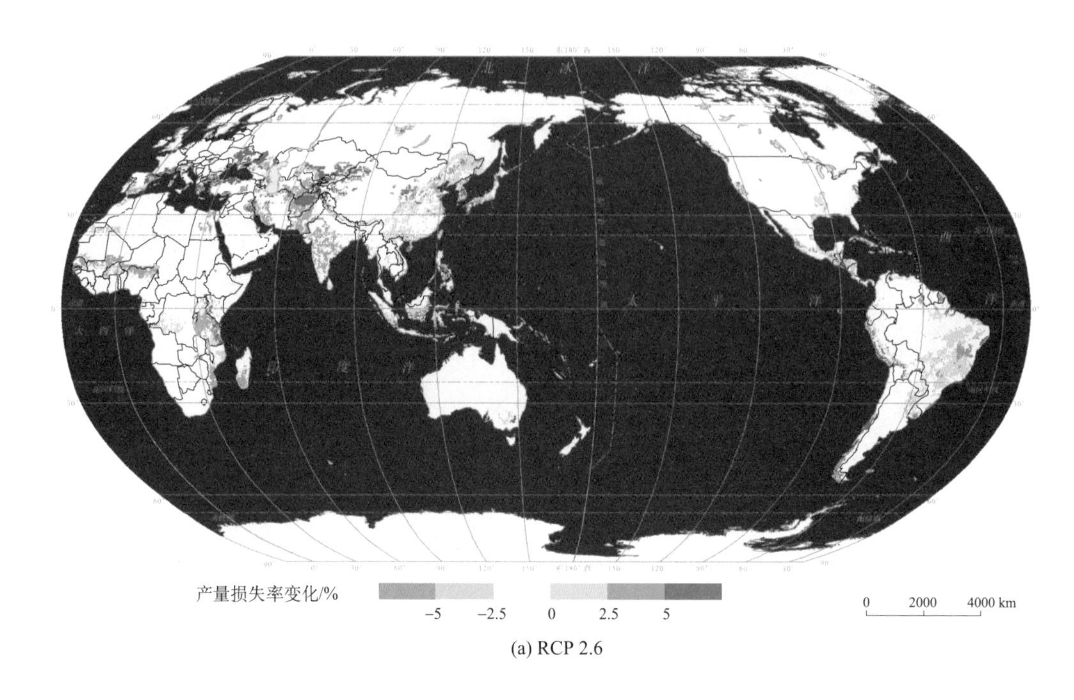

(a) RCP 2.6

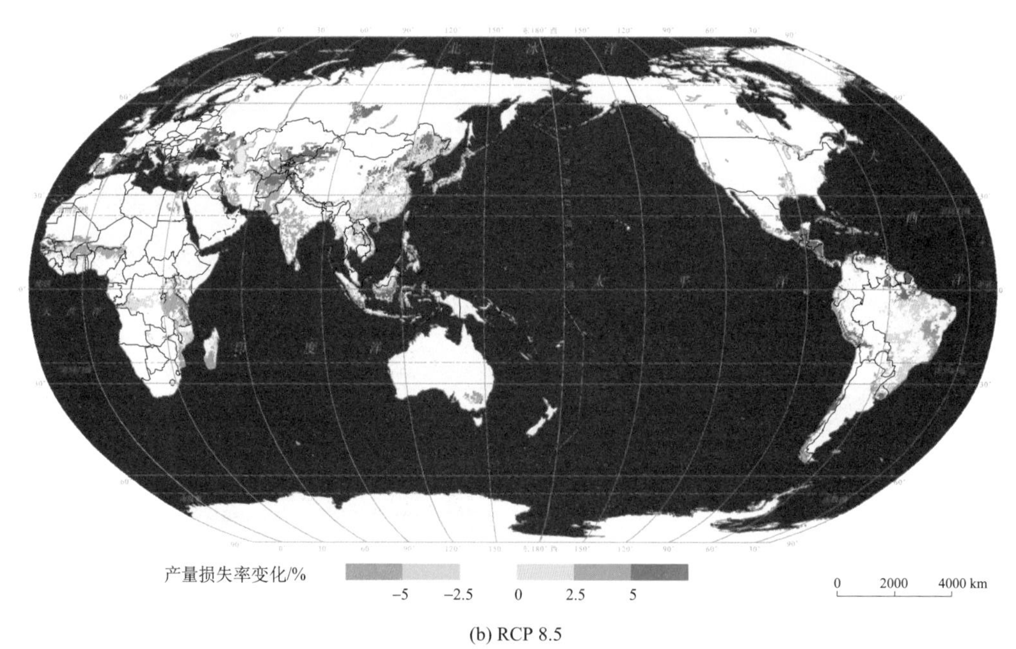

(b) RCP 8.5

图 7-74　远期(2070～2099 年)世界水稻旱灾风险相对于历史时期的变化

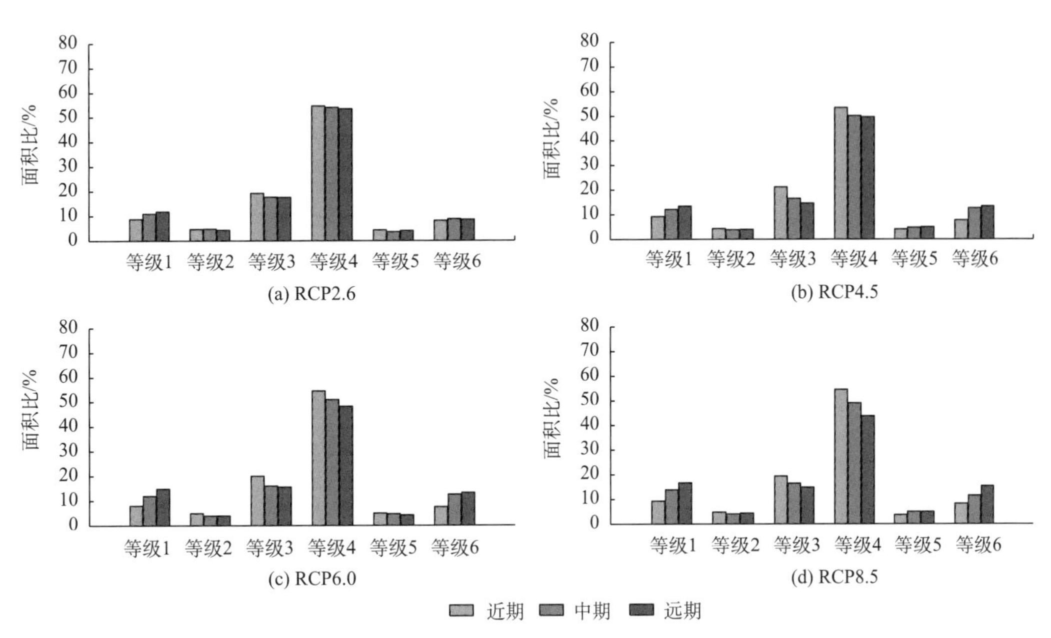

图 7-75　4 个 RCP 情景下不同时期水稻旱灾风险变化等级所占面积百分比

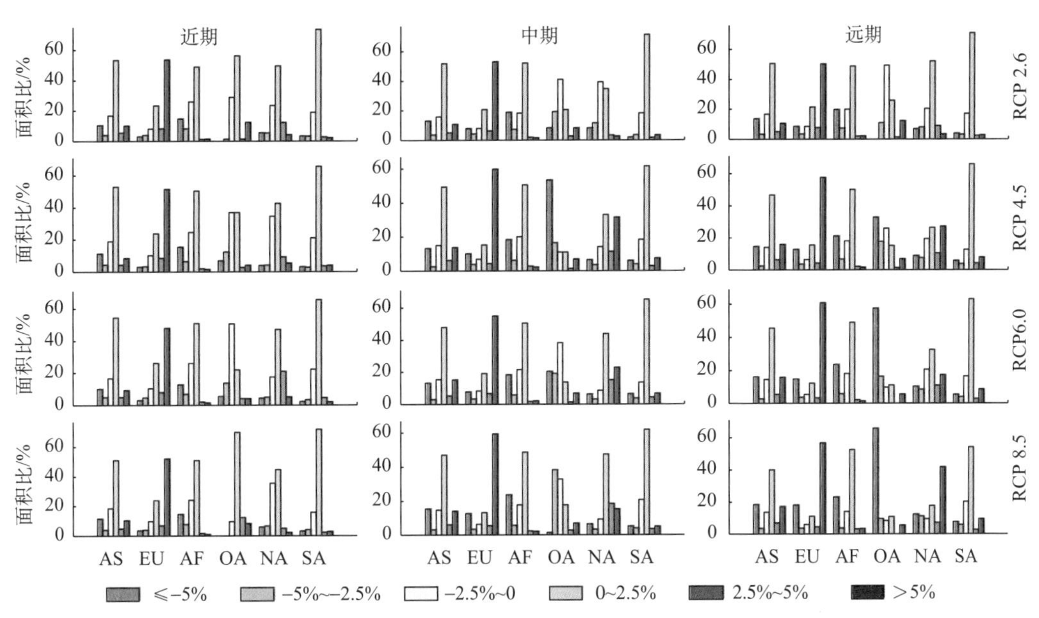

图 7-76　4 个 RCP 情景下不同时期世界各大洲水稻旱灾风险变化等级所占面积百分比

图中，AS：亚洲；EU：欧洲；AF：非洲；OA：大洋洲；NA：北美洲；SA：南美洲

注：每个大洲内由左至右对应不同干旱等级(程度由小变大)

(3) RCP 6.0：大洋洲重度减轻区比例明显增加，轻度减轻区比例有所减少。21 世纪末，亚洲、北美洲、欧洲、非洲、南美洲和大洋洲水稻旱灾风险重度增加区所占比例分别为 15.88%、17.22%、61.12%、1.44%、8.45%和 5.48%。

(4) RCP 8.5：各大洲重度增加区比例均有所上升；北美洲重度增加区比例上升明显；大洋洲轻度增加区逐渐减少，21 世纪中叶中度减轻区所占比例最大，21 世纪末重度减轻区明显增加，所占比例最大。21 世纪末，亚洲、北美洲、欧洲、非洲、南美洲和大洋洲水稻旱灾风险重度增加区所占比例分别为 17.31%、41.89%、56.99%、3.32%、9.49%和 5.48%。

7.4 主要农作物综合旱灾风险评价与分布格局

本节在计算世界玉米、小麦(春小麦和冬小麦)和水稻旱灾风险的基础上，考虑经济等相关要素，运用加权综合分析方法进一步计算了世界主要农作物旱灾综合风险。

图 7-77 给出了主要农作物网格单元综合旱灾风险格局图。世界主要农作物风险为 0 的地区集中在非洲和南美洲的部分地区，包括非洲撒哈拉以南的部分地区、南美洲巴西西部亚马孙流域以及亚洲东南地区(包括中国东南部和印度东北部)等。

世界三种主要农作物中仅有玉米种植的地区，主要包括欧洲中部、亚洲东南部、非洲南部、北美洲和南美洲东部、澳大利亚东北部等。其中，主要农作物旱灾风险较高的地区主要位于非洲纳米比亚、索马里等地区、亚洲哈萨克斯坦南部以及巴西东部地区。

世界三种主要农作物中仅有小麦种植的地区，主要在亚洲中部和北部、欧洲北部和西部、非洲南端和北部、澳大利亚西南和东南地区、北美洲中部和西部。其中，农作物旱灾风险较高的地区主要分布在亚洲哈萨克斯坦北部、蒙古北部、非洲南非西部、美国西部。

世界三种主要农作物中有玉米和水稻种植的地区，分布在亚洲中部和南部、非洲西北部和东部，以及南美洲东部。根据其产量损失率计算得到综合旱灾风险值，综合旱灾风险较高的地区主要分布在亚洲哈萨克斯坦、非洲马里和坦桑尼亚，以及巴西的东部地区。

世界三种主要农作物中有玉米和小麦种植的地区分布较广，在世界各大洲均有分布，主要包括亚洲中部和北部、欧洲大部分地区、非洲东部、北美洲美国东部、南美洲南部等地区。其中，玉米和小麦旱灾风险值较高的地区主要分布在中国北部内蒙古和西北地区、亚洲中部阿富汗、土耳其，欧洲西班牙、非洲索马里、美国西南地区等。

世界三种主要农作物中有小麦和水稻种植的地区较少，零散分布于亚洲中部和东部、非洲东北部、北美洲南部等地区。小麦和水稻旱灾风险较高的地区主要集中在亚洲中部、印度西北部、巴基斯坦以及阿富汗等地区。

世界范围内三种主要农作物均有种植的地区，主要分布在亚洲中部和东部、欧洲西南部、非洲东部、南美洲东南部。其中，三种主要农作物综合旱灾风险值较高的地区主要分布在亚洲中部、中国西北、阿富汗、巴基斯坦、伊拉克、西班牙、澳大利亚东南部。

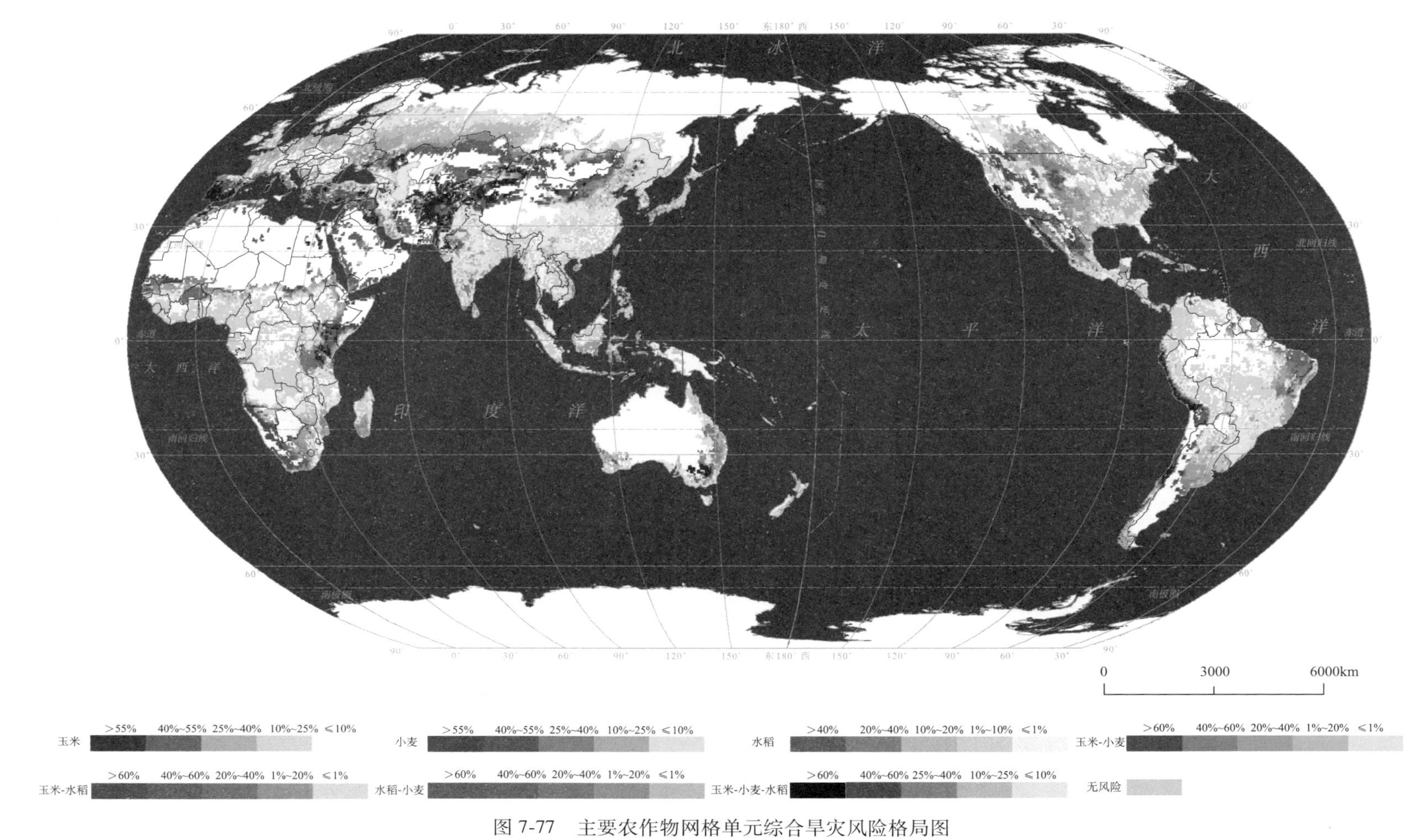

图 7-77　主要农作物网格单元综合旱灾风险格局图

7.5 本章小结

本章在历史气象观测数据和4个RCP气候情景数据的驱动下，基于SEPIC-V-R主要农作物旱灾风险评价模型，在第4章计算出的世界玉米、小麦(春小麦和冬小麦)和水稻旱灾致灾因子强度，以及第5章构建的世界玉米、小麦(春小麦和冬小麦)和水稻旱灾脆弱性曲线的基础上，计算了世界玉米、小麦(春小麦和冬小麦)和水稻的旱灾风险。

从全球尺度看，世界玉米旱灾损失高风险区分布在北半球中纬度大陆西侧和大陆中部、赤道地区大陆东侧和南半球中纬度地区。从主要国家(地区)看，墨西哥和美国玉米旱灾风险较高。未来气候情景下，玉米旱灾损失风险重度增加区集中分布在欧洲、亚洲中部、北美洲北部和东部、南美洲东部和西部沿海地区，且面积随时间和气候变化情景的增加而增加。

从全球尺度看，世界春小麦旱灾损失的空间格局为亚欧大陆中部高，其余地区低。从主要国家(地区)看，哈萨克斯坦受春小麦旱灾风险影响较大。未来气候变化背景下，世界春小麦旱灾风险变化呈现北半球高纬度增强，低纬度和南半球中高纬度减弱的空间格局。

从全球尺度看，世界冬小麦旱灾损失呈现欧洲、美国中东部和中国华北平原等地区高，亚欧大陆中部低的空间格局。哈萨克斯坦依然是冬小麦旱灾风险影响较大的国家。未来气候变化背景下，世界冬小麦旱灾风险变化呈现美国西部、中国黄土高原、西亚等地区增强，其他地区减弱的空间格局。

从全球尺度看，世界水稻旱灾损失呈现北半球中纬度大陆西侧和大陆中部高，其余地区低的空间格局。从主要国家(地区)看，巴基斯坦水稻受旱灾风险影响较大。未来气候变化背景下，世界水稻旱灾风险变化较小，空间上呈现北半球中高纬度增强，其余地区基本不变或减弱的格局。

通过计算单位面积经济损失量，得到各作物权重值，根据各评价单元权重值计算得到主要农作物综合旱灾风险值，其风险较高的地区主要集中在亚洲中部、北美洲西部等地区。

第 8 章　中国主要农作物旱灾风险在世界中的位置*

中国作为粮食生产和消费大国，在世界粮食安全中占有重要地位。了解中国主要农作物旱灾风险在世界中的位置，有利于中国有针对性地制定主要农作物旱灾风险防范措施，降低粮食生产风险，减少损失，具有重要意义。根据第 7 章三种作物(玉米、小麦(春小麦和冬小麦)和水稻)网格单元的旱灾风险数据，利用可比地理单元和国家(地区)单元进行统计并归一化，编制主要农作物旱灾可比地理单元和国家(地区)单元旱灾风险格局图谱，并确定中国主要农作物旱灾风险在世界中的位置。

8.1　世界玉米旱灾风险区域格局与排序

8.1.1　世界玉米旱灾风险可比地理单元格局

图 8-1 给出了世界玉米旱灾可比地理单元期望风险，图 8-2～图 8-3 给出了不同年遇型下的玉米旱灾可比地理单元风险。玉米旱灾风险指数统一划分为 5 个等级：第 1 级(0～0.01)为微度；第 2 级(0.01～0.1)为轻度；第 3 级(0.1～0.2)为中度；第 4 级(0.2～0.4)为重度；第 5 级(>0.4 以上)为极重度。玉米极重度旱灾风险区集中在阿富汗、西班牙、加拿大南部和美国接壤处。随着年遇型增加，欧洲东部、美国中部、墨西哥、中国中部、非洲东部等地区由重度旱灾风险逐渐转变为极重度旱灾风险。至 100 年一遇，极重度风险的区域增多，集中在中国华北地区、阿富汗、欧洲东部、西班牙、法国、美国中部和北部、墨西哥、非洲西部和南部，以及巴西东部等地区。

世界玉米旱灾期望风险中，微度风险区分布在俄罗斯南部、中国东南部和西南部、非洲中部、加拿大东部和西北部、南美洲北部、澳大利亚西北部等地。至 100 年一遇，仅澳大利亚西北部、巴西西部、蒙古以及非洲的部分地区属于微度风险区。

根据气候情景数据计算不同情景下 21 世纪近期(2005～2039 年)、中期(2040～2069 年)和远期(2070～2099 年)世界玉米旱灾可比地理单元风险指数(图 8-4～图 8-6)。

8.1.2　世界玉米旱灾风险国家(地区)单元格局

图 8-7 给出了世界玉米旱灾国家(地区)单元期望风险。图 8-8～图 8-9 给出了不同年遇型下的玉米旱灾国家(地区)单元风险。玉米旱灾风险指数统一划分为 5 个等级：第 1 级

* 本章执笔人：王静爱、郭浩、史培军、张兴明、尹圆圆、连芳。

(0～0.01)为微度；第2级(0.01～0.1)为轻度；第3级(0.1～0.3)为中度；第4级(0.3～0.5)为重度；第5级(0.5以上)为极重度。

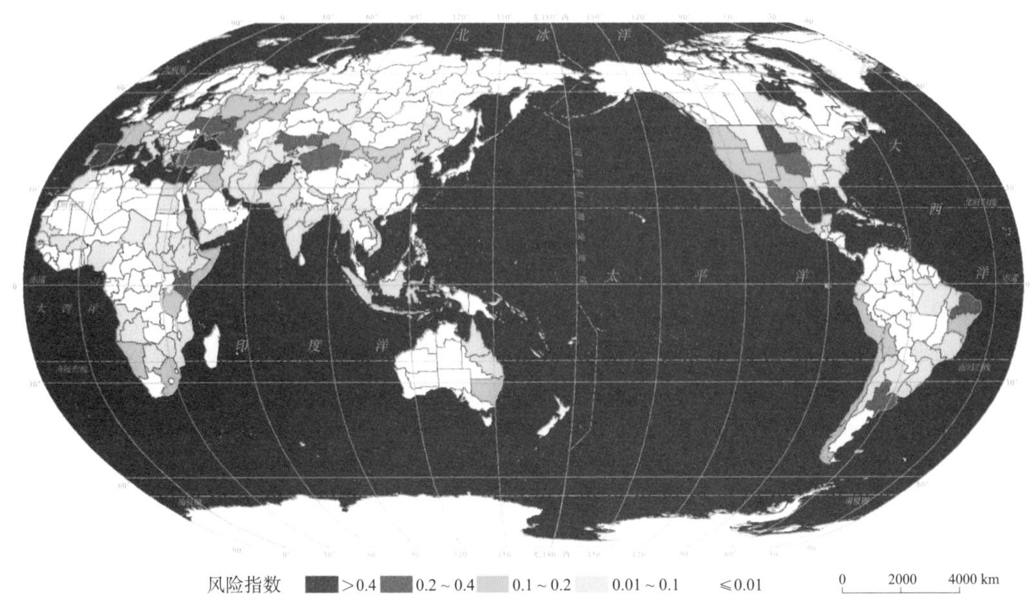

图 8-1 世界玉米旱灾可比地理单元期望风险

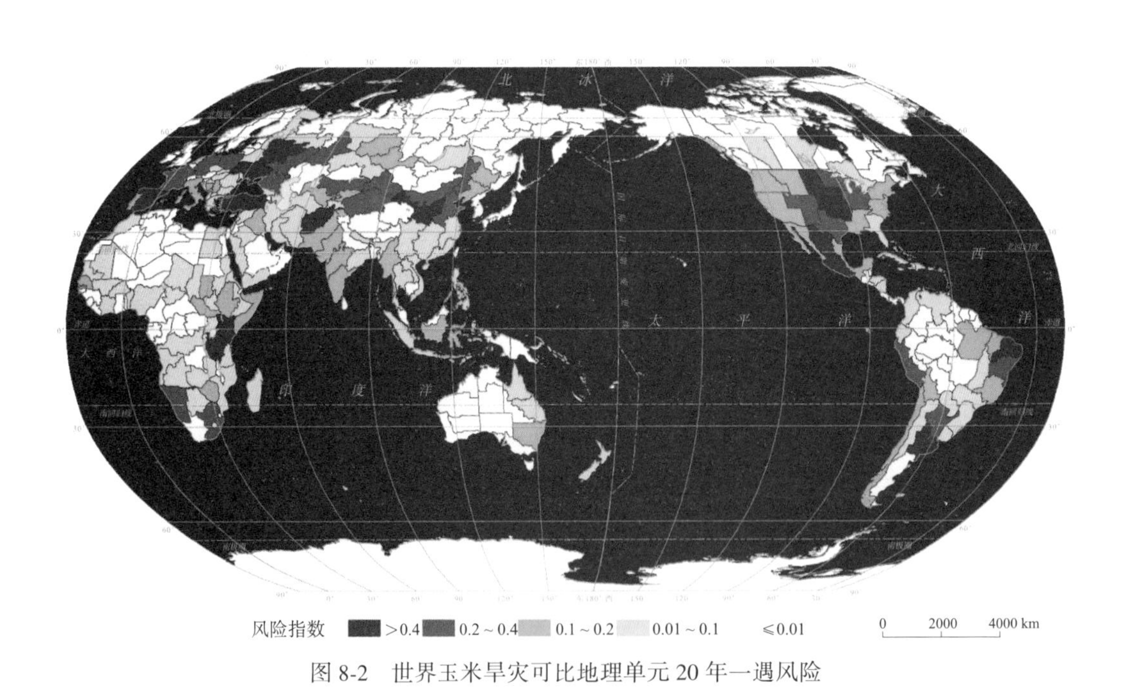

图 8-2 世界玉米旱灾可比地理单元 20 年一遇风险

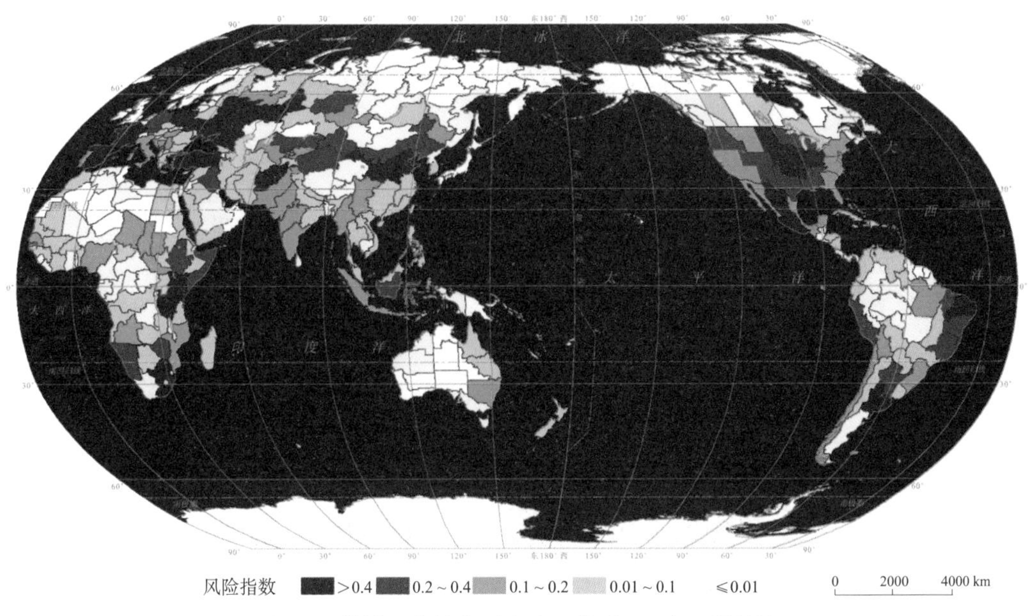

图 8-3　世界玉米旱灾可比地理单元 100 年一遇风险

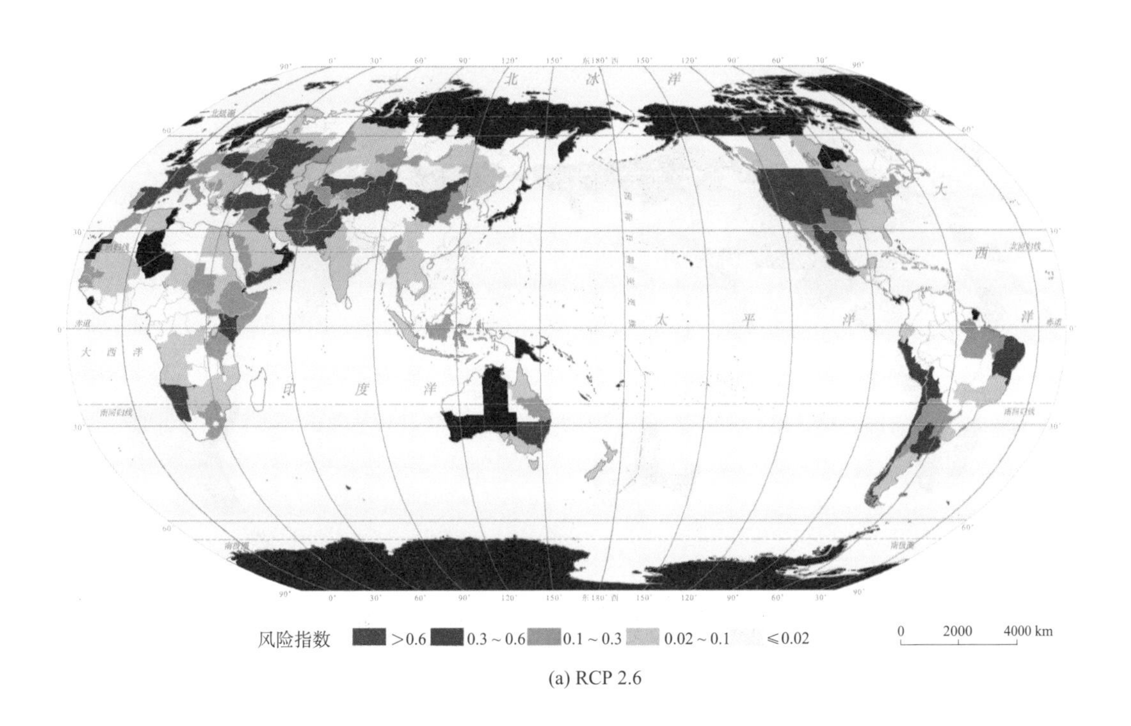

(a) RCP 2.6

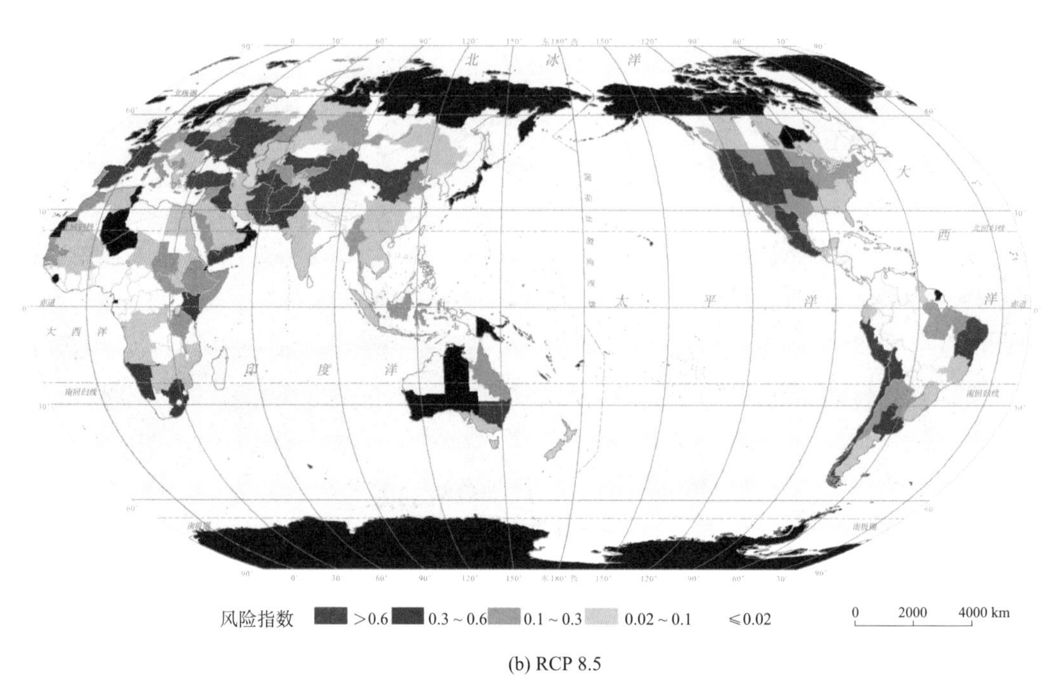

(b) RCP 8.5

图 8-4 近期(2005～2039 年)世界玉米旱灾可比地理单元风险指数

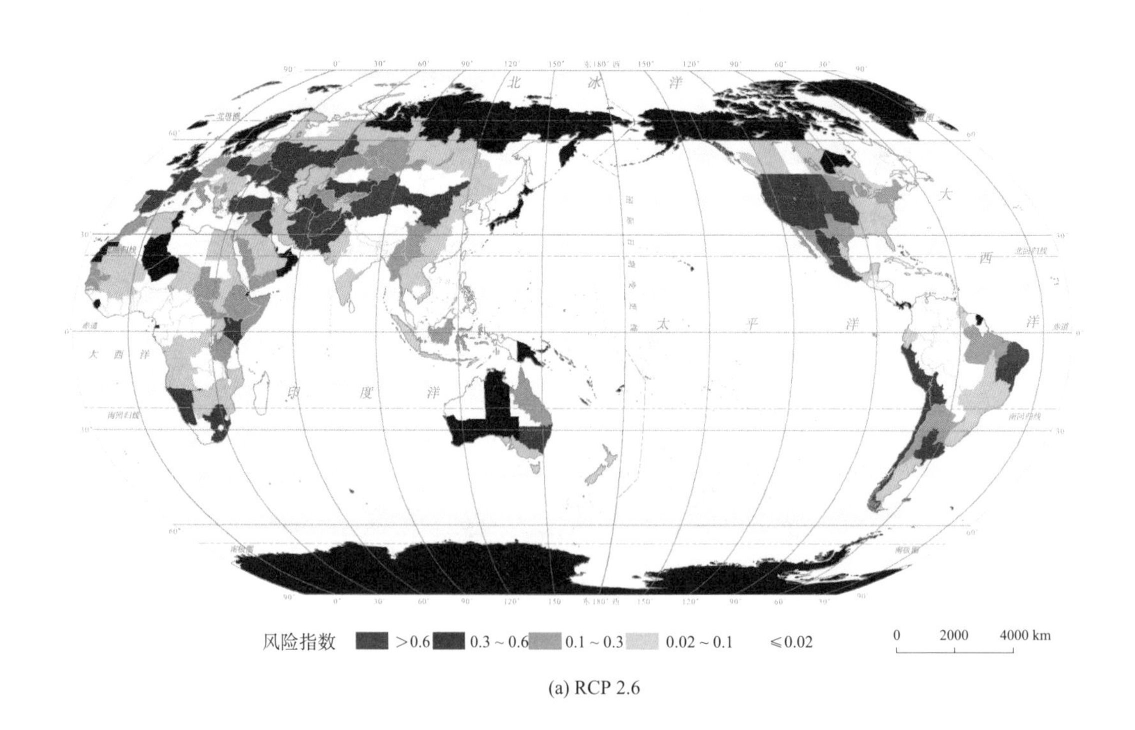

(a) RCP 2.6

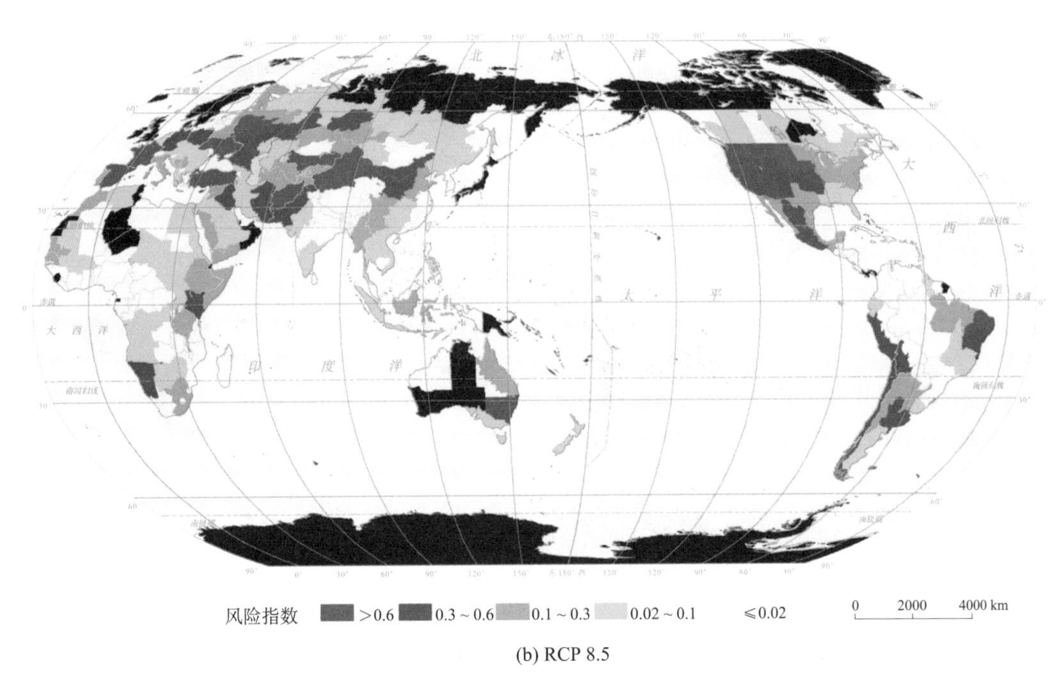

(b) RCP 8.5

图 8-5　中期(2040～2069 年)世界玉米旱灾可比地理单元风险指数

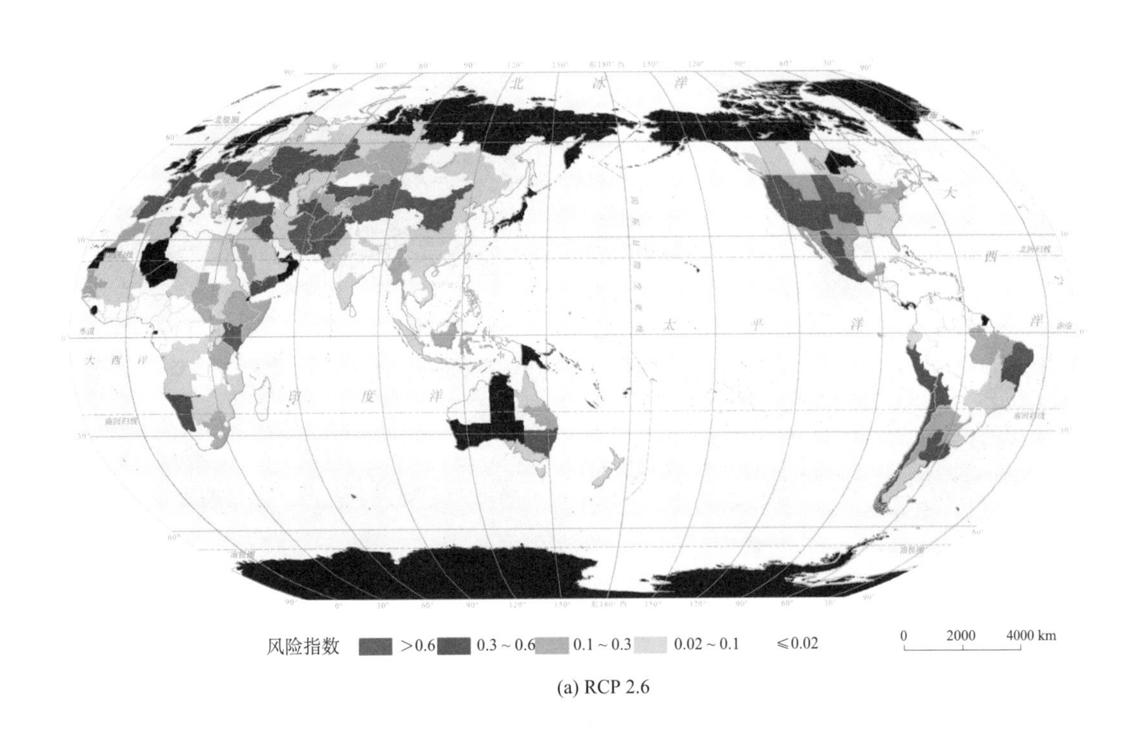

(a) RCP 2.6

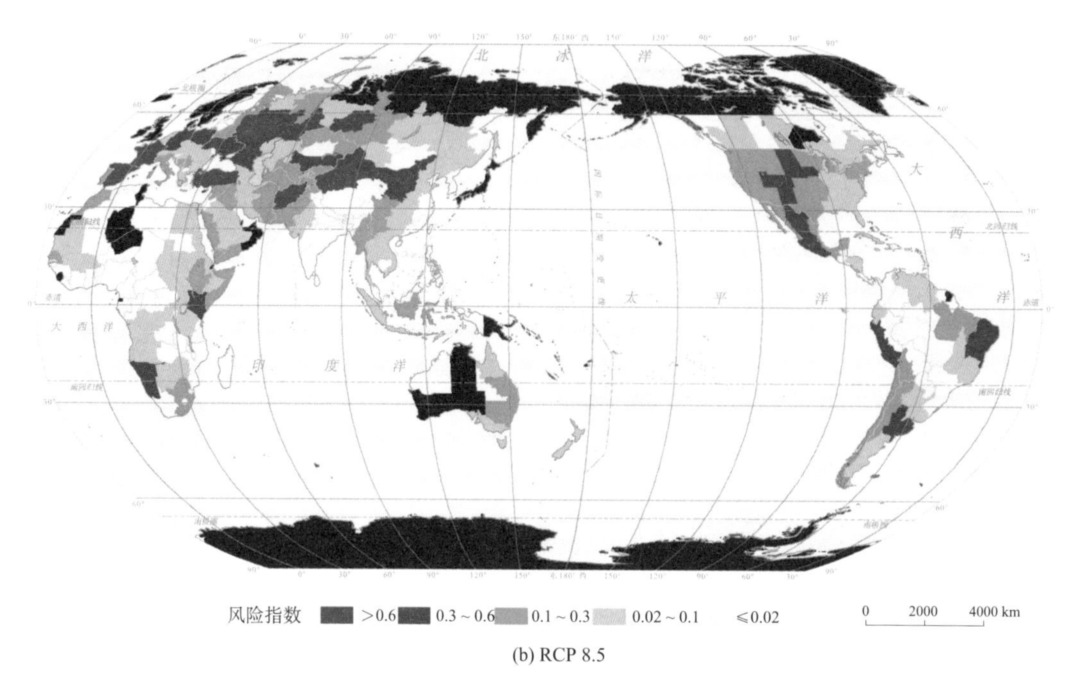

(b) RCP 8.5

图 8-6 远期(2070～2099 年)世界玉米旱灾可比地理单元风险指数

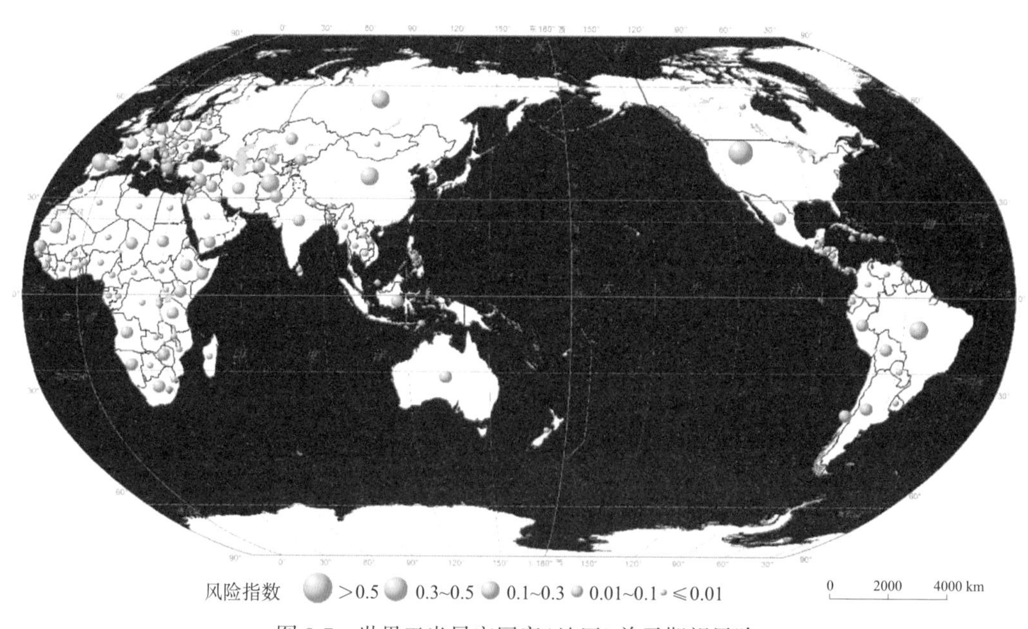

图 8-7 世界玉米旱灾国家(地区)单元期望风险

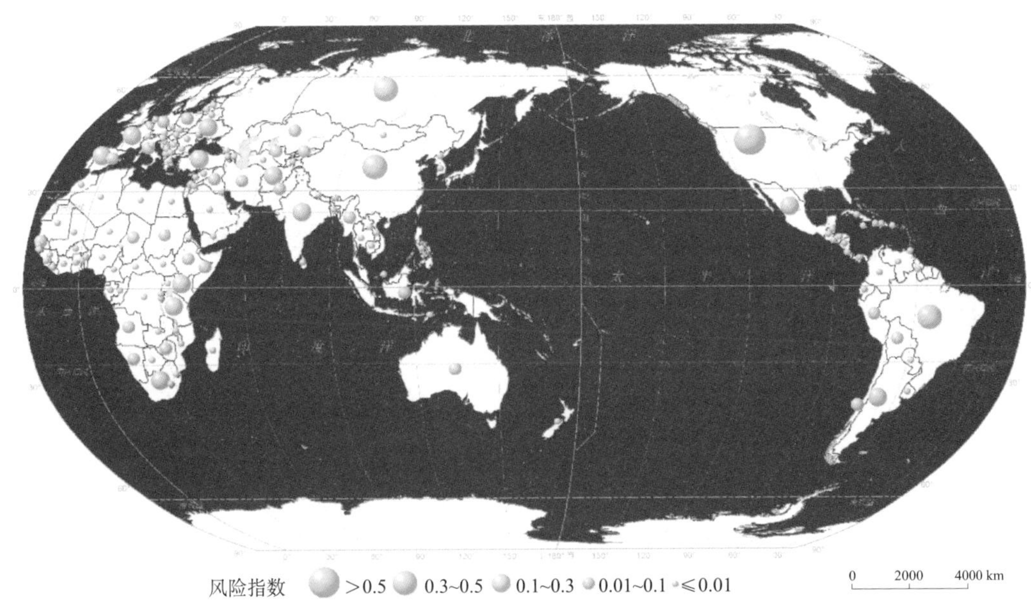

图 8-8 世界玉米旱灾国家(地区)单元 20 年一遇风险

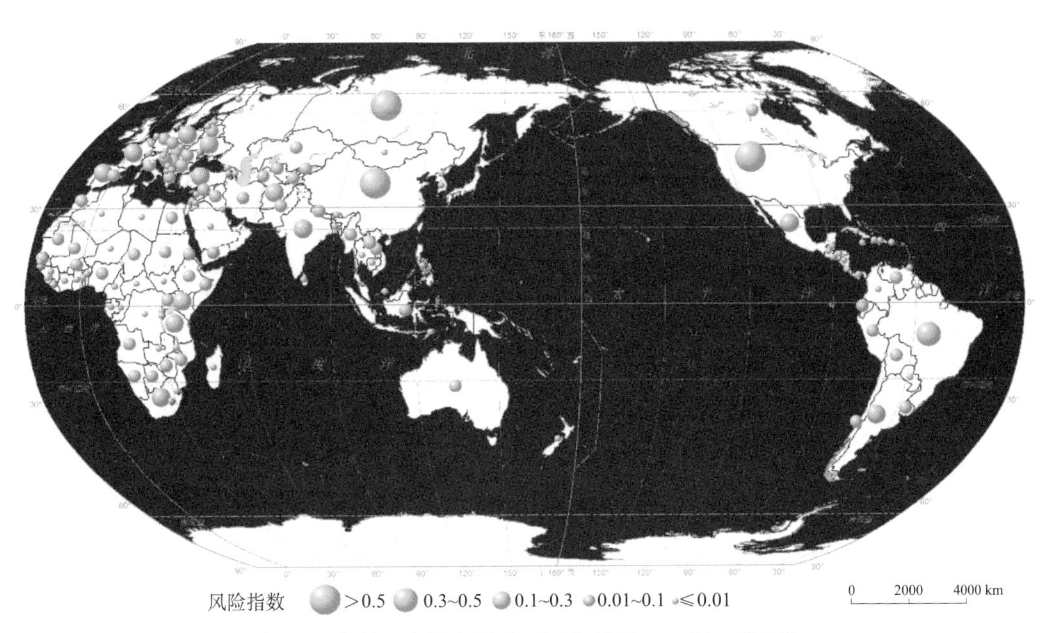

图 8-9 世界玉米旱灾国家(地区)单元 100 年一遇风险

世界玉米旱灾期望风险中，大多国家(地区)处于微度风险至中度风险之间，仅美国达到重度风险。至 100 年一遇，美国为极重度风险；中国和俄罗斯也由中度风险上升至极重度风险；巴西达到重度风险水平；风险较高的国家和地区主要集中在欧洲东部和西南部、亚洲中部以及非洲东部；非洲中部和东南亚各国的玉米旱灾风险则相对较低。

根据气候情景数据计算 RCP8.5 情景下 21 世纪近期(2005～2039 年)、中期(2040～2069 年)和远期(2070～2099 年)世界玉米旱灾国家(地区)单元风险指数(图 8-10～图 8-12)。

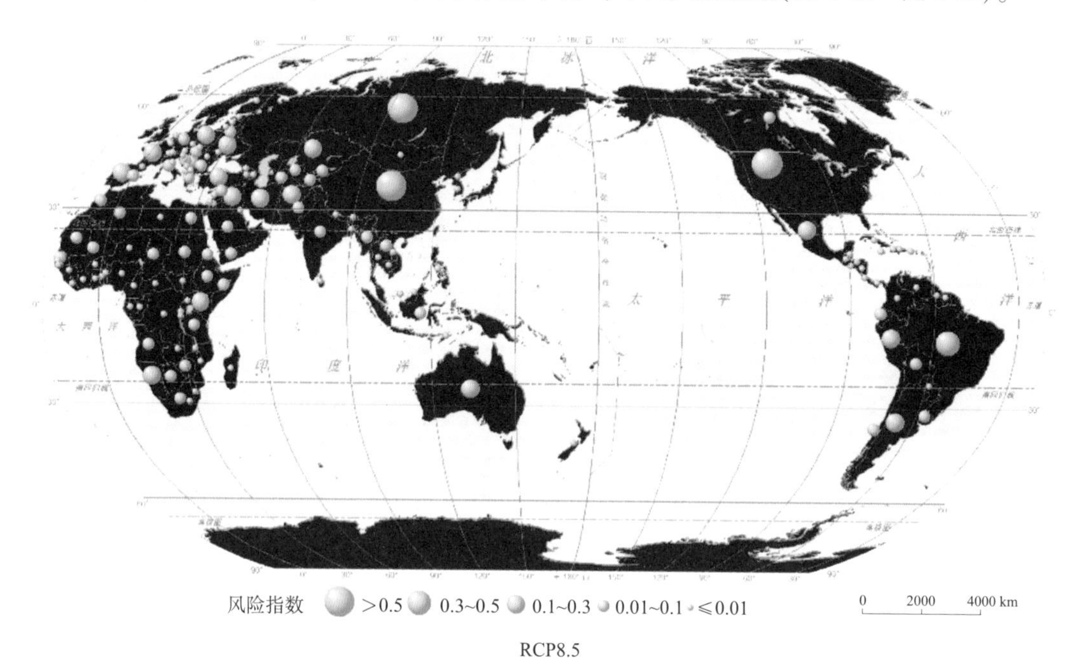

RCP8.5

图 8-10　近期(2005～2039 年)世界玉米旱灾国家(地区)单元风险指数

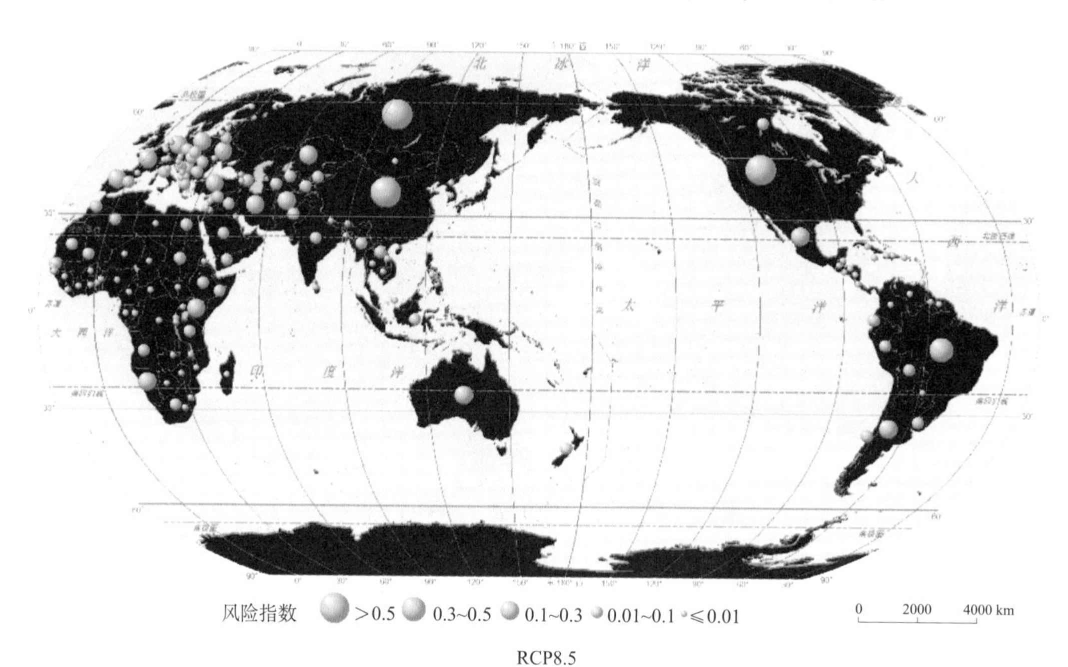

RCP8.5

图 8-11　中期(2040～2069 年)世界玉米旱灾国家(地区)单元风险指数

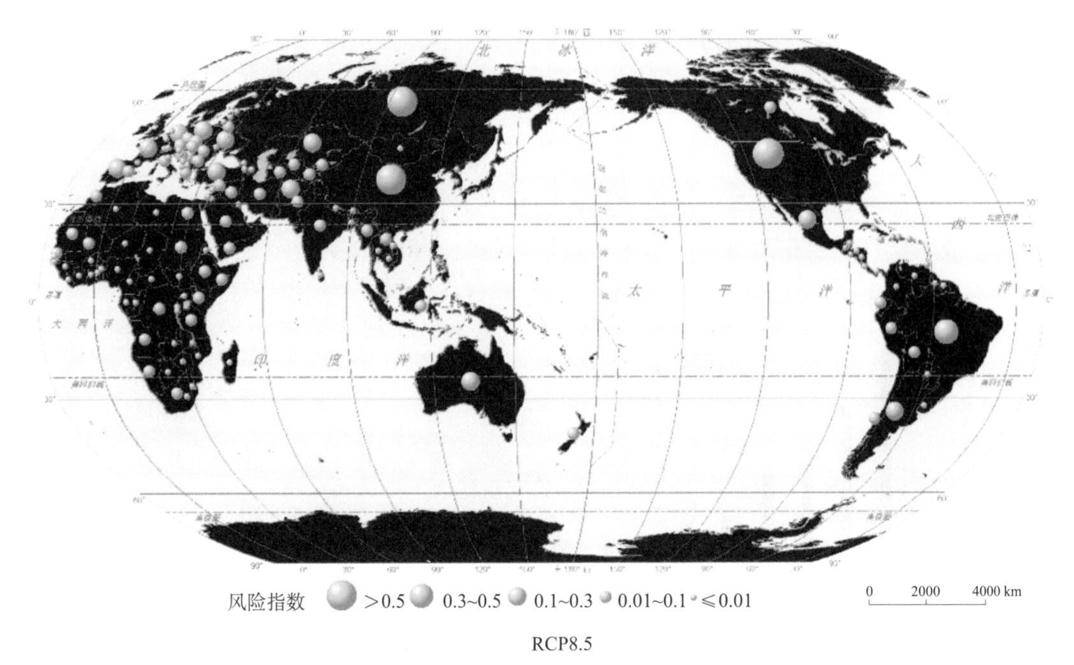

RCP8.5

图 8-12　远期(2070～2099 年)世界玉米旱灾国家(地区)单元风险指数

8.1.3　中国玉米旱灾风险在世界中的位置

为明确中国玉米旱灾风险在世界中的位置，本节采用归一化值对玉米旱灾可比地理单元和国家(地区)单元风险进行排序。该归一化值是各区域的期望旱灾风险总值与风险最大值(包括期望风险、10 年一遇至 100 年一遇风险)的比值。

图 8-13 给出了世界玉米旱灾可比地理单元风险排序。中国的西北高山和盆地南段(1560877)、西北高山和盆地北段(156086)，以及中西部山地和高原(156090)处于较高风险

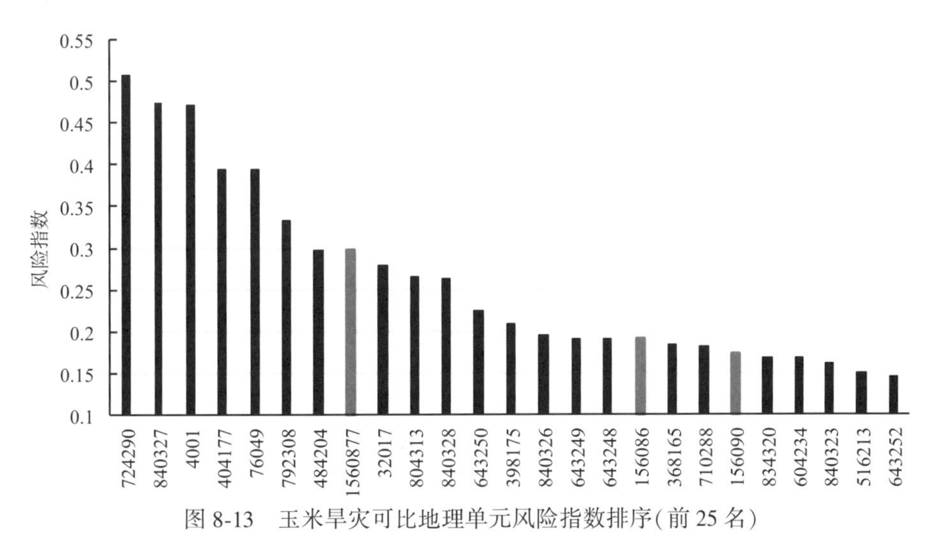

图 8-13　玉米旱灾可比地理单元风险指数排序(前 25 名)

水平，分别位于第 8、17 和 20 位。因此，中国玉米旱灾高风险主要集中于西北内陆和中西部地区。可比地理单元风险排名最高的是西班牙，其次是美国中部丘陵山地北段和阿富汗。

图 8-14 给出了世界玉米旱灾国家(地区)单元风险排序。中国处于世界第 2 位。因此，对于玉米种植而言，中国为旱灾风险较高的区域，对于旱抵抗能力较弱；美国玉米旱灾风险最高，俄罗斯、巴西和西班牙的玉米旱灾风险也处于世界前列。

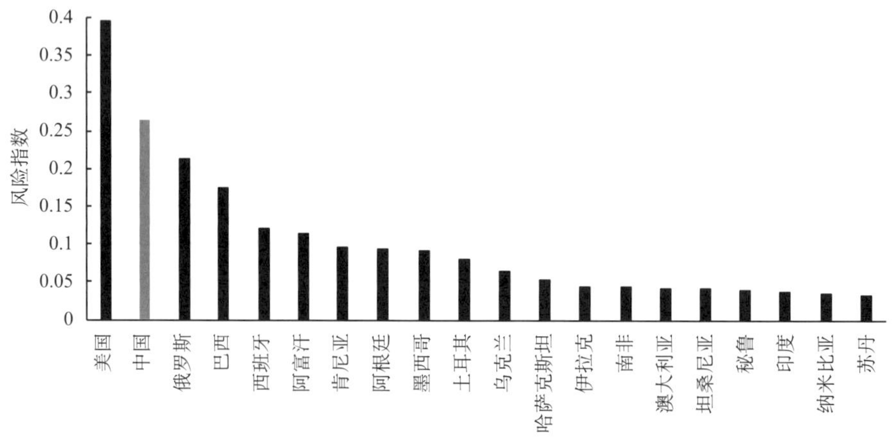

图 8-14 世界玉米旱灾国家(地区)单元风险指数排序(前 20 名)

将世界玉米旱灾国家(地区)单元风险排序划分为 5 个区间(图 8-15)，分别为：0～10%、10%～35%、35%～65%、65%～90%和 90%～100%(Shi et al.，2015)。

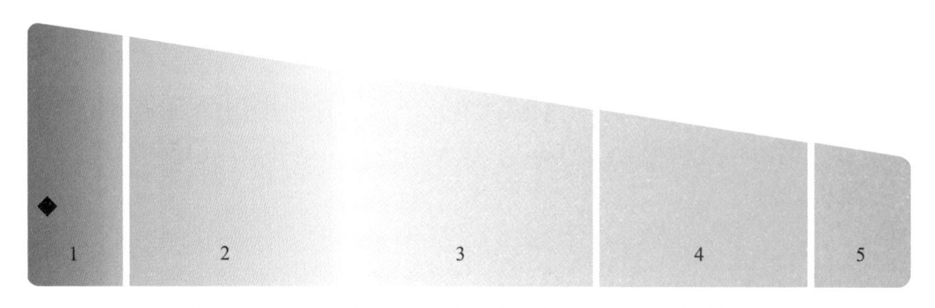

图 8-15 玉米旱灾国家(地区)单元风险指数排序带状图

点代表中国

玉米旱灾风险排名前 10%的国家(地区)包括：

美国、中国、俄罗斯、巴西、西班牙、阿富汗、肯尼亚、阿根廷、墨西哥、土耳其、乌克兰、哈萨克斯坦、伊拉克、南非和澳大利亚。

玉米旱灾风险排名前 10%～35%的国家(地区)包括：

坦桑尼亚、秘鲁、印度、纳米比亚、苏丹、埃塞俄比亚、智利、玻利维亚、伊朗、印度尼西亚、法国、葡萄牙、索马里、意大利、土库曼斯坦、波兰、乌兹别克斯坦、巴基斯坦、安哥拉、叙利亚、塞内加尔、德国、毛利塔尼亚、吉尔吉斯斯坦、也门、津巴布韦、希腊、乍得、埃及、厄瓜多尔、塔吉克斯坦、缅甸、加拿大、博茨瓦纳、尼日利亚、摩洛哥和厄立特里亚。

玉米旱灾风险排名前35%～65%的国家(地区)包括：

马里、沙特阿拉伯、布吉纳法索、莫桑比克、塞尔维亚、乌拉圭、越南、匈牙利、阿塞拜疆、波斯尼亚和黑塞哥维那、白俄罗斯、老挝、保加利亚、尼泊尔、阿尔巴尼亚、以色列、克罗地亚、委内瑞拉、乌干达、莱索托、泰国、南苏丹、黎巴嫩、罗马尼亚、刚果民主共和国、加沙地带、贝宁、马其顿、捷克共和国、多米尼加共和国、巴拉圭、黑山共和国、荷兰、斯洛伐克、冈比亚、赞比亚、格鲁吉亚、洪都拉斯、喀麦隆、尼加拉瓜、新西兰、古巴、马达加斯加和摩尔多瓦。

玉米旱灾风险排名前65%～90%的国家(地区)包括：

科特迪瓦共和国、中非共和国、约旦、阿尔及利亚、哥伦比亚、菲律宾、马拉维、斯威士兰、利比亚、亚美尼亚、韩国、几内亚比绍、马来西亚、斯里兰卡、奥地利、海地、比利时、圭亚那、几内亚、朝鲜、多哥、危地马拉、萨尔瓦多、尼日尔、瑞士、斯洛文尼亚、卢森堡、加纳、蒙古、伯利兹、科威特、牙买加、东帝汶、哥斯达黎加、波多黎各、刚果(金)。

玉米旱灾风险排名前90%～100%的国家(地区)包括：

布隆迪、孟加拉国、加蓬、芬兰、柬埔寨、拉脱维亚、立陶宛、特立尼达和多巴哥、圣马力诺、不丹、利比里亚、巴拿马和塞拉利昂。

8.2　世界小麦旱灾风险区域格局与排序

8.2.1　世界小麦旱灾风险可比地理单元格局

利用可比地理单元统计世界春小麦和冬小麦旱灾网格单元风险，得到小麦旱灾可比地理单元风险格局图。图8-16给出了小麦旱灾可比地理单元期望风险，图8-17～图8-18给出了不同年遇型下的小麦旱灾可比地理单元风险。小麦旱灾风险指数统一划分为5个等级：第1级(0～0.01)为微度；第2级(0.01～0.1)为轻度；第3级(0.1～0.3)为中度；第4级(0.3～0.5)为重度；第5级(0.5以上)为极重度。

世界小麦旱灾期望风险中，极重度风险区集中在中国的内蒙古、新疆南部和哈萨克斯坦等地区。随着年遇型增加，中国的中部和东北部、俄罗斯南部以及阿根廷东部等地区由重度风险逐渐转变为极重度风险。至100年一遇，极重度风险集中在中国的中部、东北部和西北部、俄罗斯南部、哈萨克斯坦、阿根廷东部以及加拿大北部等地区。期望风险中，微度风险集中于俄罗斯东南部、中国的东南部和西南部、非洲中部和西部、北美洲东部、巴西南部、澳大利亚东北部等地区。至100年一遇，仅澳大利亚东北部、俄罗斯东南部和非洲中部的部分地区属于微度风险区。

根据气候情景数据计算不同情景下21世纪近期(2005～2039年)、中期(2040～2069年)和远期(2070～2099年)世界小麦旱灾可比地理单元风险指数(图8-19～图8-21)。

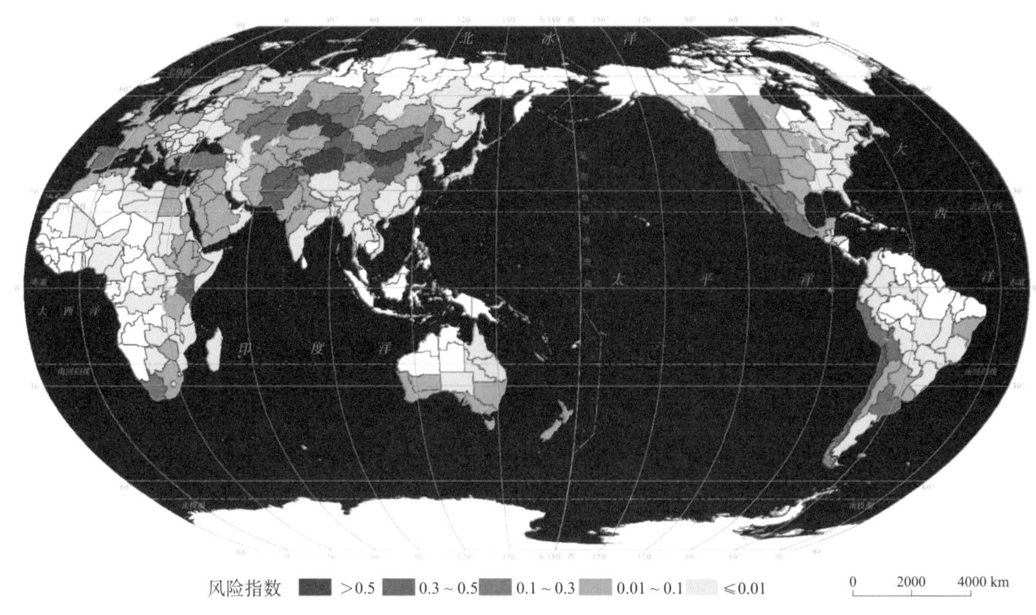

图 8-16　世界小麦旱灾可比地理单元期望风险

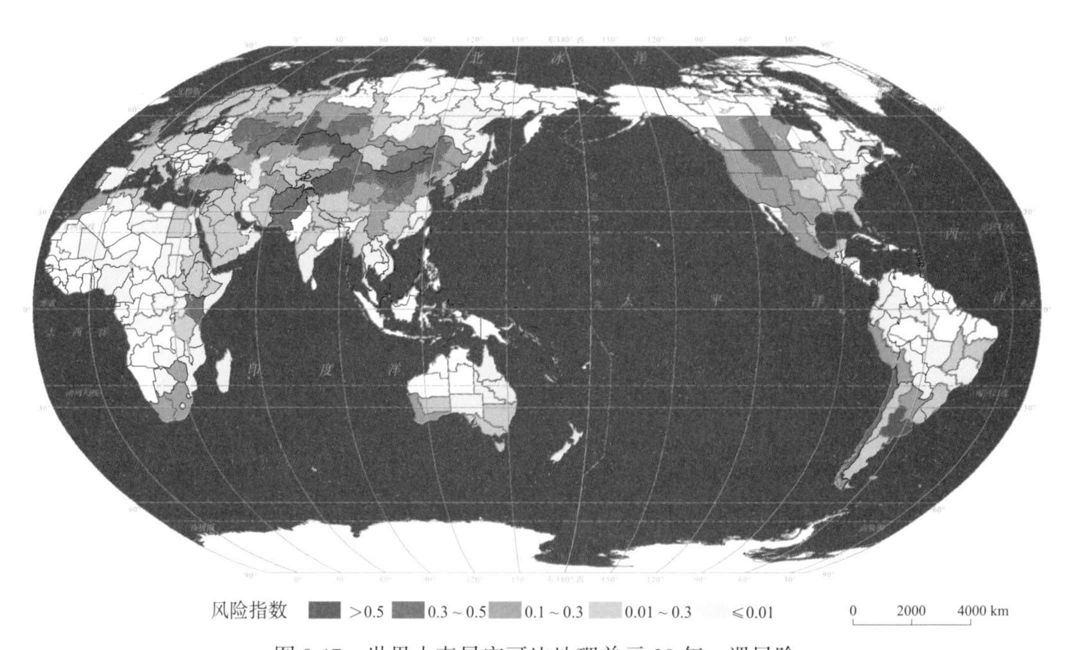

图 8-17　世界小麦旱灾可比地理单元 20 年一遇风险

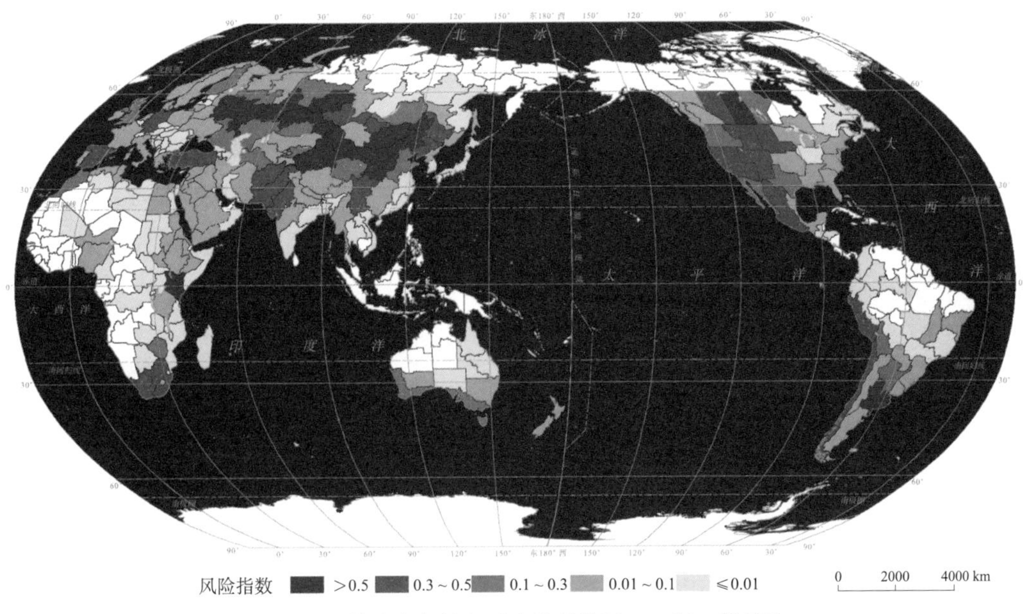

图 8-18　世界小麦旱灾可比地理单元 100 年一遇风险

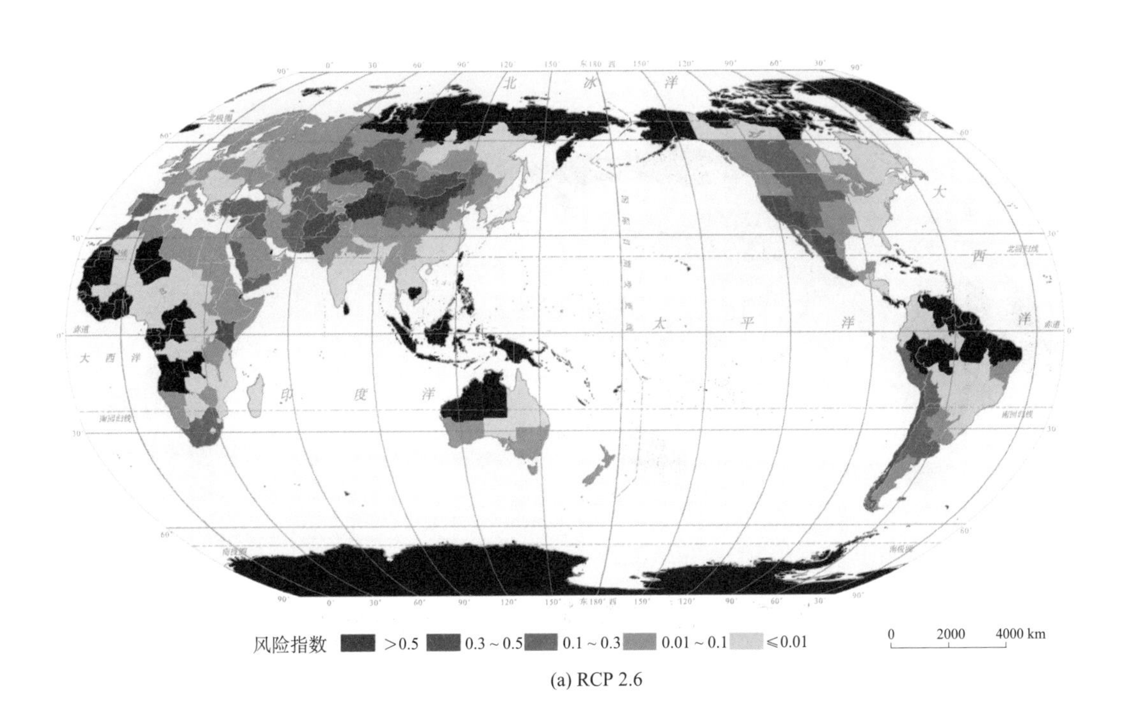

(a) RCP 2.6

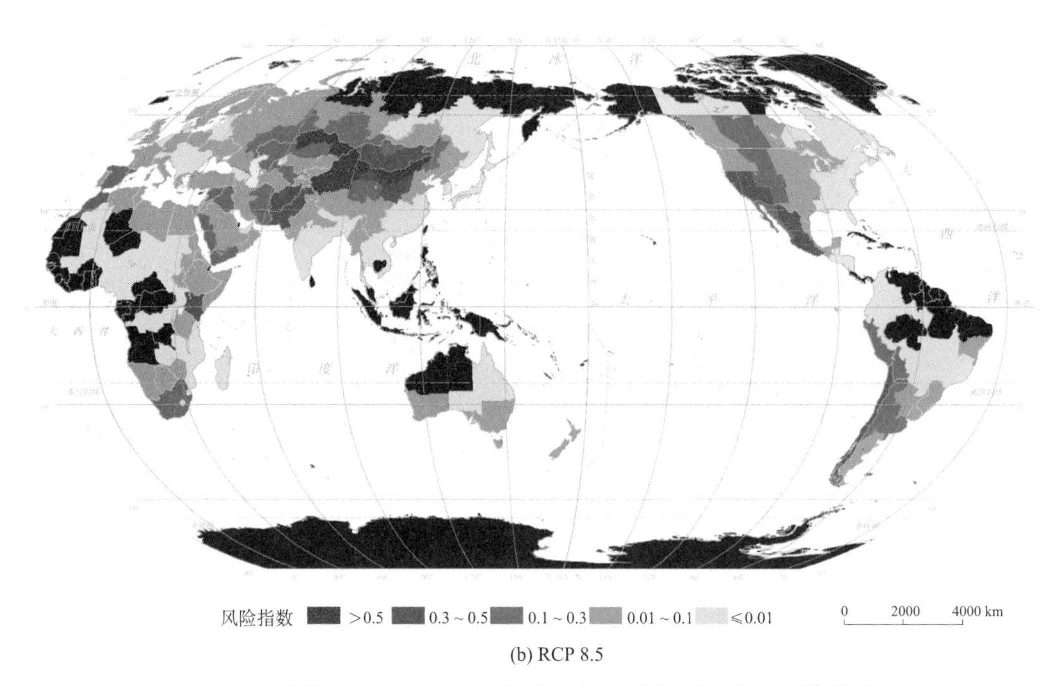

(b) RCP 8.5

图 8-19 近期(2005～2039 年)世界小麦旱灾可比地理单元风险指数

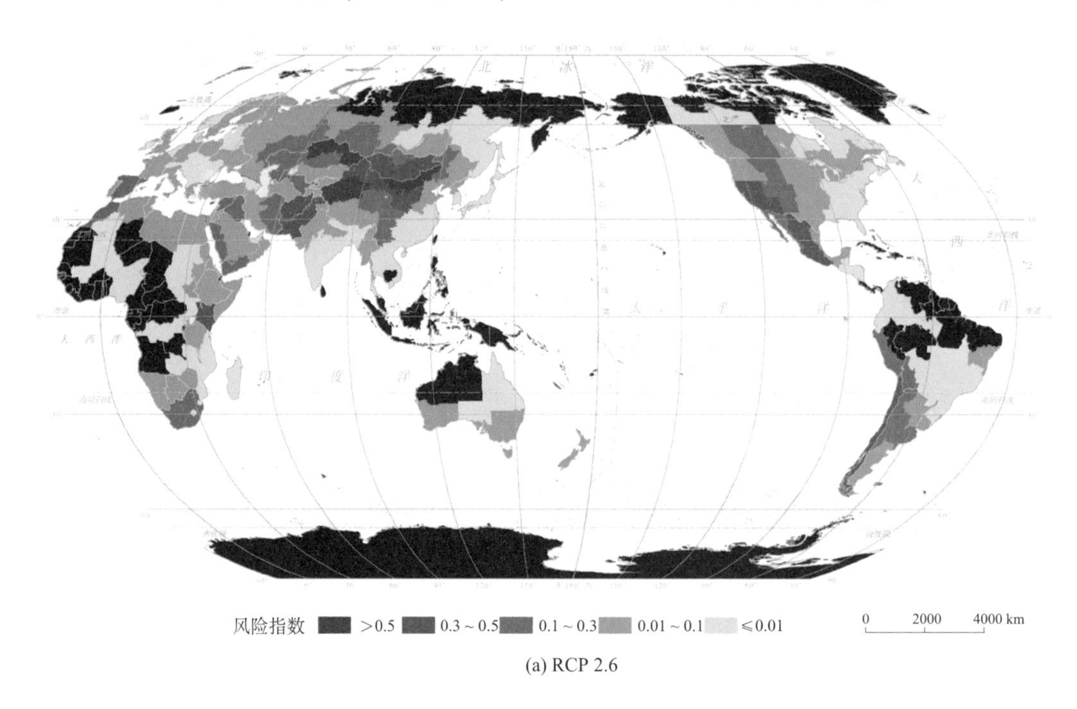

(a) RCP 2.6

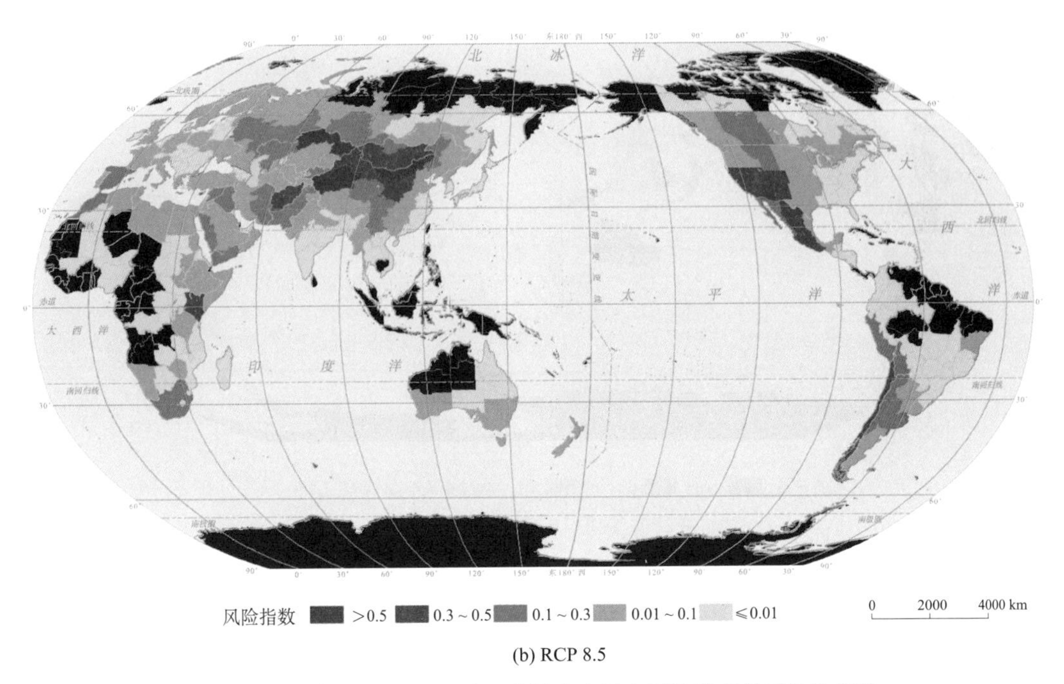

(b) RCP 8.5

图 8-20　中期(2040～2069 年)世界小麦旱灾可比地理单元风险指数

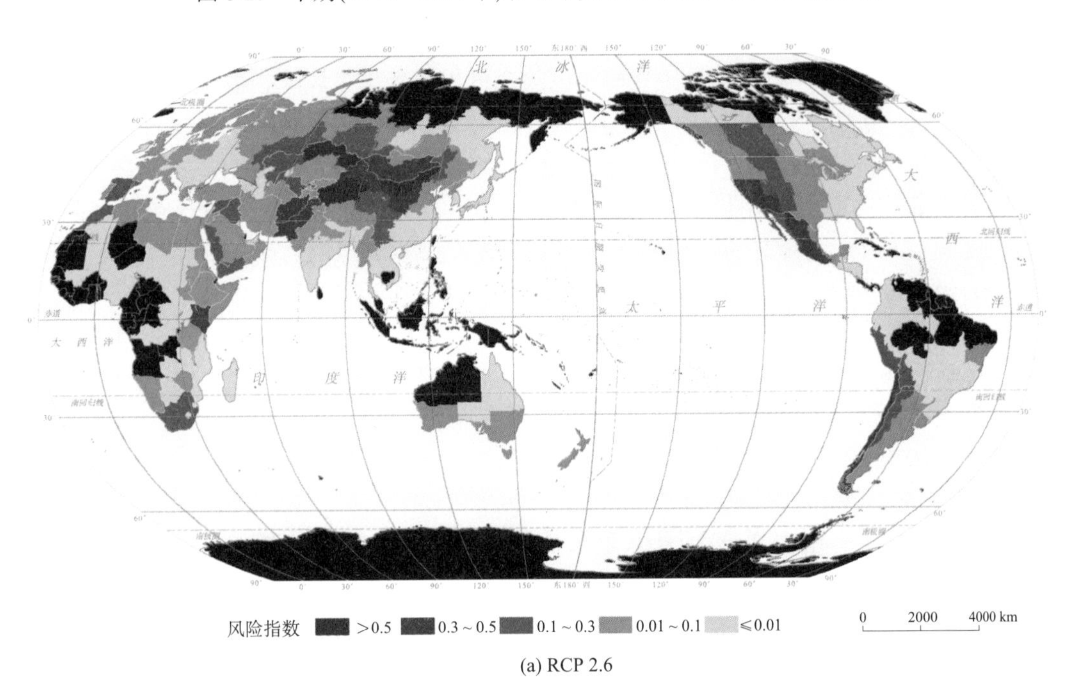

(a) RCP 2.6

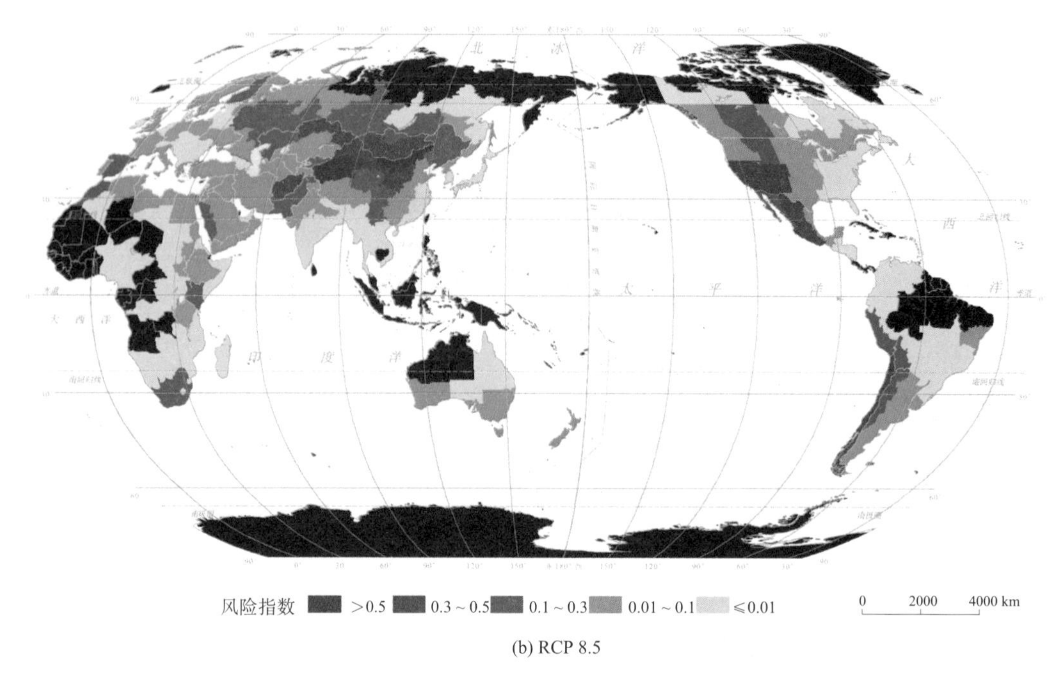

(b) RCP 8.5

图 8-21 远期(2070～2099 年)世界小麦旱灾可比地理单元风险指数

8.2.2 世界小麦旱灾风险国家(地区)单元格局

图 8-22 给出了世界小麦旱灾国家(地区)单元期望风险，图 8-23～图 8-24 给出了不同年遇型下的世界小麦旱灾国家(地区)单元风险。世界小麦旱灾风险指数统一划分为 5 个等级：第 1 级(0～0.01)为微度；第 2 级(0.01～0.1)为轻度；第 3 级(0.1～0.3)为中度；第 4 级(0.3～0.5)为重度；第 5 级(0.5 以上)为极重度。

世界小麦旱灾期望风险中，仅中国为极重度风险，其他大多数国家处于微度风险至中度风险之间，其中，非洲中部、欧洲东部和北部大多为微度风险。至 100 年一遇，中国和俄罗斯为极重度风险，美国和哈萨克斯坦由中度风险上升至重度风险。其他风险较高的国家和地区主要集中在亚洲中部、非洲东部和南部、北美洲等地；欧洲东部、非洲西部、亚洲东南部、南美洲北部的国家和地区小麦旱灾风险则相对较低。

根据气候情景数据计算 RCP8.5 情景下 21 世纪近期(2005～2039 年)、中期(2040～2069 年)和远期(2070～2099 年)世界小麦旱灾国家(地区)单元风险指数(图 8-25～图 8-27)。

8.2.3 中国小麦旱灾风险在世界中的位置

根据小麦旱灾风险区空间格局图，统计各区域内旱灾风险总值，并用各区域的期望旱灾风险总值除以风险最大值(包括期望风险、10 年一遇至 100 年一遇风险)实现归一化，通过归一化值对小麦旱灾可比地理单元和国家(地区)单元风险进行排序(图 8-28～图 8-30)，明确中国小麦旱灾风险在世界中的位置。

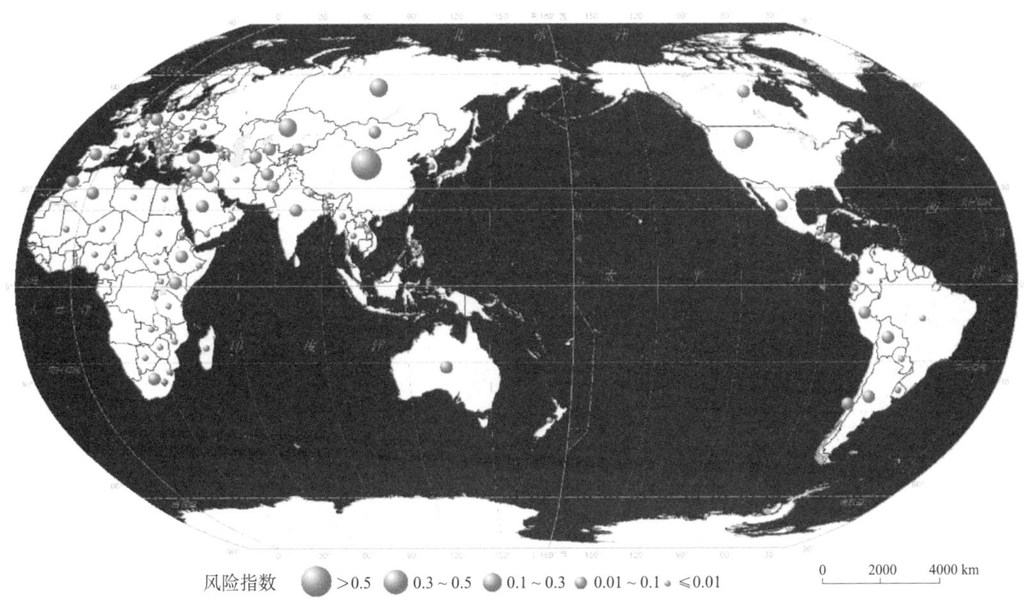

图 8-22　世界小麦旱灾国家(地区)单元期望风险

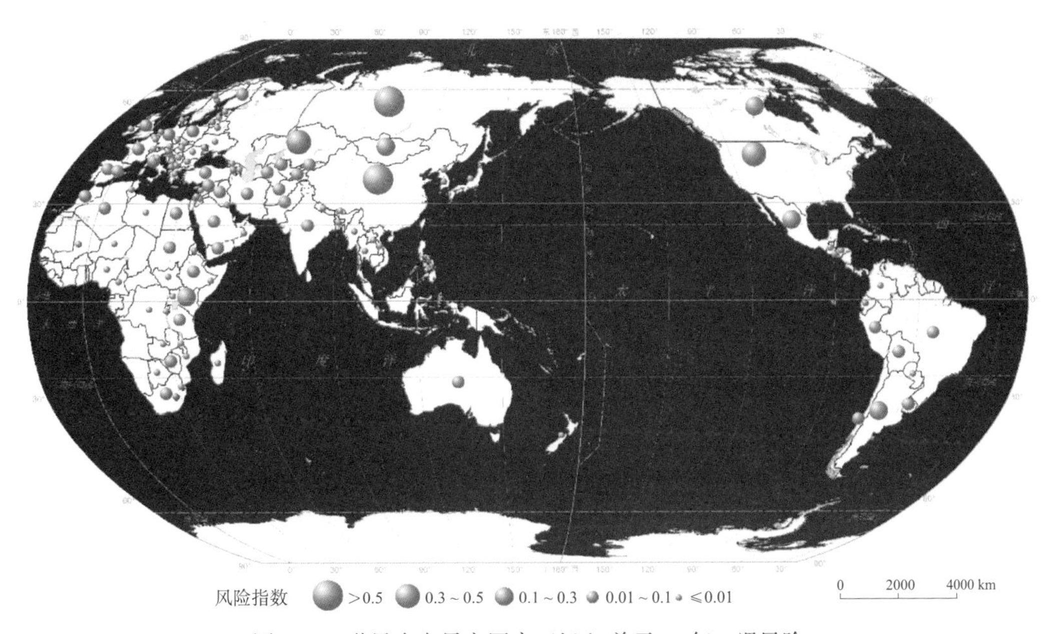

图 8-23　世界小麦旱灾国家(地区)单元 20 年一遇风险

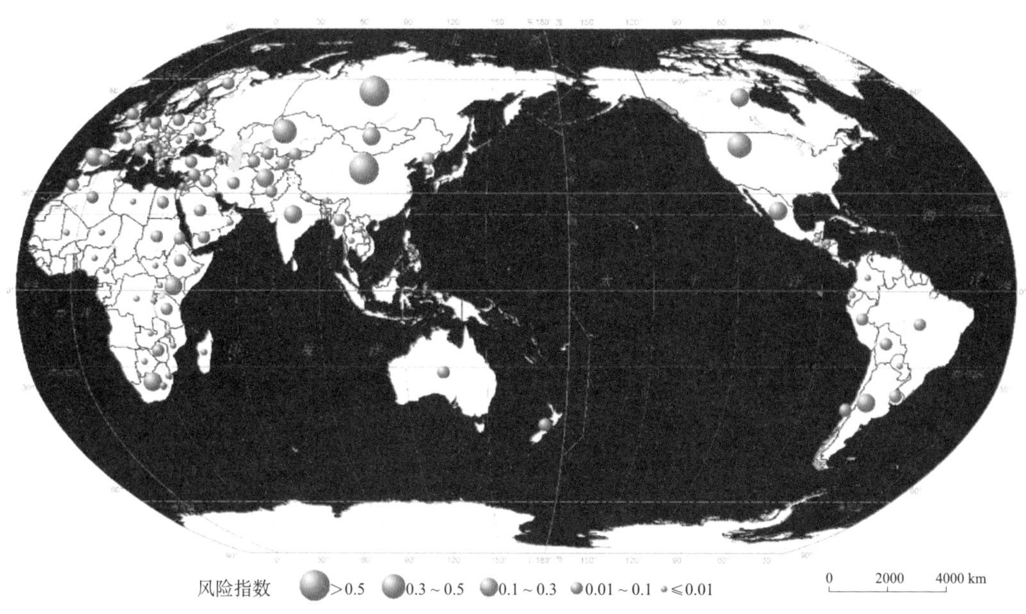

图 8-24 世界小麦旱灾国家(地区)单元 100 年一遇风险

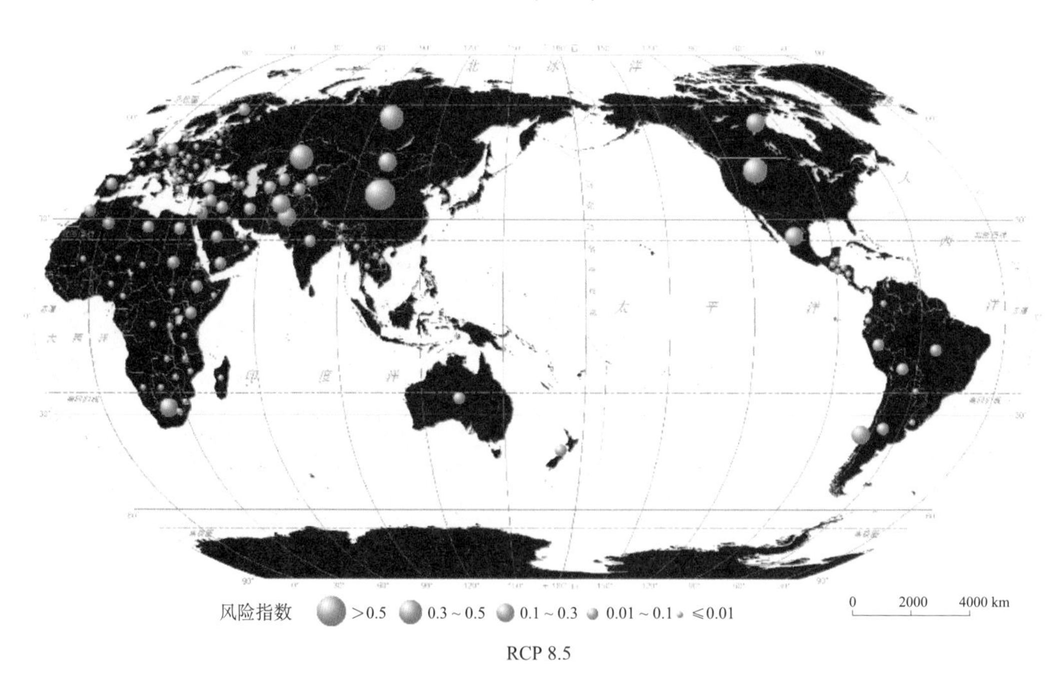

图 8-25 近期(2005～2039 年)世界小麦旱灾国家(地区)单元风险指数

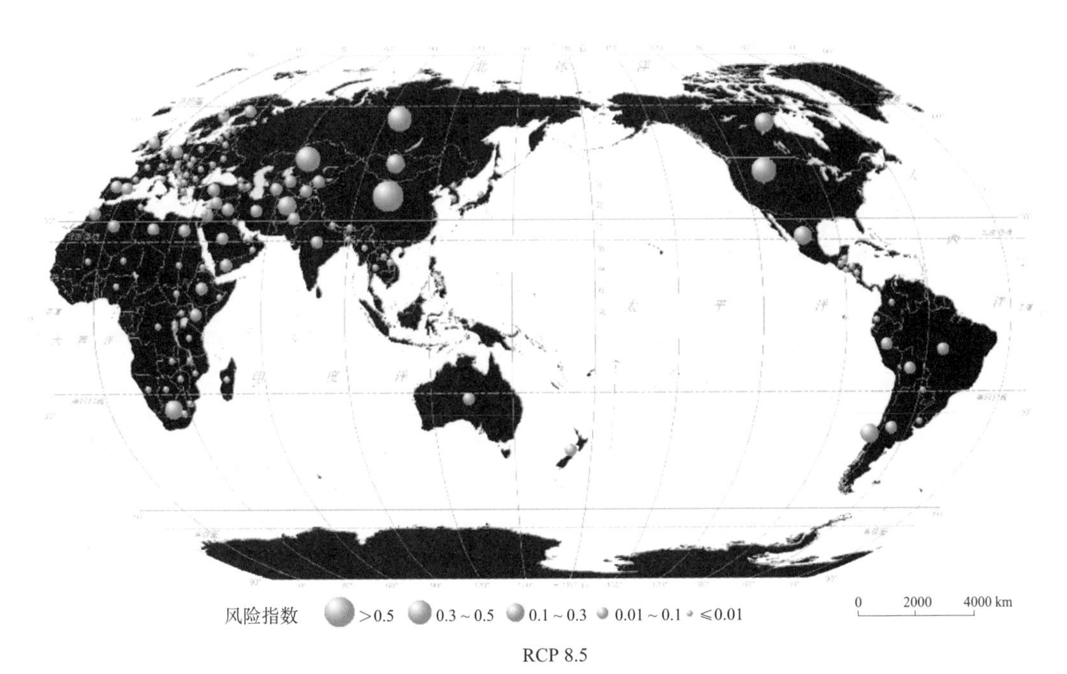

图 8-26　中期(2040～2069 年)世界小麦旱灾国家(地区)单元风险指数

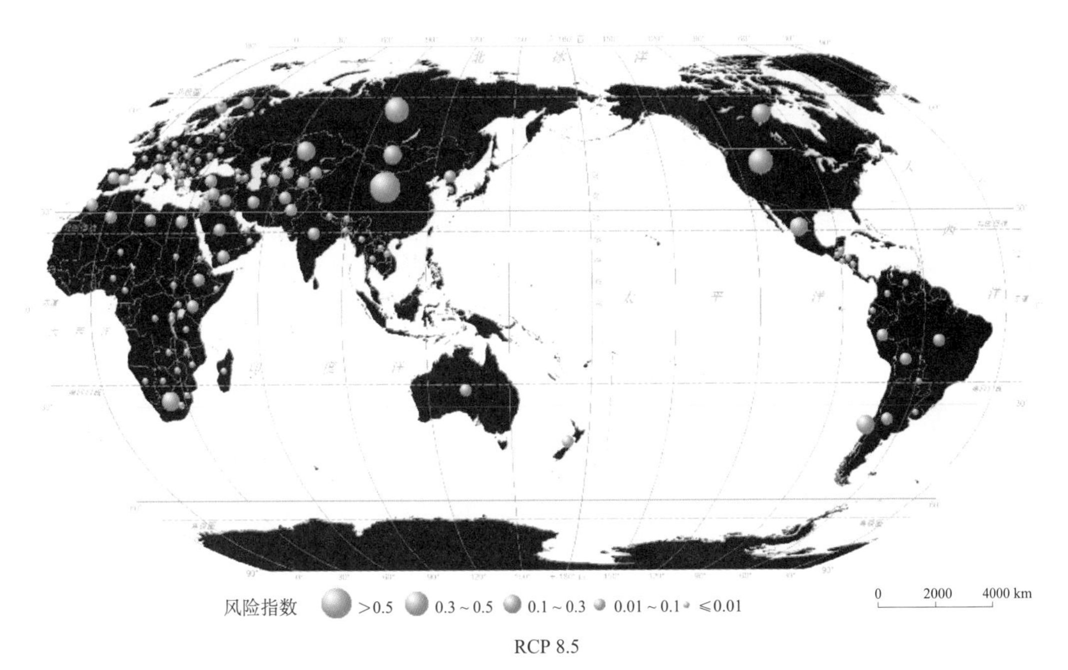

图 8-27　远期(2070～2099 年)世界小麦旱灾国家(地区)单元风险指数

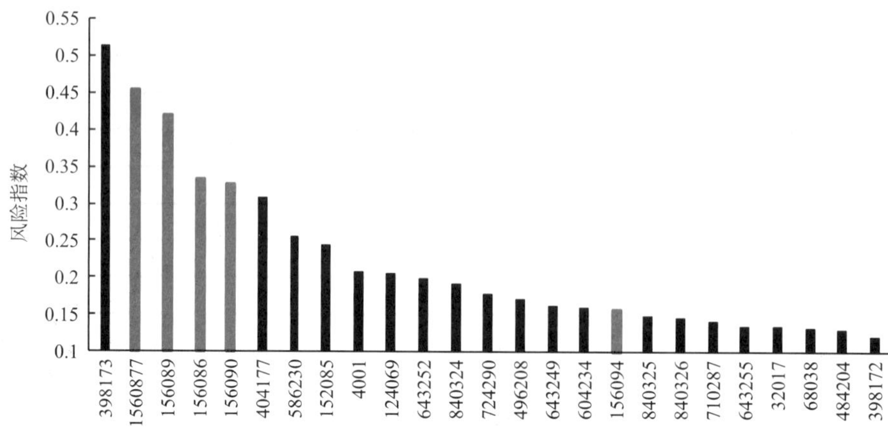

图 8-28 世界小麦旱灾可比地理单元风险指数排序(前 25 名)

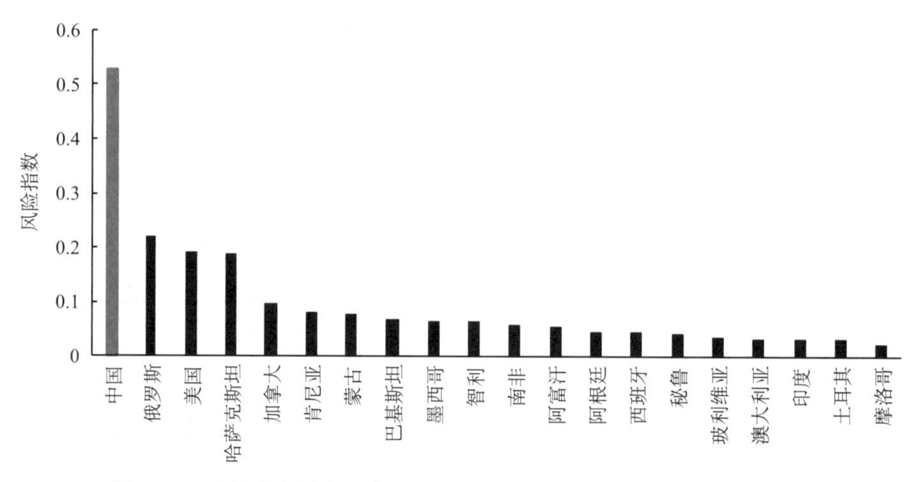

图 8-29 世界小麦旱灾国家(地区)单元风险指数指数排序(前 20 名)

图 8-30 小麦旱灾国家(地区)单元风险指数排序带状图

点代表中国

图 8-28 给出了世界小麦旱灾可比地理单元风险排序。中国小麦种植区旱灾各风险整体处于较高状态，中国的西北高山和盆地南段（1560877）、北部高原（156089）、西北高山和盆地北段（156086）、中西部山地和高原（156090）、东北山地西段（156094）分别位于世界第 2、3、4、5、17 位；中国北部，包括东北和西北地区小麦旱灾风险较高。哈萨克斯坦东北部平原和山地小麦旱灾风险排在世界第 1 位。

图 8-29 给出了世界小麦旱灾国家（地区）单元风险排序。中国小麦旱灾风险明显高于其他各国，处于世界第 1 位；俄罗斯、美国、哈萨克斯坦和加拿大分列第 2～5 位。

将世界小麦旱灾风险国家（地区）单元排序划分为 5 个区间，分别为：0～10%、10%～35%、35%～65%、65%～90%、90%～100%（Shi et al.，2015）。

小麦旱灾风险排名前 10% 的国家（地区）包括：

中国、俄罗斯、美国、哈萨克斯坦、加拿大、肯尼亚、蒙古、巴基斯坦、墨西哥、智利、南非和阿富汗。

小麦旱灾风险排名前 10%～35% 的国家（地区）包括：

阿根廷、西班牙、秘鲁、玻利维亚、澳大利亚、印度、土耳其、摩洛哥、伊拉克、埃塞俄比亚、吉尔吉斯斯坦、土库曼斯坦、德国、阿尔及利亚、沙特阿拉伯、叙利亚、乌兹别克斯坦、意大利、埃及、伊朗、津巴布韦、英国、也门、葡萄牙、塔吉克斯坦、巴西、苏丹、希腊、波兰和芬兰。

小麦旱灾风险排名前 35%～65% 的国家（地区）包括：

乌拉圭、法国、坦桑尼亚、约旦、新西兰、乌克兰、黎巴嫩、缅甸、朝鲜、厄立特里亚、利比亚、以色列、荷兰、加沙地带、瑞典、突尼斯、丹麦、尼泊尔、莱索托、挪威、白俄罗斯、巴拉圭、爱尔兰、阿曼、尼日利亚、立陶宛、尼日尔、比利时、阿塞拜疆、乌干达、厄瓜多尔、拉脱维亚、爱沙尼亚、南苏丹和马拉维。

小麦旱灾风险排名前 65%～90% 的国家（地区）包括：

波斯尼亚和黑塞哥维那、亚美尼亚、捷克共和国、塞尔维亚、日本、格鲁吉亚、赞比亚、黑山共和国、罗马尼亚、马其顿、科威特、不丹、保加利亚、克罗地亚、博茨瓦纳、马里、危地马拉、洪都拉斯、匈牙利、卢森堡、韩国、斯洛文尼亚、马达加斯加、泰国、阿尔巴尼亚、越南、索马里、斯威士兰、斯洛伐克和奥地利。

小麦旱灾风险排名前 90%～100% 的国家（地区）包括：

老挝、孟加拉国、喀麦隆、瑞士、哥伦比亚、莫桑比克、摩尔多瓦、刚果民主共和国、卢旺达、布隆迪、萨尔瓦多和圣马力诺。

8.3　世界水稻旱灾风险区域格局与排序

8.3.1　世界水稻旱灾风险可比地理单元格局

图 8-31 给出了世界水稻旱灾可比地理单元期望风险，图 8-32～图 8-33 给出了不同年遇型下的水稻旱灾可比地理单元风险。世界水稻旱灾风险指数统一划分为 5 个等级：第 1 级（0～0.01）为微度；第 2 级（0.01～0.1）为轻度；第 3 级（0.1～0.2）为中度；第 4 级（0.2～0.4）为重度；第 5 级（0.4 以上）为极重度。

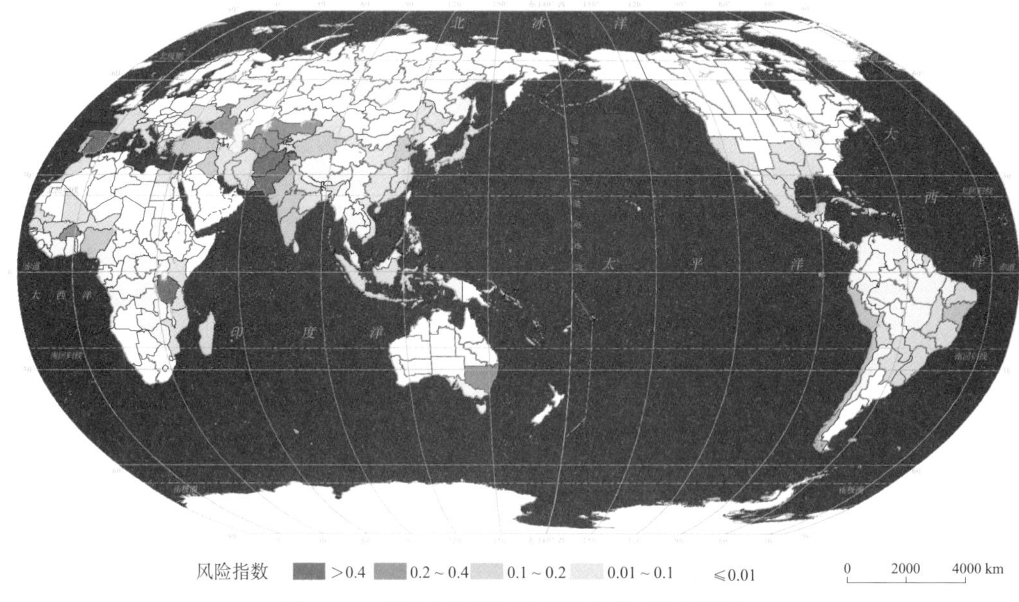

图 8-31 世界水稻旱灾可比地理单元期望风险

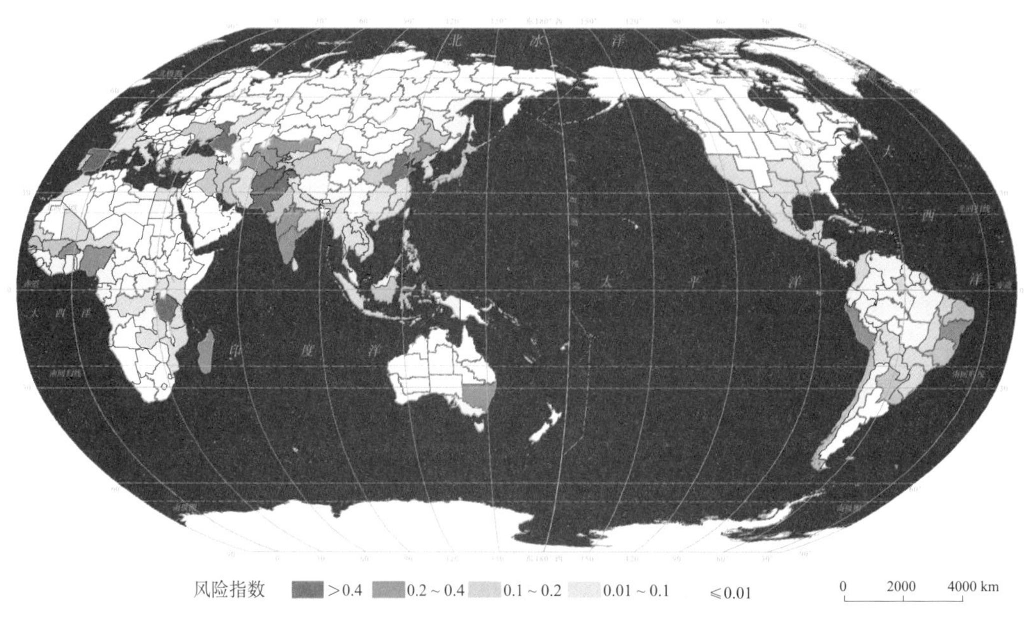

图 8-32 世界水稻旱灾可比地理单元 20 年一遇风险

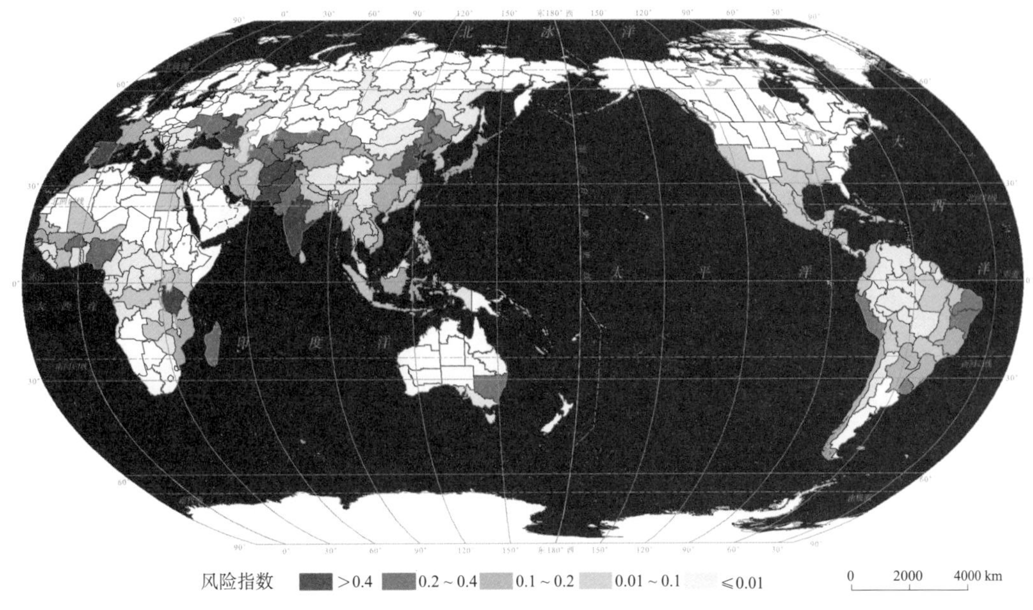

图 8-33　世界水稻旱灾可比地理单元 100 年一遇风险

世界水稻旱灾期望风险中，极重度风险区集中在阿富汗、巴基斯坦、坦桑尼亚和西班牙等地区；随着年遇型增加，印度南部和中国华北地区也逐渐转变为极重度风险区。至 100 年一遇，极重度风险区集中在印度南部、阿富汗、巴基斯坦、坦桑尼亚、西班牙、乌克兰东部等地区；重度风险区集中在中国东北部、印度西北部、哈萨克斯坦、乌克兰、尼日利亚、澳大利亚东部、巴西东部和秘鲁等地区。期望风险中，微度风险区集中于俄罗斯的中部和东南部、中国的北部和西南部、非洲中部以及南美洲北部等地。至 100 年一遇，微度风险区域明显减少，仅俄罗斯的中部和东南，中国西南部以及巴西西部处于微度风险。

根据气候情景数据计算不同情景下 21 世纪近期（2005～2039 年）、中期（2040～2069 年）和远期（2070～2099 年）世界水稻旱灾可比地理单元风险指数（图 8-34～图 8-36）。

8.3.2　世界水稻旱灾风险国家（地区）单元格局

图 8-37 给出了世界水稻旱灾国家（地区）单元期望风险，图 8-38～图 8-39 给出了不同年遇型下的世界水稻旱灾国家（地区）单元风险。根据世界水稻风险指数划分为 5 个等级：第 1 级（0～0.01）为微度；第 2 级（0.01～0.1）为轻度；第 3 级（0.1～0.3）为中度；第 4 级（0.3～0.5）为重度；第 5 级（0.5 以上）为极重度。

世界水稻旱灾期望风险中，世界大多数国家（地区）处于微度风险至中度风险之间，仅中国和哈萨克斯坦属于重度风险。其中，非洲中部和几内亚湾附近、亚洲东南部、南美洲北部以及欧洲东南部多为微度风险。至 100 年一遇，中国、俄罗斯、印度、哈萨克斯坦和巴西均成为极重度风险区；巴基斯坦、坦桑尼亚和西班牙由中度风险上升至重度风险。其他风险较高的国家和地区主要集中在亚洲中部、南美洲东部和南部、非洲西北部和东部等地区；亚洲东南部、南美洲北部、亚洲中部和欧洲东南部的国家和地区水稻旱灾风险则相对较低。

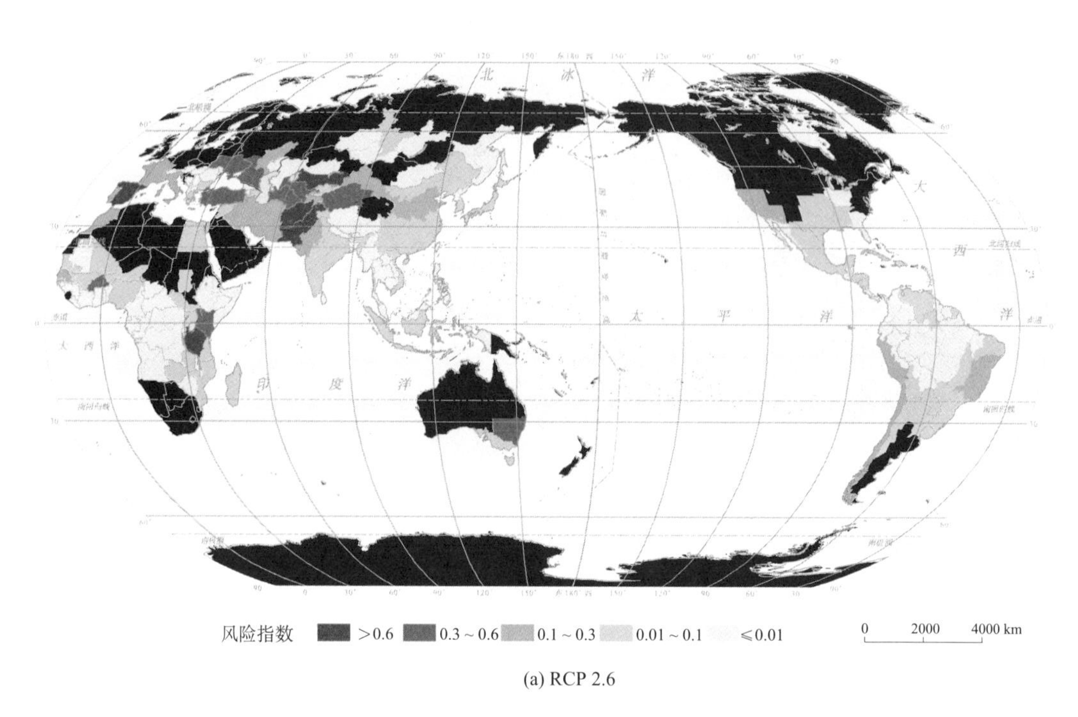

(a) RCP 2.6

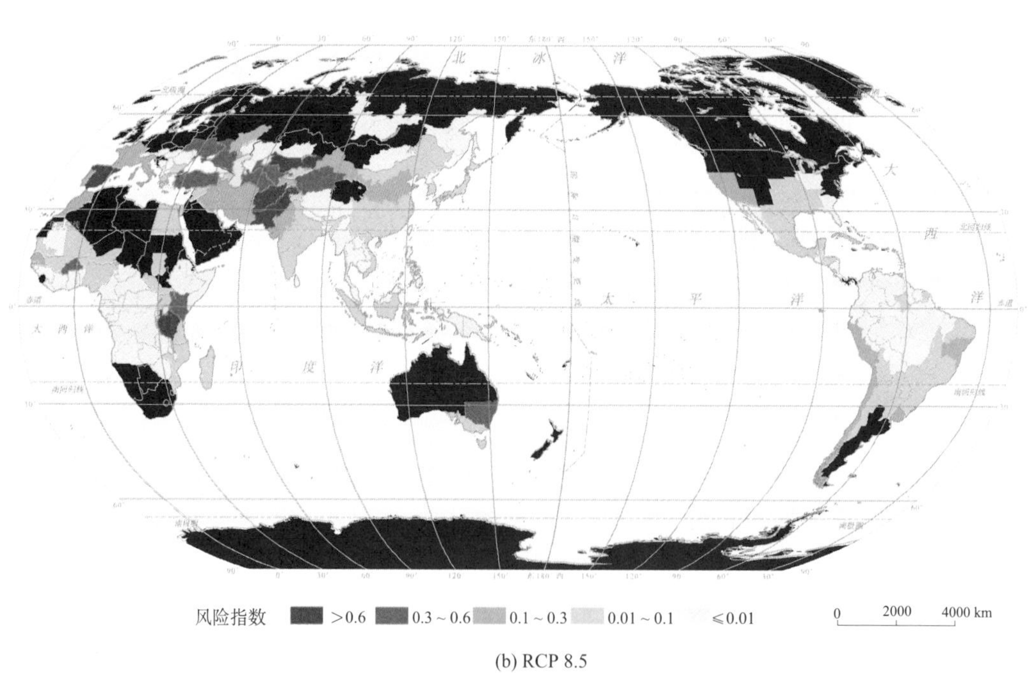

(b) RCP 8.5

图 8-34 近期(2005～2039 年)世界水稻旱灾可比地理单元风险指数

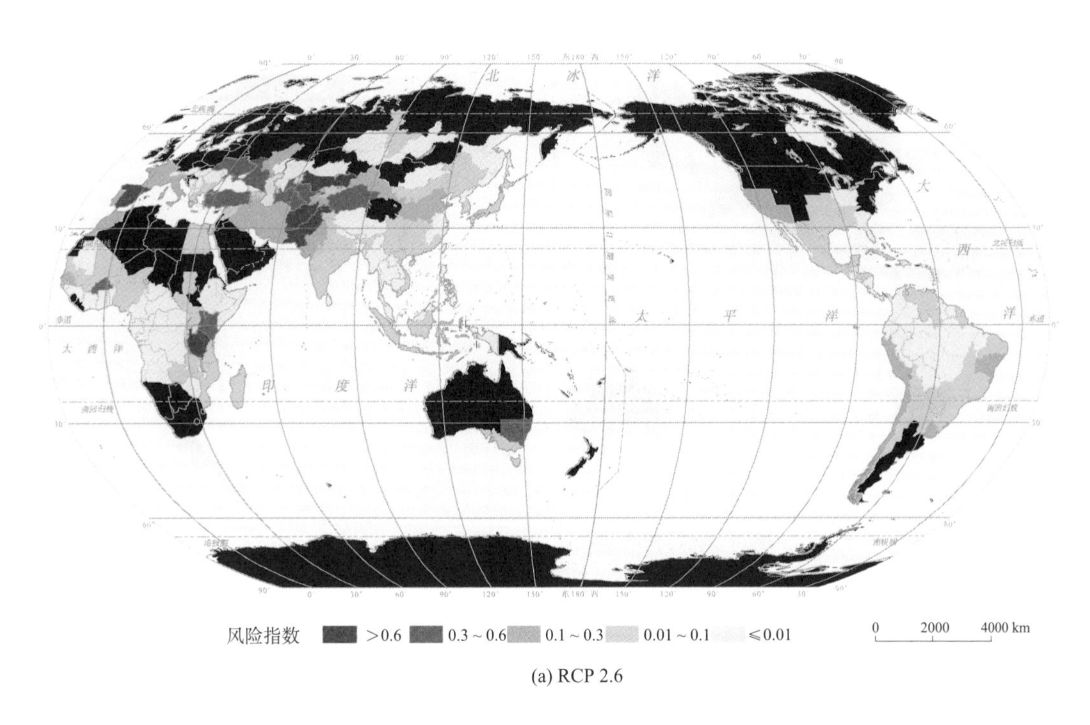

(a) RCP 2.6

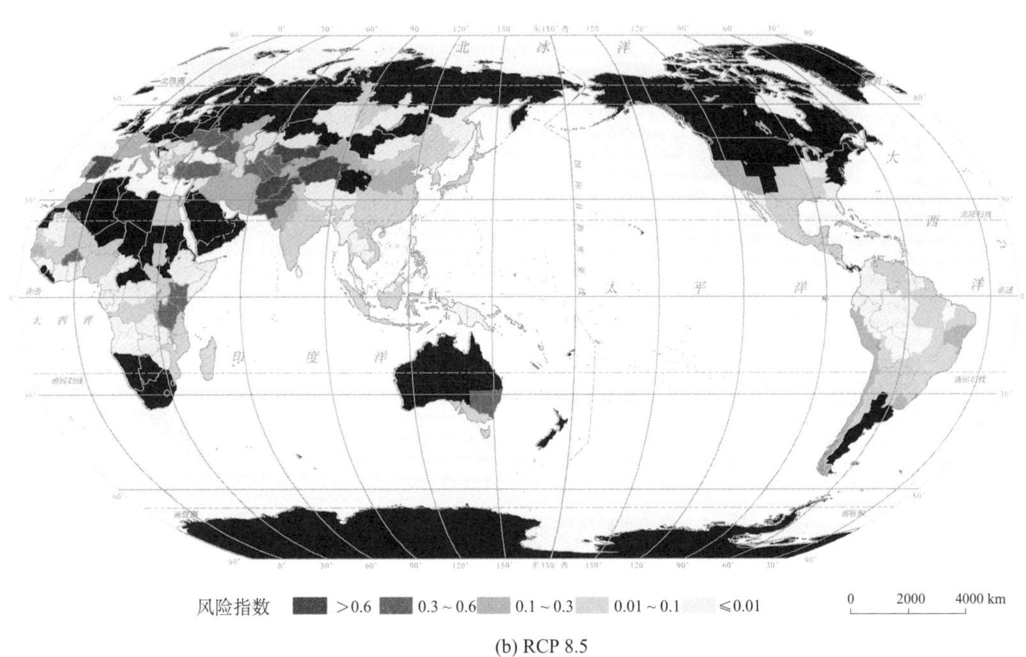

(b) RCP 8.5

图 8-35　中期(2040～2069 年)世界水稻旱灾可比地理单元风险指数

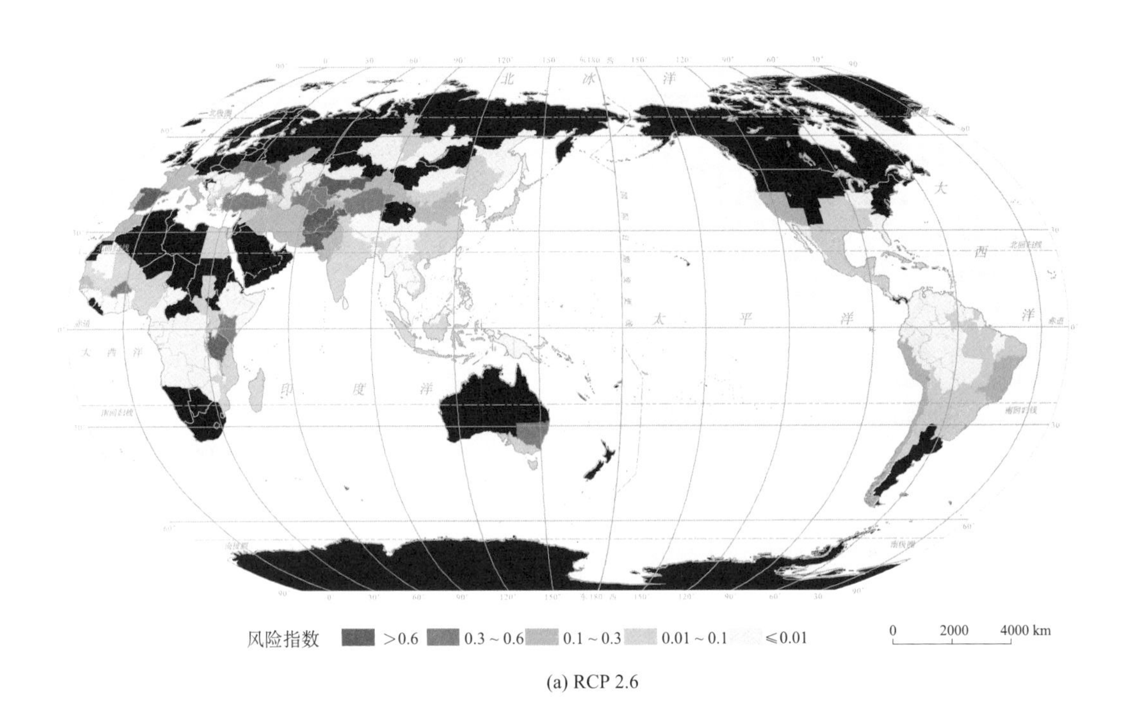

(a) RCP 2.6

风险指数 >0.6 0.3～0.6 0.1～0.3 0.01～0.1 ≤0.01

0 2000 4000 km

(b) RCP 8.5

图 8-36 远期(2070～2099 年)世界水稻旱灾可比地理单元风险指数

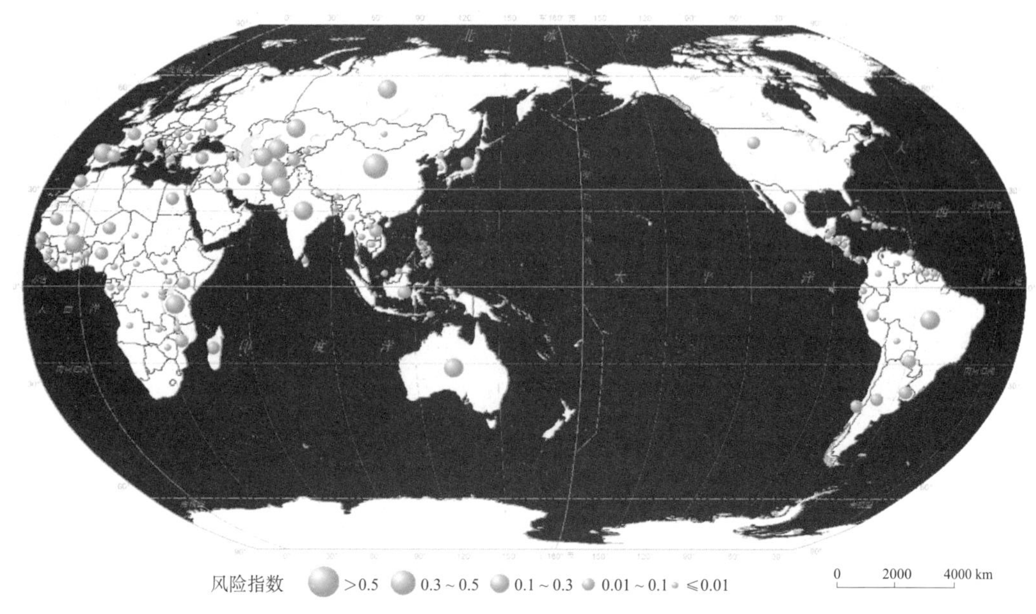

图 8-37　世界水稻旱灾国家(地区)单元期望风险

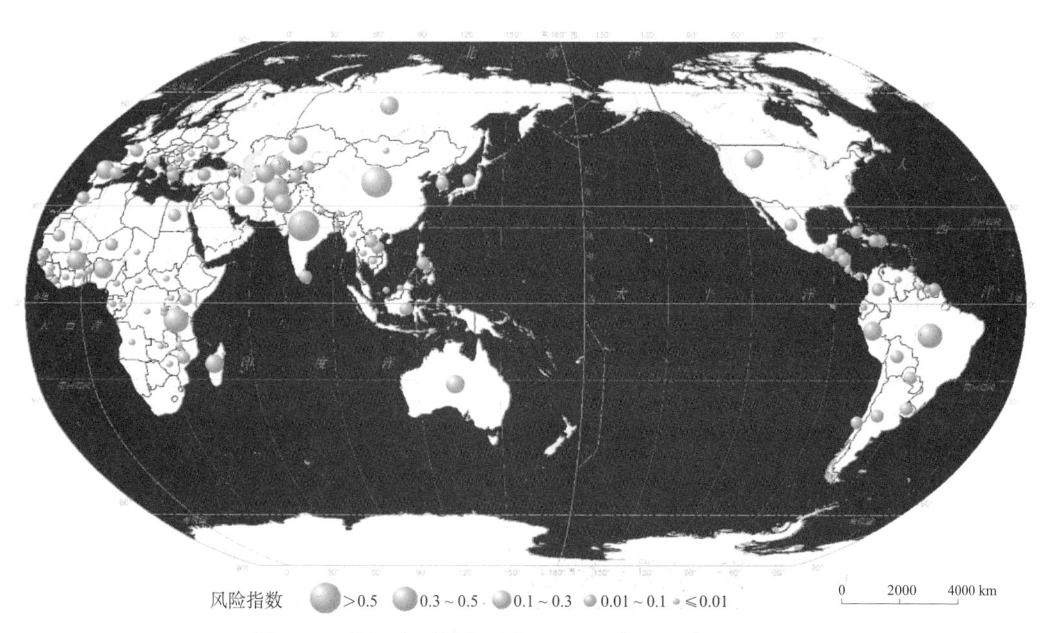

图 8-38　世界水稻旱灾国家(地区)单元 20 年一遇风险

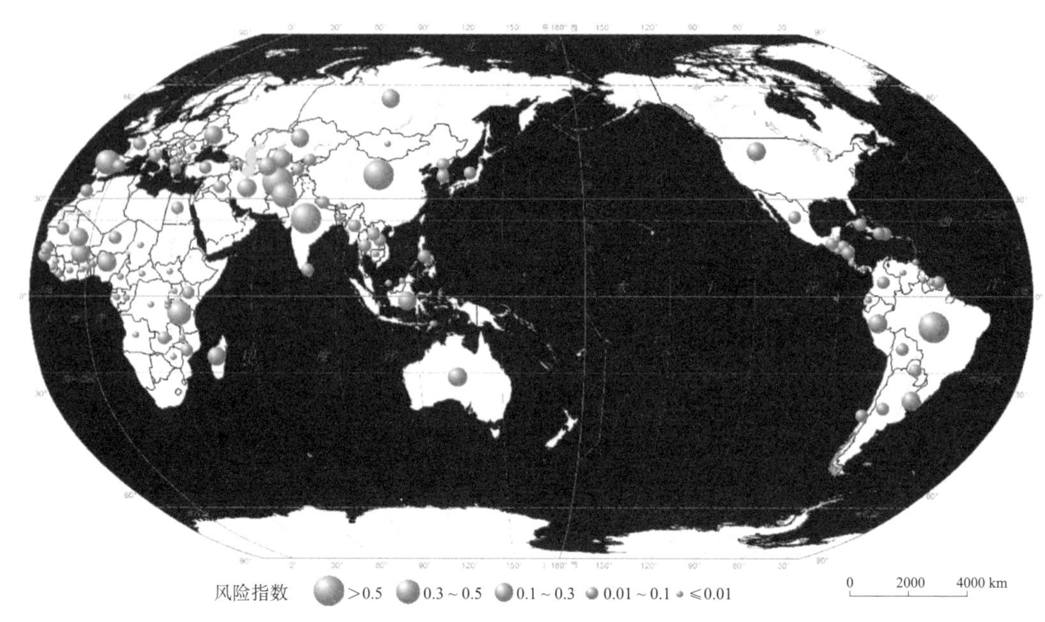

图 8-39 世界水稻旱灾国家(地区)单元 100 年一遇风险

根据气候情景数据计算 RCP8.5 情景下 21 世纪近期(2005～2039 年)、中期(2040～2069 年)和远期(2070～2099 年)世界水稻旱灾国家(地区)单元风险指数(图 8-40～图 8-42)。

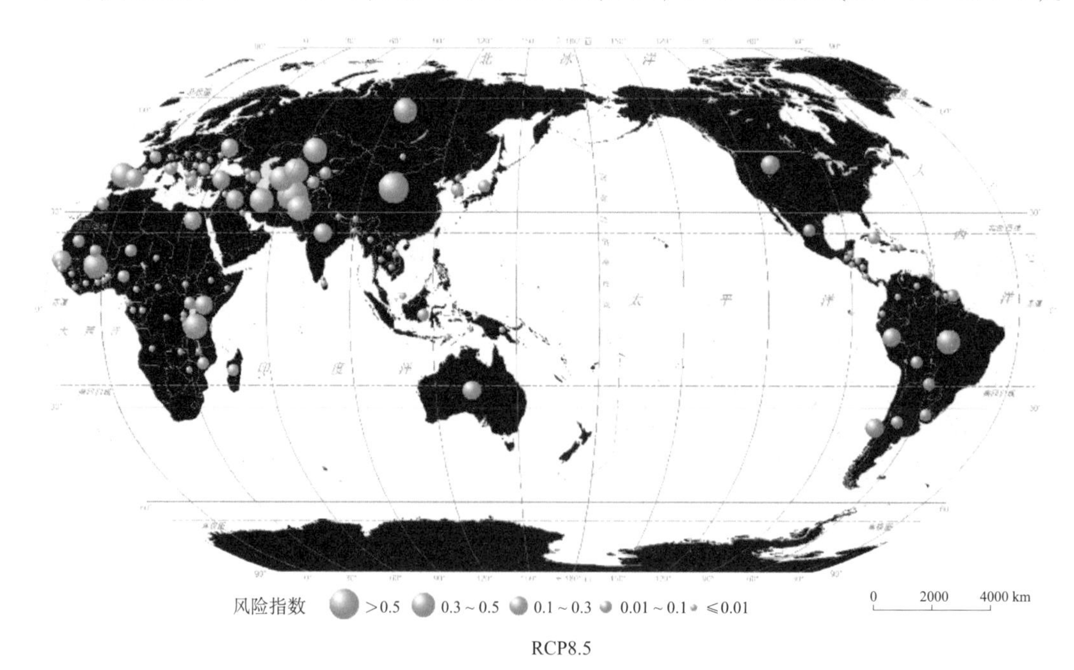

图 8-40 近期(2005～2039 年)世界水稻旱灾国家(地区)单元风险指数

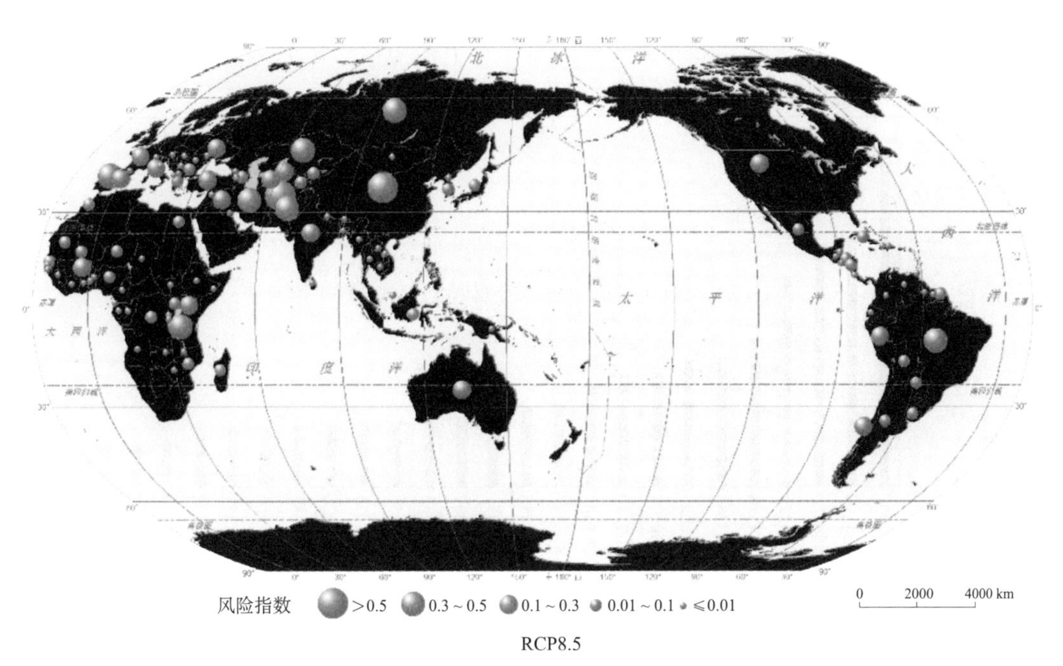

图 8-41　中期(2040～2069 年)世界水稻旱灾国家(地区)单元风险指数

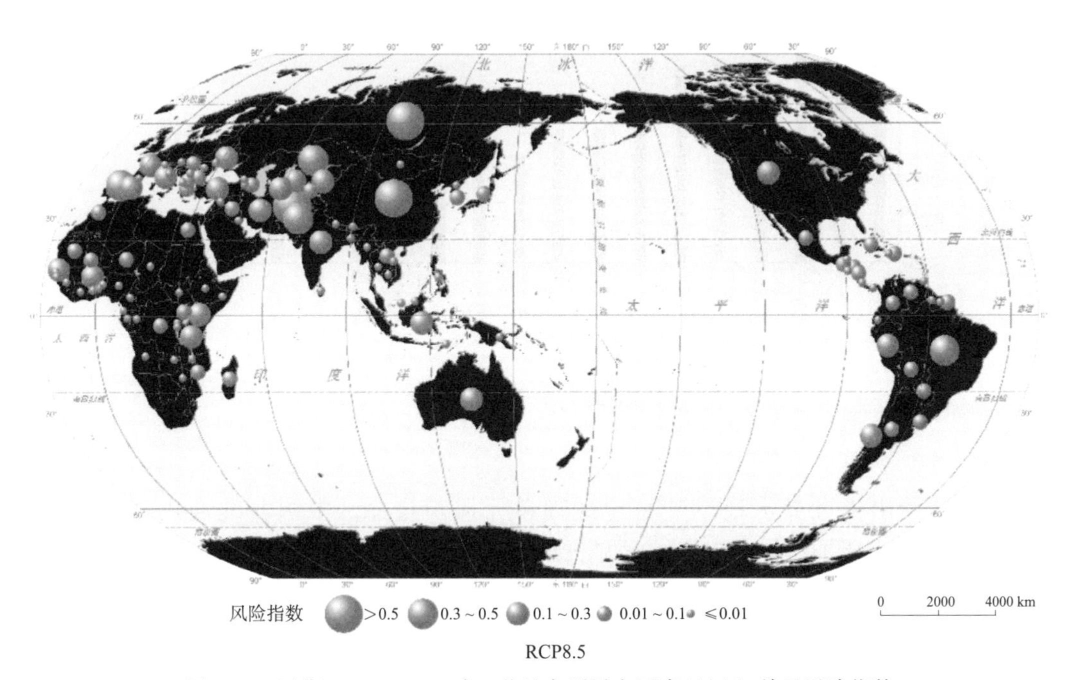

图 8-42　远期(2070～2099 年)世界水稻旱灾国家(地区)单元风险指数

8.3.3 中国水稻旱灾风险在世界中的位置

为明确中国水稻旱灾风险在世界中的位置，本节采用归一化值对水稻旱灾可比地理单元和国家(地区)单元风险进行排序(图 8-43～图 8-45)。

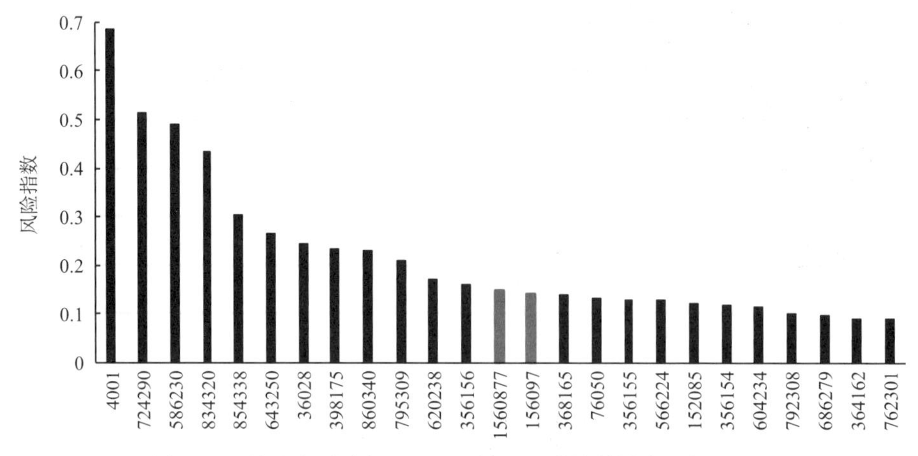

图 8-43 世界水稻旱灾可比地理单元风险指数排序(前 25 名)

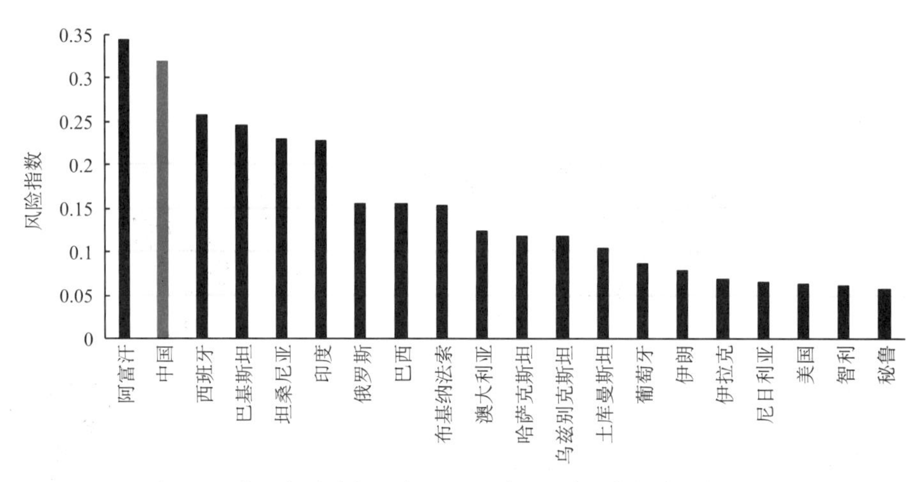

图 8-44 世界水稻旱灾国家(地区)单元风险指数排序(前 20 名)

图 8-43 给出了世界水稻旱灾可比地理单元风险排序。中国西北高山和盆地南段(1560877)和华北平原(156097)的水稻旱灾风险处于世界较高水平，分别位于世界第 13 和第 14 位。

图 8-44 给出了世界水稻旱灾国家(地区)单元风险排序。中国水稻旱灾风险位于世界第 2 位，仅次于阿富汗，西班牙、巴基斯坦和坦桑尼亚分列第 3～5 位。

将世界水稻旱灾风险国家(地区)单元风险排序划分为 5 个区间，分别为：0～10%、10%～35%、35%～65%、65%～90%、90%～100%(Shi et al.，2015)。

图 8-45 水稻旱灾国家(地区)单元风险指数排序带状图
点代表中国

水稻旱灾风险排名前 10% 的国家(地区)包括：

阿富汗、中国、西班牙、巴基斯坦、坦桑尼亚、印度、俄罗斯、巴西、布基纳法索、澳大利亚和哈萨克斯坦。

水稻旱灾风险排名前 10% ～35% 的国家(地区)包括：

乌兹别克斯坦、土库曼斯坦、葡萄牙、伊朗、伊拉克、尼日利亚、美国、智利、秘鲁、土耳其、塞内加尔、马里、塔吉克斯坦、马达加斯加、摩洛哥、乌克兰、乌拉圭、印度尼西亚、法国、埃及、意大利、阿根廷、墨西哥、尼日尔、毛里塔尼亚、莫桑比克和日本。

水稻旱灾风险排名前 35% ～65% 的国家(地区)包括：

肯尼亚、巴拉圭、古巴、越南、法属圭亚那、玻利维亚、韩国、希腊、吉尔吉斯斯坦、斯里兰卡、多米尼加共和国、海地、老挝、乌干达、菲律宾、阿塞拜疆、洪都拉斯、尼加拉瓜、冈比亚、尼泊尔、哥伦比亚、赞比亚、科特迪瓦共和国、几内亚比绍、朝鲜、柬埔寨、缅甸、危地马拉、泰国、刚果民主共和国、圭亚那、萨尔瓦多和贝宁。

水稻旱灾风险排名前 65% ～90% 的国家(地区)包括：

厄瓜多尔、东帝汶、委内瑞拉、加纳、马拉维、马其顿、伯利兹、多哥、喀麦隆、保加利亚、孟加拉国、不丹、布隆迪、几内亚、马来西亚、苏里南、特里尼达和多巴哥、匈牙利、哥斯达黎加、罗马尼亚、中非共和国、安哥拉、乍得、亚美尼亚、刚果、圣马力诺和津巴布韦。

水稻旱灾风险排名前 90% ～100% 的国家(地区)包括：

卢旺达、阿尔巴尼亚、蒙古、南苏丹、格鲁吉亚、塞尔维亚、贝克岛、加蓬、利比里亚、巴拿马和塞拉利昂。

8.4 世界主要农作物综合旱灾风险区域格局与排序

8.4.1 世界主要农作物综合旱灾风险可比地理单元格局

在世界主要农作物综合旱灾网格单元风险的基础上，统计可比地理单元内世界主要农作物综合旱灾风险值并除以其最大值做归一化，得到世界主要农作物综合旱灾可比地理单元风险图(图 8-46)。主要农作物综合旱灾风险指数划分为 5 个等级：第 1 级(0～0.01)为微度；第 2 级(0.01～0.1)为轻度；第 3 级(0.1～0.2)为中度；第 4 级(0.2～0.4)为重度；第 5 级(0.4 以上)为极重度。

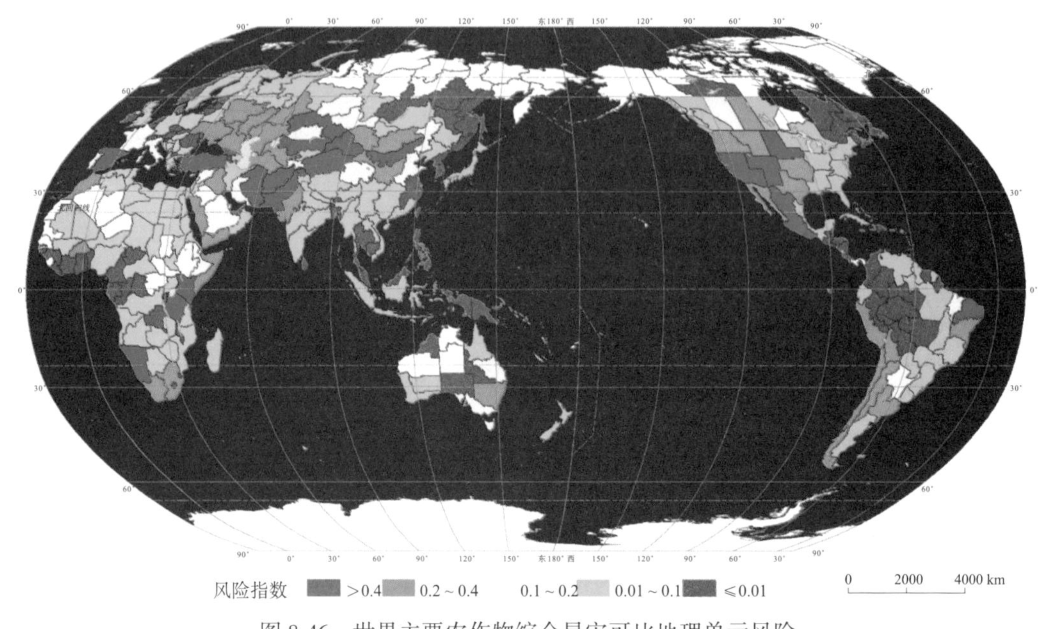

图 8-46 世界主要农作物综合旱灾可比地理单元风险

世界主要农作物综合旱灾极重度风险区主要集中在中国的北部和西北地区、哈萨克斯坦、阿富汗、巴基斯坦、土耳其、西班牙、坦桑尼亚、非洲西南部、美国西南地区以及巴西东部；重度风险区主要分布在中国中部、蒙古、欧洲东部、非洲南部、澳大利亚东南部、美国的中部和西北部以及南美洲太平洋沿岸等地区；微度风险区相对集中，主要在俄罗斯东南部、中国东部、东南亚、非洲西部几内亚湾附近、澳大利亚中部、加拿大东部以及巴西西部；轻度风险区分布最广，主要在南亚(包括中国西南地区和印度东部地区)、非洲北部、北欧和西欧、澳大利亚西南部、美国东部以及巴西中部等地。

8.4.2 世界主要农作物综合旱灾风险国家(地区)单元格局

图 8-47 给出了世界主要农作物综合旱灾国家(地区)单元风险。世界主要农作物综合旱灾风险指数划分为 5 个等级：第 1 级(0～0.01)为微度；第 2 级(0.01～0.1)为轻度；第 3 级(0.1～0.3)为中度；第 4 级(0.3～0.5)为重度；第 5 级(0.5 以上)为极重度。

中国、美国和哈萨克斯坦属极重度风险国家；巴西和俄罗斯等属于重度风险。中度风险国家(地区)主要分布在西亚、非洲东部和南部、南美洲西部，还包括澳大利亚、加拿大、印度等国。世界主要农作物综合旱灾风险较低的国家(地区)主要集中在欧洲中部和北部、非洲中部和西部、东南亚、北美洲南部以及南美洲北部等地区。

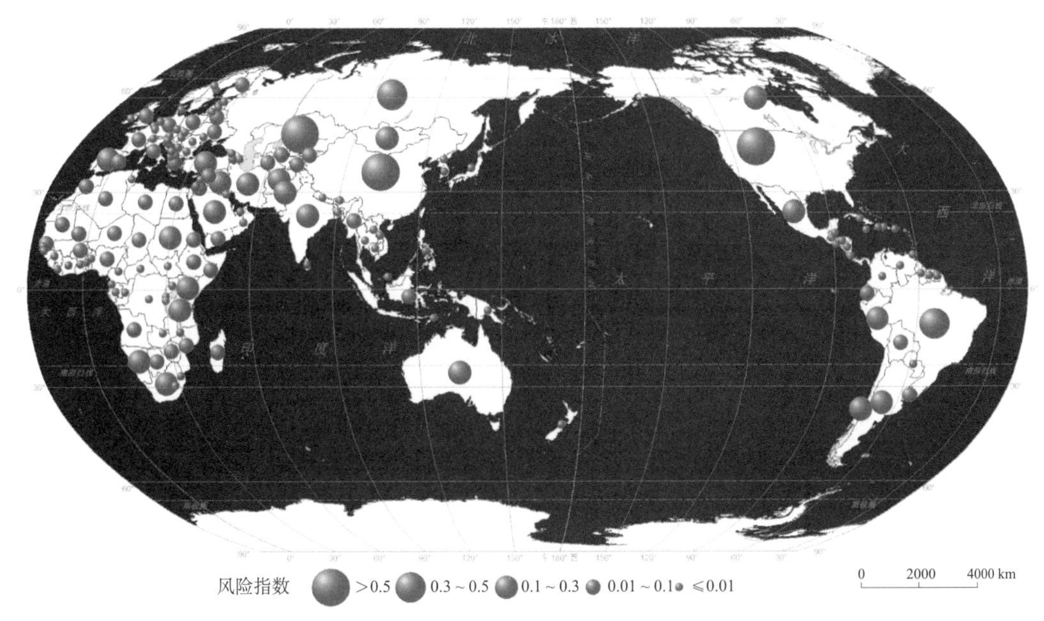

图 8-47　世界主要农作物综合旱灾国家(地区)单元风险

8.4.3　中国主要农作物综合旱灾风险在世界中的位置

为明确中国主要农作物综合旱灾风险在世界中的位置，本节采用归一化值对综合旱灾可比地理单元和国家(地区)单元风险进行排序(图 8-48～图 8-50)。

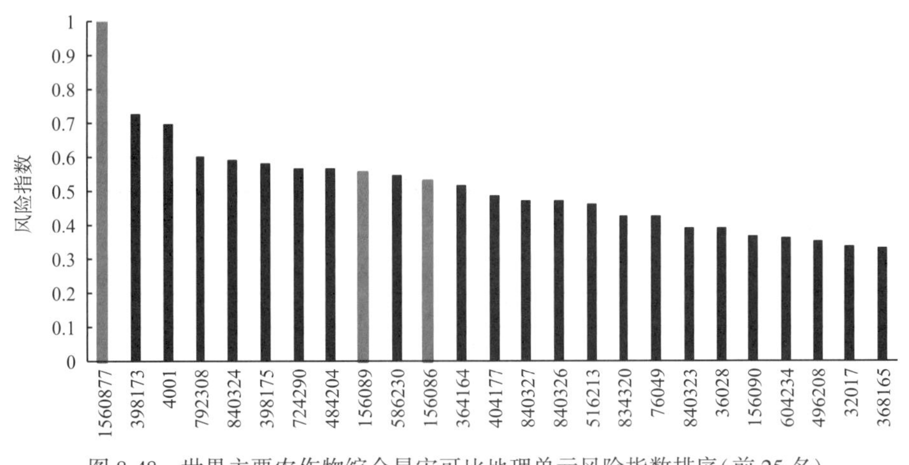

图 8-48　世界主要农作物综合旱灾可比地理单元风险指数排序(前 25 名)

图 8-48 给出了世界主要农作物综合旱灾可比地理单元风险排序。中国的西北高山和盆地南段(1560877)排在世界第 1 位；北部高原(156089)、西北高山和盆地北段(156086)以及中西部山地和高原(156090)也处于较高风险水平，分列第 9、11 和 21 位。由此可见，

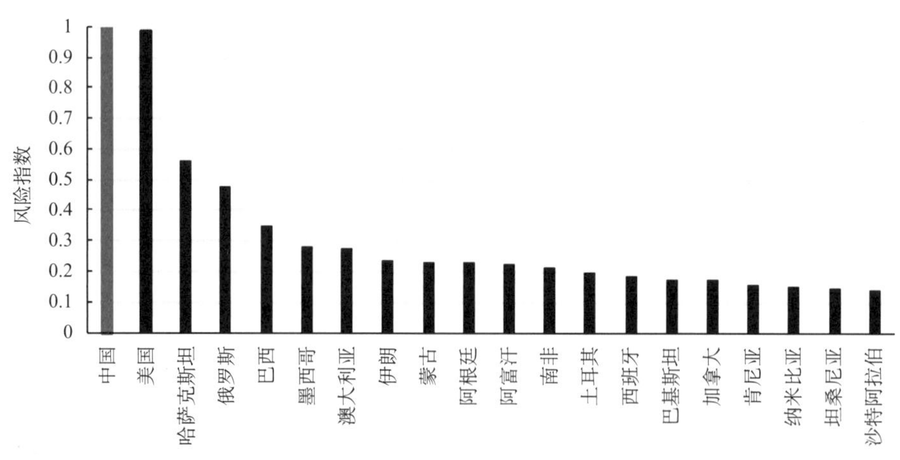

图 8-49 世界主要农作物综合旱灾国家(地区)单元风险指数排序(前 20 名)

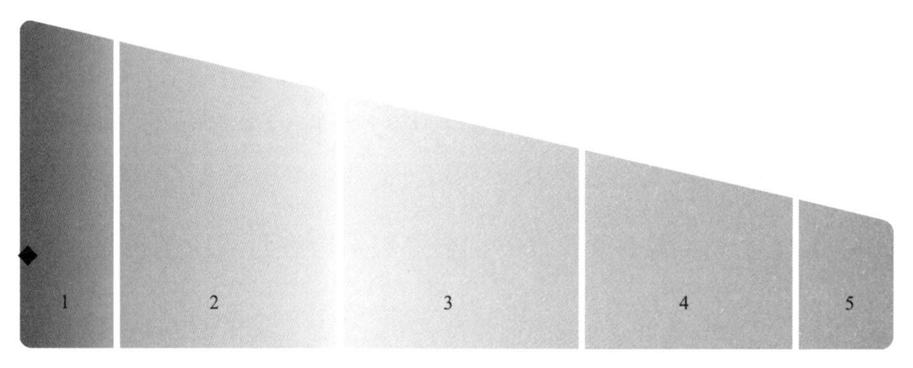

图 8-50 主要农作物综合旱灾国家(地区)单元风险指数排序带状图
点代表中国

中国主要农作物综合旱灾高风险主要集中于西北内陆以及中部和北部地区。

图 8-49 给出了世界主要农作物综合旱灾国家(地区)单元风险排序。中国处于世界第 1 位，是主要农作物旱灾风险最高的国家。美国紧随其后，哈萨克斯坦、俄罗斯和巴西的旱灾风险分别位于世界第 3～5 位。

将世界主要农作物综合旱灾国家(地区)单元风险排序划分为 5 个区间，分别为：0～10%、10%～35%、35%～65%、65%～90%、90%～100%(Shi et al.，2015)。

农作物综合旱灾风险排名前 10% 的国家(地区)包括：

中国、美国、哈萨克斯坦、俄罗斯、巴西、墨西哥、澳大利亚、伊朗、蒙古、阿根廷、阿富汗、南非、土耳其、西班牙、巴基斯坦和加拿大。

农作物综合旱灾风险排名前 10%～35% 的国家(地区)包括：

肯尼亚、纳米比亚、坦桑尼亚、沙特阿拉伯、印度、秘鲁、伊拉克、智利、苏丹、土库曼斯坦、布基纳法索、乌兹别克斯坦、乌克兰、玻利维亚、埃塞俄比亚、也门、摩洛哥、索马里、印度尼西亚、埃及、葡萄牙、叙利亚、法国、毛里塔尼亚、马里、阿尔及利亚、安哥拉、意大利、塔吉克斯坦、塞内加尔、波兰、缅甸、德国、吉尔吉斯斯坦、利比亚、乍得、希腊、尼日利亚、莫桑比克和博茨瓦纳。

农作物综合旱灾风险排名前 35% ～65% 的国家(地区)包括：

约旦、津巴布韦、马达加斯加、尼日尔、乌拉圭、厄立特里亚、厄瓜多尔、白俄罗斯、英国、芬兰、阿曼、越南、法属圭亚那、新西兰、巴拉圭、塞尔维亚、以色列、日本、突尼斯、阿塞拜疆、匈牙利、老挝、古巴、南苏丹、圭亚那、保加利亚、乌干达、波斯尼亚和黑塞哥维那、刚果(金)、瑞典、阿尔巴尼亚、尼泊尔、赞比亚、委内瑞拉、克罗地亚、中非、黎巴嫩、韩国、莱索托、多明尼加、科特迪瓦、科威特、泰国、亚美尼亚、海地、加沙、罗马尼亚和朝鲜。

农作物综合旱灾风险排名前 65% ～90% 的国家(地区)包括：

冈比亚、阿拉伯联合酋长国、斯里兰卡、哥伦比亚、斯洛伐克、贝宁、危地马拉、挪威、荷兰、捷克、菲律宾、丹麦、马其顿、黑山、尼加拉瓜、洪都拉斯、喀麦隆、马拉维、格鲁吉亚、比利时、马来西亚、摩尔多瓦、几内亚比绍、立陶宛、柬埔寨、苏里南、斯威士兰、爱尔兰、萨尔瓦多、奥地利、几内亚、拉脱维亚、多哥、伯利兹、东帝汶、爱沙尼亚、瑞士、不丹、斯洛文尼亚和卢森堡。

农作物综合旱灾风险排名前 90% ～100% 的国家(地区)包括：

加纳、牙买加、刚果(布)、特立尼达和多巴哥、哥斯达黎加、波多黎各、卢旺达、利比里亚、加蓬、赤道几内亚、孟加拉国、布隆迪、巴布亚新几内亚、贝克岛、巴拿马和塞拉利昂。

从单一作物看，中国小麦旱灾风险水平处于世界第 1 位，玉米和水稻旱灾风险水平处于世界第 2 位。农作物综合旱灾风险，中国则位于世界第 1 位。总体而言，中国农作物旱灾风险位于世界前列，且内部差异巨大，由东南向西北呈逐渐增大趋势。

8.5 本章小结

本章根据第 7 章世界三种作物(玉米、小麦(春小麦和冬小麦)和水稻)网格单元的旱灾风险数据，统计区域单元(可比地理单元和国家(地区)单元)旱灾风险，并利用其归一化值进行排序，确定了中国旱灾风险在世界中的位置。

中国玉米旱灾风险处于世界第 2 位。中国玉米旱灾高风险区主要集中于西北内陆和中西部地区。中国的西北高山和盆地南段、西北高山和盆地北段、中西部山地和高原风险较高，分别位于世界第 8、17、20 位。

中国小麦旱灾风险处于世界第 1 位。中国小麦旱灾高风险区主要集中于北部，包括东北和西北地区。中国的西北高山和盆地南段、北部高原、西北高山和盆地北段、中西部山地和高原、东北山地西段分别位于世界第 2、3、4、5、17 位。

中国水稻旱灾风险处于世界第 2 位。中国西北和华北是水稻旱灾风险较高的区域。中国的西北高山和盆地南段以及华北平原风险较高，分别位于世界第 13 和 14 位。

中国主要农作物综合旱灾风险位于世界第 1 位。中国主要农作物综合旱灾高风险区主要集中于西北内陆以及中部和北部地区。中国的西北高山和盆地南段、北部高原、西北高山和盆地北段、中西部山地和高原分别位于世界第 1、9、11、21 位。

第9章　农作物旱灾脆弱性曲面探讨[*]

农作物旱灾脆弱性曲线是表达旱灾致灾强度 DI 与作物产量损失率 LR 关系的函数曲线，适用于特定站点或均质性较高的小区域旱灾风险评估。进行较大范围的作物旱灾风险研究时，单一的致灾-损失关系难以刻画因孕灾环境异质性导致的灾害脆弱性差异。为描述不同孕灾环境下的 DI 与 LR 的关系，本章基于第 3 章构建的 Spatial EPIC 模型，初步探索了作物旱灾脆弱性曲面的构建方法。同时，对比分析了基于脆弱性曲面的风险评价结果(Rs)与基于脆弱性曲线的风险评价结果(Rc)的空间格局差异。

9.1　农作物综合旱灾风险脆弱性曲面构建及其风险计算

9.1.1　理论基础

灾害脆弱性曲线仅刻画了 DI 与 LR 的函数关系，并不能完全描述灾害脆弱性的内涵。如果将灾害脆弱性看做一种函数关系，则其输出是 LR，输入因子包括孕灾环境条件(多种要素，诸如高程、土壤、坡度等)和致灾因子(多属性，如强度、持续时间等)。灾害脆弱性曲线模型的前提假设为：只有致灾因子强度一个输入指标(图 9-1)。区域内不同位置的脆弱性存在或大或小的差异。空间范围越大，脆弱性的异质性越明显。脆弱性曲面是将孕灾环境的空间位置差异与脆弱性曲线相结合而形成的区域灾害脆弱性表达方式(史培军，2002)。

根据脆弱性曲面三个维度所选指标的不同，可将脆弱性曲面研究分为以下三类：①LR 与两种致灾因子指标的关系曲面(Wang et al.，2012；明晓东等，2013；Ming et al.，2015)；②LR 与致灾因子和孕灾环境的关系曲面，如农作物受灾率(损失)与过程降雨量(致灾因子)和平均地面高程(孕灾环境)的关系函数(赵思健和张峭，2013)；③LR 与致灾因子的两个指标之间的关系曲面(Cordova et al.，2000；李原园等，2012)。

本章将农作物旱灾脆弱性定义为农作物在水分供给不足情况下表现出来的损失倾向，其本质是农作物在一定孕灾环境下遗传基因的表达。因此，区域灾害脆弱性曲面是“*L*(损失)”[对于旱灾即为 LR(产量损失率)]、“*H*(致灾)”[对于旱灾即为 DI(干旱强度)]和“*E*(孕灾环境)”三者的函数关系。该函数关系表达了在不同环境影响下，作物对 DI 的损失响应倾向：

$$L = VS_E(E, H) \tag{9.1}$$

式中，L 为损失；E 为孕灾环境要素；H 为致灾因子要素；VS_E为脆弱性曲面函数。

---

* 本章执笔人：张兴明、史培军、王静爱、郭浩。

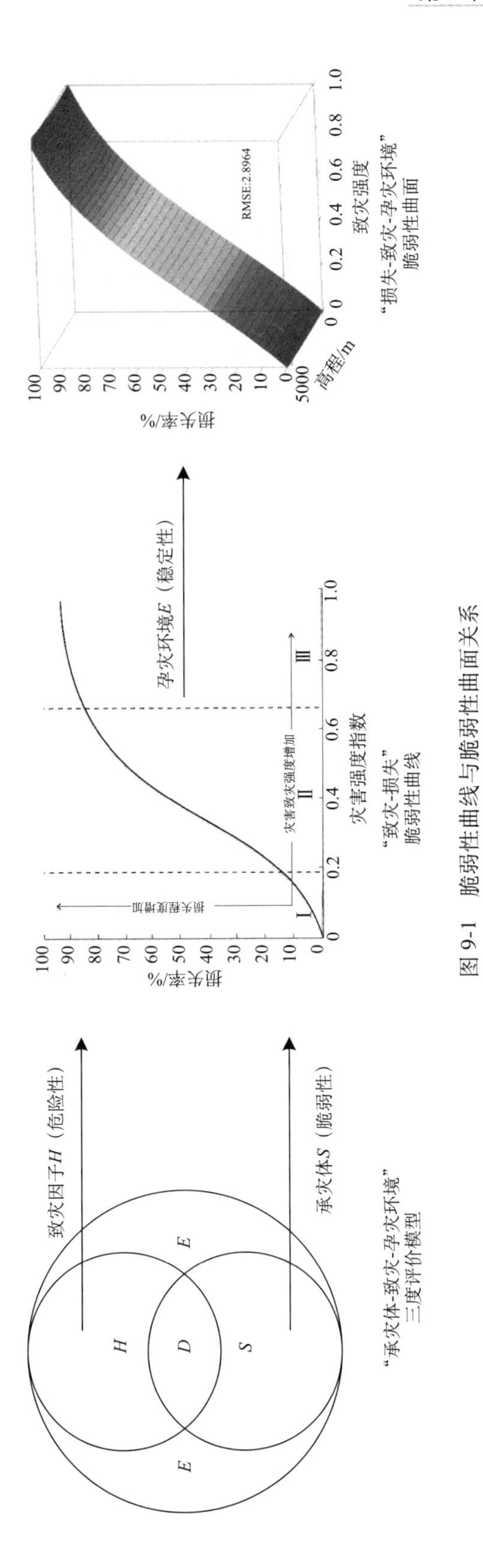

图 9-1　脆弱性曲线与脆弱性曲面关系

将灾害脆弱性曲面与风险三度(孕灾环境不稳定性、致灾因子危险性和承灾体脆弱性)评价概念模型结合，形成基于灾害脆弱性曲面的农业旱灾风险三度评价模型(史培军，2002)：

$$R = f(E,H,V) = V_s(E,H) \tag{9.2}$$

式中，R 为风险；E 为孕灾环境；H 为致灾因子；V 为承灾体脆弱性；V_s为“*L-D-E*”灾害脆弱性曲面。

灾害脆弱性曲面拟合的方法为趋势面分析法。该方法是利用数学曲面模拟地理要素在空间上分布规律的重要方法。其基本思路是用数学方法计算出一个数学曲面来拟合数据的区域性变化“趋势”。样本数据的获取是趋势面分析的关键。构建“*L-D-E*”灾害脆弱性曲面〈LR-DI-孕灾环境〉需要组合样本。本书使用模型模拟的方法生成样本数据。在不同的环境条件下，通过控制给水量生成不同强度的干旱，使用 Spatial EPIC 模型模拟对应的产量损失，从而形成各个环境条件下不同 DI 的损失样本，即〈LR-DI-孕灾环境〉组合样本。

9.1.2 孕灾环境维指标的选择

灾害脆弱性曲面是在灾害脆弱性曲线两个维度的基础上加入了第三个维度，即孕灾环境维。对于拟合灾害脆弱性曲线的两个维度——LR 和 DI 的计算，在第 5 章已有详细的介绍，本节着重介绍孕灾环境指标的选择。

本书选择高程、坡度以及土壤的 7 个属性(粗颗粒含量、砂质百分比、田间持水量、有机碳量、黏土质含量、密度、pH)作为作物干旱灾害系统孕灾环境条件指标，进行灾害脆弱性曲面的构建。其中，7 个土壤属性并不独立，相互之间有一定的相关性，如砂质百分比和黏土质百分比是此消彼长的关系。

土壤容重(soil bulk density)是指包括土粒及粒间孔隙的一定容积的土壤烘干后的重量。它是由土壤密度和土壤孔隙决定的。土壤密度(soil particle density)大小与土壤的化学与矿物组成有关，有机质含量高的土壤密度较低。

土壤酸碱度(soil acidity)主要取决于土壤溶液中氢离子的浓度，用 pH 表示。pH 等于 7 为中性；pH 小于 7 为酸性；pH 大于 7 为碱性。土壤酸碱度一般可分为以下几级：<4.5 为极强酸性，4.5～5.5 为强酸性，5.5～6.5 为酸性，6.5～7.5 为中性，7.5～8.5 为碱性，8.5～9.5 为强碱性，>9.5 为极强碱性。通常湿润地区、植被条件好的土壤呈现偏酸性，而干旱地区土壤多呈现碱性。

土壤质地(soil texture)按照土壤颗粒粒径大小分为砂粒(sand)、粉粒(silt)和黏粒(clay)三级。土壤质地不仅与土壤养分的保持和供给有关，还与水及空气的供给、耕作的难易和植物生长等有密切关系。此处选择砂质百分比和黏土百分比作为代表土壤质地的环境要素，研究其与 LR 的关系。

田间持水量是指在地下水较深和排水良好的土地上充分灌水或降水后，允许水分充分下渗，并防止水分蒸发，经过一定时间，土壤剖面所能维持的较稳定的土壤水含量(土水势或土壤水吸力达到一定数值)，是大多数植物可利用的土壤水上限，单位是(cm/m，即%)。

土壤有机碳量(organic carbon content)指土壤中溶解性和悬浮性有机物含碳的总量。它是一个快速检定土壤有机质的综合指标，单位是 g/kg。

土壤粗颗粒含量是指>2mm 的土壤粗颗粒占土壤的百分比。

9.1.3　样 本 生 成

在全球范围内的所有网格，基于 SEPIC 模型，采用灌溉情景法模拟不同强度的作物干旱强度(DI)，及其对应的农作物产量损失率(LR)。提取每个网格的作物干旱孕灾环境信息，与 DI 和 LR 形成农作物〈LR-DI-孕灾环境〉样本。

网格单元的样本生成过程如下(图 9-2)：①最优给水量确定：开展预实验，确定最优给水量，即不产生农作物水分胁迫的最大给水量。②灌溉情景设定：控制给水量从 0 增加到最优给水量，设定给水均匀增加的 20 个灌溉情景，使用 SEPIC 模型进行作物产量模拟，得到一一对应的 DI 与农作物产量的组合样本。③〈LR-DI-孕灾环境〉样本：计算每个灌溉情景下的 LR，结合该网格孕灾环境属性，形成 20 个〈LR-DI-孕灾环境〉样本。最终得到特定农作物〈LR-DI-孕灾环境〉样本，样本数为该种农作物种植网格数×20。

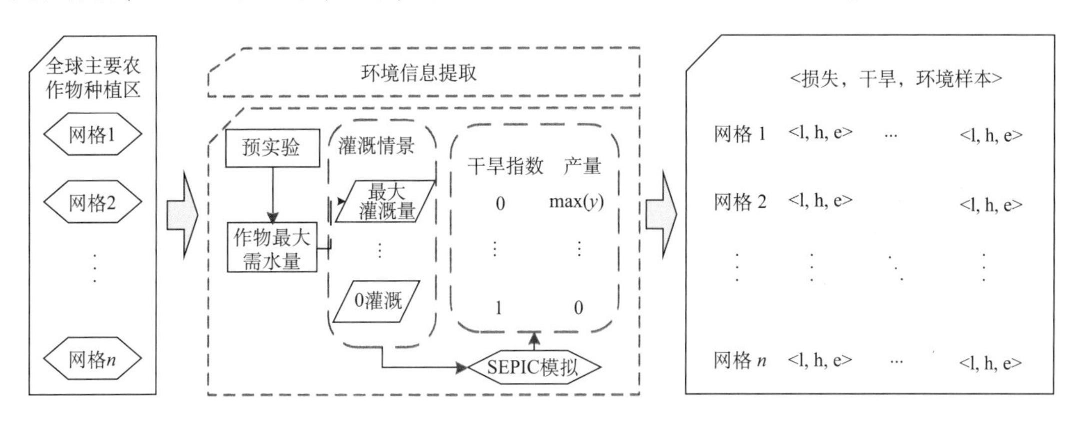

图 9-2　农作物〈LR-DI-孕灾环境〉样本生成

鉴于本书中的灾害脆弱性针对的是干旱致灾因子。因此，在〈LR-DI-孕灾环境〉样本生成的过程中需要剔除其他因素的影响。在农作物模型模拟中，默认排除了大部分不利因素(如病虫害和管理失误等)的影响。此外，农作物产量还会受到温度、养分和通气三种胁迫的影响，剔除这三种胁迫的方法如表 9-1。

表 9-1　主要农作物三种胁迫类型的剔除

剔除胁迫类型	相关灾害	剔除方法
温度胁迫	高温热浪和低温冷害	设定模拟环境为主要农作物生长的最适宜温度
养分胁迫	养分亏缺	管理措施自动施肥
通气性胁迫	洪涝灾害	预实验设定最大给水量，从而不产生水分胁迫

9.1.4　灾害脆弱性曲面模型

基于所得到的〈LR-DI-孕灾环境〉样本，根据式(9.3)拟合各作物脆弱性曲面。

$$LR = \frac{[a/(1+b\times \exp(c\times \mathrm{DH}))-a/(1+b)]}{[a/(1+b\times \exp(c))-a/(1+b)]}\times [d\times (E-e)^2+f] \tag{9.3}$$

式中，LR 为作物减产损失率；DI 为致灾因子强度；E 为孕灾环境指标。a、b、c、d、e、f 都是模型参数，通过非线性最小二乘法的 Levenberg-Marquardt 算法估算得到。可以看出，在任意孕灾环境条件下，该关系为 Logistic 形状的脆弱性曲线。$d\times(H-e)^2+f$ 刻画孕灾环境因子的影响。

本书中孕灾环境指标由 2 个地理环境要素(地面高程、坡度)和 7 个土壤环境要素(粗颗粒含量、砂质百分比、田间持水量、有机碳量、黏土质含量、密度、pH)构成，根据其类别不同定义为 $L\text{-}D\text{-}E_{\mathrm{topography}}$ 曲面和 $L\text{-}D\text{-}E_{\mathrm{soil}}$ 曲面。

9.1.5　基于脆弱性曲面的灾害风险计算

"$L\text{-}D\text{-}E$"灾害脆弱性曲面表达的是一个特定区域的脆弱性。在区域内某一位置，其环境属性是固定的一个值(E_0)，使用 $E=E_0$ 断面与灾害脆弱性曲面求交集，得到一条曲线，即该位置脆弱性的表达，是传统的致灾–损失关系(脆弱性曲线)。对于每个点 $P(x,y)$，基于灾害脆弱性曲面的风险评价过程分为 3 个步骤：①灾害脆弱性评价：使用 P 的空间位置信息(x, y)在空间孕灾环境数据库中查找对应的孕灾环境属性 $E(p)$，再使用 $E=E(p)$ 平面与灾害脆弱性曲面求交，得到 P 点的脆弱性曲线；②致灾因子评价：使用 P 点的历史 DI 进行统计分析，得到其 DI 的概率分布；③风险计算：将致灾因子的概率密度分布输入到灾害脆弱性关系曲线(致灾-损失关系)中，得到风险，即损失的超越概率曲线(图 9-3)。本书选择拟合优度最高的"$L\text{-}D\text{-}E$"农作物旱灾脆弱性曲面作为其风险评价中的脆弱性要素，结合干旱致灾因子评价结果计算全球主要农作物产量损失率超越概率曲线(Guo et al., 2016)。

9.2　玉米旱灾风险脆弱性曲面

9.2.1　世界玉米旱灾脆弱性曲面

图 9-4 给出了玉米各孕灾环境要素脆弱性曲面。相对于 DI 而言，玉米 LR 随孕灾环境要素变化不大。在相同 DI 条件下，随着高程、坡度和土壤粗颗粒含量的增加，玉米 LR 变化不大；随着土壤容重、田间持水量、土壤酸碱度的增加，玉米 LR 有明显的上升趋势；随着土壤砂质百分比和黏土质含量的增加，玉米 LR 有微弱下降的趋势；随着土壤有机碳含量的增加，玉米 LR 有先增大后减小的趋势。

表 9-2 给出了各孕灾环境要素下玉米旱灾脆弱性曲面参数表。各孕灾环境要素下曲面拟合效果整体较好，其中拟合优度最高的是土壤粗颗粒含量作为环境指标时构建的曲面，

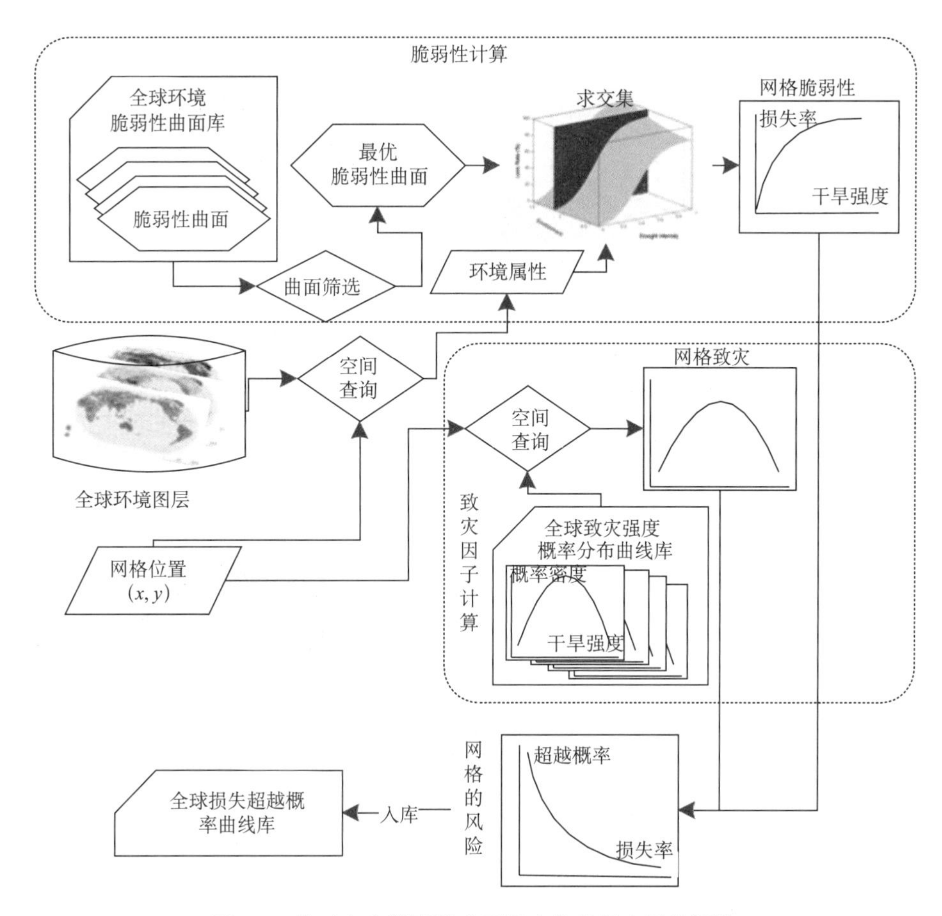

图 9-3　基于灾害脆弱性曲面的农作物旱灾风险评价

R^2达到 0.99342，RMSE 为 2.89062。其次是高程、坡度和土壤砂质百分比等，土壤容重是各环境要素中拟合优度最低的，R^2为 0.95518，RMSE 为 7.54344。

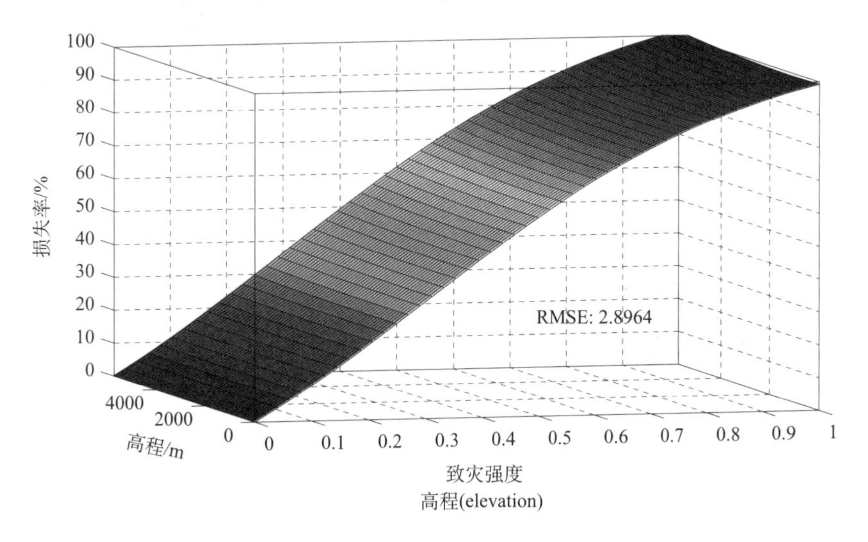

高程(elevation)

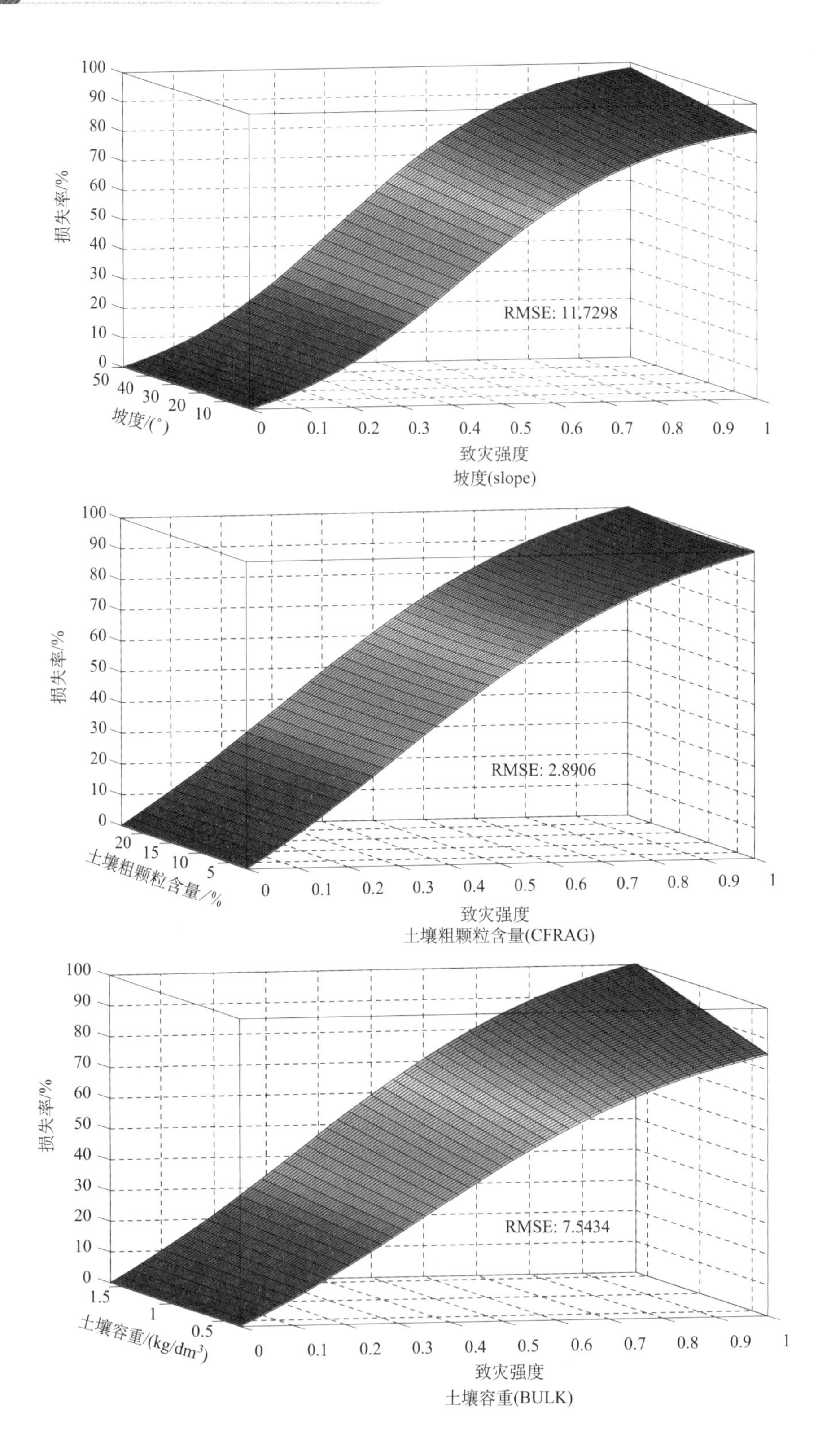
损失率/%
坡度/(°)
致灾强度
RMSE: 11.7298
坡度(slope)
损失率/%
土壤粗颗粒含量/%
致灾强度
RMSE: 2.8906
土壤粗颗粒含量(CFRAG)
损失率/%
土壤容重/(kg/dm³)
致灾强度
RMSE: 7.5434
土壤容重(BULK)

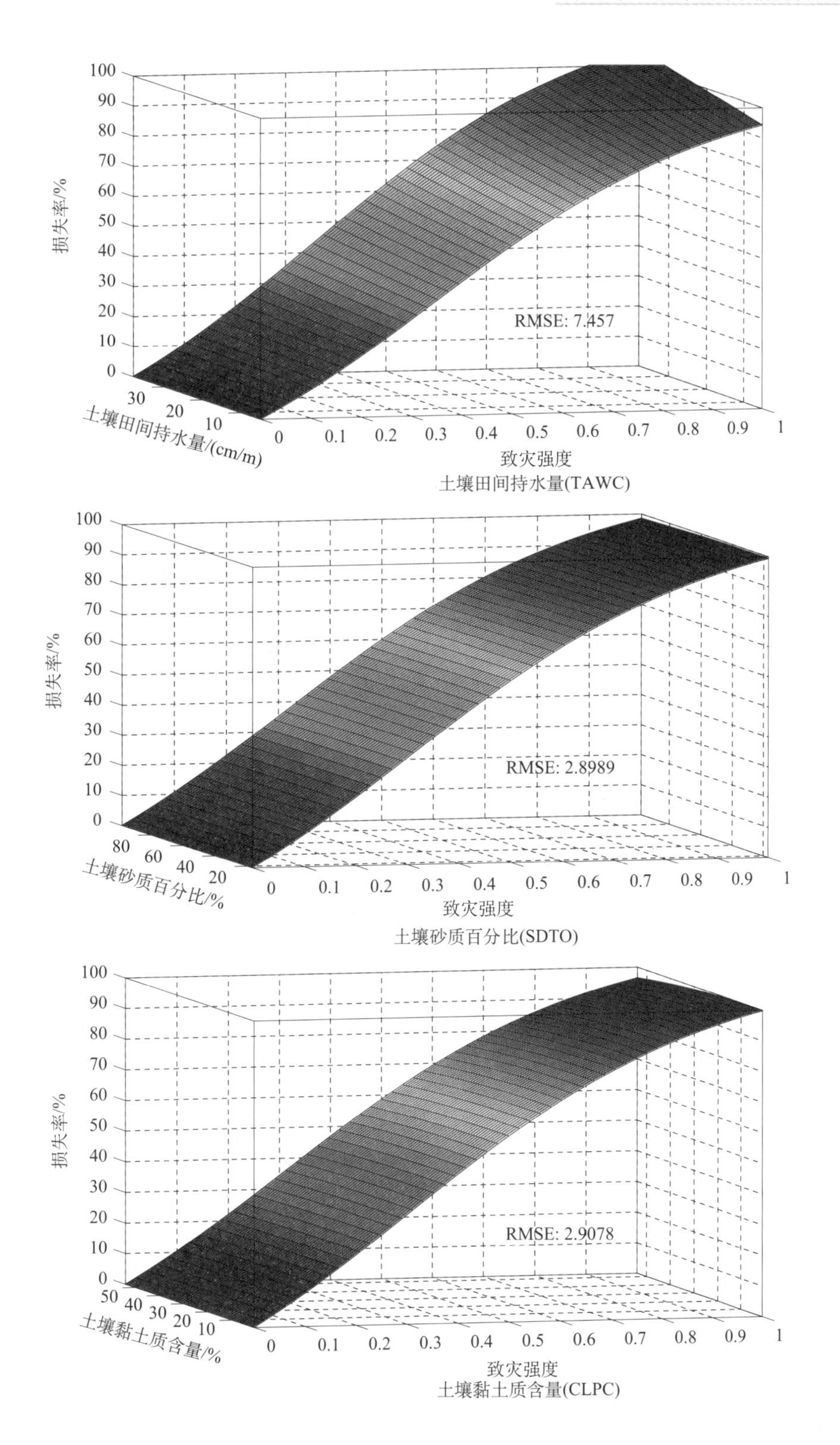
损失率/%
RMSE: 7.457
土壤田间持水量/(cm/m)
致灾强度
土壤田间持水量(TAWC)
损失率/%
RMSE: 2.8989
土壤砂质百分比/%
致灾强度
土壤砂质百分比(SDTO)
损失率/%
RMSE: 2.9078
土壤黏土质含量/%
致灾强度
土壤黏土质含量(CLPC)

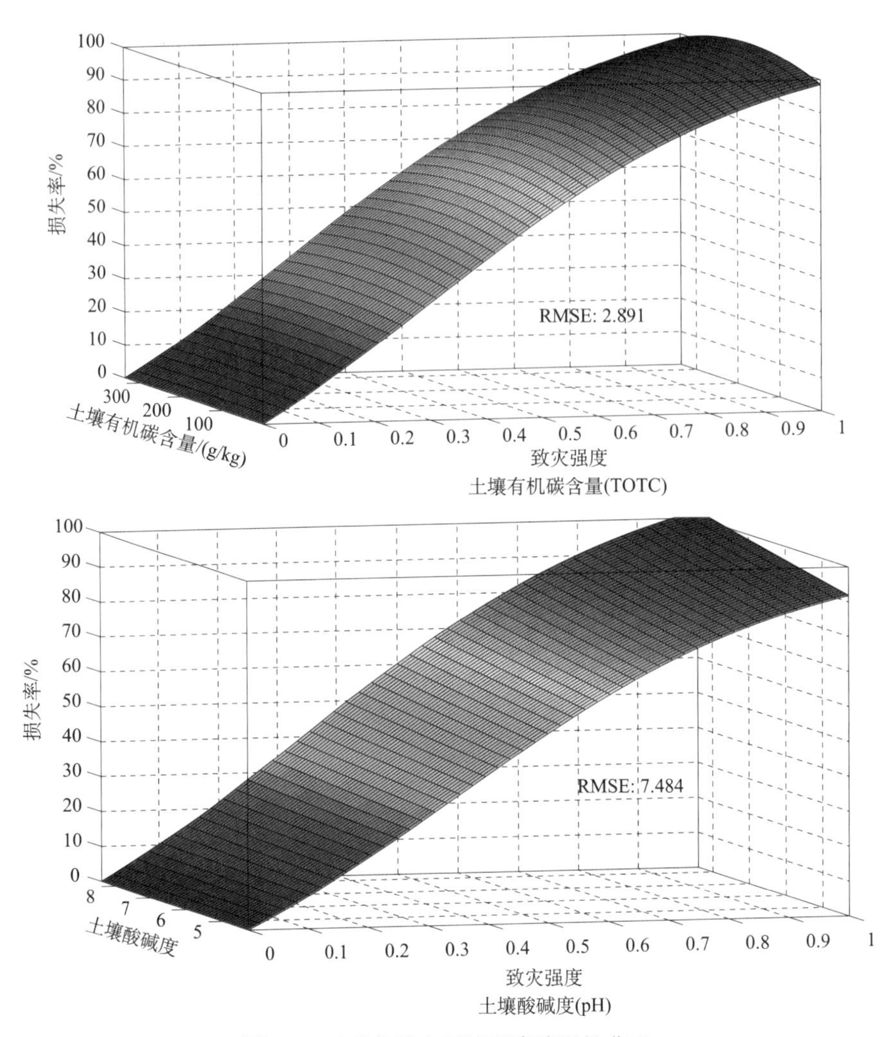

图 9-4 玉米各孕灾环境要素脆弱性曲面

表 9-2 玉米旱灾脆弱性曲面参数表

参数	*a*	*b*	*c*	*d*	*e*	*f*	R^2	RMSE
elevation	384.01	0.35	3.39	1.09×10^{-7}	1167.23	99.12	0.99339	2.89636
slope	-90.22	0.35	3.39	3.91×10^{-5}	-164.39	97.98	0.99338	2.89996
CFRAG	-15.65	0.36	3.36	0.007	10.94	98.88	0.99342	2.89062
BULK	0.44	0.29	3.52	0.41	-13.75	2.62	0.95518	7.54344
TAWC	9.71	0.29	3.52	0.0008	-184.18	64.82	0.95620	7.45699
SDTO	100.32	0.35	3.40	-0.00018	26.51	99.34	0.99338	2.89889
CLPC	-421.92	0.36	3.37	-0.0015	6.91	99.80	0.99334	2.90779
TOTC	103.86	0.35	3.38	-0.00019	171.47	103.81	0.99342	2.89104
pH	0.44	0.30	3.49	0.02	-54.39	21.87	0.95589	7.48403

9.2.2 基于脆弱性曲面与脆弱性曲线的玉米旱灾风险评价结果比较

使用 ArcGIS 栅格计算器，用基于脆弱性曲线得到的玉米旱灾风险图减去基于脆弱性曲面得到的玉米旱灾风险图(期望 LR 和重现期 LR)，得到两者的差异量(图 9-5)。

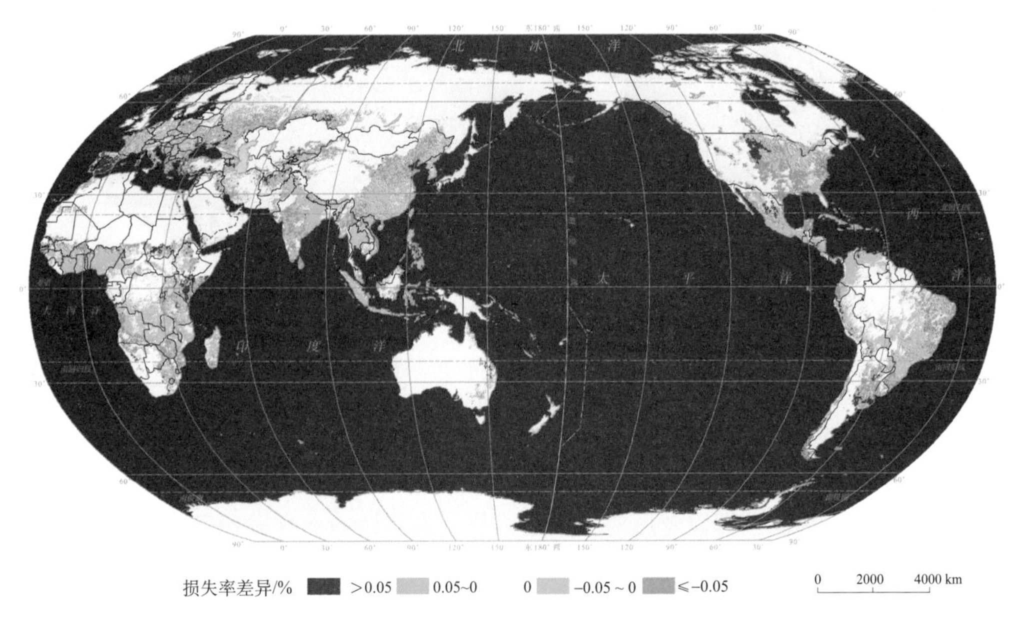

玉米旱灾期望损失率差异

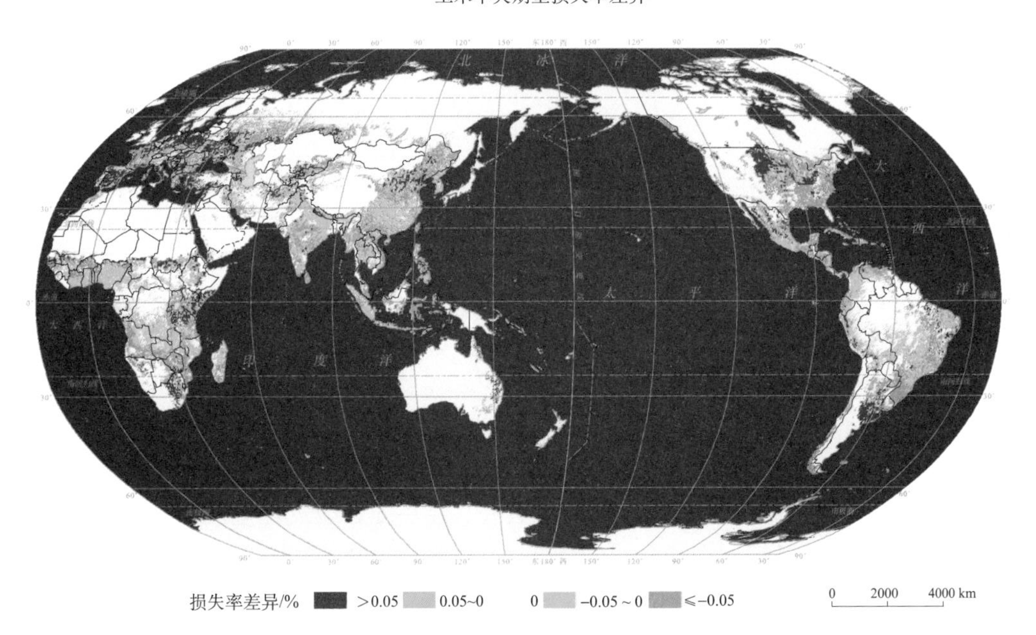

20年一遇玉米旱灾期望损失率差异

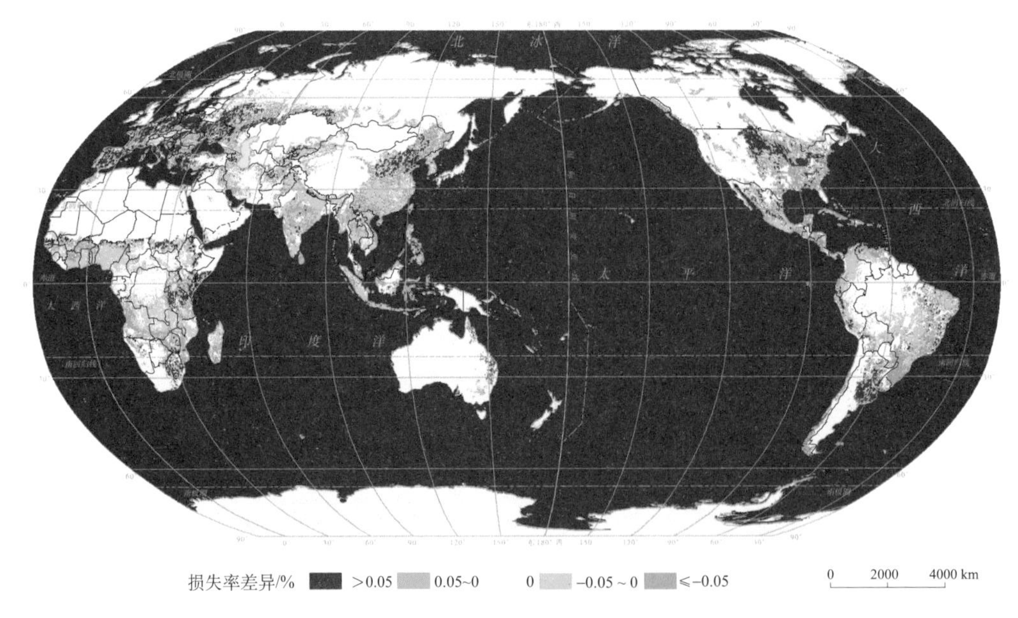

100年一遇玉米旱灾期望损失率差异

图 9-5 基于脆弱性曲面与基于脆弱性曲线的玉米旱灾风险评价结果的空间差异

对玉米而言，Rs 相较于 Rc 在大多数地区风险值偏高。在亚洲东部和南部、非洲南部、南美洲北部、美国东部以及墨西哥等地，基于脆弱性曲面计算出的 LR 比基于脆弱性曲线的计算结果高 25% 左右。而在西班牙、东欧、阿根廷南部、美国中北部地区，基于脆弱性曲面计算出的 LR 较基于脆弱性曲线计算出的 LR 低，差值在 0～10% 不等。

9.3 小麦旱灾风险脆弱性曲面

9.3.1 世界小麦旱灾脆弱性曲面

1. 春小麦

图 9-6 给出了春小麦各孕灾环境要素脆弱性曲面。相对于致灾强度，孕灾环境要素的变化对春小麦 LR 的影响不大。相同 DI 条件下，随着高程、坡度、土壤粗颗粒含量、土壤黏土质含量、土壤有机碳含量增大，春小麦 LR 呈微弱增加的趋势；随着土壤田间持水量上升，春小麦 LR 有微弱的下降趋势；随着土壤砂质百分比增加，春小麦 LR 呈先增加后减小的趋势，土壤砂质百分比达到 40% ～60% 时，LR 最大；随着土壤容重、土壤酸碱度的增加，春小麦 LR 呈现明显的增加趋势。

表 9-3 给出了春小麦旱灾脆弱性曲面参数表。春小麦各孕灾环境要素旱灾脆弱性曲面拟合效果整体较好，其中，拟合优度最高的是土壤黏土质含量作为环境指标时构建的曲面，R^2 达到 0. 98621，RMSE 为 4. 51671。其次是坡度、高程、土壤田间持水量、有机碳含量和土壤砂质百分比等，土壤酸碱度是各环境要素中拟合优度最低的，R^2 为 0. 94154，RMSE 约为 9. 3。

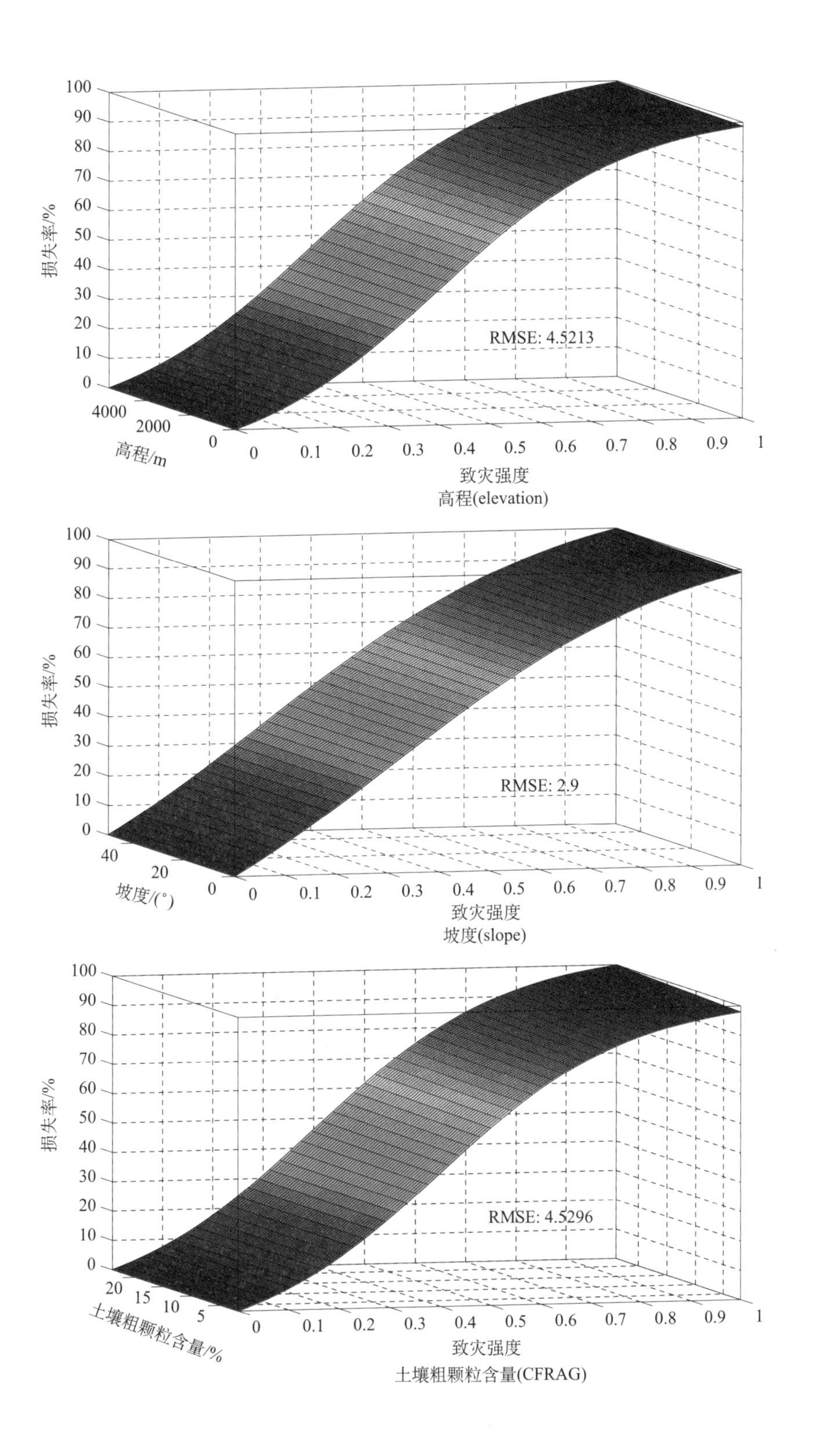

损失率/%
RMSE: 4.5213
高程/m
致灾强度
高程(elevation)
损失率/%
RMSE: 2.9
坡度/(°)
致灾强度
坡度(slope)
损失率/%
RMSE: 4.5296
土壤粗颗粒含量/%
致灾强度
土壤粗颗粒含量(CFRAG)

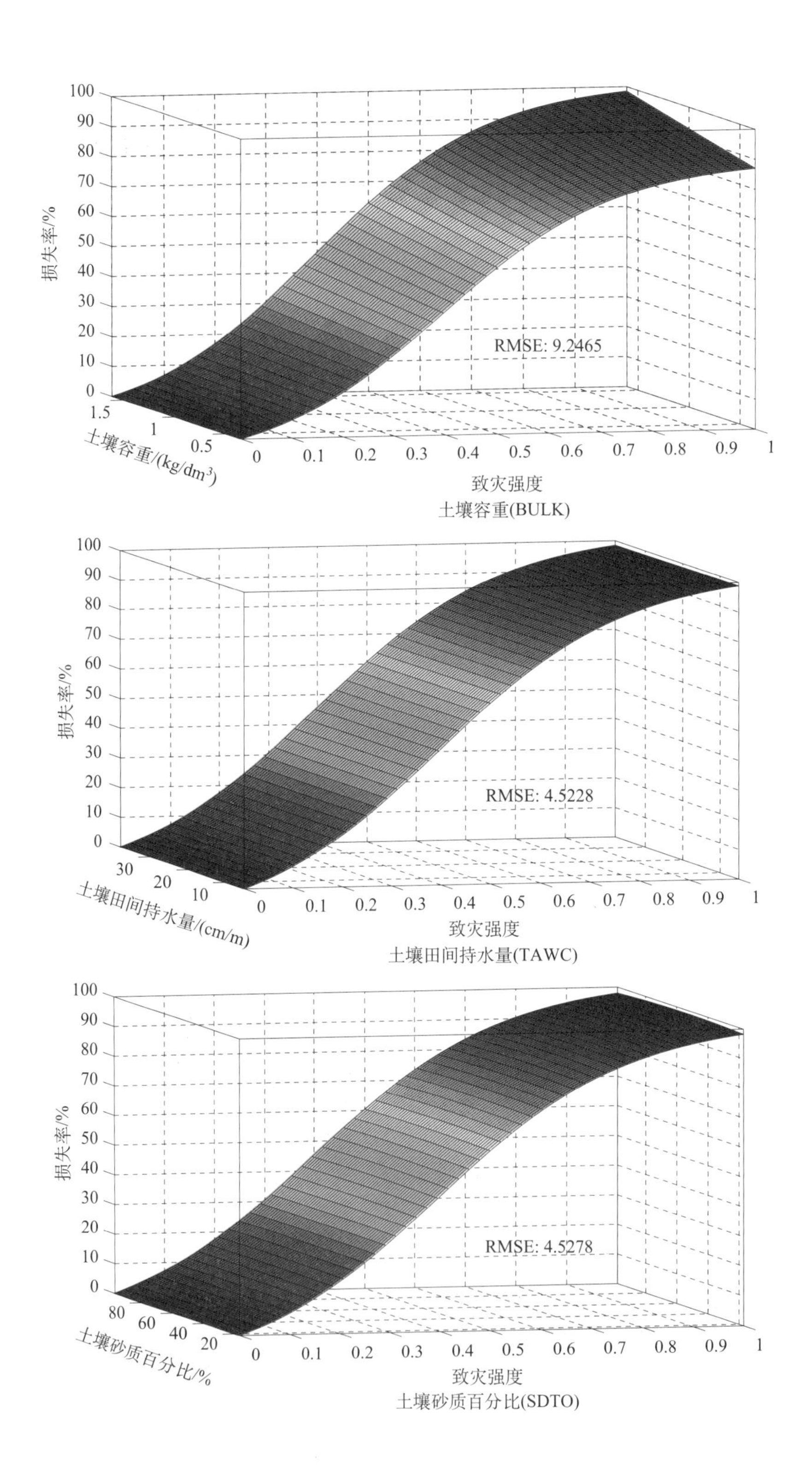
损失率/%
RMSE: 9.2465
土壤容重/(kg/dm³)
致灾强度
土壤容重(BULK)
损失率/%
RMSE: 4.5228
土壤田间持水量/(cm/m)
致灾强度
土壤田间持水量(TAWC)
损失率/%
RMSE: 4.5278
土壤砂质百分比/%
致灾强度
土壤砂质百分比(SDTO)

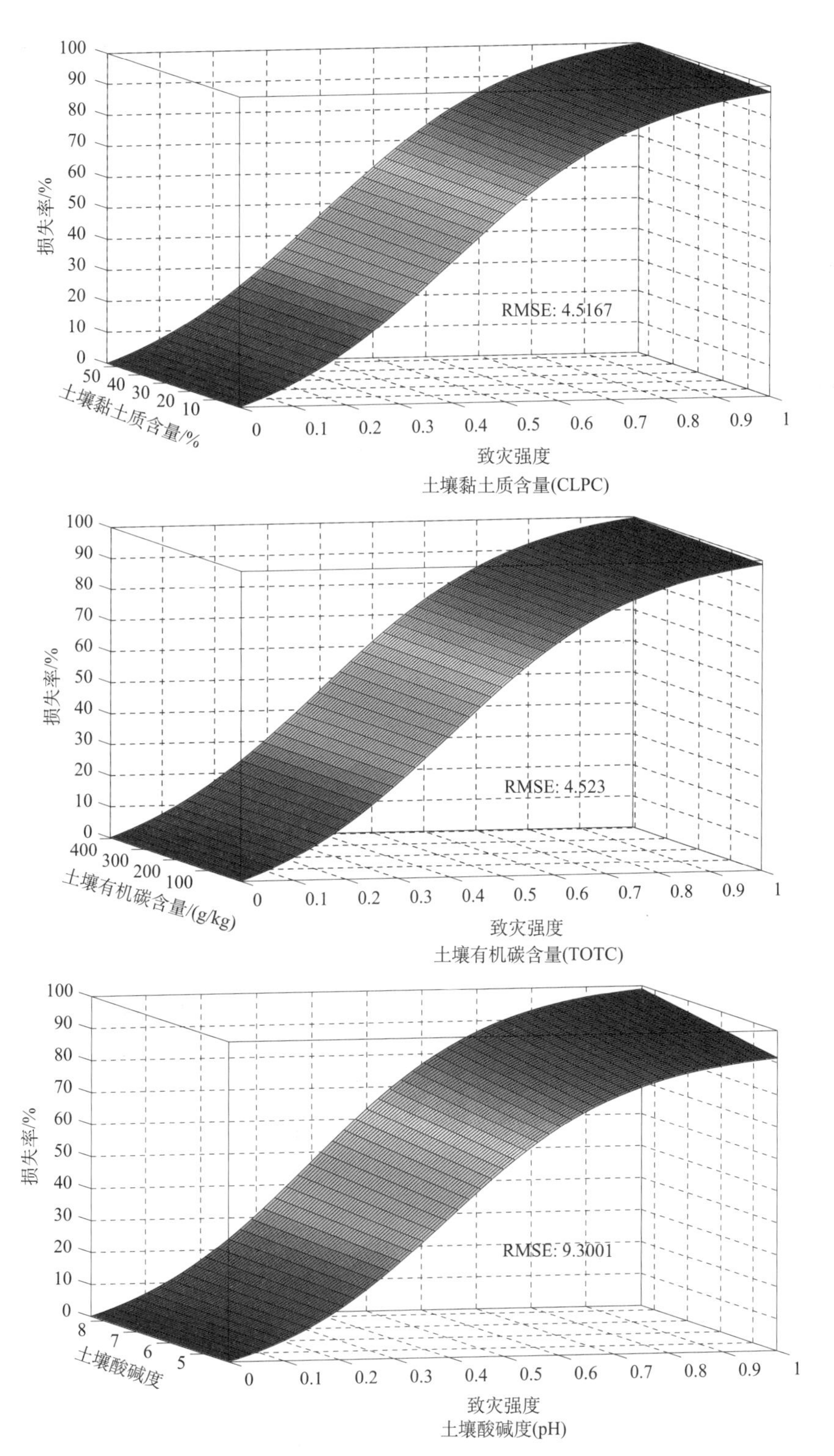

图 9-6　春小麦各孕灾环境要素脆弱性曲面

表 9-3 春小麦旱灾脆弱性曲面参数表

参数	a	b	c	d	e	f	R^2	RMSE
elevation	99.46	0.12	5.35	8.08×10^{-9}	−7252.88	98.24	0.98618	4.52127
slope	29.22	0.12	5.35	3.02×10^{-5}	−297.36	95.84	0.98619	4.52014
CFRAG	9.48	0.12	5.33	6.56×10^{-4}	−52.246	96.02	0.98613	4.52964
BULK	0.44	0.09	6.00	0.23	−18.57	3.60	0.94221	9.24655
TAWC	24.03	0.12	5.37	-2.5×10^{-5}	−204.44	99.98	0.98617	4.52278
SDTO	144.50	0.12	5.36	-4.7×10^{-4}	53.62	98.91	0.98614	4.52780
CLPC	67.53	0.12	5.38	3.7×10^{-5}	−409.16	91.84	0.98621	4.51671
TOTC	55.66	0.12	5.37	5.35×10^{-7}	−1769.34	97.05	0.98617	4.52305
pH	0.44	0.09	6.03	0.013	−63.72	31.27	0.94154	9.30010

2. 冬小麦

图 9-7 给出了冬小麦各孕灾环境要素脆弱性曲面。相同 DI 条件下，随着高程、坡度、土壤容重、土壤砂质百分比和土壤酸碱度的上升，冬小麦 LR 呈上升的趋势，且影响较为明显；随着土壤粗颗粒含量的增加，冬小麦 LR 呈先下降后上升的趋势；随着土壤田间持水量、土壤黏土质含量和土壤有机碳含量的增加，冬小麦 LR 呈明显的下降趋势，其中当 DI 达到最大时，土壤田间持水量和土壤有机碳含量的增加可能导致冬小麦 LR 有 20% 和 40% 的下降。

表 9-4 给出了冬小麦旱灾脆弱性曲面参数表。冬小麦各孕灾环境要素旱灾脆弱性曲面拟合优度最高的是土壤粗颗粒含量作为环境指标时构建的曲面，R^2 达到 0.97471，RMSE 为 6.00114。其次是土壤容重和土壤砂质百分比等，坡度是各环境要素中拟合优度最低的，R^2 为 0.90339，RMSE 约为 11.73。

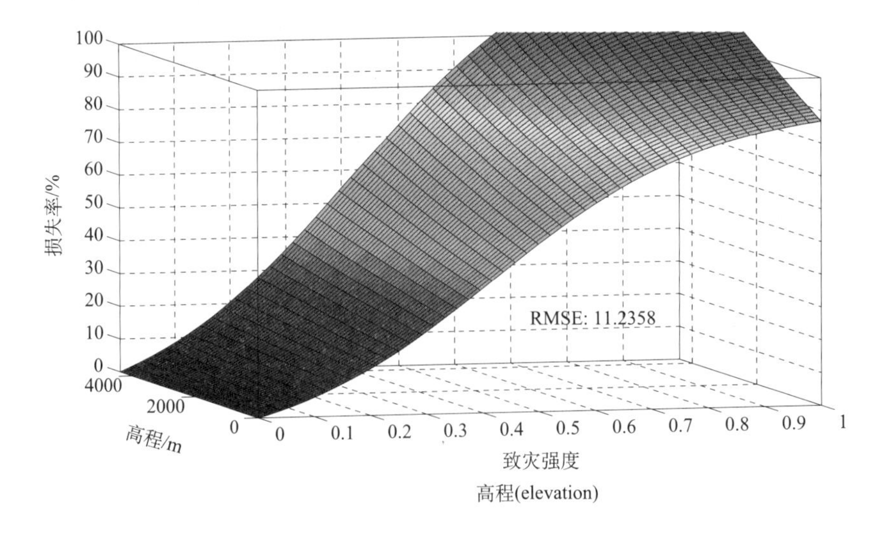

高程(elevation)

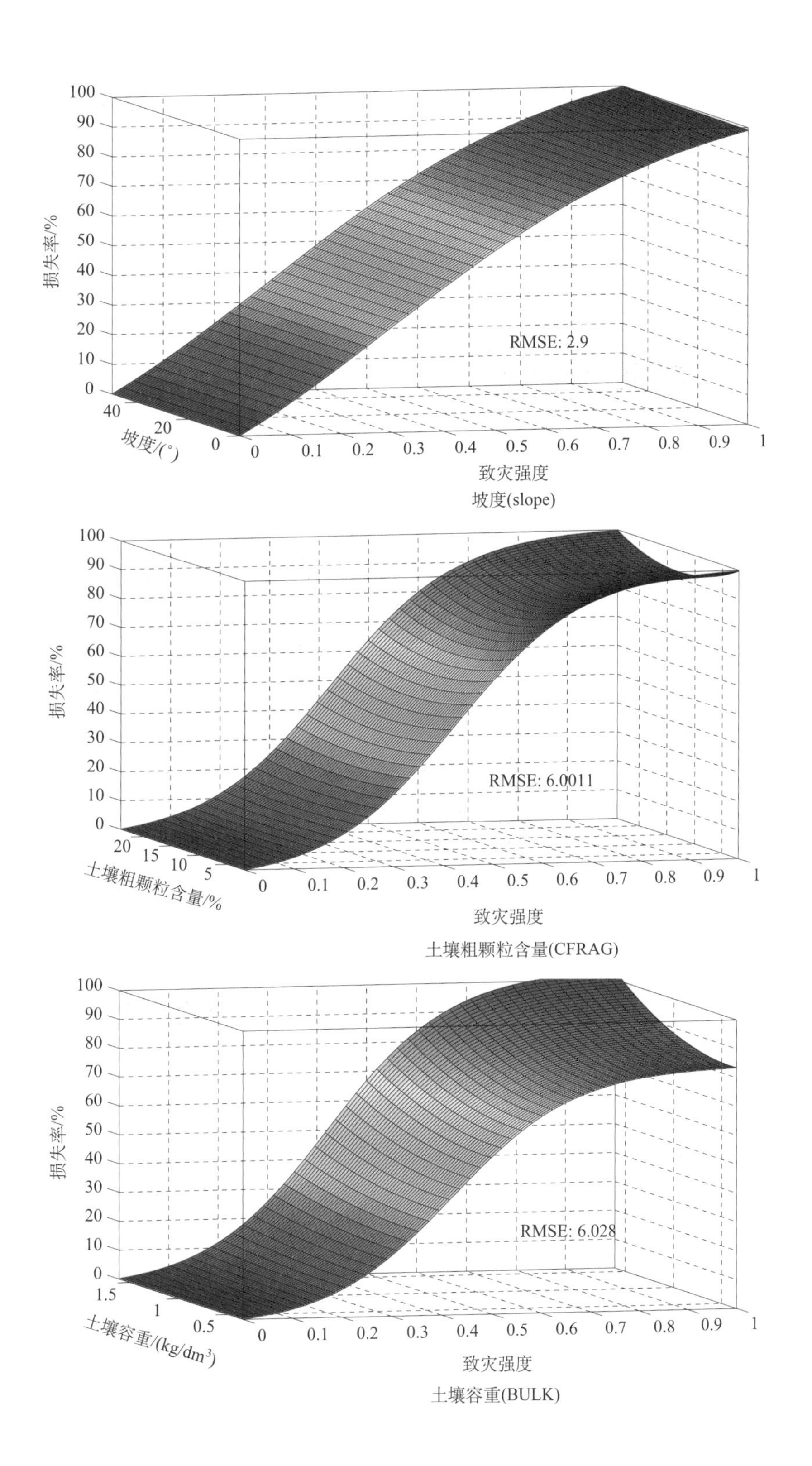

100
90
80
70
60
50
40
30
20
10
0
损失率/%
40
20
0
坡度/(°)
0
0.1
0.2
0.3
0.4
0.5
0.6
0.7
0.8
0.9
1
致灾强度
RMSE: 2.9
坡度(slope)
损失率/%
20
15
10
5
土壤粗颗粒含量/%
致灾强度
RMSE: 6.0011
土壤粗颗粒含量(CFRAG)
损失率/%
1.5
1
0.5
土壤容重/(kg/dm3)
致灾强度
RMSE: 6.028
土壤容重(BULK)

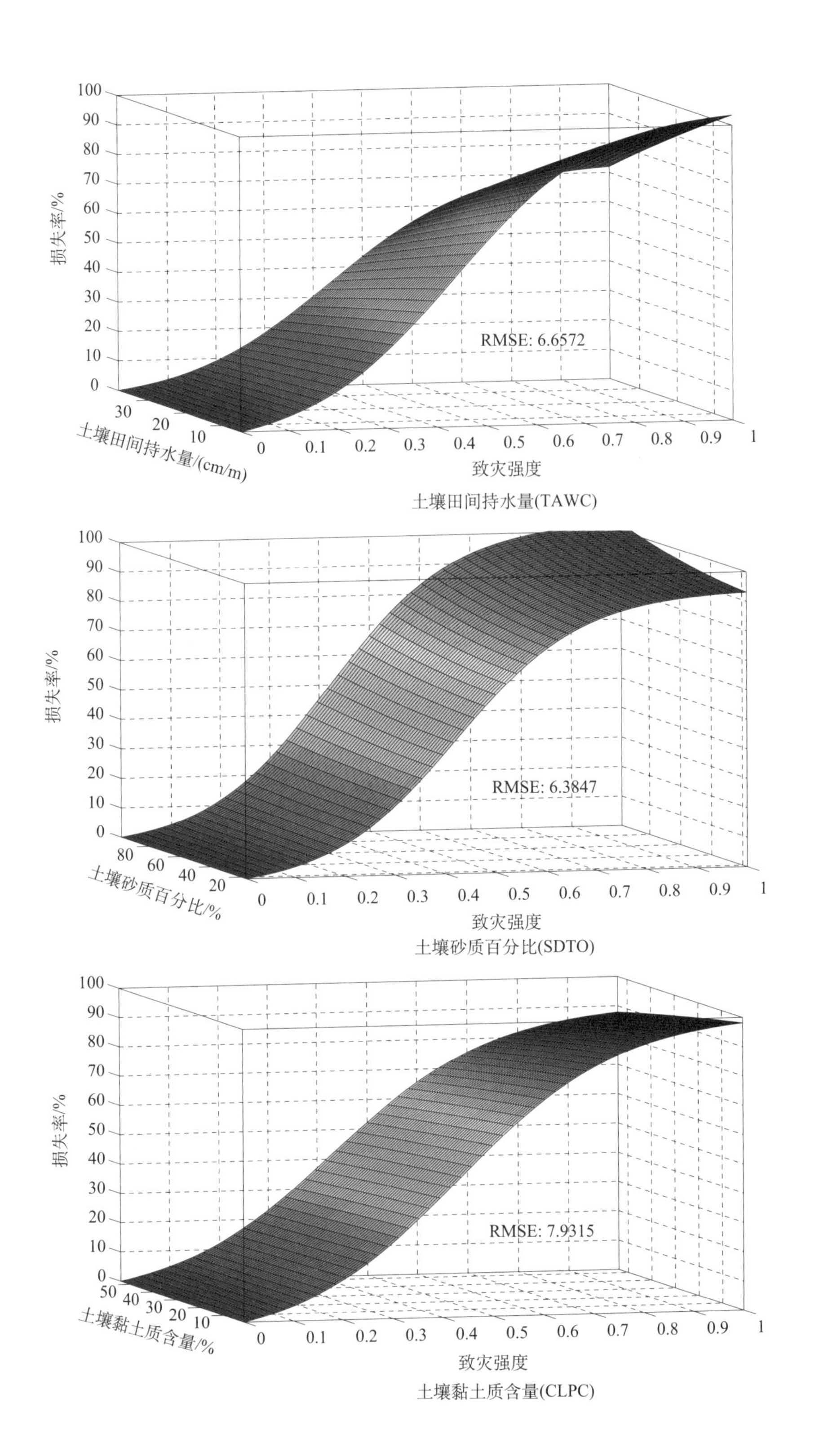

100
90
80
70
60
50
40
30
20
10
0
损失率/%
RMSE: 6.6572
30
20
10
土壤田间持水量/(cm/m)
0 0.1 0.2 0.3 0.4 0.5 0.6 0.7 0.8 0.9 1
致灾强度
土壤田间持水量(TAWC)
损失率/%
RMSE: 6.3847
80
60
40
20
土壤砂质百分比/%
致灾强度
土壤砂质百分比(SDTO)
损失率/%
RMSE: 7.9315
50
40
30
20
10
土壤黏土质含量/%
致灾强度
土壤黏土质含量(CLPC)

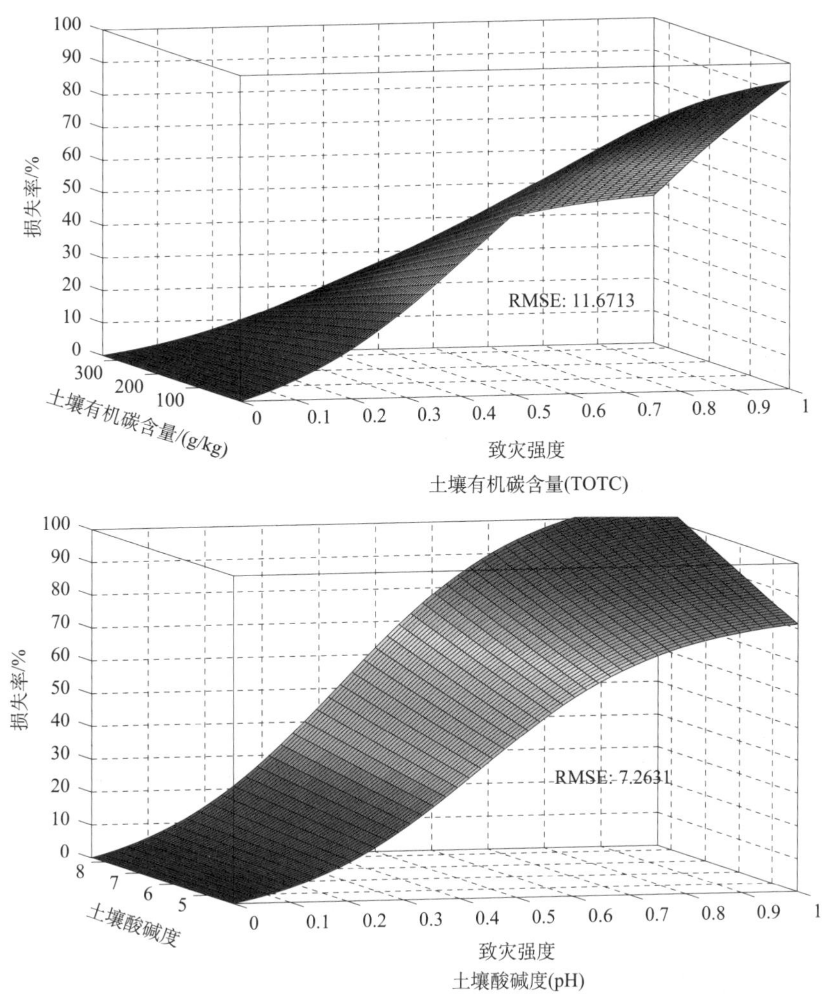

图 9-7　冬小麦各孕灾环境要素脆弱性曲面

表 9-4　冬小麦旱灾脆弱性曲面参数表

参数	a	b	c	d	e	f	R^2	RMSE
elevation	3. 46	0. 11	5. 23	2.23×10^{-7}	−17201. 1	20. 88	0. 91136	11. 2358
slope	5. 37	0. 10	5. 42	2.47×10^{-4}	−282. 01	70. 78	0. 90339	11. 7298
CFRAG	1. 97	0. 03	7. 90	0. 05944	12. 997	92. 50	0. 97471	6. 00114
BULK	−13. 56	0. 03	8. 17	0. 40848	83. 37	83. 37	0. 97449	6. 02799
TAWC	4. 13	19. 58	−6. 84	-2.8×10^{-3}	−148. 47	169. 40	0. 96888	6. 65716
SDTO	16. 24	0. 03	8. 09	9.93×10^{-4}	−0. 94	92. 77	0. 97138	6. 38466
CLPC	1. 76	0. 06	6. 30	-5.7×10^{-4}	−143. 35	109. 92	0. 95583	7. 93151
TOTC	−42. 23	0. 10	5. 44	-4.8×10^{-5}	−1350. 87	182. 82	0. 90435	11. 6713
pH	0. 44	0. 07	6. 11	0. 08	−27. 90	−5. 24	0. 96296	7. 26306

9.3.2 基于脆弱性曲面与脆弱性曲线的小麦旱灾风险评价结果比较

1. 春小麦

使用 ArcGIS 栅格计算器，用基于脆弱性曲线得到的春小麦旱灾风险图减去基于脆弱性曲面得到的春小麦旱灾风险图(期望 LR 和重现期 LR)，得到两者的差异量(图 9-8)。

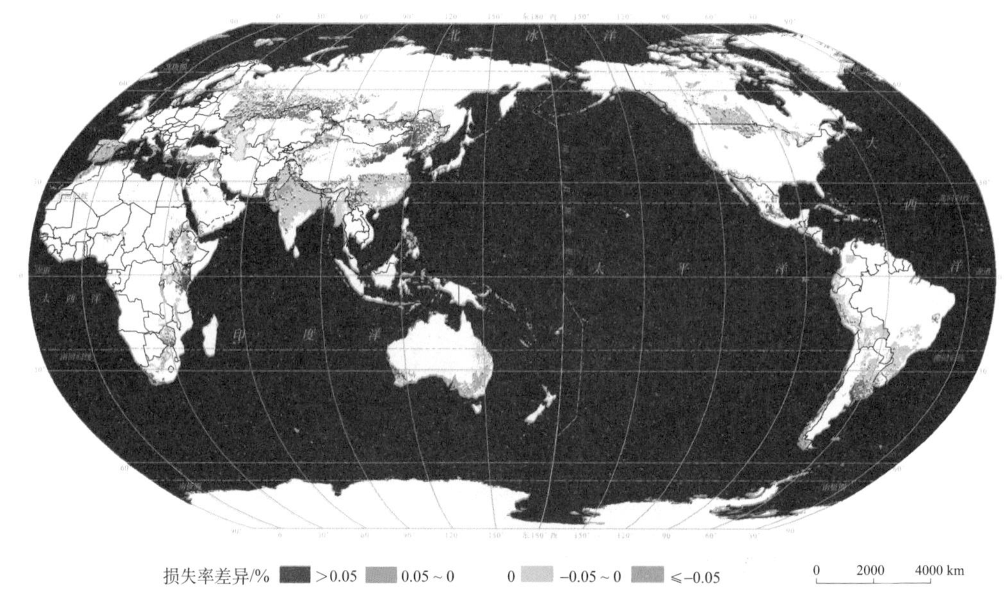

春小麦旱灾期望损失率差异

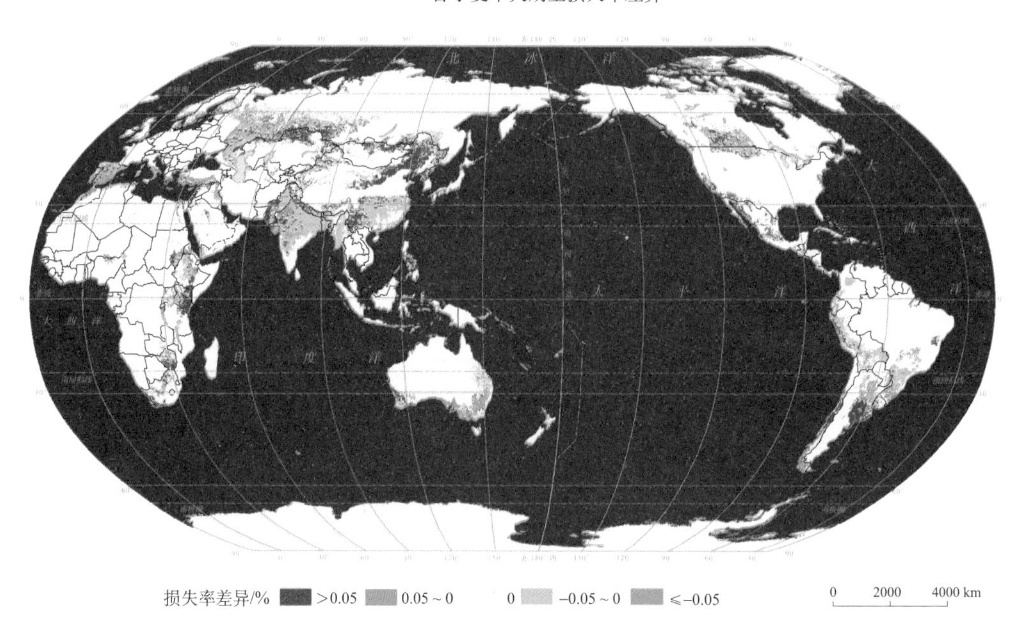

20年一遇春小麦旱灾期望损失率差异

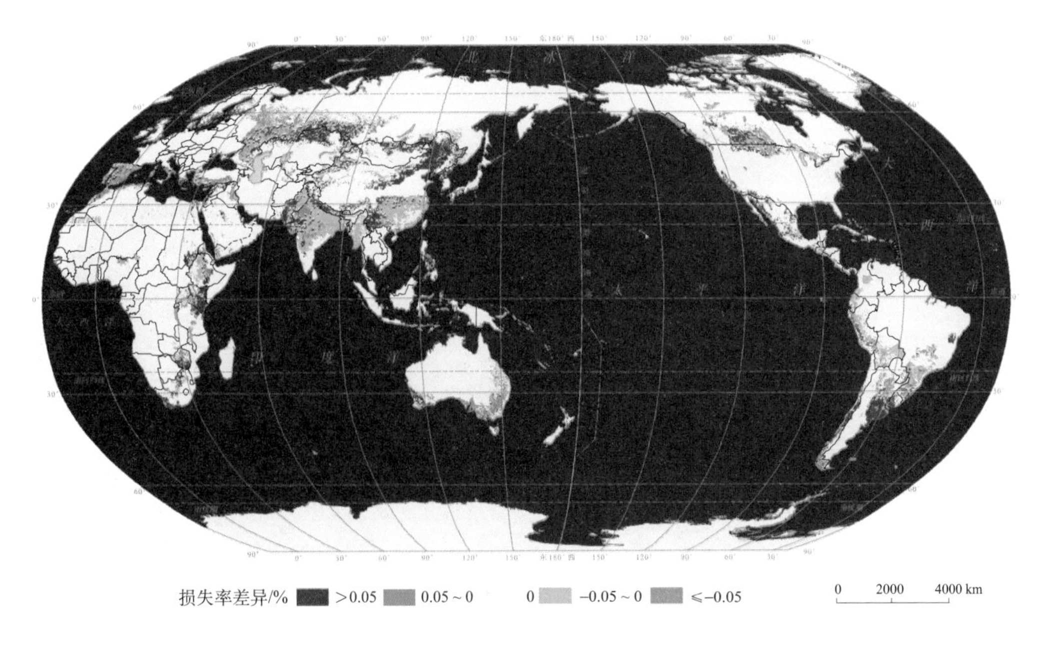

100年一遇春小麦旱灾期望损失率差异

图 9-8　基于脆弱性曲面与基于脆弱性曲线的春小麦旱灾风险评价结果的空间差异

对春小麦而言，Rs 相较于 Rc 风险值偏高的地区主要分布在亚洲南部(包括印度和中国南部)、澳大利亚东部、西班牙、北美洲美国北部和加拿大南部地区，以及南美洲巴西南部和阿根廷北部等地，这些地区基于脆弱性曲线计算得到的 LR 比基于脆弱性曲面计算得到的 LR 偏小 5%左右。而在我国东北地区至我国中部一线、巴基斯坦南部、俄罗斯与哈萨克斯坦接壤的部分地区、非洲东部的小部分区域以及南美洲阿根廷南部等地，基于脆弱性曲线计算得到的 LR 比基于脆弱性曲面计算得到的 LR 偏高 0～5%。

2. 冬小麦

使用 ArcGIS 栅格计算器，用基于脆弱性曲线得到的冬小麦旱灾风险图减去基于脆弱性曲面得到的冬小麦旱灾风险图(期望 LR 和重现期 LR)，得到两者的差异量(图 9-9)。

对冬小麦而言，Rs 相较于 Rc 风险值偏高的地区主要分布在我国华北平原东部、欧洲大部分地区、美国东部和北部等地，这些地区基于脆弱性曲面计算得到的 LR 比基于脆弱性曲线计算得到的 LR 高 0～30%。在德国北部、阿富汗部分地区、南非、美国中部等地，基于脆弱性曲面计算得到的 LR 比基于脆弱性曲线计算得到的 LR 小 5%左右。

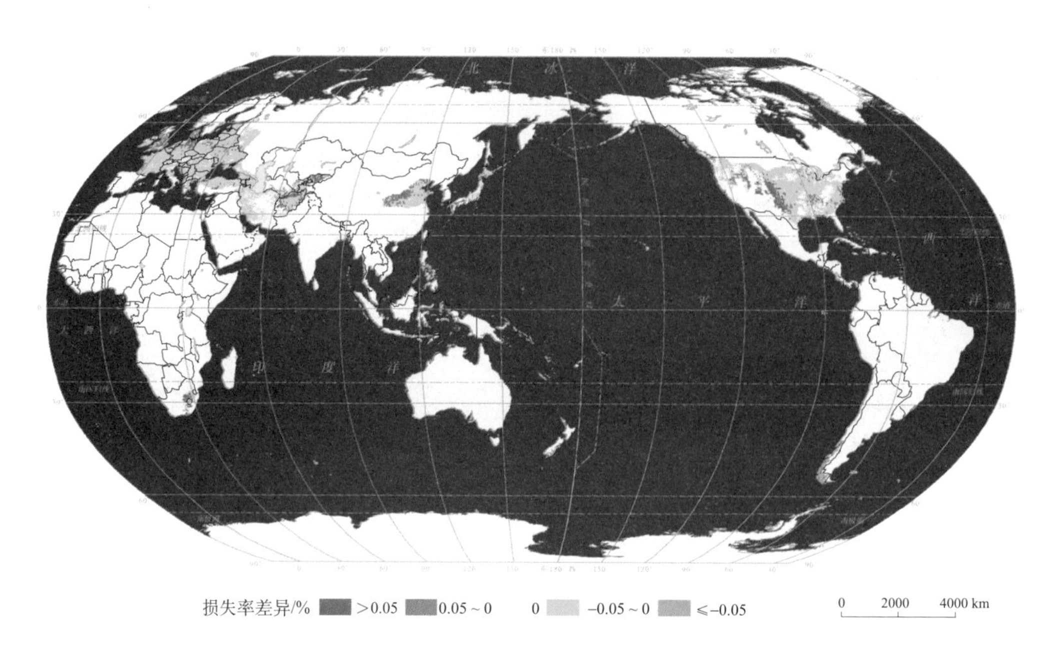

冬小麦旱灾期望损失率差异

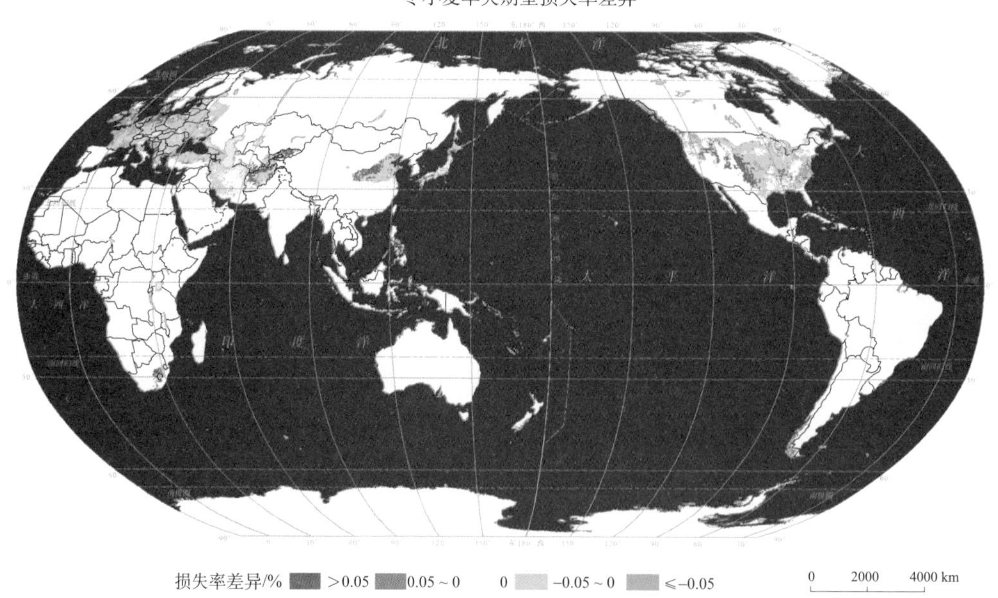

20年一遇冬小麦旱灾期望损失率差异

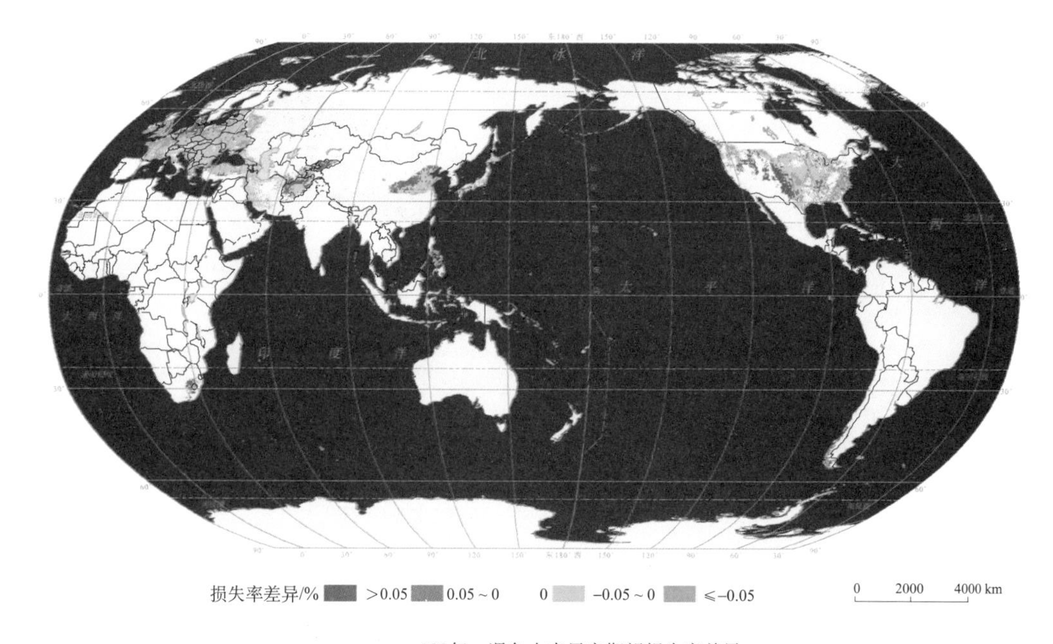

100年一遇冬小麦旱灾期望损失率差异

图 9-9　基于脆弱性曲面与基于脆弱性曲线的冬小麦旱灾风险评价结果的空间差异

9.4　水稻旱灾风险脆弱性曲面

9.4.1　世界水稻旱灾脆弱性曲面

图 9-10 给出了水稻各孕灾环境要素脆弱性曲面。相同 DI 条件下，随着高程、坡度、土壤粗颗粒含量、田间持水量和土壤砂质百分比的增大，水稻 LR 的变化不大；土壤容重和土壤酸碱度的上升，导致水稻 LR 的上升，其中，DI 达到最大时，土壤容重的上升可能导致水稻 LR 约 20% 的上升；随着土壤黏土质含量和土壤有机碳含量上升，水稻 LR 呈下降趋势，其中 DI 达到最大时，土壤有机碳含量的上升可能导致水稻 LR 约 40% 的下降。

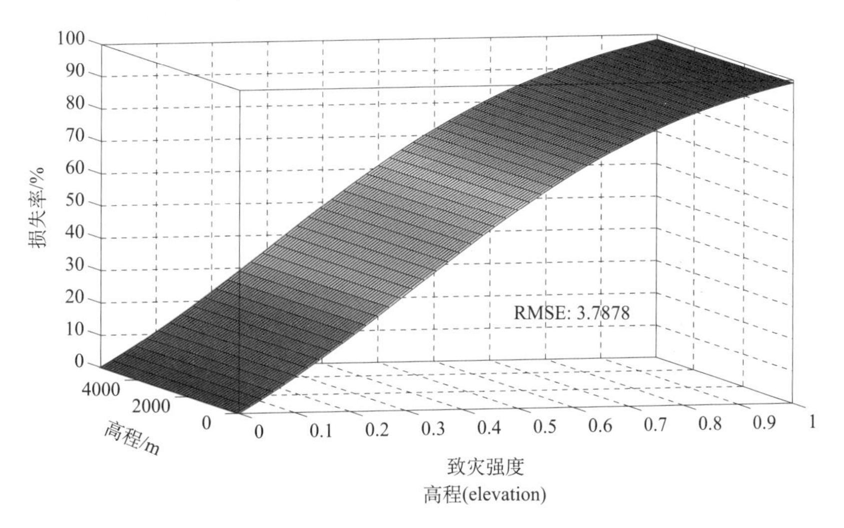

高程(elevation)

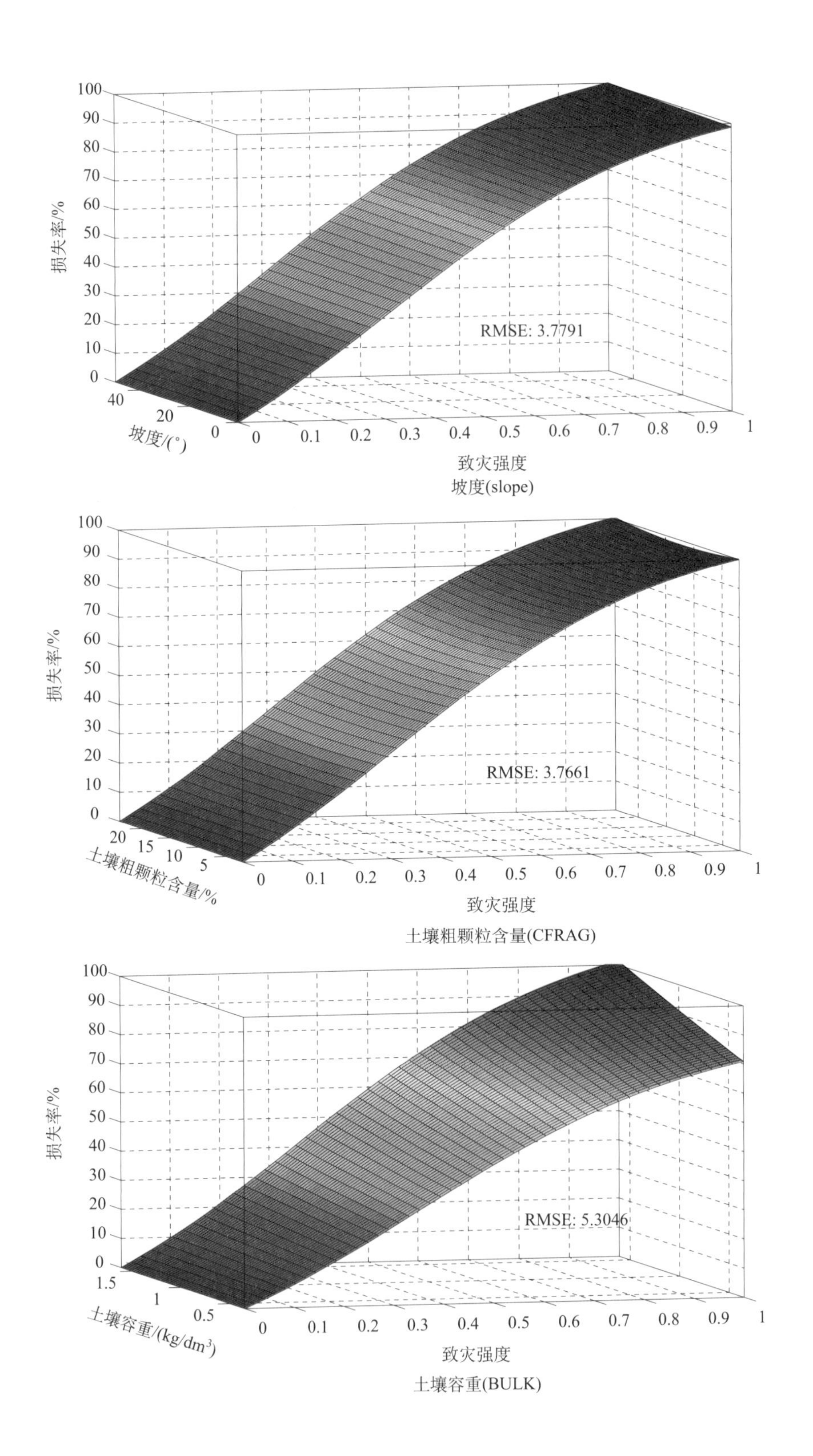

坡度(slope)

土壤粗颗粒含量(CFRAG)

土壤容重(BULK)

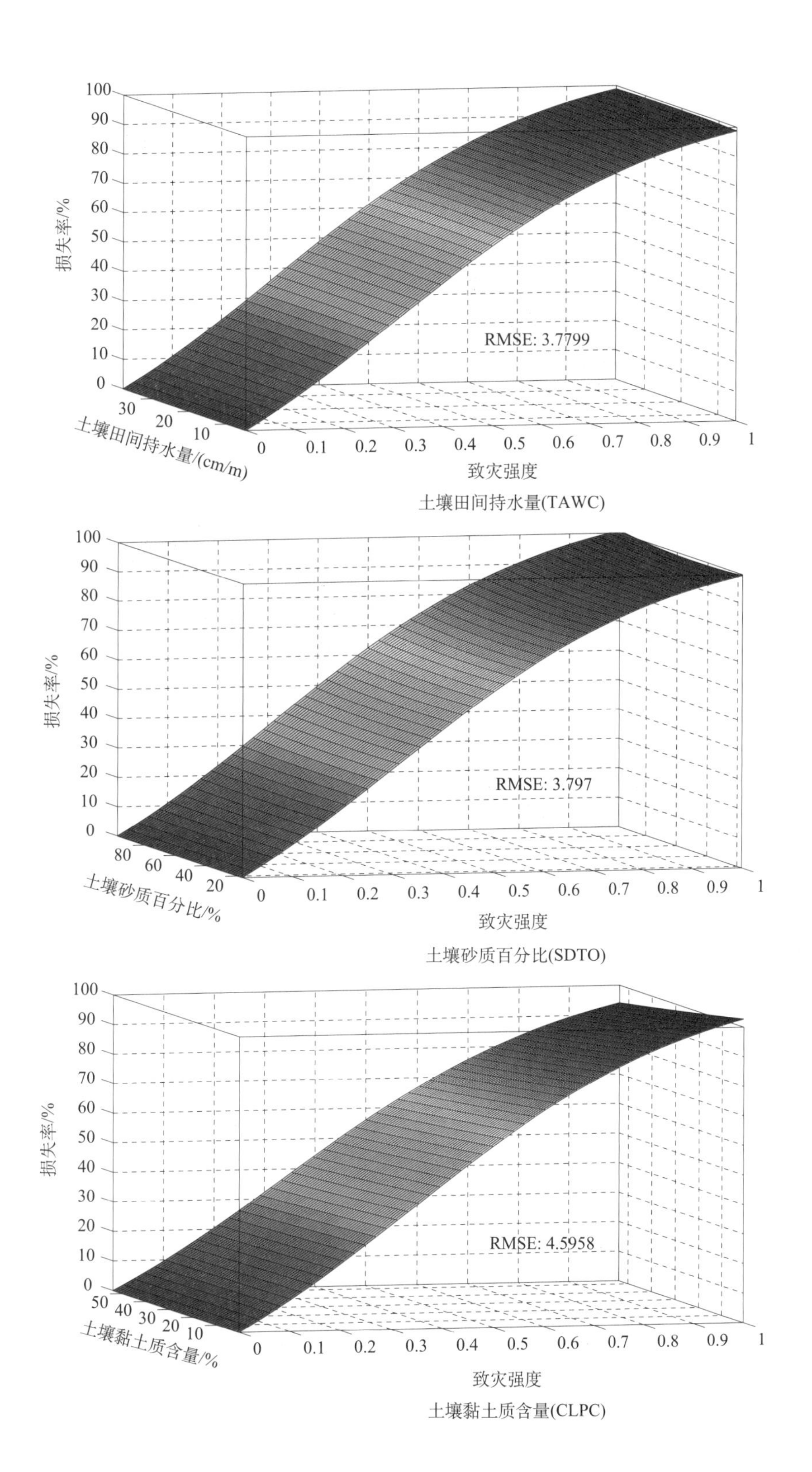

土壤田间持水量(TAWC)

土壤砂质百分比(SDTO)

土壤黏土质含量(CLPC)

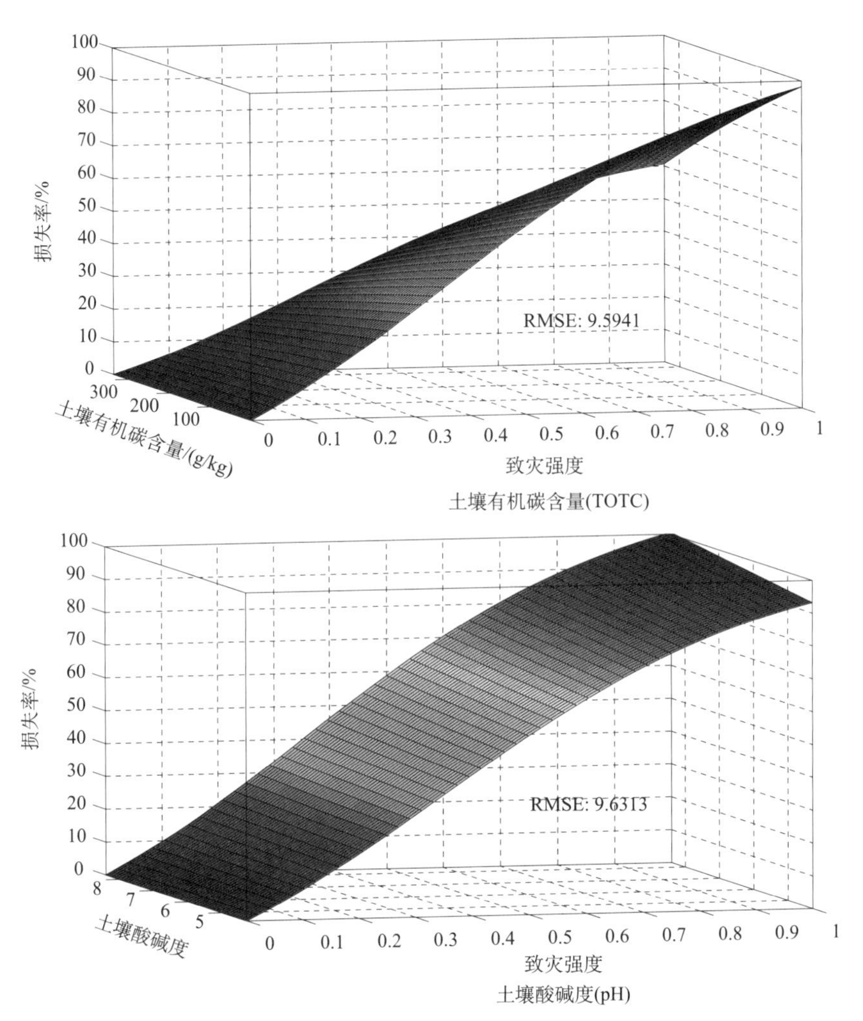

图 9-10 水稻各孕灾环境要素脆弱性曲面

表 9-5 给出了水稻旱灾脆弱性曲面参数表。水稻各孕灾环境要素旱灾脆弱性曲面拟合优度最高的是土壤粗颗粒含量作为环境指标时构建的曲面，R^2 达到 0.98978，RMSE 为 3.76611。其次是高程、坡度、土壤田间持水量、土壤砂质百分比和土壤黏土质含量等，土壤酸碱度是各环境要素中拟合优度最低的，R^2 为 0.93365，RMSE 约为 9.59。

表 9-5 水稻旱灾脆弱性曲面参数表

参数	a	b	c	d	e	f	R^2	RMSE
elevation	-122.86	0.33	3.62	-5.9×10^{-9}	-6961.45	99.42	0.98966	3.78778
slope	-7.28	0.33	3.60	3.72×10^{-5}	-328.57	94.68	0.98971	3.77913
CFRAG	-26.92	0.33	3.58	0.01	12.46	98.35	0.98978	3.76611
BULK	0.44	0.28	3.54	0.76	-9.74	3.63	0.97972	5.30460
TAWC	175.99	0.33	3.61	-1.5×10^{-3}	22.67	99.25	0.98970	3.77985

续表

参数	a	b	c	d	e	f	R^2	RMSE
SDTO	−7.81	0.33	3.62	7.82×10^{-4}	48.19	98.89	0.98961	3.79701
CLPC	11.30	0.31	3.48	2.78×10^{-4}	321.76	74.08	0.98477	4.59576
TOTC	−33.19	0.28	3.54	-4.5×10^{-5}	−1083.45	150.72	0.93365	9.59414
pH	0.44	0.29	3.49	0.01	−65.76	33.08	0.93313	9.63133

9.4.2　基于脆弱性曲面与脆弱性曲线的水稻旱灾风险评价结果比较

使用 ArcGIS 栅格计算器，用基于脆弱性曲线得到的水稻旱灾风险图减去基于脆弱性曲面得到的水稻旱灾风险图(期望 LR 和重现期 LR)，得到两者的差异量(图 9-11)。

对水稻而言，Rs 相较于 Rc 风险值偏高的地区主要分布在亚洲东部和南部，包括我国东北和东南地区、印度、马来西亚、非洲大部分地区、南美洲巴西等地，基于脆弱性曲面计算得到的 LR 与基于脆弱性曲线的计算结果相比高 15%左右。在西班牙、土耳其、澳大利亚东南部、巴西东部等地区，基于脆弱性曲面计算出的 LR 较基于脆弱性曲线计算出的 LR 低，差值为 0～6%不等。

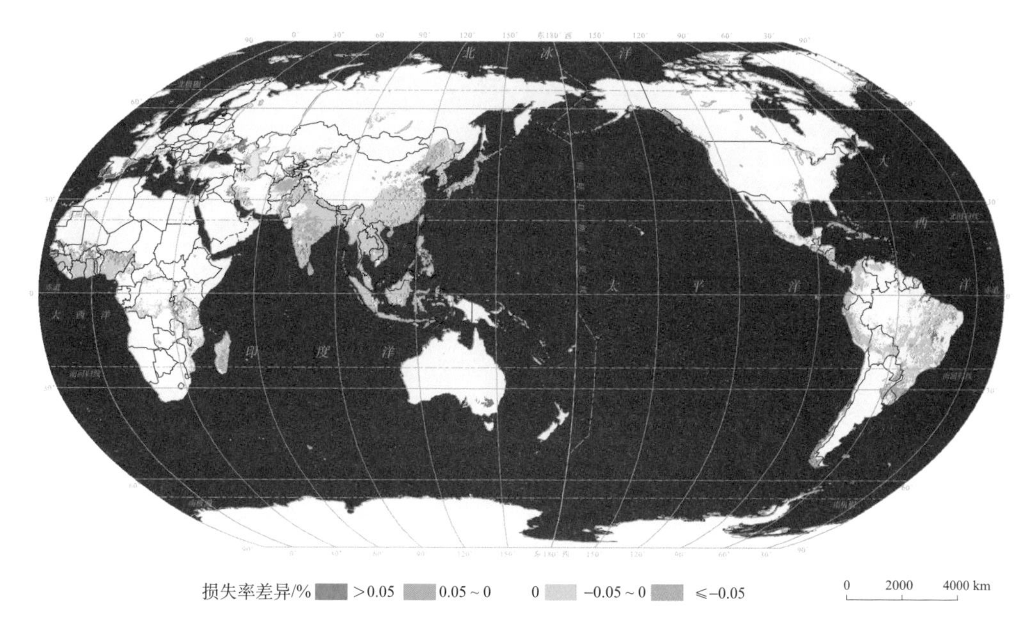

水稻旱灾期望损失率差异

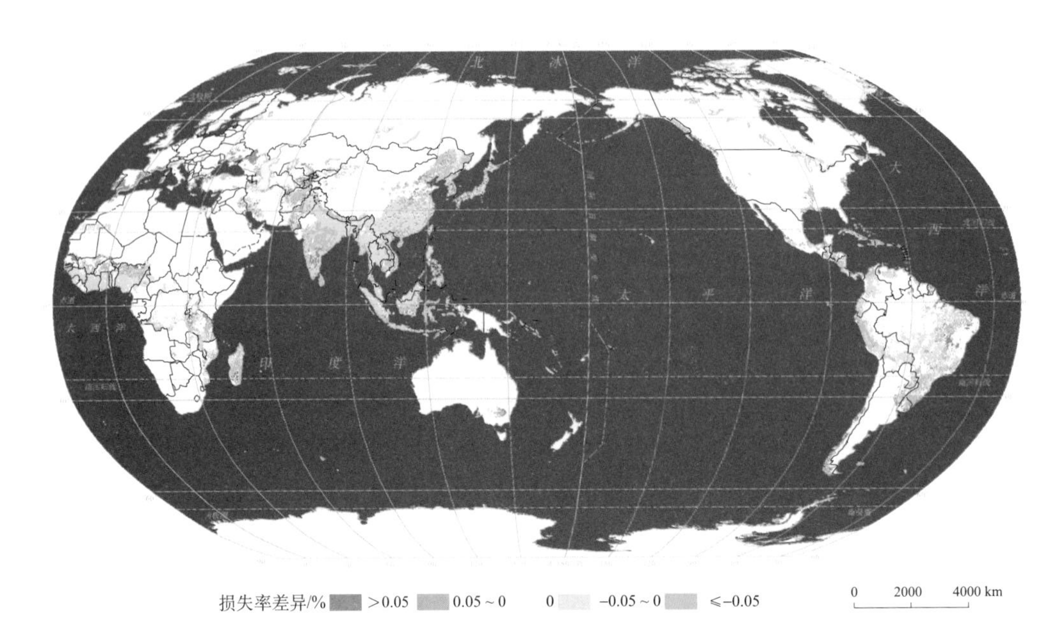

20年一遇水稻旱灾期望损失率差异

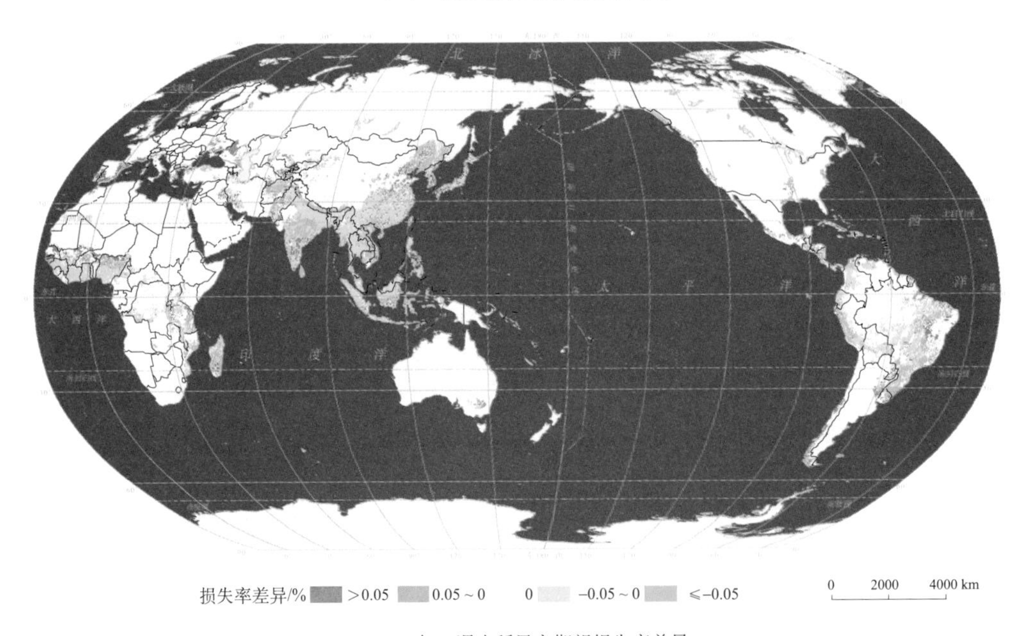

100年一遇水稻旱灾期望损失率差异

图 9-11　基于脆弱性曲面与基于脆弱性曲线的水稻旱灾风险评价结果的空间差异

9.5 本章小结

灾害脆弱性曲面是将孕灾环境的空间位置差异与脆弱性曲线相结合形成的区域脆弱性表达方式。本章基于 Spatial EPIC 模型，通过控制给水量生成不同强度的干旱及对应的产量损失，获取不同孕灾环境条件下〈LR-DI-孕灾环境〉组合样本。基于趋势面分析法，选择两个地理环境要素(高程和坡度)和七个土壤属性要素(粗颗粒含量、砂质百分比、田间持水量、有机碳量、黏土质含量、密度、pH)为孕灾环境指标，分别构建了玉米、春小麦、冬小麦和水稻的旱灾脆弱性曲面。土壤粗颗粒含量是玉米、冬小麦和水稻旱灾脆弱性最敏感的孕灾环境指标；土壤黏土质含量是春小麦旱灾脆弱性最敏感的孕灾环境指标。

相对于基于灾害脆弱性曲线计算的风险，基于灾害脆弱性曲面计算的风险中，玉米旱灾风险增加区主要位于亚洲东部和南部、非洲南部、南美洲北部、美国东部以及墨西哥等地；春小麦旱灾风险增加区主要位于亚洲南部(包括印度和中国南部)、澳大利亚东部、西班牙、北美洲的美国北部和加拿大南部地区，以及南美洲巴西南部和阿根廷北部等地；冬小麦旱灾风险增加区主要分布在中国华北平原东部、欧洲大部分地区、美国东部和北部等地；水稻旱灾风险增加区主要分布在亚洲东部和南部，包括我国东北和东南地区、印度、马来西亚等地、非洲大部分地区，以及南美洲巴西等地。

参 考 文 献

《第二次气候变化国家评估报告》编写委员会. 2011. 第二次气候变化国家评估报告. 北京：科学出版社.

陈敏鹏，林而达. 2010. 代表性浓度路径情景下的全球温室气体减排和对中国的挑战. 气候变化研究进展，6(6)：436-442.

陈萍，陈晓玲. 2011. 鄱阳湖生态经济区农业系统的干旱脆弱性评价. 农业工程学报，27(8)：8-13.

陈玉民. 1995. 中国主要作物需水量与灌溉. 北京：中国水利水电出版社.

春亮，杨桂霞，辛晓平，等. 2007. 利用EPIC模型模拟北京春播紫花苜蓿的当年生长. 华北农学报，22(S1)：163-166.

崔欣婷，苏筠. 2005. 小空间尺度农业旱灾承灾体脆弱性评价初探——以湖南省常德市鼎城区双桥坪镇为例. 地理与地理信息科学，21(3)：80-83.

丁声俊. 2009. 干旱灾害与粮食安全. 中国食物与营养，(4)：4-6.

范泽孟，岳天祥，陈传法，等. 2011. 中国气温未来情景的降尺度模拟. 地理研究，30(11)：2043-2051.

符淙斌，马柱国. 2008. 全球变化与区域干旱化. 大气科学，32(4)：752-760.

各国议会联盟，联合国国际减灾战略. 2010. 减轻灾害风险：一个实现千年发展目标的工具(议员宣传手册). 瑞士日内瓦：各国议会联盟，联合国国际减灾战略.

龚宇，花家嘉，陈昱，等. 2008. 唐山地区种植业干旱灾害特征及模糊风险评估. 中国农学通报，24(8)：435-438.

郭庆法，王庆成，汪黎明. 2004. 中国玉米栽培学. 上海：上海科学技术出版社.

国家防汛抗旱总指挥部，中华人民共和国水利部. 2013. 中国水旱灾害公报2012. 北京：中国水利水电出版社.

何川，刘功智，任智刚，等. 2010. 国外灾害风险评估模型对比分析. 中国安全生产科学技术，6(5)：148-153.

何飞. 2010. 区域农业旱灾系统研究——以湖南蒸水流域水稻旱灾为例. 北京：北京师范大学博士学位论文.

何艳芬，张柏，刘志明. 2008. 农业旱灾及其指标系统研究. 干旱地区农业研究，26(5)：239-244.

何宗宜. 1995. 用信息论方法确定地图分级. 四川测绘，18(1)：18-22.

胡云锋，徐芝英，刘越，等. 2013. 地理空间数据的尺度转换. 地球科学进展，28(3)：297-304.

黄崇福. 1999. 自然灾害风险分析的基本原理. 自然灾害学报，8(2)：21-30.

黄清华，张万昌. 2010. SWAT模型参数敏感性分析及应用. 干旱区地理，33(1)：8-15.

贾慧聪，王静爱，潘东华，等. 2011. 基于EPIC模型的黄淮海夏玉米旱灾风险评价. 地理学报，66(5)：643-652.

贾慧聪，王静爱，岳耀杰，等. 2009. 冬小麦旱灾风险评价的指标体系构建及应用——基于2009年北方春旱野外实地考察的认识. 灾害学，24(4)：20-25.

贾慧聪. 2010. 中国玉米旱灾风险评价. 北京：北京师范大学博士学位论文.

姜志伟，陈仲新，周清波，等. 2011. CERES-Wheat作物模型参数全局敏感性分析. 农业工程学报，27(1)：236-242.

李彩霞，马三力. 2006. 小麦的需水规律. 农业与技术，25(4)：68-69.

李鹤，张平宇，程叶青. 2008. 脆弱性的概念及其评价方法. 地理科学进展，27(2)：18-25.

李素菊. 2015. 世界减灾大会：从横滨到仙台. 中国减灾，(7)：34-37.

李小建. 2005. 经济地理学研究中的尺度问题. 经济地理，25(4)：433-436.

李星敏，杨文峰，高蓓，等. 2007. 气象与农业业务化干旱指标的研究与应用现状. 西北农林科技大学学报：自然科学版，35(7)：111-116.

李玉中，程延年，安顺清. 2003. 北方地区干旱规律及抗旱综合技术. 北京：中国农业科学技术出版社.

李原园，Sayers P，沈福新. 2012. 现代洪水风险管理. 北京：中国水利水电出版社.

廖克. 2002. 地学信息图谱的探讨与展望. 地球信息科学，(1)：14-20.

林德根. 2013. 未来旱灾情景下世界水稻产量模拟研究. 金华：浙江师范大学硕士学位论文.

刘刚. 2013. 基于层次分析法的社区灾害风险脆弱性评价. 兰州大学学报：社会科学版，41(4)：102-108.

刘荣花. 2008. 河南省冬小麦旱灾风险分析与评估技术研究. 南京：南京信息工程大学博士学位论文.

刘新立，黄崇福，史培军. 1998. 对不完备样本下风险分析方法的改进及应用——以湖南省农村种植业水灾为例. 自然灾害学报，7(2)：10-16.
刘宗元，张建平，罗红霞，等. 2014. 基于农业干旱参考指数的西南地区玉米干旱时空变化分析. 农业工程学报，30(2)：105-115.
刘祖贵，孙景生，张寄阳，等. 2008. 不同时期干旱对强筋小麦产量与品质特性的影响. 麦类作物学报，28(5)：877-882.
鲁学军，周成虎，张洪岩，等. 2004. 地理空间的尺度-结构分析模式探讨. 地理科学进展，23(2)：107-114.
罗伯良，黄晚华，帅细弦，等. 2011. 湖南省水稻生产干旱灾害风险区划. 中国农业气象，32(3)：461-465.
明晓东，徐伟，刘宝印，等. 2013. 多灾种风险评估研究进展. 灾害学，28(1)：126-132.
农业部种植业管理司. 2004. 中国玉米品质区划及产业布局. 北京：中国农业出版社.
潘东华，王静爱，王瑛，等. 2010. 基于图层约束的自然灾害风险制图综合初探——以西北干旱区为例. 干旱区研究，(1)：13-19.
秦大河，丁一汇，苏纪兰，等. 2005. 中国气候与环境演变评估(Ⅰ)：中国气候与环境变化及未来趋势. 气候变化研究进展，1(1)：4-9.
秦大河. 2009. 气候变化与干旱. 科技导报，(11)：3-3.
商彦蕊，史培军. 1998. 人为因素在农业旱灾形成过程中所起作用的探讨：以河北省旱灾脆弱性为例. 自然灾害学报，7(4)：35-43.
石勇. 2010. 灾害情景下城市脆弱性评估研究——以上海市为例. 上海：华东师范大学博士学位论文.
史德明. 1996. 中国水土流失及其对旱涝灾害的影响. 自然灾害学报，5(2)：36-46.
史培军. 2002. 三论灾害研究的理论与实践. 自然灾害学报，11(3)：1-9.
史培军. 2005. 四论灾害系统研究的理论与实践. 自然灾害学报，14(6)：1-7.
史培军. 2011. 中国自然灾害风险地图集. 北京：科学出版社.
史培军. 2015. 仙台框架：未来15年世界减灾指导性文件. 中国减灾，(7)：30-33.
史培军，湖涛，王静爱，等. 1993. 内蒙古自然灾害系统研究. 北京：海洋出版社.
史培军，邵利铎，赵智国，等. 2007. 论综合灾害风险防范模式——寻求全球变化影响的适应性对策. 地学前缘，14(6)：43-53.
孙景生，肖俊夫，段爱旺，等. 1999. 夏玉米耗水规律及水分胁迫对其生长发育和产量的影响. 玉米科学，7(2)：45-48+51.
孙可可，陈进，许继军，等. 2013. 基于EPIC模型的云南元谋水稻春季旱灾风险评估方法. 水利学报，44(11)：1326-1332.
唐明. 2008. 旱灾风险分析的理论探讨. 中国防汛抗旱，(1)：38-40.
王翠玲，宁方贵，张继权，等. 2011. 辽西北玉米不同生长阶段干旱灾害风险阈值的确定. 灾害学，26(1)：43-47.
王积全，李维德. 2007. 基于信息扩散理论的干旱区农业旱灾风险分析——以甘肃省民勤县为例. 中国沙漠，27(5)：826-830.
王劲松，郭江勇，周跃武，等. 2007. 干旱指标研究的进展与展望. 干旱区地理，30(1)：60-65.
王静爱，史培军，王瑛，等. 2003. 基于灾害系统论的《中国自然灾害系统地图集》编制. 自然灾害学报，12(4)：1-8.
王密侠，马成军. 1998. 农业干旱指标研究与进展. 干旱地区农业研究，16(3)：119-124.
王平，史培军. 2000. 中国农业自然灾害综合区划方案. 自然灾害学报，9(4)：16-23.
王志强，方伟华，史培军，等. 2010. 基于自然脆弱性的中国典型小麦旱灾风险评价. 干旱区研究，27(1)：6-12.
王志强. 2008. 基于自然脆弱性评价的中国小麦旱灾风险研究. 北京：北京师范大学博士学位论文.
吴金栋，王馥棠. 1998. 气候变化情景生成技术研究综述. 气象，24(2)：3-8.
肖笃宁. 1999. 论现代景观科学的形成与发展. 地理科学，19(4)：379-384.
谢应齐. 1993. 关于干旱指标的研究. 自然灾害学报，2(2)：55-62.
徐春达，高晓飞. 2003. 作物生产潜力模型在中国的应用. 干旱区资源与环境，17(6)：108-112.
薛昌颖，霍治国，李世奎，等. 2003. 华北北部冬小麦干旱和产量灾损的风险评估. 自然灾害学报，12(1)：131-139.
闫岩，柳钦火，刘强，等. 2006. 基于遥感数据与作物生长模型同化的冬小麦长势监测与估产方法研究. 遥感学报，10(5)：804-811.

杨春燕，王静爱，苏筠，等. 2005. 农业旱灾脆弱性评价——以北方农牧交错带兴和县为例. 自然灾害学报，14(6)：88-93.

尹衍雨. 2012. 主要农作物旱灾脆弱性与风险评价——以河北省邢台县为例. 北京：北京师范大学博士学位论文.

袁国富，唐登银，罗毅，等. 2000. 基于冠层温度的作物缺水研究进展. 地球科学进展，16(1)：49-54.

袁淑杰，王婷，王鹏. 2013. 四川省水稻气候干旱灾害风险研究，冰川冻土，35(4)，1036-1043.

袁文平，周广胜. 2004. 干旱指标的理论分析与研究展望. 地球科学进展，18(6)：982-991.

张建松. 2011. 区域农业旱灾系统脆弱性评价与风险制图——以内蒙古兴和县为例. 北京：北京师范大学博士学位论文.

张丽娟，李文亮，张冬有. 2009. 基于信息扩散理论的气象灾害风险评估方法. 地理科学，29(2)：250-254.

张强，张良，崔显成，等. 2011. 干旱监测与评价技术的发展及其科学挑战. 地球科学进展，26(7)：763-778.

张文宗，王鑫，康西言，等. 2008. 河北省玉米旱灾风险评估及区划方法. 华北农学报，23(S2)：367-372.

张晓. 1997. 中国的水土流失，水旱灾害及减灾(摘要). 中国减灾，7(2)，38-39.

赵建军. 2011. 基于气候变化的水稻旱灾风险及其保险研究. 成都：四川农业大学博士学位论文.

赵思健，张峭. 2013. 东北三省农作物洪涝时空风险评估. 灾害学，28(3)：54-60.

郑远长. 2000. 全球自然灾害概述. 中国减灾，10(1)：14-19.

中国气象局. 2013. 干旱的几种类型. http：//www. cma. gov. cn/2011xzt/20120816/2012081601_4_1_1_2/201208160101/201308/t20130809_222632. html. [2013-08-09].

中华人民共和国国家质量监督检验检疫总局，中国国家标准化管理委员会. 2006. 气象干旱等级 GB/T 20481-2006. 北京：中国标准出版社.

中华人民共和国国家质量监督检验检疫总局，中国国家标准化管理委员会. 2008. 农业干旱等级(征求意见稿).

中华人民共和国水利部. 2008. 旱情等级标准 SL 424-2008. 北京：中国水利水电出版社.

周瑶，王静爱. 2012. 自然灾害脆弱性曲线研究进展. 地球科学进展，27(4)：435-442.

周垠. 2013. 全球旱灾风险图编制——以玉米为例. 北京：北京师范大学硕士学位论文.

ADRC. 2005. Total Disaster Risk Management-Good Practices 2005. Kobe，Japan：Asian Disaster Reduction Center.

Annoni P，Brüggemann R，Saltelli A. 2011. Partial order investigation of multiple indicator systems using variance-based sensitivity analysis. Environmental Modelling & Software，26(7)：950-958.

Antwi-Agyei，P.，Fraster，E. D.，Dougill，A. J.，et al. 2012. Mapping the Vulnerability of crop production to drought in Ghana using rainfail，yield and socioeconomic data. Applied Geography，32(2)，324-334.

Barbolini M，Cappabianca F，Sailer R. 2004. Empirical estimate of vulnerability relations for use in snow avalanche risk assessment//Brebbia C. Risk Analysis IV. Southampton，UK：Wessex Institute of Technology：533-542.

Batjes N H. 2012. ISRIC-WISE derived soil properties on a 5 by 5 arc-minutes global grid (ver 1. 2). Wageningen：ISRIC-World Soil Information.

Beck M W，Shepard C C，Birkmann J，et al. 2012. World risk report 2012. Alliance Development Works in collaboration with UNU/EHS，The Nature Conservancy. Bonn：Alliance Development Works.

Bhalme H N，Mooley D A. 1981. Modification of Palmer drought index. Pune，India：Indian Institute of Tropical Meteorology.

Birkmann J. 2005. Measuring Vulnerability and Coping Capacity. Tokyo：United Nations University Press.

Birkmann J. 2006. Measuring vulnerability to promote disaster-resilient societies：Conceptual frameworks and definitions//Birkmann J. Measuring vulnerability to natural hazards：Towards disaster resilient societies. Tokyo：United Nations University Press：9-54.

Birkmann J. 2007. Risk and vulnerability indicators at different scales：applicability，usefulness and policy implications. Environmental Hazards，7(1)：20-31.

Blanc E，Sultan B. 2015. Emulating maize yields from global gridded crop models using statistical estimates. MIT Joint Program on the Science and Policy of Global Change. Cambridge，MA，USA：Massachusetts Institute of Technology.

Boken V K. 2009. Improving a drought early warning model for an arid region using a soil-moisture index. Applied Geography，29(3)：402-408.

Brown L R. 1995. Who will feed China? Washington，D. C.：World Watch Institute.

Bryant E A. 1991. Natural Hazards. Cambridge, UK: Cambridge University Press.

Campolongo F, Saltelli A, Cariboni J. 2011. From screening to quantitative sensitivity analysis. A unified approach. Computer Physics Communications, 182(4): 978-988.

Cappabianca F, Barbolini M, Natale L. 2008. Snow avalanche risk assessment and mapping: A new method based on a combination of statistical analysis, avalanche dynamics simulation and empirically-based vulnerability relations integrated in a GIS platform. Cold Regions Science and Technology, 54(3): 193-205.

Charpentier A. 2008. Insurability of climate risks. The Geneva Papers on Risk and Insurance-Issues and Practice, 33(1): 91-109.

Chongfu H. 1997. Principle of information diffusion. Fuzzy Sets and Systems, 91(1): 69-90.

CIMMYT. 2005. Sounding the alarm on global stem rust: An assessment of race Ug99 in Kenya and Ethiopia and the potential for impact on neighboring regions and beyond. Expert Panel on the Stem Rust Outbreak in Eastern Africa. Mexico: CIMMYT.

Cordova P P, Deierlein G G, Mehanny S S F, et al. 2000. Development of a two-parameter seismic intensity measure and probabilistic assessment procedure//The Second US-Japan Workshop on Performance-Based Earthquake Engineering Methodology for Reinforced Concrete Building Structures: 187-206.

Crichton D. 1999. The risk triangle. Natural Disaster Management: 102-103.

Crosetto M, Tarantola S, Saltelli A. 2000. Sensitivity and uncertainty analysis in spatial modelling based on GIS. Agriculture, ecosystems & environment, 81(1): 71-79.

Crosetto M, Tarantola S. 2001. Uncertainty and sensitivity analysis: Tools for GIS-based model implementation. International Journal of Geographical Information Science, 15(5): 415-437.

Crozier M J, Glade T. 2006. Landslide hazard and risk: Issues, concepts and approach//Glade T, Anderson M G, Crozier M J. Landslide Hazard and Risk I. West Sussex, UK: Wiley: 1-40.

Dai A. 2011. Characteristics and trends in various forms of the Palmer Drought Severity Index during 1900-2008. Journal of Geophysical Research: Atmospheres (1984-2012), 116(D12).

Dai A, Trenberth K E, Qian T. 2004. A global dataset of Palmer Drought Severity Index for 1870-2002: Relationship with soil moisture and effects of surface warming. Journal of Hydrometeorology, 5(6): 1117-1130.

Dalezios N R, Blanta A, Spyropoulos N V, et al. 2014. Risk identification of agricultural drought for sustainable Agroecosystems. Natural Hazards and Earth System Science, 14(9): 2435-2448.

Davatgar N, Neishabouri M R, Sepaskhah A R, et al. 2009. Physiological and morphological responses of rice (Oryza sativa L.) to varying water stress management strategies. International Journal of Plant Production, 3(4): 19-32.

De Lotto P, Testa G. 2000. Risk assessment: A simplified approach of flood damage evaluation with the use of GIS //Interpraevent 2000. June 26-30, 2000, Villach/Osterreich, Italy.

Dickin E, Wright D. 2008. The effects of winter waterlogging and summer drought on the growth and yield of winter wheat (Triticum aestivum L.). European Journal of Agronomy, 28(3): 234-244.

Dilley M, Chen R S, Deichmann U, et al. 2005. Natural disaster hotspots: A global risk analysis(Vol. 5). Washington, D. C.: World Bank Publications. (图书)

Elagib N A. 2014. Development and application of a drought risk index for food crop yield in Eastern Sahel. Ecological Indicators, 43: 114-125.

EM-DAT: The OF DA/CRED International Disaster Database-www. emdat. be-Université catholique de Louvain-Brussels-Belgium.

EM-DAT. 2014. Natural Disasters Trends. http: //www. emdat. be/natural-disasters-trends.

Emmanuel C. 2011. Agricultural drought indices in France and Europe: Strengths, weaknesses, and limitations// Sivakumar M V K, Motha R P, Wilhite D A, et al. Agricultural Drought Indices. Proceedings of the WMO/UNISDR Expert Group Meeting on Agricultural Drought Indices, June 2-4, 2010, Murcia, Spain. Geneva: World Meteorological Organization (WMO): 83-94.

Eriyagama N, Smakhtin V, Gamage N. 2009. Mapping drought patterns and impacts: A global perspective. Colombo, Sri Lanka: International Water Management Institute (IWMI Research Report 133).

FAO. 1983. Guidelines: Land evaluation for rainfed agriculture. FAO Soils Bulletin 52. Rome: Food and Agriculture Organization (FAO).

FAO. 2013. FAO Statistical Yearbook 2013: World Food and Agriculture. Rome: Food and Agriculture Organization (FAO).

FAO, IFAD, WFP. 2013. The State of Food Insecurity in the World 2013. The multiple dimensions of food security. Rome: Food and Agriculture Organization (FAO).

FAO, WFP, IFAD. 2012. The State of Food Insecurity in the World 2012. Economic growth is necessary but not sufficient to accelerate reduction of hunger and malnutrition. Rome: Food and Agriculture Organization (FAO).

Gassman P W, Williams J R, Benson V W, et al. 2005. Historical development and applications of the EPIC and APEX models. Ames, IA, USA: Center for Agricultural and Rural Development, Iowa State University.

Guo H, Zhang X, Lian F, et al. 2016. Drought risk assessment based on vulnerability surface: a case study of maize. Sustainability, 8(8): 813.

Hao L, Zhang X, Liu S. 2012. Risk assessment to China's agricultural drought disaster in county unit. Natural hazards, 61(2): 785-801.

Hayes M J, Svoboda M D, Wilhite D A, et al. 1999. Monitoring the 1996 drought using the standardized precipitation index. Bulletin of the American Meteorological Society, 80(3): 429-438.

He B, Wu J, Lü A, et al. 2013. Quantitative assessment and spatial characteristic analysis of agricultural drought risk in China. Natural hazards, 66(2): 155-166.

Hempel S, Frieler K, Warszawski L, et al. 2013. A trend-preserving bias correction-the ISI-MIP approach. Earth System Dynamics, 4(2): 219-236.

Huang M, Gallichand J, Dang T, et al. 2006. An evaluation of EPIC soil water and yield components in the gully region of Loess Plateau, China. The Journal of Agricultural Science, 144(4): 339-348.

Hufschmidt G. 2011. A comparative analysis of several vulnerability concepts. Natural hazards, 58(2): 621-643.

Huth N I, Carberry P S, Cocks B, et al. 2008. Managing drought risk in eucalypt seedling establishment: An analysis using experiment and model. Forest ecology and management, 255(8): 3307-3317.

IDB, IDEA. 2005. Indicators of disaster risk and risk management. Programme for Latin America and the Caribbean. Summary report for World Conference on Disaster Reduction (WCDR). Manizales, Colombia: Inter-American Development Bank.

IIASA/FAO. 2012. Global Agro-ecological Zones (GAEZ v3. 0). Laxenburg, Austria: IIASA and Rome: FAO.

IPCC. 2001. Climate Change 2001: The Scientific Basis. Contribution of Working Group I to the Third Assessment Report of the Intergovernmental Panel on Climate Change. Cambridge, UK and New York: Cambridge University Press.

IPCC. 2007. Climate Change 2007: Impacts, Adaptation and Vulnerability. Contribution of Working Group II to the Fourth Assessment Report of the Intergovernmental Panel on Climate Change. Cambridge, UK and New York: Cambridge University Press.

IPCC. 2012. Managing the Risks of Extreme Events and Disasters to Advance Climate Change Adaptation. A Special Report of Working Groups I and II of the Intergovernmental Panel on Climate Change. Cambridge, UK and New York: Cambridge University Press.

IPCC. 2013. Climate Change 2013: The Physical Science Basis. Contribution of Working Group I to the Fifth Assessment Report of the Intergovernmental Panel on Climate Change. Cambridge, UK and New York: Cambridge University Press.

IPCC. 2014. Climate Change 2014: Impacts, Adaptation, and Vulnerability. Part A: Global and Sectoral Aspects. Contribution of Working Group II to the Fifth Assessment Report of the Intergovernmental Panel on Climate Change. Cambridge, UK and New York: Cambridge University Press.

Jayanthi H, Husak G J, Funk C, et al. 2014. A probabilistic approach to assess agricultural drought risk to maize in Southern Africa and millet in Western Sahel using satellite estimated rainfall. International Journal of Disaster Risk Reduction, 10(B): 490-502.

Jia H, Wang J, Cao C, et al. 2012. Maize drought disaster risk assessment of China based on EPIC model. International Journal of Digital Earth, 5(6): 488-515.

Jones P G, Thornton P K. 2003. The potential impacts of climate change on maize production in Africa and Latin America in 2055. Global environmental change, 13(1): 51-59.

Jones R, Kainuma M, Kelleher J, et al. 2007. Towards new scenarios for analysis of emissions, climate change, impacts, and response strategies: IPCC Expert Meeting Report. Noordwijkerhout, the Netherlands.

Karl T R. 1986. The sensitivity of the Palmer drought severity index and Palmer's Z-index to their calibration coefficients including potential evapotranspiration. Journal of Climate and Applied Meteorology, 25(1): 77-86.

Kogan F N. 1995. Application of vegetation index and brightness temperature for drought detection. Advances in Space Research, 15(11): 91-100.

Lamboni M, Makowski D, Lehuger S, et al. 2009. Multivariate global sensitivity analysis for dynamic crop models. Field Crops Research, 113(3): 312-320.

Lei Y, Wang J, Luo L. 2011. Drought risk assessment of China's mid-season paddy. International Journal of Disaster Risk Science, 2(2): 32-40.

Li Y, Sperry J S, Shao M. 2009. Hydraulic conductance and vulnerability to cavitation in corn (Zea mays L.) hybrids of differing drought resistance. Environmental and Experimental Botany, 66(2): 341-346.

Liu J, Wiberg D, Zehnder A J B, et al. 2007a. Modeling the role of irrigation in winter wheat yield, crop water productivity, and production in China. Irrigation Science, 26(1): 21-33.

Liu J, Williams J R, Zehnder A J B, et al. 2007b. GEPIC-modelling wheat yield and crop water productivity with high resolution on a global scale. Agricultural Systems, 94(2): 478-493.

Liu X, Zhang J, Ma D, et al. 2013. Dynamic risk assessment of drought disaster for maize based on integrating multi-sources data in the region of the northwest of Liaoning Province, China. Natural hazards, 65(3): 1393-1409.

Lv Z, Liu X, Cao W, et al. 2013. Climate change impacts on regional winter wheat production in main wheat production regions of China. Agricultural and forest meteorology, 171: 234-248.

McKee T B, Doesken N J, Kleist J. 1993. The relationship of drought frequency and duration to time scales//Proceedings of the 8th Conference on Applied Climatology. Boston, MA, USA: American Meteorological Society, 17(22): 179-183.

McQuigg J. 1954. A simple index of drought conditions. Weatherwise, 7(3): 64-67.

Meyer S J, Hubbard K G, Wilhite D A. 1993. A crop-specific drought index for corn: II. Application in drought monitoring and assessment. Agronomy Journal, 85(2): 396-399.

Ming X, Xu W, Li Y, et al. 2015. Quantitative multi-hazard risk assessment with vulnerability surface and hazard joint return period. Stochastic Environmental Research and Risk Assessment, 29(1): 35-44.

Monfreda C, Ramankutty N, Foley J A. 2008. Farming the planet: 2. Geographic distribution of crop areas, yields, physiological types, and net primary production in the year 2000. Global Biogeochemical Cycles, 22, GB1022, doi: 10.1029/2007GB002947.

Moss R H, Edmonds J A, Hibbard K A, et al. 2010. The next generation of scenarios for climate change research and assessment. Nature, 463(7282): 747-756.

Mpelasoka F, Hennessy K, Jones R, et al. 2008. Comparison of suitable drought indices for climate change impacts assessment over Australia towards resource management. International Journal of Climatology, 28(10): 1283-1292.

O'Keefe P, Westgate K, Wisner B. 1976. Taking the naturalness out of natural disasters. Nature, 260: 566-567.

Palmer W C. 1965. Meteorological drought. Research Paper No. 45. Washington, D. C.: U. S. Department of Commerce, Office of Climatology, U. S. Weather Bureau.

Palmer W C. 1968. Keeping track of crop moisture conditions, nationwide: The new crop moisture index. Weatherwise, 21(4): 156-161.

Penning-Rowsell E C, Chatterton J B. 1977. The Benefits of Flood Alleviation: A Manual of Assessment Techniques. Farnborough, UK: Saxon House.

Pogson M, Hastings A, Smith P. 2012. Sensitivity of crop model predictions to entire meteorological and soil input datasets highlights vulnerability to drought. Environmental Modelling & Software, 29(1): 37-43.

Popova Z, Kercheva M. 2005. CERES model application for increasing preparedness to climate variability in agricultural planning-risk analyses. Physics and Chemistry of the Earth, 30(1): 117-124.

Potter P, Ramankutty N, Bennett E M, et al. 2010. Characterizing the spatial patterns of global fertilizer application and manure production. Earth Interactions, 14(2): 1-22.

Qian W, Ding T, Hu H, et al. 2009. An overview of dry-wet climate variability among monsoon-westerly regions and the monsoon northernmost marginal active zone in China. Advances in Atmospheric Sciences, (26): 630-641.

Richter G M, Semenov M A. 2005. Modelling impacts of climate change on wheat yields in England and Wales: Assessing drought risks. Agricultural Systems, 84(1): 77-97.

Richter G M, Acutis M, Trevisiol P, et al. 2010. Sensitivity analysis for a complex crop model applied to Durum wheat in the Mediterranean. European Journal of Agronomy, 32(2): 127-136.

Sacks W J, Deryng D, Foley J A, et al. 2010. Crop planting dates: An analysis of global patterns. Global Ecology and Biogeography, 19(5): 607-620.

Saltelli A, Sobol I M. 1995. About the use of rank transformation in sensitivity analysis of model output. Reliability Engineering & System Safety, 50(3): 225-239.

Saltelli A, Annoni P, Azzini I, et al. 2010. Variance based sensitivity analysis of model output. Design and estimator for the total sensitivity index. Computer Physics Communications, 181(2): 259-270.

Schneider S H. 1996. Encyclopedia of climate and weather. New York: Oxford University Press.

Shahid S, Behrawan H. 2008. Drought risk assessment in the western part of Bangladesh. Natural Hazards, 46(3): 391-413.

Shi P, Xu W, Ye T, et al. 2015. World Atlas of Natural Disaster Risk. Berlin&Heidelberg, Germany: Springer.

Singh V P, Frevert D. 2002. Mathematical models of small watershed hydrology and applications. Highlands Ranch, CO, USA: Water Resources Publications, LLC.

Sivakumar M V K, Motha R P., Wilhite D A, et al. 2011. Agricultural Drought Indices. Proceedings of the WMO/UNISDR Expert Group Meeting on Agricultural Drought Indices, 2-4 June 2010, Murcia, Spain. Geneva: World Meteorological Organization (WMO).

Slocum T A, McMaster R B, Kessler F C, et al. 2009. Thematic Cartography and Geovisualization. New Jersey, NJ, USA: Prentice Hall.

Smith D I. 1994. Flood damage estimation- A review of urban stage-damage curves and loss functions. Water SA, 20(3): 231-238.

Svoboda M, Hayes M, Wood D. 2012. Standardized Precipitation Index User Guide. Geneva: World Meteorological Organization (WMO).

Svoboda M, LeComte D, Hayes M, et al. 2002. The drought monitor. Bulletin of the American Meteorological Society, 83(8): 1181-1190.

Tan G, Shibasaki R. 2003. Global estimation of crop productivity and the impacts of global warming by GIS and EPIC integration. Ecological Modelling, 168(3): 357-370.

UNDP. 2004. Reducing disaster risk: a challenge for development. New York: Bureau for Crisis Prevention and Recovery, United Nations Development Programme (UNDP).

UNISDR. 2004. International Strategy for Disaster Reduction. Living with risk: A global review of disaster reduction initiatives. Geneva: UNISDR.

UNISDR. 2009. Drought risk reduction framework and practices: Contributing to the implementation of the Hyogo Framework for Action. International Strategy for Disaster Reduction. Geneva: UNISDR.

UNISDR. 2009. Terminology on Disaster Risk Reduction. Geneva: UNISDR.

UNISDR. 2015. Making Development Sustainable: The Future of Disaster Risk Management. Global Assessment Report on Disaster Risk Reduction. Geneva: UNISDR.

USGS. 1997. Digital Elevation Model (DEM). http: //tahoe. usgs. gov/DEM. html. [2012-12-13].

Van Vuuren D P, Edmonds J, Kainuma M, et al. 2011. The representative concentration pathways: An overview. Climatic Change, 109 (1): 5-31.

Wang Z, He F, Fang W, et al. 2013. Assessment of physical vulnerability to agricultural drought in China. Natural hazards, 67(2): 645-657.

Wang Z, Song W, Li T. 2012. Combined fragility surface analysis of earthquake and scour hazards for bridge. Proceedings of 15th world conference on earthquake engineering, September 24-28, Lisbon, Portugal.

Wilhelmi O V, Wilhite D A. 2002. Assessing vulnerability to agricultural drought: A Nebraska case study. Natural Hazards, 25(1): 37-58.

Wilhite D A. 1992. Preparing for drought: A guidebook for developing countries. Nairobi, Kenya: Climate Unit, United Nations Environment Program.

Wilhite D A. 2003. Drought as a natural hazard: Concepts and definition//Wilhite D A. Drought: A Global Assessment. London: Routledge Publishers: 3-18.

Wilhite D A, Glantz M H. 1985. Understanding: The drought phenomenon: The role of definitions. Water international, 10(3): 111-120.

Williams, J R. 1995. The EPIC model//Singh V P. Computer Models of Watershed Hydrology. Highlands Ranch, CO, USA: Water Resources Publications, LLC: 909-1000.

WMO. 1986. Report on drought and countries affected by drought during 1974-1985. Geneva: World Meteorological Organization (WMO).

Woli P. 2010. Quantifying water deficit and its effect on crop yields using a simple, generic drought index. Gainesville, FL, USA, University of Florida.

Wu H, Hubbard K G, Wilhite D A. 2004. An agricultural drought risk-assessment model for corn and soybeans. International Journal of Climatology, 24(6): 723-741.

Xu C, Gertner G. 2007. Extending a global sensitivity analysis technique to models with correlated parameters. Computational Statistics & Data Analysis, 51(12): 5579-5590.

Xu X, Ge Q, Zheng J, et al. 2013. Agricultural drought risk analysis based on three main crops in prefecture-level cities in the monsoon region of east China. Natural hazards, 66(2): 1257-1272.

Yamoaha C F, Walters D T, Shapiro C A, et al. 2000. Standardized precipitation index and nitrogen rate effects on crop yields and risk distribution in maize. Agriculture, Ecosystems and Environment, 80(1): 113-120.

Yin Y, Tang Q, Liu X. 2015. A multi-model analysis of change in potential yield of major crops in China under climate change. Earth System Dynamics, 6(1): 45-59.

Yin Y, Zhang X, Lin D, et al. 2014. GEPIC-V-R model: A GIS-based tool for regional crop drought risk assessment. Agricultural Water Management, 144: 107-119.

You Q, Min J, Fraedrich K, et al. 2014. Projected trends in mean, maximum, and minimum surface temperature in China from simulations. Global and Planetary Change, 112: 53-63.

Zhang J. 2004. Risk assessment of drought disaster in the maize-growing region of Songliao Plain, China. Agriculture, ecosystems & environment, 102(2): 133-153.

Zhang X, Guo H, Wang R, et al. 2017. Identification of the most sensitive parameters of winter wheat on a global scale for use in the EPIC modoel. Agronomy Journal, 109: 1-13.

Zhao H, Gao G, Yan X, et al. 2012. Risk assessment of agricultural drought using the CERES-Wheat model: A case study of Henan Plain, China. Climate Research, 50(2): 247. Burlington, MA, USA: Morgan Kaufmann Publishers.

Zhou Y, Wang J, Zhou Y, et al. 2011. Automatic classification and coloring of integrated natural disaster risk map under the constraint of layers. The 3rd International Conference on Information Science and Engineering (ICISE 2011), September 29- October 1, 2011, Yangzhou, China: 856-859.

附录　英文缩写检索

ACMAD：African Centre of Meteorological Applications for Development
ADRC：Asian Disaster Reduction Center
API：Antecedent Precipitation Index
ARID：Agricultural Reference Index for Drought
CMI：Crop Moisture Index
COMIFAC：Central African Forests Commission
CSDI：Crop-Specific Drought Index
CWSI：Crop Water Stress Index
DASST：Decision Support System for Agrotechnology Transfer
DRI：Disaster Risk Index
EDC：European Drought Center
EM-DAT：Emergency Disasters Database
ENSO：Ẽl Nino-Southern Oscillation
EPIC：The Environmental Policy Integrated Climate Model
FAO：Food and Agriculture Organization
GDP：Gross Domestic Product
GRF：Global Risk Forum
ICRC：International Committee of the Red Cross
IDB：Inter-American Development Bank
IDNDR：International Decade for Natural Disaster Reduction
IGAD：Intergovernmental Authority on Development
IHDP-IRG：International Human Dimensions Programme-Integrated Risk Governance
IIASA-DPRI Forum：International Institute for Applied Systems Analysis- Disaster Prevention Research Institute Forum
IPCC：Intergovernmental Panel on Climate Change
IRDR：Integrated Research on Disaster Risk
IRG：Integrated Risk Governance Project
IRGC：International Risk Governance Council
ISI-MIP：Inter-Sectoral Impact Model Intercomparison Project
IWMI：International Water Management Institute
NASA：National Aeronautics and Space Administration
NDMC：National Drought Mitigation Center

NOAA：National Oceanic and Atmospheric Administration
RCP：Representative Concentration Pathway
RMA：Risk Management Association
SC-PDSI：Self-calibrating Palmer Drought Severity Index
SMI：Surface Moisture Index
SOM：Self-organizing Feature Map
SPI：Standardized Precipitation Index
SRA：Society for Risk Analysis
SRES：Special Report on Emissions Scenarios
SSWI：Standardized Soil Water Index
UNDP：United Nations Development Programme
UNEP：United Nations Environment Programme
UNEPGRID：Global Risk Information Databases of United Nations Environment Programme
UNISDR：The United Nations office for Disaster Risk Reduction
WASP：Weighted Anomaly Standardized Precipitation
WB：World Bank
WDI：World Development Index
WMO：World Meteorological Organisation
WSI：Water Stress Index
WRSI：Water Requirement Satisfaction Index